저자서문

이 책은 열물리학 기초에 관한 교재로, 대상의 거시적인 면과 미시적인 면을 모두 다루고 있다. 고전역학, 전자기학, 양자역학처럼 열역학과 통계역학은 소수의 가설에 근거한 근사이론이다. 대상에 대한 두 가지 접근법은 열적 현상의 본질에 대해 매우 다른 깨달음을 주며, 다른 분석 수단을 제공하고, 물리학자들의 필수적인 연구 도구로 사용되고 있다. 열역학은 관측한 현상을 기술하는 데 필요한 기본 개념과 정확한 일반 관계를 명확히 해 주는데, 이들은 물질의 구조와는 무관하다. 반면 통계역학은 열적 성질에 대한 미시적인 근거를 제공하며, 원자 수준의 특성으로부터 계의 성질을 결정할 수 있는 도구를 제공한다. 이 책은 세 가지 종류의 수업에 적합하도록 저술되었다. 학부생을 위한 한 학기 수업, 또는 학부 전공생을 위한 두 학기 수업 및 대학원생을 위한 통계역학 수업이 그것이다. 이 책은 좋은 교재가 좋은 참고도서라는 원칙에 입각하여 썼다. 한 권의 책에 거시적인 접근법과 미시적인 접근법을 결합함으로써 통계역학을 공부하는 학생들에게 원자 수준의 연구에서 사용되는 거시적인 개념과 관계를 개관할 수 있는, 즉시 활용 가능한 참고자료를 제공하고자 하였다.

이 책에서는 열역학과 통계역학을 각각 독립적인 이론으로 소개한다. 많은 교재들에서는 거시적인 접근법과 미시적인 접근법이 한데 섞여 있으며, 설명하려는 결과에 따라 접근법을 선택하고 있다. 새로운 상황을 탐구할 때, 과학자들은 다른 이론에서 사용되는 개념들을 서로 섞어 쓰기도 하지만, 어떤 주제를 가르칠 때 이 방법이 좋은 접근법은 아니다. 이런 방법은 학생들에게 일관된 기초 지식보다 뒤범벅된 지식을 남길 가능성이 크다. 기초 지식을 제대로 이해한다면, 이 지식을 폭넓게 응용할 수 있게 된다.

대상의 거시적인 면은 현대물리학을 배운 학생에 맞춰 소개하고 있다. 클라우지우스-켈빈 식 열역학 기술의 논리가 사용되지만, 전통적인 방식을 따르지는 않는다. 이 책은 열적 평형 상태 공간의 성질에 초점을 맞추고 있고, 역학, 전자기학을 통해 습득한 다차원 공간에 대한 학생들의 이해도를 활용한다. 원자 수준의 물질 구조를 배운 경험을 이용해 기초적인 거시 개념을 습득시켜 나갈 것이다.

관련된 수학을 다루고 있는 것도 이 책만의 독특한 점이다. 이 책은 학생들이 편미분 방정식과 다중 적분을 다루는 미적분 기초 과목을 수강하였다는 것을 전제로 한다. 그럼에도 불구하고 미적분 과목에서 좋은 성적을 얻은 많은 학생들조차 열물리학의 수학에 어려움을 느끼는 것을 보게 된다. 특히 열역학에서 그러한데, 부분적으로는 수학 과목 이외에서 이런 수학적 방법을 사용하는 것을 본 적이 없고, 표기법에 익숙하지 않기 때문이다. 이런 어려움을 극복하기 위해, 필수적인 수학 개념들이 사용되기 전에 이 개념들을 살펴보고, 다른 물리학 분야에서 사용된 수학과의 유사성을 강조하고 있다.

이 책은 다섯 부분으로 나누어져 있다. I부에서는 열물리학의 개념을 소개하고 열역학 제1법칙을 통해 기체, 액체, 고체에 응용한다. 이 개념들의 실례를 일상적인 현상에서 보여 준다. II부에서는 열역학의 논리적인 전개를 다루고 있다. 엔트로피의 거시적 개념이 유도되고, 에너지 보존과 관계된 엔트로피와의 중요성을 기술한다. 열역학적 퍼텐셜을 구하고 이들이 어떻게 계의 평형 상태를 간결하게 요약하는지를 기술한다.

III부는 거시적인 접근법과 미시적인 접근법을 잇는 다리 구실을 한다. 열역학적 성질을 원자 수준에서 직관적으로 기술하는 방법을 소개한다. 맥스웰의 속도 분포를 유도하고, 엔트로피에 관한 볼츠만의 미시적인 공식을 소개한다.

IV부와 V부에서는 통계역학을 다룬다. 작은 바른틀 모둠, 바른틀 모둠, 큰 바른틀 모둠을 유도하는 것으로 시작하여, 해밀토니안을 이용한 미시적인 기술로부터 계의 성질을 예측하는 일반적인 방법으로 발전시킨다. 기초로부터 출발하여 이상 기체, 아인슈타인 모델, 조화 고체, 요동, 상자성, 흑체 복사, 페르미-디랙 통계 및 보스-아인슈타인 응축을 분석한다.

교사로서의 경험을 통해 여기서 기술하는 모든 주제를 한 학기 동안 다루기에 벅찬 것을 알고 있다. 주제를 선정하기 쉽도록 덜 필요한 주제(그러나 여전히 중요하다)는 각 장의 뒤쪽에 배치되어 있다. 한 번 배워서는 자동으로 학생에게 산지식이 되지 못하기 때문에, 이 책에서는 앞서 나온 결과들을 여러 번 다시 언급하고 있다. 주제를 명료하게 소개하는 방법들을 우리에게 알려준 학생과 동료들에게 감사를 전한다.

열역학은 원자 및 아원자 현상에 초점을 맞춘 물리학 과목 바로 전이나 바로 후에 가르치는 것을 권장한다. 학부생을 위한 한 학기 과목의 경우 I~III부에서 열적 성질의 미시적 원인을 소개하는 부분만을 뽑아 가르치면 된다. I~III부를 배울 전제 조건으로 물리학 전공자를 위한 미적분을 사용하는 일반 물리학을 두 학기 또는 세 학기 배워야 한다. 열역학적 퍼텐셜과 엔트로피의 성질이 열역학의 기초이기 때문에, 한 학기 과목도 11장과 12장의 처음 세 절은 가르쳐야 한다. 그러나 시간이 허락하지 않는다면, II부의 뒷부분과 III부의 첫 장은 생략해도 된다.

IV부와 V부는 대학원생을 위한 한 학기 통계역학 과목의 핵심 부분이다. 이 과목을 배울 전제 조건으로 영자역학을 배워 슈뢰딩거 방정식의 고유 상태에 친숙해야 한다. III부의 처음 두 장은 통계 물리학의 미시적인 면을 소개하기 때문에 반드시 포함해야 한다. 대학원 신입생들의 학부 때 수강과목들이 크게 다를 수 있기 때문에, 1장에 소개한 용어의 기술적 의미와 3장에 소개한 물질의 성질을 살펴보는 것으로 시작하는 것을 권장한다. 또한 통계역학이 중요하기 때문에, 12장의 처음 세 절에 소개된 열역학적 퍼텐셜을 간단히 살펴보기를 권장한다. 이 책의 다섯 부분 모두 학부생을 위한 두 학기용 고급 과목의 교재로서는 손색이 없다.

역자서문

물리학 가운데 열역학 및 통계역학은 학생들이 가장 어려워하는 과목이다. 대학에서 일반물리학을 배울 때 열역학 및 통계역학은 역학과 전자기학보다 중요성이 떨어지고 물리학보다는 화학에 가깝다는 이유로 생략하고 안 배우는 경우가 많다. 그러다 보니 전공과목에서 마주치게 되면 어렵고 별 쓸모가 없어 보이는 지루한 과목이 되고, 가르치는 교수들에게는 학습의 동기 부여가 어려워 서로 맡기를 꺼려 하는 기피 과목이 되곤 한다.

정말로 열역학 및 통계역학이 재미없고 쓸모가 없는 과목일까? 대학원을 마치고 실제로 연구생활을 해 보면 물리학의 꽃이라는 양자역학이나 역학, 전자기학보다 더 유용한 것이 바로 열역학과 통계역학이다. 비열, 상전이, 자유에너지, 엔트로피 등의 열역학과 통계역학에서 등장하는 용어와 개념들이 다른 물리학 분야의 용어나 개념들보다 연구 논문에서 더 흔하게 접하게 된다. 거시적인 현상을 다루는 열역학과 이를 미시적으로 설명하는 통계역학은 모든 자연현상에 적용될 수 있는 뛰어난 응용성을 가지고 있기 때문이다. 이 때문에 물리학 전공자라면 대학에서 열역학 및 통계역학을 꼭 배우고 익혀서 나가야 한다.

열역학 및 통계역학을 다룬 교재는 역학, 전자기학, 양자역학 교재에 비해 수가 많지는 않지만, 과거부터 꾸준히 출판되어 국내에서 사용되어 왔다. 교재마다 장점과 단점을 모두 갖고 있어 어느 교재가 가장 좋다고 이야기하기는 어렵다. 물리학 전공 학생들을 위한 이론에 치중한 교재가 있는가 하면 공학 전공 학생들을 위한 이론보다 응용에 중점을 둔 교재도 있다. 한 권의 교재에 만족하기보다 몇 권의 교재를 비교해 가며 공부하는 것도 재미있을 것이다.

하디(Hardy)와 비넥(Binek)의 〈열 및 통계역학〉의 특징으로는 한 교재에서 열역학과 통계역학을 모두 다루고 있다는 점, 고전적인 내용부터 원자 수준의 양자역학적 내용까지를 다루고 있다는 점, 필요에 따라 열역학과 통계역학을 혼합하여 현상을 통합적으로 해석하고 있다는 점을 들 수 있다. 열역학과 통계역학을 이해하기 위해서는 적절한 수학 지식이 필요한데 저자들은 이에 대한 배려를 아끼지 않고 있어 수리물리학을 배우지 않았더라도 책의 내용을 이해하는 데 어려움이 없다는 것 역시 이 책이 가진 장점이다.

배워야 할 필요성을 이해하고 배우고자 하는 의지만 가지고 있다면 이 책을 통해 자연현상을 이해하는 데 필요한 중요한 기본 지식과 통찰력을 얻게 될 것이라고 확신한다. 노력하는 학생에게는 꼭 보답을 주는 책이라 믿기 때문이다.

끝으로, 역자들이 많은 노력을 하였지만 부족한 부분이 있을 수 있다. 출간 후에라도 수정 사항이 있을 경우에는 자유아카데미 홈페이지(www.freeaca.com) 자료실에 제공할 예정이다.

2016년 2월
역자 일동

차례

I부
열물리학의 요소

열물리학은 수많은 입자, 분자, 원자, 이온, 전자, 광자 등을 가진 계와 관련이 있다. 열역학은 **거시적인**(macroscopic) 성질을 기술하는 반면, 통계역학은 열적 성질의 **미시적인**(microscopic) 원인에 대해 기술한다. 거시적인 수준과 관련된 현상과 친밀해지려면 이 현상의 미시적인 원인을 이해하는 것이 필수적이기 때문에, 다루려고 하는 계에 대한 원자 수준의 본질을 상기하면서 거시적인 면을 다루는 것으로 시작한다. I부에서는 열물리학의 개념들을 기체, 액체, 고체에 응용하는 방법을 소개한다. 열역학 제1법칙으로 표현되는 에너지 보존 원리를 많이 사용한다. II부에서는 열역학 제2법칙과 엔트로피의 성질에 초점을 맞춘다.

1장 열물리학의 기초

열물리학의 많은 용어들이 일상 대화에서도 사용되기 때문에, 이들 용어의 기술적인 의미를 좀 더 정확히 이해하는 것이 중요하다. 특히 계들 간의 상호작용을 기술하는 열과 일의 차이와, 내부 에너지라고 하는 개별 계의 고유한 성질을 이해하는 것은 중요하다. 다른 중요한 개념으로는 평형, 상태, 상태 함수, 과정과 온도를 들 수 있다.

1.1 *PVT* 계

압력 P, 부피 V, 온도 T는 고체, 액체, 기체의 기본 성질들이다. 액체와 기체는 과학적 용어로 유체이다. 유체는 용기 모양에 맞춰 흐를 수 있는 물체이다. *PVT* 계의 간단한 수학적 모형 두 가지를 소개하기 전에, 열역학적 성질을 기술하는 데 사용하는 단위를 살펴보고자 한다.

단위

압력, 부피, 온도의 국제 단위(SI 단위)는 파스칼(Blaise Pascal)의 이름을 딴 파스칼(Pa), 세제곱 미터(m^3)와 톰슨(William Thomson)으로도 알려진 켈빈 경(Lord Kelvin)의 이름을 딴 켈빈(K)이다. 흔하게 쓰이는 부피 단위로는 세제곱 센티미터(cm^3), 리터(L), 세제곱 피트(ft^3) 등이 있다.

$$1\,\mathrm{m}^3 = 10^3\,\mathrm{L} = 10^6\,\mathrm{cm}^3 = 35.31\,\mathrm{ft}^3. \tag{1.1}$$

파스칼은 제곱미터당 1뉴턴($1\,\mathrm{Pa} = 1\,\mathrm{Nm}^{-2}$)과 같다. 실제의 경우 압력을 표시하는 데 편리한 SI 단위는 킬로파스칼(kPa)이다. 중요한 기준 압력은 **표준 대기**(standard atmosphere, 1 atm)이고, 대략 100 kPa이다.

$$1\ \text{표준 대기} = 101.325\,\mathrm{kPa}. \tag{1.2}$$

다른 압력 단위로는 바($1\,\mathrm{bar} = 100\,\mathrm{kPa}$), 제곱인치당 파운드($\mathrm{lb\,in}^{-2}$), 밀리미터 수은(mmHg) 및 토리첼리(Evangelista Torricelli)의 이름을 딴 토르($1\,\mathrm{torr} = 1\,\mathrm{mmHg}$)가

있다. 'mmHg' 단위는 압력계의 수은 기둥의 높이에 근거한 것이다. 이들 압력 단위들은

$$1\,\text{atm} = 101.3\,\text{kPa} = 760\,\text{mmHg} = 760\,\text{torr} = 14.70\,\text{lb in}^{-2} \tag{1.3}$$

의 관계를 가진다. 단위 'atm'은 때로 대기라고도 한다. 단위는 단위 면적당 특정한 힘을 이야기하며, 덜 정확한 "대기압"과 혼동하지 말아야 한다. 대기압은 대기의 압력으로, 해수면으로부터 너무 멀리 떨어져 있지 않을 때 **대략** 1 atm과 같다.

흔히 사용되는 온도 단위로는 켈빈(Kelvin), 섭씨(Celsius), 화씨(Fahrenheit)가 있다. 섭씨 온도 Θ^{C}와 켈빈 온도 T^{K} 사이의 관계는

$$\Theta^{C} = T^{K} - 273.15 \tag{1.4}$$

이다. 화씨 온도 Θ^{F} (°F 단위)와 섭씨 온도 Θ^{C} (°C 단위)와의 관계는

$$\Theta^{F} = \frac{9}{5}\Theta^{C} + 32 \tag{1.5}$$

이다. 기호 T는 7장과 8장에서 정확하게 설명할 개념인 절대 온도 눈금에서 측정한 온도를 표시하는 데에만 사용한다. 기호 Θ는 다른 온도 눈금을 표시할 때 사용한다. 켈빈 눈금은 절대 온도 눈금이다(이 단위의 기호는 °K가 아니고 그냥 K이다). 섭씨와 화씨 눈금은 절대 눈금이 아니다. K와 °C 단위에서 온도 값은 다르지만, **온도 차이**(temperature difference)의 값은 동일하다. 즉

$$\Delta T^{K} = \Delta\Theta^{C}. \tag{1.6}$$

식 (1.5)에 있는 대로 섭씨 5도 온도 차이는 화씨 9도 온도 차이와 같다.

표준 온도와 압력(STP)은 273.15 K(0°C)와 1 표준 대기를 의미한다. 실온과 대기압은 정확히 정의되어 있지 않다. 이 책에서 "실온"은 300 K, "대기압"은 100 kPa로 정한다.

내부 에너지 U는 미시적인 구성원들의 운동 에너지와 퍼텐셜 에너지의 합을 대표하는 계의 열역학적 성질이다. 에너지의 SI 단위는 줄(James Prescott Joule)의 이름을 딴 줄(J)이다. 열물리학에서 칼로리(cal)와 킬로칼로리(kcal)는 편리한 에너지 단위이다. 음식물 칼로리(대문자 C로 적는다)는 사실 킬로칼로리를 의미한다. 영국 열 단위(Btu)는 공학에서 사용된다. 에너지의 단위들은

$$4184\,\text{J} = 1\,\text{kcal} = 1000\,\text{cal} = 3.968\,\text{Btu} \tag{1.7}$$

의 관계를 가지고 있다. PVT 계의 내부 에너지와 압력은 온도와 부피의 함수로 표현

할 수 있다.[1]

$$U = U(T, V) \qquad \text{그리고} \qquad P = P(T, V). \tag{1.8}$$

열역학 개념들을 설명할 때 이런 함수들의 구체적인 표현식을 가지는 것이 도움이 된다. 이상 기체와 단순 고체는 이 사실을 보여 주는 좋은 예이다.

이상 기체

기체는 제멋대로 움직이며 가끔 다른 분자들과, 또는 용기 벽과 충돌을 일으키는 분자들의 집단이다. 응용할 때 많은 경우 실제 기체를 **완전 기체**(perfect gas)라고도 하는 이상 기체로 가정한다. 이상 기체 모형에서 압력, 부피와 온도 사이의 관계식은

$$PV = nRT. \tag{1.9}$$

이고, 함수 $P(T, V)$는 nRT/V이다. 이것이 **이상 기체의 상태 방정식**(ideal gas equation of state)이고, R은 **보편 기체 상수**(universal gas constant)로

$$R = 8.314\,\mathrm{J\,mol^{-1}\,K^{-1}} = 1.987\,\mathrm{cal\,mol^{-1}\,K^{-1}} \tag{1.10}$$

이고 n은 몰수이다.

1**몰**(mole)은 그램 **분자량**(molecular weight)과 같은 질량을 가진 물질의 양이다. 순수한 물질 1몰의 질량 m은

$$m = (\text{분자량}) \cdot m_u = \frac{\text{그램 분자량}}{N_A} \tag{1.11}$$

으로 주어지고, **원자 질량 상수**(atomic mass constant)는

$$m_u = 1.661 \times 10^{-27}\,\mathrm{kg}$$

이다. 몰당 분자수는 아마데오 아보가드로(Amadeo Avogadro)의 이름을 딴 **아보가드로 수**(Avogadro's number)로 주어지며,

$$N_A = 6.022 \times 10^{23}\mathrm{mol^{-1}} \tag{1.12}$$

이다.

이상 기체의 내부 에너지는 온도에만 의존하는데, 이것은 식 (1.8)에 주어진 관계

---

1) $V = V(T, P)$와 $U = U(T, P)$와 같은 방정식들은 **구성 관계식**(constitutive relation)들이다. 관계식 $V = V(T, P)$는 때로 **열적 상태 방정식**(thermal equation of state)이라고도 하며, $U = U(T, P)$는 **칼로리 상태 방정식**(caloric equation of state)이라고도 한다. 이 책에서는 접두사 없이 모두 "상태 방정식"이라는 용어를 사용하며, P, V, T 사이의 관계식을 의미한다.

식의 특수 경우에 해당한다. 부피 의존도가 없기 때문에 관계식이

$$U = U(T) \tag{1.13}$$

로 표현된다. 10장에서 이런 특수한 경우가 $PV=nRT$의 결과로 생긴다는 것을 보일 것이다. 그때까지는 식 (1.9)와 (1.13)을 이상 기체의 특성을 정의하는 식으로 생각하라.

단순 고체

열역학의 보편성을 이해시키기 위해서는 한 종류 이상의 모형계가 필요하다. 다른 종류의 계의 내부 에너지와 압력의 함수는

$$U = M c_o T + b_o V \left[\ln\left(\frac{V}{V_o}\right) - 1\right] \tag{1.14}$$

와

$$P = a_o T - b_o \ln\left(\frac{V}{V_o}\right) \tag{1.15}$$

로 표현할 수 있으며, a_o, b_o, c_o와 V_o는 상수이고, M은 계의 질량이다. 이상 기체 모형보다는 덜 중요하지만, 위에 있는 방정식들은 많은 경우 제한된 온도와 압력 범위에서 고체의 행동을 기술하는 데 유용하다. 이런 이유 때문에 식 (1.14)와 (1.15)로 기술되는 계를 **단순 고체**(simple solid)라고 한다.

3장에서 위 방정식이 열팽창 계수 α_V, 부피 탄성률 B_T, 비열 c_V^M이 상수인 계의 내부 에너지와 압력을 기술한다는 것을 보일 것이다. 몇몇 고체의 값들이 표 1.2에 주어져 있다. a_o, b_o, c_o와 α_V, B_T, c_V^M 사이의 관계식은 $a_o = \alpha_V B_T$, $b_o = B_T$, $c_o = c_V^M$이다[식 (3.28) 참조]. 상수 V_o는 식 (1.15)가 특정 온도에서의 압력 값(예를 들어 $T = 300$ K일 때 $P = 100$ kPa)을 주도록 선택한다.

이상 기체와 단순 고체에 대한 내부 에너지와 압력 함수의 중요한 차이는 이들의 미시적인 구조의 차이를 반영한다. 고체의 행동은 원자들을 단단하게 결합하는 힘들에 의해 결정된다. 이런 힘들은 퍼텐셜 에너지 함수로부터 구할 수 있다. 내부 에너지 함수의 근사식은

$$U(T, V) = Mc_o T + \Phi(V) \tag{1.16}$$

으로 주어진다. Mc_oT 항은 원자의 진동 운동과 관련된 운동 에너지와 퍼텐셜 에너지를 기술한다. **정지 에너지**(static energy) $\Phi(V)$는 원자들이 정지해 있을 때의 에너지 또는 계이다. 고체의 부피는 고압을 걸어줄 때 변한다. $\Phi(V)$ 변화에 의한 나타나는 압

력 변화는 $-d\Phi/dV$가 된다. 압력에 대한 근사식은

$$P = a_o T - \frac{d\Phi}{dV} \tag{1.17}$$

으로 주어진다. $a_o T$ 항은 온도 증가에 따라 고체가 팽창하는 경향을 나타낸다. 정지 에너지 $\Phi(V)$는 단순 고체 모형에서 식 (1.14)의 $b_o V[\ln(V/V_o)-1]$ 항으로 주어지는데, $d\Phi/dV = b_o \ln(V/V_o)$를 의미한다. 이것을 식 (1.17)과 결합하면, 식 (1.15)로 주어진 압력의 표현식을 얻게 된다.

1.2 평형 상태

계

앞으로 다룰 많은 계는, 용기에 들어있는 기체나 액체 또는 유전체 또는 자성체처럼 균질(균일한 조성)하고 등방성(모든 방향에서 동일)을 가지고 있다. 그럼에도 불구하고 열물리학의 개념들은 엔진, 냉장고, 발전소와 같이 때로 **장치**(device)라고 부르는, 훨씬 더 복잡한 계에도 적용할 수 있다.

계는 **부분계**(subsystem)라고 하는 더 작은 계들로 구성되어 있을 수 있다. 어떠한 대상에 대해 부분계라고 할 때도 있고, 계라고 할 때도 있을 것이다. 때때로 특정한 계에 관심을 집중하고, 이 계와 상호작용하는 모든 것들은 **주위 환경**(surrounding) 또는 **환경**(environment)이라고 한다. 이야기의 초점이 종종 변하기 때문에, 열역학 원리를 적용할 계를 명확히 밝히는 것이 중요하다.

물질의 양이 고정되어 있는 계를 **닫힌계**(closed system)라고 하고, 환경과 물질을 교환할 수 있는 계를 **열린계**(open system)라고 한다. 연료와 공기를 빨아들이고 연소물을 배출하는 자동차 엔진은 열린계이다. 닫힌계의 질량은 일정하며, 화학 반응이 없을 경우 여러 구성원들의 몰수는 일정하다.

평형

계가 자발적으로 변화하지 않을 경우 계는 평형에 있다. 얼음이 든 따뜻한 한 잔의 물은 평형에 있지 않다. 왜냐하면 물의 온도가 0.0°C가 되거나, 얼음이 모두 녹을 때까지 얼음이 자발적으로 녹기 때문이다. 온도가 균일해질 때까지 계가 자발적으로 변화하려는 경향은 폭넓게 관찰할 수 있는 현상이다. **열적 평형**(thermal equilibrium)에 있는 계는 균일한 온도를 가진다.

변화가 계의 **구속 조건**(constraint)의 변화에 의해 생긴 것이라면, 계가 변화하는

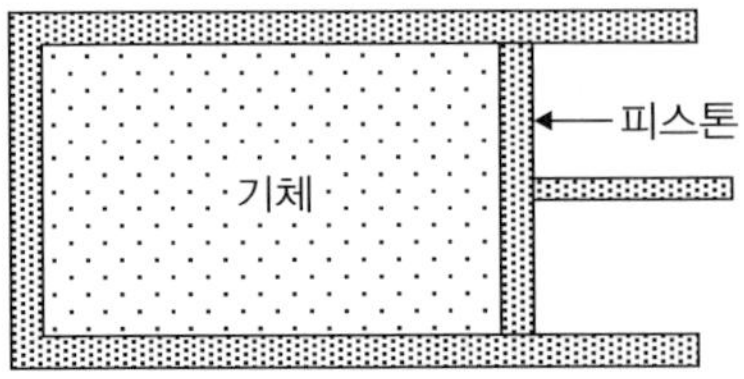

그림 1.1 실린더 안에 갇힌 기체

중이더라도 계가 평형에 있을 수 있다. 그림 1.1처럼 한쪽 끝에 피스톤이 있는 실린더 (원통 모양의 용기) 안에 갇힌 기체를 생각해 보자. 피스톤을 움직이면 기체의 온도와 압력이 변한다. 기체가 변할 때 자발적으로 변하는 것이 아니기 때문에 기체는 평형에 있다고 생각할 수 있다. 그러나 이것은 피스톤을 너무 급하게 움직이지 않을 때만 사실이다. 피스톤을 너무 빠르게 움직이면, 실린더 안에서 왔다 갔다 하는 음파가 발생하기 때문에 음파가 사라질 때까지 기체는 평형에 있지 않게 된다.

계가 변하지 않지만 평형에 있지 않을 수도 있다. 환경과 연속적으로 에너지를 주고받음으로써 조건이 유지될 때 그런 일이 생긴다. 예를 들어 건물의 따뜻한 내부를 차가운 외부로부터 분리시켜 주는 창유리는 외부와 내부 온도가 일정하다고 가정할 때 **정상 상태**(steady state)에 있지만, 유리가 평형에 있지는 않다. 유리의 온도 분포를 유지하기 위해서는 실내로부터 열이 연속적으로 유리로 전달되고 외부 공기가 이 열을 빼앗아 가야 한다. 벽에서 창유리를 제거하여 고립시키면, 창유리의 온도 분포는 자발적으로 변화하여 균일해진다.

평형 개념은 역학에서도 중요하다. 물체의 병진 속도와 회전 속도가 자발적으로 변하지 않을 때, 즉 선가속도와 각가속도가 0일 때, 이 물체는 **역학적 평형**(mechanical equilibrium)에 있다. 대상이 역학적 평형에 있을 때 만족해야 할 조건은

$$\sum_i \boldsymbol{F}_i = 0 \quad \text{및} \quad \sum_i \boldsymbol{\tau}_i = 0 \tag{1.18}$$

이고, 여기서 F_i와 τ_i는 대상에 작용하는 외부 힘과 토크이다.

상태

상태는 기초 개념이지만 정의하기가 쉽지 않은 개념이다. 계의 다른 **상태**(state)는 계의 다른 조건 또는 배열(configuration)을 말한다. 예를 들어 공이 탁자 위에 정지해 있을 수도 있고, 방을 가로질러 움직일 수도 있다. 이런 역학적 상태는 공의 위치, 속도와 각운동량을 가지고 기술할 수 있다. 양자역학에서 계의 상태는 상태 함수라고도 하는 파동 함수로 기술한다. 열역학에서는 계의 **열역학적 상태**(thermodynamic state) 또는 **평형 상태**(equilibrium state)에 관심이 있다.

계의 평형 상태를 규정하는 데 필요한 성질의 개수는 **열역학적 자유도**(thermodynamic degrees of freedom)의 개수이다. 이 개수는 관련 계와 조사하려는 성질의 종류에 의존한다. 간단한 *PVT* 계는 두 개의 자유도, 즉 온도와 부피(T, V) 또는 온도와 압력(T, P)을 가진다. 내부 에너지와 부피와 같은 다른 선택도 가능하다. 유전 성질이 조사 대상인 균질 유체는 세 개의 열역학적 자유도를 가진다. 온도와 압력에 전기장 세기 $\mathcal{E}$가 추가된다.

상태 함수

계의 상태로 값이 결정되는 성질을 **상태 함수**(state function)라고 한다. 온도 T, 부피 V, 압력 P, 내부 에너지 U, 엔트로피 S, 엔탈피 H 등이 상태 함수이다. 계의 상태가 T와 V로 정해질 때, P, U, S, H의 값은 함수 $P(T, V)$, $U(T, V)$, $S(T, V)$, $H(T, V)$로 주어진다. 독립 변수 T와 V는 계의 **열역학 좌표**(thermodynamic coordinate)이다. 열역학 좌표의 개수, 즉 독립 변수의 개수는 열역학적 자유도의 개수와 같다. 상태 함수는 또한 상태 변수라고도 한다. 열 Q와 일 W는 상태 함수가 아님을 유의하라. 이들은 과정에 의존하는 양들이다.

상태 공간

계의 상태를 명시하는 열역학 좌표들은 **열역학 상태 공간**(thermodynamic state space) 또는 **평형 상태 공간**(equilibrium state space)을 정의한다. 모호함이 없다면 그냥 **상태 공간**(state space)이라고 해도 된다. 균질 *PVT* 계의 상태 공간은 두 개의 좌표를 가지기 때문에, 계의 상태를 2차원 그래프의 점들로 나타낼 수 있다. 더 복잡한 계를 다룰 때는 더 많은 좌표가 필요하다. 예를 들어 얼음과 물로 된 계에서는 얼음(또는 물)의 비를 나타내는 세 번째 좌표가 필요하다.

내부 에너지

미시적인 관점에서 볼 때 열역학적 계는 전자, 원자, 분자들의 집합체이다. 이들 미시적인 구성원들과 관련된 에너지는 보통 아보가드로 수 정도의 엄청난 개수의 구성 입자들의 속도와 위치에 의해 결정된다. 이와는 대조적으로 계가 열적 평형에 있을 때, 계의 내부 에너지는 몇 개 안 되는 열역학 좌표들에 의해 결정된다. 내부 에너지 상태 함수의 존재는 열역학의 기본이 된다.

상태 방정식

PVT 계에서 압력, 부피, 온도의 관계를 **상태 방정식**(equation of state)이라고 하며, $P = P(T, V)$, $V = V(T, P)$ 또는 $T = T(P, V)$로 표현된다. 계의 성질을 대칭적으로 다루는 일반적인 수학식은

$$F(P, V, T) = 0 \tag{1.19}$$

이다. 이상 기체의 경우 함수 $P(T, V)$, $V(T, P)$와 $T(P, V)$의 구체적인 수학식은 각각 nRT/V, nRT/P와 PV/nR 이다. $F(P, V, T)$의 표현식은 $(PV-nRT)$이고, 상태 방정식은 보통 $PV = nRT$라고 적는다.

예제 1.1 **단순 고체에 대한 $V(T, P)$와 $U(T, P)$**

단순 고체의 부피와 내부 에너지의 온도 및 압력에 대한 의존도를 알려주는 함수를 구하시오.

풀이 ▪ 식 (1.14)와 (1.15)를 따르면, 단순 고체의 압력과 내부 에너지의 함수는

$$P(T, V) = a_o T - b_o \ln(V/V_o)$$

와

$$U(T, V) = M c_o T + b_o V[\ln(V/V_o) - 1]$$

이다. 열역학 좌표가 (T, V) 대신 (T, P)일 때, V와 U의 계의 상태에 대한 의존도를 구하기 위하여 위에 있는 압력 식을 $\ln(V/V_o) = (a_o T-P)/b_o$로 다시 적는다. 그러고 나면 온도와 압력에 대한 부피의 의존도를 나타내는 함수가

$$V(T, P) = V_o e^{(a_o T-P)/b_o} \tag{1.20}$$

로 주어진다. 내부 에너지의 온도와 압력에 대한 의존도를 알려주는 함수는 $U(T, P) = U(T, V(T, P))$이다. $V(T, P)$의 식을 $U(T, V)$에 대입하면

$$U(T, P) = M c_o T + (a_o T - P - b_o) V_o e^{(a_o T-P)/b_o} \tag{1.21}$$

가 주어진다. $U(T, V)$와 $U(T, P)$가 얼마나 차이가 나는지는 상태 함수의 함수 형태가 열역학 좌표의 선택에 의존하는 정도를 잘 보여 주고 있다. ◆

1.3 과정과 열

과정은 초기 시간 t_0에서 시작해 최종 시간 t_f ($t_0 < t_f$)에서 끝나며, 계의 상태 변화를 가져온다. 열역학은 과정이 진화하는 방향과 관계가 있지 진화율과는 관계가 없다. 과정의 모든 시간에서 계가 평형에 있지 않은 때가 많지만, 보통 과정의 시작과 종료 시에는 열적 평형에 있었다고 가정한다.

평형 과정과 준정적 과정

계가 t_0와 t_f 사이의 모든 시간에서 평형에 있을 때의 과정을 **평형 과정**(equilibrium process)이라고 한다. 과정의 어느 한 순간에라도 계가 평형에 있지 않았으면, **비평형 과정**(nonequilibrium process)이라고 한다. 평형 과정에서 계는 구속 조건에 따라 변화하고, 구속 조건이 사라지면 변화를 멈춘다. 과정이 충분히 느리게 진행된다고 가정하면, 많은 과정들을 평형 과정으로 이상화할 수 있다. 과정이 느리다는 의미는 어떤 과정이냐에 달려 있다. 예를 들어 자동차 엔진의 실린더에서 공기–연료 혼합물을 100분의 1초 이내에 압축하는 과정은 평형 과정으로 볼 수 있다. 반면 물잔 속에 들어있는 얼음덩어리가 녹는 과정은 수 분 정도가 걸리며 평형 과정이 아니다.

평형 과정은 때로 준정적 과정이라고도 한다. **준정적**(quasi-static. 거의 변하지 않는다는 의미) 과정은 과정이 충분히 느리게 진행되어 계가 모든 시간에 거의 평형에 있게 된다. "준정적 과정"보다 "평형 과정"이라는 용어를 선호하는데, 그 이유는 상태 공간에서 선으로 표현되는 특징을 평형 과정이 더 잘 드러내고 있기 때문이다.

PVT 계의 상태 공간이 2차원이기 때문에, 평형 과정은 2차원 그래프에서 선으로 표현될 수 있다. 열역학 좌표가 압력과 부피일 때, 이 그래프를 *PV* 도표라고 한다. 이상 기체의 몇 가지 중요한 평형 과정이 그림 1.2에 그려져 있다. "0"점은 기체의 초

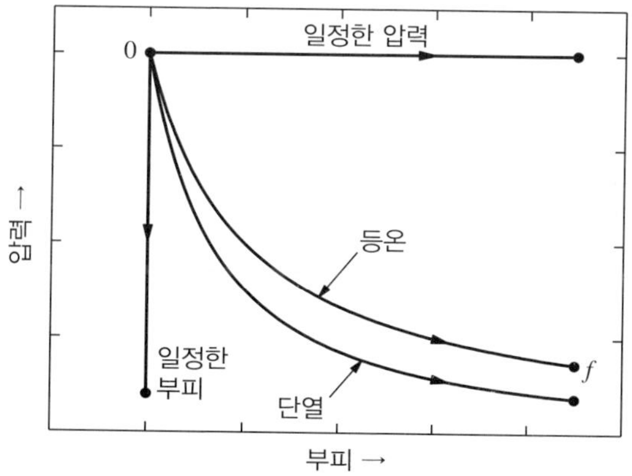

그림 1.2 평형 과정의 *PV* 도표

기 상태를 나타낸다. "f"로 표시된 점은 최종 상태를 나타낸다. **등온 과정**(isothermal process)은 온도가 일정한 과정이고, 일정한 온도를 가진 선을 **등온선**(isotherm)이라고 한다. **등압 과정**(isobaric process)은 압력이 일정한 과정이고, 일정한 압력을 가진 선을 **등압선**(isobar)이라고 한다. *PVT* 계에서 부피가 일정한 과정을 때로 **등적 과정**(isochoric process)이라고 하는데, 이 용어는 일을 하지 않는다는 것을 의미한다. 단열 과정은 뒤에서 설명한다. 선 위의 점들은 평형 상태를 나타내기 때문에 비평형 과정은 상태 공간에서 선으로 나타낼 수가 없다.

가역 과정

가역 과정(reversible process)은 시간의 방향을 거꾸로 할 수 있는 과정이다. 상태 "0"에서 출발하여 상태 공간에서 상태 "f"까지 이동한 과정을 상태 "f"에서 출발해 동일한 선을 따라 반대 방향으로 과정을 거슬러간다. 가역 과정으로 이상화할 수 있는 과정은 열역학에서 특히 중요하다. 실제로는 역방향으로 가도록 계의 구속 조건을 조금씩 변화시킴으로써 가역 과정을 만들 수 있다. 평형, 준정적 및 가역 과정은 서로 다른 특성을 가지고 있지만, 한 종류의 특성을 가진 과정들은 또한 다른 종류의 특성을 가진다.

열

"열"은 일상생활에서 친숙한 단어이다. 열의 기술적 의미가 언어적 사용법과 일치하기는 하지만, 훨씬 더 제한된 의미를 가진다. 온도와 내부 에너지와는 달리, 열은 계의 조건을 기술하지 않지만, 대신 과정에서 어떤 일이 일어날지를 기술한다. 계에 전달된 열은 Q로 표기한다. 관례상 에너지가 계로 전달될 때 Q를 양수로 정의하고, 에너지가 계에서 빠져나갈 때 음수로 정의한다. 두 번째 계에서 나와 첫 번째 계로 전달되는 열은 첫 번째 계에서 나와 두 번째 계로 전달되는 음수의 열과 같다.

불꽃이나 전기히터 위에 물이 담긴 용기를 놓으면 물의 온도가 증가한다. 뜨거운 물체를 찬 물에 담그면 물체의 온도가 낮아진다. 이런 일이 일어날 때, 물과 환경 사이에서 어떤 것이 통과하는 것처럼 보인다. 이것이 열이다. **열은 온도 차이에 의해 한 계에서 다른 계로 전달되는 에너지이다.**

단열 과정

단열 과정은 응용성과 열역학의 기초를 세운다는 점에서 중요하다. **단열 과정은 과정 중 어느 순간에도 계가 열을 받아들이거나 열을 배출하지 않는 과정을 말한다. 단열 고립계**(adiabatically isolated system)는 환경과 열을 교환하지 않는 계이다. 일상용어로는 계가 완전히 절연되어 있다고 한다. 고성능 듀어병[Dewar flask, 발명가인 듀어 경(Sir James Dewar)의 이름을 딴 보온병]의 내용물은 단열 고립계의 좋은 예이다. 듀어병은 이중벽으로 된 용기로 대류에 의한 열전달을 막기 위해 벽 사이의 공기를 빼내고, 복사에 의한 열전달을 최소로 하기 위해 벽의 안쪽 면이 은으로 도금되어 있다.

단열 과정은 가역 과정일 수도 있고 비가역 과정일 수도 있다. 용기와 열을 교환할 수 없도록 하면서 기체를 압축하면, 기체는 가역 과정이면서 동시에 단열 과정을 거친다. 반면, 듀어병의 뜨거운 물에 얼음을 넣으면, 병 속의 물은 단열 과정을 거치지만 가역 과정은 아니다. 열이 교환될 수 없는 계면을 **단열 경계**(adiabatic boundary)라고 한다. 열이 교환될 수 있는 계면은 때로 **투열 경계**(diathermic boundary)라고 한다.

1.4 온도

열적 상호 작용계

서로 열을 주고받을 수 있는 계는 **열적 접촉**(thermal contact)을 하고 있으며, 단열 고립된 부분이 없는 계를 **열적 상호 작용계**(thermally interacting system)라고 한다. 열적 평형에 있을 때, 열적 상호 작용계는 단일한 온도를 가진다. 반면, 둘 또는 그 이상의 단열 고립된 부분계로 구성된 계들은 여러 가지 온도를 가질 수 있다. 예를 들어, 듀어병의 내용물과 외부 공간을 한 계로 생각할 수 있다. 이 계는 자발적으로 변하지 않으므로 평형에 있지만, 두 온도, 즉 내용물의 온도와 외부 공간의 온도를 가질 수 있다.

온도

열과 온도의 개념은 밀접한 연관성을 가지고 있다. 온도는 다른 계와 열을 교환하는 계(또는 부분계)의 경향을 기술하는 상태 함수이다: (i) 열적 접촉하고 있는 모든 계는 열적 평형에 있고 서로 간에 열을 교환하지 않을 경우 동일한 온도를 가진다. (ii) 다른 초기 온도를 가진 계들은 열적 접촉을 하고 있을 때 자발적으로 열을 교환한다. 열이 교환되는 방향은 열이 **뜨거운** 계에서 **차가운** 계로 전달되는 방향이다. 켈빈, 섭씨, 화씨 온도 눈금에서 높은 온도를 가진 계가 더 뜨겁다. 표 1.1에 있는 데이터는 다양한 계가 가진 온도의 폭이 넓다는 것을 보여 준다.

온도계

온도계는 쉽게 관측할 수 있고 열 교환 능력에 의존하는 평형 성질을 가진 장치이다. 액체 온도계의 큰 특징으로는 액체관의 길이를 들 수 있다. 많은 실험실 온도계들은

표 1.1 다양한 온도

1.5×10^7 K	태양 중심부의 추정 온도
5800 K	태양 표면 온도의 근삿값
1809 K	철의 녹는점(1536°C)
273.15 K	얼음점(0°C)
234 K	수은의 어는점(−39°C)
195 K	1 기압에서 고체 이산화 탄소(드라이아이스)의 승화점(−78°C)
77 K	1 기압에서 질소의 액화점(−196°C)
4.2 K	1 기압에서 헬륨의 액화점
10^{-8} K	Rb 기체의 보스-아인슈타인(Bose-Einstein) 응축점(1996년에 최초로 관측)

전기 저항이나 전압을 이용한다. 계의 온도를 측정하려면 온도계를 계와 열적 접촉시키고 열적 평형에 도달할 때까지 기다려야 한다. 계와 온도계가 동일한 온도를 가지게 되면, 계의 온도는 온도계의 온도가 된다.

국소 온도

온도의 기초 개념과 온도계로 읽은 온도를 구별해야 할 때가 있다. 평형 상태 함수는 **평형 온도**(equilibrium temperature)라고 하고, 온도계로 읽은 온도는 **국소 온도**(local temperature)라고 하여 구별할 수 있다. 평형에 있지 않은 계는 평형 온도를 가지지 않지만, 일반적으로 위치에 따라 다른 값을 갖는 국소 온도는 가질 수 있다. 특정한 위치의 국소 온도는 이 위치에 온도계를 열적 접촉시켰을 때 온도계가 가리키는 온도를 말한다. 열적 평형에 있는 계는 모든 곳에서 국소 온도가 동일하고, 그 값은 평형 온도와 같다. 계가 빠르게 변화하거나, 계가 매우 작거나, 계가 열적 평형과 거리가 멀 때, 계의 국소 온도를 부여하는 것이 불가능할 수 있다.

제0법칙

세 번째 계와 열적 평형에 있는 두 계를 접촉시키면 두 계는 서로 열적 평형에 있게 된다. 이 주장을 흔히 **열역학 제0법칙**(zeroth law of thermodynamics)이라고 한다. 본질적으로 제0법칙은 열적 평형의 개념이 전이적(transitive)이라는 주장이다. 과학에서 전이적 관계가 중요하지만, 흔히 이 관계를 법칙이라고 하지 않는다. 예를 들어 물체의 무게를 측정하는 데 천칭을 사용할 수 있다. 하지만 세 번째 물체와 각각 균형을 이루는 두 물체가 서로 균형을 이룰 것이라는 사실을 법칙이라고 부르지는 않는다. 흔치 않은 숫자를 붙인 것으로 보아, 제0법칙은 열역학 제1법칙과 제2법칙과 같은 중요성을 가지고 있지 않다.

열저장체

열저장체는 온도 변화 없이 상당한 양의 열을 빼앗기거나 줄 수 있는 이상화된 계를 말한다. 열저장체는 열을 교환하는 능력을 가진 열원이나 열흡수체이다. 열저장체는 또 **열탕**(heat bath)이라고도 한다. 예를 들어 물체의 온도를 0 ℃로 일정하게 유지하기 위해 얼음과 물의 혼합물을 열저장체로 사용할 수 있다.

1.5 크기 의존도

세기적 대 크기적

열역학적 성질은 세기적(intensive) 또는 크기적(extensive)이다. **세기적 성질은 계의 크기와는 무관하다. 크기적 성질은 계의 크기에 비례한다.** 온도 T와 압력 P는 세기적인 반면, 질량 M, 몰수 n, 부피 V, 내부 에너지 U는 크기적이다. **크기적 성질은 첨가적**(additive)**이다.** 예를 들어 몇 개의 부분계로 구성된 계의 질량, 부피, 내부 에너지는 부분계의 질량, 부피, 내부 에너지를 모두 더한 것이 된다.

계가 N개의 동일한 부분계로 이루어져 있을 때, 크기적 변수(성질)의 값은 부분계의 값을 N배한 것이다. 반면 세기적 변수의 값은 부분계의 값과 동일하다. **균질계의 크기는 연속적으로 변화시킬 수 있다. 균질계의 크기를 λ배 늘리면, 크기적 성질 역시 λ배가 되지만, 세기적 성질은 변하지 않는다.** 예를 들어 질량, 부피, 내부 에너지, 온도와 압력이 M_0, V_0, U_0, T_0, P_0인 계의 크기를 20% 증가시키면, $\lambda = 1.20$이 되어 이 계의 질량, 부피와 내부 에너지는 각각 $M = 1.2\,M_0$, $V = 1.2\,V_0$, $U = 1.2\,U_0$가 되지만 온도와 압력은 변하지 않는다.

세기적 변수는 크기적 변수를 다른 크기적 변수로 나누어 만들 수 있다. 예를 들면

$$\rho = \frac{M}{V} \tag{1.22}$$

로 정의되는 **질량 밀도**(mass density) ρ는 세기적 변수인 반면, 질량 M과 부피 V는 크기적 변수이다. 질량 M이나 몰수 n으로 나누어 얻은 세기적 성질을 **견줌**(specific, 한자어로는 비) 성질이라고 한다. 예를 들어 나눔수에 따라 계의 **견줌 부피**(specific volume)는

$$v_M = \frac{V}{M} \quad \text{또는} \quad v = \frac{V}{n} \tag{1.23}$$

이다. v_M의 아래 첨자는 "단위 질량당"을 의미한다. "몰당" 값 역시 몰 값이라고 한다. 이상 기체 상태 방정식을 견줌 부피 V/n으로 표현하면

표 1.2 물질의 성질. 얼음을 제외하고 실온과 대기압에서 얻은 데이터이다. 열팽창 계수 α_L과 α_V 그리고 부피 탄성률 B_T는 3.2절에서 정의한다.

	알루미늄	구리	철	납	얼음(0 8°C)	물
ρ (kgm^{-3})	2700.	8960.	7880.	11340.	917.	1000.
c_P^M (kcal kg^{-1} K^{-1})	0.216	0.092	0.106	0.0306	0.502	1.000
c_P^M (kJ kg^{-1} K^{-1})	0.904	0.385	0.444	0.128	2.10	4.184
c_V^M (kJ kg^{-1} K^{-1})	0.863	0.374	0.436	0.120	2.03	
α_L (10^{-6} K^{-1})	23.2	16.6	11.9	29.0	55.	
α_V (10^{-6} K^{-1})	69.6	49.8	35.7	87.0	165.	
B_T (10^9 Pa)	75.	135.	160.	41.	7.7	

$$Pv = RT \tag{1.24}$$

로 간단해진다.

크기적 성질을 대문자로 표시할 때, 관련된 세기적 성질을 소문자로 표시하는 것이 편리하다(실제로는 항상 그런 것은 아니다). 균질계를 구성하는 물질의 특성들은 표 1.2에 있는 것처럼 물질의 성질들의 표로 나열할 수 있는 견줌 값들이다. 그램으로 표시한 순수 물질의 질량을 몰수로 나누어 얻은 세기적 성질 M/n은 물질의 **분자량**(molecular weight)이다.

기초물리학 과목에서 방정식에서 더하거나 뺄 수 있는 항은 모두 동일한 단위를 가지고 있어야 한다는 사실을 배웠다. 동일하게, 방정식에서 더하거나 뺄 수 있는 열역학적으로 중요한 항들도 동일한 크기 의존도, 즉 동일한 세기적 또는 크기적 특성을 가져야 한다. 또한 $f(x)=cx^n$과 같은 지수 함수를 제외하고, 사용하는 함수의 인수들은 차원이 없고 세기적이어야 한다. 로그 함수는 특수한 경우이다.

1.6 열용량과 비열

열용량은 열전달에 의해 발생하는 계의 온도 변화를 기술한다. 계가 1킬로그램의 알루미늄일 때보다 동일한 양의 물일 때 온도를 10° 올리려면 더 많은 열이 필요하다. 초기 온도 T_0, 계로 들어온 작은 양의 열 Q와 최종 온도 T_f를 측정하면 열용량을 구할 수 있다. 이때 열용량은 $Q/\Delta T$가 되고, $\Delta T = T_f - T_0$이다. 더 작은 양의 열을 연속적으로 가해 더 작은 온도 변화가 생기게 하여, $Q/\Delta T$의 값을 $Q = 0$로 바깥 늘림을 함으로써, 열용량은 단일 온도와 연관 지을 수 있다. 바깥 늘림을 한 양은 상태 함수이다. 열용량의 값은 어떤 과정을 따르느냐에 의존한다. **등적 열용량**(constant-volume heat capacity)과 **등압 열용량**(constant-pressure heat capacity)은

$$C_V = \lim_{Q\to 0} \frac{Q}{\Delta T}\bigg|_{V=\text{const}} \quad \text{그리고} \quad C_P = \lim_{Q\to 0} \frac{Q}{\Delta T}\bigg|_{P=\text{const}} \tag{1.25}$$

이고, "lim"은 실험 측정을 바깥 늘림을 한 것임을 뜻한다.

열용량은 크기적 성질이다. 열용량을 몰수 n 또는 질량 M으로 나눠 얻은 세기적 성질을 **비열**(specific heat)이라고 한다. 등압 비열은

$$c_P = \frac{C_P}{n} \quad \text{그리고} \quad c_P^M = \frac{C_P}{M}. \tag{1.26}$$

로 주어진다. 몰에 근거한 비열은 보통 기체에 사용되는 반면, 질량에 근거한 비열은 고체에 사용된다. 비열의 단위를 보면 비열이 n으로 나눈 것인지, 아니면 M으로 나눈 것인지 알 수 있으며, 보통 위 첨자 M을 적지 않는다. 비열의 값은 계의 크기와 무관하므로 비열은 편리한 성질이고, 물질의 성질의 표에 나열되어 있다. 표 1.2에 몇 가지 물질의 비열 값이 주어져 있다.

등비열

비열은 계의 상태에 의존하지만, 대개 비열이 충분히 느리게 변화하기 때문에 비열을 상수로 생각할 수 있다. 비열이 상수일 때 등압 과정에서 전달되는 열은 $Q = C_P\Delta T$가 되고, 이것은 비열로

$$Q = nc_P\Delta T \quad \text{또는} \quad Q = Mc_V^M\Delta T \tag{1.27}$$

로 주어진다. 동일하게 등적 과정에서는 $Q = nc_V\Delta T = Mc_V^M\Delta T$로 주어진다. 1 atm에서의 물의 등압 비열 c_P^M의 온도 의존도가 그림 1.3에 나와 있다. 이 값은 $\text{J kg}^{-1}\,\text{K}^{-1}$ 단위로 4178에서 4218 사이의 범위에 있다. 범위가 충분히 작기 때문에 물의 비열은 대개 상수로 취급한다. 보통 사용되는 c_P^M의 값은 4184 $\text{J kg}^{-1}\,\text{K}^{-1}$이며, 킬로칼로리로는 1.00 $\text{kcal kg}^{-1}\,\text{K}^{-1}$이다.

비열은 **열량계**(calorimeter)로 측정한다. 간단한 열량계는 열용량이 알려진 절연컵, 온도계와 휘젓는 장치를 사용한다. 측정한 양의 물을 컵에 넣고, 컵과 물이 평형이 되

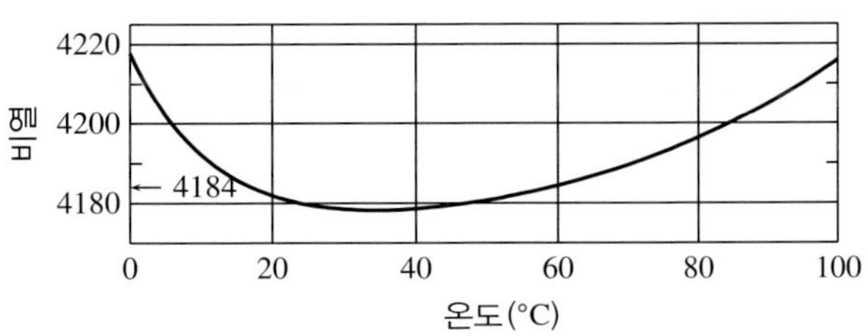

그림 1.3 1.0 atm에서의 물의 비열 c_P^M. 단위 $\text{J kg}^{-1}\,\text{K}^{-1}$

게 기다린 후 온도 T_0를 측정한다. 가열한 시료의 질량과 초기 온도를 측정하고, 시료를 물이 든 컵 안에 넣고 결합계가 평형이 되기 기다린다(휘젓는 장치의 도움을 빌린다). 그리고 최종 온도 T_f를 측정한다. 다음 예제는 이 과정을 잘 보여 준다.

예제 1.2 **열량계**

85°C인 150 g의 유리조각을 20°C인 500 g의 물이 담긴 열량계 컵 안에 넣는다. 결합계가 22.1°C에서 평형에 도달한다. 유리의 비열을 구하시오. 열량계 컵의 비열은 0.026 kcal K^{-1}이다. 그림 1.4를 보라.

풀이 ■ 계는 두 개의 부분계로 이루어져 있다. 하나는 유리(g)이고 다른 하나는 물과 열량계 컵(w+c)이다. 원리상 부분계의 상태는 T와 P에 의존한다. 실험이 대기압에서 이루어진다고 가정하면, P는 일정하므로 온도가 중요한 변수가 된다. 초기 상태에서 부분계는 다른 온도에서 평형에 있는 반면, 최종 상태에서는 모두 한 온도에서 평형을 이룬다. 결합계(유리, 물과 컵)와 환경 사이에 열 교환이 없다고 가정하자. 주위 환경과 열이 교환되지 않기 때문에, 한 부분계로 전달되는 열은 다른 부분계에서 전달되는 열과 같다.

(물과 컵으로 전달된 열) = (유리로부터 전달된 열).

Q의 부호를 붙이는 관례에 따라, 이것은

$$Q^{\mathrm{w+c}} = -Q^{\mathrm{g}},$$

을 의미하고, 위 첨자들은 부분계를 나타낸다. $Q = C_P\Delta T$, $\Delta \mathrm{T} = \Theta_f - \Theta_0$와 $C_P = Mc_P$이므로

$$(M^{\mathrm{w}}c_P^{\mathrm{w}} + C_P^{\mathrm{c}})(\Theta_f - \Theta_0^{\mathrm{c+w}}) = -M^{\mathrm{g}}c_P^{\mathrm{g}}(\Theta_f - \Theta_0^{\mathrm{g}})$$

를 얻는다. 두 부분계가 동일한 최종 온도를 가지므로, 부분계를 나타내는 위 첨자가 Θ_f에는 필요하지 않다. 유리의 비열에 대해 풀면

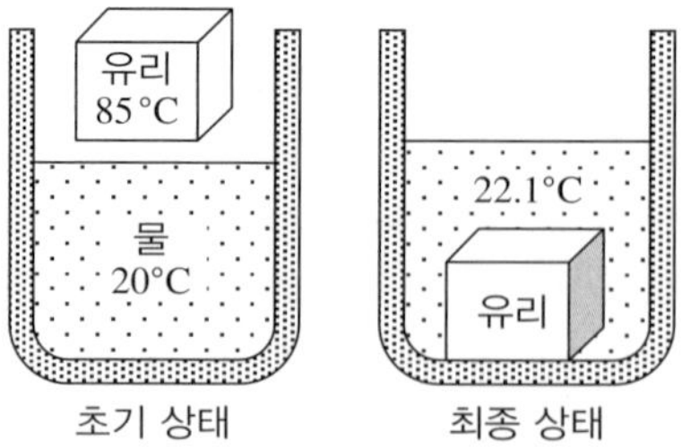

그림 1.4 열량계 실험

$$c_P^g = \frac{(M^w c_P^w + C_P^c)(\Theta_f - \Theta_0^{c+w})}{M^g(\Theta_0^g - \Theta_f)}$$

또는

$$c_P^g = \frac{[(0.5\,\text{kg})(1.0\,\text{kcal}\,\text{kg}^{-1}\text{K}^{-1}) + 0.026\,\text{kcal}\,\text{K}^{-1}](22.1 - 20\,°\text{C})}{(0.15\,\text{kg})(85 - 22.1\,°\text{C})}$$

이 된다. 따라서 유리의 등압 비열은

$$c_P^g = 0.117\,\text{kcal}\,\text{kg}^{-1}\text{K}^{-1}$$

이다. ◆

문제

1.1 실온(68°F)과 정상 체온(98.6°F)을 켈빈과 섭씨 온도로 표시하시오.

1.2 온도가 25°C (77°F)일 때, 당신 차의 타이어의 계기 압력은 210 kPa(30.5 psi)이다. 며칠 후 기온이 훨씬 낮아졌다. 이상 기체 상태 방정식을 사용하여 온도가 0°C일 때의 당신 타이어의 계기 압력을 추정해 보시오. 킬로파스칼과 제곱 인치당 파운드(psi)로 답하시오(계기 압력은 절대 압력과 대략 100 kPa인 대기압의 차이를 뜻한다).

1.3 이상 기체의 엔트로피를 온도와 부피의 함수로 표현하면 함수 $S(T, V) = nR\ln(T/T_o) + nc_o\ln(V/V_o)$로 주어진다. 여기서 n, R, c_o, T_o, V_o, P_o는 모두 상수이다. 이 기체의 엔트로피 $S(T, P)$를 온도와 압력의 함수로 구하시오 ($\ln(xy) = \ln x + \ln y$, $\ln(1/z) = -\ln z$, 그리고 $\ln 1 = 0$임을 기억하라).

1.4 90°C인 300 g의 알루미늄이 400 g의 물이 담긴 열량계 컵 안에 놓여 있다. 구리 열량계 컵의 질량은 80 g이다. 물과 컵의 초기 온도가 22.0°C이다. 최종 온도는 무엇인가?

1.5 80°C인 250 g의 시료가 300 g의 물이 담긴 열량계에 놓여 있다. 알루미늄 열량계 컵의 질량은 100 g이다. 물과 컵의 초기 온도가 20.0°C였고 최종 온도는 21.8°C이다. 이 시료의 비열은 얼마인가?

2장 열역학 제1법칙

제1법칙은 에너지가 보존된다는 것과 계 사이에서 에너지를 전달하는 방법은 열과 일의 두 가지라는 것을 말해준다. 불행하게도 열과 일이라는 용어의 정확한 의미는 일상생활에서 사용하는 방식 때문에 자주 혼동을 일으킨다. 에너지처럼 역학에서 생겨난 개념인 일의 기술적인 의미를 살펴보는 것으로 이 장을 시작한다.

2.1 일

일은 물체에 작용하는 힘에 의해 어떻게 에너지가 물체로 전달되는지를 기술하는 개념이다. 구체적으로 힘 F가 작용해 물체가 경로 L을 따라 움직일 때 한 일은 선적분

$$W = \int_L F \cdot dx \tag{2.1}$$

로 주어진다. 일-에너지 정리는 물체에 한 일과 물체의 운동 에너지의 변화가 같다는 것을 알려준다. 그리고 퍼텐셜 에너지는 다른 종류의 힘이 한 일의 음의 값으로 소개한다. 뉴턴의 제3법칙(Newton's third law)을 사용하면 물체 1이 물체 2에 해 준 일은 물체 2가 물체 1에 해 준 일의 음의 값이 되는 것을 알 수 있다. 그 결과 에너지의 전체 양은 변하지 않는다. 다시 말해 에너지가 보존된다. 열물리학에서는 계를 물체라고 하며, 계가 다른 계에 작용하는 **거시적인**(macroscopic) 힘을 통해 한 일을 W로 표시한다. 관례상 계가 일을 했을 때 W는 양수이고, 계에 일이 행해질 때 W는 음수이다.[1]

열역학에서는 일을 하는 많은 방법들이 존재한다. 몇몇 장치(기계)들은 회전축을 사용해 토크를 가함으로써 일을 한다. PVT 계는 압력이 가하는 힘을 통해 일을 한다. 전기 장치들은 연결된 도선을 통해 에너지를 전달함으로써 일을 한다. 전기 에너지는 원거리 힘을 작용하는 데 사용되기 때문에 일로 취급할 수 있다.

1) 다른 분야에서 W의 부호에 대한 다른 관례가 사용된다. 기계공학에서는 이 책에서처럼 계가 일을 할 때 W가 양수이다. 물리화학에서는 계에 일이 행해질 때 W가 양수이다.

압력

압력은 단위 표면적당 힘이기 때문에($P=F/A$), 그림 2.1의 유체가 피스톤에 가하는 힘 F의 크기는 $F=PA$이다. 여기서 A는 피스톤의 단면적이다. 정지한 유체의 압력을 **유체 정지 압력**(hydrostatic pressure)이라고 하고, 전체 압력에 비해 깊이 증가에 따른 압력 변화를 무시할 수 있을 때 유체 정지 압력은 일정하다고 생각한다. 유체와 접촉하고 있는 표면에 작용하는 유체 정지 압력에 의한 힘은 표면에 수직하고 방향은 표면을 향한다. 예를 들어 대기가 이 책의 앞표지에 작용하는 유체 정지 압력에 의한 힘은 앞표지에 수직하고 책을 회전시킬 때 같이 회전한다. 뒤표지에 작용하는 힘의 방향은 반대 방향이다.

그림에 있는 피스톤이 오른쪽으로 짧은 거리 Δx를 이동해 부피 변화 $\Delta V=A\Delta x$가 생기는 과정을 고려함으로써 유체가 한 일의 표현식을 구할 수 있다. 힘이 변위와 평행하기 때문에, 한 일의 증가분은

$$F \cdot \Delta x = F\Delta x = (PA)(\Delta V/A) = P\Delta V \tag{2.2}$$

이다. 부피가 변할 때 압력도 변하기 때문에, 유한 과정 동안 한 일은

$$W = \int F\,dx = \int_{V_0}^{V_f} P(V)\,dV \tag{2.3}$$

이 되고, $P(V)$는 부피에 대한 압력 의존도를 말하며, V_0와 V_f는 초기 부피와 최종 부피이다. 특수 경우에 대해 유도한 것이지만 이 식은 평형 과정에 있는 PVT 계가 한 일에 대한 일반식이다. 압력이 일정한 특수 경우 계가 한 일은

$$W = P(V_f - V_0) \tag{2.4}$$

가 된다.

위 논의는 평형에 있는 유체 압력이 유체 전체에 걸쳐 일정하다고 가정하고 있는데, 이것은 엄격히 말해 옳지 않다. 중력 때문에 높이 h가 증가할수록 압력은 ρgh로 감소한다. 여기서 ρ는 질량 밀도이고 g는 중력 가속도이다. 그러나 이런 감소를 무시할 때가 많다. 예를 들어 대기의 압력은 보통 10^5 Pa인 반면, 고도 1미터당 압력 감소

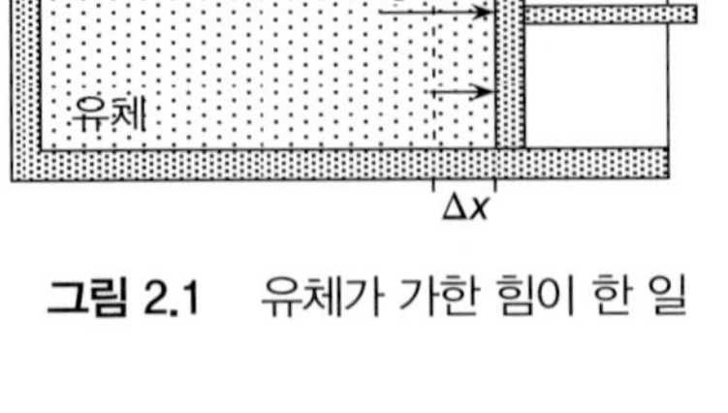

그림 2.1 유체가 가한 힘이 한 일

는 대략 13 Pa이다(대기압을 약자로 "atm"라고 적는 압력 단위인 기압과 혼동하지 말아야 한다).

2.2 열

열, 일, 내부 에너지와 온도라는 개념들을 올바르게 사용하는 것은 필수적이다. 일상적인 회화에서 학생들은 "교실이 숨 막힐 듯이 더워(heat in the classroom is oppressive)"라고 말하곤 한다. 이런 표현은 기술적으로 **틀린**(incorrect) 표현이다. 숨 막힐 듯이 더운 것은 아마 공기일 것이다. "교실이"라는 말은 공기의 어떤 성질(어떤 상태 함수)을 가리키고 있음을 암시한다. 열은 상태 함수가 아니지만 온도와 내부 에너지는 상태 함수이기 때문에, 즉 이 말은 열을 온도 또는 내부 에너지와 혼동하고 있으며, 견딜 수 없는 것은 온도임을 가리킨다. 온도는 세기적 변수로 교실의 크기와는 무관하다. 반면 내부 에너지는 크기적 변수로 크기에 비례한다. 0°C의 추운 강의실 안의 공기의 내부 에너지는 30°C의 작은 세미나실 안의 공기의 내부 에너지보다 훨씬 크다. 기술적으로 올바르게 표현하자면, 학생들은 "교실의 온도가 숨 막힐 듯 높다"라고 해야 한다.

1장에서 열은 온도 차이 때문에 한 계로부터 다른 계로 전달되는 에너지라고 설명하였다. 이런 설명은 열이 교환되는지를 결정하는 데 있어 유용하지만, 온도와 무관하게 열을 기술하는 것이 좀 더 근본적이다. **열은 비역학적 수단에 의해 계에서 전달되는 에너지이다**.

위 문장에서 언급한 역학은 계의 **거시적인**(macroscopic) 행동을 기술하는 역학을 말한다. 계를 미시적으로 보았을 때, 다시 말해 입자들의 집단으로 생각할 때, 열 Q와 일 W 모두 한 계에서 다른 계로 둘 사이에 작용하는 힘에 의해 전달되는 에너지를 나타낸다. 열과 일을 구분하는 것은 힘의 근원이다. 열은 한 계의 입자들이 다른 계의 입자들과 무작위적이고 조절 불가능한 미시적인 상호작용에 의해 생기는 힘들에 의해 전달되는 에너지이다. 반면 일은 거시적으로 관측이 가능한 힘들에 의해 전달되는 에너지이다. 에너지를 전달하는 두 가지 방법을 구별하는 것은 열물리학의 핵심이다.

2.3 제1법칙

열과 에너지 사이의 관계를 구하는 일은 열역학의 역사적 발전 과정에서 결정적인 단계 가운데 하나였다. 열량 측정 실험에서 무언가가 재배치된다는 것과 이 재배치를 예제 1.2에서처럼 정량적으로 기술할 수 있다는 것이 알려졌다. 그러나 열이라고 하는 무언가가 에너지의 한 형태라는 것은 분명하지 않았다. 열이 에너지라는 사실은 열전달에 의해 생긴 상태 변화가 역학적 수단에 의해 가능하다는 것을 보임으로써 알려지게 되었다. 마찰력이나 다른 흩어지기 힘에 의한 계의 상태 변화는 계에 열을 전달하여도 일어날 수 있다. 이런 사실들로부터 에너지, 일 및 열 사이의 관계가 확립되었다. 다시 말해 상태 함수 U가 에너지의 특성을 가지며, U의 변화는 계에 전달된 열 Q에서 계가 한 일 W를 뺀 값과 같다. 이런 관계를 제1법칙으로 요약할 수 있다.

열역학 제1법칙

1. 모든 계는 내부 에너지 상태 함수 U를 가진다.
2. 에너지가 보존되고, 에너지는 열 Q 또는 일 W 가운데 어느 하나로 계 사이에서 전달이 된다.

제1법칙은 방정식

$$Q = \Delta U + W \tag{2.5}$$

로 요약된다. 과정이 일어나는 동안 열이 계로 전달될 때 Q는 양수이고, 계가 일을 할 때 W가 양수이다. 계의 내부 에너지의 변화는 $\Delta U = U_f - U_0$이고, U_0와 U_f는 U의 초기 값과 최종 값이다. ΔU는 차이를 나타내므로, 임의의 상수를 U에 더해도 무방하다. 이런 임의성은 역학에서도 익숙한 것이다. 역학에서 중력 퍼텐셜 에너지 Mgh는 높이 h를 측정하는 기준점의 선택에 달려 있다. **단일**(single)계의 성질 변화를 둘 또는 그 이상의 계들과의 상호작용을 기술하는 양들과 관련을 맺어 주는 방정식을 식 (2.5)를 달리 표현해 얻을 수 있다.

$$\Delta U = Q - W. \tag{2.6}$$

내부 에너지 U와 그 변화량 ΔU는 크기적 변수이다. 더하거나 빼는 항들 역시 같은 크기 의존도를 가져야 하기 때문에, Q와 W도 크기적 변수이다. 이것은 몇 개의 부분계로 구성된 계의 Q와 W의 값이 부분계의 Q와 W의 값의 합과 같다는 것을 의미한다. 또한 균질 계의 크기가 λ배 증가하면, Q와 W 값 역시 λ배 증가해야 한다. 계의 질량중심 운동과 관련된 거시적인 운동 에너지와 퍼텐셜 에너지는 내부 에너지에 포함되지 않는다. 그 결과 전체 계의 속도 또는 중력 퍼텐셜 에너지가 변할 때, 제1법칙은

$$Q = W + \Delta U + \Delta E_{\mathrm{macro}} \tag{2.7}$$

이 된다. $\Delta E_{\mathrm{macro}}$는 거시적인 에너지의 변화량이다.

2.4 응용

쉽게 상상할 수 있는 예들을 분석하는 일에 Q, W와 ΔU를 사용함으로써 이들의 의미를 잘 이해할 수 있다. 우선 기체의 자유 팽창에 대해 생각해 보자.

자유 팽창

자유 팽창 실험(free expansion experiment)에 사용되는 기구는 그림 2.2에 그려져 있는 것처럼 절연체 벽이 있는 두 개의 단단한 용기로 구성되어 있다. 처음에 기체가 한쪽 용기에 채워져 있고, 다른 용기는 비어 있으며, 용기 사이의 밸브가 닫혀 있다. 이제 밸브를 열면, 기체가 빈 용기로 흘러간다. 이 과정은 두 용기를 채운 기체가 평형에 이를 때 끝이 난다.

기체가 관심의 대상인 계가 된다. 용기의 벽은 완전히 절연되어 있으므로 기체로, 또는 기체로부터 열이 전달될 수 없다. 즉 팽창은 단열 과정이다. 따라서

$$Q = 0 \tag{2.8}$$

이다. 계가 일을 하기 위해서는 계가 움직이는 것에 힘을 가해야 한다. 기체(계)의 일부가 계의 다른 부분에 힘을 가하지만, 이 힘은 계 **내부**(within)에서만 에너지를 전달하기 때문에 제1법칙은 이 힘과는 관계가 없다. 제1법칙은 **다른** 계에 작용하는 원거리 힘과만 관계가 있다. 용기의 벽이 단단하기 때문에, 계가 다른 계에 원거리 힘을 작용할 여지가 없다. 따라서

$$W = 0 \tag{2.9}$$

가 된다. Q와 W 모두 0이기 때문에, 제1법칙은

$$\Delta U = Q - W = 0 \tag{2.10}$$

임을 말해준다. 그러므로 **기체가 자유 팽창할 때 기체의 내부 에너지는 변하지 않는다.**

식 $W = \int P(V)\,dV$를 자유 팽창에 적용할 수 없음에 유의하라. 기체의 부피 V가 변하긴 하지만, 이 변화는 평형 과정의 결과가 아니다. 계(기체)는 언제나 평형에 있지

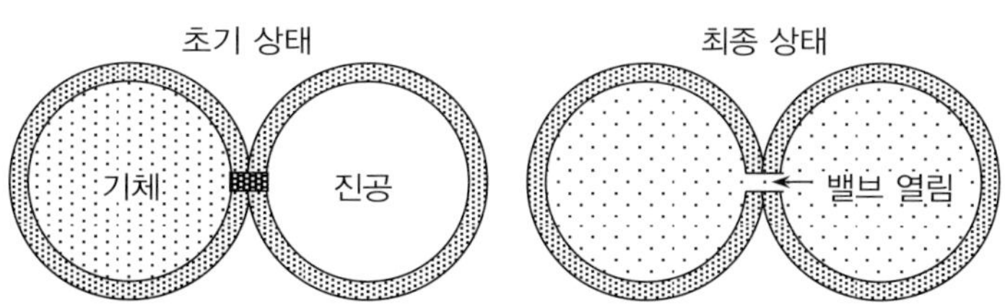

그림 2.2 자유 팽창 실험

않았지만, 밸브가 열린 후 계는 자발적으로 변화하였다. 더욱이 기체가 팽창하는 동안 기체 압력이 균일하지 않기 때문에 기체의 압력을 함수 $P(V)$로 기술할 수 없다.

자유 팽창 실험은 역사적으로 중요하였다. 실험 시작과 종료 때 기체 온도가 측정되었고, 초기 온도와 최종 온도가 동일($T_f = T_0$)하였다. U는 변하지 않지만 부피가 변하기 때문에, 내부 에너지가 부피와 무관하다고 결론지을 수 있었다. 다른 실험들도 내부 에너지가 온도에 의존한다는 것을 분명하게 가리키고 있기 때문에, 기체의 내부 에너지가 온도만의 함수, 즉 $U = U(T)$라는 결론을 얻었다. 이것이 앞서 설명한(식 1.13 참조) 이상 기체의 특성 가운데 하나이다. 다른 실험들을 통해 $T_f = T_0$라는 결과가 정확히 옳지는 않다는 것을 알게 되었지만, 이상 기체 모형은 많은 응용에서 매우 유용하게 쓰일 만큼 충분히 정확하다.

대기에 해준 일

대기에 노출된 계가 팽창하면서 일을 한다는 것이 분명해 보이지 않을 수 있다. 그러나 일을 한다. 1리터의 물을 끓일 때 어떤 일이 생기는지 알아보자.

예제 2.1 물을 수증기로 변화시킴

100°C 1 kg의 물을 완전히 수증기로 바꾸는 데 539 kcal의 열이 필요하다. 일을 하는 데 사용하는 열의 퍼센트와 내부 에너지를 증가시키는 데 드는 열의 퍼센트를 구하시오. 100°C에서 물과 수증기의 견줌 부피는 각각 $v_M^{w} = 0.0010\ \mathrm{m^3\,kg^{-1}}$과 $v_M^{st} = 1.8\ \mathrm{m^3 kg^{-1}}$이다.

풀이 ■ 주어진 데이터는 압력이 1.00 atm인 실온에서 물을 끓인다는 것을 가정하고 있다. 분석하려는 계는 수증기로 바뀌는 물이다. 1.00 L의 물의 질량은 1.00 kg이므로, 이 과정 동안 물의 부피가 $V_0 = 0.0010\ \mathrm{m^3}$에서 $V_f = 1.8\ \mathrm{m^3}$으로 부피가 1800배 증가한다. 과정이 일정 압력 1.00 atm에서 일어나므로, 한 일은

$$W = P(V_f - V_0) = 1.00\ \mathrm{atm}\,(1.8\ \mathrm{m^3} - 0.001\ \mathrm{m^3}) = 1.80\ \mathrm{atm\ m^3}$$

이 된다. 이것을 kcal로 바꾸면

$$W = 1.80\ \mathrm{atm\ m^3}\left(\frac{1.013\times10^5\,\mathrm{Pa}}{1\ \mathrm{atm}}\right)\left(\frac{1\ \mathrm{Nm^{-2}}}{1\ \mathrm{Pa}}\right)\left(\frac{1\ \mathrm{J}}{1\ \mathrm{N\cdot m}}\right)\left(\frac{1\ \mathrm{kcal}}{4184\ \mathrm{J}}\right) = 43.6\ \mathrm{kcal}$$

이다. 대기압을 이기고 일을 한 물로 전달된 열의 퍼센트는

$$\frac{W}{Q} = \frac{43.6\ \mathrm{kcal}}{539\ \mathrm{kcal}} = 0.0809 = 8.1\%$$

이다. 물-수증기 계의 내부 에너지를 증가시키는 데 든 열의 퍼센트는

$$\frac{\Delta U}{Q} = \frac{Q - W}{Q} = 1 - \frac{W}{Q} = 1 - 0.0809 = 91.9\%$$

이다. ◆

흩어지기 힘

고전역학에서 에너지 보존 원리는 보존력이 관계된 상황에만 적용된다. 마찰력이나 다른 흩어지기 힘이 존재하면, 운동 에너지와 퍼텐셜 에너지의 전체 양은 감소하고, 따라서 역학적 에너지가 보존되지 않는다. 열역학 제1법칙은 역학적 에너지의 감소를 내부 에너지의 증가로 생각함으로써 에너지 보존 원리를 완성하게 해 준다.

친숙한 형태의 흩어지기 힘으로 서로 미끄러지는 물체 사이의 건식 마찰력을 들 수 있다. 물체 사이의 계면이 평평할 때, 마찰력은 계면에 평행하고 상대 속도와 반대 방향이다. 마찰력의 크기는 $f = \mu N$으로 주어지고, N은 물체 사이의 힘의 수직 성분이며, μ는 미끄럼 마찰 계수이다.

예제 2.2 건식 마찰력

정지한 블록에 대해 블록을 앞뒤로 전체 거리 160 m를 이동시킨다. 이 블록의 온도 변화를 구하시오. 블록 사이의 수직 항력은 500 N이고, 마찰 계수는 $\mu = 0.40$이다. 두 블록은 모두 철로 만들어졌고, 전체 질량은 2.0 kg이다.

풀이 ■ 움직이는 블록을 오른쪽으로 밀 때 이 블록에 작용하는 힘이 그림 2.3에 주어져 있다. 수직 항력 N은 아랫방향 힘 F_{down}과 위쪽 블록의 무게의 합과 같다. 외부 힘 F_{ext}가 오른쪽으로 밀고 마찰력 f는 왼쪽으로 밀기 때문에, 뉴턴의 제2법칙을 적용하면 $F_{ext} - f = ma$가 되고, m은 움직이는 블록의 질량, a는 이 블록의 가속도가 된다. $f = \mu N$이므로 블록이 거리 d를 움직일 때 외부 힘이 한 일은

$$w = \int F_{ext} dx = \int (f + ma)\, dx = \mu N d + \int ma\, dx$$

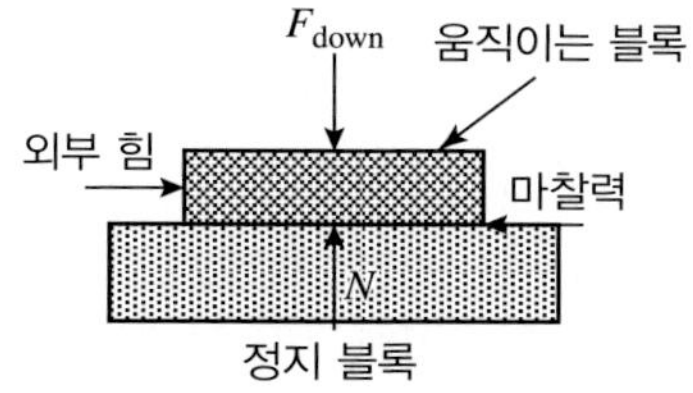

그림 2.3 움직이는 블록에 작용하는 힘들

이 된다. 블록이 움직이고 멈출 때마다 가속도의 부호가 바뀌기 때문에, $\int ma\,dx$항의 기여는 무시할 수 있다. 블록이 전체 거리 D = 160 m를 움직인 후 외부 힘이 한 일은

$$W_{ext} = F_{ext}D = \mu ND = (0.40)(500\ \text{N})(160\ \text{m}) = 32\,000\ \text{J} = 32\ \text{kJ}$$

이 된다.

이제 계의 두 블록에 제1법칙을 적용해 보자. 블록과 환경 사이에서 전달되는 열은 무시할 수 있다. 따라서

$$Q = 0$$

이다. 블록이 팽창하여 대기에 한 일 $P\Delta V$도 무시할 수 있다. 그리고 외부 힘이 계에 한 일은 계가 한 일의 음수 값과 같으므로, $W = -W_{ext} = -32$ kJ이다. 제1법칙 $Q = \Delta U + W$에 따라 계의 내부 에너지 변화는

$$\Delta U = 32\ \text{kJ}$$

이다. 이 변화는 또한 블록들을 불꽃 위에서 가열하여 열 $Q_{flame} = M\,c_P^M\Delta T$를 전달해도 얻을 수 있다(1.27 참조). 일 $P\Delta V$를 무시할 때, 제1법칙은 $Q_{flame} = \Delta U$가 된다. Q_{flame}에 대한 두 식을 결합하면, $\Delta U = M\,c_P^M\Delta T$을 얻는다. 계의 상태 변화는 에너지가 일 또는 열 어느 것으로 전달되느냐에 무관하므로, ΔT를 구하는 데 $\Delta U = M\,c_P^M\Delta T$를 사용할 수 있다. 표 1.2에 있는 철의 c_P^M 값을 사용하여 블록들이 열적 평형에 도달한 후의 온도 변화를 구하면

$$\Delta T = \frac{\Delta U}{Mc_P^M} = \frac{32\ \text{kJ}}{(2.0\ \text{kg})(0.444\ \text{kJ kg}^{-1}\text{K} - 1)} = 36\ \text{K}$$

이 된다. ◆

$\mu ND = Mc_P^M\Delta T$가 "거의 확실"하기 때문에, 이 예제에서 ΔT를 구하는 경로는 쓸데없이 복잡해 보일 수 있다. 그러나 이 예제의 목적은 Q, W, ΔU의 의미를 알려 주는 것이다. 일상적으로 사람들은 블록의 온도 증가가 "마찰에 의한 가열" 때문이라고 설명한다. 그러나 $Q = 0$이므로 이 설명은 기술적으로 **틀린** 것이다. 온도 증가를 일으키는 실제 에너지원은 외부 힘이 한 **일**이다. 정지한 블록에 작용하는 마찰력은 움직이는 블록에 작용하는 마찰력과 크기는 같지만 방향은 **반대**이기 때문에, 정지 블록에 해 준 일(μND)은 움직이는 블록에 해 준 일($-\mu ND$)의 음수 값이다.

흩어지기 힘을 끝내기 전에 흩어지기 힘이 관계된 과정들은 항상 **비가역적**(irreversible)이라는 것을 지적하고자 한다. 비가역적이라는 의미를 밝히기 위해 마루에서 물체를 밀었다가 놓는다고 상상해 보자. 마찰력이 물체 속도를 줄여 물체가 정

지한다. 가역 과정은 물체가 정지해 있다가 마루와의 상호작용 이외의 다른 원인 없이 자발적으로 마루 위를 움직이는 것이다. 물론 이런 일은 절대로 일어나지 않는다. 이것은 이 과정이 비가역적이라는 것을 의미한다.

문제

2.1 0.60 kg의 진한 액체를 세게 휘저어 부피 변화 없이 온도만 3.0°C 만큼 증가시킨다. 이 액체의 비열은 $c_V^M = 2.4\ \mathrm{kJ\ kg^{-1}K^{-1}}$이다.

(a) 이 액체에 한 일을 구하시오(즉 $-W$를 구하시오).

(b) 휘젓는 데 75 W(0.10 hp)의 일률을 쓴다면, 얼마나 오랫동안 액체를 휘저어야 하는가?

2.2 이상 기체를 300 K의 일정한 온도에서 가열하여 이상 기체가 팽창한다. 초기 압력과 부피는 $P_0 = 0.99$ atm과 $V_0 = 1.1\ \mathrm{m^3}$이다. 과정이 진행되는 동안 압력은 $P = P_0V_0/V$이고 최종 부피는 $V_f = 2.2\ \mathrm{m^3}$이다.

(a) 이 기체의 몰수는 얼마인가? (상태 방정식을 사용하시오.)

(b) 이 기체의 최종 압력은 얼마인가?

(c) 이 과정 동안 기체에 대한 W은 얼마인가? ($\int V^{-1}\mathrm{dV} = \ln V +$상수임을 기억하라.)

(d) 이 기체의 ΔU는 얼마인가?

(e) 이 기체의 Q는 얼마인가?

2.3 30°C의 10.0 g의 알루미늄 박막과 15°C의 0.50몰의 기체가 압력이 200 kPa로 유지되도록 부피가 변화하는 용기 안에 놓여 있다. 박막과 공기는 평형에 있고 용기와 거의 열을 교환하지 않는다. 기체의 비열은 $c_P = 3.5R$이고, R은 보편 기체 상수이다.

(a) 박막과 기체의 최종 온도를 구하시오.

(b) 박막에 대한 Q와 ΔU의 값을 구하시오. (부피 변화는 무시하라.)

(c) 기체가 한 일을 구하시오.

(d) 기체에 대한 Q와 ΔU의 값은 무엇인가?

2.4 0°C의 1 kg의 얼음을 0°C의 물로 변화시키기 위해 필요한 80 kcal의 열 Q의 몇 퍼센트가 일 W를 하는 데 관여할까? W는 양수인가 음수인가? 얼음과 물의 밀도는 각각 917 kg $\mathrm{m^{-3}}$과 1000 kg $\mathrm{m^{-3}}$이다.

3장 성질과 편미분

열역학적 성질에 대한 연구는 작은 수의 변수만이 필요하기 때문에 쉬운 편이다. 사용하는 대부분의 수학은 다른 물리학 분야에서 사용하던 친숙한 것들이지만, 조금은 다르게 사용하기도 하고 다른 표기법을 사용하기도 한다. 역학에서는 보통 하나의 변수, 시간 t의 함수를 다룬다. 예를 들어 입자의 궤적은 함수 $x(t)$, $y(t)$, $z(t)$의 함수로 기술되고 이 함수들의 도함수에 의해 결정된다. 이와는 대조적으로 시간 도함수(변화율)는 열물리학에서 훨씬 덜 중요하다. 시간은 여전히 중요하지만, 중요한 것은 사건의 시간 순서이지 사건이 일어나는 시간율은 아니다. 이 장에서는 *PVT* 계가 가진 성질과 이들을 편미분으로 표현하는 것에 초점을 맞춘다.

3.1 규약

저자들마다 표기법을 다르게 사용하기도 하기 때문에, 먼저 규약에 대해 이야기하고자 한다. 그리스 문자 Δ는 차이를 나타내며, 작을 수도 아닐 수도 있다. 상태 함수는 상전이 때를 제외하고 몇 개의 변수들의 미분 가능한 연속 함수라고 가정한다. 현재의 중요한 양을 보통 변수(variable)라고 하고, 반면 계를 특징짓는 데 사용되는 부수적인 양을 도움 변수(parameter)라고 한다. 논의가 진행되면서 변수가 도움 변수가 될 수도 있고, 그 반대도 가능하다.

한 변수의 함수는 선 그래프로 편리하게 나타낼 수 있다. 두 변수의 함수는 3차원에서 면으로 나타낼 수 있다. 예를 들어 이상 기체의 상태 방정식 $P = nRT/V$가 그림 3.1에 그려져 있다. 압력, 부피, 온도 축의 수는 P/P_o, V/V_o, T/T_o를 나타내며, P_o, V_o, T_o는 기준 상태에서의 값들이다.

편미분

계의 많은 성질들은 편미분으로 표시된다. $F(x, y)$ 의 x에 대한 편미분은

$$\frac{\partial F(x, y)}{\partial x} = \lim_{\Delta x \to 0} \frac{F(x + \Delta x, y) - F(x, y)}{\Delta x} \tag{3.1}$$

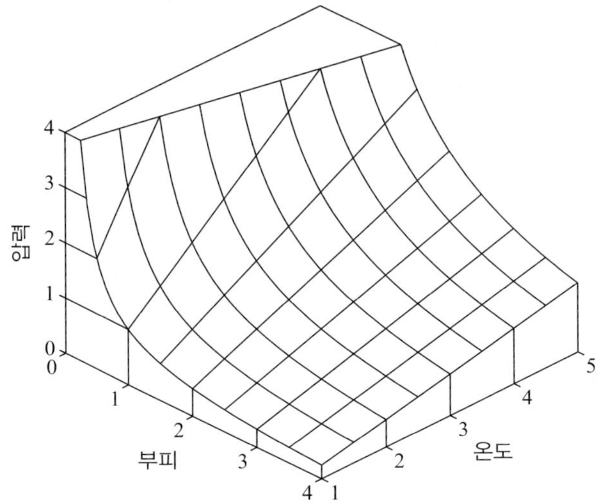

그림 3.1 이상 기체의 상태 방정식

이고, Δx는 **무한소**(infinitesimal), 즉 아주 작게 만들 수 있는 0이 아닌 양이다. 수학 교재에서는 대개 Δx 대신 h를 사용한다. 편미분에 대한 몇 가지 다른 표기법이 다음과 같이 존재한다.

$$\frac{\partial F(x,y)}{\partial x} = \frac{\partial F}{\partial x} = F_x(x,y) = \left(\frac{\partial F}{\partial x}\right)_y. \tag{3.2}$$

첫 번째, 세 번째와 네 번째 표기법은 달라질 변수와 고정 변수를 모두 보여 주고 있다. 열역학에서는 고정 변수가 무엇인지 아는 것이 중요하기 때문에, 두 번째 표기법은 피해야 한다. 수학 관계식을 유도할 때, 왼쪽에 있는 표기법, 즉 **전통적인 표기법**(conventional notation)을 선호한다. 오른쪽에 있는 간결한 표기법을 **열역학 표기법**(thermodynamic notation)이라고 한다. 우선 열용량과 비열을 편미분으로 표시해 보자.

3.2 평형 성질

등적 열용량

열용량은 열전달에 의해 생기는 온도 변화를 기술하는 상태 함수이고, 어떤 과정을 따르느냐에 의존한다. 부피가 일정할 때 PVT 계가 한 일은 0이므로($W = 0$), 제1법칙 $Q = \Delta U + W$을 적용하면

$$Q = \Delta U = U_f - U_0 = U(T + \Delta T, V) - U(T, V) \tag{3.3}$$

이 된다. 이 식을 식 (1.25)에 주어진 C_V의 경험식에 대입하고, Q가 매우 작다고 가정하면

$$C_V = \lim_{Q \to 0} \left. \frac{Q}{\Delta T} \right|_{V=\text{const}} = \lim_{\Delta T \to 0} \frac{U(T + \Delta T, V) - U(T, V)}{\Delta T} = \frac{\partial U(T, V)}{\partial T} \tag{3.4}$$

를 얻는다. 이 식에 나와 있는 두 개의 극한의 차이에 주목하라. 첫 번째 극한에서 ΔT는 열전달 Q에 의해 생긴 온도 차이이다. 두 번째 극한에서 ΔT는 내부 에너지 변화에 의한 온도 차이이다. 열역학 표기법에서 등적 열용량은 아래와 같이 주어진다.

$$\boxed{C_V(V, T) = \left(\frac{\partial U}{\partial T}\right)_V.} \tag{3.5}$$

등적 비열은 $c_V = C_V/n$이다.

일정한 c_V를 가진 이상 기체

이상 기체의 비열은 일반적으로 온도의 함수이지만, 대개 c_V를 근사적으로 상수로 취급하고는 한다. 이 경우 이상 기체의 내부 에너지 함수는 특히 간단하다. 이상 기체의 내부 에너지가 온도에만 의존하기 때문에 $U(T)$ 라고 적을 수 있다[식 (1.13) 참조]. 이 경우 식 (3.5)는

$$C_V = \frac{dU(T)}{dT} \tag{3.6}$$

임을 가리킨다. c_V가 상수일 때,

$$U(T) = nc_V T + \text{const}, \tag{3.7}$$

이 되고 여기서 $C_V = nc_V$이다. 적분 상수를 nu_o라 하면

$$U = n(u_o + c_V T). \tag{3.8}$$

을 얻는다.

엔탈피

등압 과정에서 열이 전달되면, 부피가 팽창하여 계가 일을 하게 된다. 이 일을 고려하여 **엔탈피**(enthalpy)라고 하는 에너지 상태 함수를 사용한다. PVT 계에서 엔탈피는

$$H = U + PV \tag{3.9}$$

이다. 압력 P인 환경에서 부피가 V인 지역을 생성하기 위해 PV가 필요하기 때문에, **계의 엔탈피는 내부 에너지와 등압 환경에서 공간을 만들어내는 데 필요한 에너지를 포함하는 상태 함수이다.**

일정한 압력에서 계의 부피가 V_0에서 V가 될 때 계가 한 일은 $W = P(V-V_0)$이다. 이 식을 이용해 등압 과정에 대한 제1법칙은

$$Q = \Delta U + W = (U - U_0) + P(V - V_0) = (U + PV) - (U_0 + PV_0) \tag{3.10}$$

이 된다. 이 식을 식 (3.9)와 결합하면

$$Q = H - H_0 = \Delta H \tag{3.11}$$

임을 가리킨다. **일정한 압력에서 전달된 열은 엔탈피 변화와 같다.**

엔탈피를 이용해 등압 열용량 C_P를 식 (3.5)와 유사한 관계식으로 표현할 수 있다. 식 (3.11)을 식 (1.25)의 C_P의 경험식에 대입하면

$$C_P = \lim_{Q\to 0} \left.\frac{Q}{\Delta T}\right|_{P=\text{const}} = \lim_{\Delta T\to 0} \frac{H(T+\Delta T, P) - H(T,P)}{\Delta T} = \frac{\partial H(T,P)}{\partial T} \tag{3.12}$$

를 얻는다. 여기서 엔탈피는 온도와 압력의 함수이다. 따라서

$$\boxed{C_P(T,P) = \left(\frac{\partial H}{\partial T}\right)_P} \tag{3.13}$$

이 된다.

예제 3.1 **이상 기체의 $c_P - c_V$**

이상 기체의 등압 비열과 등적 비열의 차이를 구하시오.

풀이■ 이상 기체에서 $V = nRT / P$이므로, 엔탈피는

$$H = U + PV = U + nRT$$

이다. 이것과 식 (3.13)의 $U = U(T)$ 를 결합하면,

$$C_P(T,P) = \frac{dU(T)}{dT} + nR$$

이 된다. 이상 기체에서 $C_V = dU(T)/dT$이므로, 이것은

$$C_P(T) = C_V(T) + nR$$

을 의미한다. 여기서 C_P와 C_V는 P와 V에 무관하다. 위 식을 n으로 나눈 후, T를 적지 않고 정리하면

$$c_P - c_V = R \tag{3.14}$$

를 얻게 된다. 이 결과는 c_V가 온도의 함수이냐 아니냐에 상관없이 옳다는 것에 유의하라. 또 c_V가 상수이면, c_P도 상수라는 것에 주목하라. ◆

PVT 계의 내부 에너지는 일반적으로 부피나 압력에 무관하지 않다. 변하는 변수 외에 고정 변수를 아는 것이 왜 중요한지 보여 주기 위해, 도함수 $(\partial U/\partial T)_V$와 $(\partial U/\partial T)_P$를 생각해 보자. 단순 고체 모형에서 T와 V의 함수로 표현한 내부 에너지는

$$U(T, V) = M c_o T + b_o V \left[\ln\left(\frac{V}{V_o}\right) - 1\right] \tag{3.15}$$

이다[식 (1.14) 참조]. 따라서 V를 고정하였을 때 U의 온도 도함수는

$$\left(\frac{\partial U}{\partial T}\right)_V = M c_o \tag{3.16}$$

이다. 식 (1.21)에서 단순 고체의 내부 에너지를 T와 P의 함수로

$$U(T, P) = M c_o T + (a_o T - P - b_o) V_o e^{(a_o T - P)/b_o} \tag{3.17}$$

로 표현했었다. 따라서 P를 고정하였을 때 U의 온도 도함수는

$$\left(\frac{\partial U}{\partial T}\right)_P = M c_o + \left(\frac{a_o}{b_o}\right)(a_o T - P) V_o e^{(a_o T - P)/b_o} \tag{3.18}$$

이 되어, V를 고정하였을 때와 많이 차이가 난다.

예제 3.2 단순 고체의 $C_P - C_V$

단순 고체의 등압 열용량과 등적 열용량의 차이를 구하시오.

풀이 ■ $C_V = (\partial U/\partial T)_V$이므로, 식 (3.16)으로부터

$$C_V = M c_o \qquad \text{그리고} \qquad c_V^M = \frac{C_V}{M} = c_o \tag{3.19}$$

를 얻는다. 식 (1.20)에 따라 단순 고체의 부피는

$$V = V_o e^{(a_o T - P)/b_o}$$

이 된다. 이것과 식 (3.17)의 내부 에너지를 $H = U + PV$에 대입하면

$$H = Mc_oT + (a_oT - P - b_o)V_o e^{(a_oT-P)/b_o} + PV_o e^{(a_oT-P)/b_o}$$

을 얻는다. 따라서 T와 P의 함수로서 단순 고체의 엔탈피는

$$H = Mc_oT + (a_oT - b_o)V_o e^{(a_oT-P)/b_o}$$

이다. $C_V = Mc_o$이므로 등압 열용량은

$$C_P = \left(\frac{\partial H}{\partial T}\right)_P = C_V + (a_o{}^2/b_o)TV_o e^{(a_oT-P)/b_o}$$

이 된다. 부피에 대한 위 표현을 사용하면, 등압 열용량과 등적 열용량의 차이는

$$C_P - C_V = (a_o{}^2/b_o)TV. \tag{3.20}$$

이 된다. ◆

열팽창과 부피 탄성률

부피 열팽창 계수(volume coefficient of thermal expansion) α_V는 일정한 압력에서 온도 변화에 의한 물체의 부피 변화를 기술한다. **등온 부피 탄성률**(isothermal bulk modulus) B_T는 일정한 온도에서 부피 변화에 의한 압력 변화를 기술한다. 이들의 정의는

$$\boxed{\alpha_V = \frac{1}{V}\left(\frac{\partial V}{\partial T}\right)_P} \quad 및 \quad \boxed{B_T = -V\left(\frac{\partial P}{\partial V}\right)_T} \tag{3.21}$$

이다. α_V와 B_T는 모두 세기적 성질이다. 이들을 견줌 부피 $v = V/n$으로 표시하면

$$\alpha_V = \frac{1}{v}\left(\frac{\partial v}{\partial T}\right)_P \quad 및 \quad B_T = -v\left(\frac{\partial P}{\partial v}\right)_T \tag{3.22}$$

가 된다. 몇몇 물질에 대한 α_V와 B_T의 값이 표 1.2에 주어져 있다.

열팽창 계수와 부피 탄성률은 일반적으로 온도와 압력의 함수이다. 그러나 흔히 상수로 취급된다. 예를 들어 0와 100°C 사이에서 물의 밀도는 보통 리터당 1 킬로그램($1000\ \mathrm{kg\ m^{-3}}$ 또는 $1.00\ \mathrm{g\ cm^{-3}}$)으로 간주하지만, 이것은 사실이 아니다. $P = 1.0$ atm에서의 물의 견줌 부피 $v(T, P)$가 그림 3.2에 그려져 있다. 수직축 값의 범위가 좁고 3.98°C에서 최소인 것에 주목하라. 온도가 0에서 3.98°C로 증가함에 따라 견줌 부피가 **감소하기** 때문에, 열팽창 계수가 이 온도 영역에서 음수이다. 대부분의 액체와 고체들은 온도가 증가함에 따라 팽창하므로 열팽창 계수가 양수이다. α_V가 음수인 경우가 드물긴 하지만, 물 이외에 다른 물질에서도 음수인 경우가 존재한다.

균질의 등방성을 가진 물질로 이루어진 고체인 물체는 팽창하거나 수축할 때 형

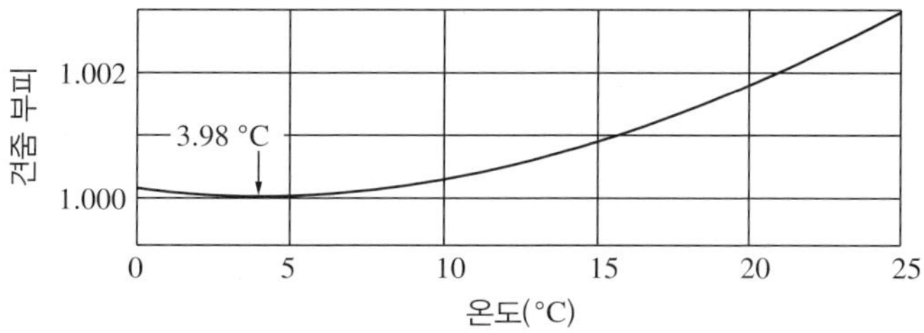

그림 3.2 물의 견줌 부피(단위 kg/L)

체가 변하지 않는다. 그 결과 부피는 고체 위 두 점 사이의 거리 L에 비례한다. 다시 말해 $V = kL^3$이고, k는 비례 상수이다. **선 열팽창 계수**(linear coefficient of thermal expansion) α_L은

$$\alpha_L = \frac{1}{L}\left(\frac{\partial L}{\partial T}\right)_P \tag{3.23}$$

으로 정의된다. 부피 열팽창 계수 α_V의 정의에 $V = kL^3$를 대입하면,

$$\alpha_V = \frac{1}{V}\left(\frac{\partial V}{\partial T}\right)_P = \frac{1}{kL^3}\left(\frac{\partial\left(kL^3\right)}{\partial T}\right)_P = \frac{1}{kL^3}3kL^2\left(\frac{\partial L}{\partial T}\right)_P = \frac{3}{L}\left(\frac{\partial L}{\partial T}\right)_P \tag{3.24}$$

가 되고, 따라서

$$\boxed{\alpha_V = 3\alpha_L} \tag{3.25}$$

를 얻게 된다.

단순 고체 모형

단순 고체 모형에서 도움 변수 a_o, b_o, c_o는 물질의 성질 표에 있는 α_L, B_T, c_V^M의 값과 관계가 있다. 식 (1.15)에 의하면, 단순 고체의 상태 방정식은 $P = a_oT - b_o \ln(V/V_o)$이다. V에 대해 미분하면, 등온 부피 탄성률은

$$B_T = -V\left(\frac{\partial P}{\partial V}\right)_T = -V\frac{-b_o}{V} = b_o \tag{3.26}$$

이 된다. 부피 열팽창 계수를 구하기 위해 상태 방정식을 $V = V_o e^{(a_oT-P)/b_o}$로 다시 적고 T에 대해 미분하면

$$\alpha_V = \frac{1}{V}\left(\frac{\partial V}{\partial T}\right)_P = \frac{a_o}{b_o} \tag{3.27}$$

을 얻는다. 식 (3.19)에 의해 등적 비열 $c_V^M = c_o$이다. 이 관계식들로부터 모형 도움 변수 a_o, b_o, c_o는 물질의 성질 α_L, B_T, c_V^M와 다음과 같은 관계를 가진다.

$$a_o = \alpha_V B_T, \qquad b_o = B_T, \qquad c_o = c_V^M \tag{3.28}$$

a_o, b_o, c_o는 상수이므로 단순 고체 모형에서 물질의 성질은 온도와 압력에 무관하다. 이것은 정확히 사실이 아니지만, 고체 및 일부 액체와 관련된 많은 응용 문제에서 이것은 유용한 근사이다. 물질의 성질 표는 흔히 각 성질의 한 가지 값만을 보여 주기 때문에, 물질의 성질을 상수로 취급할 수밖에 없는 경우가 많다.

예제 3.3

철의 비열

철의 등압 비열로부터 등적 비열을 추정하는 데 단순 고체 모형을 사용할 수 있다. 식 (3.28)과 (3.20)의 $C_P - C_V$ 결과로부터[1]

$$C_P - C_V = (a_o/b_o)^2 b_o TV = \alpha_V{}^2 B_T TV$$

을 얻는다. 이 식을 질량 M으로 나누고, 밀도 $\rho = M/V$를 도입하면

$$c_P^M - c_V^M = \frac{\alpha_V{}^2 B_T T}{\rho}$$

이 된다. 표 1.2의 데이터를 사용하고 T를 실온(300 K)이라고 가정하면,

$$c_P^M - c_V^M = \frac{(35.7\times 10^{-6}\ \mathrm{K^{-1}})^2(160\times 10^9\ \mathrm{Pa})(300\ \mathrm{K})}{7880\ \mathrm{kg\ m^{-3}}}\left(\frac{1\ \mathrm{kcal}}{4184\ \mathrm{J}}\right)$$
$$= 0.0019\ \mathrm{kcal\ kg^{-1}\ K^{-1}}$$

을 얻게 된다. 철의 등압 비열의 값이 $c_P^M = 0.106\ \mathrm{kcal^{-1} kg^{-1} K^{-1}}$이므로 철의 등적 비열은

$$c_V^M = (0.106 - 0.0019)\ \mathrm{kcal\ kg^{-1}\ K^{-1}} = 0.104\ \mathrm{kcal\ kg^{-1}\ K^{-1}}$$

이 된다. ◆

철의 $c_P^M - c_V^M$ 차이는 c_P^M의 값의 2% 미만이다. 고체의 경우 이런 작은 차이가 보통이다. 대조적으로 기체의 경우 차이가 훨씬 크다. 공기와 같은 이원자 기체의 c_V값이 $2.5R$이기 때문에[식 (15.35) 참조], 차이 $c_P - c_V = R$은 c_V 값의 40%나 된다.

---

1) 단순 고체 모형으로 유도된 것이긴 하지만, 11.32절에서 보인 것처럼 결과 $C_P - C_V = \alpha^2{}_V B_T TV$는 모든 종류의 PVT 계에서 유효하다.

3.3 성질 사이의 관계

계의 성질 사이의 일반적인 관계는 특수한 계에 대한 결과보다 더 중요하다. 많은 관계들은 사슬 규칙을 적용해 합성 함수를 미분함으로써 얻을 수 있다. 학생들이 구체적으로 주어진 함수를 다룰 때 사슬 규칙을 정기적으로 사용하지만, 가끔 총칭 형태로 표현된 함수들에 사슬 규칙을 사용하는 것에는 덜 친숙하다. 예를 들어 $\sqrt{x^2+y^2}$의 x에 대한 도함수를 구하는 것은 익숙하지만, $F(x, g(x, z))$의 x에 대한 도함수를 구하는 것은 덜 익숙하다.

합성 함수

흔히 함수들이 결합하여 새로운 함수를 만들어낸다. 예를 들어 내부 에너지 $U(T) = nu_o + nc_V T$를 상태 방정식 $T(P, V) = PV/(nR)$ 과 결합하여 **합성 함수**(composite function) $\overline{U}(P, V) = nu_o + c_V PV/R$ 을 만들어낼 수 있다. 여기서 $\overline{U}$의 막대는 $\overline{U}(P, V)$가 $U(T)$와는 다른 독립 변수의 함수라는 것을 강조하기 위해 붙인 것이다. $\overline{U}$와 U로 같은 문자를 사용하는 것은 두 함수 모두 동일한 물리적 성질을 가리키기 때문이다. $t = t(x, y, ...)$과 $u = u(x, y, ...)$ 등을 $F(t, u, ...)$ 와 결합한 더 일반적인 합성 함수는

$$\overline{F}(x, y, \ldots) = F(t(x, y, \ldots), u(x, y, \ldots), \ldots) \tag{3.29}$$

로 주어진다.

사슬 규칙

합성 함수의 편미분은 곱을 더한 것이다. **사슬 규칙**(chain rule)을 따르면, 위 함수의 x에 대한 편미분은

$$\frac{\partial \overline{F}(x, y, \ldots)}{\partial x} = \frac{\partial F(t, u, \ldots)}{\partial t}\frac{\partial t(x, y, \ldots)}{\partial x} + \frac{\partial F(t, u, \ldots)}{\partial u}\frac{\partial u(x, y, \ldots)}{\partial x} + \cdots. \tag{3.30}$$

이 된다. 다음 예제는 약간 추상적으로 보이는 앞 식에서 각 항의 의미를 이해하는 데 도움이 된다.

예제 3.4 **사슬 규칙**

함수 $u(x, y) = x^2 + y^2$과 $t(x, y) = xy$를 $F(t, u) = \sqrt{u}\sin t$와 결합하여 얻은 합성 함수 $\overline{F}(x, y)$의 x에 대한 편미분을 구하시오.

풀이 ■ 합성 함수의 구체적인 수식은 $u(x, y)$ 와 $t(x, y)$를 $F(t, u)$에 대입하여 얻을 수 있다.

$$\overline{F}(x, y) = \sqrt{x^2 + y^2}\sin(xy)$$

직접 미분하면

$$\frac{\partial \overline{F}(x, y)}{\partial x} = \frac{1}{2}\frac{2x}{\sqrt{x^2 + y^2}}\sin(xy) + \sqrt{x^2 + y^2}\cos(xy)\,y$$

을 얻게 된다. 식 (3.30) 역시 이 결과를 준다는 것을 보이기 위해 다음과 같은 도함수들을 구해야 한다.

$$\frac{\partial F(t, u)}{\partial u} = \frac{1}{2}\frac{1}{\sqrt{u}}\sin t, \qquad \frac{\partial F(t, u)}{\partial t} = \sqrt{u}\cos t$$

$$\frac{\partial u(x, y)}{\partial x} = 2x, \qquad \frac{\partial t(x, y)}{\partial x} = y$$

이 결과를 식 (3.30)에 대입하면

$$\frac{\partial \overline{F}(x, y)}{\partial x} = \left(\frac{1}{2}\frac{1}{\sqrt{u}}\sin t\right)(2x) + \left(\sqrt{u}\cos t\right)y$$

이 주어진다. 이 식의 u와 t를 $u(x, y)$ 와 $t(x, y)$ 의 식으로 바꾸면,

$$\frac{\partial \overline{F}(x, y)}{\partial x} = \frac{1}{2}\frac{1}{\sqrt{x^2 + y^2}}\sin(xy)(2x) + \sqrt{x^2 + y^2}\cos(xy)\,y$$

이 되는데 이것은 앞서 직접 미분해 얻은 결과와 동일하다. ◆

동일한 물리적 성질을 나타낸다 하더라도 다른 수학적 함수에 대해서는 다른 기호를 사용해야 한다. 그 이유를 이해하기 위해 합성 함수

$$\overline{F}(x, z) = F(x, y(x, z)) \tag{3.31}$$

를 생각해 보자. 이것은 식 (3.29)에서 인수 $(x, y, \ldots)$ 이 (x, z) 로 바뀌고 함수 $u(x, \ldots)$ 이 단순히 x인 특수 경우에 해당한다. 사슬 규칙을 따르면, $\overline{F}(x, z)$ 의 x에 대한 편미분은

$$\frac{\partial \overline{F}(x, z)}{\partial x} = \frac{\partial F(x, y)}{\partial x} + \frac{\partial F(x, y)}{\partial y}\frac{\partial y(x, z)}{\partial x} \tag{3.32}$$

이 되고, y는 $y(x, z)$에 의해 결정되는 값을 의미한다. 이제 고정된 변수가 무엇인지 인

식하지 못할 때 어떤 일이 생기는지 주목하라. 이 경우 식 (3.32) 대신

$$\frac{\partial F}{\partial x} = \frac{\partial F}{\partial x} + \frac{\partial F}{\partial y}\frac{\partial y}{\partial x} \tag{3.33}$$

을 사용하게 되고, 이 방정식은 $\frac{\partial F}{\partial y}\frac{\partial y}{\partial x} = 0$을 의미하는 것처럼 보인다. 일반적으로 이런 해석은 잘못이다!

식 (3.31)과 같은 종류의 합성 함수들은 열역학에서 중요하다. 편미분을 열역학에서 사용하는 방식과 더 유사하게 보이기 위하여, 변수들을 대문자로 적고 도함수는 열역학 표기법을 사용한다. 그러면 합성 함수는

$$\overline{F}(X, Z) = F(X, Y(X, Z)) \tag{3.34}$$

로 표현된다. 식 (3.32)의 편미분은

$$\boxed{\left(\frac{\partial F}{\partial X}\right)_Z = \left(\frac{\partial F}{\partial X}\right)_Y + \left(\frac{\partial F}{\partial Y}\right)_X \left(\frac{\partial Y}{\partial X}\right)_Z} \tag{3.35}$$

가 되고, Z에 대한 도함수는

$$\boxed{\left(\frac{\partial F}{\partial Z}\right)_X = \left(\frac{\partial F}{\partial Y}\right)_X \left(\frac{\partial Y}{\partial Z}\right)_X} \tag{3.36}$$

이 된다. 왼편에 있는 함수 F의 독립 변수가 X와 Z인 반면, 오른편에 있는 함수 F의 독립 변수가 X와 Y라는 것을 표기법이 분명히 하고 있기 때문에 식 (3.35) 또는 (3.36)의 함수 F에 막대를 붙일 필요가 없음에 주목하라.

열역학 표기법에서 둘 이상의 독립 변수가 존재한다는 것은 다음처럼 아래 첨자를 추가해 표시한다.

$$\frac{\partial F(X, Y, Z)}{\partial X} = \left(\frac{\partial F}{\partial X}\right)_{YZ} \quad \text{그리고} \quad \frac{\partial^2 F(X, Y, Z)}{\partial X \partial Y} = \left(\frac{\partial^2 F}{\partial X \partial Y}\right)_Z \tag{3.37}$$

편미분의 중요한 성질 하나는 미분 순서에 무관하다는 것이다. 다시 말해

$$\frac{\partial}{\partial Y}\left(\frac{\partial F(X, Y)}{\partial X}\right) = \frac{\partial}{\partial X}\left(\frac{\partial F(X, Y)}{\partial Y}\right) \tag{3.38}$$

그리고

$$\boxed{\left(\frac{\partial^2 F}{\partial Y \partial X}\right) = \left(\frac{\partial^2 F}{\partial X \partial Y}\right)} \tag{3.39}$$

이다.

함수 $y(x)$와 $x(y)$가

$$y(x(y)) = y \tag{3.40}$$

를 만족할 때 역함수라고 한다. 예를 들어 함수 $y(x) = 1/(x-1)$와 $x(y) = 1 + (1/y)$는 역함수이다. 왜냐하면

$$y(x(y)) = \frac{1}{x(y) - 1} = \frac{1}{(1 + 1/y) - 1} = y \tag{3.41}$$

이기 때문이다. 두 독립 변수의 함수들은 한 변수가 고정되어 있을 때 역함수를 가질 수 있다. 함수 $y(x, z)$는

$$y(x(y, z), z) = y \tag{3.42}$$

일 때 $x(y, z)$ 의 역함수가 된다. z를 고정하고 y에 대해 사슬 규칙을 사용해 두 변을 미분하면

$$\frac{\partial y(x, z)}{\partial x}\frac{\partial x(y, z)}{\partial y} = 1 \quad \text{또는} \quad \left(\frac{\partial y}{\partial x}\right)_z \left(\frac{\partial x}{\partial y}\right)_z = 1 \tag{3.43}$$

이 된다. 이 관계는 쉽게 머릿속에 그려볼 수 있다. z값을 선택하고 이 값을 고정하라. y가 수직 위 방향이고 x가 수평 우측 방향을 가리키는 공간에서 $y(x, z)$의 그래프는 곡선으로 나타난다. 이 그래프를 반시계 방향으로 90° 회전시키면, x가 수직 위 방향, y가 수평 좌측 방향이 된다. 이제 그래프를 좌우로 뒤집는다. 그러면 y가 수평 우측 방향을 가리키게 된다. 그리고 최종 그래프는 $x(y, z)$가 된다. 원래 그래프의 특정한 점에서 곡선의 기울기 $(\partial y/\partial x)_z$는 $\Delta y/\Delta x$의 극한값인 반면, 최종 그래프의 곡선의 기울기 $(\partial y/\partial x)_z$는 $\Delta x/\Delta y$의 극한값이다. 따라서 $(\partial x/\partial y)_z(\partial y/\partial x)_z = 1$ 이다. x, y, z를 대문자로 바꾸면

$$\boxed{\left(\frac{\partial Y}{\partial X}\right)_Z \left(\frac{\partial X}{\partial Y}\right)_Z = 1} \tag{3.44}$$

로 주어진다. $(\partial Y/\partial X)_z \neq 0$ 이라고 가정하면, 위 식은

$$\boxed{\left(\frac{\partial X}{\partial Y}\right)_Z = \frac{1}{\left(\frac{\partial Y}{\partial X}\right)_Z}} \tag{3.45}$$

을 의미한다.

압축률

등온 압축률(isothermal compressibility) K_T는 일정한 온도에서 압력 변화에 따른 부피 변화를 기술한다.

$$\boxed{K_T = \frac{-1}{V}\left(\frac{\partial V}{\partial P}\right)_T} \tag{3.46}$$

K_T는 얼마나 물체가 잘 압축되는지를 기술한다. 다음 관계는 식 (3.45), (3.46)과 부피탄성률의 정의인 식 (3.21)의 직접적인 결과이다.

$$K_T B_T = 1 \quad \text{그리고} \quad K_T = \frac{1}{B_T} \tag{3.47}$$

표면과 편미분

관계식 $z = z(x, y)$는 (일가 함수라고 가정할 때) $z = z(x, y)$를 x에 대해 풀어 $x = x(y, z)$로 표시할 수 있다. 예를 들어 관계식 $P = nRT/V$는 $T = PV/(nR)$ 로 표시할 수 있다. $z(x, y)$와 $x(y, z)$ 모두 동일한 표면을 표현한다. 특정한 점에서의 z 값을 알려 주는 함수 $z(x, y)$를 이 점에서의 x 값을 알려 주는 함수 $x(y, z)$ 와 결합하면 이 점에서의 x 값을 x와 y의 함수로 알려 주는 합성 함수 $x(y, z(x, y))$ 를 만들 수 있다. x 값은 x이기 때문에

$$x = x(y, z(x, y)) \tag{3.48}$$

이 된다. x를 고정하였을 때 $(\partial x/\partial y)_x = 0$이므로 식 (3.48)의 두 변을 x를 고정하고 y로 미분하면

$$0 = \left(\frac{\partial x}{\partial y}\right)_z + \left(\frac{\partial x}{\partial z}\right)_y \left(\frac{\partial z}{\partial y}\right)_x \tag{3.49}$$

가 된다. 이 식에 $(\partial x/\partial y)_z$를 곱하고 식 (3.43)을 사용하면

$$\left(\frac{\partial y}{\partial x}\right)_z \left(\frac{\partial x}{\partial z}\right)_y \left(\frac{\partial z}{\partial y}\right)_x = -1 \tag{3.50}$$

을 얻게 된다. 음의 부호는 예상하지 않은 것이다. 기호 ∂x, ∂y, ∂z는 때때로 분자와 분모에서 상쇄되는 미소 변위로 취급된다. 분자의 기호가 분모의 기호와 다른 변위를 가리키기 때문에 여기서 이런 상쇄는 허용되지 **않는다**. 이 표기법에서 분자의 ∂y는 x 방향의 변위를 나타내는 반면, 분모의 ∂y는 x를 고정하였을 때의 변위를 나타낸다.

방정식 (3.50)은 표면의 존재를 내포하고 있다. 그 중요성을 그림 3.3에 있는 단위

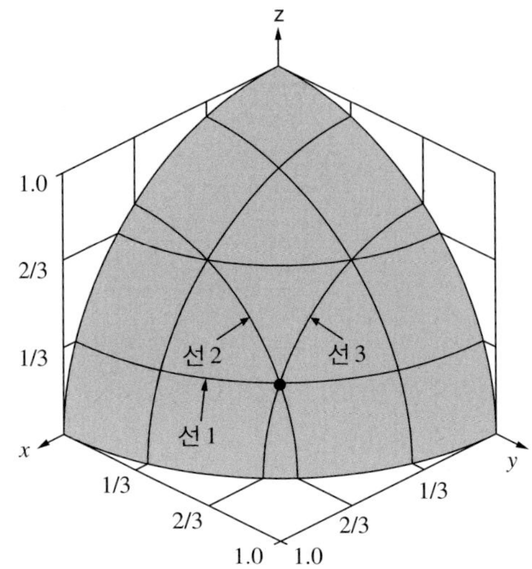

그림 3.3 단위 구의 표면

구의 표면인 $x^2 + y^2 + z^2 = 1$에서 이해할 수 있다. 점 $(x, y, z) = \left(\frac{2}{3}, \frac{2}{3}, \frac{1}{3}\right)$을 지나는 세 개의 다른 선이 그려져 있다. 선 1은 구와 $z = \frac{1}{3}$에서 z축에 수직한 면의 교차선이다. 선 2와 3은 각각 구와 x축과 y축에 수직한 면의 교차선이다. 그림 3.4는 2차원에서 그렸을 때의 선 1, 2과 3을 보여 준다. 세 그래프에서 각 선에 대한 접선의 기울기는 $(x, y, z) = \left(\frac{2}{3}, \frac{2}{3}, \frac{1}{3}\right)$에서 구한 도함수 $(\partial y/\partial x)_z$, $(\partial z/\partial y)_x$, $(\partial x/\partial z)_y$의 값과 동일하다. 이들의 값은 $(\partial y/\partial x)_z = -1$, $(\partial z/\partial y)_x = -2$, $(\partial x/\partial z)_y = -1/2$이다. 세 선 모두 음의 기울기를 가지고 있기 때문에 도함수들의 곱 역시 음수가 된다. 구체적으로 말하자면 $(-1)(-2)(-1/2) = -1$이 된다.

x, y, z에 대한 관계식 (3.50)을 대문자로 바꾸면

$$\boxed{\left(\frac{\partial Y}{\partial X}\right)_Z \left(\frac{\partial X}{\partial Z}\right)_Y \left(\frac{\partial Z}{\partial Y}\right)_X = -1} \tag{3.51}$$

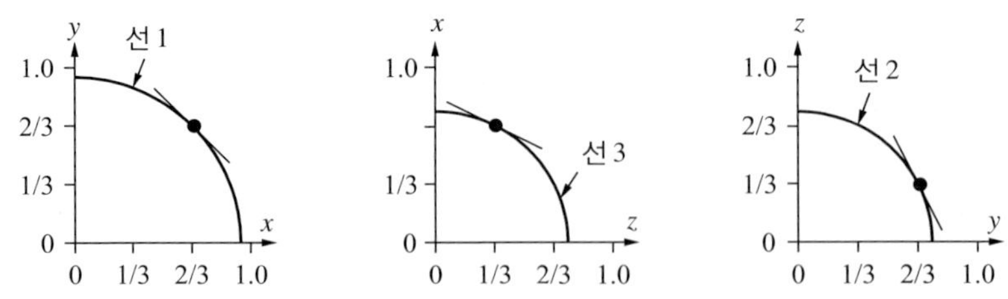

그림 3.4 다른 방향에서의 단위 구의 접선

이 된다. 세 변수 X, Y, Z의 각각이 각 편미분에 미분되는 함수, 변하는 변수이거나 고정된 변수로 한 번만 나타난다는 것에 주목하라. 또한 각 기호 ∂X, ∂Y, ∂Z도 분자와 분모에 한 번만 나타난다.

식 (3.49)의 관계식은 역시 유용하다. (x, y, z)를 (X, Y, Z)로 바꾸고 항들을 다시 정리하면 식이

$$\boxed{\left(\frac{\partial X}{\partial Z}\right)_Y = -\left(\frac{\partial X}{\partial Y}\right)_Z\left(\frac{\partial Y}{\partial Z}\right)_X} \tag{3.52}$$

처럼 된다. 이 식을 식 (3.36)의 결과와 대조하는 것이 유용하다. 즉

$$\left(\frac{\partial F}{\partial Z}\right)_X = \left(\frac{\partial F}{\partial Y}\right)_X\left(\frac{\partial Y}{\partial Z}\right)_X \tag{3.53}$$

식 (3.53)이 아닌 식 (3.52)의 각 편미분에서 다른 변수가 고정된 것에 주목하라. 또한 식 (3.53)에는 네 개의 변수(X, Y, Z, F)가 존재하지만, 식 (3.52)에는 단지 세 개의 변수(X, Y, Z)만 존재한다. 마지막으로 식 (3.52)에는 음의 부호가 있지만, 식 (3.53)에는 없다.

압력의 온도 도함수

편미분 사이의 관계식은 물리적 성질 사이의 유용한 관계식을 내포하고 있다. (X, Y, Z)를 (P, V, T)로 바꾸면 식 (3.52)의 관계식은

$$\left(\frac{\partial P}{\partial V}\right)_T\left(\frac{\partial V}{\partial T}\right)_P = -\left(\frac{\partial P}{\partial T}\right)_V \tag{3.54}$$

를 의미한다. 이 식에 V를 곱하였다가 나누고 식 (3.21)의 B_T와 α_V의 정의를 사용하면, 식이

$$\left(\frac{\partial P}{\partial T}\right)_V = -V\left(\frac{\partial P}{\partial V}\right)_T\frac{1}{V}\left(\frac{\partial V}{\partial T}\right)_P = B_T\,\alpha_V \tag{3.55}$$

이 된다. 따라서 부피를 고정하였을 때 온도 변화에 의한 압력 변화는 부피 탄성률에 열팽창 계수를 곱해 구할 수 있다.

3.4 급수 전개

테일러 급수(Taylor series)의 주요 항들은 흔히 성질의 변화를 추정하는 데 유용하게 사용된다. 부피 V를 생각해 보자. 상태 (T_o, P_o)에 대해 $V = V(T, P)$ 를 테일러 급수로 전개하고 ΔT와 ΔP의 2차 항까지 남겨두면

$$V(T,P) = V_o + \frac{\partial V(T_o,P_o)}{\partial T}\Delta T + \frac{\partial V(T_o,P_o)}{\partial P}\Delta P$$

$$+ \frac{\partial^2 V(T_o,P_o)}{\partial T^2}\frac{\Delta T^2}{2} + \frac{\partial^2 V(T_o,P_o)}{\partial T \partial P}\Delta T \Delta P + \frac{\partial^2 V(T_o,V_o)}{\partial P^2}\frac{\Delta P^2}{2} + \cdots, \quad (3.56)$$

이 된다. 여기서 $V_o = V(T_o, P_o)$, $\Delta T = T - T_o$, $\Delta P = P - P_o$이다. $\Delta V = V(T, P) - V_o$ 라고 하고 ΔT와 ΔP의 최소 지수 항을 제외한 다른 모든 항을 무시하면

$$\Delta V \approx \frac{\partial V(T_o,P_o)}{\partial T}\Delta T + \frac{\partial V(T_o,P_o)}{\partial P}\Delta P \quad (3.57)$$

을 얻게 된다. 식 (3.56)의 두 번째 줄에 있는 항들을 식 (3.57)의 근사식의 정확도를 추정하는 데 사용할 수 있다. α_V와 K_T의 정의로부터

$$\Delta V \approx V_o \alpha_V^o \Delta T - V_o K_T^o \Delta P \quad (3.58)$$

가 되고, 계수 α_V^o와 K_T^o는 상태 (T_o, P_o)에서의 α_V와 K_T의 값이다.

예제 3.5 **부피 변화**

러시아의 바이칼 호수(Lake Baikal) 바닥에 떨어뜨린 알루미늄 조각의 부피의 상대 변화를 추정하시오. 바이칼 호수는 세계에서 가장 깊은 호수로 깊이가 1620 m 이다. 가라앉으면서 알루미늄의 온도가 15°C 만큼 감소하였다고 가정하라.

풀이 ■ 식 (3.58)의 양 변을 V_o로 나누고 $K_T = 1/B_T$를 사용하면 상대 변화를 추정하는 식이

$$\Delta V / V_o = +\alpha_V^o \Delta T - \frac{\Delta P}{B_T^o}$$

이 된다. 깊이 증가 Δd에 따른 압력 증가는 $\Delta P = \rho g \Delta d$가 되므로

$$\Delta P = (1000 \text{ kg m}^{-3})(9.8 \text{ m s}^{-2})(1620 \text{ m}) = 15.9 \times 10^6 \text{ Pa}$$

이다. 표 1.2에 나온 B_T^o와 α_V^o의 값을 사용하면

$$\frac{-\Delta P}{B_T^o} = -\frac{15.9 \times 10^6 \text{ Pa}}{75 \times 10^9 \text{ Pa}} = -0.000212$$

와

$$+\alpha_V^o \Delta T = (69.6 \times 10^{-6} \text{ K}^{-1})(-15 \text{ K}) = -0.001044$$

를 얻을 수 있다. 따라서 부피의 상대 변화는

$$\frac{\Delta V}{V_o} = -0.001044 - 0.000212 = -0.00126 = -0.13\%$$

이 된다. 15°C의 온도 변화가 가져온 변화는 압력 증가에 의한 변화에 비해 거의 5배 정도로 크다는 것에 주목하라. ◆

열역학 표기법으로 표현하면 식 (3.57)의 부피 변화의 근사식은

$$\Delta V \approx \left(\frac{\partial V}{\partial T}\right)_P \Delta T + \left(\frac{\partial V}{\partial P}\right)_T \Delta P \tag{3.59}$$

가 된다. 이 식은 미분 사이의 관계식인

$$dV = \left(\frac{\partial V}{\partial T}\right)_P dT + \left(\frac{\partial V}{\partial P}\right)_T dP \tag{3.60}$$

과 겉모습이 유사해 보인다.

식 (3.60)의 왼편의 미분 dV가 전미분이라면 방정식 식 (3.59)는 식 (3.60)을 해석하는 데 유용하다. 그러나 왼편의 미분이 전미분이 아닐 경우 열에 대한 미분 $đQ$처럼 오른편의 계수들이 일반적으로 편미분이 아니다. 9장에서 전미분과 전미분이 아닌 것의 의미를 살펴볼 때까지 미분을 사용하지 않는다.

3.5 요약

과정을 기술하는 관계식과 상태 함수를 기술하는 관계식을 구별하는 것이 중요하다. 열역학 제1법칙은 평형으로 시작해 평형으로 끝나는 과정에 대해서

$$Q = \Delta U + W \tag{3.61}$$

라는 것을 주장한다. 여기서 $\Delta U = U_f - U_0$는 내부 에너지의 초기 값과 최종 값의 차이이다. 다음은 PVT 계의 중요한 상태 함수들이다.

$$P = P(T, V), \quad U = U(V, T), \quad H = U + PV \tag{3.62}$$

$$B_T = -V\left(\frac{\partial P}{\partial V}\right)_T = -v\left(\frac{\partial P}{\partial v}\right)_T, \quad K_T = \frac{1}{B_T} = -\frac{1}{V}\left(\frac{\partial V}{\partial P}\right)_T, \tag{3.63}$$

$$\alpha_V = \frac{1}{V}\left(\frac{\partial V}{\partial T}\right)_P = \frac{1}{v}\left(\frac{\partial v}{\partial T}\right)_P, \quad \left(\frac{\partial P}{\partial T}\right)_V = B_T \alpha_V, \tag{3.64}$$

$$C_V = nc_V = M c_V^M = \lim \frac{Q}{\Delta T}\bigg|_{V=const} = \left(\frac{\partial U}{\partial T}\right)_V, \tag{3.65}$$

$$C_P = nc_P = M\,c_P^M = \lim \left.\frac{Q}{\Delta T}\right|_{P=const} = \left(\frac{\partial H}{\partial T}\right)_P. \tag{3.66}$$

이상 기체의 경우

$$PV = nRT, \quad U = U(T), \quad c_P = c_V + R. \tag{3.67}$$

일정한 비열을 가진 이상 기체의 내부 에너지는 다음과 같이 주어진다.

$$U = n(u_o + c_V T) \quad \text{및} \quad \Delta U = nc_V \Delta T. \tag{3.68}$$

계 전체에 대해 압력이 일정하고 균일할 때, 계가 한 일 W와 받은 열 Q는

$$W = P(V_f - V_0) \quad \text{및} \quad Q = H_f - H_0 = \Delta H \tag{3.69}$$

로 주어진다. 여기서 H는 엔탈피이다. 압력이 균일하다는 구속 조건은 한 일을 구하기 위해 $W = \int P(V)dV$를 사용하는 데서 나온 것이다.

문제

분모나 분자에 분수가 나오지 않도록 답을 간단히 하시오. 예를 들어 $\frac{a + x/b}{c + y/d}$는 $\frac{d(ab + x)}{b(cd + y)}$ 또는 $\frac{abd + dx}{bcd + by}$로 간단히 해야 한다.

3.1 $c_V = 2.5R$인 0.0°C의 1몰의 이상 기체를 일정한 압력에서 가열한다. 이 기체의 부피를 2배로 늘리기 위해 얼마나 많은 열이 필요할까?

3.2 등압 과정에 있는 $c_V = 2.5R$인 이상 기체에 열이 전달된다. 내부 에너지를 증가시키는 데 사용되는 열의 비율은 얼마일까? 또 일을 하는 데 사용되는 열의 비율은 얼마일까?

3.3 이 문제의 목적은 다음 식의 의미를 깨닫게 하는 것이다.

$$\overline{F}(x, z) = F(x, y(x, z)), \tag{A}$$

$$\frac{\partial \overline{F}(x, z)}{\partial z} = \frac{\partial F(x, y)}{\partial y}\frac{\partial y(x, z)}{\partial z}, \tag{B}$$

$$\frac{\partial \overline{F}(x, z)}{\partial x} = \frac{\partial F(x, y)}{\partial x} + \frac{\partial F(x, y)}{\partial y}\frac{\partial y(x, z)}{\partial x}. \tag{C}$$

함수 $F(x, y) = x^2 - y^2$ 과 $y(x, z) = xz^2$이라고 하고, 전통적인 표기법을 사용

하시오[문항 (b)와 (d)의 답은 일치해야 한다].

(a) 위에서 주어진 $F(x, y)$와 $y(x, z)$ 표현식을 (A)에 대입하고 간단히 한 후 $\overline{F}(x, z)$를 구체적으로 구하시오.

(b) 문항 (a)의 결과를 직접 미분하여 $\dfrac{\partial \overline{F}(x, z)}{\partial x}$와 $\dfrac{\partial \overline{F}(x, z)}{\partial z}$를 구체적으로 구하시오.

(c) $\dfrac{\partial F(x, y)}{\partial x}$, $\dfrac{\partial F(x, y)}{\partial y}$, $\dfrac{\partial y(x, z)}{\partial x}$, $\dfrac{\partial y(x, z)}{\partial z}$의 구체적인 식을 구하시오.

(d) (B)와 (C) 그리고 문항 (c)의 결과를 사용하여 $\dfrac{\partial \overline{F}(x, z)}{\partial x}$와 $\dfrac{\partial \overline{F}(x, z)}{\partial z}$를 구하시오.

3.4 **(a)** 이상 기체에 대해 편미분 $\left(\dfrac{\partial P}{\partial V}\right)_T$, $\left(\dfrac{\partial V}{\partial T}\right)_P$, $\left(\dfrac{\partial T}{\partial P}\right)_V$의 구체적인 식을 구하시오.

(b) 문항 (a)의 결과를 이용하여 곱 $\left(\dfrac{\partial P}{\partial V}\right)_T\left(\dfrac{\partial V}{\partial T}\right)_P\left(\dfrac{\partial T}{\partial P}\right)_V$를 구하시오.

(c) $\alpha_V(T, P)$, $K_T(T, P)$, $B_T(T, V)$의 정의를 괄호 안의 독립 변수들로 표시하라. 여기서 각 성질은 단지 두 개의 독립 변수에만 의존한다.

3.5 상태 방정식이 아래와 같이 주어지는 기체가 있다.

$$P = \frac{nRT}{V} + \frac{n^p b}{V^2} + \frac{n^q cT}{V^3},$$

여기서 b, c, p, q는 세기적 상수들이다.

(a) p와 q의 값은 무엇일까? (P의 세기적 성질을 사용하라.)

(b) $B_T(T, V)$를 구하시오.

(c) 위 방정식을 $V = V(T, P)$ 형태로 표시하는 것은 실용적이 아니기 때문에, $\alpha_V(T, P)$의 구체적인 식을 $\alpha_V = V^{-1}(\partial V/\partial T)_P$로부터 구할 수 없다. α_V의 식을 함수 $(\partial P/\partial T)_V$와 $(\partial P/\partial V)_T$로 표시하시오.

(d) 문항 (c)의 결과와 상태 방정식의 표현식을 사용하여 $\alpha_V(T, V)$의 **구체적인** 식을 구하시오(크기에 무관하도록 α_V와 같은 물질의 성질은 세기적이어야 한다).

(e) α_V를 T와 견줌 부피 $v = V/n$의 구체적인 함수로 표시하고, $\alpha_V(T, \mathrm{v})$의 식이 세기적임을 보이시오.

3.6 납 조각의 온도를 부피를 일정하게 유지한 채 압력을 증가시켜 20°C에서 35°C로 올린다. 초기 압력이 1.0 atm이었다면, 최종 압력은 얼마일까?

4장 기체의 과정

이제 앞 장에서 소개한 항이나 개념들을 가지고 문제를 다룰 시간이 되었다. 우선 기체에 적용해 보자. 등온, 단열, 등압 과정과 같은 몇 종류의 평형 과정들의 특성을 알아본 후, 대기의 온도 변화와 열기관의 에너지 효율에 대해 조사해 본다.

4.1 이상 기체

실제 과정을 평형 과정으로 보는 이상화가 요구되긴 하지만, 흔히 이상화는 아주 정확하고 상태 공간에서 선으로 나타나는 변화를 표현하는 데 유용하다. 많은 응용 문제에서 실제 기체를 일정한 비열을 가진 이상 기체로 보아도 정확성에 문제가 없다. 이것이 여기서 다루고자 하는 기체이다. 이 기체의 상태 방정식과 내부 에너지는

$$PV = nRT \quad \text{및} \quad U = n(u_0 + c_V T) \tag{4.1}$$

이다. 식 (3.8)에서 설명한 것처럼 u_0는 적분 상수이고 0으로 놓을 수 있다. 이상 기체의 내부 에너지는 온도에만 의존하기 때문에, 모든 과정에서 내부 에너지의 변화는

$$\Delta U = U_f - U_0 = nc_V(T_f - T_0) = nc_V \Delta T \tag{4.2}$$

로 주어지고, T_0와 T_f는 초기 온도와 최종 온도를 말한다. 등적 비열 c_V가 식에 등장하기는 하지만, 이 결과는 평형에서 시작해 평형에서 끝나는 모든 과정에 적용된다. 식 (3.14)에서 구한 것처럼 등압 비열은

$$c_P = c_V + R \tag{4.3}$$

이다. 이 식은 c_V가 상수일 때 c_P 역시 상수임을 가리킨다. 이때 유용한 물리량이 **비열비**(ratio of specific heats)

$$\gamma = \frac{c_P}{c_V} = \frac{C_P}{C_V} \tag{4.4}$$

로 비열이 일정할 때 상수값을 가진다. 식 (4.3)의 결과는 비열이 보편 기체 상수로 표

현된다는 것을 암시한다. 공기와 같은 이원자 기체에 대한 유용한 값으로는 $c_V = 2.5R$, $c_P = 3.5R$, $\gamma = 1.4$를 들 수 있다.

등압 과정

식 (1.27)와 식 (2.4)에 의하면 등압 과정에서 전달된 열 Q와 한 일 W는

$$Q = nc_P\Delta T, \quad W = P\Delta V, \quad \Delta U = nc_V\Delta T \tag{4.5}$$

이다.

등적 과정

부피가 일정할 때 PVT 계가 한 일이 없기 때문에, 식 (4.2)와 열역학 제1법칙 $Q = \Delta U + W$에 의해

$$Q = \Delta U = nc_V\Delta T \quad \text{및} \quad W = 0 \tag{4.6}$$

가 된다.

등온 과정

이상 기체의 내부 에너지는 온도에만 의존하기 때문에, 등온 과정에서 U는 일정하다. 다시 말해 $\Delta U = 0$이다. 그러면 열역학 제1법칙에 의해 $Q = W$가 된다. $P = nRT/V$를 사용하면 등온 과정에서 한 일은[식 (2.3) 참조]

$$W = \int_{V_0}^{V_f} P(V)\,dV = nRT\int_{V_0}^{V_f}\frac{dV}{V} = nRT\ln\left(\frac{V_f}{V_0}\right) \tag{4.7}$$

이 된다. 따라서

$$Q = W = nRT\ln\left(\frac{V_f}{V_0}\right) \quad \text{및} \quad \Delta U = 0 \tag{4.8}$$

을 얻는다.

단열 과정

단열 과정 동안 열이 계 내부로 들어오거나 계 외부로 나가지 않는다. 이런 구속 조건을 부여하기 위해 단열 과정을 많은 작은 버금 과정들로 나누고 각 버금 과정에 대해

$Q = 0$을 요구한다. 압력과 부피 변화가 작을 때, 한 일은

$$W = \int PdV \approx P\Delta V \tag{4.9}$$

이므로 열역학 제1법칙 $Q = \Delta U + W$은

$$Q = \Delta U + P\Delta V \tag{4.10}$$

이 된다. $PV = nRT$와 $\Delta U = nc_V\Delta T$이므로, $Q = 0$이라는 구속 조건은

$$nc_V\Delta T + \left(\frac{nRT}{V}\right)\Delta V = 0 \tag{4.11}$$

임을 의미한다. 구체적인 과정들을 고려할 때, 부피 V는 단일 변수의 함수이다. 따라서 단열 과정의 경우 $V = V_{\text{ad}}(T)$로 놓으면 ΔV와 ΔT가 작을 때,

$$\Delta V \approx \frac{dV_{\text{ad}}(T)}{dT}\Delta T \tag{4.12}$$

를 얻는다. 이것을 식 (4.11)에 대입하고 항들을 정리하면

$$\frac{1}{V_{\text{ad}}(T)}\frac{dV_{\text{ad}}(T)}{dT} = -\frac{c_V}{R}\frac{1}{T} \tag{4.13}$$

을 얻게 되는데, 이것은 무한히 작은 버금 과정들에 대해 정확한 결과를 준다.

이 상미분 방정식의 풀이는 양변을 부정 적분하면 얻을 수 있으며, 풀이는

$$\ln V_{\text{ad}}(T) = -\left(\frac{c_V}{R}\right)\ln T + \text{const.} \tag{4.14}$$

가 된다.

이것을 $\gamma = c_P/c_V$와 $c_P - c_V = R$로부터 나오는 $\gamma - 1 = R/c_V$를 사용하여 다시 적으면 편리하다. $\gamma - 1$을 식에 곱하면

$$(\gamma - 1)\ln V_{\text{ad}}(T) + \ln T = \text{const} \tag{4.15}$$

가 되고, 식 (4.14)의 상수와 이 식의 상수는 다르다. 이 식과 로그함수의 성질로부터

$$\boxed{TV^{\gamma-1} = \text{const},} \tag{4.16}$$

을 얻는다. 다시 상수 값은 앞에서와 다르다. 이 식은 이상 기체의 단열 평형 과정을 나타내는 곡선을 따라 $TV^{\gamma-1}$ 값이 변하지 않는다는 것을 의미한다.

단열 과정에서 P와 V의 관계식을 구하기 위해 상태 방정식을 $T = PV/nR$의 형태로 바꿔 식 (4.16)에 대입하면

$$\left(\frac{PV}{nR}\right)V^{\gamma-1} = PV^{\gamma}\left(\frac{1}{nR}\right) = \text{const} \tag{4.17}$$

을 얻는다. 상수와 nR을 곱하면

$$\boxed{PV^{\gamma} = \text{const}} \tag{4.18}$$

이 된다. 같은 방식으로 $V = nRT/P$을 식 (4.16)에 대입하면

$$T\left(\frac{nRT}{P}\right)^{\gamma-1} = \frac{T^{\gamma}(nR)^{\gamma-1}}{P^{\gamma-1}} = \text{const} \tag{4.19}$$

로 주어진다. 이 식과 상수들을 결합하면

$$\boxed{T^{\gamma}/P^{\gamma-1} = \text{const}} \tag{4.20}$$

가 된다.

단열 평형 과정에서 한 일을 구하기 위해 초기 압력 P_0와 초기 부피 V_0를 사용해 식 (4.18)의 상수 값을 구한다. 그러면

$$PV^{\gamma} = P_0 V_0^{\gamma} \tag{4.21}$$

이 된다. 따라서 $P = P_0 V_0^{\gamma}/V^{\gamma}$가 된다. 이것을 일의 적분식에 대입하면

$$W = \int_{V_0}^{V_f} P(V)\,dV = P_0 {V_0}^{\gamma} \int_{V_0}^{V_f} \frac{dV}{V^{\gamma}} \tag{4.22}$$

가 되고, 따라서

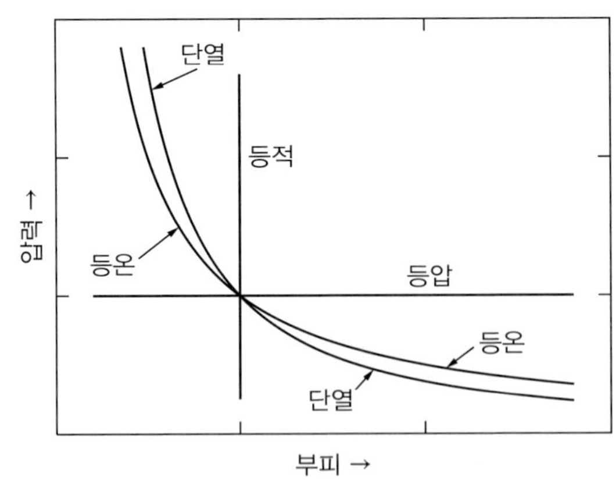

그림 4.1 이상 기체의 평형 과정들

표 4.1 일정한 비열을 가진 이상 기체의 평형 과정들

과정	Q	ΔU	W
등적	$nc_V(T_f - T_0)$	$nc_V(T_f - T_0)$	0
등압	$nc_P(T_f - T_0)$	$nc_V(T_f - T_0)$	$P(V_f - V_0)$
등온	$nRT \ln(V_f/V_0)$	0	$nRT \ln(V_f/V_0)$
단열	0	$nc_V(T_f - T_0)$	$(P_0 V_0{}^{\gamma}/(1-\gamma))(V_f{}^{1-\gamma} - V_0{}^{1-\gamma})$

$$W = \frac{-P_0 V_0{}^{\gamma}}{\gamma - 1}\left(\frac{1}{V_f{}^{\gamma-1}} - \frac{1}{V_0{}^{\gamma-1}}\right) \tag{4.23}$$

을 얻는다.

다른 종류의 과정들이 그림 4.1의 PV 도표에 그려져 있다. 가역 과정의 방향이 주어져 있지 않기 때문에 화살표가 곡선에 표시되어 있지 않다. 단열 과정을 나타내는 곡선이 등온 과정을 나타내는 곡선보다 더 가파른 것에 주목하라. 일정한 비열을 가진 이상 기체의 평형 과정들에 대한 Q, ΔU, W의 표현식이 표 4.1에 요약되어 있다.

4.2 고도에 따른 온도 변화

산을 오를 때 기온이 낮아지는 경험을 하는 것은 단열 과정 때문이다. 이유를 이해하기 위해 대기가 바람과 대류에 의해 움직이는 작은 공기 질량들의 집단이라고 상상해 보자. 상당한 열전달이 이루어지기에 필요한 시간에 비해 질량들이 빨리 움직이기 때문에, 다양한 공기 질량들의 과정은 본질적으로 단열 과정이다. 공기가 상승하면서 부피가 팽창해 주위 환경에 일을 한다. 일을 하는 데 필요한 에너지는 내부 에너지로부터 나오며 이로 인해 온도가 감소한다. 반대로 공기 질량이 하강할 때는 일을 받게 되어 내부 에너지와 온도가 증가하게 된다.

대기 운동의 모형으로 사용되는 계는 단면적 A이고 고도 h로부터 고도 $h + \Delta h$까지 뻗어 있는 수직 원통의 작은 공기 질량 M이다. 이 계의 가속도가 무시할 정도로 작아 질량에 작용하는 힘의 수직 성분들의 합은 0이라고 가정한다. 아래쪽 공기 압력에 의한 계의 바닥에 작용하는 위쪽 방향 힘은 $P(h)A$이다. 계의 위쪽에 작용하는 아래쪽 방향 힘은 $P(h + \Delta h)A$이고, 아래쪽으로 작용하는 중력(무게)은 Mg이다. 이 힘들을 더하면

$$P(h)A - P(h + \Delta h)A - Mg = 0 \tag{4.24}$$

가 된다.

공기는 이상 기체로 취급할 수 있다. 그 결과 이 계의 부피는 온도 및 압력과 $PV =$

nRT의 관계를 갖고, 이것은 $1 = (V/n)(P/RT)$를 의미한다. 여기에 M을 곱하고 공기 질량의 부피 V를 $A\Delta h$로 표현하면

$$M = A\Delta h\left(\frac{M}{n}\right)\left(\frac{P}{RT}\right) \tag{4.25}$$

로 주어진다. 이 식을 식 (4.24)에 대입하고 정리하면

$$\frac{P(h+\Delta h) - P(h)}{\Delta h} = -\left(\frac{M}{n}\right)\frac{g}{R}\frac{P(h)}{T(h)} \tag{4.26}$$

을 얻고, 여기서 A가 상쇄되기 때문에 P와 T의 h에 대한 구체적인 의존도가 얻어진다. Δh가 매우 작다고 하면

$$\frac{dP(h)}{dh} = -\left(\frac{M}{n}\right)\frac{g}{R}\frac{P(h)}{T(h)} \tag{4.27}$$

이 된다.

위 결과는 공기를 이상 기체로 가정해 얻은 것이지만, 대기 운동이 단열적이라는 사실은 사용하지 않았다. 공기 질량의 고도 변화를 단열 과정으로 취급할 수 있기 때문에, 식 (4.20)으로부터

$$\frac{T(h)^{\gamma}}{P(h)^{\gamma-1}} = \text{const} \quad \text{또는} \quad \gamma \ln T(h) - (\gamma - 1)\ln P(h) = \text{const} \tag{4.28}$$

이 된다. 이 식을 미분하면

$$\frac{\gamma}{T(h)}\frac{dT(h)}{dh} - \frac{\gamma-1}{P(h)}\frac{dP(h)}{dh} = 0 \quad \text{또는} \quad \frac{dP(h)}{dh} = \frac{\gamma}{\gamma-1}\frac{P(h)}{T(h)}\frac{dT(h)}{dh}. \tag{4.29}$$

를 얻는다. 식 (4.27)에 $dP(h)/dh$의 값을 대입하고 $(\gamma - 1)/\gamma$를 곱하면

$$\frac{dT(h)}{dh} = -\frac{\gamma-1}{\gamma}\left(\frac{M}{n}\right)\frac{g}{R} \tag{4.30}$$

을 얻게 된다. M/n은 몰당 질량으로 g/몰 단위의 분자 무게와 같다.

대기의 경우 식 (4.30)의 도움 변수는 $\gamma = 1.4$, $M/n = 28.8\ \text{g mol}^{-1}$, $g = 9.8\ \text{m s}^{-2}$이다. 이 값들을 식 (4.30)에 대입하면

$$\frac{dT(h)}{dh} = -\frac{0.4}{1.4}(0.0288\ \text{kg mol}^{-1})\frac{9.8\ \text{m s}^{-2}}{8.314\ \text{J (mol}\cdot\text{K)}^{-1}} = -9.70\times10^{-3}\ \text{K m}^{-1} \tag{4.31}$$

이 된다.

다시 말해 고도가 1킬로미터 증가할 때마다 온도가 9.7℃씩 떨어진다. 피트와 화

씨 온도로 바꾸면, 이 값은 1000피트 증가할 때마다 화씨 온도로 5.3도 감소하는 것을 말한다.

4.3 순환 과정

순환 과정(cyclic process)에서 계는 주기적으로 초기 상태로 돌아오며, 과정을 한 번 되풀이하는 것을 한 사이클이라고 한다. 초기 상태와 최종 상태가 같기 때문에 각 사이클은 계의 상태를 변화시키지 않는다. 따라서 모든 상태 함수들은 한 사이클의 마지막 때에 시작할 때 가졌던 값과 동일한 값을 가진다. 특히 $U_f = U_0$이므로

$$\Delta U = U_f - U_0 = 0 \tag{4.32}$$

이다. 그러면 열역학 제1법칙으로부터

$$Q = W \tag{4.33}$$

임을 알 수 있다. 따라서 순환 과정에서 열 Q는 일 W와 동일하다. 순환 과정 동안 계가 항상 평형에 있을 필요는 없지만, 상태 함수 U의 존재는 계가 순환 과정의 시작점과 끝점에서 평형에 있어야 한다는 것을 요구한다.

평형 과정이면서 동시에 순환 과정은 계의 상태 공간에서 닫힌 경로(곡선)으로 나타난다. PVT 계에서 한 사이클 동안 한 일은 그림 4.2에 나타낸 것처럼 PV 도표에서 둘러싸인 면적과 동일하다. 화살표는 과정의 방향을 가리키고, 그림에서처럼 경로가 시계 방향으로 면적을 둘러쌀 때 W가 양수가 된다. 상태 a로부터 상태 b로 가는 과정의 일부 동안 한 일은 적분 $\int PdV$로 주어지며, 경로의 위 부분 아래쪽 면적, 다시 말해 위쪽 선, 수평축 및 점 a, b와 축 사이의 수직선 사이에 둘러싸인 면적과 같다. 상태 b

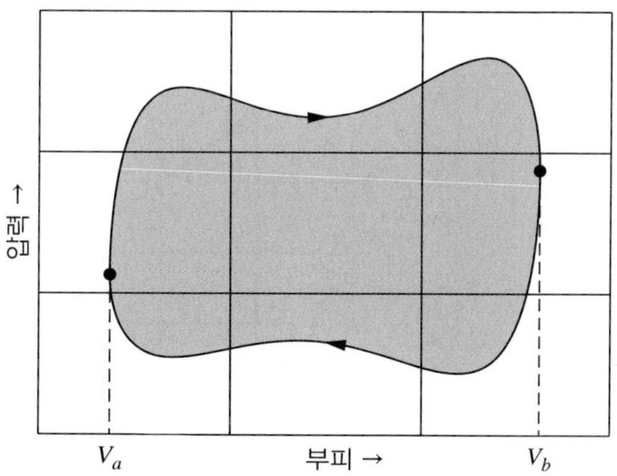

그림 4.2 순환 평형 과정의 PV 도표

로부터 다시 상태 a로 가는 과정의 일부에 대한 적분은 경로의 아래 부분 밑에 있는 면적을 뺀 것이다. 따라서 계가 한 전체 일은 회색 면적과 동일하다. 반시계 방향 경로를 따라 한 사이클 동안 한 일은 둘러싸인 면적의 음수값이 된다.

예제 4.1 순환 과정

그림 4.3에 나와 있는 이상 기체의 과정에 대해 생각해 보자. $c_V = 2.5R$이라고 가정하고 표에 주어진 정보를 증명하라.

과정	W	ΔU	$Q = \Delta U + W$
$a \to b$	(1) 0.0	(5) 7.5 J	(9) 7.5 J
$b \to c$	(2) 7.5 J	(6) 0.0	(10) 7.5 J
$c \to a$	(3) −3.0 J	(7) −7.5 J	(11) −10.5 J
$a \to b \to c \to a$	(4) 4.5 J	(8) 0	(12) 4.5 J

풀이 ■ 그래프로부터 $P_a = 1.0$ Pa과 $V_a = 1.0\ \text{m}^3$임을 알 수 있다. 곱 P_aV_a는 그래프에서 각 사각형의 면적과 같으며, 값은 $1.0\ \text{Pa m}^3 = 1.0\ \text{Nm} = 1.0\ \text{J}$이 된다. W는 과정을 나타내는 곡선 아래 면적의 양수값 또는 음수값이므로, 한 일은 그림으로부터 구할 수 있으며, 이것은 표의 처음 세 항목에서 한 일이 각각 0.0, 7.5 J, −3.0 J임을 가리킨다. 한 사이클 동안 한 일(항목 4)은 처음 세 항목에서 한 일의 합이므로 4.5 J이 된다. 과정 $a \to b$에서의 내부 에너지의 변화(항목 5)는 상태 방정식 $PV = nRT$와 $P_b = 4P_a$, $V_b = V_a$ 및 $c_V = 2.5R$을 사용해 구할 수 있다.

$$\Delta U_{a\to b} = U_b - U_a = nc_V(T_b - T_a) = n(2.5R)\left(\frac{(4P_a)\,V_a}{nR} - \frac{P_aV_a}{nR}\right)$$

$$= 7.5P_aV_a = 7.5\ \text{J}.$$

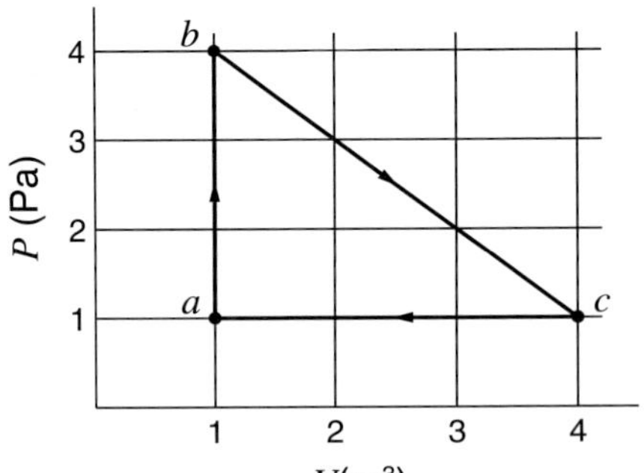

그림 4.3 순환 과정의 PV 도표

과정 $b \rightarrow c$에서의 내부 에너지의 변화(항목 6)는 상태 b와 c에서의 온도 및 상태 방정식을 사용해 구할 수 있다.

$$\Delta U_{b\rightarrow c} = U_c - U_b = nc_V(T_c - T_b) = nc_V\left(\frac{P_a(4V_a)}{nR} - \frac{(4P_a)V_a}{nR}\right) = 0$$

과정 $c \rightarrow a$에서의 내부 에너지의 변화(항목 7)는 $P_c = P_a$, $V_c = 4V_a$를 사용해 구할 수 있다.

$$\frac{nRT_c}{V_c} = \frac{nRT_a}{V_a} \quad \text{그리고} \quad \frac{T_c}{T_a} = \frac{V_c}{V_a} = 4.$$

그러면

$$\begin{aligned}\Delta U_{c\rightarrow a} &= U_a - U_c = nc_V(T_a - T_c) = n(2.5R)(T_a - 4T_a)\\ &= 2.5nRT_a(-3) = -7.5P_aV_a = -7.5\,\text{J}.\end{aligned}$$

내부 에너지 U는 상태 함수이므로 한 사이클을 마칠 때 변하지 않아(항목 8) $\Delta U = 0$이어야 한다. W와 ΔU 수직열을 계산한 후 열역학 제1법칙 $Q = \Delta U + W$를 사용해 마지막 수직열의 전달된 열을 구한다(항목 9, 10, 11, 12). 이 값들은 각각 7.5, 7.5, −10.5, 4.5 J이 된다.

한 사이클 동안의 Q값(항목 12)이 버금 과정의 값들(항목 9, 10, 11)의 합과 같다는 것을 확인하여 계산 결과를 확인할 수 있고, 실제 그렇다. 버금 과정의 변화 ΔU의 합은 순환 과정의 변화(항목 8)과 같아야 하고, 실제 그렇다. 또한 순환 과정에서는 $Q = W$이므로, 각 사이클의 W값(항목 4)은 Q값(항목 12)과 같아야 하는데, 실제로도 그렇다. ◆

4.4 열기관

일상 대화에서 엔진이란 단어는 자동차 엔진과 같은 실용적인 장치를 의미한다. 열역학에서 열기관(heat engine)이란 용어는 좀 더 추상적인 의미를 가진다. **열기관은 열 $|Q_{\text{in}}|$을 흡수하고 열 $|Q_{\text{out}}|$을 배출하며 양의 일 W를 하는 계나 장치의 순환 과정이다.** 정의가 추상적이긴 하지만, 열기관은 실제 장치들의 성능을 이해하는 데 유용하다. 절댓값 부호 때문에 $|Q_{\text{in}}|$와 $|Q_{\text{out}}|$는 양수이다. 열에 관한 부호 표기법은 $|Q_{\text{in}}|$에 양의 부호를, $|Q_{\text{out}}|$에는 음의 부호를 붙이기 때문에 한 사이클 동안 계가 전달한 전체 열은

$$Q = |Q_{\text{in}}| - |Q_{\text{out}}| = W > 0 \tag{4.34}$$

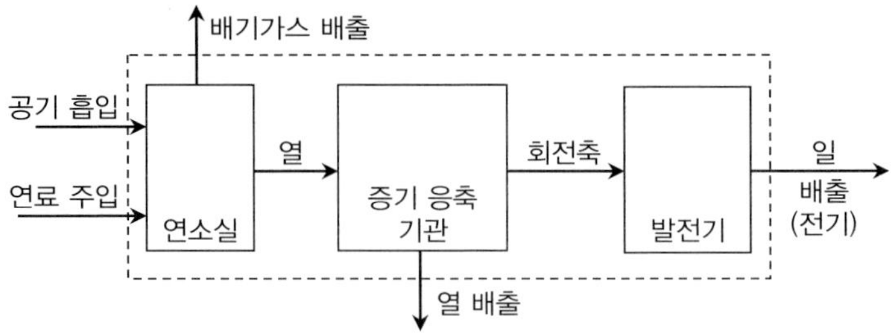

그림 4.4 발전소

가 되고, 두 번째 등호는 순환 과정의 특성 $Q = W$로 나온 것이다.

열기관의 개념의 이해를 돕기 위하여 화석 연료나 핵연료로 발전하는 것을 생각해 보자. 화석 연료를 사용하는 발전소의 구역 도표가 그림 4.4에 주어져 있다. 핵발전소에서는 증기기관에 전달되는 열이 핵반응로에서 나온다. 열기관은 연료를 태우거나 핵반응에 의해 생긴 열을 받아들이고 물 또는 대기로 열을 방출하면서 전기 에너지를 생산하는 발전기에 전력을 공급하는 유용한 일을 하는 발전소의 한 부분(증기기관)이다.[1] 일상적인 대화에서 사용하는 엔진과 열기관은 다르다. 엔진은 연료의 화학적 에너지를 유용한 일로 변환하는 전체 장치를 의미한다.

화석 연료 발전소에서 사용하는 증기기관의 개략도가 그림 4.5에 주어져 있다. 그림에서 점선은 분석할 계와 환경을 분리하는 추상적인 면인 **제어면**(control surface)을 가리킨다. 제어면 안의 전부가 열기관이다. 열 $|Q_{in}|$이 계의 외부에 있는 화로 속에서 타고 있는 연료로부터 보일러의 물로 전달된다. 응축기에서는 터빈으로부터 온 팽창된 증기가 열 $|Q_{out}|$을 차가운 매질로 전달한다. 증기로부터 열이 전달되기 때문에, 증기가 다시 액체인 물로 변화하고 펌프에 의해 보일러로 이동한다.

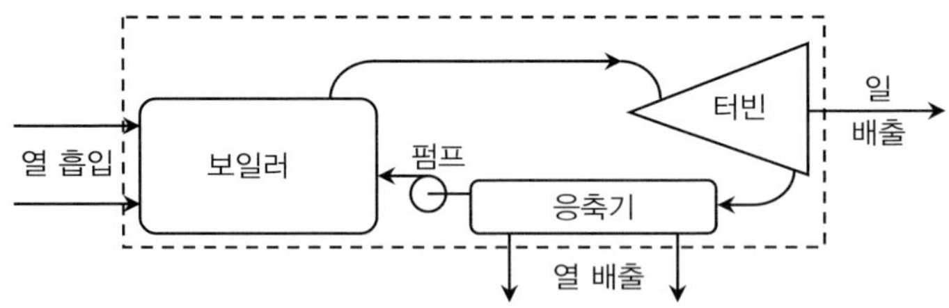

그림 4.5 응축 증기기관

1) 이전에 철도에서 사용하던 증기기관은 열기관의 좋은 예가 아니다. 이유는 이 기관이 순환 과정을 하지 않기 때문이다. 기관 안에 남아있는 작동 물질로부터 받아들이거나 보내어 열을 전달하는 대신, 이 기관은 물통에서 물을 흡입하고 태운 연료의 연소물을 증기와 함께 배출하는 열린계이다.

에너지 효율

효율은 원하는 결과를 얻는 데 필요한 어떤 것으로 원하는 것을 나눈 비를 말한다. 열기관의 목적은 열의 형태로 전달된 에너지로부터 유용한 일을 얻는 것이기 때문에, 열기관의 **에너지 효율**(energy efficiency)은

$$e = \frac{\text{work out}}{\text{heat in}} = \frac{W}{|Q_{\text{in}}|} \tag{4.35}$$

로 주어진다. 순환 과정의 경우 $Q = W$이고 $Q = |Q_{\text{in}}| - |Q_{\text{out}}|$이므로,

$$e = \frac{|Q_{\text{in}}| - |Q_{\text{out}}|}{|Q_{\text{in}}|} = 1 - \frac{|Q_{\text{out}}|}{|Q_{\text{in}}|} \tag{4.36}$$

이 된다. 효율은 보통 퍼센트로 주어지며, 최대 효율은 100%이다.

열기관의 순환 과정

실제 기관은 매우 복잡하지만, 작동 원리는 장치의 작용물이 기관을 순환할 때 일으키는 변화를 분석함으로써 이해할 수 있다. 증기기관에서 작용물은 액체와 증기 상태인 물이다. 물이 보일러로부터 터빈과 응축기를 지나 다시 보일러를 통과하는 동안 물의 변환을 순환 평형 과정으로 이상화할 수 있다. 다음 장의 주제인 상전이와 관련된 복잡성을 피하기 위해 작용물을 공기로 이상화할 수 있는 두 종류의 기관에 대해 조사해 보자.

가스 터빈 순환 과정

가스 터빈은 프로펠러로 움직이는 비행기와 배에서 사용되는 내연기관으로 전력을 얻는 데도 사용한다. 그림 4.6에 그린 것처럼 가스 터빈은 대기로부터 공기를 흡입하여 압축기로 공기 압력을 높인 후 여기에 연료를 주입한다. 그러고 나서 연료–공기 혼합물을 연소시켜 연소기로부터 나온 뜨거운 공기를 두 개의 터빈에 통과시킨다. 첫 번째 터빈은 압축기를 작동하는 데 필요한 일을 공급하고, 두 번째 터빈에서 유용한

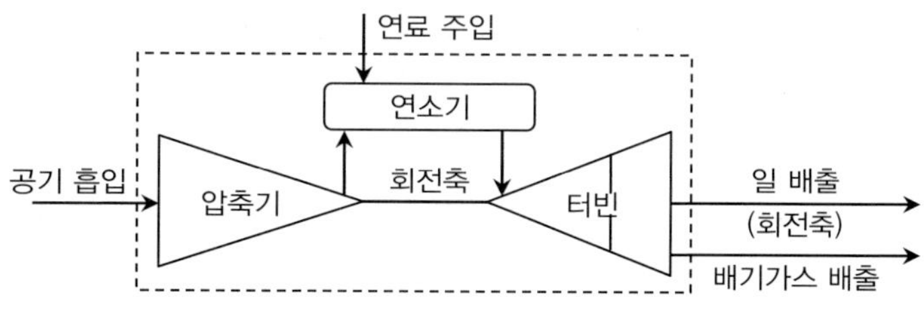

그림 4.6 연료 연소 가스 터빈

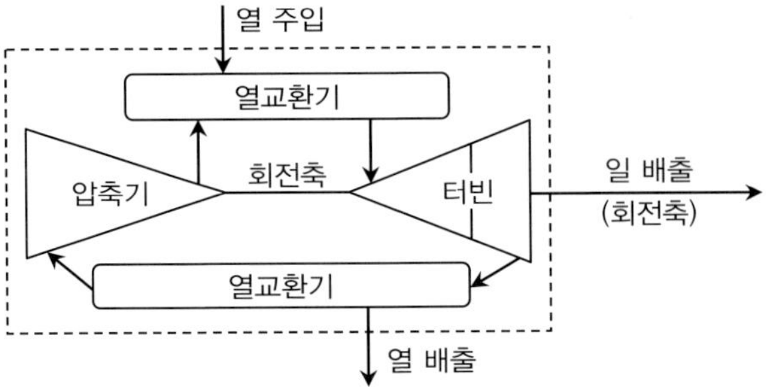

그림 4.7 열교환기가 붙은 가스 터빈

일을 얻는다. 터보 프로펠러 비행기에서 이 일은 프로펠러를 회전시키는 데 사용한다. 제트 엔진 역시 가스 터빈이지만 유용한 일은 공기의 운동 에너지를 증가시키는 데 사용한다. 그 결과 배기가스가 흡입 가스에 비해 더 큰 운동량을 가지게 된다.

닫힌계인 응축 증기기관과 달리, 가스 터빈은 물질을 환경과 교환하므로 열린계이다. 그러나 그림 4.7에서처럼 연소기를 열교환기로 바꾸고 두 번째 열교환기에서 기체를 냉각한 후 기체를 터빈으로부터 압축기로 되돌림으로써 가스 터빈을 닫힌계로 이상화할 수 있다.

$\gamma = 1.4$인 이상 기체의 **가스 터빈 순환 과정**(gas turbine cycle)의 *PV* 도표가 그림 4.8에 나와 있다. 이 순환 과정은 **브라이턴 순환 과정**(Brayton cycle) 및 **줄 순환과정**(Joule cycle)으로도 알려져 있다. 이 순환 과정은 두 개의 단열 과정과 두 개의 등압 과정으로 이루어져 있다. 실제 기관과 그림의 순환 과정 사이의 관계를 이해하기 위하여 작은 양의 공기가 실제 장치를 통과하는 것을 생각해 보자. 그림에서 단열 과정 $a \rightarrow b$는 압축기에서의 공기의 압축을 의미한다. 등압 과정 $b \rightarrow c$는 연료를 태워 공기 온도를 높이는 것을 의미하고, 단열 과정 $c \rightarrow d$는 터빈에서 기체가 팽창하는 것을 의미한다. 기체가 대략 80%의 질소와 20%의 산소의 혼합물인 공기로 압축기에 들어

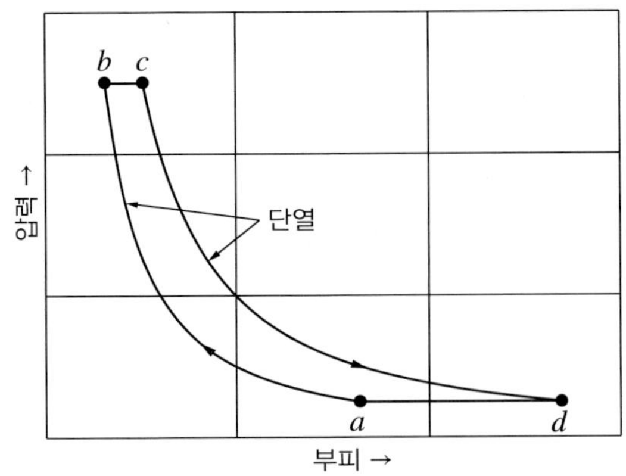

그림 4.8 가스 터빈 순환 과정의 *PV* 도표

오는 반면, 배기가스는 질소, 산소, 이산화탄소, 수증기 및 다른 연소물의 혼합물이다. 이상화된 순환 과정은 연소되는 연료에 의한 몰수 및 비열의 작은 변화를 무시한다. 이를 통해 연소기에서 일어나는 실제 과정을 구성비를 변화시키지 않고 공기로부터 열을 전달하는 과정으로 대체한다. 실제 기관에서 배기가스의 압력은 대기압이고, 공기 역시 대기압에서 흡입된다. 뜨거운 공기로 이상화시킨 배기가스가 대기압에서 냉각되어 압축기로 되돌아간다고 상상할 수 있다. 등압과정 $d \rightarrow a$는 이런 가상의 냉각을 나타낸다.

예제 4.2 가스 터빈의 효율

가스 터빈의 에너지 효율을 구하고 답을 등압 과정의 압력의 비의 함수로 표시하라.

풀이 ■ 계는 그림 4.8에 나와 있는 순환 과정을 거치는 작은 양의 공기이다. $P_h = P_b = P_c$인 고압 상태에 있는 버금 과정 $b \rightarrow c$ 동안 열 $|Q_{\text{in}}|$이 들어온다. $P_l = P_d = P_a$인 저압 상태에 있는 버금 과정 $d \rightarrow a$ 동안 열 $|Q_{\text{out}}|$이 빠져 나간다. 등압 과정에서 $Q = nc_P\Delta T$ 이므로

$$|Q_{\text{in}}| = Q_{b\rightarrow c} = nc_P(T_c - T_b) \quad \text{그리고} \quad |Q_{\text{out}}| = -Q_{d\rightarrow a} = -nc_P(T_a - T_d)$$

를 얻는다. 이것을 식 (4.36)의 에너지 효율에 대입하면

$$e = 1 - \frac{|Q_{\text{out}}|}{|Q_{\text{in}}|} = 1 - \frac{nc_P(T_d - T_a)}{nc_P(T_c - T_b)} = 1 - \frac{T_d - T_a}{T_c - T_b}.$$

으로 주어진다. 두 단열 과정에 대해 $(T/P^{(\gamma-1)/\gamma})$ = 상수이므로[식 (4.20) 참조)],

$$\frac{T_a}{P_l^{(\gamma-1)/\gamma}} = \frac{T_b}{P_h^{(\gamma-1)/\gamma}} \quad \text{그리고} \quad \frac{T_c}{P_h^{(\gamma-1)/\gamma}} = \frac{T_d}{P_l^{(\gamma-1)/\gamma}}.$$

이다. 이것을 정리하면

$$T_b = r_P^{(\gamma-1)/\gamma}T_a, \quad \text{그리고} \quad T_c = r_P^{(\gamma-1)/\gamma}T_d,$$

를 얻고, $r_P = P_h/P_l$로 등압과정의 압력비이다. T_b와 T_c의 값을 효율에 대한 위 식에 대입하면

$$e = 1 - \frac{T_d - T_a}{r_P^{(\gamma-1)/\gamma}(T_d - T_a)} = 1 - \frac{1}{r_P{}^{(\gamma-1)/\gamma}}. \tag{4.37}$$

을 얻는다. 따라서 가스 터빈 순환과정의 에너지 효율은 **압력비**(pressure ratio) r_P에 의해 결정된다. 압력비가 클수록 에너지 효율이 커진다. ◆

오토 순환 과정

자동차 엔진의 작동은 4행정 휘발유 엔진의 발명가인 니콜라스 오토의 이름을 딴 오토 순환 과정이라고 하는 순환 과정으로 이상화할 수 있다. $\gamma = 1.4$인 기체의 오토 순환 과정의 PV 도표가 그림 4.9에 주어져 있다. 두 개의 단열 과정이 두 개의 등적 과정과 결합되어 있다. 휘발유 엔진과 오토 순환 과정의 관계를 이해하기 위해 압축 행정을 시작하는 엔진의 한 실린더 안에 있는 기체를 생각해 보자. 이 기체가 계이다. 공기와 기화된 연료의 혼합물인 기체가 상태 a에서 순환 과정을 시작한다. 도표의 단열 과정 $a \to b$는 압축 행정 동안 피스톤이 위로 움직여 실린더의 부피가 최댓값 $V_{max} = V_a = V_d$에서 최솟값 $V_{min} = V_b = V_c$로 줄어드는 기체의 압축을 의미한다. 이때 스파크 플러그가 연료 – 공기 혼합물을 점화하여 혼합물이 급격히 연소되면서 온도와 압력이 빠르게 증가한다. 이 연소는 충분히 빨라 등적 과정 $b \to c$로 이상화할 수 있다. 파워 행정에서 피스톤이 아래로 움직이면서 부피 V_{min}으로부터 부피 V_{max}로 계(연소된 기체)가 팽창하는 것이 단열 과정 $c \to d$이다. 파워 행정이 끝나면서 실린더의 배기 밸브가 열리고, 배기 행정 동안 피스톤이 위로 올라오면서 연소된 기체가 강제로 외부로 배출된다. 부피가 최소가 될 때 배기 밸브가 닫히고 흡입 밸브가 열린다. 그러고 나서 흡입 행정 동안 피스톤이 아래로 움직이면서 신선한 연료와 공기의 혼합물이 안으로 들어온다. 배기 행정과 흡입 행정의 목적은 부피 V_{max}의 연소된 기체를 동일한 부피를 가진 신선한 연료–공기 혼합물로 교체하는 것이다. 이런 교체는 등적 과정 $d \to a$로 나타내진다. 이제 실린더는 신선한 연료–공기 혼합물로 채워지고 다시 순환 과정이 반복된다.

일정한 c_V를 가진 이상 기체의 오토 순환 과정의 에너지 효율이

$$e = 1 - (1/r_V)^{\gamma-1} \tag{4.38}$$

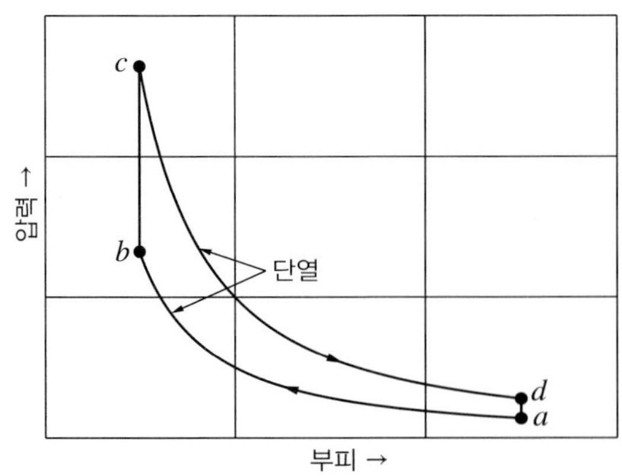

그림 4.9 오토 순환 과정의 PV 도표

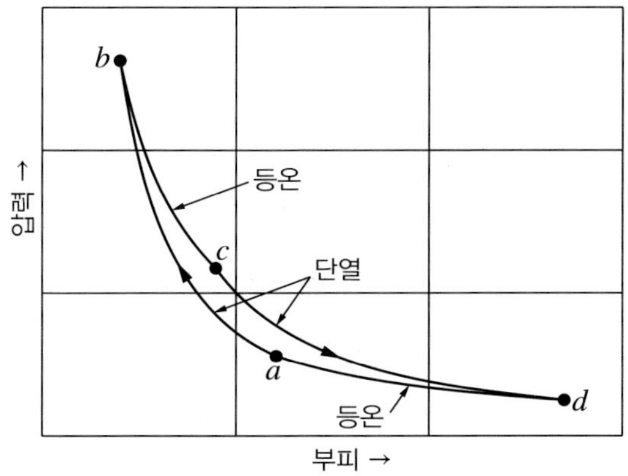

그림 4.10 이상 기체의 카르노 순환 과정

이 된다는 것은 문제로 남겨둔다. 여기서 $r_V = V_{max}/V_{min}$은 엔진의 **압축비**(compression ratio)이다. 여기서 고려하지 않은 요소들이 에너지 효율의 증가를 막지 않는 한 이 식으로부터 압축비를 증가시킴으로써 휘발유 엔진의 에너지 효율을 증가시킬 수 있다는 것을 알 수 있다.

열기관은 열을 흡입하기도 하고 배출하기도 한다. 온도가 낮은 곳으로부터는 열을 흡입하기보다 열을 배출한다. 7장에서 설명하듯이 열을 교환하는 온도 범위가 주어져 있을 때, 가장 효율이 높은 열기관은 가장 높은 온도에서 열을 흡입하고 가장 낮은 온도로 열을 배출한다. 이런 이상적인 열기관을 카르노 순환과정이라고 한다. 동일한 작용물질을 사용하는 카르노 순환 과정의 특수 경우인 그림 4.7과 4.8에 나와 있는 가스터빈 및 오토 순환 과정을 카르노 순환 과정과 비교하는 것은 흥미로운 작업이다. $\gamma = 1.4$인 이상 기체의 카르노 순환 과정이 그림 4.10에 있다. 그림에서 버금 과정 $a \to b$와 $c \to d$는 단열 과정이고 버금 과정 $b \to c$와 $d \to a$는 등온 과정이다. 대조적으로 가스터빈과 오토 순환 과정은 온도 범위 이상으로 열을 교환하는 실제 공학적 순환 과정을 이상화한 것이다.

문제

4.1 공기 온도가 20℃인 해안도시에서 비행기가 이륙하여 고도를 높인다. 고도가 얼마일 때 외부 공기의 온도가 0℃가 될까? (로스앤젤레스 지역에서 나타나는 것 같은 온도 역전 현상은 없다고 가정하라.)

4.2 순환 평형 과정이 다음과 같은 버금 과정들로 구성되어 있다고 하자.
$a \to b$는 부피가 팽창되는 등온 과정
$b \to c$는 압력이 감소하는 등적 과정

$c \to a$는 단열 과정

$V_b = V_c = 2V_a$라고 가정하라.

(a) 이 과정을 PV 도표에 그리시오.

(b) 아래 표에 수치 값을 적어 완성하시오(다른 종이를 사용하시오). 답을 구한 과정을 적고 표에 주어진 값들을 사용하여 답을 구하시오.

버금 과정	Q	ΔU	W
$a \to b$	3600 J	(3)	(7)
$b \to c$	(1)	(4)	(8)
$c \to a$	0	(5)	−1200 J
전체 과정	(2)	(6)	(9)

(c) 이 과정의 에너지 효율을 구하시오.

4.3 순환 평형 과정이 다음과 같은 버금 과정들로 구성되어 있다고 하자.

$a \to b$는 부피가 팽창되는 등압 과정

$b \to c$는 압력이 감소하는 등적 과정

$c \to a$는 단열 과정

이 계가 일정한 c_V와 $\gamma = 1.5$인 이상 기체라고 가정하라.

(a) 이 과정을 PV 도표에 그리시오.

(b) 아래 표에 수치 값을 적어 완성하시오(다른 종이를 사용하시오). 답을 구한 과정을 적고 표에 주어진 값들을 사용하여 답을 구하시오.

상태	P	V	T
a	20×10^5 Pa	$0.3\,\text{m}^3$	400 K
b	(1)	$0.6 \times 0.6\text{m}^3$	(4)
c	(2)	(3)	(5)

4.4 $c_V = 2.5R$인 n몰의 이상 기체의 순환 평형 과정이 세 개의 버금 과정으로 구성되어 있다.

$a \to b$는 부피가 2배로 팽창되는 등압 과정

$b \to c$는 압력이 감소하는 등적 과정

$c \to a$는 단열 과정

$V_b = V_c = 2V_a$라고 가정하라.

(a) 이 과정을 PV 도표에 그리시오.

(b) 버금과정 $a \to b$에서 흡수한 열을 T_a, n과 R의 함수로 구하시오.

(c) 버금과정 $b \to c$에서 배출한 열을 T_a, n과 R의 함수로 구하시오.

(d) 이 순환 과정의 에너지 효율을 구하시오. 답을 수치 값으로 적으시오.

4.5 공기를 초기 온도 293 K(20 ℃)로부터 다음과 같이 단열 압축한다고 할 때 최종 온도를 구하시오.

(a) 압축비 V_f/V_0가 1/10일 때(가솔린 엔진의 경우)

(b) 압축비 V_f/V_0가 1/20일 때(디젤 엔진의 경우)

4.6 **(a)** 공기 표준 오토 순환 과정의 에너지 효율이

$$e = 1 - (1/r_V)^{\gamma - 1}$$

임을 보이시오. 여기서 $r_V = V_{\max}/V_{\min}$이다.

(b) $\gamma = 1.4$ 이고 $r_V = 10$과 $r_V = 20$일 때 e의 값을 각각 계산하시오.

5장 상전이

물이 어는 것과 얼음이 녹는 것은 친숙한 상전이 현상이다. 하지만 얼음이 몇 가지 고압상을 가졌다는 것은 잘 알려져 있지 않다. 경계면에 의해 다른 상과 분리되어 있는 계의 균질한 부분을 **상**(phase)이라고 하며, 다른 종류의 계는 다른 상을 가진다. 예를 들어 *PVT* 계는 고체, 액체, 기체의 상을 가지는 반면, 자기계는 상자성 및 강자성 상(그리고 다른 자기적 질서를 가진 상)을 가진다. *PVT* 계와 자기계의 상도표는 상전이의 본질을 이해하는 데 도움이 되며, 판데르발스 모형은 액체–기체 상전이에 대한 유용한 지식을 제공한다.

5.1 · 고체, 액체, 기체

앞에서 언급한 것처럼 유체는 용기의 모양에 맞춰 흐르며, 액체와 기체 모두 유체이다. 기체는 임의의 크기를 가진 용기를 채우도록 팽창이 가능하다. 반면 액체는 일부가 기화하면서 약간 팽창할 수 있고, 따라서 계는 액체와 기체의 두 가지 상의 혼합물이 된다. 이 장에서 논의하는 것은 단일 성분을 가진 계로 국한되므로 계는 한 종류의 분자만을 가진다.[1]

상도표

그림 5.1에 있는 압력 대 온도의 그림을 물과 같은 계의 **상도표**(phase diagram)라고 한다. 곡선 위에 있는 점들은 두 상이 평형을 이루고 있음을 말해준다. 곡선 위에 있지 않은 점들은 한 가지 상을 가진 상태를 의미한다. 임계점 이하의 온도의 기체를 **증기**(vapor)라고 한다. **기화 곡선**(vaporization curve)을 따라 액체와 증기상이 평형을 이루고, 고체와 액체상은 **용융 곡선**(fusion curve)을 따라 평형을 이루며, 고체와 증기(기체)상은 **승화 곡선**(sublimation curve)을 따라 평형을 이루고 있다.

1) 다중 성분으로 구성된 계는 13장에서 다룬다.

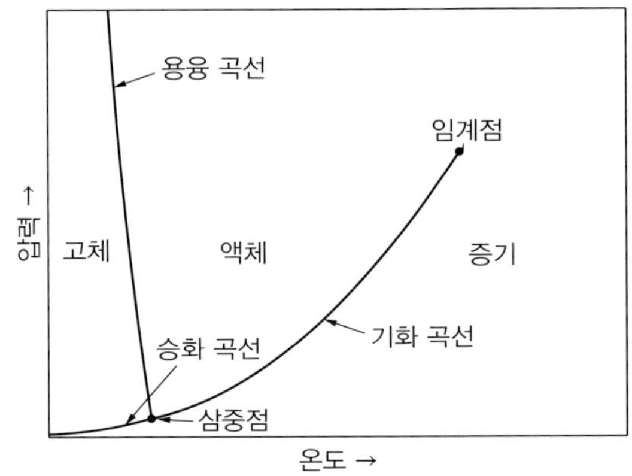

그림 5.1 *PVT* 계의 상도표

열적 평형에서 두 상이 공존할 때, 온도는 압력에 의해 유일하게 결정되며, 그 역도 사실이다. 섭씨 온도 척도는 이런 사실에 근거를 두고 있다. 섭씨 온도는 표준 대기압(101.325 kPa)에서 얼음과 물이 평형에 있는 온도를 0℃로, 표준 대기압에서 증기(수증기)와 액체 물이 평형에 있는 온도를 100℃로 정한다. 이 두 온도를 **얼음점**(ice point)과 **증기점**(steam point)이라고 한다.

삼중점

두 상이 공존하는 곡선 세 개가 만나는 상도표상의 점을 **삼중점**(triple point)이라고 한다. 삼중점은 세 가지 상이 평형을 이루며 공존하는 상태를 말한다. 삼중점은 독특한 온도와 독특한 압력을 가진다. 켈빈 온도 척도는 물의 삼중점 온도로 정의한다.[2] 이 척도는 절대 0도를 0의 값으로 잡고 섭씨 온도 척도와 같은 크기의 온도 증가를 가지고 있다. 절대 0도가 섭씨 온도로 −273.15 ℃이고 물의 삼중점이 0.01 ℃이므로, 켈빈 온도 척도는 물의 삼중점에 온도 273.16 K를 부여하는 절대온도 척도이다. 몇몇 중요한 물의 성질들이 표 5.1에 주어져 있다. 삼중점의 압력이 표준 대기압보다 훨씬

표 5.1 물의 성질

삼중점: $P_{tr} = 612\,\text{Pa}$, $T_{tr} = 273.16\,\text{K}$ (정확히)
임계점: $P_c = 22.12\,\text{MPa}$, $T_c = 647.4\,\text{K}$, $v_c = 3.17 \times 10^{-3}\,\text{m}^3\text{kg}^{-1}$
증기점: $v_{steam} = 1.673\,\text{m}^3\text{kg}^{-1}$, $v_{liq} = 1.044 \times 10^{-3}\,\text{m}^3\text{kg}^{-1}$
얼음점: $v_{ice} = 1.091 \times 10^{-3}\,\text{m}^3\,\text{kg}^{-1}$, $v_{liq} = 1.000 \times 10^{-3}\,\text{m}^3\,\text{kg}^{-1}$
1 atm에서의 용융 숨은열: $L_f = 80\,\text{kcal}\,\text{kg}^{-1}$
1 atm에서의 기화 숨은열: $L_v = 539\,\text{kcal}\,\text{kg}^{-1}$

2) 온도 척도는 7.5절과 8장에서 더 자세히 이야기할 것이다.

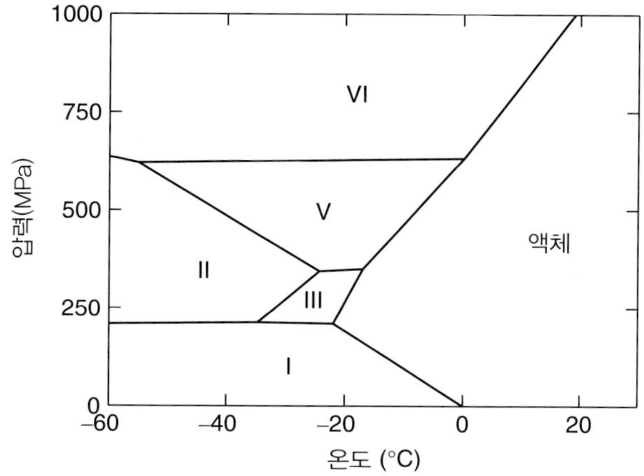

그림 5.2 압력이 높은 경우의 물의 상

작다는 것에 주목하라.

많은 물질들은 한 가지 이상의 고체상을 가진다. 다른 상은 다른 거시적인 성질과 다른 결정 구조를 가진다. 그림 5.2는 물의 몇 가지 고압 상을 보여 준다. 압력이 높을 경우만 그려져 있기 때문에 기화 곡선이 보이지 않는다. 다른 고체 또는 얼음의 상은 로마 숫자로 구별하여 표시하고 있다. 대기압에서 존재하는 유일한 얼음은 얼음 – I로 유일하게 물보다 밀도가 낮은 얼음이다. 삼중점, 즉 상이 평형을 이루며 공존하는 독특한 온도와 압력을 가진 점의 수가 많다는 것에 주목하라. 예를 들어 얼음–I, 얼음–II와 얼음–III의 삼중점의 온도와 압력은 $T = -34.7^\circ\mathrm{C}$와 $P = 212.0$ MPa이다.

임계점

상도표에서 기화 곡선이 끝나는 점을 **임계점**(critical point)이라고 한다. 임계점의 중요성을 이해하기 위해 계를 나타내는 이 점이 기화 곡선을 따라 움직이는 평형 과정을 생각해 보자. 임계점 이하에서 액체와 기체(증기)는 위가 기체이고 아래가 액체인 면으로 분리되어 있다. 임계점을 넘어서면 이 면이 사라지고, 액체와 기체의 정성적인 구분이 사라진다. 이것은 항상 한 가지 상만이 존재하는 과정에서 액체를 기체로 변화시키는 것이 가능하다는 것을 의미한다. 이런 과정이 그림 5.3에서 곡선 $a \to d \to c$로 표시되어 있다. 계는 상태 a에 있는 액체와 상태 c에 있는 기체이다. 임계점을 지나면 계가 d를 지나 c로 가면서 계는 한 가지 상에 머물게 된다. 이것은 곡선 $a \to b \to c$로 나타낸 등압 과정에서 일어나는 것과 대조가 된다. 온도가 a점으로부터 b점으로 증가할 때 계는 한 가지 상(액체)에 머문다. 계가 b점에 도달하면, 계는 모든 액체가 온도 변화 없이 모두 기체로 변화하며 두 가지 상이 존재하게 된다. 온도가 b점을 넘어 c점으로 증가하게 되면, 계는 다시 한 가지 상만을 갖게 된다.

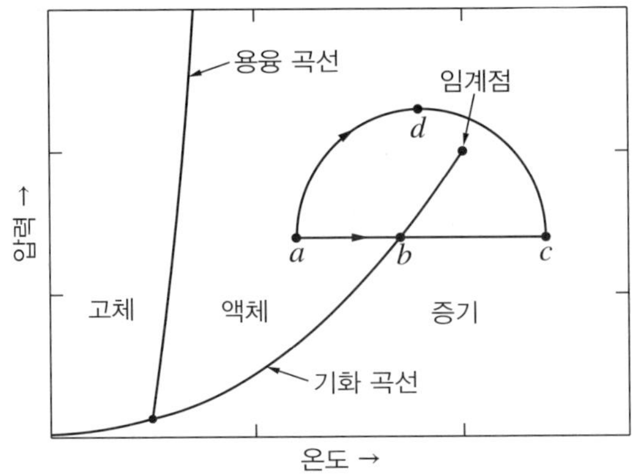

그림 5.3 액체를 증기로 변환하는 두 가지 과정

그림 5.1에서 용융 곡선의 기울기가 음이지만 그림 5.3에서는 양인 것에 주목하라. 양의 기울기는 얼 때 부피가 감소하는 계가 가진 특성이다. 대부분의 물질들은 이런 특성을 가진다. 음의 기울기를 가진 용융 곡선은 얼 때 부피가 팽창하는 물과 같은 물질들의 특성이다.[3]

상태 방정식 곡면

그림 5.4는 얼 때 부피가 감소하는 물질의 **상태 방정식 곡면**(equation of state surface)을 보여 준다. 곡면을 3차원으로 상상할 수 있도록 몇 개의 등온선들이 포함되어 있

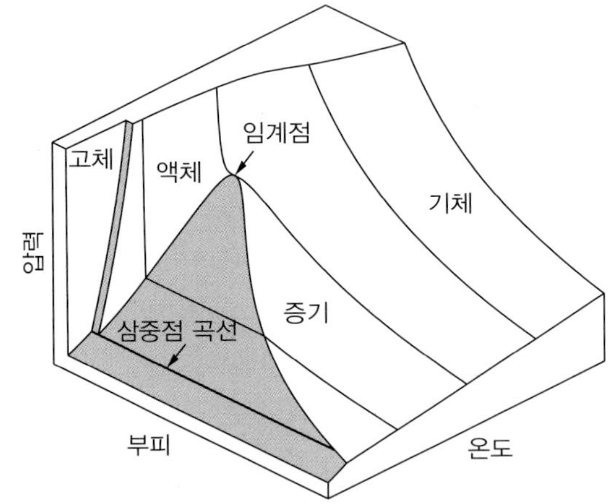

그림 5.4 *PVT* 계의 상태 방정식

3) 두 가지 상이 공존하는 곡선과 이 곡선과 연관된 부피 변화 사이의 관계는 11.4절에서 논의할 클라페이론 방정식으로 기술할 수 있다.

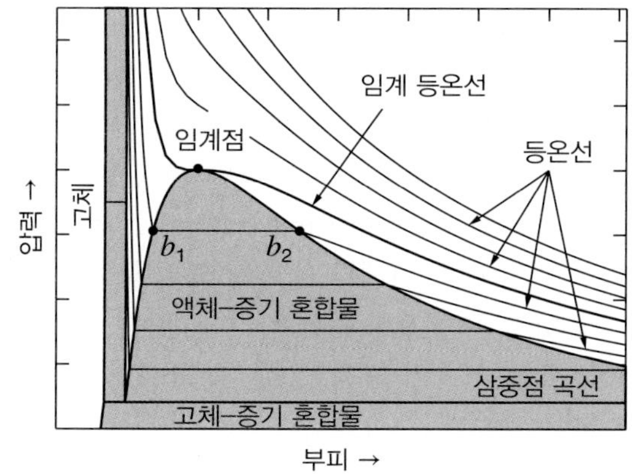

그림 5.5 *PV* 도표 상의 등온선

다. 3차원에서 보았을 때 임계점은 한 점이고 삼중점은 곡선이 되며 두 가지 상이 공존하는 곡선은 상태 방정식 곡면의 영역에 해당한다는 사실에 주목하라. 상태 방정식 곡면을 *PV* 평면에 투사한 것이 그림 5.5에 있는 *PV* 도표이다. *PV* 도표와 상태 방정식 곡면 위의 각 점은 계의 다른 상태를 나타낸다. 반면 그림 5.3과 같은 상도표에서 두 가지 상이 공존하는 곡선 위의 각 점은 많은 상태를 나타낸다. 그림 5.5에 있는 등온선 $b_1 \rightarrow b_2$가 나타내는 과정은 그림 5.3의 b점이 의미하는 전이에서 계가 전이 때 지나게 되는 일련의 상태를 보여 준다. 열이 계로 전달됨에 따라 계가 b_1과 b_2 사이의 상태를 통과하면서 액체 양에 대해 기체 양이 증가하는 만큼 부피가 증가한다. 곡선 $b_1 \rightarrow b_2$을 따라 액체의 견줌 부피는 상태 b_1에서와 동일하고 기체의 견줌 부피는 상태 b_2에서와 동일하다. 부피가 증가함에 따라 압력이 기체상에서 등온선을 따라 감소하는 것보다 액체상에서 동일한 등온선을 따라 더 빠르게 감소하는 것에 주목하라. 이런 차이가 기체일 때보다 액체일 때 훨씬 큰 등온 부피 탄성률 $B_T = -V(\partial P/\partial V)_T$의 값에 반영되어 있다.

5.2 숨은열

일정한 온도에서 물질이 상 변화를 일으킬 때 흡수하거나 방출하는 열의 양을 **숨은열**(latent heat)이라고 하며, 숨은열은 계의 크기와 관련된 상에 의존한다. 예를 들어 계를 그림 5.5의 상태 b_1에 있는 액체로부터 상태 b_2에 있는 증기(기체)로 변환시키는 데 열이 필요하다. 계를 온도나 압력을 변화시키지 않고 한 상으로부터 다른 상으로 변환하는 데 필요한 열 Q는

$$Q = ML \tag{5.1}$$

로 주어지고, 여기서 L은 **견줌 숨은열**(specific latent heat)이고 M은 계의 질량이다. 견줌 숨은열은 값이 양으로 정의된다. **견줌 용융 숨은열**(specific latent heat of fusion) L_f는 계가 고체로부터 액체(녹음)로 변화할 때 흡수하는 단위 질량당 열이다. 이 숨은열은 또한 액체가 얼 때 내놓는 단위 질량당 열이기도 하다. **견줌 기화 숨은열**(specific latent heat of vaporization) L_V는 액체가 기체로 기화할 때 흡수하는 단위 질량당 열이며, 기체가 응축할 때 내놓는 단위 질량당 열이기도 하다. 물의 숨은열 L_f와 L_V가 표 5.1에 주어져 있다. **견줌 승화 숨은열**(specific latent heat of sublimation) L_s는 고체가 승화할 때, 즉 고체가 액체상을 거치지 않고 직접 기체로 될 때 흡수하는 열이다.

예제 5.1 상변화의 열계량법

0.20 kg의 얼음 조각을 27°C의 0.50 kg의 물이 담긴 열량계에 넣고 결합계가 열적 평형에 이르게 한다. 계의 최종 상태를 구하시오. 열량계의 열용량은 0.030 kcal K^{-1}이다.

풀이 ■ 계는 두 버금계로 구성되어 있다. 얼음 버금계는 초기에 0.0°C에 있었고, 물과 열량계 컵 버금계($w + c$)는 초기에 27°C에 있었다. 다른 계와의 열 교환을 무시한다고 가정하면, 한 버금계에 전달된 열은 다른 버금계로부터 전달되어 온 열과 같아야 한다. 얼마나 많은 얼음이 남아 있는지 모르기 때문에, 우선 얼음을 완전히 녹이는 데 필요한 열의 양을 구하여 버금계 $w + c$의 온도를 낮추는 데 필요한 열과 비교해 보자. 얼음을 모두 녹이는 데 필요한 열은

$$Q = ML_f = (0.20\,\text{kg})(80\,\text{kcal}\,\text{kg}^{-1}) = 16\,\text{kcal}$$

이다. 버금계 $w + c$의 열용량은

$$C_P^{\text{w+c}} = (0.50\,\text{kg})(1.0\,\text{kcal}\,\text{kg}^{-1}\text{K}^{-1}) + 0.030\,\text{kcal}\,\text{K}^{-1} = 0.53\,\text{kcal}\,\text{K}^{-1}$$

이다. 따라서 버금계 $w + c$의 온도를 낮추는 데 필요한 열은

$$Q = C_P^{\text{w+c}}(T_f - T_0) = (0.53\text{kcal}\,\text{K}^{-1})(0.0\,°\text{C} - 27\,°\text{C}) = -14.3\,\text{kcal}$$

이 된다. 버금계 $w + c$에 대해 얻은 14.3 kcal가 얼음을 녹이는 데 필요한 16 kcal보다 작기 때문에, 얼음의 일부가 남는다. 계의 압력이 1.0 atm에 가깝다고 가정하면 최종 상태의 얼음과 물의 온도는 0.0°C가 된다. 계의 최종 상태가 온도와 압력에 의해 유일하게 결정되지 않기 때문에, 계가 두 상 사이에서 어떻게 분포하는지 결정할 필요가 있다. 이 일을 하기 위해 얼음 버금계로 전달되는 열이 버금계 $w + c$로부터 전달되어 온 열과 동일하다고 가정한다. 위에서 구한 것처럼, 이 값은

14.3 kcal이다. 따라서 $M_{ice}L_f$ = 14.3 kcal이고, 녹은 얼음의 양은 M_{ice} = 14.3 kcal/(80 kcal kg^{-1}) = 0.179 kg이 된다. 0.20 kg − 0.179 kg = 0.021 kg이고 0.50 kg + 0.179 kg = 0.679 kg이므로 계의 최종 상태는 0.0°C에서 평형을 이루고 있는 0.021 kg의 얼음, 0.679 kg의 액체 물과 열량계 컵이다. ◆

변환 엔탈피

숨은열은 등온과 등압 과정에서만 정의된다. 3장에서 일정한 압력에 있는 계로 전달된 열은 엔탈피 변화와 같다는 것을 알았다[식 (3.11) 참조]. 따라서 계를 상 A로부터 상 B로 변화시키는 데 필요한 열 $Q_{A\rightarrow B}$는

$$Q_{A\rightarrow B} = \Delta H = H_B(T,P) - H_A(T,P) \tag{5.2}$$

이고, H_A와 H_B는 두 상의 엔탈피이다. 식 (5.1)로부터

$$L_{A\rightarrow B} = h_B(T,P) - h_A(T,P) \tag{5.3}$$

이 되고, $h = H/M$은 견줌 엔탈피이다. 다시 말해 **상전이에 대한 견줌 숨은열은 두 상의 견줌 엔탈피의 차이와 동일하다.**

위 결과는 승화 숨은열과 용융 숨은열 및 기화 숨은열의 관계식을 찾는 데 사용할 수 있다. 그림 5.1이나 5.3의 삼중점 근처의 세 점을 생각해 보자. 점 (T_f, P_f)는 용융 곡선 위에, 점 (T_v, P_v)는 기화 곡선 위에, 점 (T_s, P_s)는 승화 곡선 위에 있다. 그러면

$$L_f = L_{sol\rightarrow liq} = h_{liq}(T_f,P_f) - h_{sol}(T_f,P_f), \tag{5.4}$$

$$L_v = L_{liq\rightarrow vap} = h_{vap}(T_v,P_v) - h_{liq}(T_v,P_v), \tag{5.5}$$

그리고

$$-L_s = L_{vap\rightarrow sol} = h_{sol}(T_s,P_s) - h_{vap}(T_s,P_s) \tag{5.6}$$

이 되고, 고체, 액체, 증기는 각각 고체, 액체, 기체 상을 의미한다. 마지막 방정식에 음의 부호가 나오는데, 이유는 L_s가 증기 → 고체가 되는 전이가 아니라 고체 → 증기로 되는 데 필요한 단위 질량당 열이기 때문이다. 세 점을 두 가지 상 곡선을 따라 삼중점으로 이동시키면 세 점 (T_f, P_f), (T_v, P_v)와 (T_s, P_s)가 삼중점 (T_{tr}, P_{tr})로 수렴하게 된다. 세 점이 수렴할 때, 식 (5.4)에서 식 (5.6)까지의 오른쪽 변의 합이 0이 된다. 왼쪽 변의 합 역시 0이 되어야 하기 때문에, $L_f + L_v - L_s = 0$이다. 따라서 삼중점에서

$$L_s = L_f + L_v \tag{5.7}$$

을 얻는다.

물의 고체–액체–기체 삼중점에서 $L_f = 79\ \mathrm{kcal\ kg^{-1}}$과 $L_v = 596\ \mathrm{kcal\ kg^{-1}}$이므로 $L_s = 675\ \mathrm{kcal\ kg^{-1}}$가 된다. L_f와 L_v의 값이 표 5.1의 값과 다르다는 것에 주목하라. 이것은 견줌 숨은열의 값들이 연관된 두 가지 상 곡선을 따라 이동할 때 변하기 때문이다.

5.3 판데르발스 모형

유체의 성질을 표현하는 상대적으로 간단한 방법이 요하네스 판데르발스가 개발한 **판데르발스 상태 방정식**(van der Waals equation of state)에 근거한 모형으로 주어진다. 이 방정식은

$$\left(P + \frac{a}{v^2}\right)(v - b) = RT, \tag{5.8}$$

또는 동일하게

$$P = \frac{RT}{v - b} - \frac{a}{v^2} \tag{5.9}$$

로 적을 수 있으며, 여기서 $v = V/n$은 견줌 부피이다. 도움 변수 a와 b는 특정한 물질의 성질에 적합하도록 조정한다. 판데르발스 상태 방정식은 밀도가 낮을 경우 $|b| \ll v$와 $|a| \ll Pv^2$이 되어 이상 기체의 상태 방정식 $Pv = RT$와 같아진다. 이 모형은 액체–증기 상전이의 본질을 잘 보여 준다.

판데르발스 상태 방정식의 몇몇 등온선들이 그림 5.6에 그려져 있다. 이 그림에서 **임계 등온선**(critical isotherm)은 **임계점**(critical point)을 지나는 등온선이다. 임계 등온선 아래 직선 등압선들은 액체와 증기의 혼합물을 나타낸다(어디에 등압선을 그릴

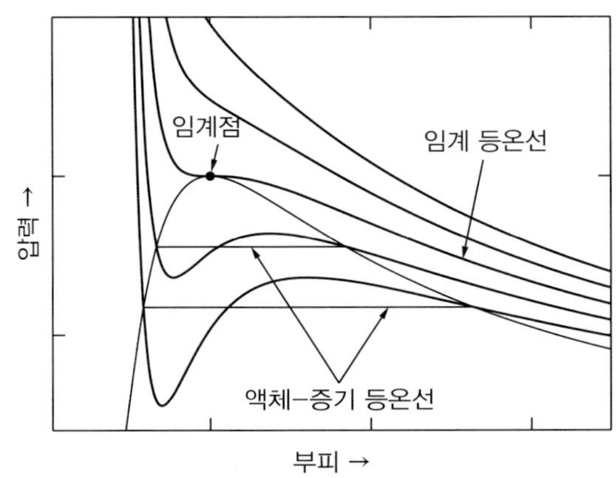

그림 5.6 판데르발스 유체의 등온선

지는 13장에서 설명한다). 곡선 등온선들이 직선 액체-증기 등온선들과 닿는 점 사이의 지역은 단일 상이 존재하는 상태를 나타낸다. 이런 단일 상 상태는 진짜 평형 상태가 아닌데, 이유는 두 가지 상의 혼합물로 있을 때 계가 더 안정하기 때문이다.

임계점 아래 각각의 곡선 등온선은 최대점과 최소점을 가진다. 온도가 증가함에 따라 이 점들은 서로 접근하여 임계 등온선에서 단일점이 된다. 이 단일점은 변곡점으로 1차 도함수와 2차 도함수의 값이 모두 0이 되는 점이다. 따라서 임계점에서의 온도 T_c와 견줌 부피 v_c는

$$\frac{\partial P(T_c, v_c)}{\partial v} = 0 \quad \text{그리고} \quad \frac{\partial^2 P(T_c, v_c)}{\partial v^2} = 0 \tag{5.10}$$

이 된다. 판데르발스 모형에 대해 이 식을 계산하면

$$-\frac{RT_c}{(v_c - b)^2} + \frac{2a}{v_c^3} = 0 \quad \text{그리고} \quad \frac{2RT_c}{(v_c - b)^3} - \frac{6a}{v_c^4} = 0 \tag{5.11}$$

이 되고, 이것은

$$v_c = 3b \quad \text{그리고} \quad T_c = \frac{8a}{27bR} \tag{5.12}$$

를 의미한다. 식 (5.12)를 식 (5.9)에 대입하면 임계 압력 P_c는

$$P_c = \frac{RT}{(v_c - b)} - \frac{a}{v_c^2} = \frac{a}{27b^2} \tag{5.13}$$

으로 주어진다. 특정한 물질의 성질에 부합하도록 도움 변수를 선택하기 위해서 식 (5.12)와 식 (5.13)을 사용해 a와 b를 T_c와 P_c의 함수로 표시해 보면

$$a = \frac{27(RT_c)^2}{64P_c} \quad \text{그리고} \quad b = \frac{RT_c}{8P_c}. \tag{5.14}$$

가 된다.

실험과의 비교

실험과 비교하기 쉽도록 차원이 없는 **압축 인자**(compressibility factor) $z = Pv/RT$를 도입한다. 이상 기체의 경우 압축 인자 값은 1($z = 1$)이다. 임계점에서 이 값은

$$z_c = \frac{P_c v_c}{RT_c} \tag{5.15}$$

이다. z_c가 세 개의 실험적 도움 변수 (P_c, T_c, v_c) 에 의해 결정되지만, 모형에서는 이

도움 변수들 가운데 단지 두 개만 사용되기 때문에, 모형의 z_c값을 실험의 z_c값과 비교하는 것은 모형을 테스트하는 간단한 방법이다. P_c, T_c, v_c의 모형 값으로부터 구한 z_c 값은

$$z_c = \frac{P_c v_c}{RT_c} = \left(\frac{a}{27b^2}\right)(3b)\frac{1}{R}\left(\frac{27Rb}{8a}\right) = \frac{3}{8} = 0.375 \tag{5.16}$$

이다. 판데르발스 모형은 임계점에서의 압축 인자가 모든 유체에 대해 0.375라고 예측한다.

표 5.2에 주어진 P_c, T_c, v_c의 실험값들을 실험적 압축 인자 z_c와 모형 도움 변수 a와 b를 계산하는 데 사용하였다. z_c값들이 모형 값인 0.375보다 서로 더 근접해 있음에 주목하라. 실험적 압축 인자는 모형 값의 대략 80% 정도이므로, 판데르발스 모형의 정확성은 중간 정도라는 결론을 내릴 수 있다.

환산 변수

P, T, v를 임계값에 대한 상대값으로 표시하면 판데르발스 상태 방정식을 간단하게 만들 수 있다. 이 일을 하기 위해 식 (5.12)와 식 (5.13)을 사용해 a와 b를

$$a = 3P_c v_c^2 \quad \text{그리고} \quad b = \frac{1}{3}v_c \tag{5.17}$$

로 표시하자. 이 식과 식 (5.16)으로부터

$$R = \frac{8}{3}\frac{P_c v_c}{T_c} \tag{5.18}$$

을 얻는다. a, b, R 값을 식 (5.9)의 판데르발스 상태 방정식에 대입하고 P_c로 나누면

$$\frac{P}{P_c} = \frac{8v_c}{T_c}\frac{T}{3v - v_c} - \frac{3v_c^2}{v^2} \tag{5.19}$$

표 5.2 판데르발스 도움 변수와 임계 성질

	P_c (MPa)	T_c (K)	v_c (L mol^{-1})	z_c	a (J L mol^{-2})	b (L mol^{-1})
He	0.229	5.30	0.0577	0.300	0.0036	0.0241
Ne	2.62	44.5	0.0416	0.295	0.0220	0.0176
Ar	4.86	151	0.0752	0.291	0.137	0.0323
H_2	1.30	34.2	0.0650	0.297	0.0263	0.0274
N_2	3.50	126	0.0900	0.300	0.132	0.0375
O_2	5.04	154	0.0744	0.292	0.138	0.0318
CO_2	7.50	304	0.0956	0.283	0.360	0.0422

1 L = 1 liter = 10^{-3} m^3

가 된다. **환산 변수**(reduced variable)라고 하는 임계값에 대한 P, T, v값은

$$\tilde{P} = \frac{P}{P_c}, \quad \tilde{T} = \frac{T}{T_c}, \quad \tilde{v} = \frac{v}{v_c} \tag{5.20}$$

로 표시한다. 환산 변수로 적으면 판데르발스 상태 방정식은

$$\boxed{\tilde{P} = \frac{8\tilde{T}}{3\tilde{v} - 1} - \frac{3}{\tilde{v}^2}} \tag{5.21}$$

로 주어진다.

이 방정식은 특정한 유체를 가리키는 도움 변수 a와 b에 의존하지 않는다는 의미에서 보편성을 가진다. 이것은 P, T, v를 임계값에 대해 눈금 바꿈을 할 때 모든 유체가 비슷한 행동을 한다는 것을 암시한다. 표 5.2에서 z_c값들 역시 이런 결론을 암시하고 있다. 이런 암시가 엄밀하게 정확하지는 않지만, 많은 유체에 대해 우수한 근사라고 할 수 있다.[4]

5.4 상전이의 분류

지금까지 상전이의 본질을 기술하는 데 PVT 계의 고체, 액체, 기체 상만을 사용하였다. 다른 물체들은 다른 종류의 상을 가진다. 몇 가지만 언급하자면, 자성체는 상자성과 강자성 상을 가진다. 일부 유전체는 강유전 상을 가지고 있다. 다른 금속들의 혼합물인 합금은 안정성이 성분의 상대적인 농도에 의존하는 상들을 가진다. 일부 금속들은 낮은 온도에서 초전도 상을 가지며, 액체 헬륨은 초유체 상을 가진다.

분류

상전이는 1차 또는 2차 상전이로 분류한다. **1차 상전이**(first order phase transition)에서는 비열과 다른 성질들이 불연속적으로 변하며, 이 전이와 숨은열이 관련되어 있다. 물이 얼거나 녹는 것과 임계점 이하에서의 기화 및 응축은 친숙한 1차 상전이이다. **2차 상전이**(second order phase transition)는 임계점에서 일어난다. 2차 상전이의 경우 계의 성질이 연속적으로 변하며, 전이와 관련된 숨은열이 없다. 2차 상전이는 또한 **연속 상전이**(continuous phase transition)라고도 한다. 계는 임계점에서 이상하게 행동하는데, 이를 자세히 기술하려면 수학적 특이점이 필요하다.

4) 다른 유체들의 행동의 유사성은 이 책의 범위를 넘어서는 **대응상태의 원리**(principle of corresponding states)의 주제이다.

자기계

자성체의 상자성–강자성 상전이는 2차 상전이의 중요한 예이다. *PVT* 계에 비유하자면 자성체를 $\mathcal{HM}T$ 계라고 생각할 수 있다. 여기서 $\mathcal{H}$는 자기장이고 $\mathcal{M}$은 자기화이다. 그림 5.7은 단일한 자기 구역을 가진 계에서 온도 T와 자기장 $\mathcal{H}$에 대한 $\mathcal{M}$의 대표적인 의존도를 보여 주고 있다.[5] 자기화는 두 가지 가능한 방향("위"와 "아래")을 가지며, 방향은 시료의 모양과 미시적인 구조에 의해 결정된다. 그림의 중앙을 지나는 수평선은 자기화가 0($\mathcal{M} = 0$)인 상태를 의미하며, 이 선의 위쪽이 "위" 방향($\mathcal{M} > 0$), 아래쪽이 "아래" 방향($\mathcal{M} < 0$)을 나타낸다. 계의 **임계점**(critical point)을 **퀴리 점**(Curie point)이라고 한다.

퀴리 점 위쪽의 온도에서 계는 상자성 상에 있게 되고, 자기장이 양에서 음으로 변화할 때 자기화가 연속적으로 양에서 음으로 변한다. 약한 자기장에서 자기화는 자화 자기장에 비례하며 상전이가 일어나지 않는다.

퀴리 점 아래쪽의 온도에서 그림의 진한색 영역의 경계선은 $\mathcal{H}$는 0이지만 자기화는 0이 아닌 상태를 나타낸다. 자기장을 양에서 음으로 작게 변화시킬 때, 자기화 $\mathcal{M}$이 불연속적으로 "위" 방향으로부터 "아래" 방향으로 변한다. 두 방향은 계의 두 강자성 상에 해당하며, 이런 상전이는 1차 상전이이다.

임계점의 특별한 점이 무엇인지 알아보기 위해 자기장이 0이고 온도를 퀴리 점 위쪽에서 낮춘다고 생각해 보자. 계의 상태를 나타내는 점이 오른쪽에서 출발해 퀴리 점에 도달할 때까지 자기화가 0인 선을 따라 이동한다. 퀴리 점은 계가 상자성 상으로부터 두 강자성 상의 하나로 변하는 점이다. 자기화가 "위" 또는 "아래" 상 가운데 어느 것을 택하느냐는 실제 계에 존재하는 작은 무작위적인 요동에 의해 결정된다. 계

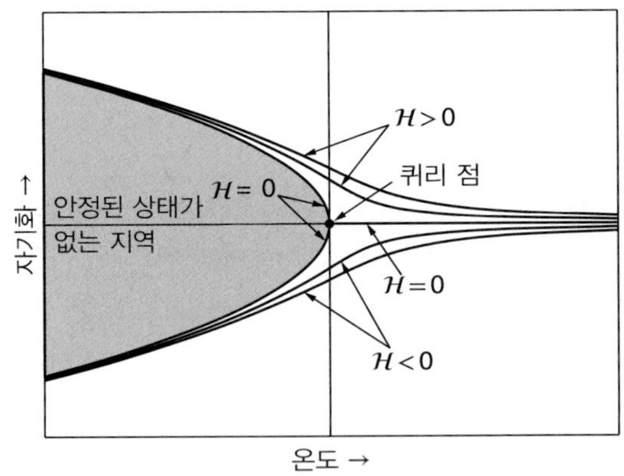

그림 5.7 강자성계의 자기화

5) 대부분의 물체에서 단일한 자기 구역을 얻기 위해서는 시료가 작아야 한다. 철의 경우 시료의 크기가 10나노미터 정도여야 한다.

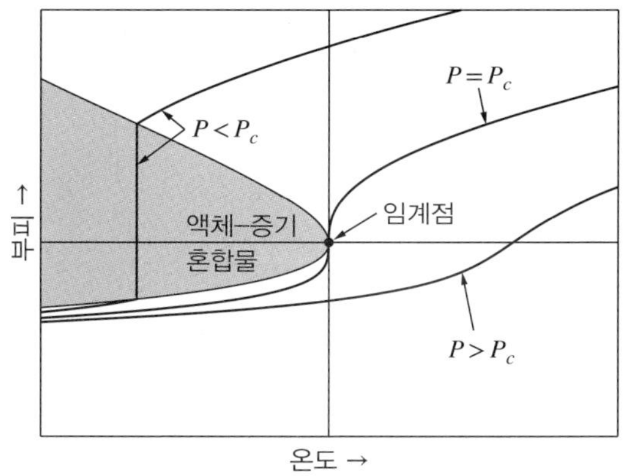

그림 5.8 임계점 부근의 *PVT* 계의 등압선

는 태생적으로 불안정하고 2차 상전이를 한다. 자기장 0일 때의 자기화 곡선의 기울기는 강자성 상으로부터 퀴리 점에 접근할 때 발산하게 된다.

임계점 근방에서의 $\mathcal{HMT}$ 계와 *PVT* 계의 행동은 유사하면서도 다르다. 그림 5.8은 *PVT* 계의 세 개의 등압선(일정한 압력을 가진 선)을 보여 주며, 앞에서 그림의 일정한 자기장 선과 비교할 수 있다. $\mathcal{HMT}$ 계와 *PVT* 계 모두 임계 온도 아래에서 두 개의 상을 가지며, 임계 온도 아래에서는 한 개의 상만을 가진다. 자기계와는 달리 *PVT* 계는 그림의 진한 색 영역에 있는 상태를 가진다. 진한 색 영역에서 $P < P_c$라고 적힌 선은 두 가지 상이 공존하는 상태를 나타낸다. 반면 $\mathcal{HMT}$ 계는 그림 5.7의 진한 색 영역에서 안정된 상태를 가지지 못한다. 자기장이 0인 선의 기울기가 퀴리 점에서 발산하는 것처럼 $P = P_c$라고 적힌 등압선의 기울기가 임계점에서 발산한다. *PVT* 계가 임계점에서 불안정해지는 것은 정상적으로는 투명한 유체가 반투명해지는 **임계 젖빛**(critical opalescence) 현상에서도 찾아볼 수 있다.

문제

5.1 -10°C에 있는 200 g의 얼음 조각을 50°C의 500 g의 물에 넣는다. 최종 온도는 얼마인가? 용기로 전달되는 열은 무시할 수 있다고 가정한다.

5.2 고체 이산화탄소는 **드라이아이스**(dry ice)라고 알려져 있다. 고체와 기체 상이 78.5°C와 1.0 atm에서 평형에 있으며, 승화 숨은열은 137 kcal kg^{-1}이다. 78.5°C의 드라이아이스를 0°C의 기체로 바꾸고, 또 0°C의 1 kg의 물을 얼리기 위해 드라이아이스가 얼마나 필요할까? CO_2 기체의 비열은 0.205 kcal kg^{-1} K^{-1}이다.

5.3 $-20°C$에 있는 1.0 kg의 얼음을 가열하여 120°C, 1.0 atm의 수증기로 변화시키는 데 1000 W의 전열기를 사용한다. 다음의 과정은 몇 분이 걸릴까?

(a) 얼음의 온도를 0°C로 높인다.

(b) 얼음을 녹인다.

(c) 물을 100°C로 가열한다.

(d) 물을 끓게 한다.

(e) 수증기를 120°C로 가열한다.

수증기의 등압 비열은 0.452 kcal kg^{-1} K^{-1}이다. 다른 데이터는 표 1.2와 5.1에서 얻을 수 있다.

5.4 온도와 부피가 295.0 K와 24.50 L인 1몰의 기체를 가정하고, 이상 기체 상태 방정식의 정확도를 확인하시오.

(a) 이상 기체 상태 방정식을 사용하여 압력을 유효 숫자 4자리까지 정확하게 구하시오.

(b) 기체가 N_2, O_2, CO_2일 때, 판데르발스 상태 방정식을 사용하여 압력을 유효 숫자 4자리까지 정확하게 구하시오.

6장 가역 과정과 비가역 과정

평형 과정을 분석하는 많은 기술이 비평형 과정에는 적용되지 않기 때문에, 평형 과정과 비평형 과정을 구분하는 것은 중요하다. 가역 과정과 비가역 과정은 각각 평형 및 비평형과 연관되어 있다. 가역 과정이라고 확인하는 능력은 가역이 아닌 행동의 좋은 예를 통해 기를 수 있다. 이런 목적을 위해 저항, 축전기와 전지로 구성된 일부 간단한 전기 회로의 행동을 다루고자 한다. 또한 국소 열지점의 감쇠와 같은 초보적인 비가역 현상도 기술한다.

6.1 이상화와 가역성

이상화

실제 과정을 가역 과정으로 취급하기 전에는 보통 이상화가 부분적으로 필요하다. 이상화는 물리학의 모든 분야에서 사용된다. 예를 들어 물리학 교재에서 발사체 운동을 기술할 때 중력이 지구 중심으로부터의 거리의 제곱에 따라 감소한다는 것을 알고 있지만, 중력이 높이에 무관하다고 가정한다. 이상화로 기술되는 상황은 정확히 어떤 일이 일어날지를 나타내지는 못하지만, 얼마든지 실제 일어날 일에 가깝도록 만들 수 있다. 이상화는 불가능한 가상의 것인 거짓과는 다르다. 예를 들어 발사체 운동에서 공기 저항 효과를 무시하는 것은 실험을 낮은 압력의 진공 챔버에서 실행하여 확인할 수 있는 이상화이다. 반면 광속의 두 배의 속도로 움직이는 무거운 물체는 거짓이다. (공상과학 소설을 제외하고) 이런 일은 일어나지 않을 뿐만 아니라 이런 상황을 경험할 수 없다. 이상화는 근사이다. 이상화와 근사는 분석을 아주 간단하게 하고 중요하지 않은 관련된 현상의 본질적인 특성을 애매하게 만드는 세부사항들을 무시할 수 있도록 해 주기 때문에, 이상화와 근사를 사용한다.

가역성

가역 과정으로 이상화하는 것은 아주 유용하다. 가장 엄밀한 의미에서 실제 과정의 거의 대부분은 비가역 과정이다. 경험을 통해 외부 힘이 지속적으로 가해지지 않으면 거시적인 운동은 결국 멈추게 된다는 것을 알고 있다. 흔들리는 진자는 결국 정지한다. 팽이도 회전 속도가 느려지다가 쓰러진다. 거시적인 운동은 거의 항상 운동을 멈추게 하는 비가역적 현상을 동반한다. 그럼에도 불구하고 비가역 효과가 충분히 작아 이를 무시할 수 있는 많은 상황이 존재하며, 이 과정들은 가역 과정으로 취급할 수 있다.

일부 과정 또는 물리 현상을 비디오로 녹화했다가 이 비디오를 되돌려 보는 것을 상상하면 가역성의 개념을 이해하기 쉽다. 비디오가 어떻게 녹화되었는지 모른 채 비디오를 보고 재생 방향을 말할 수 없다면, 이 현상은 가역 과정이다. 예를 들어 공을 오른쪽에서 왼쪽으로 던지고 공을 던진 사람과 받은 사람이 보이지 않도록 공의 운동을 비디오로 녹화했다면, 반대로 재생한 비디오와 공을 왼쪽에서 오른쪽으로 던진 것을 녹화한 유사한 비디오와 구별할 수 없을 것이다. 공의 운동이 가역적이기 때문이다. 반면 바닥에 떨어뜨린 커피잔의 행동은 비가역적이다. 반대로 재생한 비디오는 깨진 커피잔 조각들과 젖은 바닥이 커피가 가득 찬 말짱한 커피잔을 보여 주기 때문이다. 이런 일은 절대 일어날 수 없기 때문에, 비디오를 앞으로 재생했는지 아니면 뒤로 재생했는지 어렵지 않게 말할 수 있다.

계의 구속 조건을 조금 변화시켜 계가 가역적인 방향으로 진화할 수 있다면, 이 과정은 가역 과정으로 이상화할 수 있다. 구속 조건의 작은 변화가 가져오는 효과를 1대기압의 일정한 압력을 유지하는 얼음과 물의 혼합물의 행동으로 잘 보여 줄 수 있다. 평형에서 이 혼합물의 온도는 정확히 0.0℃이다. 이 계를 0.0℃보다 조금 낮은 온도를 가진 열저장고와 접촉시키면, 열이 계로부터 열저장고로 전달되고 물의 일부가 얼게 된다. 계를 0.0℃보다 조금 높은 온도를 가진 열저장고와 접촉시키면, 열전달 방향이 반대가 되어 얼음의 일부가 녹게 된다. ΔU, Q, W를 가역 과정에서 내부 에너지의 변화, 전달된 열과 계가 한 일이라고 하면, 이 과정을 거꾸로 할 때 이 값들은 $-\Delta U$, $-Q$, $-W$가 된다.

6.2 비평형 과정과 비가역성

평형 과정과 가역 과정은 다른 특성을 가지고 있다. 평형 과정에서 계는 구속 조건의 변화에 따라 변화하며 구속 조건이 변화를 멈추면 계도 변화를 멈춘다. 따라서 계가 항상 평형에 있다고 할 수 있다. 가역 과정에서는 계의 구속 조건을 아주 미소하게 변화시켜 계를 역방향으로 진화시킬 수 있다. 실제적으로 평형 과정은 가역적이며, 비평형 과정은 비가역적이다.

계가 항상 평형에 있지 않은 과정을 비평형 과정이라고 한다. 평형에 있는 계는 자발적으로 변화하지 않기 때문에, 구속 조건이 변화를 멈춘 후 진화를 계속하는 계는 비평형 과정을 경험한다. 예제 1.2와 5.1의 열량계 실험 및 예제 2.2의 마찰에 의한 역학적 에너지 손실과 관련된 과정들은 비평형 과정의 좋은 예이다.

열량계 실험에서는 한 온도의 물체를 다른 온도의 물이 담긴 열량계 컵 속에 넣고, 결합계가 열적 평형에 이르기를 기다린다. 구속 조건은 초기에 물체가 물 및 열량계 컵과 분리되어 있는 것이다(단열 절연). 구속 조건이 변화를 멈춘 뒤에도 결합계가 계속해서 변하기 때문에, 계는 언제나 평형에 있지 않다. 따라서 이 과정은 비평형 과정이다. 이것은 또한 비가역 과정이다. 실험을 찍은 비디오를 역으로 재생하면 평형에 이른 열량계가 자발적으로 물체가 물과 다른 온도를 갖는 상황으로 진화하는 것을 보게 된다. 이런 일은 절대 일어나지 않는다.

자유 팽창

2.4절에서 다룬 자유 팽창 실험에서 처음에 한 용기에 갇혀있던 기체가 처음에는 비어 있던 두 번째 용기로 팽창하게 된다. 자유 팽창은 비평형 과정이다. 계인 기체는 과정이 시작할 때와 끝날 때는 평형에 있지만, 그 사이에서는 평형에 있지는 않다. 두 용기 사이의 밸브를 열면 계의 구속 조건이 변한다. 밸브가 열린 후 기체는 외부 도움 없이 흐른다. 자유 팽창은 또한 비가역 과정이다. 거꾸로 돌린 비디오는 초기에 두 용기에 있던 기체가 갑자기 한 용기로 이동하고 다른 용기는 비게 되는 것을 보여 준다. 이런 일은 절대 일어날 수 없다. 더욱이 밸브가 열리는 순간부터 기체가 역학적 평형과 열적 평형에 이를 때까지 압력과 국소 온도가 다른 장소에서 다른 값을 갖기 때문에, 이 과정을 PV 도표 상의 한 곡선으로 표현하거나 기체의 상태 공간의 다른 표현으로 나타낼 수가 없다.

열역학 제1법칙 $Q = \Delta U + W$는 평형 과정과 비평형 과정 모두에 적용할 수 있는 일반 원리이다. 가역 과정에서 PVT 계가 한 일은 $W = \int PdV$이지만, 이 식은 비가역 과정에 대해 일반적으로 사실이 아니다. 식 $W = \int PdV$는 부피 변화가 압력 P에 의한 힘에 의해 생길 경우에만 성립한다. 2.4절에서 다룬 자유 팽창 실험에서 큰 부피 변화가 생기지만, 이 부피 변화가 움직이는 환경에 힘을 작용하는 기체에 의해 생긴 것이 아니기 때문에 기체가 일을 하지 않았다는 결론을 얻을 수 있다. 그럼에도 불구하고 $Q = \Delta U + W$와 $W = 0$ 및 $Q = 0$로부터 여전히 $\Delta U = 0$라고 결론을 지을 수 있다. 자유 팽창 실험은 또한 비국소적인 추론의 가치를 깨우쳐 준다. 비국소적 견해를 취함으로써 기체가 빈 용기로 흘러들어갈 때 기체의 압력이 시간적으로 그리고 공간적으로 어떻게 변화하는지 알 필요는 없다.

스로틀 과정

비가역 과정의 또 다른 예는 열전달 없이 기체를 강제적으로 수축 장치를 지나 흐르게 하는 **스로틀**(throttle) 과정이다. 그림 6.1에 나와 있는 다공성 마개 실험은 이런 과정의 좋은 예이다. 기체가 긴 튜브의 왼쪽 끝에서 연속적으로 유입되어 다공성 마개를 지나 압력이 낮아져 오른쪽으로 나온다. 다공성 마개는 열전달이 안 생기도록 절연이 되어 있으며, 일정한 기체 흐름의 속도는 충분히 낮아 운동 에너지를 무시할 수 있다. 초기 시간 t_0에서 x_1과 x_3 사이에 있는 기체 시료가 이동하여 최종 시간 t_f에 x_2와 x_4 사이에 오게 된다고 생각하자. 마개 왼쪽에 있는 기체의 압력은 P_a이고, V_a는 x_1과 x_2 사이의 부피이다. 마개 오른편의 압력은 P_b이고, V_b는 x_3와 x_4 사이의 부피이다.

이 과정 동안 왼쪽 기체가 계에 P_aV_a의 일을 하는 반면, 계는 오른쪽 기체에 P_bV_b의 일을 해준다. 따라서 계가 한 전체 일은 $W = -P_aV_a + P_bV_b$이다. 열전달이 일어나지 않기 때문에 $Q = 0$이다. x_2와 x_3 사이의 계의 성질은 이 과정에서 변하지 않기 때문에, 계의 내부 에너지 변화는 $\Delta U = U_b - U_a$이다. 여기서 U_a는 초기에 x_2의 왼쪽에 있었지만 최종 시간에는 거기 있지 않는 계의 일부가 가진 내부 에너지이고, U_b는 초기에는 거기 없었지만 x_3의 오른쪽에 있는 계의 일부가 가진 내부 에너지이다. 열역학 제1법칙 $Q = \Delta U + W$를 이 과정에 적용하면

$$0 = (U_b - U_a) + (-P_aV_a + P_bV_b) \tag{6.1}$$

또는

$$U_a + P_aV_a = U_b + P_bV_b \tag{6.2}$$

을 얻게 된다. 엔탈피 H 는 $H = U + PV$로 정의되므로, 위 결과는

$$H_a = H_b \tag{6.3}$$

임을 말한다. 따라서 스로틀 과정은 등엔탈피 과정이다.

스로틀 과정에 의해 나타나는 온도 변화를 **줄–톰슨 효과**(Joule-Thompson effect)라고 한다. 스로틀 과정은 상업적으로 기체를 냉각하는 데 사용한다. 실온에서 수소와 헬륨을 제외한 모든 기체를 스로틀 과정을 통해 냉각할 수 있다. 압력 변화가 너무 크지 않다면, 온도 변화를

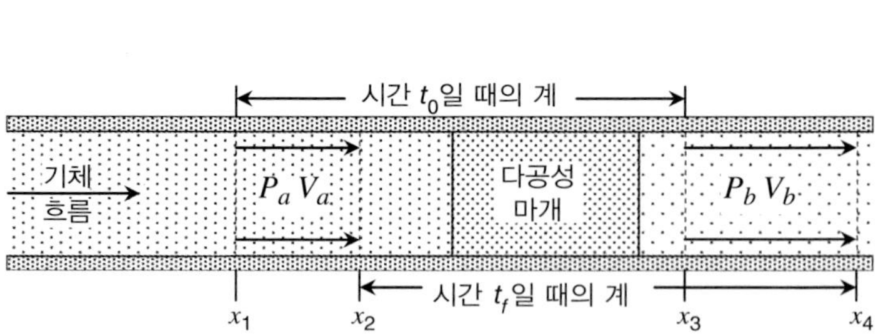

그림 6.1 다공성 마개 실험

$$\Delta T = \left(\frac{\partial T}{\partial P}\right)_H \Delta P \tag{6.4}$$

로 추정할 수 있다. 도함수 $\mu_{JT} = (\partial T/\partial P)_H$를 **줄-톰슨 계수**(Joule-Thompson coefficient)라고 한다. 이상 기체의 경우 계수 μ_{JT}이 0이지만, 이 효과는 실제 기체의 성질이 이상 기체로부터 얼마나 벗어나 있는지에 달려있다. 이상 기체의 경우 $(\partial T/\partial P)_H = 0$이라는 것을 보기 위해서는 엔탈피의 표현식 $H = U + PV$이 필요하다. $PV = nRT$와 $U = U(T)$를 만족하므로, 이상 기체의 엔탈피는

$$H = U(T) + nRT \tag{6.5}$$

이고, 압력과 무관하다. 따라서 도함수 $\partial T/\partial P = 0$이 된다.

열이 계로 전달되거나 열이 계로부터 전달되지 않기 때문에 자유 팽창에서 그랬던 것처럼 스로틀 실험에서도 단열 팽창에 의해 부피가 증가한다. 두 실험 모두 팽창은 **비가역적** 단열 과정에 의한 것이다. 부피가 증가할 때 온도가 감소한다는 점에서 4장에 논의한 가역 단열 팽창은 비가역 단열 팽창과 대비가 된다.

6.3 전기계

가역 및 비가역 행동의 흥미로운 예를 간단한 전기 회로에서 찾을 수 있다. 전기계를 생각하는 편리한 방법이 그림 6.2에 나와 있다. 분석할 계는 블랙박스 안의 내용물이다. 일 W의 계산을 용이하게 하기 위하여 환경에 전지, 스위치와 도선이 주어진다. 열저장고의 목적은 계의 온도를 일정하게 유지하는 것으로 열 Q의 계산을 용이하게 해준다.

두 점 사이의 **전위차**(electric potential difference) (또는 전압) V_{el}은 전하를 한 점에서 다른 점으로 이동시키는 데 필요한 단위 전하당의 일이다. 그림의 전지는 전하를 계에서 이동시키는 데 필요한 에너지를 공급한다. 전하 q를 계를 통해 단자 1에서 단자 2로 이동시키기 위해 전지가 전기력에 대항해 한 일은 qV_{el}이다. 이 에너지가 블랙박스로 전달되기 때문에, 계가 한 **전기적인 일**(electrical work)은

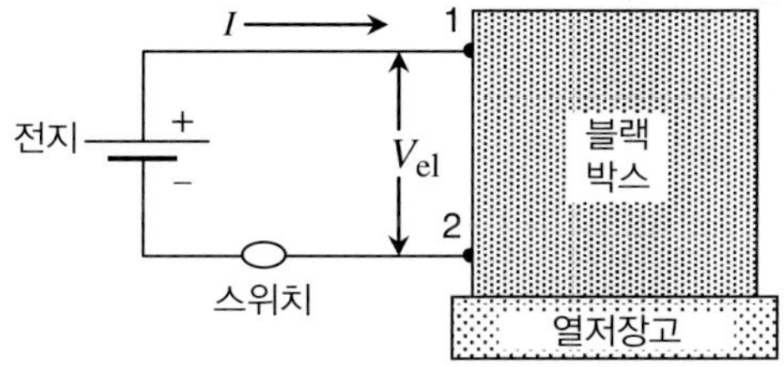

그림 6.2 블랙박스 속의 전기계

$$W = -qV_{\mathrm{el}} \tag{6.6}$$

이 된다(아래 첨자 el에 의해 전압 V_{el}과 부피 V를 구별할 수 있다). 단자 1의 전위(전압)가 단자 2의 전위보다 클 때, 즉 $V_{\mathrm{el},1} > V_{\mathrm{el},2}$일 때 V_{el}이 양이다.

전류(electric current) I (단위: 암페어)는 도선의 단면을 통과해 흐르는 단위 시간당 전하량이다. 전류가 일정할 때, 전류는

$$I = q/\Delta t \tag{6.7}$$

이며, q는 시간 간격 Δt 동안 단면을 통과하는 전하량이다. 전류가 그림에 표시한 방향으로 흐를 때, 계가 한 전기적인 일은

$$W = -V_{\mathrm{el}} I \Delta t \tag{6.8}$$

이 된다. 전류가 시간에 따라 변하면, 한 일은

$$W = -\int_{t_0}^{t_f} V_{\mathrm{el}}(t) I(t)\, dt \tag{6.9}$$

이고, 여기서 $I(t) = dq(t)/dt$이다.

저항

블랙박스 내부의 계가 저항들의 네트워크라고 하면, 이 과정은 비가역 과정이다. 전위차와 전류는 옴의 법칙 $V_{\mathrm{el}} = IR$과 관계가 있다. 여기서 R은 단자 사이의 유효 저항이다. 저항이 한 전기적인 일은

$$W = -I^2 R \Delta t \tag{6.10}$$

이다. 저항은 실험실과 일상 생활에서 히터로 사용된다. 블랙박스 안의 내용물이 변하지 않는다면, 열이 계속적으로 열저장고로 전달되어야 한다.

축전기

블랙박스 내부의 계가 축전기일 때, 축전기의 저항을 무시할 수 있다고 가정하면 이 과정은 비가역 과정이다. 축전기의 내부 에너지는 $U = \frac{1}{2}CV_{\mathrm{el}}^2 = q^2/2C$이며, C는 축전기의 전기 용량, q는 축전기 각 판의 전하의 크기이다. 초기에 대전되지 않은 축전기를 충전시키면, 축전기에 한 전기적인 일은 $q^2/2C$이다. 충전된 축전기를 완전히 방전시키면, 축전기가 한 전기적인 일은 $W = q^2/2C$이 된다. 저항을 무시할 수 있는 축전기를 충전하거나 방전하는 동안 열이 전달되지 않으므로 $Q = 0$이다.

전지

블랙박스 내부의 계가 전지일 때, 전지에 따라 이 과정은 가역 또는 비가역 과정이 된다. 이상적인 충전 가능한 전지는 **가역** 과정을 하지만, 많은 소형 전지들(AA, AAA 등)은 **비가역** 과정을 한다. 전지에서 더 높은 전압을 가진 단자로 전류가 흐를 때, 충전 가능한 전지는 입력 전기 에너지를 화학적 에너지로 변환하여 전지의 온도를 높인다. 전류가 더 높은 전압을 가진 단자로부터 흘러나올 때, 전지는 화학적 에너지를 전기에너지로 바꾼다. 모든 전지는 내부 저항을 갖고 있기 때문에, 충전 가능한 전지도 저항을 무시하는 이상화를 가정했을 때만 가역적이다.

전동기 및 발전기

전동기는 전기 에너지를 역학적 에너지로 변환하는 장치이다. 발전기는 역학적 에너지를 전기 에너지로 변환하는 장치이다. 일부 발전기는 거꾸로 전동기로 사용할 수 있지만, 발전기나 전동기로 사용할 때 에너지가 일부 손실되기 때문에 이들은 엄밀히 말해 가역적이 아니다.

다음 예제를 통해 발전기가 소모하는 열에 대해 논의하고, 기호 Q, ΔU, W의 의미를 강조한다. 또한 이 예제는 문제를 더 작은 문제로 나누어 이를 분석한 후 중간 결과들을 결합해 원하는 정보를 얻는 기술을 보여 준다.

예제 6.1 **발전기**

방수 발전기가 그림 6.3에 그려져 있는 것처럼 얼음 – 물 저장고에 놓여 있다. 이 장치가 처음에 평형에 있다가, 발전기가 250 W의 전력을 외부 부하에 1시간 동안 전달한다. 발전기가 멈추고 장치가 다시 평형에 이른 뒤, 0.25 kg의 얼음이 녹은 것을 발견했다. 발전기에 역학적 에너지를 공급하는 회전축이 한 일을 구하시오.

풀이 ■ 우선 장치를 세 버금계로 나누어 보자: 버금계 ice는 초기에 얼어있는 물이다. 버금계 liq는 초기에 액체인 물이고, 버금계 gen은 발전기이다. 정보가 전혀 주어져 있지 않음에도 불구하고, 버금계와 환경 사이에 열이 교환되지 않는다고 가정

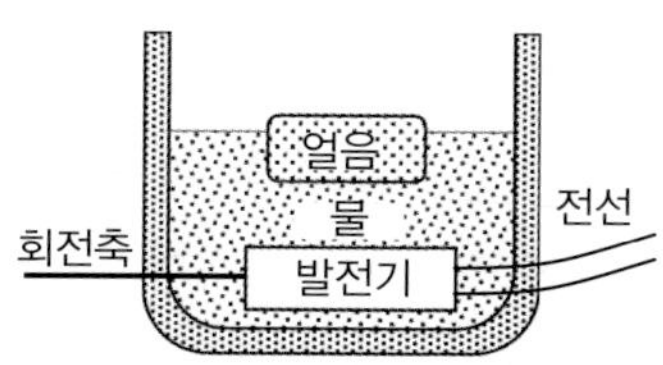

그림 6.3 물속에 잠긴 발전기

한다. 대기의 압력이 일정하기 때문에 이 과정의 처음과 마지막에서 온도가 동일하다고 가정할 수 있다. 첫째로, 버금계 ice를 생각해 보자. 0.25 kg의 얼음이 녹았기 때문에, 이 버금계로 전달된 열은

$$Q_{ice} = (0.25\,\text{kg})(80\ \text{kcal kg}^{-1})(4184\,\text{J}\ \text{kcal}^{-1}) = 83.7\ \text{kJ}$$

이 되고, 80 kcal kg^{-1}은 물의 용융 숨은열이다. 다음으로 버금계 liq를 생각해 보자. 온도와 압력이 변하지 않기 때문에, 상태 역시 변하지 않는다. 이것은 내부 에너지와 부피가 변하지 않았다는 것을 의미한다. 따라서 $\Delta U_{liq} = 0$ 및 $W_{liq} = 0$이 된다. 이 버금계로 전달된 열은 $Q_{liq} = \Delta U_{liq} + W_{liq}$이므로 $Q_{liq} = 0$가 된다. 버금계 liq는 다른 두 버금계와 열을 교환하기 때문에, $Q_{liq} = -Q_{gen} - Q_{ice}$이고, 여기서 Q_{gen}은 발전기로 전달된 열이다. 그러면 $Q_{liq} = 0$와 Q_{ice}값으로부터

$$Q_{gen} = -Q_{ice} = -83.7\,\text{kJ}$$

을 얻는다. 마지막으로, 이 과정이 발전기에 미치는 영향을 분석해 보자. 발전기가 얼음-물 혼합물의 온도로 냉각이 된 후, 발전기의 상태는 초기 상태와 같아진다. 상태가 변하지 않았기 때문에, 발전기의 내부 에너지도 변하지 않았다. 즉 $\Delta U_{gen} = 0$이다. 그러면 열역학 제1법칙은 $Q_{gen} = W_{gen}$임을 알려준다. 두 가지가 W_{gen}에 기여한다. (i) 회전축이 발전기에 한 역학적인 일과 (ii) 도선에 전기 에너지를 전달하기 위해 발전기가 한 전기적인 일이 그것이다. 발전기가 한 전체 일은

$$W_{gen} = -|W_{shaft}| + |W_{electric}|$$

이 되고, 각 기여의 부호를 강조하기 위해 절댓값 부호를 사용하였다. 발전기가 한 전기적인 일은

$$|W_{electric}| = (250\ \text{W})(1.0\,\text{h}) = 900\,\text{kJ}$$

이다. $Q_{gen} = W_{gen}$ 및 Q_{gen} 값으로부터 $W_{gen} = -83.7$ kJ이 나온다. 이 결과들을 결합하면 회전축이 한 일이

$$|W_{shaft}| = 900\,\text{kJ} - (-83.7\,\text{kJ}) = 984\,\text{kJ}$$

이 된다. ◆

발전기 및 버금계 liq에 대한 Q, ΔU, W의 값을 예제에서 구했다. 그러나 버금계 ice에 대해서는 단지 Q만을 구했다. ΔU_{ice}와 W_{ice}는 필요하지 않았다. W_{ice}가 0이 아니라는 것에 주목하라. 얼은 물이 녹을 때 겉줌 부피가 감소하기 때문에, 대기가 한 일의 양은 작다. 따라서 버금계가 한 일은 음이 된다. 그러면 $Q_{ice} = \Delta U_{ice} + W_{ice}$로부터 ΔU_{ice}가 Q_{ice}보다 약간 더 크게 된다.

6.4 열의 전도

지금까지 비평형 과정을 분석하는 주된 도구는 전반적인 효과에 관한 주장인 열역학 제1법칙이었다. 이런 일반적인 고려를 뛰어넘기 위하여 에너지, 질량 및 운동량과 관련되며, 열 전도, 확산과 점성을 가진 유체를 포함하는 **수송 현상**(transport phenomena)에 대해 살펴보자. 이 현상의 시간적, 공간적 진화를 결정하기 위해 사용되는 도움 변수들[**수송 계수**(transport coefficient)라고 함]로는 **열전도도**(thermal conductivity), **확산도**(diffusivity)와 **점성**(viscosity)이 있다. 고체의 국소 온도가 진화하는 것을 기술하는 확산 방정식을 유도하기 전에 정상 상태 예인 열전도도를 생각해 보자.

구체적인 상황을 머리에 그리기 위해 그림 6.4에 나와 있는 장치를 생각해 보자. 균일한 단면을 가진 고체 막대가 시간 Δt 동안 열저장고로부터 막대로 열 Q를 전달받고 동일한 양의 열을 막대로부터 차가운 열저장고로 열을 전달함으로써 정상 상태를 유지한다. 열 전달률은 $Q/\Delta t$로 단면적 A와 온도차 $T_2 - T_1$에 비례하고 $x_2 - x_1$에 반비례한다. 즉

$$\frac{Q}{\Delta t} = -KA\frac{T_2 - T_1}{x_2 - x_1} \tag{6.11}$$

이 된다. 비례 상수 K는 물체의 **열전도도**(thermal conductivity)이다. 몇몇 대표적인 열전도도의 값이 표 6.1에 주어져 있다. 막대가 정상 상태에 있기는 하지만, 온도 기울기를 유지하기 위해 열을 계속해서 주고 또 빼앗아야 하기 때문에 열적 평형에 있지는 않다. 막대를 갑자기 고립시키면, 막대는 균일한 온도를 가진 평형에 이르기까지 자발적으로 진화하게 된다.

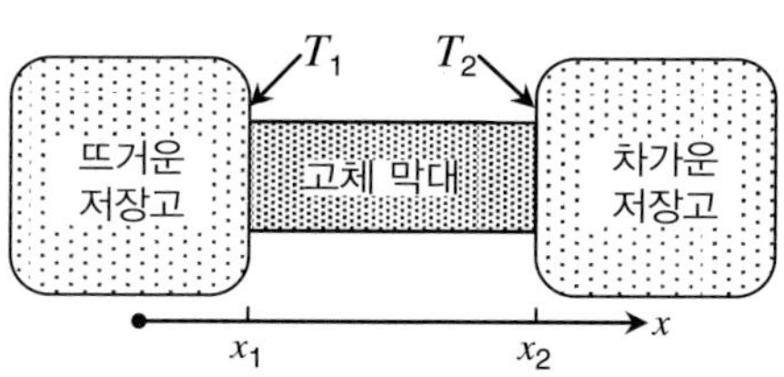

그림 6.4 열 전도 실험

표 6.1 열전도도

	알루미늄	구리	철	납	유리
$K(\mathrm{W\ m^{-1}\ K^{-1}})$	237	401	80.2	36.3	1.1

예제 6.2

열의 전도

알루미늄(Al) 판의 열전달률을 동일한 두께와 모양을 가진 유리판의 열전달률과 비교하시오.

풀이 ■ 이런 비교를 하는 합리적인 방법은 두 물체의 열전달률 $Q/\Delta t$의 비를 구하는 것이다. 두 판이 동일한 두께와 모양을 가지고 있기 때문에, $x_2 - x_1$과 A의 값이 같다. 비교가 의미를 가지려면 $T_2 - T_1$ 값 역시 동일해야 한다. 그러면 식 (6.11)로부터 두 물체에 대한 $Q/\Delta t$의 비가 이들의 열전도도의 비와 같아진다.

$$\frac{(Q/\Delta t)_{\mathrm{Al}}}{(Q/\Delta t)_{\mathrm{glass}}} = \frac{K_{\mathrm{Al}}}{K_{\mathrm{glass}}} = \frac{237\,\mathrm{W\ m^{-1}\ K^{-1}}}{1.1\,\mathrm{W\ m^{-1}\ K^{-1}}} = 215.$$

예를 들어 이 결과는 열판 위에 놓인 알루미늄 냄비 속 물이 동일한 두께와 모양을 가진 유리 용기 안의 물보다 더 빨리 끓는다는 것을 의미한다. ◆

시간 및 공간 의존도

방정식 (6.11)은 **푸리에 법칙**(Fourier's law)이라고 하는 더 일반적인 관계식의 특수한 경우이다. 1차원 공간 변화에 대한 푸리에 법칙은

$$\boxed{S(x,t) = -K\frac{\partial T(x,t)}{\partial x}} \tag{6.12}$$

이다. 푸리에 법칙은 열선속이 온도 기울기에 비례한다고 주장하는 경험식이다. 열선속 $S(x, t)$는 매초 단위 면적을 통과해 전달되는 열의 양이다. 그림 6.4 속의 상황에서 열 선속은 $S = Q/(A\,\Delta t)$이며, 막대를 따라서 어디서나 동일하다. 막대 왼쪽의 온도가 높다면, 열은 왼쪽에서 오른쪽으로 전달된다.

국소 온도의 시간적, 그리고 공간적 진화를 기술하는 방정식은 푸리에 법칙과 에너지 보존에 관한 연속 방정식을 결합하여 얻을 수 있다. 연속 방정식은 공간에 퍼져 있는 보존량들과 연관이 있다. 1차원 변화의 경우 에너지 보존에 대한 **연속 방정식**(continuity equation)은

$$\frac{\partial u(x,t)}{\partial t} = -\frac{\partial S(x,t)}{\partial x} \tag{6.13}$$

으로, $u(x, t)$는 단위 부피당 내부 에너지이다. $S(x, t)$ 는 **열선속**(heat flux)이고 $u(x, t)$는 에너지 밀도이다. 식 (6.13)의 중요성을 식에 막대의 단면적을 곱하고 길이 간격 Δx에 대해 적분함으로써 알 수 있다. 이렇게 하면

$$A\int_{x}^{x+\Delta x}\frac{\partial u(x,t)}{\partial t}dx = -A\int_{x}^{x+\Delta x}\frac{\partial S(x,t)}{\partial x}dx = -A[S(x+\Delta x,t)-S(x,t)] \quad (6.14)$$

이다. x에 대한 적분이기 때문에 t에 대한 편미분을 적분 밖으로 뽑아낼 수 있다. 따라서 식 (6.14)의 첫 번째 적분은 $\partial U/\partial t$가 되고, 여기서 $U = A\int u(x,\ t)dx$는 x와 $x+\Delta x$ 구간 사이에 있는 물체의 내부 에너지이다. 이것을 식 (6.14)에 대입하면

$$\frac{\partial U}{\partial t} = AS(x,t) - AS(x+\Delta x,t) \quad (6.15)$$

가 된다. 이 결과는 내부 에너지의 변화율이 구간의 왼쪽 끝으로 열이 전달되어 들어오는 비율에서 구간의 오른쪽 끝에서 열이 빠져나가는 비율을 뺀 것과 같다는 것을 의미한다.

국소 온도 T의 x와 t에 대한 의존도를 결정하기 위해 연속 방정식을 사용하기 전에 $\partial u(x,\ t)/\partial t$와 $\partial T(x,\ t)/\partial t$의 관계를 아는 것이 필요하다. 문제를 막대의 성질이 단지 균일한 배경 값에서 약간 달라지는 상황으로 제한하자. 그러면 식 (6.15)의 내부 에너지는

$$U = U_0 + (\partial U/\partial T)_V(T - T_0) = U_0 + M c_V^M (T - T_0) \quad (6.16)$$

이 되며, U_0와 T_0는 U와 T의 배경 값이다. x와 $x+\Delta x$ 구간 사이에 있는 물체의 질량이 M이고, 비열이 c_V^M이다. 단위 부피당 에너지는

$$u = U/V = (U_0/V) + \rho c_V^M (T - T_0) \quad (6.17)$$

이 되고, $V = A\Delta x$는 이 구간의 부피이고 $\rho = M/V$는 질량 밀도이다. Δx를 무한히 작게 하면, 에너지 밀도의 시간 도함수는

$$\frac{\partial u(x,t)}{\partial t} = \rho c_V^M \frac{\partial T(x,t)}{\partial t} \quad (6.18)$$

이 된다.

푸리에 법칙으로부터

$$\frac{\partial S(x,t)}{\partial x} = -K\frac{\partial^2 T(x,t)}{\partial^2 x} \quad (6.19)$$

를 얻는다. 식 (6.18)과 식 (6.19)를 식 (6.13)의 연속 방정식에 대입하면

$$\boxed{\frac{\partial T(x,t)}{\partial t} = D\frac{\partial^2 T(x,t)}{\partial x^2}} \quad (6.20)$$

을 얻을 수 있으며, $D = K/(\rho c_V^M)$을 **열확산도**(thermal diffusivity)라고 한다. 방정식

(6.20)은 국소 온도에 대한 1차원 형태의 **확산 방정식**(diffusion equation)이다. 이 방정식은 선형 편미분 방정식으로 초기 분포와 경계 조건이 주어지면 풀이 $T(x, t)$를 유일하게 결정할 수 있다. 확산 방정식은 균일하지 않은 온도 분포가 자발적으로 진화하는 것을 기술한다.

국소 열지점의 감쇠

국소 열지점의 진화는 비평형 행동의 흥미로운 예이다. 길고 가는 막대의 작은 지역을 급속 가열하여 만든 열지점의 일반적인 모양을 가진 온도 분포가 진화하는 것을 조사해 보자. 이 교란이 x축에 평행한 막대의 $x = 0$ 지점에 제한되어 있고, 막대가 충분히 길어 양쪽 끝(경계)이 거의 $x = \pm\infty$에 있다고 가정한다. 그러면 확산 방정식의 풀이는

$$T(x, t) = T_0 + \frac{A}{\sqrt{t + t_0}} \exp\left(\frac{-x^2}{4D\left(t + t_0\right)}\right) \tag{6.21}$$

이 되며, T_0는 균일한 배경 온도이고 D는 열확산도이다. 상수 A와 t_0는 초기 온도 분포의 모양, 다시 말해 $t = 0$에서의 분포를 결정짓는다. $T(x, t)$의 공간 의존도가 가우스 함수 e^{-x^2/w^2}으로 주어지며, $w = \sqrt{4D(t + t_0)}$이다. $x = 0$에서 $e^{-x^2/w^2} = 1$이고 $x = +w$에서 $e^{-1} = 0.368$로 감소하기 때문에, 온도가 높아진 지역의 폭을 특징짓는 합리적인 도움 변수는 $2w = 4\sqrt{D(t + t_0)}$가 된다.

그림 6.5는 온도 교란 $T(x, t) - T_0$가 진화하는 것을 보여 준다. 풀이는 초기 폭이 $4\sqrt{Dt_0}$이고 최대 온도 증가가 $A/\sqrt{t_0}$인 열지점을 기술하고 있다. 열지점의 에너지 양이 유한하기 때문에, 경계에 접근할수록 교란이 0이 된다. 가우스 함수는 $x = \pm\infty$에서 0이 되기 때문에, 시행 풀이는 바람직한 행동을 보인다고 할 수 있다. 이 풀이가 확

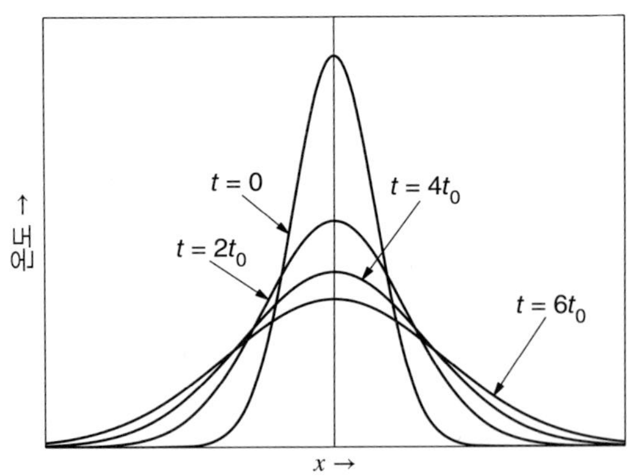

그림 6.5 국소 열지점의 진화

산 방정식을 만족한다는 것을 증명하기 위해 $T(x, t)$의 시간의 1차 도함수와 공간의 2차 도함수를 구해야 한다. 이들은

$$\frac{\partial T(x,t)}{\partial t} = \left(\frac{-1}{2\left(t+t_0\right)} + \frac{x^2}{4D_T(t+t_0)^2} \right) \frac{A}{\sqrt{t+t_0}} \exp\left(\frac{-x^2}{4D\left(t+t_0\right)} \right) \tag{6.22}$$

와

$$\frac{\partial^2 T(x,t)}{\partial x^2} = \left(\frac{-1}{2D\left(t+t_0\right)} + \frac{x^2}{4D^2(t+t_0)^2} \right) \frac{A}{\sqrt{t+t_0}} \exp\left(\frac{-x^2}{4D\left(t+t_0\right)} \right) \tag{6.23}$$

이다. 확산 방정식에서 요구하는 것처럼, 시간의 1차 도함수가 공간의 2차 도함수에 D를 곱한 것과 같다는 것을 쉽게 보일 수 있다.

그림은 온도의 초기 봉우리가 어떻게 낮아지면서 퍼지는지를 보여 준다. 시간이 한참 지나면($t \gg t_0$), 봉우리의 폭이 시간의 제곱근에 비례해서 증가한다. 실제 열지점의 모양이 정확히 가우스 함수가 아닐 가능성이 크지만, 이들의 시간 진화는 그림에 있는 것과 유사하다. 국소 온도가 자발적으로 감쇠하여 균일하게 되려는 경향은 확산 방정식으로 기술되는 과정의 특성이다. 또한 열지점의 진화는 분명한 비가역 과정이다. 그림에 있는 과정을 반대로 돌리면, 균일한 온도 T_0를 가진 막대가 자발적으로 그림에 있는 온도 분포의 역순, 즉 $t = 6t_0$일 때의 넓은 폭을 가진 분포로부터 $t = 0$일 때의 봉우리 분포로 바뀌는 것을 보게 될 것이다.

푸리에 법칙, 연속 방정식과 확산 방정식을 소개하는 가장 중요한 목적은 비평형 행동의 간단한 예를 보여 주는 것이었다. 이들의 1차원 형태만 주어졌다. 이들의 3차원 형태는

$$\boldsymbol{S}(\boldsymbol{r},t) = -K\nabla T(\boldsymbol{r},t), \tag{6.24}$$

$$\frac{\partial \boldsymbol{u}(\boldsymbol{r},t)}{\partial t} = -\nabla \cdot \boldsymbol{S}(\boldsymbol{r},t), \tag{6.25}$$

$$\frac{\partial T(\boldsymbol{r},t)}{\partial t} = D\,\nabla^2 T(\boldsymbol{r},t) \tag{6.26}$$

이다.

문제

6.1 일정한 c_V를 가진 판데르발스 기체의 내부 에너지 함수는

$$U(T,v) = n\left(c_V T - a/v\right)$$

로 주어지며, v는 견줌 부피이다. 부피가 V_0에서 $2V_0$로 변하는 자유 팽창을 할 때 온도 변화 $T_f - T_0$를 구하시오. 초기 견줌 부피는 20 L mol^{-1}이다. $c_V = 2.5R$과 표 5.2의 데이터를 사용하여 질소 기체(N_2)에 대한 온도 변화를 구하시오.

6.2 용기 1과 2가 절연 벽을 가지고 있고 밸브로 연결되어 있다. 밸브는 처음에 닫혀 있다. 두 용기 모두 일정한 c_V를 가진 동일한 이상 기체로 채워져 있다. 초기에

$$n_1 = 0.10 \text{ 몰}, n_2 = 0.20 \text{ 몰}, T_1 = 250 \text{ K}, T_2 = 350 \text{ K}$$

이었다. 밸브를 열어 용기 속 기체가 섞이도록 하고 평형에 이르게 한다. 두 용기 안의 기체가 계의 전부라고 생각하라.

(a) Q와 W의 값은 무엇인가?

(b) 최종 온도는 얼마일까?

6.3 병에 담긴 0 °C의 음료가 얼어있다. 병의 얼음을 20 °C의 물에 담가 녹이려고 한다. 1분 후 얼마나 많은 얼음이 녹을지 추정하시오. 병의 유리벽 두께는 2.5 mm이고 병의 300 cm^{2}이 물과 접촉하고 있다고 가정하시오.

6.4 작은 방수 전동기를 시험하고 있다. 전동기는 얼음과 물이 담긴 용기 안에 들어 있으며, 초기에 평형 상태에 있었다(이 상황은 회전축, 발전기와 도선을 각각 도선, 전동기와 회전축으로 바꾼 것을 제외하고 그림 6.3의 상황과 유사하다). 전동기가 회전축을 돌려 25 kg의 질량을 수직으로 8.0 m 들어 올리는 동안 60와트의 전력을 40초 동안 전동기에 공급하였다. 그 후 용기의 내용물이 평형에 이른다. 아래 문항 (a), (b), (c)에서 계는 전동기이다.

(a) 이 과정에서 W의 값은 얼마인가?

(b) 이 과정에서 ΔU의 값은 얼마인가?

(c) 이 과정에서 Q의 값은 얼마인가?

(d) 이 과정 동안 몇 g의 얼음이 녹을까?

6.5 진공 챔버의 벽에 구멍이 있어 공기($\gamma = 1.4$)가 유입될 수 있다. 이 챔버 안의 공기의 최종 온도는 얼마일까? 대기 온도가 300 K라고 가정하라(이것은 자유 팽창 실험이 아니다. 분석할 계는 최종 상태에 있는 챔버를 차지하고 있는 공기이다).

II부
열역학의 기초

II부에서 전개되는 열역학이라는 학문은 열역학 제1, 제2법칙에 기초하여 거시적인 열 현상을 자기 충족적으로 기술하는 이론이다. 2장에서 소개하였던 제1법칙은 에너지 보존 원리에 대한 표현이다. 제2법칙은 대부분의 자연 현상이 비가역적이라는 관찰을 조심스럽게 표현한 것이다. 역학적 에너지 또는 전기 에너지는 마찰력이나 전기 저항을 사용하여 얼마든지 열로 변환할 수 있지만, 이 과정을 되돌릴 수 없다. 만약 그 과정을 되돌릴 수 있다면 주변 환경으로부터 에너지를 열의 형태로 추출하여 자동차를 몰거나 전기를 생성할 수 있을 것이다. 제2법칙에 의해 부과된 이 제약 때문에 사회의 에너지 수요를 이런 식으로 충족시킬 수 없다. 열역학은 어떻게 에너지를 효율적으로 사용하는지 알려줄 뿐만 아니라 물질의 성질을 분석하는 데 유용하고 정확한 일반적인 관계들을 정립한다. 이 관계들이 물질의 미시적 구조에 대한 가정과 무관하다는 데 열역학의 강점이 있다.

잘 정립된 이론은 관측 가능한 성질들을 수학적 개념과 연관시키고, 이것은 그렇게 하기 전에는 명확하지 않을 수도 있는 결과를 얻는 데 사용될 수 있다. 엔트로피와 열역학 퍼텐셜의 존재가 그러한 결과들이다. 비가역적 행동이 발생할 때마다 증가하는 엔트로피의 경향성과 계의 평형 성질을 단 하나의 퍼텐셜로 요약하는 능력은 열역학적 행동을 분석하는 강력한 도구들이다.

7장 열역학 제2법칙

I부에서 소개한 기본 개념들을 복습한 후에 클라우지우스(Clausius)와 켈빈(Kelvin)의 제2법칙 표현을 소개한다. 열역학의 논리적인 전개는 카르노 순환(Carnot cycle)의 소개와 절대 온도 눈금의 정의와 함께 시작된다. 카르노 순환은 에너지 효율이 가장 높은 순환 과정 형태이기 때문에 엔진, 에어컨, 열펌프에 대해 실용적인 영향을 미친다.

7.1 에너지, 열, 가역성

미시적으로 보자면, 계의 구성 입자는 운동과 관련된 운동 에너지 및 상호작용과 관련된 퍼텐셜 에너지를 가지고 있다. 따라서 원자 수준에서 에너지는 계의 구성 입자 하나하나의 운동량과 위치 변수의 함수이다. 대조적으로 계의 내부 에너지는 계의 평형 상태를 정하는 데 필요한 소수의 열역학 좌표들(PVT 계에서는 두 개)의 함수이다.

열역학 제1법칙

제1법칙은 내부 에너지 상태 함수의 변화가 열 또는 일로서 계에 들어오거나 계에서 나간 에너지가 같다고 하는 에너지 보존 원리의 표현이다. 2장에서 언급한 대로 이 법칙은 **모든 계는 내부 에너지 상태 함수 U를 가지며 그 에너지는 계들 사이에서 열 Q 또는 일 W로서 전달될 수 있다**고 단언한다. 제1법칙은

$$\Delta U = Q - W \tag{7.1}$$

로 요약된다. 관례적으로 Q는 에너지가 계에 들어올 때에는 양수이고 에너지가 계로부터 나갈 때는 음수이다. W는 계가 일을 할 때는 양수이고 계에 일을 해줄 때는 음수이다. 열의 형태로 다른 계와 에너지를 교환하지 못하는 계는 **단열 고립**(adiabatically isolated)계이고, 단열 고립된 부분이 없는 계는 **열상호작용**(thermally interacting)계이다.

온도

온도는 계(또는 부분계)가 다른 계와 열을 교환하는 경향을 기술하는 세기 상태 함수이다. 계들이 열 접촉을 하게 되면, 온도가 다른 계들은 자발적으로 열을 교환하고, 온도가 같은 계들은 서로 평형을 이룬다. 열의 교환이 한 가지 이상의 성질에 의해 결정될 수 있다고 생각할 수도 있지만, 단 하나의 성질(온도)로 충분하다는 것이 근본적이다. 열이 교환되는 경계면과 관련된 온도는 국소 온도이다. 관련된 계가 열평형에 있으면 이들 국소 온도는 계의 평형 온도와 똑같다.

일상생활에서 뜨겁다와 차갑다는 용어는 높은 온도와 낮은 온도를 의미한다. 흔히 사용하는 온도 눈금에 대한 기초를 확립하지 않았으므로 뜨겁다와 차갑다는 것을 온도를 언급하지 않고서 정의할 필요가 있다. 두 계가 열을 교환할 때, 내부 에너지가 감소하는 계는 **더 뜨거운** 계이고 내부 에너지가 증가하는 계는 **더 차가운** 계이다.

열저장고

열역학의 목적 중 한 가지는 될 수 있으면 일반적인 방법으로 온도에 값을 부여하는 것이다. 그러기 위해서는 특정한 온도계의 눈금을 언급하지 하고서 계가 열을 교환하는 명확한 경향을 가지고 있다고 단언할 수 있어야 한다. 열저장고는 그렇게 하기 위해 사용하는 이상화이다. **열저장고는 열을 받아들이거나 내보내는 일정한 경향이 있는 계이다.**

열저장고의 중요한 예로서 **삼중점 용기**(triple point cell)가 있다. 이것은 얼음, 물, 수증기가 물의 삼중점에서 열평형을 이루고 있는 닫힌 용기이다(5.1절 참조). 열이 용기로 이동할 때 얼음이 녹거나 일부 액체가 기화되면서 그 온도와 압력은 변하지 않고 일정하게 유지된다. 열이 용기로부터 이동할 때 상변화는 거꾸로 된다. 또 다른 실제적인 열저장고는 일정한 압력에서 평형을 이루고 있는 물질의 액체와 기체 상태로 이루어져 있다. 이것의 온도는 그림 5.1에 그려진 증발 곡선 위의 한 점에 해당한다. 열이 계로 또는 계로부터 이동할 때 일부 액체가 증기로 변하거나 일부 증기가 액체로 변한다. 압력을 변화시키면 다양한 온도의 저장고를 얻을 수 있다.

가역 과정

사물이 변화하는 방향성은 열역학 제2법칙의 주요 관심사이다. **가역 과정은 시간의 방향이 거꾸로 될 수 있는 과정이다.** 실제적으로 가역 과정은 평형 과정이다. 평형 과정에서 계는 매순간 열평형에 있다. 비록 가역 과정과 평형 과정은 서로 다른 명확한 특성을 가지고 있지만 둘 중 한 유형의 특성을 가진 과정은 나머지 다른 유형의 특성도 가진다. 다음 논의에서 가역성의 근본적인 중요성 때문에 그런 과정을 가역 과정이라고 하고 상태 공간에서 선으로 표시할 것이다.

계의 구속 조건에 미소 변화를 주어 거꾸로 된 방향으로 변화될 수 있는 과정은 가역적이라고 간주한다. 만약 ΔU, Q, W가 가역 과정에서 내부 에너지의 변화, 전달된 열, 그리고 해준 일이면, 역과정에서 그 값들은 $-\Delta U$, $-Q$, $-W$이다.

7.2 순환 과정

사고 실험은 물리 이론을 조사하고 해석하는 데 유용한 보조 도구이다. 원리적으로는 그 실험을 할 수 있지만 크게 이상화되는 경향이 있기 때문에 보통 그렇게 하는 것이 실제적이지 않다. 그 목적은 기본 개념을 강조하는 데 있다. 순환 과정은 열물리의 사고 실험에서 자주 사용된다.

순환 과정에서는 계가 이전에 있었던 같은 상태로 주기적으로 되돌아간다. 이러한 각 반복을 순환이라고 한다. 만약 계가 처음에 평형 상태에 있었고, 한 순환 과정을 마쳤다면, 계의 열역학 상태는 변하지 않는다. 계의 상태가 변하지 않는다면 계의 상태 함수도 변하지 않는다. 따라서 $\Delta P = 0$, $\Delta V = 0$, $\Delta T = 0$, $\Delta U = 0$이다. $\Delta U = 0$과 제1법칙으로부터

$$Q = W \tag{7.2}$$

를 얻는다.

엔진과 냉장고는 순환적으로 작동하는 계(또는 기구라고도 함)의 예이다.

열기관

열기관은 주위 환경과 열을 교환하고 양의 일을 하는 순환기관이다. 이것은 실제 응축 증기 기관, 특수한 실험 기구, 또는 사고 실험에 사용되는 개념적 계와 같이 복잡한 도구일 수도 있다. 4장에서 논의한 것처럼 열기관은 그 작동 물질의 상태 공간에서 닫힌 곡선으로 나타낼 수 있다.

특수한 형태의 엔진인 **이온도 엔진**(2-temperature engine)을 도입하는 것이 편리한데, 어떤 온도에 있는 환경에서 열을 받아들이고 다른 온도에서 열을 내보내는 것이다. 이것은 다양한 온도 범위에 걸쳐서 열을 주고받는 경향이 있는 실제 엔진과 같은 보통 상황과는 다른 것이다. 실제 엔진이 활용하는 가장 뜨거운 온도에서 저장고로부터 엔진에 열을 공급하고, 가장 차가운 온도에서 저장고에 열을 방출함으로써 실제 엔진을 이온도 기구로 변형할 수 있다. 적절한 열전도 물질을 사용하면 엔진이 열을 교환하는 온도가 변하지 않는 방식으로 엔진과 저장고 간에 열을 전달할 수 있다. 실제 엔진을 열전도 물질과 결합하여 만들어진 변형된 기구는 이온도 엔진이다.

냉장고

냉장고는 차가운 온도에서 열을 받아들이고 뜨거운 온도에서 열을 내보내는 순환 기구이다. 냉장고를 작동시키기 위해서는 역학적 에너지 또는 전기 에너지가 필요하다. 곧, 냉장고에 일을 해줘야 한다. 이것은 가정용 냉장고, 실험실 도구나 개념 기구에서의 메커니즘처럼 복잡한 기구가 될 수 있다. 예를 들어 가정용 냉장고의 메커니즘은 더 차가운 곳인 내부에서 더 뜨거운 곳인 방으로 열을 전달하며, 작동하는 데 전기 에너지를 필요로 한다. 냉장고의 온도와 방 안의 공기의 온도가 대략 일정하다면, 그것들은 열저장고로 이상화될 수 있다.

이온도 냉장고(2-temperature refrigerator)는 단일한 차가운 저장고로부터 열을 받아서 단일한 뜨거운 저장고로 열을 방출하고, 냉장고에 일을 해야 한다. 실용적인 냉장고는 보통 이온도 냉장고가 아니지만, 실용적인 엔진처럼 적절한 열전도 물질과 결합되면 이온도 냉장고가 될 수 있다.

도형

엔진과 냉장고를 그 목적을 강조하는 도형으로 나타내는 것은 도움이 된다. 그림 7.1은 범용 열기관, 이온도 엔진, 이온도 냉장고 도형을 나타낸다. 기구들이 순환적이므로 한 순환 과정에서 들어온 에너지는 나간 에너지와 같다. 도형의 관들은 이 특징을 암시한다. 한 무더기의 관들에 들어오는 물의 양은 빠져나가는 물의 양과 같다. 배관에서 물은 생성되지도 않고 소멸되지도 않는다. 물은 보존된다. 엔진과 냉장고에서 보존되는 것은 에너지이다. 이온도 기구의 도형에서 수평선은 열저장고를 나타낸다. 관례적으로 더 뜨거운 저장고는 높은 선으로 나타낸다. 첨자 h와 c는 뜨거움과 차가움을 가리킨다. 온도는 기호 Θ를 사용하여 나타낸다. 7.7절에서 정의하려는 절대 온도는 기호 T를 사용하여 나타낸다.

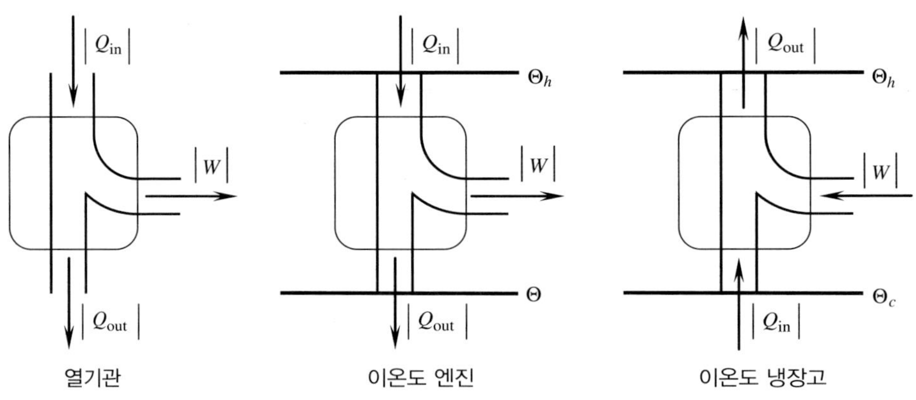

그림 7.1 순환 기구

에너지 전달의 방향은 화살표로 나타낸다. 냉장고에 대한 화살은 엔진에 대한 화살과 반대 방향임에 주의하라. 전달된 에너지의 양은 $|Q_{in}|$, $|Q_{out}|$, $|W|$로 나타낸다. 이 양들에 절댓값 기호를 붙인 이유는 열과 일에 대한 부호 관례와 무관하게 도형을 해석할 수 있도록 하기 위해서다. 한 순환 과정 동안 기구에 전달된 열의 총 양은 기호 Q로 나타낸다. 따라서 $Q = |Q_{in}| - |Q_{out}|$이다.

7.3 열역학 제2법칙

많은 응용에서 가역 과정의 비가역적 측면을 무시할 수 있지만, 경험상 자연 현상은 본질적으로 비가역적이다. 이 관찰을 사용하여 물리적으로 중요한 예측을 하기 전에 이것을 좀 더 정확하게 표현할 필요가 있다. 클라우지우스(Rudolf Clausius), 그리고 켈빈 경(Lord Kelvin)으로도 알려진 톰슨(William Thomson)이 공식화한 열역학 제2법칙이 바로 그것이다.

제2법칙의 클라우지우스 표현

차가운 저장고로부터 열을 받아서 뜨거운 저장고로 열을 보내는 것이 유일한 효과인 과정은 없다.

단어 "유일한"은 클라우지우스 표현에서 매우 중요하다. 냉장고는 차가운 저장고에서 열을 받아서 뜨거운 저장고로 열을 전달하지만, 그것만이 냉장고가 한 것의 전부는 아니다. 왜냐하면 냉장고를 작동하는 데 전기 에너지 또는 역학적 에너지가 필요하기 때문이다. 서로 다른 온도에 있는 물체들이 열접촉을 하게 되면 에너지는 뜨거운 물체로부터 차가운 물체로 열로서 자발적으로 전달된다. 클라우지우스 표현은 우리가 얼마나 똑똑하든지, 만든 기구가 얼마나 복잡하든지 상관없이 차가운 물체로부터 뜨거운 물체로 에너지를 전달하는 것이 **유일한** 효과인 기구를 만드는 것은 불가능함을 알려 준다.

제2법칙의 켈빈 표현

단일한 열저장고로부터 열을 받아서 그것을 모두 일로 전환하는 것이 유일한 효과인 과정은 없다.

단어 "유일한"은 켈빈 표현에서도 매우 중요하다. 열기관은 저장고에서 열을 받아서 일로 전환하지만, 그것만이 열기관이 한 것의 전부는 아니다. 열기관은 또한 열을 더 낮은 온도의 저장고에 전달한다. 열로서 에너지를 받고 그것을 일로 전환하는 것의 반대는 일로서 에너지를 받고 그것을 열로 전환하는 것이다. 마찰과 전기 저항이하는 것처럼 후자의 과정에 대해서는 제한이 없다. 마찰은 움직이는 내내 힘을 작용하여, 즉 일을 하여 에너지를 내부 에너지로 전환한다. 마찬가지로 저항은 전기 에너지를 내부 에너지로 전환하는데, 내부 에너지는 그 다음에 다른 물체에 열로서 전달될 수 있다.

열역학 제2법칙을 위반하는 가상의 기구들이 그림 7.2에 도형화되어 있다. 왼쪽에 있는 기구를 작동한 유일한 효과는 차가운 저장고에서 뜨거운 저장고로 열을 전달하는 것인데, 이것은 제2법칙의 클라우지우스 표현을 위반한다. 오른쪽에 있는 기구를 작동한 유일한 효과는 한 저장고에서 열을 받아서 일을 하는 것인데, 이것은 켈빈 표현을 위반한다.

경제적인 기계 제작자에게 이상적인 열기관은 사용할 수 있는 열의 100%를 역학적 에너지 또는 전기 에너지로 바꾸는 것일 것이다. 제2법칙의 켈빈 표현은 그러한 엔진을 제작하는 것이 불가능함을 단언한다. 이상적인 가정용 냉장고는 어떠한 전기 에너지 또는 역학적 에너지도 사용하지 않고 열을 그 내부로부터 방안의 더 따뜻한 공기로 이동하는 것일 것이다. 클라우지우스 표현은 그러한 냉장고를 제작하는 것이 불가능함을 단언한다. 켈빈 표현은 두 저장고 대신에 단 하나에만 관련되기 때문에 더 유용하다고 할 수 있다. 한 표현이 다른 표현보다 더 기본적이라고 생각할 필요는 없다. 왜냐하면 두 표현이 동등하다는 것을 증명할 수 있기 때문이다.

증명

물리학적으로 의미 있는 결과를 얻기 위한 유용한 방법 한 가지는 **간접 증명 방법**(method of indirect proof)이다. 먼저 물리적 세계에 대해 진술을 만든다. 그 후 그 진술의 부정이 참이라면 물리적 세계에 대한 가정 중 하나는 거짓이 될 수밖에 없음을 보인다. 또는 가정이 타당하다면 그 부정이 거짓임이 틀림없고 원 진술은 참이다. 열역학 제1법칙과 제2법칙이 참이라고 가정하자. 가상의 순환 과정이 실제 과정과 결합하여 그림 7.2에 도형화된 불가능한 기구 중 하나와 기능적으로 동등한 기구를 만들 수 있다면, 가상의 과정은 불가능함을 나타낸다.

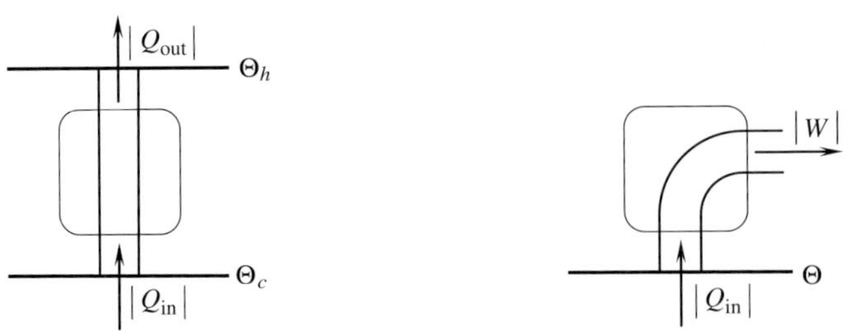

클라우지우스 표현을 위반한다　　　켈빈 표현을 위반한다

그림 7.2 제2법칙을 위반하는 기구들

열역학 이론의 목표는 가능한 넓은 범위의 열 현상을 기술하는 것이다. 이론이 완벽하려면 그 친숙성 때문에 의심 없이 받아들이는 사실들이 이론에 포함되어 있어야 한다. 그러한 사실들은 이론의 가정이거나 그로부터 얻을 수 있는 것이어야 한다. 가장 중요한 열역학의 가정은 제1법칙과 제2법칙이다. 그림 7.1의 이온도 엔진 도형은 엔진이 뜨거운 저장고로부터 열을 받아서 차가운 저장고로 열을 방출하는 것을 증명 없이 가정한다. 다음 예제는 이 사실을 제2법칙의 결과로서 얻는다.

예제 7.1 뜨거움과 차가움

이온도 엔진이 뜨거운 저장고에서 열을 받아서 차가운 저장고로 열을 방출하는 것을 증명하시오.

풀이 ■ 증명하고자 하는 진술의 부정은 다음과 같다. 차가운 저장고에서 열을 받아서 뜨거운 저장고로 열을 방출하는 이온도 엔진이 최소한 하나 존재한다. 그러한 가상 엔진은 그림 7.3에 도형화되어 있는데, 뜨거운 저장고로부터 차가운 저장고로 열을 전달하는 실제 기구(금속 막대)가 가상 엔진과 결합되어 있다. 엔진이 뜨거운 저장고에게 전달한 순환 과정당 열이, 금속 막대가 뜨거운 저장고로부터 전달한 순환 과정당 열과 같도록 금속 막대와 엔진의 크기는 조절되어 있다. 최종 합성 기구를 작동한 **유일한** 효과는 한 저장고(차가운 쪽)로부터 열을 받아서 일을 하는 것이겠다. 따라서 합성 기구는 그림 7.2에 있는 두 번째 기구와 기능적으로 동등한데, 그 두 번째 기구는 제2법칙의 켈빈 표현을 위반한다. 켈빈 표현이 유효하다고 가정했으므로 이 문단의 시작 부분에 있는 진술은 거짓임이 틀림없다. 따라서 이온도 엔진은 뜨거운 저장고로부터 열을 받아서 차가운 저장고로 열을 방출한다. ◆

엔진이 뜨거운 저장고로부터 열을 받고 차가운 저장고로 열을 방출하므로 $|Q_{\text{in}}| = |Q_h|$와 $|Q_{\text{out}}| = |Q_c|$이다. 여기서 첨자 h와 c는 뜨거움과 차가움을 가리킨다. 그러면 제1법칙과 $\Delta U = 0$으로부터

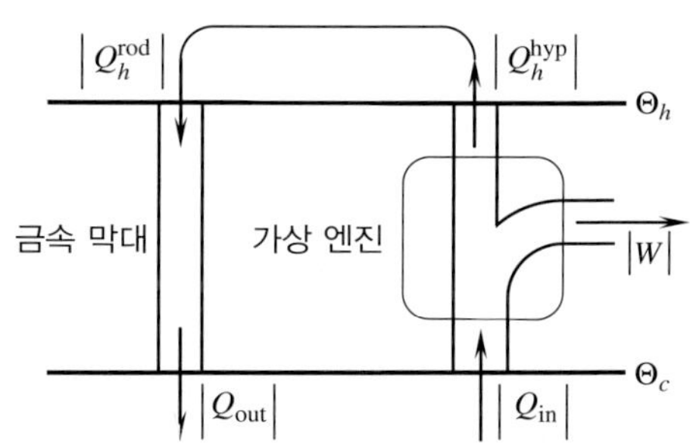

그림 7.3 제2법칙을 위반하는 합성 기구

$$|W| = |Q_{\text{in}}| - |Q_{\text{out}}| = |Q_h| - |Q_c| \tag{7.3}$$

를 얻는다. 절댓값 기호 때문에 이 식은 냉장고에 대해서도 유효하다.

모순 가능성을 기각함으로써 진술을 증명할 때 모든 가능성을 고려하는 것이 필수적이다. 위의 예제에서 표면상의 가능성으로 **같은** 온도에 있는 두 저장고 사이에서 열을 전달하는 엔진이 있다. 그렇지만 앞으로 전개될 개념적인 논리에서 한 온도에서 열을 받아들이고 방출하는 것은 무엇이든지 하나의 열저장고이다. 따라서 같은 온도에 있는 두 저장고는 배제된 가능성이다.

클라우지우스와 켈빈 표현의 동등성

클라우지우스와 켈빈 표현은 둘 모두 가정으로서 필요하지는 않다. 왜냐하면 어느 한 쪽으로부터 다른 쪽을 유도할 수 있기 때문이다. 이것을 보이기 위해, 먼저 **제2법칙의 켈빈 표현이 거짓이라면 클라우지우스 표현도 거짓임**을 증명하자. 켈빈 표현이 거짓이면 그림 7.2에 있는 두 번째 기구와 기능적으로 동등한 기구가 존재해야만 한다. 해결해야 할 과제는 만약 그런 기구가 가능하다면, 그림 7.2의 왼쪽에 있는 것과 같은 기구도 또한 가능함을 보이는 것이다. 그림 7.4에 도형화되어 있는 합성 기구는 켈빈 표현을 위반하는 그림 7.2에 있는 가상 기구와 실제 냉장고를 결합한 것이다. 그 크기들은 냉장고를 작동하는 데 필요한 일과 가상 기구가 하는 일이 정확히 같도록 조절되어 있다. 최종 합성 기구를 작동한 **유일한** 효과는 차가운 저장고로부터 열을 받아서 뜨거운 저장고로 전달하는 것인데, 이것은 클라우지우스 표현을 위반하는 그림 7.2의 기구와 기능적으로 동등하다. 따라서 **켈빈 표현이 거짓이라면 클라우지우스 표현도 거짓이다.**

제2법칙의 클라우지우스 표현이 거짓이라면 켈빈 표현도 거짓임을 증명하는 것은 문제로 남겨둔다. 이것을 증명한 후에도 여전히 두 가지 가능성이 남아 있다. 구체적으로, 두 표현 모두 참이거나 둘 다 거짓일 수 있다. 논리 단독으로는 이들 두 가능성 중에서 선택할 능력은 없다. 그럴 수 있다면 제2법칙의 표현은 실제 세계에 대한 의미 있는 진술이 아닐 것이다. 클라우지우스와 켈빈 표현은 실제 세계의 관찰로 정당화된다.

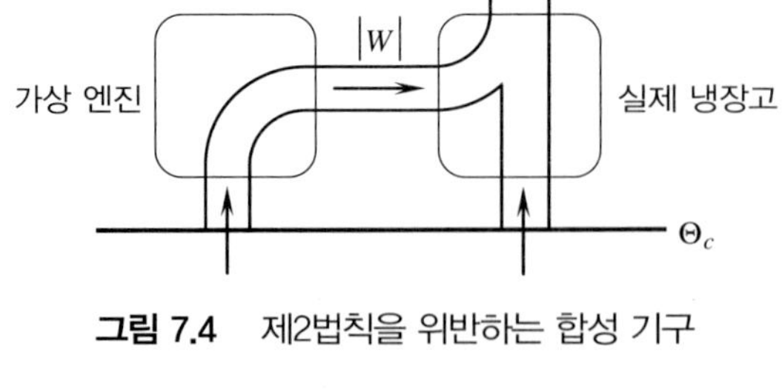

그림 7.4 제2법칙을 위반하는 합성 기구

7.4 카르노 순환

카르노(Sadi Carnot)의 이름을 따라 명명한 **카르노 기관**(Carnot engine)은 순환적이고 가역적이며 두 열저장고와 상호작용하는 이상화된 계이다. 비록 용어 "기관" 또는 "엔진"은 보통 열을 일로 전환하는 완전한 기구를 가리키지만, 여기서 초점은 기구가 작동하는 작동 물질에 있다. 예를 들어 기체는 가스 터빈에 있는 작동 물질이고, 액체와 증기 상태의 물은 증기 기관에 있는 작동 물질이다.[1] 카르노 순환은 등온 과정 두 개와 단열 과정 두 개로 이루어져 있다.

1. 등온 과정에서 열은 온도 Θ_h에 있는 뜨거운 열원으로부터 계(작동 물질)로 이동한다.
2. 단열 과정에서 계는 차가운 저장고의 온도 Θ_c까지 차가워진다.
3. 등온 과정에서 열은 계로부터 차가운 저장고로 이동한다.
4. 단열 과정에서 계는 온도 Θ_h인 초기 상태로 되돌아온다.

카르노 기관은 가장 효율적인 이온도 엔진 형태이고 그 효율이 작동 물질의 성질과 무관하기 때문에 중요하다. 카르노 기관이 거꾸로 작동하게 되면 카르노 냉장고가 된다. 카르노 순환은 엔진($W > 0$)이 되거나 냉장고($W < 0$)가 될 수 있다. 그것들의 본질적인 특성은 다음과 같이 요약된다.

카르노 순환

카르노 순환은 한 온도에서 열을 받아들이고, 다른 온도에서 열을 방출하며, 가역적인 순환 과정이다.

단어 "가역적인"은 카르노 순환을 다른 이온도 순환과 구별 짓는 중요한 특성이다. 카르노 순환은 가역적인 열전달을 수반하는데, 이것은 열이 교환되는 온도 기울기를 아주 작게 해서 도달할 수 있는 이상화이다. 온도 기울기를 줄이면 열전달률이 줄어들기 때문에 그 작동이 카르노 순환을 근사하는 기구는 아주 천천히 작동한다. 따라서 그 기구는 일상적인 응용에는 유용하지 않다. 그럼에도 불구하고 그것은 에너지 효율에 대한 한계를 확립하기 때문에 그것이 존재함은 실용적인 의미를 가진다. 식 (4.35)에 정의된 것처럼 **에너지 효율**(energy efficiency)은

$$e = \frac{|W|}{|Q_{\text{in}}|} \tag{7.4}$$

인데, $|Q_{\text{in}}|$는 순환 과정당 기구에 전달된 열이고, $|W|$는 해준 일이다. $|Q_{\text{in}}| = |Q_h|$

1) 열기관은 4.3절에서 더 자세히 논의된다.

이고 $|W| = |Q_h - Q_c|$이기 때문에

$$e = \frac{|Q_h| - |Q_c|}{|Q_h|} = 1 - \frac{|Q_c|}{|Q_h|} \tag{7.5}$$

가 된다. 여기서 $|Q_h|$와 $|Q_c|$는 뜨거운 저장고와 차가운 저장고에서 교환된 열이다.

> **카르노 정리**
> 두 열저장고 사이에서 작동하는 어떠한 기관도 카르노 기관보다 더 효율적일 수 없다.

이 정리의 증명은 그림 7.5에 도형화된 합성 기구를 고려하는 것으로 진행된다. 그림에서 X는 가역적일 수도 있고 비가역적일 수도 있는 일반적인 이온도 엔진을 나타낸다. 완전한 기구는 정상적으로 작동하는 엔진 X와 거꾸로 작동하는 카르노 기관, 곧 카르노 냉장고를 결합한 것이다. X가 만드는 일이 냉장고를 작동하는 데 필요한 일과 같도록 기구들의 크기는 조절되어 있다.

두 가지 가능성이 있다. $e^X \leq e^C$이거나 $e^X > e^C$이다. 이제 $e^X > e^C$가 참이면 합성 기구는 제2법칙의 클라우지우스 표현을 위반함을 보일 것이다. 부등식 $e^X > e^C$가 참이면 에너지 효율의 정의로부터

$$\frac{|W|}{|Q_h^X|} > \frac{|W|}{|Q_h^C|} \tag{7.6}$$

가 되고, 이것은

$$|Q_h^C| > |Q_h^X| \quad \text{그리고} \quad |Q_h^C| - |Q_h^X| > 0 \tag{7.7}$$

을 의미한다. 그림에서 볼 수 있듯이 합성 기구는 열 $|Q_h^C| - |Q_h^X|$를 뜨거운 저장고에 방출한다. 이 사실은 식 (7.7)과 결합해서 열이 뜨거운 저장고로 이동함을 의미하게 된다. 열이 차가운 저장고에서 나올 수밖에 없으므로 합성 기구를 작동한 유일한

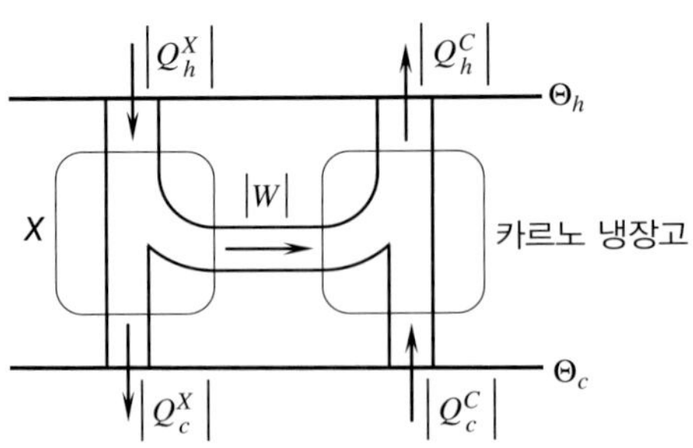

그림 7.5 엔진과 카르노 냉장고로 만든 합성 기구

효과는 열을 차가운 저장고에서 뜨거운 저장고로 이동한 것이 된다. 이것은 제2법칙의 클라우지우스 표현을 위반하므로 가능성 $e^X > e^C$는 기각된다. 남은 가능성은

$$e^X \le e^C \tag{7.8}$$

이고, 이것은 카르노 정리를 효과적으로 요약한다.

> **카르노 정리에 대한 따름 정리**
> 같은 두 열저장고 사이에서 작동하는 모든 카르노 기관은 똑같은 효율을 가진다.

증명은 쉽다. 카르노 기관 C와 $\overline{C}$를 생각해 보자. 어느 쪽 카르노 기관을 엔진 X로 간주하느냐에 따라서 카르노 정리를 적용하면 $e^{\overline{C}} \le e^C$와 $e^C \le e^{\overline{C}}$를 얻는다. 이로부터 $e^C = e^{\overline{C}}$가 되고, 따름 정리는 증명된다.

7.5 절대 온도

열저장고의 결정적 특성은 열을 교환하는 확고한 경향이다. 같은 두 저장고 사이에서 작동하는 모든 카르노 기관은 똑같은 에너지 효율 e^C를 가지기 때문에 그 효율을 사용하여 계의 성질이나 형태에 의존하지 않는 방식으로 온도를 부여할 수 있다. 에너지 효율의 정의로부터

$$e^C = \frac{|W|}{|Q_h^C|} = \frac{|Q_h^C| - |Q_c^C|}{|Q_h^C|} = 1 - \frac{|Q_c^C|}{|Q_h^C|} \tag{7.9}$$

가 된다. 여기서 $|Q_h^C|$와 $|Q_c^C|$는 카르노 기관이 뜨거운 저장고 및 차가운 저장고와 교환한 열이다. 카르노 기관은 가역적이고 e^C는 모든 카르노 기관에 대해 같으므로, 그 비 $|Q_c^C/Q_h^C|$는 같은 두 저장고 사이에서 작동하는 모든 카르노 기구(엔진 또는 냉장고)에 대해 같다. 이 비의 유일성은 **열역학 온도**(thermodynamic temperature)라고도 알려진 **절대 온도**(absolute temperature)의 정의에 대한 근거가 된다.

정의

두 저장고에 부여된 온도 T_1과 T_2가 다음을 따르는 온도 눈금은 절대 온도 눈금이다. 여기서 $|Q_1^C|$와 $|Q_2^C|$는 저장고 사이에서 작동하는 카르노 순환이 교환한 열이다.

$$\boxed{\frac{T_2}{T_1} = \frac{|Q_2^C|}{|Q_1^C|}} \tag{7.10}$$

관례적으로 기호 T는 절대 온도로 측정한 온도를 위해 예약되어 있다. 위의 정의가 유용하기 위해서는 식 (7.10)과 일치하는 온도를 부여하는 실제적인 방법이 필요하다. 카르노 기구를 실제로 만들지 않고서도 이것이 가능함을 보이기 위해 그 내부 에너지가 온도에만 의존하는 PVT 계를 생각해 보자. 비록 $PV = nRT$는 이상 기체의 특성이지만, 절대 온도 T를 어떻게 측정하는지 확립하지 않았기 때문에 이것을 가정할 수 없다. 대신에 압력과 부피의 곱이 온도의 함수라고 가정은 하지만, Θ로 나타낸 온도를 명기하는 데 사용되는 온도 눈금에 대해서는 가정을 하지 않는다. 결과적으로 계의 내부 에너지와 상태 방정식은

$$U = A(\Theta) \quad \text{그리고} \quad PV = B(\Theta) \tag{7.11}$$

이다. 여기에서 $A(\Theta)$와 $B(\Theta)$는 Θ에 의존하는 불특정 함수이다. 이 계의 성질에 기초한 카르노 기관은 그림 7.6에 도형화 되어 있다. 그림에서 Θ_1과 Θ_2는 저장고의 온도이고 띠선은 단열 과정을 나타낸다.

내부 에너지 U는 온도에만 의존하므로 그 변화 ΔU는 등온 과정 $a \rightarrow b$와 $c \rightarrow d$에서 0이 된다. 따라서 제1법칙에 의해 $Q = W$이다. 여기서 $W = \int PdV$이다. 그 다음에 $PV = B(\Theta)$로부터 온도 Θ_1에서 전달된 열은

$$Q_1^C = \int_{V_a}^{V_b} \frac{B(\Theta_1)}{V} dV = B(\Theta_1)(\ln V_b - \ln V_a) = B(\Theta_1) \ln \frac{V_b}{V_a} \tag{7.12}$$

이다. 마찬가지로 과정 $c \rightarrow d$에서 전달된 열은 $Q_2^C = B(\Theta_2)\ln(V_d / V_c)$이다. $Q_1^C > 0$이고 $Q_2^C < 0$이기 때문에 교환된 열의 비는

$$\frac{|Q_2^C|}{|Q_1^C|} = \frac{B(\Theta_2)\ln(V_c/V_d)}{B(\Theta_1)\ln(V_b/V_a)} \tag{7.13}$$

이다.

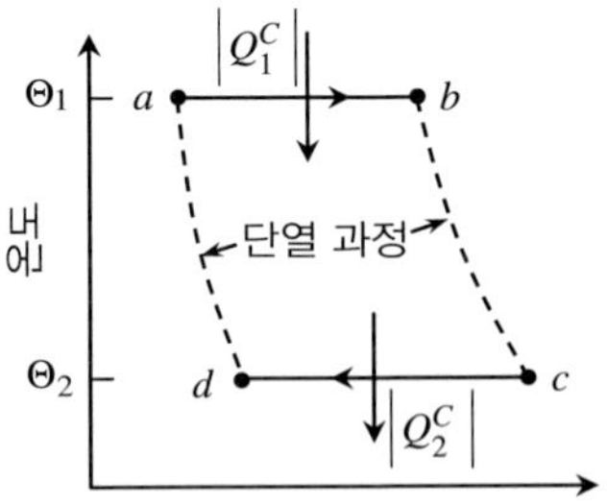

그림 7.6 카르노 순환의 일반적인 도형

다음으로 단열 과정 $b \to c$와 $d \to a$를 생각해 보자. 단열 과정에서는 어떤 열도 전달되지 않으므로 제1법칙에 따라서 $\Delta U + W = 0$이다. 작은 변화 $\Delta\Theta$와 ΔV에 대해 이것은 $(dU/d\Theta)\Delta\Theta + P\Delta V = 0$이 되고 $\Delta V/\Delta\Theta$는 $dV/d\Theta$가 된다. 다음으로 식 (7.11)로부터 얻어지는 $dU/d\Theta = dA/d\Theta$와 $P = B/V$를 사용하면

$$\frac{1}{V(\Theta)}\frac{dV(\Theta)}{d\Theta} = -\frac{dA(\Theta)}{d\Theta}\frac{1}{B(\Theta)} \tag{7.14}$$

임을 알 수 있다. Θ에 대해 Θ_1에서부터 Θ_2까지 적분하면

$$\ln V(\Theta_2) - \ln V(\Theta_1) = -\int_{\Theta_1}^{\Theta_2}\frac{dA(\Theta)}{d\Theta}\frac{1}{B(\Theta)}d\Theta \tag{7.15}$$

를 얻는데, 이것은 경로 $b \to c$를 따라 Θ_1에서부터 Θ_2까지 가든지 또는 $a \to d$ 방향으로 a와 d 사이의 경로를 따라 가든지 관계가 없다. 따라서 $\ln V_c - \ln V_b = \ln V_d - \ln V_a$이다. 항들을 재배열하고 로그의 성질을 사용하면

$$\ln V_c - \ln V_d = \ln V_b - \ln V_a \quad \text{그리고} \quad \ln\left(\frac{V_c}{V_d}\right) = \ln\left(\frac{V_b}{V_a}\right) \tag{7.16}$$

를 얻는다. 이것을 식 (7.13)과 결합하면

$$\frac{|Q_2^C|}{|Q_1^C|} = \frac{B(\Theta_2)}{B(\Theta_1)} \tag{7.17}$$

를 얻는다. 이것을 식 (7.10)과 비교해 보면 $B(\Theta)$는 절대 온도 T에 비례함을 알 수 있고, nR를 비례 상수로 사용하면 $B(\Theta) = nRT$로 놓을 수 있다. 여기서 R는 불특정 상수이고, 몰수 n은 $B(\Theta)$가 크기 변수가 되도록 포함되었다.

$B(\Theta) = nRT$와 상태 방정식 $PV = B(\Theta)$를 결합하면 익숙한 이상 기체 방정식 $PV = nRT$를 얻는다. 이것을 $T = PV/nR$로 재배열할 수 있다. 이것은 절대 온도를 측정하는 방법을 준다. 이상 기체를 충분히 가깝게 근사하는 기체의 성질을 활용하는 온도계를 사용할 것이다. 기체 n몰의 압력 P와 부피 V를 측정하고, T를 PV/nR의 값과 같다고 놓음으로써 온도계의 온도 T를 구할 수 있다. 다음 장에서 논의하겠지만 이런 방법으로 측정한 절대 온도를 **이상 기체 온도**(ideal gas temperature)라고 한다.

교환된 열의 비는 모든 카르노 기구에 대해 같으므로, 온도의 비와 열의 비가 같아지도록 열저장고에 온도를 부여하는 아무 기구나 사용하여 절대 온도를 측정할 수 있다. Q_2^C와 Q_1^C의 절댓값이 식 (7.10)에 사용되므로 온도의 비는 항상 0보다 크다. 이것은 절대 온도가 모두 양수이거나 모두 음수임을 의미한다. 양수 선택지를 사용하겠다. 섭씨와 화씨 온도는 음수가 될 수 있으므로 둘 다 분명히 절대 온도가 아니다. 가장 작은 절대 온도는 $T = 0$인데, 이것이 절대 온도 눈금에서 영점이다. 8.2절과 10.6절

에서 **절대 영도**(absolute zero)라고 하는 최저(가장 추운) 온도의 특별한 의미를 논의할 것이다.

켈빈 온도

T_1과 T_2 모두에 같은 인수를 곱할 때 비 T_2/T_1는 변하지 않으므로 곱해지는 상수까지만 절대 온도를 정의할 수 있다. 단일한 열저장고의 온도를 정함으로써 유일한 눈금을 얻을 수 있다. 켈빈 온도 눈금은 물의 삼중점의 온도를 정하고 얼음점과 증기점 사이의 온도차가 섭씨 눈금과 같도록 요구함으로써 얻어지는 절대 온도 눈금이다. 섭씨 눈금에서 절대 영도의 온도는 −273.15°C이고 물의 삼중점 온도는 −0.01°C이기 때문에 삼중점에서 온도는 273.16 K이다. **켈빈 온도 눈금은 물의 삼중점의 온도에 273.16 K를 부여하는 절대 눈금이다.**

공학자들이 사용하는 또 하나의 절대 눈금은 **랭킨 온도 눈금**(Rankine temperature scale)이다. 켈빈 눈금이 섭씨 눈금과 똑같은 온도 간격을 가진 것처럼 랭킨 눈금은 화씨 눈금과 똑같은 간격을 가지고 있다. 얼음점과 증기점 사이의 온도 눈금이 섭씨 눈금에서는 100°이고 화씨 눈금에서는 180° (212−32 = 180)이므로 화씨 눈금에서 온도 차의 값이 섭씨 눈금에서보다 1.8(180/100 = 9/5)배 더 크다. 따라서 랭킨 눈금과 켈빈 눈금은 $T^R = 1.8\ T^K$인 관계에 있다.

7.6 응용

카르노 기관과 냉장고는 실제 기구의 작동에 대한 유용한 통찰력을 제공한다. 그 핵심은 두 열저장고에서 교환된 열들을 사용하여 정의한 절대 온도이다.

냉장고와 열펌프

냉장고의 성능을 규정하는 변수가 필요하다. 차가운 내부로부터 열 $|Q_c|$를 제거하고 냉장고를 작동하는 데 필요한 에너지 $|W|$를 최소화하기를 원하기 때문에 최적 냉장고는 비 $|Q_c|/|W|$를 최대화하는 냉장고이다. 이 비는 보통 1보다 크다. 이것을 효율로 부르자면 효율이 100%보다 크게 되므로 관례에 어긋난다. 대신에 이것을 **성능 계수**(coefficient of performance)라고 한다. 차가운 장소로부터 열 $|Q_c|$를 전달하는 것이 목적인 기구에 대한 적절한 효율은

$$\mathrm{COP}_c = \frac{|Q_c|}{|W|} \tag{7.18}$$

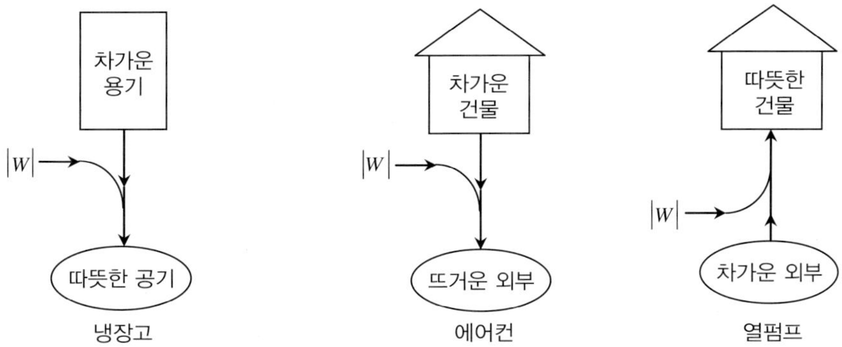

그림 7.7 실용적인 기구

이다. 에어컨의 목적은 건물 내부가 외부보다 더 차가울 때 건물 내부로부터 열을 이동하는 것이므로 COP_c는 에어컨에 대한 적절한 성능 계수가 된다.

건물을 데우기 위해 사용하는 **열펌프**(heat pump)는 기술적으로는 냉장고이지만 그 목적이 뜨거운 장소에 열을 운반하는 것이기 때문에 열펌프라고 한다. 적절한 성능 계수는

$$\mathrm{COP}_h = \frac{|Q_h|}{|W|} \tag{7.19}$$

인데, 여기서 $|Q_h|$는 건물에 전달된 열이다.

냉장고, 에어컨, 열펌프는 그림 7.7에 도형화되어 있는데, 그림에서 화살이 있는 선은 이전의 도형들에서 사용된 관을 단순화한 표현이다. 가능한 최고의 성능 계수는 카르노 냉장고로 얻는다(이 주장을 정당화하는 것은 문제로 남겨 둔다). $|W| = |Q_h| - |Q_c|$를 사용하면 냉장고와 에어컨의 최고 성능 계수는

$$\mathrm{COP}_c^C = \frac{|Q_c^C|}{|W^C|} = \frac{|Q_c^C|}{|Q_h^C| - |Q_c^C|} = \frac{1}{|Q_h^C|/|Q_c^C| - 1} \tag{7.20}$$

이다. 이것을 온도의 항으로 표현하기 위해 식 (7.10)의 절대 온도 정의를 사용하면

$$\mathrm{COP}_c^C = \frac{1}{T_h/T_c - 1} = \frac{T_c}{T_h - T_c} \tag{7.21}$$

를 얻는다. 마찬가지로 열펌프에 대한 최고 성능 계수는

$$\mathrm{COP}_h^C = \frac{|Q_h^C|}{|W^C|} = \frac{|Q_h^C|}{|Q_h^C| - |Q_c^C|} = \frac{1}{1 - |Q_c^C|/|Q_h^C|} \tag{7.22}$$

이므로

$$\mathrm{COP}_h^C = \frac{1}{1 - T_c/T_h} = \frac{T_h}{T_h - T_c} \tag{7.23}$$

가 된다. 두 계수 모두 뜨거운 장소와 차가운 장소 사이의 온도 차 $T_h - T_c$가 작을수록 성능 계수가 더 커지는 것을 가리킨다.

예제 7.2 **열펌프**

카르노 열펌프로 건물을 가열하는 데 필요한 에너지에 대한 전기 저항 히터로 건물을 가열하는 데 필요한 에너지의 비를 구하시오. 내부 온도는 20°C이고 외부 온도는 0°C로 가정한다.

풀이 ■ 건물을 20°C로 유지하는 데 필요한 열을 $|Q_{20}|$으로 나타내자. 전기 히터는 전기 에너지 $|W^{\mathrm{el}}|$을 직접 열로 바꾸므로

$$|W^{\mathrm{el}}| = |Q_{20}|$$

이다. 이것을 사용하면 열펌프의 성능 계수는

$$\mathrm{COP}_h = \frac{|Q_{20}|}{|W^{\mathrm{h\text{-}p}}|} = \frac{|W^{\mathrm{el}}|}{|W^{\mathrm{h\text{-}p}}|}$$

이 된다. 여기서 $|W^{\mathrm{h-p}}|$은 열펌프에 대한 에너지 입력이다. 성능 계수는 $\mathrm{COP}_h = T_h/(T_h - T_c)$이기 때문에 카르노 열펌프로 건물을 가열할 때 필요한 에너지에 대한 저항 히터로 가열할 때 필요한 에너지의 비는

$$\frac{|W^{\mathrm{el}}|}{|W^{\mathrm{h\text{-}p}}|} = \frac{273 + 20}{(273 + 20) - 273} = \frac{293}{20} = 14.7$$

이 된다. ◆

이 예제는 외부가 0°C일 때 저항 히터는 가능한 최고 열펌프보다 에너지를 14.7배 더 요구함을 알려 준다. 상업적으로 이용할 수 있는 열펌프의 성능은 대체로 이상 카르노 기구의 성능보다 훨씬 더 작다. 불행하게도 상업적으로 이용할 수 있는 기구의 성능 계수는 무차원 수로 표현되지 않고 보통 다양한 에너지 단위로 된 두 수의 비로 표현된다.

엔진

열기관의 목적은 열을 받아서 일을 하는 것이다. 열기관의 설계자는 이용할 수 있는 열

을 가능한 많이 유용한 일로 바꾸고, 그럼으로써 방출하는 열을 최소화하려고 한다. 카르노 정리는 엔진의 효율이 카르노 기관의 효율을 넘을 수 없음을 알려 준다($e^X \le e^C$). 식 (7.9)의 e^C에 대한 표현과 식 (7.10)의 절대 온도 정의로부터 카르노 기관의 효율은

$$e^C = 1 - \frac{|Q_c^C|}{|Q_h^C|} = 1 - \frac{T_c}{T_h} \tag{7.24}$$

이다. 이것을 에너지 효율에 대한 표현 $e = 1 - |Q_c|/|Q_h|$ 및 식 (7.8)의 관계식 ($e^X \le e^C$)과 결합하면

$$1 - \frac{|Q_c|}{|Q_h|} \le 1 - \frac{T_c}{T_h} \tag{7.25}$$

가 되므로

$$|Q_c| \ge \frac{T_c}{T_h}|Q_h| \tag{7.26}$$

를 얻는다. 이 부등식은 차가운 저장고에 방출해야만 하는 열의 양 $|Q_c|$에 대한 아래 경계를 설정하고, 뜨거운 저장고의 온도 T_h를 높이거나 차가운 저장고의 온도 T_c를 낮추어서 방출되는 열의 양을 줄일 수 있음을 알려 준다. 열을 일로 바꿀 수 있는 능력에 대한 이 기본적인 제한은 제2법칙의 결과이고 제1법칙이 요구하는 제한(에너지 보존)을 보완한다.

예제 7.3 가스 터빈 순환

가스 터빈의 에너지 효율을 구하고 그것을 똑같은 최대와 최소 온도 사이에서 작동하는 카르노 순환의 에너지 효율과 비교하시오. 이상 기체는 온도 $T_a = 300\text{ K}$에서 압축기에 들어가고 압력 비는 $r_P = P_b/P_a = 10$, 버너의 온도 변화는 $T_c - T_b = 500\text{ K}$임을 가정한다.

풀이 ■ 4.3절에서 가스 터빈에 대해 설명하였고, 이상화된 순환 도형은 그림 7.8에 그려져 있다. 가스 터빈의 에너지 효율 e^{gt}은 예제 4.2의 압력 비 $r_P = P_b/P_a$ 의 함수로서 표현된다. $r_P = 10$ 을 식 (4.37)에 대입하면

$$e^{\text{gt}} = 1 - \frac{1}{r_P^{(\gamma-1)/\gamma}} = 1 - \left(\frac{1}{10}\right)^{0.4/1.4} = 48\% \tag{7.27}$$

를 얻는다. 과정 $a \to b$에서 기체의 온도는 T_a에서 T_b까지 증가한다. 식 (4.20)에 주어진 것처럼 단열 과정에서 온도와 압력 사이의 관계는 $T^\gamma/P^{\gamma-1}$ = 일정함이다. 이

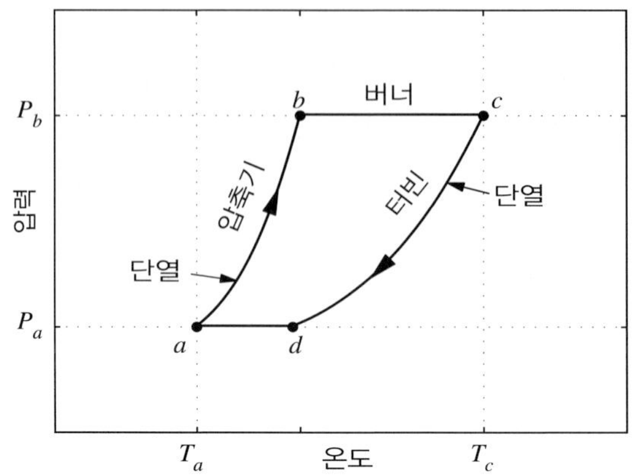

그림 7.8 가스 터빈 순환

것을 과정 $a \rightarrow b$에 적용하면

$$\frac{T_b}{P_b^{(\gamma-1)/\gamma}} = \frac{T_a}{P_a^{(\gamma-1)/\gamma}}$$

를 얻는다. 항들을 재배열하고 $\gamma = 1.4$와 $P_b / P_a = 10$ 을 사용하면 온도의 비는

$$\frac{T_b}{T_a} = \left(\frac{P_b}{P_a}\right)^{(\gamma-1)/\gamma} = r_P{}^{(\gamma-1)/\gamma} = 10^{(0.4/1.4)} = 1.931 \tag{7.28}$$

이 된다. 순환에서 최대 온도는 기체가 버너를 빠져나갈 때인데, 그 값은 T_c이다. $T_c - T_b = 500\,\mathrm{K}$과 $T_a = 300\,\mathrm{K}$을 사용하면

$$T_c = T_c - T_b + \frac{T_b}{T_a}T_a = 500\,\mathrm{K} + (1.931)(300\,\mathrm{K}) = 1080\,\mathrm{K}$$

이 된다. 최소 온도는 기체가 압축기에 들어갈 때인데, 그 값은 T_a이다. 식 (7.24)를 사용하면 이들 최대와 최소 온도 사이에서 작동하는 카르노 기관의 효율은

$$e^C = 1 - \frac{T_a}{T_c} = 1 - \frac{300}{1080} = 72\%$$

이다. 이 카르노 효율은 이상화된 가스 터빈 순환의 효율 48%보다 현저하게 크다.

◆

버너의 온도 변화를 낮출 때 가스 터빈의 효율이 어떻게 달라지는지 그 효과를 알아보는 것은 흥미롭다. 그러기 위해서 카르노 효율과 가스 터빈 효율 둘 다 T_a와 T_b, 그리고 버너의 온도 변화($T_c - T_b$)의 항들으로 표현한다. 카르노 효율은

$$e^C = 1 - \frac{T_a}{T_c} = 1 - \frac{T_a}{T_b + (T_c - T_b)} \tag{7.29}$$

이다. $e^{gt} = 1 - 1/r_P{}^{(\gamma-1)/\gamma}$와 등식 $r_P{}^{(\gamma-1)/\gamma} = T_b / T_a$를 결합하면 가스 터빈 효율을 구할 수 있다. 결과는

$$e^{gt} = 1 - \frac{T_a}{T_b} \tag{7.30}$$

이다. 이것들을 비교해 보면, 버너의 온도 변화가 줄어들면서 가스 터빈 효율은 최적의 카르노 효율에 가까워지는 것을 알 수 있다. 버너의 온도 변화를 줄이려면 버너에서 전달되는 열의 양을 줄이면 된다. 그렇지만 전달된 열의 양을 줄이면 생성되는 유용한 일의 양도 줄어들고, 이것은 기구의 출력이 줄어드는 것을 의미한다. 결과적으로 더 큰 효율을 얻으려는 목표는 더 큰 출력을 얻으려는 목표와 상충한다.

문제

7.1 만약 제2법칙의 켈빈 표현을 위반할 수 있고 바다로부터 모든 에너지를 다른 효과 없이 열의 형태로 얻을 수 있다면, 미국이 일 년 동안 사용하는 에너지를 공급하기 위해서는 바다의 수온이 얼마나 떨어져야 하는가? 미국 공학 단위계를 사용하고 미터 단위로 바꾸지 마시오. 공학 실무에서는 $Q = wc_P^w \Delta T$이다. 여기서 w는 무게이고 c_P^w는 Btu lb^{-1} °F^{-1} 단위를 가진다.
자료: 1 mile = 5280 ft, 바다의 부피 3.29×10^8 mile^3, 바닷물의 밀도 64 lb ft^{-3}, 바닷물의 비열 $c_P^w = 1.0$ Btu lb^{-1} °F^{-1}, 미국은 2004년부터 2010년까지 해마다 약 9×10^{16} Btu 의 에너지를 사용했음.

7.2 제2법칙의 클라우지우스 표현이 거짓이면 켈빈 표현도 거짓임을 증명하시오. 이 장에서 소개한 형태의 도형을 사용한다.

7.3 가정용 냉장고가 그 내용물을 3°C로 유지하고 22°C의 방 안에서 작동한다. 이 냉장고의 최대 성능 계수를 구하시오.

7.4 **(a)** 뜨겁고 차가운 온도 T_h와 T_c인 저장고들 사이에서 작동하는 어떠한 이온도 냉장고도 카르노 냉장고보다 더 큰 성능 계수를 가질 수 없음을 증명하시오. 이 장에서 소개한 형태의 도형을 사용한다.
(b) 20°C의 방에 열을 방출하는 가정용 냉장고에서 0°C의 물로 0.5 kg의 얼음을 만들기 위해서 필요로 하는 전기 에너지의 최솟값을 구하시오.

7.3 카르노 순환으로 작동하는 열펌프보다 큰 성능 계수 COP_h를 가진 열펌프는 제2법칙의 클라우지우스 표현을 위반함을 보이시오.

7.6 "열전지", 곧 역학적 에너지 또는 전기 에너지를 저장하는 기구를 생각해 보자. 커다란 용기 두 개를 열저장고로 사용하는데, 하나는 평형 상태에 있는 얼음과 물을 담고 있고, 다른 하나는 평형 상태에 있는 증기와 물을 담고 있으며 둘 다 1기압의 상태로 유지된다. 차가운 저장고에서 뜨거운 저장고로 열을 전달하는 카르노 순환을 사용하여 에너지를 저장한다. 1.0 킬로와트시의 에너지를 저장하면 얼음은 얼마나 생성되고 물은 얼마나 기화되는가?

7.7 혼합기를 태워 방출되는 에너지가 줄어들 때 오토 순환(Otto cycle, 4.4절 참조)의 효율은 카르노 순환의 효율에 가까워짐을 보이시오. 압축 비 r_V는 변하지 않고 일정하다고 가정한다.

8장 온도 눈금과 절대 영도

우리는 일상생활(날씨, 요리 등등)에서 줄곧 온도를 사용하기 때문에 온도에 대해 익숙하지만, 온도를 측정하는 것과 관련된 문제에 대해서는 잘 모를 수도 있다. 이러한 문제들을 인식하기 위해 온도계로 온도를 어떻게 측정하는지 고려할 필요가 있다. 일반적으로 온도계는 다른 계와 열을 교환하는 경향으로 결정되는, 측정하기 쉬운 성질을 가진 기구(계)이다. 실험실 온도계로 측정하는 성질은 흔히 전압 또는 저항이다. 흔히 보는 유리제 액체 온도계에서 측정되는 성질은 수은이나 다른 액체 기둥의 길이이다. 그 기구는 액체가 들어 있는 유리구와 그에 연결된 좁고 긴 관으로 이루어져 있는데, 온도가 변하면서 액체가 그 관을 따라 팽창하거나 수축한다. 관에는 균등한 간격 100개의 눈금이 새겨져 있는데, 눈금의 양 끝은 얼음점(0°C) 또는 증기점(100°C)에서 평형을 이룰 때의 액체 기둥 끝의 위치에 해당한다. 눈금에는 0에서부터 100까지 숫자가 매겨져 있고, 기둥 끝에 가까운 숫자가 온도가 된다. 그렇지만 다양한 종류의 액체와 유리가 서로 다르게 팽창하기 때문에 측정하는 온도는 사용하는 물질에 의존한다. 따라서 서로 다른 종류의 액체와 유리로 만든 온도계는 사실상 서로 다른 온도 눈금을 정의한다. 측정하는 온도들의 상이함은 일상 상황에서는 보통 중요하지 않지만, 과학적 활동에서는 중요할 수 있다.

8.1 온도 눈금

온도 눈금에 대한 논의를 수월하게 하기 위해 다양한 온도 눈금은 위 첨자로 나타내고, 다양한 계(열저장고)의 온도는 아래 첨자로 나타낼 것이다. 예를 들어 일 표준 기압(얼음점)에서 평형을 이루고 있는 얼음과 물로 이루어진 계의 온도는 섭씨 눈금으로는 $\Theta^{C}_{\text{ice}\cdot\text{pt}} = 0$이고 화씨 눈금으로는 $\Theta^{F}_{\text{ice}\cdot\text{pt}} = 32$이다. 관례에 따라서 기호 T는 절대 눈금으로 측정하는 온도를 나타낸다.

기체 온도계

이상 기체의 성질을 기반으로 한 온도계로 측정한 온도는 절대 온도임을 앞 장에서 살펴보았다. 이제 실제 기체와 이상 기체의 성질 사이의 차이를 어떻게 보정하는지 알아보자. 이상 기체 상태 방정식 $PV = nRT$에서 보다시피 기체 온도계로 측정한 온도 Θ^{gas}는 PV/n에 비례한다. 여기서 P는 압력, V는 부피, n은 몰수이다. 일정 부피 온도계에서 측정하는 성질은 압력이다. 온도계(기체 용기)를 선택된 기준 저장고와 열평형을 이루도록 하고 압력을 재어서 온도계의 눈금을 정한다. 이 압력을 P_{tr}로 나타낸다[아래 첨자로 tr을 사용하는 것은 보통 물의 삼중점(triple point)을 기준 저장고로 사용하기 때문이다]. 계 X의 온도를 측정하기 위해 온도계를 열저장고와 열평형을 이루도록 하고 그 압력 P_X를 측정한다. 그러면 계의 **기체 온도**(gas temperature)는

$$\Theta_X^{gas} = \frac{\Theta_{tr}}{P_{tr}} P_X \tag{8.1}$$

이다. 켈빈 온도 눈금을 염두에 두고서 Θ_{tr}를 273.16과 같게 놓을 수 있다.

서로 다른 기체를 사용하는 기체 온도계가 내놓는 온도는 서로 약간 다르다. 그림 8.1에서 이것을 볼 수 있는데, 산소, 수소, 헬륨 기체를 사용할 때 결정된 물의 증기점에서의 기체 온도 $\Theta_{st\cdot pt}^{gas}$가 그림에 나타나 있다. 자료점(원)은 여러 가지의 밀도 $\rho = n/V$에 대한 것으로 P_{tr}의 여러 가지 값에 해당한다.

그림에서 직선은 자료에 대한 (이상화된) 최적의 어림을 나타낸다. $\Theta_{st\cdot pt}^{gas}$에 대한 값의 범위는 작고, 밀도가 줄어들면서 여러 가지의 기체에 대한 값들 사이의 차이도 줄어든다. 직선들이 수렴하는 것을 보면 자료를 0의 밀도까지 외삽하면 사용한 기체와 무관한 값을 얻을 수 있음을 알 수 있다. 실제 기체의 행동은 낮은 밀도에서 이상 기체의 행동에 가까워지므로 외삽하여 얻은 온도는 **이상 기체 온도**(ideal gas temperature) Θ^{ig} 이다. Θ^{ig} 를 측정하는 절차를 요약하면

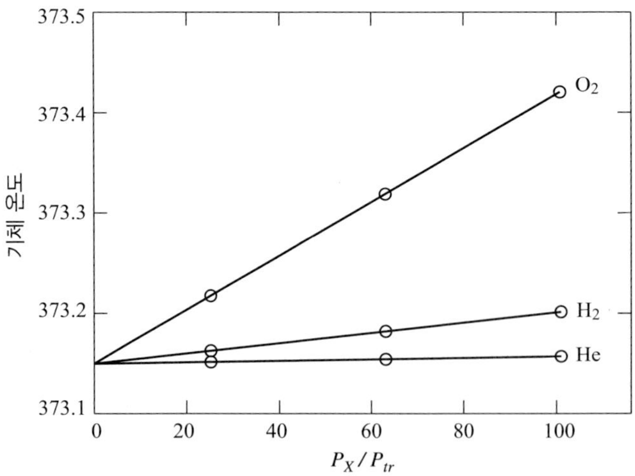

그림 8.1 증기점에서 기체 온도

$$\Theta^{ig} = \Theta_{tr} \lim_{\rho \to 0} \left[\frac{P}{P_{tr}} \right] \tag{8.2}$$

가 된다.

이상 기체 온도는 절대 온도이므로 이것을 사용하여 켈빈 눈금이나 다른 절대 온도 눈금으로 온도를 측정하는 온도계의 눈금을 정할 수 있다. 서로 다른 절대 눈금들은 곱해지는 상수만 다르다. 절대 온도 눈금이 아닌 섭씨 온도 눈금은 켈빈 눈금과는 더해지는 상수만큼 차이가 난다($\Theta^C = T^K + 273.15$).

국제 온도 눈금

절대 눈금의 성질을 가진 눈금을 **열역학 온도**(thermodynamic temperature)라고 한다. 기체 온도계로 얻어지는 온도는 열역학 온도를 얻는 한 방법일 뿐이다. 높은 정확성이 필요할 때는 **국제 온도 눈금**(International Temperature Scale)을 사용한다. 이 눈금은 국제 협약에서 정한 장비 눈금 맞추기 표준으로, 한 벌의 고정점들과 그들 사이의 내삽 방법으로 구성되어 있다. 실용적인 온도계는 이 고정점들과 비교하여 눈금이 맞춰진다. 고정점 중의 하나는 물의 삼중점인데, 그 물의 동위원소의 조성은 바닷물의 조성과 같다. 물은 수소와 산소의 다양한 동위원소로 구성된 분자들이고, 서로 다른 동위원소의 상대적인 양의 변화는 삼중점 온도의 정확한 측정에 작은 변화를 가져오기 때문에 바닷물이라는 언급이 필요하다.

국제 온도 눈금은 섭씨 눈금의 영도를 삼중점보다 0.01° 낮게 놓으므로 0°C는 273.15 K와 같다. 물이 얼고 끓는 것은 물리적 현상이므로 그 온도를 실험적으로 결정할 수 있다. 표준 기압에서 물의 어는 온도와 끓는 온도의 결과는 각각 0.000089°C와 99.9839°C인데, 그 결과는 0°C와 100°C에 아주 가깝지만 정확히 같지는 않다.

8.2 균일 눈금과 절대 영도

절대 온도 눈금은 균일한가? 다시 말해 모든 온도에서 온도 간격에 같은 중요성을 부여할 수 있는가? 이 질문에 대한 핵심은 "같은 중요성"의 의미이다. 보통의 자에서 다양한 길이 간격이 똑같은지 어떻게 확인할 것인가 생각해 보자. 자 바로 옆에 종이를 놓고서 자의 인접한 표시, 예를 들어 1 cm와 2 cm 표시 옆에 선을 그은 후 종이에 있는 선들이 자에 있는 모든 인접한 표시와 줄이 맞춰지는 것을 확인할 수 있다. 온도 간격을 확인하는 과정은 그렇게 직접적이지 않다.

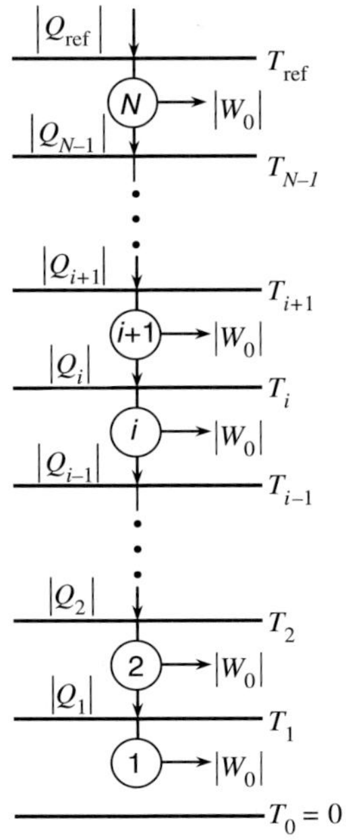

그림 8.2 사고 실험의 도형

사고 실험

절대 온도 눈금에서 간격의 중요성은 그림 8.2에 도형화된 사고 실험으로 예시될 수 있다. 그림에서 수평선은 열저장고를 나타내고 원은 인접한 저장고 사이에서 작동하는 카르노 기관을 나타낸다. 실험 과정은 다음과 같이 $N + 1$개의 열저장고를 선택하는 것으로 진행된다.

1. 기준 열저장고를 선택하여 특정 온도 T_{ref}를 부여한다.
2. 기준 저장고보다 더 차가운 N개의 다른 열저장고를 선택하여, i의 값이 작을수록 더 차가운 저장고를 가리키도록 $i = 0$부터 $i = N-1$까지 저장고에 꼬리표를 단다.
3. 기준 저장고부터 시작하여 인접한 저장고 사이에서 카르노 기관을 작동시키고 엔진 i가 방출하는 열이 엔진 $i-1$이 받아들이는 열과 같도록 그것들을 조정한다.
4. 각 엔진이 해준 일이

$$W_0 = \frac{1}{N}|Q_{ref}| \tag{8.3}$$

가 되도록 $i < N$인 저장고를 선택한다. 여기서 Q_{ref}는 기준 저장고로부터 열로서 받아들인 에너지이다.

저장고 i의 절대 온도를 T_i로 나타내자. 그러면 식 (7.10)의 절대 온도의 정의로부터

$$\frac{T_i}{T_{i+1}} = \frac{|Q_i^C|}{|Q_{i+1}^C|} \tag{8.4}$$

를 얻는다. 비들의 곱으로 비 T_i / T_{ref}를 표현하면

$$\frac{T_i}{T_{\text{ref}}} = \frac{T_i}{T_{i+1}}\frac{T_{i+1}}{T_{i+2}}\cdots\frac{T_{N-2}}{T_{N-1}}\frac{T_{N-1}}{T_{\text{ref}}} = \frac{|Q_i^C|}{|Q_{i+1}|}\frac{|Q_{i+1}^C|}{|Q_{i+2}|}\cdots\frac{|Q_{N-2}^C|}{|Q_{N-1}^C|}\frac{|Q_{N-1}^C|}{|Q_{\text{ref}}|} = \frac{|Q_i^C|}{|Q_{\text{ref}}|} \tag{8.5}$$

가 된다. 이것은 기준 저장고와 저장고 i 사이의 엔진들의 집합은 사실상 단일한 카르노 기관임을 가리킨다. 이러한 점은 저장고 i와 $i+1$ 사이의 온도 차를

$$T_{i+1} - T_i = T_{\text{ref}}\left(\frac{T_{i+1}}{T_{\text{ref}}} - \frac{T_i}{T_{\text{ref}}}\right) = T_{\text{ref}}\left(\frac{|Q_{i+1}^C|}{|Q_{\text{ref}}|} - \frac{|Q_i^C|}{|Q_{\text{ref}}|}\right) = \frac{T_{\text{ref}}}{|Q_{\text{ref}}|}(|Q_{i+1}^C| - |Q_i^C|) \tag{8.6}$$

로 표현할 수 있게 해준다. 에너지 보존은 $|Q_{i+1}^C| - |Q_i^C| = W_o$를 요구한다. $W_o = (1/N)|Q_{\text{ref}}|$이기 때문에

$$T_{i+1} - T_i = \frac{T_{\text{ref}}}{|Q_{\text{ref}}|}W_0 = \frac{1}{N}T_{\text{ref}} \tag{8.7}$$

를 얻는다. 따라서 온도 차 $T_{i+1} - T_i$는 모든 온도에서 같다.

이 사고 실험은 똑같은 온도 차를 가진 저장고 사이에서 작동하는 카르노 기관은 똑같은 양의 일을 생산한다는 의미에서 동일한 절대 온도 간격은 똑같은 중요성을 가진다는 것을 가리킨다. 예를 들어 기준 저장고를 삼중점의 물로 택하고 T_{ref}에는 값 273.16을 부여하고 $N = 27316$으로 놓으면, 켈빈 눈금에서 균일한 온도 차를 가진 열 저장고 집합을 만들 수 있다. 인접한 저장고 사이의 온도 차는 0.01 K이 될 것이고 켈빈 눈금에서 단위 온도 간격은 저장고 i와 $i+100$ 사이의 온도 차가 될 것이다.

절대 영도

두 절대 온도의 비 T_1 / T_2는 카르노 순환에서 교환된 열의 비 $|Q_1^C|/|Q_2^C|$와 같기 때문에 비 T_1/T_2는 항상 양수이다. 따라서 앞에서 언급한 대로 절대 온도는 모두 양수이거나 모두 음수이다. 둘 모두 음수로 만들어도 논리적으로 문제가 없지만, 관례상 양수로 택한다. 음의 온도가 없다면, 가장 낮은 온도는 0이다.[1]

사고 실험은 기준 저장고에서 에너지 Q_{ref}를 받아들이고 각 엔진이 주위 환경에 에너지 Q_{ref}/N을 전달하게 하는 것으로 시작한다. 결과적으로 N개의 엔진 뒤에는 남아

1) 음의 온도에 대해 들어봤을 수도 있다. 음의 온도는 부록 21.A에서 논의하겠지만, 절대 온도가 아니다. 음의 온도인 계는 모든 양의 온도인 계보다 더 뜨겁다.

있는 에너지가 없다. 구체적으로 온도 T_0에 있는 열저장고로 전달할 수 있도록 남아 있는 에너지가 없다. 그러면 식 (8.4)가 가리키는 것처럼 마지막 저장고의 온도는 $T_0 = 0$이다. 이 온도를 **절대 영도**(absolute zero)라고 한다. 그림의 엔진 1은 열을 전부 일로 전환할 것이고, 이것은 제2법칙의 켈빈 표현에 어긋날 것이다. 이것은 절대 영도는 오직 극한의 의미에서 존재함을 가리킨다.

절대 영도는 에너지가 열로 전환될 수 있는 가장 낮은(차가운) 절대 온도이다. 절대 영도의 존재성은 에너지 보존에 의한 제1법칙과 절대 온도 눈금의 정의에 의한 제2법칙의 결과이다. 가장 낮은 가능한 에너지로서 절대 영도의 의의는 절대 영도를 계의 바닥 상태 에너지, 곧 가장 낮은 에너지를 가진 양자역학적 상태로 보는 미시적인 이론과 상충되지 않는다.

8.3 다른 온도 눈금들

킬로미터 단위에서의 거리의 수치적인 값이 마일 단위에서 그 값에 곱해지는 상수만큼 다르듯이 서로 다른 절대 온도 눈금은 곱해지는 상수만큼 다르다. 절대 눈금이 아닌 섭씨와 화씨 눈금은 더해지는 상수와 곱해지는 상수만큼 서로 다르다. 그렇지만 이것들이 온도 눈금이 다를 수 있는 유일한 방법은 아니다.

일상생활에서 뜨거움과 차가움의 개념은 높고 낮은 온도와 밀접하게 관련되어 있는데, 여기서 높고 낮다는 것은 각각 수치적으로 크고 작다는 의미이다. 이러한 관련성은 확실히 켈빈 온도, 섭씨 온도, 화씨 온도에 대해서 유효하다. 그럼에도 불구하고 온도를 결정짓는 특성은 이것을 요구하지 않는다. 그 특성이 요구하는 것은 (i) 서로 평형 상태에 있는 계는 똑같은 온도를 가지고 있으며 (ii) 서로 다른 초기 온도에 있는 계들이 열 접촉을 하게 되면 자발적으로 열을 교환한다는 것이다(1.4절 참조).

온도를 결정짓는 특성은 허용하지만 제2법칙은 허용하지 않는 가능성을 살펴보기 위해 서로 다른 온도 Θ_A, Θ_B, Θ_C에 있는 열저장고 A, B, C를 생각해 보자. 논의를 단순화하기 위해 화살표(→)를 "왼쪽이 오른쪽보다 더 뜨겁다."는 의미로 사용하고 가능성 $A \rightarrow B$, $B \rightarrow C$, $C \rightarrow A$를 고려해 보자. 이러한 가상적인 가능성이 자연에서 발생한다면, 뜨겁고 차가움을 일관성 있게 높은 온도와 낮은 온도에 연관시킬 수 없다. 그럼에도 불구하고 이 가능성은 위에서 기술한 온도의 특성과 상충되지 않는다. 결정적인 특성은 부등식 $\Theta_A \neq \Theta_B$를 열을 교환하는 계와 관련시키지만 $\Theta_A \neq \Theta_B$는 $\Theta_A < \Theta_B$와 $\Theta_A > \Theta_B$를 구별하지 않는다. 구체적으로 더 뜨거운 계가 더 높은 온도와 관련되어 있다면, 가상적인 가능성은 $\Theta_A > \Theta_B$, $\Theta_B > \Theta_C$, $\Theta_C > \Theta_A$를 의미하게 되고 이러한 부등식들은 실수의 성질과 모순이 된다!

가상적인 가능성이 자연에서 발생하지 않기 때문에 그 점을 열역학의 가정으로부터 이끌어낼 수 있어야 한다. C가 A보다 더 뜨겁다면, 즉 $C \rightarrow A$이면 둘을 열접촉시켜서 열 Q_0을 C에서 A로 전달할 수 있을 것이다. 그리고 $A \rightarrow B$이면 열 Q_0을 A에서 B로 전달할 수 있는데, 이것은 A를 원래 상태로 남겨 두기 때문에 이 과정의 유일한 효과는 열을 C에서 B로 전달하는 것이 된다. 또한 $B \rightarrow C$이면 C가 B보다 더 차갑다는 뜻이 되어 제2법칙의 클라우지우스 표현을 위반하게 된다. 그러므로 차가운 저장고에서 열을 받아서 뜨거운 저장고로 전달하는 것만이 유일한 효과인 과정은 없다. 따라서 제2법칙은 가능성 $A \rightarrow B$, $B \rightarrow C$, $C \rightarrow A$를 배제한다.

뜨거움과 차가움(또는 차가움과 뜨거움)을 높은 온도와 낮은 온도에 연관시키는 것은 타당하다. 다음의 정리에 따르면 서로 다른 온도 눈금은 단조 함수에 의해 서로 연관되어 있다. 함수 $f(x)$는 $a > b$가 $f(a) > f(b)$를 의미하면 단조 증가하고, $a > b$가 $f(a) < f(b)$를 의미하면 단조 감소한다. 미분 가능한 함수인 경우에 단조 증가 함수의 도함수는 어디에서나 양수, 곧 $df(x)/dx > 0$인 반면에 단조 감소 함수의 도함수는 어디에서나 음수, 곧 $df(x)/dx < 0$이다. 그림 8.3은 두 가지 유형의 단조 함수를 나타내는 선들과 단조가 아닌 함수를 나타내는 선을 함께 보여 준다. 단조 함수는 역함수를 가지므로 $f(x)$가 단조이고 $y = f(x)$이면, $x = g(y)$가 되는 함수 $g(y)$가 존재한다. 비단조 함수는 x와 y 사이의 관계가 일대일이 아니기 때문에 역함수를 가지지 않는다. 예를 들어 그림에 있는 비단조 함수는 각각의 y 값에 대해 두 개의 x 값을 가진다.

정리

Θ^A가 유효한 온도 눈금이고 $f(x)$가 단조 함수이면, $\Theta^B = f(\Theta^A)$ 또한 유효한 온도 눈금이다.

이 정리는 $f(x)$가 단조일 때 Θ^A 눈금에서 온도의 순서는 Θ^B에서 보존되거나 완전히 거꾸로 된다는 사실로부터 나오는 결과이다. 단조 증가 함수는 순서를 보존하는 반면에 단조 감소 함수는 순서를 거꾸로 한다. 두 경우 모두 각각의 값 Θ^A에 단일한 값 Θ^B가 대응하고, 그 역도 마찬가지이다. 이것 때문에 한 눈금에서 같은 온도를 가진 계들은 다른 눈금에서도 같은 온도를 가진다. 대조적으로 $f(x)$가 비단조이면 Θ^B 눈

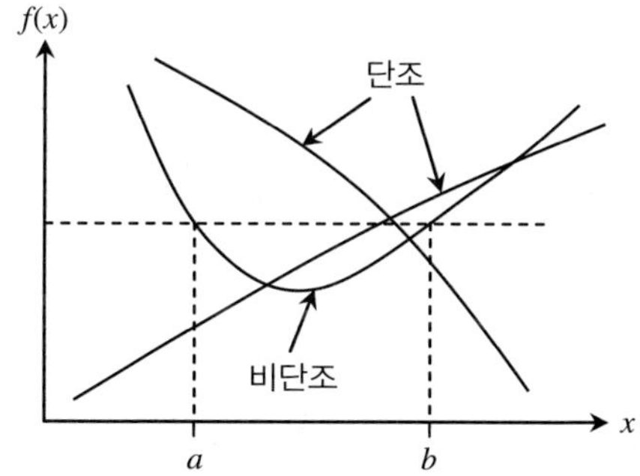

그림 8.3 함수 유형

금에서 온도의 동일성이 반드시 Θ^A 눈금에서의 동일성을 의미하지는 않는다. 그림의 비단조 함수는 $f(x)$가 x의 두 값에서 같기 때문에 이 점을 예시해 준다.

통계역학에서는 뜨거운 쪽에서 차가운 쪽으로 정렬한 것이 작은 온도에서 큰 온도로 정렬한 것에 해당하는 온도 눈금을 광범위하게 사용한다. 이 눈금에서의 온도는 **반전 온도**(inverse temperature)라고 하는데 절대 온도 T와는

$$\beta = \frac{1}{k_B T} \tag{8.8}$$

로 관련되어 있다. 여기서 k_B는 볼츠만 상수이다. 함수 $f(x) = 1/(kx)$는 단조 감소하기 때문에 β-눈금은 유효한 온도 눈금이고 뜨거운 계를 낮은 온도와 결부시킨다.

문제

8.1 열평형 상태에서 전자기 복사(흑체 복사라고 불림)에 의한 압력은

$$P = \frac{1}{3}K_u T^4$$

이다. 여기서 $K_u = 7.56 \times 10^{-16}\ \mathrm{JK^{-4}\,m^{-3}}$이다.

(a) 복사 압력이 10^{-8} Pa과 같게 되는 온도는 얼마인가? (실험실에서 10^{-8} Pa은 고진공이다.)

(b) 태양의 표면에서 복사 압력을 추정하시오(표 1.1 참조).

(c) 태양의 중심에서 복사 압력을 추정하시오.

8.2 기체 온도계로 온도를 측정할 때, 압력 P와 견줌 부피 $v = V/n$는 각각 98 kPa과 $24 \times 10^{-3}\ \mathrm{m^3\ mole^{-1}}$임을 알았다.

(a) 상태 방정식 $Pv = R\Theta$를 사용하여 Θ의 값을 추정하시오.

(b) 판데르발스 상태 방정식 $(P + a/v^2)(v - b) = RT$가 올바른 켈빈 온도 T를 준다고 가정하자. 판데르발스 상태 방정식을 사용하여 차 $T - \Theta$를 P 및 v와 연결시키는 표현을 유도하시오.

(c) 온도계 내부의 기체가 헬륨일 때 위에 주어진 P와 v의 값에 대한 차 $T - \Theta$를 구하시오(a와 b의 값에 대해서는 표 5.2 참조).

8.3 온도 눈금 $\Theta^{\ln}$를 식 $\Theta^{\ln} = 321 \times \ln(T^K/273)$ 으로 정의하자. 여기서 T^K는 켈빈 온도이다.

(a) 온도 $\Theta^{\ln}$는 얼음점과 증기점에서 섭씨 눈금과 세 자리 유효 숫자 내에서 일치함을 보이시오.

(b) 표 1.1에 주어진 가장 큰 온도 세 개와 가장 작은 온도 세 개의 온도 $\Theta^{\ln}$를 구하시오.

(c) 절대 영도에 대응하는 온도 $\Theta^{\ln}$는 얼마인가?

9장 상태 공간과 미분

열역학의 능력의 대부분은 평형 과정, 즉 상태 공간에서 선으로 기술할 수 있는 과정의 분석을 통하여 얻어질 수 있고, 미분은 그것을 기술하는 데 유용한 도구이다. 미분은 작은 어떤 양을 나타내지만 그저 보통 작은 양은 아니다. 열역학의 미분은 선적분으로 더해지는 일종의 무한소이다. 학생들이 미분의 중요한 일부 특성에 익숙하지 않을 수 있으므로 그 성질들을 복습하고 역학, 전기, 자기에 사용되는 것에 필요한 수학과의 유사성을 강조한다. 다차원 공간의 일반적인 성질을 개관하는 것으로 시작해 보자.

9.1 공간

조사하려는 공간의 차원 수를 D로 나타내자. 우리에게 가장 익숙한 공간은 우리가 글을 쓰는 이차원 표면($D = 2$)과 우리가 살고 있는 삼차원 공간($D = 3$)이다. 상대성이론은 시간과 세 개의 공간 차원을 결합하여 사차원 시공간($D = 4$)을 생성한다. 이것들은 거리 공간, 즉 거리 개념이 존재하는 공간의 예들이다. 비록 열역학 좌표계로 형성하는 공간은 거리 공간이 아니지만, 거리 공간에 대한 익숙함은 열역학 상태 공간을 이해하는 데 도움을 준다. 상태를 상태 공간에서 점으로 나타내고 평형 과정은 곡선과 경로라고도 하는 선으로 나타내는 개념은 모든 계에 적용될 수 있다. PVT 계의 상태 공간은 이차원($D = 2$)이다.

평형 과정을 나타내는 데 필요한 개념, 즉 점, 선, 스칼라장, 벡터장, 선적분은 다른 물리 분야에서도 익숙하다. 임의의 차원 수를 가진 공간에 대한 정의를 살펴보고 상세한 표기법과 축약된 표기법 둘 다 사용할 것이다. $\boldsymbol{r}$나 $\boldsymbol{F}$와 같이 굵은 활자 유형을 사용하여 D개의 성분을 가진 양을 단일한 기호로 나타낸다.

점

D차원 공간의 한 **점**(point)은 그것의 D개의 **좌표**(coordinate)의 값 $(x_1, x_2, \ldots, x_D)$, 곧 $\boldsymbol{r}$를 주어서 지정된다.

선

선(line)의 매개변수 표현은 단일한 **매개변수**(parameter) t의 함수 $x_i(t)$ D개와 매개변수 값의 범위에 의해 주어진다.

$$[x_1 = \mathrm{x}_1(t), x_2 = \mathrm{x}_2(t), \ldots, x_D = \mathrm{x}_D(t), \ \ t_0 \le t \le t_f] \text{ 또는 } [\boldsymbol{r} = \boldsymbol{r}(t), \ \ t_0 \le t \le t_f]. \tag{9.1}$$

보통의 3–공간에서 한 점의 직각 좌표는 흔히 (x, y, z) 또는 (x_1, x_2, x_3)으로 쓴다. PVT 계에 대한 좌표는 (P, V), (P, T), (T, V)이거나 다른 한 벌의 상태 변수 두 개일 수도 있다. 실공간에서 입자의 궤적은 선의 한 예이다.

스칼라장

스칼라장(scalar field)은 좌표 D개의 단일한 함수로 지정된다.

$$\Phi(x_1, x_2, \cdots, x_D) \quad \text{즉} \quad \Phi(\boldsymbol{r}). \tag{9.2}$$

벡터장

벡터장(vector field)은 그것의 **성분**(component) D개로 지정되는데, 그 성분들은 좌표의 함수들이다.

$$[F_1(x_1, \ldots, x_D), \ F_2(x_1, \ldots, x_D), \ldots, F_D(x_1, \ldots, x_D)] \quad \text{또는} \quad F(\boldsymbol{r}). \tag{9.3}$$

스칼라장은 공간의 모든 점에 값을 부여하고 때로는 **스칼라**(scalar), **함수**(function), 또는 **퍼텐셜**(potential)로 언급되기도 한다. 정전기 퍼텐셜은 그 한 예이고, 중력 퍼텐셜 $-GM/r$은 또 다른 예이다. 상태 함수 $P(T, V)$와 $U(T, V)$는 열역학에 나오는 스칼라장의 예들이다. 전기장 $\mathcal{E}(\boldsymbol{r})$와 자기장 $B(\boldsymbol{r})$는 전기와 자기에서 나오는 벡터장의 예들이다. 벡터장은 열역학에서 사용하는 미분에 사실상 들어 있다.

선적분

선적분(line integral)은 벡터장과 선으로 형성되는 일차원 정적분이다.

$$\int_{t_0}^{t_f} \left[\sum_{i=1}^{D} F_i\left(x_1(t), \ldots, x_D(t)\right) \frac{dx_i(t)}{dt} \right] dt \quad \text{즉} \quad \int_L \boldsymbol{F}(\boldsymbol{r}) \cdot d\boldsymbol{r}. \tag{9.4}$$

선적분의 다른 정의들은 사실상 이것과 동등하다. 선적분에 대한 축약 표기는 **점곱**(dot product)을 사용한다.

$$\boldsymbol{A} \cdot \boldsymbol{B} = \sum_{i=1}^{D} A_i B_i. \tag{9.5}$$

선적분은 변수가 하나인 함수에 대한 적분의 특수한 경우이다.

$$\int_a^b f(t)dt = \lim_{N\to\infty} \sum_{n=1}^{N} f(t_n)\,\Delta t_n. \tag{9.6}$$

적분 결과는 단 하나의 숫자이고, 변수 t는 **허깨비 변수**(dummy variable)라고 한다. 선적분에서 특별한 것은 식 (9.4)의 대괄호 안에 있는 피적분 함수이다. 선적분을 갖추려면 벡터장과 선이 필요하다. 선이 좌표축과 평행하는 특별한 경우에 선적분은 보통의 일차원 적분이 된다. x_1축에 평행한 선을 예시로 들어 보자. 이 경우에 $i \neq 1$인 $x_i(t)$는 일정하므로 그 도함수는 $dx_i/dt = 0$이다. 이제 적분 변수를 t에서 x_1로 바꾸면 식 (9.4)의 적분은

$$\int_{t_0}^{t_f} F_1(x_1(t), \ldots, x_D)\frac{dx_1}{dt}dt = \int_{x_0}^{x_f} F_1(x_1, \ldots, x_D)dx_1 \tag{9.7}$$

이 된다.

전기와 자기에서 선적분은 패러데이 법칙의 전기장 $\mathcal{E}$와 암페어 법칙의 자기장 $\mathcal{B}$에 나오는데, 그것들은 각각

$$\oint \mathcal{E}(\boldsymbol{r}) \cdot d\boldsymbol{r} = -\left(\frac{d\Phi_{\mathcal{B}}}{dt}\right) \tag{9.8}$$

와

$$\oint \mathcal{B}(\boldsymbol{r}) \cdot d\boldsymbol{r} = \mu_0 I_{\text{tot}} \tag{9.9}$$

이다. 여기서 적분 기호에 있는 원은 닫힌 경로를 따라 적분한다는 것을 가리킨다. $\Phi_{\mathcal{B}}$는 패러데이 법칙에서 경로를 지나가는 자기 선속이고 I_{tot}는 암페어 법칙에서 경로를 따라 흐르는 총 전류이다. 4.2절에서처럼 열역학에서 닫힌 경로는 순환 평형 과정을 나타내는 데 사용된다.

보통의 3–공간의 이해를 바탕으로 한 직관적인 추론을 사용하여 간단한 선적분을 계산하는 경우가 많다. 하지만 기본적인 개념을 참조하여 간단한 선적분을 계산하는 것이 도움이 될 수 있다. 패러데이 법칙을 솔레노이드 내부의 장에 응용하는 것을 생각해 보자. 그림 9.1은 솔레노이드의 단면도를 보여 준다. 원은 솔레노이드를 감싸고 있는 도선을 나타내고, 도선에서 전류는 시계 방향으로 흐른다. 그로 인한 자기장 $\mathcal{B}$는 첫 번째 도형에 그려져 있는데, 지면 속을 향하고 있다. 자기장 $\mathcal{B}$의 크기가 일정한

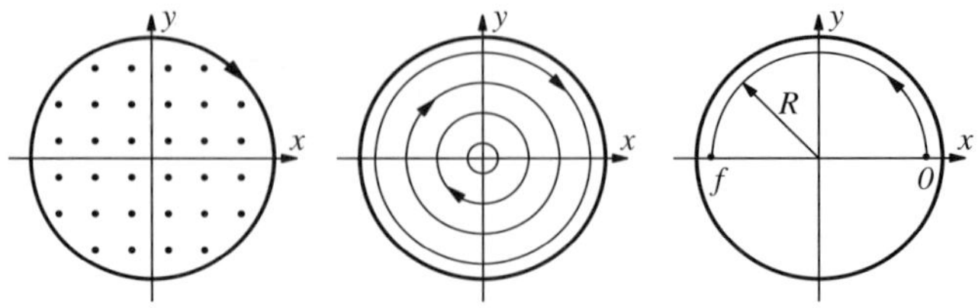

그림 9.1 솔레노이드의 단면도: 자기장 $\mathcal{B}$, 전기장 $\mathcal{E}$, 적분 경로

비율 $\dot{\mathcal{B}}_0$으로 커지고 있다고 가정하면, 그로 인한 전기장 $\mathcal{E}$는 두 번째 도형에 있는 것과 같다. 이 전기장의 직각 성분은

$$\mathcal{E}_x(x,y,z) = \frac{1}{2}\dot{\mathcal{B}}_0 y, \quad \mathcal{E}_y(x,y,z) = -\frac{1}{2}\dot{\mathcal{B}}_0 x, \quad \mathcal{E}_z(x,y,z) = 0 \tag{9.10}$$

이다.

예제 9.1

선적분

식 (9.10)의 솔레노이드 전기장과 그림 9.1(c)에 보이는 선에 대해 선적분 $\int_L \mathcal{E}(\boldsymbol{r}) \cdot d\boldsymbol{r}$를 구하시오.

풀이 ■ 경로는 반시계 방향으로 도는 반지름 R인 반원으로

$$\left[x = R\cos\omega_0 t, y = R\sin\omega_0 t, z = 0, \;\; 0 \le t \le \pi/\omega_0\right] \tag{9.11}$$

으로 주어진다. 여기서 ω_0은 상수이고, $t_0 = 0$ 및 $t_f = \pi / \omega_0$이다. 정의 (9.4)와 표준적인 수학 관계식

$$\int_L \mathcal{E}(\boldsymbol{r}) \cdot d\boldsymbol{r} = \int_{t_0}^{t_f} \mathcal{E}(\boldsymbol{r}(t)) \cdot \frac{d\boldsymbol{r}(t)}{dt}\, dt = \int_{t_0}^{t_f} \Bigg[\mathcal{E}_x(x(t), y(t), z(t))\frac{dx(t)}{dt} + \mathcal{E}_y(x(t), y(t), z(t))\frac{dy(t)}{dt} + \mathcal{E}_z(x(t), y(t), z(t))\frac{dz(t)}{dt}\Bigg] dt$$

를 사용하여 선적분을 구한다. 식 (9.10)으로부터 성분 $\mathcal{E}_x$, $\mathcal{E}_y$, $\mathcal{E}_z$를 대입하면

$$\int_L \mathcal{E}(r) \cdot dr = \frac{1}{2}\dot{\mathcal{B}}_0 \int_{t_0}^{t_f} \left[y(t)\left(\frac{dx(t)}{dt}\right) - x(t)\left(\frac{dy(t)}{dt}\right) + 0\right] dt$$

가 된다. 식 (9.11)에 있는 선의 표현을 사용하면

$$\int_L \mathcal{E}(\boldsymbol{r}) \cdot d\boldsymbol{r} = \frac{1}{2}\dot{\mathcal{B}}_0 \int_0^{\pi/\omega_0} [(R\sin\omega_0 t)(-R\omega_0 \sin\omega_0 t) - (R\cos\omega_0 t)(R\omega_0\cos\omega_0 t)]\, dt$$
$$= -\frac{1}{2}\dot{\mathcal{B}}_0 R^2\omega_0 \int_0^{\pi/\omega_0} [\sin^2\omega_0 t + \cos^2\omega_0 t]\, dt$$
$$= -\frac{1}{2}\dot{\mathcal{B}}_0 R^2\omega_0 \int_0^{\pi/\omega_0} dt = -\frac{1}{2}\dot{\mathcal{B}}_0 R^2\omega_0(\pi/\omega_0)$$

을 얻는다. 따라서

$$\int_L \mathcal{E}(\boldsymbol{r}) \cdot d\boldsymbol{r} = -\frac{1}{2}\dot{\mathcal{B}}_0 \pi R^2$$

이 된다. ◆

반지름 R인 (반원 대신에) 완전한 원에 대해 적분을 했다면 선에 대한 매개변수 방정식은 t_f가 (π/ω_0 대신에) $2\pi/\omega_0$이라는 것 외에는 비슷하다. 그러면 적분 값은 두 배가 될 것이다. 결과적으로 닫힌 경로가 되므로 적분 기호에 원을 표시하여

$$\oint \mathcal{E}(\boldsymbol{r}) \cdot d\boldsymbol{r} = -\dot{\mathcal{B}}_0 \pi R^2 \qquad (9.12)$$

이 된다. $B\pi R^2$이 닫힌 경로를 지나가는 자기 선속의 크기이기 때문에 이 결과는 패러데이 법칙과 상충되지 않는다.

정의를 나타내는 식 (9.4)와 적분 변수를 바꾸는 규칙 때문에 **선적분의 값은 선의 매개변수화에 무관하다**. 이것의 예로서 그림 9.1의 세 번째 도형에 그려진 선이 식 (9.11)과

$$[x = R - v_o t, y = \sqrt{R^2 - (R - v_o t)^2}, z = 0, \quad t_0 \le t \le t_f] \qquad (9.13)$$

로 표현됨에 유의해 보자. 여기서 v_0은 상수이고, $t_0 = 0$, $t_f = 2R/v_0$이다. 이 두 매개변수화는 똑같은 선적분 값을 내놓는다.

선을 매개변수화하는 데 시간을 사용할 때, 선적분이 매개변수화와 무관하다는 사실은 열역학에서 중요한 결과를 준다. **평형 과정 동안에 한 일 W와 전달된 열 Q는 과정이 수행되는 진행 속도와 무관하다.** 진행 속도와 무관한 특성은 속도와 가속도가 주로 중요한 역학과는 다르다. 비록 선적분은 선의 매개변수화와는 무관하지만 선을 따라가는 방향에는 의존한다. 선의 방향을 거꾸로 하면 적분에 -1이 곱해진다. 과정을 거꾸로 할 때 W와 Q에 -1을 곱하는 것이 이러한 의존성을 반영한다.

9.2 미분

임의로 작게 만들 수 있는 양인 무한소는 도함수와 적분의 정의에서처럼 극한을 취할 때 정확해지는 관계식에 흔히 사용된다. 열역학에서 사용하는 미분은 특별한 종류의 무한소이다. 좌표 미분, 매개변수 미분, 그리고 미분 형식인 세 가지 종류를 사용한다. 비록 이것들은 수학적으로 다르지만 그 물리적 해석이 유사하기 때문에 다음 장부터는 간단히 미분이라고 할 것이다.

좌표 미분과 매개변수 미분

좌표 미분(coordinate differential) dx_i는 i번째 좌표의 작은 변화를 나타낸다. D차원 공간에서는 D개의 좌표 미분이 있다.

$$(dx_1, dx_2, \ldots, dx_D) \quad \text{즉} \quad d\boldsymbol{r}. \tag{9.14}$$

좌표 미분은 선 위의 특정한 점과

$$dx_i = \frac{dx_i(t)}{dt}dt \;\; (i = 1, 2, \ldots, D) \quad \text{즉} \quad d\boldsymbol{r} = \frac{d\boldsymbol{r}(t)}{dt}dt \tag{9.15}$$

로 연관될 수 있다. 여기서 $x_1(t), \ldots, x_D(t)$는 선을 표현하는 매개변수 함수이다. **매개변수 미분**(parameter differential) dt는 매개변수 t의 0이 아닌 작은 변화를 나타낸다.

미분 형식

미분 형식(differential form) $đA$는 벡터장과 좌표 미분으로 형성되는 곱들의 합

$$đA = \sum_{i=1}^{D} F_i(x_1, \ldots, x_D)dx_i \quad \text{즉} \quad đA = \boldsymbol{F}(\boldsymbol{r}) \cdot d\boldsymbol{r} \tag{9.16}$$

로, 점곱이라고도 한다. $đ$에 있는 막대는 미분 형식으로서 $đA$를 정의한다. 열역학에서는 좌표 미분 dx_i에 곱해지는 벡터 성분 F_i를 dx_i의 계수라고 하는 것이 자연스럽다.

미분 형식과 선적분은 밀접하게 연관되어 있다. 예를 들어 매개변수 함수 $\boldsymbol{r}(t) = (x_1(t), \ldots, x_D(t))$로 표현되는 선 L을 고려해 보자. 구간 $[t_0, t_f]$를 값 $t_1, t_2, \ldots, t_{N-1}$로 나누어 N개의 부분 구간으로 만든다. N개의 미분 형식 $đA_n$을 도입하고 식 (9.15)를 사용하여 좌표 미분과 이들 점을 결합시키고, 매개변수 미분 dt를 $\Delta t_n = t_n - t_{n-1}$과 같게 놓는다. 점차 덜 축약된 기호를 사용하면 N개의 미분 형식의 합은

$$\begin{aligned}\sum_{n=1}^{N} đA_n &= \sum_{n=1}^{N} \left[\sum_{i=1}^{D} F_i\left(x_1, \ldots, x_D\right) dx_i \right] \\ &= \sum_{n=1}^{N} \left[\sum_{i=1}^{D} F_i\left(x_1\left(t_n\right), \ldots, x_D(t_n)\right) \frac{dx_i(t_n)}{dt} \right] \Delta t_n \end{aligned} \tag{9.17}$$

이 된다. 이것과 식 (9.6)의 정적분의 정의, 그리고 식 (9.4)의 선적분의 정의로부터

$$\lim_{N\to\infty} \sum_{n=1}^{N} đA_n = \int_{t_0}^{t_f} \left[\sum_{i=1}^{D} F_i\left(x_1(t), \ldots, x_D(t)\right) \frac{dx_i(t)}{dt} \right] dt = \int_L F(\boldsymbol{r}) \cdot d\boldsymbol{r} \tag{9.18}$$

가 된다. 따라서 마치 $f(t)\Delta t$가 정적분에서 합해지는 양인 것처럼 **미분 형식은 선적분에서 합해지는 양이다**. 위의 결과는 선적분에 대해 다음의 간단한 표기를 시사한다.

$$\int_L \boldsymbol{F}(\boldsymbol{r}) \cdot d\boldsymbol{r} = \int_L đA. \tag{9.19}$$

미분을 포함한 식

미분과 관련된 모든 식에서 똑같은 좌표 미분 (dx_1, dx_2, ..., dx_D)를 사용하고, 미분을 포함하는 식은 사용된 좌표 미분과 상관없이 유효하다. 이 점 때문에 좌표 미분을 임의의 숫자인 것처럼 취급할 수 있다. 기호 $đA$, $đB$ 등을 축약된 표기에 함축된 벡터장과 좌표 미분으로 표현하는 것에서 미분을 포함한 식의 기본적인 의미를 찾을 수 있다. 식

$$đA = \Phi(\boldsymbol{r})\, đB \tag{9.20}$$

를 예시로 생각해 보자. $\boldsymbol{F}(\boldsymbol{r})$와 $\boldsymbol{G}(\boldsymbol{r})$가 $đA$와 $đB$에 함축되어 있는 벡터장이라고 하자. $\boldsymbol{F}(\boldsymbol{r})$와 $\boldsymbol{G}(\boldsymbol{r})$를 그 성분으로 표현하면 식 (9.20)은

$$\sum_{i=1}^{D} F_i(x_1, \ldots, x_D)\, dx_i = \Phi(x_1, \ldots) \sum_{i=1}^{D} G_i(x_1, \ldots, x_D)\, dx_i \tag{9.21}$$

가 된다. 이것은 모든 좌표 미분에 대해 참이기 때문에

$$(dx_1, dx_2, \ldots, dx_D) = (0, \ldots, 0, dx_j, 0, \ldots, 0) \tag{9.22}$$

에 대해서도 참이어야 한다.

식 (9.22)를 식 (9.21)에 대입하고 0과 같은 항들을 제외하면

$$F_j(x_1, \ldots, x_D) = \Phi(x_1, \ldots, x_D) G_j(x_1, \ldots, x_D) \tag{9.23}$$

가 된다. 차례로 j를 (1, 2, ..., D)와 같게 놓으면 미분 사이의 관계 $đA = \Phi(\boldsymbol{r})đB$는 벡

터장 사이의 유사한 관계

$$\boldsymbol{F}(\boldsymbol{r}) = \Phi(\boldsymbol{r})\boldsymbol{G}(\boldsymbol{r}) \tag{9.24}$$

를 의미하게 된다. 흔히 하듯이 $\boldsymbol{r}$에 대한 의존성을 명시적으로 드러내지 않으면 식 (9.20) 및 식 (9.24)는

$$\text{đ}A = \Phi\,\text{đ}B \quad \text{그리고} \quad \boldsymbol{F} = \Phi\boldsymbol{G} \tag{9.25}$$

가 된다. $\Phi = 1$로 놓음으로써, $\text{đ}A = \text{đ}B$이면 $\boldsymbol{F} = \boldsymbol{G}$를 의미하게 되고, 그 역도 마찬가지임을 알 수 있다.

이러한 미분과 벡터장 사이의 연관성 때문에 벡터장에 대해 유효한 종류의 관계는 미분에 대해서도 유효하다. 특히 (위에서처럼) 함수를 곱하거나 미분을 더하고 빼서 새로운 미분을 얻을 수 있다. 구체적으로 $\text{đ}A$, $\text{đ}B$, $\text{đ}C$에 연관된 벡터장이 각각 $\boldsymbol{U}$, $\boldsymbol{V}$, $\boldsymbol{W}$라면, $\text{đ}C = \text{đ}A + \text{đ}B$는 $\boldsymbol{W} = \boldsymbol{U} + \boldsymbol{V}$ 을 의미하게 되고, 그 역도 성립한다.

미분 $\text{đ}A$, $\text{đ}B$ 등은 벡터장과 연관되어 있기 때문에 열역학에서 왜 벡터장 대신에 미분을 사용하는지 묻는 것이 합당하다. 이것은 열역학 상태 공간의 추상적 특성 때문이다. 보통의 3–공간에서 벡터장의 세 성분은 크기와 방향을 가진 존재로 해석할 수 있지만, 상태 공간에서는 유사한 개념이 존재하지 않는다.

9.3 완전 미분 대 불완전 미분

좌표 (x, y, z)로 나타내는 공간에서 미분 형식에 대한 일반적인 표현은

$$\text{đ}A = F_x(x,y,z)\,dx + F_y(x,y,z)\,dy + F_z(x,y,z)\,dz \tag{9.26}$$

이다. 대다수 학생들에게 가장 익숙한 미분 형식은 **함수 미분**(differential of a function)이다. 예를 들어 $\Phi(x, y, z)$의 미분은

$$d\Phi = \left(\frac{\partial\Phi}{\partial x}\right)_{yz} dx + \left(\frac{\partial\Phi}{\partial y}\right)_{zx} dy + \left(\frac{\partial\Phi}{\partial z}\right)_{xy} dz \tag{9.27}$$

인데, $d\Phi$는 독립 변수들의 작은 변화 dx, dy, dz에서 비롯되는 $\Phi(x, y, z)$의 변화에 대한 추정이다. 함수 미분에서 đ에 있는 막대는 생략할 수 있다. 일반적으로 그 도함수가 주어진 함수 F_x, F_y, F_z와 같은 함수 $\Phi(x, y, z)$는 없다. 그러한 함수 Φ가 정말로 존재할 때는 함수 F_x, F_y, F_z는

$$F_x(x,y,z) = \left(\frac{\partial\Phi}{\partial x}\right)_{yz}, \quad F_y(x,y,z) = \left(\frac{\partial\Phi}{\partial y}\right)_{zx}, \quad F_z(x,y,z) = \left(\frac{\partial\Phi}{\partial z}\right)_{zx} \tag{9.28}$$

로 주어진다.

편미분 도함수의 유용한 성질 한 가지는 그것들의 미분 순서가 상관없다는 것이다.

$$\left(\frac{\partial^2\Phi}{\partial x\partial y}\right)_z = \left(\frac{\partial^2\Phi}{\partial y\partial x}\right)_z, \quad \left(\frac{\partial^2\Phi}{\partial y\partial z}\right)_x = \left(\frac{\partial^2\Phi}{\partial z\partial y}\right)_x, \quad \left(\frac{\partial^2\Phi}{\partial z\partial x}\right)_y = \left(\frac{\partial^2\Phi}{\partial x\partial z}\right)_y \tag{9.29}$$

이러한 등식을 식 (9.28)과 결합하면

$$\left(\frac{\partial F_x}{\partial y}\right)_z = \left(\frac{\partial F_y}{\partial x}\right)_z, \quad \left(\frac{\partial F_y}{\partial z}\right)_x = \left(\frac{\partial F_z}{\partial y}\right)_x, \quad \left(\frac{\partial F_z}{\partial x}\right)_y = \left(\frac{\partial F_x}{\partial z}\right)_y \tag{9.30}$$

가 된다. 미분 $đA$가 어떤 함수의 미분이 되기 위해서는 **완전성 조건**(exactness conditions)이라고 하는 이러한 조건이 반드시 성립해야 한다. 완전성 조건을 만족하는 미분 형식 $đA$는 **완전 미분**(exact differential 또는 perfect differential)이다. 보통의 3–공간에서 미분은 연관된 벡터장의 컬이 0이 되면 완전 미분이다. $\boldsymbol{F} = (F_x, F_y, F_z)$의 컬의 직각 성분은

$$\begin{gathered}(\nabla\times\boldsymbol{F})_x = \left(\frac{\partial F_z}{\partial y} - \frac{\partial F_y}{\partial z}\right)_x, \quad (\nabla\times\boldsymbol{F})_y = \left(\frac{\partial F_x}{\partial z} - \frac{\partial F_z}{\partial x}\right)_y, \\ (\nabla\times\boldsymbol{F})_z = \left(\frac{\partial F_y}{\partial x} - \frac{\partial F_x}{\partial y}\right)_z\end{gathered} \tag{9.31}$$

이다. 완전성 조건이 성립할 때 x, y, z 성분은 0이므로 $\nabla\times\boldsymbol{F} = 0$이다.

완전 미분

모든 i와 j에 대해

$$\frac{\partial F_i(x_1, \ldots, x_D)}{\partial x_j} = \frac{\partial F_j(x_1, \ldots, x_D)}{\partial x_i} \tag{9.32}$$

가 참이면 미분 $đA = \boldsymbol{F}\cdot d\boldsymbol{r}$는 **완전 미분**이다. 이것은 일반적인 형태의 **완전성 조건**이다. $i \neq j$에 관한 조건을 **교차 도함수**(cross derivative)가 같다는 필요조건이라고 한다. 완전성 조건이 성립하지 않는 미분 형식은 **불완전 미분**(inexact differential)이다.

함수 미분

D차원의 공간으로 일반화하면 **함수 미분**(differential of a function)은 그 벡터장의 성분이 어떤 스칼라장의 편미분 도함수인 미분이다. 구체적으로 함수 $\Phi(x_1, \ldots, x_D)$의 미분은

$$d\Phi = \sum_{i=1}^{D} \frac{\partial \Phi(x_1, \ldots, x_D)}{\partial x_i} dx_i \quad \text{즉} \quad d\Phi = \nabla\Phi \cdot d\boldsymbol{r} \tag{9.33}$$

인데, 축약 표기 $\nabla\Phi$는 벡터 해석에서 사용되는 그레이디언트 표기를 연상시킨다. 식 (9.33)을 사용하면 두 함수의 곱의 미분은

$$d(FG) = F\,dG + G\,dF \tag{9.34}$$

가 된다. 편미분 도함수는 미분 순서와 무관하기 때문에, 일반적으로 **함수 미분은 완전 미분인 것**을 식 (9.32)으로부터 알 수 있다.

기호 $đA$, $đB$ 등이 완전 미분 또는 함수 미분일 때 $đ$에서 막대를 생략할 수 있다. 대부분의 미분은 완전 미분이 아니기 때문에 막대를 생략하는 것을 확실히 정당화할 수 있기 전까지는 막대를 유지해야 한다. 완전 미분의 특별한 성질은 다음 정리로 요약되는데, 이 정리는 열역학에서 특별히 중요하다. 완전 미분이 상태 함수의 미분이라는 성질은 다음 장에서 엔트로피의 존재를 보이는 데 사용된다.

완전 미분 정리

다음 네 가지 명제 중 어느 하나가 참이면, 나머지 세 가지도 참이다.

1. $đA$**는 함수 미분이다.**
2. $đA$**는 완전 미분이다.**
3. 모든 닫힌 경로에 대해 $\oint đA = 0$**이다.**
4. $\int_L đA$**는 점** $\boldsymbol{r}_0$**과** $\boldsymbol{r}_f$ **사이의 선** L**과 무관하다.**

정리를 증명하려면 명제 2부터 4까지는 이전의 명제의 결과이고 명제 1은 명제 4의 결과임을 보이면 된다. 이 경우에 그들 중 어느 하나가 참이면 나머지 세 명제도 참이기 때문이다. 앞에서 지적했듯이 편미분 도함수는 미분 순서와 무관하기 때문에 $đA$가 함수 미분이면 이것은 완전 미분이다(명제 2). $đA$가 완전 미분이면 스토크스 정리로부터 명제 3은 참이다. 전자기 이론에서 패러데이 법칙으로부터 맥스웰 방정식 $\nabla \times \mathcal{E}$를 얻을 때 사용하는 스토크스 정리는[1]

$$\oint \boldsymbol{F}(\boldsymbol{r}) \cdot d\boldsymbol{r} = \int_S d\boldsymbol{S} \cdot \nabla \times \boldsymbol{F}(\boldsymbol{r}) \tag{9.35}$$

이다. 즉, 닫힌 경로를 따라서 벡터장 $\boldsymbol{F}$를 적분한 선적분은 그 경로로 갇힌 표면에서

1) 주어진 정리는 삼차원 공간에 대한 것이다. F_x와 F_y가 z에 무관하고 $F_z = 0$이라고 가정하면 2차원에 대한 결과를 얻는다.

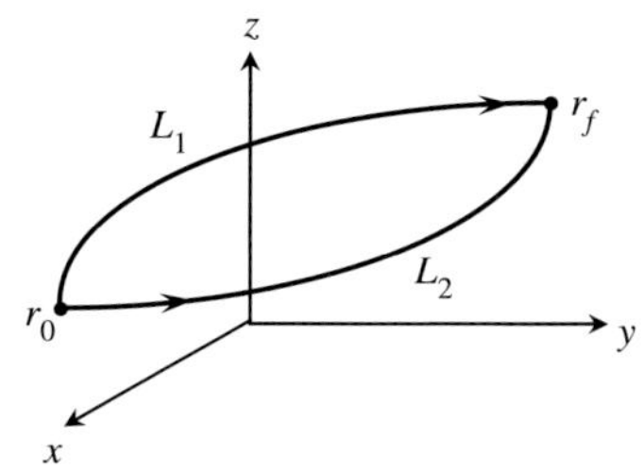

그림 9.2 같은 끝 점 사이를 잇는 선들

벡터장의 컬을 적분한 면적분과 같다. $\nabla \times \boldsymbol{F} = 0$은 식 (9.31)과 $đA = \boldsymbol{F} \cdot d\boldsymbol{r}$의 완전성으로부터 나오는 결과이다. 그러면 스토크스 정리로부터 $\oint đA = \oint \boldsymbol{F} \cdot d\boldsymbol{r} = 0$을 얻는다. 닫힌 경로에 대해 어떠한 제한도 없으므로 그 결과는 모든 닫힌 경로에 대해 성립한다.

두 점 사이의 선을 따라 $đA$를 적분한 선적분은 두 점을 잇는 선과 무관함을 $\oint đA = 0$가 의미한다는 것을 보이기 위해, 그림 9.2에 그려진 것처럼 점 $\boldsymbol{r}_0$과 $\boldsymbol{r}_f$ 사이의 두 선 L_1과 L_2를 고려한다. 선 L_1을 따라 $\boldsymbol{r}_0$에서 $\boldsymbol{r}_f$까지 간 후 선 $\overline{L}_2$를 따라 $\boldsymbol{r}_0$으로 되돌아오면 닫힌 경로가 된다. 여기서 $\overline{L}_2$는 방향이 거꾸로 된 선 L_2를 나타낸다. 거꾸로 된 방향으로 선을 따라 움직이면 선적분에 -1을 곱한 것과 같으므로

$$\oint đA = \int_{L_1} đA + \int_{\overline{L}_2} đA = \int_{L_1} đA - \int_{L_2} đA \tag{9.36}$$

가 된다. 이것과 $\oint đA = 0$으로부터

$$\int_{L_1} đA = \int_{L_2} đA \tag{9.37}$$

를 얻는다. L_1과 L_2에 부과된 유일한 제약은 $\boldsymbol{r}_0$과 $\boldsymbol{r}_f$를 연결한다는 것이므로 선적분 $\int_L đA$는 두 점 사이의 선과 무관하다.

$\int_L đA$가 $\boldsymbol{r}_0$과 $\boldsymbol{r}_f$ 사이의 선과 무관할 때 $đA$는 함수 미분이다(명제 1)라는 것을 보이기 위해 함수 $\Phi(\boldsymbol{r})$를 정의하고 그 미분이 $đA = \boldsymbol{F} \cdot d\boldsymbol{r}$임을 보일 것이다. 그 함수 $\Phi(\boldsymbol{r})$는

$$\Phi(\boldsymbol{r}) = A_0 + \int_L đA = A_0 + \int_L \boldsymbol{F}(\boldsymbol{r}) \cdot d\boldsymbol{r} \tag{9.38}$$

이다. 여기서 A_0은 임의의 상수이고 L은 점 $\boldsymbol{r}_0$과 $\boldsymbol{r}$ 사이의 선이다. 공간의 어떤 점도 될 수 있는 마지막 점 $\boldsymbol{r}$에는 아래 첨자가 없다. 관련된 개념을 예시하기 위해 삼차원 공간 그리고 $\boldsymbol{r}_0 = (x_0, y_0, z_0)$, $\boldsymbol{r} = (x, y, z)$, $\boldsymbol{F} = (F_x, F_y, F_z)$를 고려해 보자. $\int_L đA$가 점 $\boldsymbol{r}_0$과 $\boldsymbol{r}$ 사이의 선 L에 무관하다고 가정하고 좌표축에 평행한 선분들로 만들어진 선을 생각한다. 먼저 점 (x_0, y_0, z_0)에서 점 (x, y_0, z_0)까지 가고, 그 다음에 점 (x, y, z_0)까

지, 마지막으로 점 (x, y, z)까지 가는 선을 고려하면

$$\Phi(x, y, z) = A_0 + \int_{x_0}^{x} F_x(x, y_0, z_0)dx + \int_{y_0}^{y} F_x(x, y, z_0)dy + \int_{z_0}^{z} F_x(x, y, z)dz \quad (9.39)$$

이다. z에 대한 유일한 의존성은 마지막 적분의 위 끝에 있으므로

$$\left(\frac{\partial \Phi}{\partial z}\right)_{xy} = F_z(x, y, z) \quad (9.40)$$

가 된다. 비슷한 논리로

$$\left(\frac{\partial \Phi}{\partial x}\right)_{yz} = F_x(x, y, z) \quad \text{그리고} \quad \left(\frac{\partial \Phi}{\partial y}\right)_{zx} = F_y(x, y, z) \quad (9.41)$$

를 얻는다. 식 (9.40)과 식 (9.41)로부터 미분 $\text{đ}A = F_x dx + F_y dy + F_z dz$는

$$\text{đ}A = \left(\frac{\partial \Phi}{\partial x}\right)_{yz} dx + \left(\frac{\partial \Phi}{\partial y}\right)_{zx} dy + \left(\frac{\partial \Phi}{\partial z}\right)_{xy} dz \quad (9.42)$$

임을 알 수 있다. 따라서 $\text{đ}A = F_x dx + F_y dy + F_z dz$는 함수 미분이다. 더구나 식 (9.38)에 정의된 함수 $\Phi(\boldsymbol{r})$는 그 미분이 $\text{đ}A$인 함수이다. $\boldsymbol{r}_0$과 A_0의 임의성 때문에 이 함수는 유일하지 않다.

9.4 미분의 적분

완전 미분 정리는 모든 완전 미분 하나하나가 어떤 함수의 미분임을 말한다. 그 함수를 구하는 것을 미분을 적분한다고 말한다. 이 절에서는 어떻게 부정 적분을 사용하여 그렇게 하는지 알아볼 것이다. 미적분에 따르자면 $f(x)$의 도함수의 일차원 부정 적분은

$$\int \frac{df(x)}{dx} dx = f(x) + C \quad (9.43)$$

이다. 여기서 C는 임의의 상수이다.

좌표 (x, y)로 주어지는 공간에서 완전 미분

$$dA = F_x(x, y)\, dx + F_y(x, y)\, dy \quad (9.44)$$

를 고려해 보자. dA는 완전 미분이기 때문에 함수 $A(x, y)$의 미분과 벡터장의 성분은 $A(x, y)$의 편미분 도함수인

$$F_y(x, y) = \frac{\partial A(x, y)}{\partial x} \quad \text{그리고} \quad F_y(x, y) = \frac{\partial A(x, y)}{\partial y} \tag{9.45}$$

이다. $A(x, y)$를 구하기 위해 y를 일정하게 유지하면서 x에 대해 $F_x(x, y)$를 적분하면

$$\int F_x(x, y)\, dx = \int \frac{\partial A(x, y)}{\partial x}\, dx = A(x, y) + [-g(y) - h] \tag{9.46}$$

가 된다. 여기서 대괄호 안의 항은 식 (9.43)에 있는 상수 C에 대응한다. 피적분 함수 $F_x(x, y)$는 y에 의존하기 때문에 상수는 y의 함수이다. 편의상 그것을 $-g(y)-h$로 썼다. 여기서 h는 x와 y 둘 다에 무관한 상수이다. $A(x, y)$에 대해 식 (9.46)을 풀면

$$A(x, y) = \int F_x(x, y)\, dx + g(y) + h \tag{9.47}$$

를 얻는다. x와 y의 역할을 바꿔 비슷하게 추론하면

$$A(x, y) = \int F_y(x, y)\, dy + f(x) + k \tag{9.48}$$

를 얻는다.

식 (9.44)의 완전 미분 dA의 적분은 다음 일차원 부정 적분의 합

$$\int F_x(x, y)\, dx + \int F_y(x, y)\, dy \tag{9.49}$$

와 일반적으로 같지 않다는 점을 강조한다. 이 점은 함수

$$B(x, y) = xy + \text{const} \tag{9.50}$$

를 고려함으로써 쉽게 알 수 있다. 이 함수의 미분은 $dB = y\, dx + x\, dy$이다. $F_x(x, y) = y$와 $F_y(x, y) = x$를 식 (9.49)에 대입하고 지시된 적분을 수행하면

$$f(x, y) = \int y\, dx + \int x\, dy = 2xy + \text{const} \tag{9.51}$$

를 얻는다. 이 식에 있는 인자 2 때문에 $f(x, y)$는 확실히 식 (9.50)의 함수 $B(x, y)$가 아니다. 이것은 미분 형식이 보통의 부정 적분이 아니라 선적분에서 더해지는 양이기 때문이다.

예제 9.2 **미분의 적분**

그 미분이

$$đA = (ax + cxy^2)\, dx + (by + cx^2 y)\, dy \tag{9.52}$$

인 함수를 구하시오. 여기서 a, b, c는 상수이다.

풀이 ■ 미분을 적분할 때 다섯 가지 과정을 따라야 한다.

과정 (1). 미분이 완전 미분임을 증명한다. 이 예제에서 교차 도함수가 같은지 점검하는 것은

$$\frac{\partial(ax+cxy^2)}{\partial y} \stackrel{?}{=} \frac{\partial(by+cx^2y)}{\partial x} \quad \text{즉} \quad 2cxy \stackrel{?}{=} 2cxy \tag{9.53}$$

이다.

과정 (2). 벡터장의 한 성분의 부정 적분을 계산하고 식 (9.47) 또는 식 (9.48)을 사용하여 $A(x, y)$를 구한다. 예를 들어 식 (9.47)을 사용하면

$$A(x,y) = \int (ax+cxy^2)\,dx + g(y) + h = \frac{1}{2}ax^2 + \frac{1}{2}cx^2y^2 + g(y) + h \tag{9.54}$$

가 된다.

과정 (3). 다른 성분의 부정 적분을 계산하여 $A(x, y)$를 구한다. 식 (9.48)을 사용하면

$$A(x,y) = \int (by+cx^2y)\,dy + f(x) + k = \frac{1}{2}by^2 + \frac{1}{2}cx^2y^2 + f(x) + k \tag{9.55}$$

를 얻는다.

과정 (4). 과정 (2)와 (3)의 결과를 사용하여 미지 함수 $g(y)$ 또는 $f(x)$를 결정한다. 예를 들어 과정 (3)의 결과는 $f(x)$를 포함하고 있는데, 이것은 x에는 의존하지만 y에는 의존하지 않는다. 과정 (2)의 결과에서 그러한 유일한 항은 $\frac{1}{2}ax^2$이다. 따라서 $f(x) = \frac{1}{2}ax^2$이다. 이것을 식 (9.55)에 대입하면

$$A(x,y) = \frac{1}{2}ax^2 + \frac{1}{2}by^2 + \frac{1}{2}cx^2y^2 + k \tag{9.56}$$

를 얻는다.

과정 (5). 구한 결과가 올바른지 확인한다. 이것은 구한 함수의 편미분 도함수가 주어진 미분의 벡터 성분인지 확인하면 된다. 식 (9.56)을 미분하면

$$\frac{\partial A(x,y)}{\partial x} = \frac{\partial\left(\frac{1}{2}ax^2 + \frac{1}{2}by^2 + \frac{1}{2}cx^2y^2 - k\right)}{\partial x} = ay + cxy^2 \tag{9.57}$$

과

$$\frac{\partial A(x,y)}{\partial y} = \frac{\partial\left(\frac{1}{2}ax^2 + \frac{1}{2}by^2 + \frac{1}{2}cx^2y^2 - k\right)}{\partial y} = by + cx^2y \tag{9.58}$$

가 된다.

이것들은 정말로 식 (9.52)에 있는 미분 $đA$의 x와 y 성분이다. 따라서 $đA$는 함수 $A(x, y)$의 미분이다. ◆

위의 절차를 이차원 이상의 공간으로 확장할 수 있지만, 좀 더 복잡해진다. 예를 들어 $D = 3$이면 미분의 완전성을 확인하는 것은 하나가 아니라 세 개의 교차 도함수를 점검할 필요가 있고, 임의의 상수는 하나가 아니라 두 변수의 함수가 된다.

9.5 열역학의 미분

완전 미분

열역학의 상태 함수의 미분은 완전 미분이다. 예를 들어 부피에 대한 상태 함수의 미분은

$$dV = \left(\frac{\partial V}{\partial T}\right)_P dT + \left(\frac{\partial V}{\partial P}\right)_T dP \tag{9.59}$$

이다. 식 (3.21)과 식 (3.46)에서 정의한 것처럼 부피의 편미분 도함수는

$$\alpha_V = \frac{1}{V}\left(\frac{\partial V}{\partial T}\right)_P \quad \text{그리고} \quad K_T = \frac{-1}{V}\left(\frac{\partial V}{\partial P}\right)_T \tag{9.60}$$

에 의해 열팽창 계수 α_V 및 압축률 K_T와 연관되어 있다. 따라서

$$dV = V\alpha_V\, dT - V K_T\, dP \tag{9.61}$$

가 된다.

이 식은 식 (3.58)에 있는 부피의 변화 ΔV에 대한 표현과 비슷하다. $V(T, P)$의 급수 전개를 절단하여 ΔV를 얻었다. 차이점은 식 (3.58)은 ΔV, ΔT, ΔP 사이의 근사적인 관계인 반면에 식 (9.61)에 있는 dV, dT, dP 사이의 관계는 정확하다는 것이다. dV와 ΔV에 대한 표현의 유사성은 완전 미분을 어떤 작은 양을 나타내는 것으로 해석할 수 있음을 가리킨다.

불완전 미분

평형 과정을 나타내는 선은 부분 과정을 나타내는 짧은 선분으로 나눠질 수 있다. 이들 부분 과정에서 전달된 열과 한 일은 불완전 미분 $đQ$와 $đW$로 주어진다. 완전한 과정에 대한 Q, W, ΔU의 값은 부분 과정들에 대한 $đQ$, $đW$, dU의 값들의 합이다. 부분 과정들을 극단적으로 작게 만들 수 있으므로 그 합은 선적분

$$Q = \int_L đQ, \quad W = \int_L đW, \quad \Delta U = \int_L dU \tag{9.62}$$

가 된다. 식 (9.62)와 제1법칙 $Q = \Delta U + W$를 결합하면

$$\int_L đQ = \int_L dU + \int_L đW \tag{9.63}$$

가 된다. 이것이 모든 선 L, 즉 모든 평형 과정에 대해 참이 되려면, 미분은 식

$$\boxed{đQ = dU + đW} \tag{9.64}$$

를 반드시 만족해야 한다. 이 식은 조사 중인 평형 과정에서 제1법칙을 요약한다.

PVT 계

P와 V를 PVT 계의 열역학 좌표로서 사용하는 것으로 시작하자. 일에 대한 미분은

$$đW = F_P(P, V)\,dP + F_V(P, V)\,dV \tag{9.65}$$

에 의해 좌표 미분과 연관이 있어서 벡터 성분 $F_P(P, V)$와 $F_V(P, V)$의 함수 꼴을 찾을 필요가 있다. 일은 역학적 개념이므로 역학에서 답을 구해야 한다. PVT 계가 한 일은 [식 (2.3) 참조]

$$W = \int_{V_0}^{V_f} P(V)\,dV \tag{9.66}$$

인데, 이것은 일차원 정적분이다. 이것을 선적분으로 표현하기 위해서는

$$[P = P(t), V = V(t), \quad t_0 < t \leq t_f] \tag{9.67}$$

를 도입한다. 여기서 $P(t)$와 $V(t)$는 어떤 과정 동안에 압력과 부피의 시간 의존성을 나타낸다. 식 (9.66)의 함수 $P(V)$는 $P(V(t)) = P(t)$에 의해 식 (9.67)의 함수 $P(t)$에 연관되어 있다. $V(t)$를 사용하여 식 (9.66)의 적분 변수를 V에서 t로 바꾸면

$$W = \int_{t_0}^{t_f} P(V(t))\frac{dV(t)}{dt}\,dt = \int_{t_0}^{t_f} P(t)\frac{dV(t)}{dt}\,dt \tag{9.68}$$

를 얻는다. 여기서 식 (9.66)의 양 끝은 $V_0 = V(t_0)$과 $V_f = V(t_f)$에 의해 식 (9.68)의 양 끝과 관련되어 있다. 이 적분에 선적분의 형식을 주기 위해 영이 되는 항을 도입하여 식 (9.68)을

$$W = \int_{t_0}^{t_f} \left[0\,\frac{dP(t)}{dt} + P(t)\frac{dV(t)}{dt}\right] dt \tag{9.69}$$

와 같이 다시 쓴다. 이것은 선적분의 형식

$$W = \int_L [0\,dP + P\,dV] = \int_L đW \tag{9.70}$$

이다. 따라서 $đW = 0dP + PdV$가 되어서 일에 대한 미분의 벡터장의 성분은

$$F_P(P, V) = 0 \quad \text{및} \quad F_V(P, V) = P \tag{9.71}$$

이다. 0이 되는 압력 성분을 생략하면 PVT 계에서 일에 대한 미분은

$$\boxed{đW = P\,dV} \tag{9.72}$$

이다.

예제 9.3 **일에 대한 미분**

PVT 계에서 일에 대한 미분은 완전 미분인가 불완전 미분인가?

풀이 ■ $D = 2$ 이므로 점검해야 하는 유일한 교차 도함수는

$$\left(\frac{\partial F_P}{\partial V}\right)_P \stackrel{?}{=} \left(\frac{\partial F_V}{\partial P}\right)_V$$

이다. 이곳에 식 (9.71)에 있는 벡터 성분을 대입하면

$$\left(\frac{\partial 0}{\partial V}\right)_P \stackrel{?}{=} \left(\frac{\partial P}{\partial P}\right)_V \quad \text{즉} \quad 0 \stackrel{?}{=} 1$$

을 얻는다. 이것은 거짓이므로 $đW$는 **불완전 미분**이다. ◆

내부 에너지 U는 상태 함수이므로 그 미분은

$$dU = \left(\frac{\partial U}{\partial P}\right)_V dP + \left(\frac{\partial U}{\partial V}\right)_P dV \tag{9.73}$$

이다. 열에 대한 미분은 $đQ = dU + đW$로 표현되는 제1법칙으로부터 얻어진다. 이 식에 식 (9.72)와 식 (9.73)을 대입하면

$$đQ = \left(\frac{\partial U}{\partial P}\right)_V dP + \left[\left(\frac{\partial U}{\partial V}\right)_P + P\right] dV \tag{9.74}$$

가 된다.

상태 공간의 좌표를 변환할 때 벡터장과 좌표 미분도 변환된다. 미분에 대한 표기

덕분에 이것을 쉽게 할 수 있다. 그저 원래의 좌표 미분을 옛 좌표와 새 좌표를 연결하는 함수 미분으로 취급하면 된다.

좌표 $(T,\ V)$로 변환

좌표가 (T, V)일 때 내부 에너지의 미분은

$$dU = \left(\frac{\partial U}{\partial T}\right)_V dT + \left(\frac{\partial U}{\partial V}\right)_T dV \tag{9.75}$$

이다. 좌표가 (P, V)일 때 미분 $đW = PdV$의 압력 성분은 0이고, 좌표가 (T, V)일 때 dV는 좌표 미분 중의 하나이므로 (P, V)에서 (T, V)로의 변환은 일에 대한 미분에 영향을 주지 않는다. dU와 $đW$를 $đQ = dU + đW$에 대입하면

$$đQ = dU + PdV = \left(\frac{\partial U}{\partial T}\right)_V dT + \left[\left(\frac{\partial U}{\partial V}\right)_T + P\right] dV \tag{9.76}$$

가 된다. 식 (3.5)의 일정 부피 열용량 $C_V = (\partial U/\partial T)_V$를 사용하면 이것을 간단하게 만들 수 있다. 따라서

$$\boxed{đQ = C_V(T, V)\, dT + \left[\left(\frac{\partial U}{\partial V}\right)_T + P(T, V)\right] dV} \tag{9.77}$$

가 된다.

좌표 $(T,\ P)$로 변환

좌표를 (P, V)에서 (T, P)로 바꿀 때, 좌표 V는 상태 방정식 $V = V(T, P)$에 의해 새 좌표로 표현된다. 그 미분은

$$dV = \left(\frac{\partial V}{\partial T}\right)_P dT + \left(\frac{\partial V}{\partial P}\right)_T dP \tag{9.78}$$

이다. P는 변환 전과 후에도 좌표이므로 dP는 여전히 좌표 미분이다. dV를 식 (9.72)의 일에 대한 미분에 대입하면

$$đW = PdV = P\left(\frac{\partial V}{\partial T}\right)_P dT + P\left(\frac{\partial V}{\partial P}\right)_T dP \tag{9.79}$$

가 된다. 좌표가 T와 P일 때 U의 미분은

$$dU = \left(\frac{\partial U}{\partial T}\right)_P dT + \left(\frac{\partial U}{\partial P}\right)_T dP \tag{9.80}$$

이다. $đQ = dU + đW$로부터

$$đQ = \left[\left(\frac{\partial U}{\partial T}\right)_P + P\left(\frac{\partial V}{\partial T}\right)_P\right] dT + \left[\left(\frac{\partial U}{\partial P}\right)_T + P\left(\frac{\partial V}{\partial P}\right)_T\right] dP \tag{9.81}$$

를 얻는다. 일정 압력 열용량과 식 (3.13)의 엔탈피 H 사이의 관계 $C_P = (\partial H/\partial T)_P$를 사용하면 이것을 간단하게 만들 수 있다. $H = U + PV$이므로 일정 압력 열용량은

$$C_P(T, P) = \left(\frac{\partial H}{\partial T}\right)_P = \left[\left(\frac{\partial U}{\partial T}\right)_P + P\left(\frac{\partial V}{\partial T}\right)_P\right] \tag{9.82}$$

가 된다. 이것을 $đQ$에 대한 위의 표현에 사용하면

$$\boxed{đQ = C_P(T, P)\,dT + \left[\left(\frac{\partial U}{\partial P}\right)_T + P\left(\frac{\partial V}{\partial P}\right)_T\right] dP} \tag{9.83}$$

를 얻는다.

요약하면, PVT 계에서 일에 대한 미분에 대한 일반적인 표현은 $đW = P\,dV$이다. 좌표가 (P, V)일 때 미분 dV는 좌표 미분이고 P는 좌표이다. 좌표가 (T, V)일 때 미분 dV는 좌표 미분이고 P는 함수 $P(T, V)$로 주어진다. 좌표가 (T, P)일 때 미분 dV는 함수 미분이고 P는 좌표이다.

미분 몫

미분 형식을 좌표 미분으로 나눌 수 있다. 이것이 정당한지 알아보기 위해 x축에 평행한 선과 미분

$$đA = F_x dx + F_y dy \tag{9.84}$$

를 고려해 보자. 여기서 F_x와 F_y는 x와 y의 함수이다. 선을 매개변수화하는 데 x 좌표를 사용하고 y 좌표를 상수로 유지하면$[y(x) = y_0]$ x축에 평행한 선을 얻을 수 있다. 그 선은

$$[x = x, y = y_0, \quad x_0 \le x \le x_f] \tag{9.85}$$

로 표현된다. 이 선과 연관된 좌표 미분은

$$(dx, dy) = \left(\frac{dx\,(x)}{dx}\,dx, \frac{dy(x)}{dx}\,dx\right) = (dx, 0) \tag{9.86}$$

이다. 여기서 기호 dx는 좌표 미분 및 매개변수 미분으로서 나온다. $dy = 0$이기 때문에 이 좌표 미분들을 식 (9.84)에 대입하면

$$đA = F_x dx \tag{9.87}$$

를 얻는다.

dx는 매개변수 미분이기 때문에 이것은 0이 아니고 나눗수로서 사용될 수 있다. 양변을 dx로 나누면

$$\left(\frac{đA}{dx}\right)_y = F_x \tag{9.88}$$

가 된다. 여기서 괄호에 있는 아래 첨자는 y가 선을 따라서 일정하다는 것을 가리킨다. 마찬가지로, y축에 평행한 선을 고려하면

$$\left(\frac{đA}{dy}\right)_x = F_y \tag{9.89}$$

를 얻는다. 이 결과들을 식 (9.84)에 대입하면

$$đA = \left(\frac{đA}{dx}\right)_y dx + \left(\frac{đA}{dy}\right)_x dy \tag{9.90}$$

가 된다.

위에서 몫 $(đA/dx)_y$는 벡터장의 y 성분에 대한 대체 표기임을 알 수 있다. 기호 $đ$와 d 둘 다 식 (9.90)에 나타나지만 편미분 기호 ∂는 보이지 않는 것에 유의하라. 몫 $(đA/dx)_y$와 편미분 도함수 $(\partial A/\partial x)_y$를 혼동하지 않는 것이 필수적이다. $đA$가 완전 미분이 되는 특별한 경우에 상태 함수 $A(x, y)$가 존재하고 몫 $(đA/dx)_y$와 $(đA/dy)_x$를 편미분 도함수 $(\partial A/\partial x)_y$와 $(\partial A/\partial y)_x$로 바꾸어 쓸 수 있다(그리고 당연히 그래야 한다).

열용량

벡터 성분에 대한 몫 표기는 열용량에 대한 대체 표현으로 이끈다. 식 (9.77)과 (9.83)으로부터 일정 압력 열용량과 일정 부피 열용량을

$$C_V(T,V) = \left(\frac{đQ}{dT}\right)_V \quad \text{그리고} \quad C_P(T,P) = \left(\frac{đQ}{dT}\right)_P \tag{9.91}$$

처럼 표현할 수 있다. 이것들은 1장에서 C_P와 C_V의 경험적인 정의[(1.25)참조]인

$$C_V = \lim \frac{Q}{\Delta T}\bigg|_{V=\text{const}} \quad \text{그리고} \quad C_P = \lim \frac{Q}{\Delta T}\bigg|_{P=\text{const}} \tag{9.92}$$

을 생각나게 한다. 이들 경험적 정의는 식 (9.91)보다 더 일반적이다. 왜냐하면 기호 Q는 평형 과정과 비평형 과정 모두에서 전달된 열을 나타내는 데 반해 식 (9.91)의 기호 $đQ$는 평형 과정에서 전달된 열을 나타내기 때문이다.

9.6 논의와 요약

전기의 미분

전기 및 자기 그리고 보통의 3-공간에 대한 이해는 미분의 이해에 도움이 된다. 전하 q를 $d\boldsymbol{r}$ 만큼 이동시킬 때 전기력에 대항하여 한 일의 미소량은 일에 대한 미분 $đW = -q\mathcal{E}(\boldsymbol{r}) \cdot d\boldsymbol{r}$로 주어진다. 여기서 $\mathcal{E}(\boldsymbol{r})$는 전기장이다. 단위 전하당 한 일에 대한 미분은

$$đV_{\text{el}} = -\mathcal{E}(\boldsymbol{r}) \cdot d\boldsymbol{r} \tag{9.93}$$

이다. 이 미분 때문에 식 (9.8)의 **패러데이 법칙**(Faraday's law)은

$$\oint đV_{\text{el}} = \frac{d\Phi_{\mathcal{B}}}{dt} \tag{9.94}$$

가 된다. 다시 말해, 전하가 닫힌 경로를 따라 움직일 때 단위 전하당 해준 총 일은 경로를 지나가는 자기 선속 $\Phi_{\mathcal{B}}$의 변화율과 같다.

예제 9.4 솔레노이드 전기장

$\mathcal{E}$가 솔레노이드 내부의 전기장일 때 단위 전하당 한 일에 대한 미분은 완전 미분인가 불완전 미분인가?

풀이 ■ 자기장 $\mathcal{B}$가 일정한 비율 $\dot{\mathcal{B}}_0$으로 증가할 때 솔레노이드 내부의 전기장의 성분은 식 (9.10)으로 주어진다. 이 전기장에서 미분 $đV_{\text{el}}$은

$$đV_{\text{el}} = -\mathcal{E} \cdot d\boldsymbol{r} = -\mathcal{E}_x dx - \mathcal{E}_y dy - \mathcal{E}_z dz = -\frac{1}{2}\dot{\mathcal{B}}_0 y\, dx + \frac{1}{2}\dot{\mathcal{B}}_0 x\, dy + 0\, dz$$

이다. 식 (9.30)의 완전성 조건은

$$\left(\frac{\partial \mathcal{E}_x}{\partial y}\right)_z \stackrel{?}{=} \left(\frac{\partial \mathcal{E}_y}{\partial x}\right)_z, \quad \left(\frac{\partial \mathcal{E}_y}{\partial z}\right)_x \stackrel{?}{=} \left(\frac{\partial \mathcal{E}_z}{\partial y}\right)_x, \quad \left(\frac{\partial \mathcal{E}_z}{\partial x}\right)_y \stackrel{?}{=} \left(\frac{\partial \mathcal{E}_x}{\partial z}\right)_y$$

를 요구한다. 여기서 물음표는 등호가 유효한지에 대한 불확실성을 가리킨다. $\mathcal{E}_x$, $\mathcal{E}_y$, $\mathcal{E}_z$에 대한 명시적인 표현을 사용하면 조건은

$$\frac{\partial}{\partial y}\left(\frac{1}{2}\dot{\mathcal{B}}_0 y\right) \stackrel{?}{=} \frac{\partial}{\partial x}\left(-\frac{1}{2}\dot{\mathcal{B}}_0 x\right), \quad \frac{\partial}{\partial z}\left(-\frac{1}{2}\dot{\mathcal{B}}_0 x\right) \stackrel{?}{=} \frac{\partial}{\partial y}0, \quad \frac{\partial}{\partial x}0 \stackrel{?}{=} \frac{\partial}{\partial z}\left(\frac{1}{2}\dot{\mathcal{B}}_0 y\right)$$

가 되고, 이것을 간단히 하면

$$\frac{1}{2}\dot{\mathcal{B}}_0 \stackrel{?}{=} -\frac{1}{2}\dot{\mathcal{B}}_0, \quad 0 \stackrel{?}{=} 0, \quad 0 \stackrel{?}{=} 0$$

이 된다. 이것들 중의 하나는 참이 아니므로($\dot{B}_0 = 0$인 뻔한 경우는 예외) 미분 $đV_{\mathrm{el}}$은 완전 미분이 아니다. ◆

정전기학에서 시간 도함수는 무시되므로 패러데이 법칙은 $\oint đV_{\mathrm{el}} = 0$으로 단순화된다. 이것과 완전 미분 정리로부터 $đV_{\mathrm{el}}$은 **완전** 미분이고 정전기 퍼텐셜 $V_{\mathrm{el}}(\boldsymbol{r})$의 함수 미분이 된다. 전기장은 미분

$$\mathcal{E}(\boldsymbol{r}) = -\nabla V_{\mathrm{el}}(\boldsymbol{r}) \tag{9.95}$$

로 구할 수 있다.

$d\Phi_B/dt$는 일반적으로 0이 아니기 때문에 $đW = -q\mathcal{E}(\boldsymbol{r}) \cdot d\boldsymbol{r}$는 일반적으로 완전 미분이 아니다. 위 예제에서 보았듯이 일반적으로 스칼라 퍼텐셜로부터 전기장을 얻을 수 없다. 정전기 경우와 일반적인 경우가 표 9.1에 요약되어 있다. 정전기학에서 $đV_{\mathrm{el}}$는 dU, dT 등과 같이 완전 미분이다. 일반적인 경우에 $đV_{\mathrm{el}}$는 열역학의 미분 $đQ$와 $đW$처럼 완전 미분이 아니다.

요약

용어 미분은 미분 형식, 좌표 미분 및 매개변수 미분을 집합적으로 일컫는다. 물리적으로 미분은 어떤 작은 양으로 해석된다. 그것들의 수학적 성질은 다음과 같다.

- 미분 형식 $đA$(또는 완전 미분이면 dA)는 벡터 성분과 좌표 미분의 곱들의 합을 축약하여 표기한 것이다(열역학에서 벡터 성분을 좌표 미분의 계수라고 한다).
- 미분 형식은 선적분에서 더해지는 양이다.
- 미분 형식을 더할 수도 있고 뺄 수도 있다.
- 미분 형식에 함수를 곱할 수 있다.
- 완전 미분인 미분 형식을 좌표 변환에 의해 좌표 미분으로 바꿀 수도 있고, 그 역도 가능하다.
- 완전 미분은 상태 함수의 미분이다.

표 9.1 전기에서의 미분

정전기학	일반적인 경우
$đV_{\mathrm{el}}$는 완전 미분이다. $\oint đV_{\mathrm{el}} = -\oint \mathcal{E}(\boldsymbol{r}) \cdot d\boldsymbol{r} = 0$ $\mathcal{E}(\boldsymbol{r}) = -\nabla V_{\mathrm{el}}(\boldsymbol{r})$인 퍼텐셜 $V_{\mathrm{el}}(\boldsymbol{r})$가 존재한다. $\nabla \times \mathcal{E}(\boldsymbol{r})$는 모든 곳에서 0이다.	$đV_{\mathrm{el}}$는 불완전 미분이다. $\oint đ_{\mathrm{el}} = -\oint \mathcal{E}(\boldsymbol{r}) \cdot d\boldsymbol{r} = (d\Phi_B/dt) \neq 0$ 스칼라 퍼텐셜로부터 $\mathcal{E}(\boldsymbol{r})$를 얻을 수 없다. $\nabla \times \mathcal{E}(\boldsymbol{r})$는 모든 곳에서 0은 아니다.

- 연관된 좌표가 선을 매개변수화 할 때 좌표 미분은 매개변수 미분이 된다.
- 완전 미분이 아닌 미분 형식에 대한 기호 $đ$에는 막대가 필요하지만, 완전 미분인 것으로 알려진 미분에서는 생략할 수 있다.

열역학에서 막대를 한 미분과 막대를 하지 않은 미분 사이의 구별은 미분 형식, 좌표 미분 및 매개변수 미분 사이의 구별보다 더 중요하다. 다음 장부터는 이 세 가지 종류를 간단히 미분이라고 할 것이다. (막대를 하지 않은) 완전 미분 dP, dV, dT, dU는 상태 함수 P, V, T, U의 미소 변화를 나타낸다. 대조적으로 (막대를 한) 불완전 미분 $đQ$, $đW$는 평형 (가역) 과정, 곧 상태 공간에서 선으로 나타낼 수 있는 과정 동안에 발생하는 에너지의 미소 전달을 나타낸다.

문제

9.1 $+z$ 방향으로 균일한 전류 밀도 J가 있는 원통형 도체 내부의 자기장은

$$B_x = -(\mu_0 J/2)y, \quad B_y = +(\mu_0 J/2)x, \quad B_z = 0$$

이다. 다음 선에 대한 선적분 $\int_L \mathbf{B} \cdot d\boldsymbol{r}$를 매개변수 t, s, u에 대하여 적분하여 구하시오.

(a) $[x = R\cos t, y = R\sin t, z = z_0.\ 0 < t < \pi]$. 선을 스케치하고 계산하시오.

(b) $[x = R\cos s^3, y = R\sin s^3, z = z_0.\ 0 \le s \le \pi^{1/3}]$. 선을 스케치하고 계산하시오.
((b)부분의 목적은 선적분의 값이 선의 매개변수화와는 무관함을 예시하는 것이다.)

(c) $[x = R - u, y = 0, z = z_0.\ 0 \le u \le 2R]$. 선을 스케치하고 계산하시오.
((c)부분의 목적은 일반적으로 같은 양 끝 점 사이의 선적분의 값이 서로 다른 선에 대해 다르다는 것을 예시하는 것이다.)

9.2 다음 미분 중에서 완전 미분은 어느 것이고 불완전 미분은 어느 것인지 결정하시오. 완전 미분을 적분하여 연관된 스칼라 퍼텐셜을 구하시오. 공간은 이차원으로 가정한다.

(a)

$$đA = (ax + cxy)\,dx + (by + cxy)\,dy$$

여기서 a, b, c는 상수이다.

(b) 전하가 대전된 선 외부의 전기 퍼텐셜에 대한 미분은

$$đV_E = \frac{-Kx}{(x^2+y^2)^{3/2}}dx + \frac{-Ky}{(x^2+y^2)^{3/2}}dy$$

이다. 여기서 $K = \lambda/2\pi\epsilon_0$이고 λ는 단위 길이당 전하이다.

(c) 기체에 대한 미분은

$$đF = (2aT + bV^3)\,dT + (3bTV^2)\,dV$$

이다. 여기서 a와 b는 상수이다.

9.3 좌표 x와 y로 주어진 공간에서 다음 미분을 고려해 보자.

$$đA = Kx^p y^q dx + Lx^m y^n dy.$$

상수 p, q, K, L, m, n은 $đA$가 불완전 미분이면 임의로 선택될 수 있지만, $đA$가 완전 미분이면 그렇게 될 수 없다. L, m, n의 값이 주어져 있고, $đA$가 완전 미분일 때 K, p, q의 값을 구하시오(답은 $K = \ldots, p = \ldots, q = \ldots$ 형태의 식이다).

9.4 이상 기체에 대한 표현을 사용하여 등온 과정

$$[P = P_0 + (P_f - P_0)t,\ T = T_0,\ 0 \le t \le 1]$$

에 대해 선적분 $W = \int_L đW$를 구하시오. 여기서 P_f, P_0, T_0은 상수이다. 답이 표 4.1과 일치하는지 확인하시오.

9.5 어떤 PVT 계는

$$PV = n(RT + na/V) \quad \text{그리고} \quad U = n(cT + bT^2) + n^2a/V$$

를 따른다. 여기서 a, b, c는 상수이다.

(a) T와 V가 좌표인 계에 대해 $đQ$를 구하시오. 다시 말해, 다음 식을 완성하시오.

$$đQ = (nc + \ \ldots)dT + (\ \ldots)dV.$$

(b) $đQ$가 완전 미분이 아닌 것을 보이시오.

9.6 $U(T, V)$의 미분이

$$dU = n\left(c - \frac{nb}{V}\right)dT + \frac{n^2bT}{V^2}dV$$

라고 가정하자. 여기서 b와 c는 상수이고 n은 몰수이다.

(a) dU가 완전 미분임을 증명하시오.

(b) $U(T, V)$를 구하고 구한 함수의 미분이 원래 미분과 같음을 증명하시오.

(c) 비열 $c_V(T, V)$를 구하시오.

9.7 **(a)** 압력 $P(T, V)$의 미분을 B_T와 α_V의 항으로 표현하시오(B_T와 α_V의 정의는 3장에 있다).

(b) $B_T = b_o$와 $\alpha_V = a_o/b_o$를 가정하자. 여기서 a_o와 b_o는 상수이다. dP를 적분하여 $P(T, V)$를 구하시오. $P = P(T, V)$는 단순 고체에 대한 상태 방정식 (1.15)임을 보이시오.

10장 엔트로피

제2법칙의 켈빈 표현, 카르노 순환, 절대 온도, 미분의 성질은 엔트로피 상태 함수의 존재를 정립하는 데 필수적이다. 비록 열 $đQ$에 대한 미분은 완전 미분이 아니지만 미분 $đQ/T$는 완전 미분이고, 이것은 $đQ/T$가 함수 미분이라는 것을 의미한다. 그 함수는 우리가 엔트로피라고 부르는 상태 함수이다. 엔트로피의 중요한 특성은 증가하려는 경향이다. 그 증가는 비가역적 행동이 발생했음을 가리키는데, 이것은 또한 유용한 일을 할 기회를 상실했음을 가리킨다. 엔트로피 개념은 제2법칙을 재공식화하게 하고, 열역학 제3법칙과 절대 영도 근처에서 계의 행동에 적용되는 제한에 필수적이다.

10.1 엔트로피의 정의

엔트로피 개념을 얻기 위해서는 불완전 미분 $đQ$를 절대 온도로 나누면 완전 미분이 된다는 것을 보일 필요가 있다. 그 전에 식 (7.10)에 주어진 절대 온도의 정의를

$$\frac{|Q_1^C|}{T_1} = \frac{|Q_2^C|}{T_2} \tag{10.1}$$

와 같이 표현할 수 있다는 것을 지적한다. 여기서 Q_1^C와 Q_2^C는 온도 T_1과 T_2 사이에서 작동하는 카르노 순환이 교환하는 열이다. Q^C와 $đQ$는 가역적인 열교환을 기술하므로 식 (10.1)에서 $đQ/T$의 완전성을 활용하는 엔트로피의 정의를 예견할 수 있다. $đQ/T$가 완전 미분임을 예시하기 위해 상태 공간의 닫힌 경로를 따라 이것을 적분한 선적분이 0임을 보이겠다. 어떻게 가역 순환 과정을 카르노 순환의 집합으로 해석할 수 있는지 알아보는 것으로 시작한다.

그림 10.1의 PV 도형에서 닫힌 경로 C는 이상 기체에서 가역 순환 과정을 나타낸다. 단열 곡선으로 이 도형을 좁은 띠들로 나누고, 짧은 등온 곡선으로 단열 곡선들을 연결한다. 그 결과는 시계 방향의 작은 카르노 순환 과정의 집합인데, 인접한 순환 과정이 단열 곡선을 공유한다.[1] 그림 10.1의 두 번째 도형에서 작은 순환을 약간 수정하

1) 복잡한 모양의 경로를 고려할 때는 일부 띠가 두 군데 이상에서 교차할 수도 있는데, 그 경우에는 하나 이상의 카르노 순환이 그 띠에 연관된다.

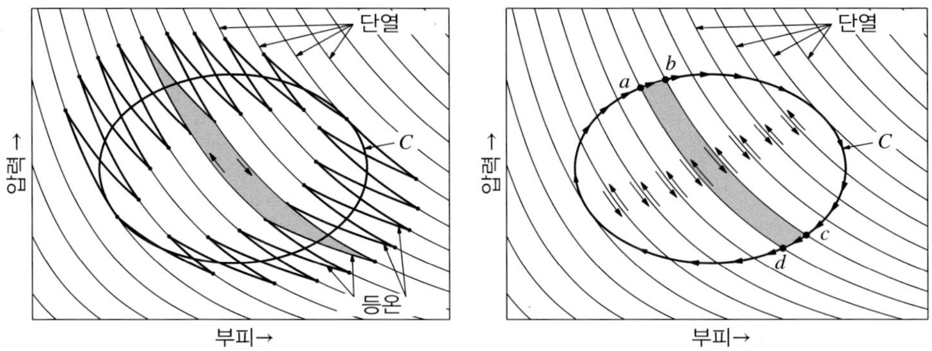

그림 10.1 카르노 순환의 합으로서 순환 과정 C

여 인접한 단열 곡선이 경로 C의 짧은 부분으로 연결되도록 하였다. C는 적분 경로가 된다. 이것 때문에 경로를 수많은 작은 순환을 따라 수행한 적분의 합으로 해석할 수 있으므로

$$\oint_C \frac{đQ}{T} = \sum_j \oint_j \frac{đQ}{T} \tag{10.2}$$

가 된다. 여기서 서로 다른 순환은 인수 j로 나타냈다. 단열 곡선을 따라 수행한 적분은 합에 기여하지 않는다. 왜냐하면 그 곡선에서 $đQ = 0$이기 때문이다(설사 적분이 0이 아니더라도 인접한 순환 과정에서 적분은 서로 반대 방향이므로 상쇄된다). 각 순환 과정에 대한 경로를 따라 수행한 적분은 서로 다른 네 개의 선을 따라 수행한 적분의 합인데, 그 중 둘은 0이다. 예를 들어, 그림에서 음영이 있는 순환 과정을 따라 적분한 선적분은

$$\oint_j \frac{đQ}{T} = \int_{a\to b} \frac{đQ}{T} + 0 + \int_{c\to d} \frac{đQ}{T} + 0 \tag{10.3}$$

이다. 여기서 선 $b \to c$와 $d \to a$를 따라 수행한 적분은 $đQ$가 0이기 때문에 0이다. 선 $a \to b$ 와 $c \to d$ 를 따라 수행한 적분은 선을 따라 조금씩 변하는 온도로 $đQ$를 나눈 것을 적분한 것이다. 띠를 더 좁게 만들수록 이러한 변화는 점점 작아지므로 짧은 두 선 부분을 따라 열이 교환되는 온도는 본질적으로 일정하다. 이것은

$$\oint_j \frac{đQ}{T} \approx \frac{|Q_{a\to b}|}{T_a} - \frac{|Q_{c\to d}|}{T_c} \tag{10.4}$$

를 의미한다. 여기서 빼기 기호는 $Q_{c\to d}$가 음수인 사실을 반영한다. 열이 교환되는 온도가 사실상 일정하므로 띠를 점점 좁게 만들게 되면 각각의 작은 순환 과정은 카

르노 순환이 된다. 식 (10.1)로부터 식 (10.4)의 오른쪽이 0과 같게 된다.[2] 경로 C가 닫혀 있다는 것이 지금까지 사용한 C의 유일한 특성이므로, 상태 공간에서 임의의 닫힌 경로를 따라 $đQ/T$를 적분한 선적분은 0이 된다고 결론을 내릴 수 있다.

$$\oint \frac{đQ}{T} = 0. \tag{10.5}$$

이것은 엔트로피의 정의에 필요한 결정적인 결과이다.

엔트로피

완전 미분 정리에 의하면, 모든 닫힌 경로를 따라 수행한 미분의 적분이 0이면 그 미분은 완전 미분이고 함수 미분이다(9.3절 참조). 그래서 식 (10.5)의 결과는 $đQ/T$가 완전 미분이고 함수 미분임을 의미한다. 이 미분을

$$\boxed{dS = \frac{đQ}{T}} \tag{10.6}$$

로 나타내고, 연관 함수 S를 **엔트로피**(entropy)라고 한다. 완전 미분 정리의 또 다른 결과는 계를 상태 0에서 상태 f로 바꾸는 과정에서 엔트로피의 변화는

$$\boxed{\Delta S = S_f - S_0 = \int_{L_{0\to f}} \frac{đQ}{T}} \tag{10.7}$$

라는 것이다. 여기서 $L_{0\to f}$는 두 상태 사이의 과정을 나타내는 임의의 선이다. 이것에 따르면 엔트로피의 변화는 상태 0에서 상태 f로 가는 데 사용된 가역 과정과 무관하다. 0이 어떤 고정된 기준 상태 o를 나타내게 하고 그 상태에 값 S_o를 부여함으로써 엔트로피에 대한 구체적인 값을 얻는다. 그러면 임의의 상태 f의 엔트로피는

$$\boxed{S_f = S_o + \int_{L_{o\to f}} \frac{đQ}{T}} \tag{10.8}$$

이다. S_o는 아무 값이나 가질 수 있기 때문에 엔트로피 상태 함수는 더해지는 상수까지만 정해진다. 10.6절에서 지적한 것처럼 제3법칙에 의해 $S_o = 0$으로 놓을 수 있다.

어떤 함수를 곱하여 불완전 미분이 완전 미분으로 될 때, 그 함수를 **적분 인자**

2) 그림에서 처음과 마지막의 작은 순환 과정을 따라 수행한 적분도 0으로 가게 된다. 이들 순환 과정은 두 개의 선으로 이루어져 있다. 한 선은 단열 곡선인 반면에 다른 한 선은 경로 C의 일부분인데, 이것은 띠가 점점 좁아지면서 점점 짧아지고 좀 더 단열 곡선처럼 된다.

(integrating factor)라고 한다. 대부분의 불완전 미분에 대한 적분 인자는 존재하지 않는다. 결과적으로 열에 대한 미분이 적분 인자를 가지고 있다는 사실은 물리적으로 중요하다. **가역 과정에서 열의 전달을 기술하는 미분 $đQ$는 적분 인자를 가지고 있고, 그 적분 인자는** $1/T$이다.

열에 대한 미분은 $đQ = dU + PdV$이기 때문에 엔트로피의 미분은

$$dS = \frac{1}{T}dU + \frac{P}{T}dV \tag{10.9}$$

이다. dS는 완전 미분이기 때문에 이것은

$$\frac{1}{T} = \left(\frac{\partial S}{\partial U}\right)_V \quad \text{그리고} \quad \frac{P}{T} = \left(\frac{\partial S}{\partial V}\right)_U \tag{10.10}$$

를 의미한다. 그러면 $(\partial S/\partial U)_V = 1/(\partial U/\partial S)_V$로부터 계의 절대 온도를

$$T = \left(\frac{\partial U}{\partial S}\right)_V \tag{10.11}$$

로 표현할 수 있다.

10.2 클라우지우스 정리

비록 엔트로피의 정의에 가역 과정만 관련되어 있지만, 계의 변화를 예측하는 데 있어서 엔트로피의 유용함은 비가역 과정에서의 엔트로피의 행동에서 비롯된다. 온갖 상황에서 엔트로피의 행동을 예시하는 데 필요한 중요한 결과는 클라우지우스 정리에 포함되어 있다. N 단계의 순환 과정에서 **절대 온도 T_i의 계들이 교환한 열 Q_i들은**

$$\boxed{\sum_{i=1}^{N} \frac{Q_i}{T_i} \le 0} \tag{10.12}$$

을 따른다라고 정리는 말한다. 관례상 단계 i에서 열이 계로 전달될 때는 $Q_i > 0$이고, 계로부터 전달될 때는 $Q_i < 0$이다.

정리에서 순환 과정은 가역적이거나 비가역적일 수 있고, 복잡한 계나 PVT 계처럼 상대적으로 간단한 계에서 발생할 수 있다. 그림 10.2에 도형화된 응축 증기 기관은 복잡한 계의 한 예이다. 전기 발전소에서 불 또는 핵반응에서 나오는 열은 온도 범위가 넓은 작동 유체(물과 증기)로 전달되고, 폐열은 더 차가운 온도의 냉각물질로 전달된다. 파선 안에 있는 모든 것이 우리의 계인 기구이다.

클라우지우스 정리의 증명은 아주 일반적인 유형의 사고 실험에 대해 제2법칙의

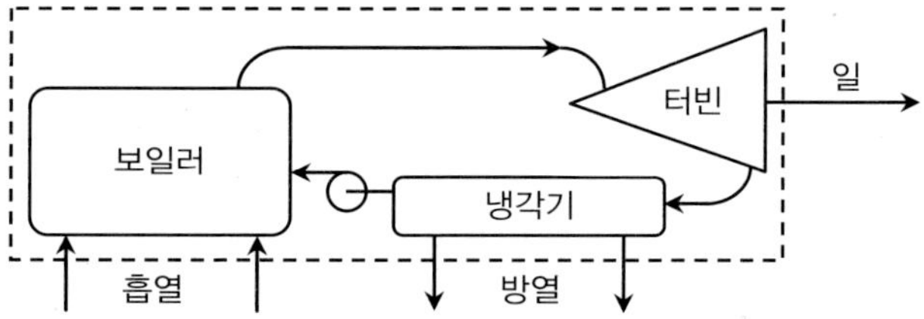

그림 10.2 응축 증기 기관

켈빈 표현을 적용한다. 이 실험에서 순환 기구 D와 단일한 열저장고 사이에서 열이 교환되고, 모든 열교환은 카르노 순환을 통해 이루어진다. 이것은 그림 10.3에 예시되어 있는데, 기구 D는 PVT 계처럼 단순한 것이거나 응축 증기 엔진처럼 복잡한 것이 될 수 있다. 한 순환 기간에 기구가 한 일은 W^D이고, 열저장고의 절대 온도는 T^R이다. 각 순환은 N 단계로 이루어져 있는데, T_i는 단계 i에서 열이 기구로 또는 기구로부터 전달되는 온도이다. C_i로 표시한 카르노 순환은 저장고 R와 열 Q_i^R를 교환하고, 기구와는 열 Q_i를 교환하며, 주변에 일 W_i를 한다. 카르노 순환을 나타내는 선에는 화살표가 없다. 왜냐하면 열교환의 방향에 따라서 카르노 순환이 엔진이나 냉장고가 될 수 있기 때문이다.

에너지는 기구로 또는 기구로부터 전달될 수 있으므로 다음의 부호 관례는 중요하다.

$W^D > 0$. 기구 D가 한 일이다.
$W^D < 0$. 기구 D에 해준 일이다.
$W_i > 0$. 카르노 순환 C_i가 한 일이다.
$W_i < 0$. 카르노 순환 C_i에 해준 일이다.
$Q_i^R > 0$. 저장고 R로부터 전달된 열이다.
$Q_i^R < 0$. 저장고 R에 전달된 열이다.
$Q_i > 0$. 기구 D에 전달된 열이다.
$Q_i < 0$. 기구 D로부터 전달된 열이다.

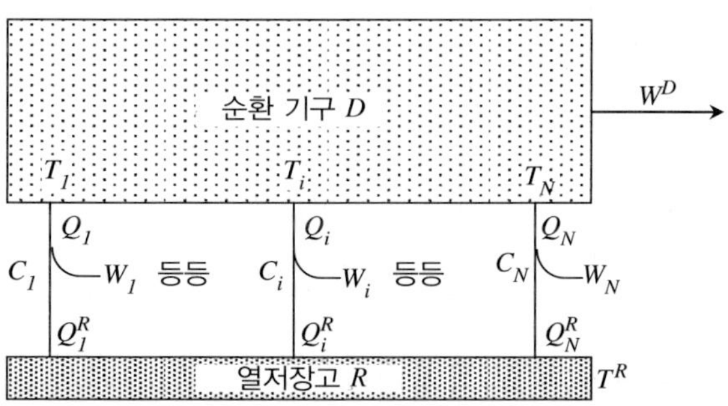

그림 10.3 단일 열저장고와 상호작용하는 순환 기구

각 카르노 순환에는 네 가지 가능성이 있다.

1. $T_i < T^R$ 및 $Q_i > 0$. C_i는 카르노 기관이고 $W_i > 0$이다.
2. $T_i < T^R$ 및 $Q_i < 0$. C_i는 카르노 냉장고이고 $W_i < 0$이다.
3. $T_i > T^R$ 및 $Q_i > 0$. C_i는 카르노 냉장고이고 $W_i < 0$이다.
4. $T_i > T^R$ 및 $Q_i < 0$. C_i는 카르노 기관이고 $W_i > 0$이다.

네 가지 가능성 모두에 대해서 에너지 보존은 $W_i = Q_i^R - Q_i$를 의미한다.

카르노 순환 집단과 더불어 순환 기구 D를 가동한 유일한 효과는 단일한 저장고로부터 열 $\sum_i Q_i^R$를 전달하는 것이고 주변에 일 $W^D + \sum_i W_i$를 하는 것이다. 제2법칙의 켈빈 표현에 따르면 단일한 저장고에서 열을 뽑아서 전부 일로 바꾸는 것은 불가능하다. 따라서 저장고로부터 전달된 열은 음수이거나 0이 되어야 한다.

$$\sum_{i=1}^{N} Q_i^R \le 0. \tag{10.13}$$

Q_i와 Q_i^R는 카르노 순환이 교환한 열을 나타내므로 식 (10.1)과 위의 Q_i와 Q_i^R에 대한 부호 관례에 따라서

$$\frac{Q_i^R}{T^R} = \frac{Q_i}{T_i} \tag{10.14}$$

가 된다. 이것을 Q_i^R에 대해 풀고 식 (10.13)의 결과를 사용하면

$$\sum_{i=1}^{N} \frac{Q_i}{T_i} \le 0 \tag{10.15}$$

을 얻는다. 이것은 식 (10.12)와 똑같기 때문에 정리가 증명된 것이다. 클라우지우스 정리가 적용되는 과정이 가역적이면 정리는 다음과 같이 간단해진다.

클라우지우스 정리에 대한 따름 정리

가역 순환 과정에서 열 Q_i와 온도 T_i는

$$\boxed{\sum_{i=1}^{N} \frac{Q_i}{T_i} = 0} \tag{10.16}$$

을 만족한다.

따름 정리는 계(기구)가 가역적임을 가정하므로 클라우지우스 정리를 가역계에 적용하면

$$\sum_{i=1}^{N} \frac{Q_i^{\text{reversed}}}{T_i} \leq 0 \tag{10.17}$$

이 된다. 과정이 거꾸로 되면 열 Q_i^R와 Q_i, 그리고 일 W_i에는 -1이 곱해지지만 온도는 변하지 않는다. $Q_i^{\text{reversed}} = -Q_i^{\text{forward}}$이기 때문에 식 (10.17)은

$$-\sum_{i=1}^{N} \frac{Q_i^{\text{forward}}}{T_i} \leq 0 \tag{10.18}$$

이 된다. 순방향으로 작동하는 계에 클라우지우스 정리를 적용하면

$$\sum_{i=1}^{N} \frac{Q_i^{\text{forward}}}{T_i} \leq 0 \tag{10.19}$$

을 얻는다. 등호가 식 (10.18)과 식 (10.19) 둘 모두에 합치되는 유일한 가능성이므로 따름 정리가 증명된다.

$đQ/T$는 완전 미분이다.

클라우지우스 정리에 대한 따름 정리를 사용하면 $đQ/T$가 완전 미분임을 증명할 수 있다. 평형 상태에 있을 때 단일한 온도의 계에서 가역 순환 과정을 조사하고, 과정을 계의 상태 공간에서 닫힌 경로 L_{cycle}로 나타내는 것으로 시작한다. 과정을 N 단계로 나누고, 경로를 선분들인 L_i로 나눈다. 단계 i에서 전달된 열을 Q_i로 나타내고, 그 단계 동안의 평균 온도를 T_i로 나타내자. 과정이 가역적이므로 Q_i는 $đQ$의 선적분과 같다. 그러면 작은 단계들을 사용하여 $đQ/T$의 선적분의 합을

$$\sum_{i=1}^{N} \int_{L_i} \frac{đQ}{T} \approx \sum_{i=1}^{N} \frac{1}{T_i} \int_{L_i} đQ = \sum_{i=1}^{N} \frac{Q_i}{T_i} \tag{10.20}$$

로 근사할 수 있다. 이것은 단계들이 무한히 작게 되면, 곧 $N \to \infty$이면 완전 미분이 된다. 극한을 취하면

$$\lim_{N\to\infty} \sum_{i=1}^{N} \frac{Q_i}{T_i} = \oint \frac{đQ}{T} \tag{10.21}$$

가 된다.

이 식과 클라우지우스 정리에 대한 따름 정리의 결과로

$$\oint \frac{đQ}{T} = 0 \tag{10.22}$$

이 된다. 이것은 다른 논리를 사용하여 얻은 식 (10.5)의 결과와 똑같다. 식 (10.22)와 완전 미분 정리에 따라서 $đQ/T$는 완전 미분이고 함수 미분이다. 그 함수가 **엔트로피 상태 함수**(entropy state function)이고 그 미분은 $dS = đQ/T$이다.

10.3 엔트로피 원리

단열 고립계의 엔트로피는 증가하거나 똑같이 그대로 있을 수밖에 없다는 것을 보이고자 한다. 그러기 위해서는 엔트로피가 얼마나 변했는지 결정할 필요가 있는데, 이것은 상태 공간에서 선을 따라 미분 dS를 적분하면 된다. 실제 과정은 흔히 비가역적이므로 상태 공간의 선들로 나타낼 수가 없다. 결과적으로 다수의 과정 동안의 엔트로피 변화를 결정하려면 똑같은 변화를 주는 가역 과정을 발견할 필요가 있다. 그러기 위해서 그림 10.4에 도형화된 것처럼 두 부분으로 된 과정을 조사하자. 그림에서 실제 과정은 계가 상태 a에서 상태 b로 가게 하고, 계를 상태 a로 되돌리는 가역 과정이 뒤따른다. 전체 과정이 순환이므로 클라우지우스 정리를 적용할 수 있다.

식 (10.12)의 클라우지우스 정리의 요약에서 i에 대한 단일한 합을 실제 과정과 가역 과정에 대한 분리된 합으로 대체하면 편리하다. 그러면 정리는

$$\sum_i \frac{Q_i}{T_i} = \sum_j \frac{Q_j^{\text{real}}}{T_j} + \sum_k \frac{Q_k^{\text{rev}}}{T_k} \leq 0 \tag{10.23}$$

이 된다. 여기서 Q_j^{real}은 실제 과정 j 단계에서 온도 T_j의 주변과 교환된 열이고, Q_k^{rev}는 가역 과정 k 단계의 온도 T_k에서 교환된 열이다.

먼저 단열 고립 부분이 없는 계를 고려하고 가역 과정을 선 $L_{b \to a}$로 나타내자. b에서 a로 가는 과정을 K 단계로 나누면 $L_{b \to a}$는 K개의 선분 L_k로 이루어진다. 단계 k 동안에 계로 전달된 열은 $Q_k = \int_{L_k} đQ$이고, 단계가 작아질수록 온도 변화는 점점 줄어든다. 무한한 수의 미소 단계를 고려하면 식 (10.23)에서 k에 대한 합은

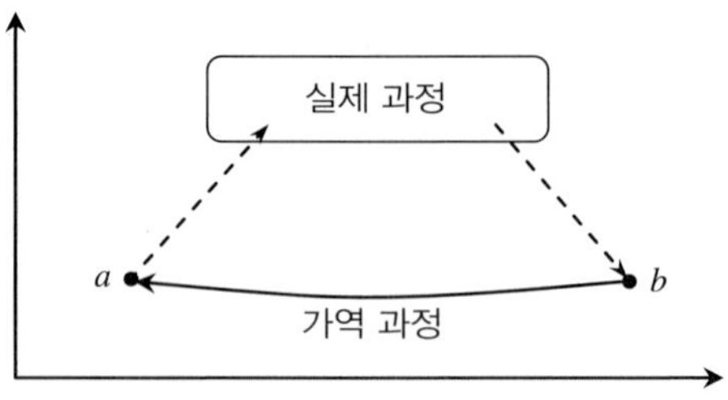

그림 10.4 두 부분으로 된 순환 과정

$$\sum_k \frac{Q_k^{\text{rev}}}{T_k} = \lim_{K\to\infty} \sum_{k=1}^{K} \frac{1}{T_k} \int_{L_k} đQ = \int_{L_{b\to a}} \frac{đQ}{T} = S_a - S_b \tag{10.24}$$

가 된다. 이 과정에서 식 (10.8)을 사용했다. 이제 고려하고 있는 실제 과정을 계와 그 주위 사이에 열이 교환되지 않는 것으로 제한하자. 다시 말해 계가 단열 고립되어 있는 실제 과정만 고려한다. 이것은 실제 과정의 모든 단계에서 $Q_j = 0$임을 의미한다. 따라서

$$\sum_j \frac{Q_j^{\text{real}}}{T_j} = 0 \tag{10.25}$$

이다. 이것을 식 (10.23) 및 식 (10.24)와 결합하면

$$\sum_i \frac{Q_i}{T_i} = S_a - S_b \le 0 \tag{10.26}$$

이 된다. 상태 a와 b가 실제 과정의 처음과 마지막 상태이므로 보통 0과 f로 나타낸다. 그러면 식 (10.26)의 결과는

$$S_0 \le S_f \tag{10.27}$$

를 의미한다. 여기서 S_0과 S_f는 실제 과정의 처음과 마지막 엔트로피이다.

상태 a에서 b로 가는 단열 과정 동안의 엔트로피 변화는 $S_a \le S_b$이므로 실제 가역 과정을 거꾸로 하면 관계가 $S_b \le S_a$로 바뀐다. 하나로 합치면 $S_b = S_a$가 된다. 그러므로 **계의 엔트로피는 가역 단열 과정 동안에 변하지 않는다**.

합성계

위의 결과는 단일한 평형 온도에 있는 계에 대해서 얻어진 것이다. 이런 제약을 피하기 위해서 단열 고립 부분이 있는 계를 고립된 부분이 없는 부분계의 집합으로 간주한다. 다음으로 계를 상태 b에서 a로 되돌리는 가역 과정을 특정 과정으로 제한한다. 그 과정에서는 부분계에 또는 부분계로부터 전달된 열이 부분계 사이에는 열이 교환되지 않는 합성계로 된 환경과 교환된다. 이렇게 하면 식 (10.24)를 유도하는 데 사용한 논리들을 각 부분계에 독립적으로 적용할 수 있다. n을 사용하여 부분계를 구분하고 식 (10.24)를 작용하여 그 결과를 더하면

$$\sum_k \frac{Q_k^{\text{rev}}}{T_k} = \sum_n \sum_k \frac{Q_{n,k}}{T_{n,k}} = \sum_n (S_{n,a} - S_{n,b}) \tag{10.28}$$

가 된다. 여기서 $S_{n,a}$와 $S_{n,b}$는 상태 a와 b에 있는 부분계 n의 엔트로피이다. 식 (10.23)

의 클라우지우스 정리의 요약에서 순환 과정의 가역 부분을 나타내는데 이 결과를 사용하면

$$\sum_j \frac{Q_j^{\text{real}}}{T_j} + \sum_n (S_{n,a} - S_{n,b}) \leq 0 \tag{10.29}$$

을 얻는다. 여기서 열은 합성계의 환경과 교환된다. 이제 고려하고 있는 실제 과정을 합성계가 단열 고립된 것의 과정으로 제한한다. 그러면

$$\sum_n S_{n,a} \leq \sum_n S_{n,b} \tag{10.30}$$

가 된다. 비록 합성계는 실제 과정 동안에 단열 고립되어 있지만 부분계 사이에서 열의 교환에 대한 제약은 없다. 또한 일의 형태로서 에너지의 교환에 대한 제약도 없다.

식 (10.30)의 합들은 엔트로피가 더해지는 양임을 가리키는데, 이것은 크기 성질의 특성이다(1.5절 참조). $đQ$는 크기 변수(부분계의 크기에 비례함)이고 T는 세기 변수(크기와 무관함)이기 때문에 $đQ/T$는 크기 변수이다. 개별 부분계의 엔트로피도 크기 변수이고 합친(전체) 계의 엔트로피는

$$S^{\text{tot}} = S_1 + S_2 + \cdots = \sum_n S_n \tag{10.31}$$

이 된다. 이것을 위의 결과와 결합하고 처음과 마지막 상태를 a와 b 대신에 0과 f로 나타내면 단열 고립계에 대해

$$\boxed{S_0^{\text{tot}} \leq S_f^{\text{tot}}} \tag{10.32}$$

임을 알 수 있다. 이 결과와 엔트로피 상태 함수의 정의를 결합하면 다음 정리를 얻는다.

엔트로피 원리

1. 열평형 상태에 있는 모든 열상호작용하는 계는 미분이 $dS = đQ/T$인 엔트로피 상태 함수 S를 가진다.
2. 단열 고립계의 엔트로피는 절대 감소하지 않는다.

엔트로피는 할 수만 있다면 증가할 것이다.

엔트로피 원리의 중요한 면은 엔트로피는 할 수만 있다면 증가할 것이라는 개념이다. 구체적으로 단열 고립계의 총 엔트로피가 증가할 수 있다면 계는 그 엔트로피가 증가

하는 방향으로 자발적으로 변화할 것이다.[3] 그 엔트로피가 최대가 되지 않을 때 엔트로피가 더 커지면서 가능해지는 상태가 존재하기 때문에 다음과 같은 결론을 내릴 수 있다. **평형 상태일 때, 단열 고립계의 엔트로피는 계의 제한에 상충되지 않는 최댓값을 가진다.**

엔트로피 원리는 계가 어떻게 변화할지 예측하는 데 유용하다. 엔트로피는 평형 상태 함수이기 때문에 원리는 평형 상태에서 시작하고 평형 상태로 끝나는 과정에 국한된다. 그렇지만 과정이 진행하는 동안에는 그러한 제한이 적용되지 않는다. 비록 계의 시간 변화가 궁극적으로는 계의 미시적인 구성 성분의 행동에 의해 결정되지만, 엔트로피 원리는 계의 원자 수준 구조에 대한 가정과 완전히 독립적인 열역학계의 변화 이론을 정립한다.

제2법칙

엔트로피 원리의 유도는 7장에 기술된 열역학 제2법칙을 결정적으로 사용한다. 엔트로피 원리를 수정하면 제2법칙의 다른 표현을 얻을 수 있다. 수정된 원리는 첫 부분을 일이 행해지지 않을 때 내부 에너지가 증가하면 엔트로피는 증가한다는 주장으로 대체한다. 이 주장을 기호로 나타내자면, $đW = 0$인 한 $dU > 0$이면 $dS > 0$이 된다. 이것은 사실이다. 왜냐하면 $đW = 0$일 때 $đQ$는 dU가 되므로 $dS = đQ/T$는 $dS = dU/T$가 되기 때문이다. 이것은 U가 증가하면 S가 증가한다는 것을 의미한다. 다음 정리가 제2법칙의 표현의 독립적인 표현이라는 것이 부록 10.A에 나타나 있다.

제2법칙의 엔트로피 표현

1. 열평형에 있는 모든 열상호작용하는 계는 엔트로피 상태 함수를 가지는데, 그 함수는 크기 변수이고 한 일이 없을 때 내부 에너지가 증가하면 커진다.
2. 단열 고립계의 엔트로피는 절대 감소하지 않는다.

10.4 엔트로피와 비가역성

에너지의 중요성은 대부분 그 보존성에서 나온다. 엔트로피는 다르다. 엔트로피는 보존되는 대신에 시간이 지나면서 증가한다. 그 중요성의 중심에는 가역성과 그 부재인 비가역성의 개념이 있다. 엔트로피 원리를 사용할 때 단열 고립계의 총 엔트로피에

---

3) 이 개념은 제1법칙과 제2법칙의 클라우지우스 요약인 “세계의 에너지는 일정하다.” 및 “세계의 엔트로피는 최대화하려는 경향이 있다.”에 내포되어 있다. (“Die Energie der Welt ist konstant.” 및 “Die Entropie der Welt strebt einem Maximum zu.”) Clausius, R. (1865) Annalen der Physik, 125 (7), 353-400, ser. 2.

대해 언급하고 있다는 것을 기억하는 것이 필수적이다. 계의 엔트로피는 계가 고립되어 있지 않으면 감소할 수 있는데, 그 감소는 관련된 다른 계의 엔트로피의 증가로 보상되어야 한다. 예를 들어 마시려고 탁자에 놓아둔 뜨거운 커피 한 잔의 엔트로피는 커피가 식으면서 줄어들지만, 그 감소는 방안 공기의 엔트로피 증가를 수반한다. 모든 엔트로피 변화를 포함하면 총 엔트로피는 증가하였다.

엔트로피의 개념이 너무 추상적이 되는 것을 막기 위해 쉽게 가시화할 수 있는 몇 가지 상황에서 엔트로피 변화를 구할 것이다. 엔트로피 상태 함수가 알려져 있을 때 처음과 마지막 상태 사이의 차이를 계산하여 그 변화를 구할 수 있다. 상태 함수가 알려져 있지 않을 때는 상태 공간에서 계를 처음과 마지막 상태로 가게 하는 선을 따라 $đQ/T$를 적분하여 변화 ΔS를 구한다. 상태 공간에서 선은 가역 과정을 나타내지만 실제 과정은 자주 비가역적이므로 사용된 가역 과정은 보통 실제 과정과 닮은 점이 거의 없는 가상적인 상황과 관련된다. 수반된 과정과 계에 대한 약간의 이상화는 단열 고립계를 얻는 데 필요할지도 모른다.

보통 일정한 압력에서 실험을 하는데, 계를 대기에 노출되도록 놓아두면 이 상황이 얻어진다. 이 경우에 열역학 좌표가 두 개인 계에서 의미 있는 유일한 변수는 온도이다. 이 상황에서 엔트로피의 변화에 대한 표현을 갖추는 것이 편리하다. 압력이 일정할 때 dP는 0이므로 열에 대한 미분은 $đQ = C_P dT$가 되고 식 (10.7)의 선적분은 보통의 일차원 적분이 된다. 열용량 C_P가 일정할 때 가역적인 일정 압력 과정 동안에 온도 T_0과 T_f 사이의 엔트로피 변화는

$$\Delta S = \int_L \frac{đQ}{T} = \int_{T_0}^{T_f} \frac{C_P\,dT}{T} = C_P \int_{T_0}^{T_f} \frac{dT}{T} = C_P \ln \frac{T_f}{T_0} \qquad (10.33)$$

이다. 열저장고에서와 같이 열이 일정한 온도에서 교환될 때, 온도를 적분 밖으로 꺼낼 수 있다. 최종 변화는

$$\Delta S_R = \frac{Q_R}{T_R} \qquad (10.34)$$

이다. 여기서 Q_R는 온도 T_R에 있는 저장고로 전달된 열이다.

예제 10.1 **뜨거운 조리 기구 식히기**

80°C의 철 조리 기구 2.0 kg을 15°C의 물 5.0 kg(5 L) 안에 놓아둘 때 생기는 엔트로피의 변화를 구하시오. 다른 물체와의 어떤 열교환도 무시할 수 있다고 가정한다.

풀이 ■ 우리의 계는 철 조리 기구와 물로 된 두 부분계의 결합이다. 두 부분계는 열접촉에 놓인 후에 똑같은 온도 Θ_f에서 열평형에 도달한다. 엔트로피의 변화를 계산

할 수 있기 전에 반드시 온도 Θ_f를 구해야 한다. 간소화한 가정

(물 5.0 kg에 전달된 열) = (철 2.0 kg로부터 전달된 열)

로부터 그 온도를 구할 수 있다. M이 질량이고 C_P가 $M c_P^M$이면 $Q = M c_P^M \Delta T$를 사용하여

$$(5.0\,\text{kg})\, c_P^{\text{w}}\,(\Theta_f - 15\,^\circ\text{C}) + (1.0\,\text{kg}) c_P^{\text{Fe}}(\Theta_f - 80\,^\circ\text{C}) = 0$$

을 얻는다. 그러므로

$$\Theta_f = \frac{c_P^{\text{w}}(5.0\,\text{kg})(15\,^\circ\text{C}) + c_P^{\text{Fe}}(2.0\,\text{kg})(80\,^\circ\text{C})}{c_P^{\text{w}}(5.0\,\text{kg}) + c_P^{\text{Fe}}(2.0\,\text{kg})}$$

이다. 표 1.2에 주어진 비열에 대한 값을 사용하면

$$\Theta_f = \frac{1.00(5.0)(15\,^\circ\text{C}) + 0.106(2.0)(80\,^\circ\text{C})}{1.00(5.0) + 0.106(2.0)} = 17.64\,^\circ\text{C}$$

가 된다.

조리 기구의 냉각은 비가역적이므로 똑같은 양의 냉각을 달성하는 가역 과정이 필요하다. 그렇지 않으면 따라가면서 $đQ/T$를 적분할 상태 공간의 선이 없다. 다음의 두 부분 과정을 고려해 보자. 그 과정 동안에 부분계가 잘 정의된 평형 성질을 가진 채 고립되어 있다.

1. 5.0 kg의 물을 15°C에서 17.64°C까지 가역적으로 가열한다.
2. 2.0 kg의 철을 80°C에서 17.64°C까지 가역적으로 냉각시킨다.

물체를 가역적으로 가열하거나 냉각시키는 것은 물체를 본질적으로 똑같은 온도의 열저장고와 연속적으로 열접촉시키는 과정의 이상화이다. 두 부분계의 엔트로피 변화를 더하면 엔트로피의 총 변화가 된다. 아마도 일정 대기압에서 실험을 하므로 식 (10.33)을 사용할 수 있다. 철의 엔트로피 변화는

$$\begin{aligned}\Delta S^{\text{Fe}} &= M^{\text{Fe}} c_P^{\text{Cu}} \ln \frac{T_f}{T_0^{\text{Fe}}} = 2.0\,\text{kg}(0.106\,\text{kcal}\,\text{kg}^{-1}\text{K}^{-1}) \ln \frac{273.15 + 17.64}{273.15 + 80} \\ &= -\,0.04119\,\text{kcal}\,\text{K}^{-1}\end{aligned}$$

이다. 물의 엔트로피 변화는

$$\begin{aligned}\Delta S^{\text{w}} &= M^{\text{w}} c_P^{\text{w}} \ln \frac{T_f}{T_0^{\text{w}}} = 5.0\,\text{kg}(1.00\,\text{kcal}\,\text{kg}^{-1}\,\text{K}^{-1}) \ln \frac{273.15 + 17.64}{273.15 + 15} \\ &= +\,0.04567\,\text{kcal}\,\text{K}^{-1}\end{aligned}$$

이다. 엔트로피의 총 변화는

$$\Delta S^{\text{tot}} = \Delta S^{\text{Fe}} + \Delta S^{\text{w}} = -41.19\,\text{cal}\,\text{K}^{-1} + 45.67\,\text{cal}\,\text{K}^{-1} = 4.48\,\text{cal}\,\text{K}^{-1}$$

이다. 물의 엔트로피 증가량은 철의 엔트로피 감소량보다 더 크다. 이것은 식 (10.33)의 $đQ/T$의 분모에 있는 온도가 철에서보다 물에서 더 작기 때문이다. ◆

다른 물체와 어떠한 열도 교환되지 않았으므로 예제에서 엔트로피의 증가는 제2법칙과 상충되지 않는다. 한 부분계(철)의 엔트로피는 줄어들었고, 다른 부분계(물)의 엔트로피는 증가했다. 각 부분계의 엔트로피 변화는 총 엔트로피 변화보다 현저하게 큼에 유의하자. 이것은 전형적이다. 거의 같은 크기의 두 수를 빼면 정확도가 줄어들므로 엔트로피 계산의 중간 단계에서 보통 유효숫자의 자릿수를 더 많이 유지할 필요가 있다.

예제 10.2 마른 마찰

예제 2.3에서 정지한 블록에 대해 철 블록을 앞뒤로 움직였다. 두 블록 사이에 작용하는 마찰력 때문에 외부 힘이 32 kJ의 일을 했고 블록의 온도는 36 K만큼 증가했다. 발생한 엔트로피의 변화를 추정하시오(합친 블록의 질량은 2.0 kg이다).

풀이 ■ 단열 과정이 되도록 환경과 우리 계(블록들) 사이에 어떠한 열도 교환되지 않는다고 가정한다. 철이 팽창하면서 대기에 한 조그만 일 $P\Delta V$를 무시하는 것은 합리적이다. 블록을 앞뒤로 움직이는 외부 힘은 계에 일을 하므로, 계가 한 일은 −32 kJ이다. 블록의 온도보다 아주 약간 더 큰 온도의 열저장고들을 차례로 두 블록과 접촉시켜서 가역적으로 블록들을 가열하면 계의 온도 변화를 똑같이 얻을 수 있다. 철의 열용량 C_P는 관련된 온도 범위에서 본질적으로 일정하므로 식 (10.33)을 사용하여 엔트로피 변화를 추정할 수 있다. 표 1.2에 있는 철에 대한 c_P^M 값을 사용하고 블록들이 처음에 상온(300 K)에 있었다고 가정하면 엔트로피의 변화는

$$\Delta S = M c_P^M \ln \frac{T_f}{T_0} = (2\,\text{kg})(444\,\text{J}\,\text{kg}^{-1}\,\text{K}^{-1}) \ln \frac{300+36}{300} = 101\,\text{J}\,\text{K}^{-1}$$

이다. ◆

예제에서 과정은 단열적이므로 ΔS의 양수 값은 제2법칙과 상충되지 않는다. 마찰에 의한 역학적 에너지의 흩어지기는 비가역적 과정의 전형적인 예이다. 이 과정은 차의 브레이크를 밟을 때마다 발생한다. 또 다른 예로 저항기에서 전기 에너지의 흩어지기가 있다. 철 블록들을 서로 비비는 대신에 전류가 블록들을 통해서 흐르도록

하여 블록이 저항기처럼 작용하게 할 수도 있었다. 100 s 동안 320 W의 전력을 소비하면 예제에서 기계적으로 전달했던 에너지와 똑같은 양을 계에 전기적으로 전달할 수 있고, 똑같은 엔트로피의 증가가 생길 것이다.

비가역성

서로 열을 교환만 하는 물체들의 집합은 단열 고립된 것으로 취급될 수 있다. 그 엔트로피가 어떤 과정에서 변하지 않은 채로 있으면 그 과정은 가역적이다. 과정이 비가역적일 때 계의 엔트로피의 증가는 비가역성이 발생했다는 정량적인 지표로 사용될 수 있다.

10.5 유용한 에너지

엔트로피의 증가는 유용한 에너지의 손실을 가리킨다. 에너지는 보존되기 때문에, 다시 말해 에너지를 생성하거나 없앨 수 없기 때문에 왜 사람들이 에너지 부족에 대해 걱정하는지 질문을 할지도 모르겠다. 물론 걱정하는 것은 일반적으로 에너지가 아니라 유용한 작업을 하는 데 가용할 수 있는 에너지에 대해서다. 예를 들어 추운 날에 바깥에는 많은 양의 에너지가 있지만, 열펌프와 그것을 작동할 얼마간의 에너지가 없다면 실내의 공기를 데우는 데 그 에너지를 가용할 수 없다(7.6절에서 열펌프를 논의했다). 열펌프는 보통 전기 에너지로 동력이 공급되는데, 그 전기 에너지가 열역학에서 일로서 전달되는 에너지이다. 제2법칙은 열을 일로 바꾸는 우리의 능력을 제한하지만 일을 열로 전환하는 데는 제한이 없으므로 일로서 전달될 수 있는 에너지가 열로서 전달되는 에너지보다 훨씬 유용하다. 건물을 가열하거나 자동차에 동력을 공급하는 것과 같은 유용한 작업을 수행하기 위해 최소량의 에너지나 연료를 사용하는 기구의 설계는 현실적인 난제이다. 그 도전을 달성하려면 비가역적 행동을 피해야 한다. 즉, 엔트로피의 생성을 최소화해야 한다.

일을 운반하는 것이 목적인 기구(엔진)를 설계할 때 해준 일의 양을 증가시키는 것이 보통 바람직하다. 그것은 W의 값을 증가시킨다. 유용한 작업을 하는 동안 에너지를 받아들이는 기구가 한 일은 음수이므로($W < 0$), 기구를 작동하는 데 필요한 에너지를 감소시키면 W의 값이 0에 가까워질 것이다. 따라서 양쪽 상황에서 W의 값을 증가시키는 것이 바람직하다. 이 절에서는 비가역적 행동을 줄이면 유용한 일을 하는 데 가용할 수 있는 에너지가 증가하는 것을 설명한다. 구체적으로 그것을 예시하기 위해 다음과 같은 엔트로피의 성질을 사용한다. **계를 특정한 처음과 마지막 상태 사이로 가져오는 임의의 과정에서 운반된 일은 사용된 과정이 가역적일 때 최대화된다. 더구나 두 특정한 상태 사이의 모든 가역 과정은 똑같은 양의 일을 운반한다.**

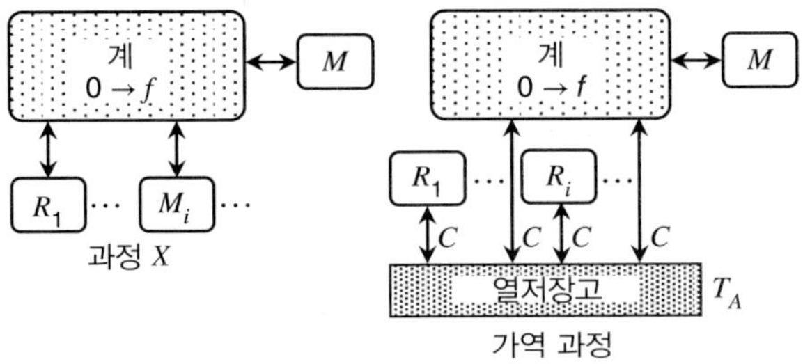

그림 10.5 계를 상태 0에서 상태 f로 가져오는 과정들

위의 진술을 증명하기 위해 그림 10.5에 나타낸 것처럼 계와 환경 사이의 상호작용을 이상화한다. 그림에서 과정 X는 계의 변화가 가역적이거나 비가역적일 수 있는 반면 다른 과정에서 그 변화는 가역적이 되는 일반적인 과정을 나타낸다. 양쪽의 과정은 모두 계가 똑같은 처음 상태 0에서 똑같은 마지막 상태 f가 되게 한다. 과정 X에서 계와 환경과의 상호작용은 온도 T_i에서 열저장고 R_i와의 가역적인 열의 교환 및 일의 형태로서 역학적 기구 M과의 에너지 교환에 의해 대표된다. 똑같은 저장고 R_i가 과정 rev에 포함되어 있고 그것들은 똑같은 양의 열을 교환한다. 그렇지만 가역 과정(rev로 나타냄)에서 모든 열교환은 온도 T_A에 있는 단일한 보조 저장고와 각 저장고 R_i 사이에서 작동하는 카르노 순환을 통해 만들어진다. 각 도형에 있는 계와 저장고 집합은 단열 고립되어 있다.

이제 두 과정에서 엔트로피의 변화를 비교하자. 상태 0과 f는 두 과정에서 똑같으므로 계의 엔트로피 변화 ΔS_{sys}도 똑같다. Q_i^X가 일반적인 과정 X에서 계로부터 저장고 R_i로 전달된 열을 나타내도록 하면 식 (10.34)에 주어진 저장고의 엔트로피 변화는 Q_i^X/T_i이다. 단열 고립계에서 엔트로피는 절대 감소하지 않으므로 과정 X에서 총 엔트로피 변화는

$$\Delta S_{\text{sys}} + \sum_i \frac{Q_i^X}{T_i} \geq 0 \tag{10.35}$$

이다.

같은 저장고 R_i와 같은 양의 열이 두 과정 모두에서 교환되므로 과정 rev에서 저장고 R_i의 엔트로피 변화도 Q_i^X/T_i이다. 보조 저장고에서 엔트로피 변화는 Q_A/T_A이다. 계의 변화가 가역적이고 카르노 순환이 가역적이므로 과정 rev에서 엔트로피는 변하지 않고 그대로이다.

$$\Delta S_{\text{sys}} + \sum_i \frac{Q_i^X}{T_i} + \frac{Q_A}{T_A} = 0. \tag{10.36}$$

이것을 식 (10.35)와 결합하면 $-(Q_A/T_A) \geq 0$이 된다. 계와 다른 저장고로 전달된 열

$Q^{\text{rev}}_{0\to f}$는 보조 저장고에 전달된 열 Q_A의 음수이므로

$$Q^{\text{rev}}_{0\to f} + \sum_i Q^X_i = -Q_A \tag{10.37}$$

가 된다. $T_A > 0$이므로 $-(Q_A/T_A) \geq 0$로부터

$$Q^{\text{rev}}_{0\to f} + \sum_i Q^X_i \geq 0 \tag{10.38}$$

이 나온다.

과정 X에서 계에 전달된 열은 $Q^X_{0\to f} = -\sum_i Q^X_i$이다. 이것을 이전의 결과와 결합하면

$$Q^{\text{rev}}_{0\to f} - Q^X_{0\to f} \geq 0 \tag{10.39}$$

을 얻는다. 과정 X는 가역적일 수 있으므로 두 가역 과정 rev-1과 rev-2를 비교하는 데 이 결과를 사용할 수 있다. 그것들을 차례로 과정 X로 취급하면 $Q^{\text{rev-2}}_{0\to f} \geq Q^{\text{rev-1}}_{0\to f}$과 $Q^{rev\text{-}1}_{0\to f} \geq Q^{rev\text{-}2}_{0\to f}$를 얻는데, 이 둘을 합치면 $Q^{\text{rev-1}}_{0\to f} - Q^{\text{rev-2}}_{0\to f} = 0$이 된다. 따라서 식 (10.39)에서 등호는 과정 X가 가역적일 때 적용된다.

과정 X가 비가역적이면, 가역 과정에서 계에 전달된 열은 비가역 과정에서 전달된 열보다 크다($Q^{\text{rev}}_{0\to f} > Q^X_{0\to f}$). 왜냐하면 계의 내부 에너지를 변화시키는 데 필요한 에너지의 작은 일부분은 역학적 기구 M에서 오기 때문이다. 제1법칙 $Q = \Delta U + W$ 를 사용하면

$$Q^{\text{rev}}_{0\to f} - Q^X_{0\to f} = (\Delta U_{\text{sys}} + W^{\text{rev}}_{0\to f}) - (\Delta U_{\text{sys}} + W^X_{0\to f}) = W^{\text{rev}}_{0\to f} - W^X_{0\to f} \tag{10.40}$$

를 얻는다. 식 (10.40)을 식 (10.39)와 결합하면

$$\boxed{W^{\text{rev}}_{0\to f} \geq W^X_{0\to f}} \tag{10.41}$$

가 된다. 여기서 $W^{\text{rev}}_{0\to f}$와 $W^X_{0\to f}$는 과정 rev와 과정 X에서 해준 일이다. 등호는 과정 X가 가역적일 때 적용되므로 모든 가역 과정은 똑같은 양의 일을 운반한다는 결론이 된다.

위의 결과는 계가 상태 0에서 상태 f로 가면서 한 일은 관련된 과정이 가역적일 때 가장 크다는 것을 알려준다. 에너지의 전달이 포함된 거의 모든 활동이 일부 계의 상태를 바꾸므로 엔트로피의 생성을 최소화함으로써 유용한 작업을 수행하는 데 가용할 수 있는 에너지의 양이 최대화된다는 것을 그 결과가 가리키고 있다. 엔트로피의 생성을 최소화하려면 비가역적 행동을 피해야 한다.

예제 10.3 **물이 냉각되면서 나오는 일**

100°C의 물 1리터를 상온 20°C까지 냉각하여 얻을 수 있는 일의 최대량을 구하시오.

풀이 ■ 온도 T_R의 열저장고와 상호작용하는 온도 T_0의 물체로부터 얻을 수 있는 최대 일을 구하는 것으로 시작한다. 간단히 하기 위해 물체의 열용량 C_0과 부피 V가 일정하다고 가정한다. 물체가 온도 T_0에서 T_R까지 식을 때 그 내부 에너지의 변화를 구하기 위해 물체를 열저장고와 열접촉시키고 열이 저장고로 비가역적으로 전달되는 것을 허용한다. V가 일정할 때 어떠한 일도 하지 않으므로 내부 에너지의 변화는

$$\Delta U = U_f - U_0 = C_0(T_R - T_0)$$

이다. 물체로부터 최대량의 일을 얻기 위해 물체에서 열을 받고 저장고로 열을 방출하는 기구(엔진)에 물체를 연결한다. 물체와 저장고의 연합을 단열 고립시키고 열을 가역적으로 이동시킨다. (상태가 변하지 않고 그대로 있는) 기구가 한 일은 물체에서 없어진 에너지에서 저장고로 전달된 열 Q_R를 뺀 것과 같다.

$$\Delta U = U_f - U_0 = C_0(T_R - T_0).$$

일을 할 때 가용할 수 있는 에너지의 최대량은 엔트로피의 생성을 최소화하여 얻어지므로 수반된 엔트로피 변화를 알 필요가 있다. 저장고의 엔트로피 변화는 $\Delta S_R = Q_R/T_R$이고, 물체의 엔트로피 변화는

$$\Delta S_{\text{obj}} = \int_{T_0}^{T_R} \frac{đQ}{T} = C_o \int_{T_0}^{T_R} \frac{dT}{T} = C_o(\ln T_R - \ln T_0) = C_o \ln \frac{T_R}{T_0}$$

이다. 엔트로피는 가역 단열 과정에서 변하지 않으므로 $\Delta S_{\text{obj}} + \Delta S_R = 0$이 된다. 이것과 위의 결과를 사용하면

$$Q_R = T_R \Delta S_R = -T_R \Delta S_{\text{obj}} = -C_o T_R \ln \frac{T_R}{T_0}$$

이다. 이것을 W에 대한 위의 표현과 합치면 얻을 수 있는 일의 최대량은[4]

$$W_{\max} = C_o \left[\left(T_0 - T_R \right) + T_R \ln \frac{T_R}{T_0} \right]$$

이다.

4) 계에서 저장고로 열을 전달하는 카르노 기관을 사용하여 똑같은 결과를 얻을 수 있다는 것을 보이는 것은 문제로서 남겨둔다.

물 1리터의 질량 M은 1.0 kg이기 때문에 그 열용량은 $C_0 = Mc_P^M = 4.184\ \mathrm{kJK^{-1}}$이다(아마도 물은 대기압에서 무시할 만한 부피 변화로 냉각된다). 온도(100°C와 20°C)를 $T_0 = 373$ K와 $T_R = 293$ K로 바꾸면 물 1리터를 80°C까지 냉각하여 얻을 수 있는 일의 최대량은

$$W_{\max} = (4.184\,\mathrm{kJ\,K^{-1}})\left[(373\,\mathrm{K} - 293\,\mathrm{K}) + 293\,\mathrm{K}\ln\frac{293}{373}\right] = 39\,\mathrm{kJ}$$

이다. ◆

이 결과를 전체적으로 이해하기 위해 39 kJ은 100 W의 전기 기구를 390 s(6.5분) 동안 작동하는 데 충분한 에너지라는 것을 언급하고자 한다. 뜨거운 물 1리터를 상온까지 식게 내버려두면 유용한 일을 하는 데 가용할 수 있는 39 kJ의 에너지를 쓸모없게 만드는 것이다. 다시 말해 39 kJ의 에너지를 낭비한 것이다. 비교하자면 이것은 물을 20°C에서 100°C까지 가열하는 데 필요한 에너지인 $(4.184\ \mathrm{kJK^{-1}})(80\ \mathrm{K}) = 335\ \mathrm{kJ}$보다 작은 것이다.

10.6 제3법칙

$đQ/T$의 분모에 있는 T 때문에 T가 절대 영도에 가까워지면 엔트로피가 특별한 방법으로 행동할 것이 예상된다. 그 행동이 제3법칙의 주제이다. 네른스트(Walter Nernst)가 1905년에 제3법칙의 기초를 이루는 원리를 제안했고, 때때로 이것을 **네른스트 열정리**(Nernst's heat theorem)라고 한다. 이것은 제3법칙의 **플랑크 표현**(Planck statement)에 우아하게 표현되어 있다.

> **열역학 제3법칙**
> 계의 엔트로피는 절대 영도에서 0이다.

제3법칙의 본질적인 개념은 절대 영도에 접근하면서 계의 엔트로피는 온도 외의 열역학 좌표와 무관해진다는 것이다. 식 (10.8)의 엔트로피 정의는 임의의 기준 상태 o와 임의의 상수 S_o를 포함하고 있다. 제3법칙은 절대 영도를 기준 상태로 사용하고 S_o를 0으로 놓을 수 있다는 것을 알려준다.

제3법칙의 함의를 구하기 위해 열역학 좌표가 두 개인 계를 고려하자. 온도 T를 그 중의 하나가 되게 하고 일반성을 위해 다른 하나를 X로 나타내자. 그러면 엔트로피는 함수 $S(T, X)$로 주어진다. PVT 계에서 X는 V 또는 P가 될 수 있다. 단열 자기 소거 실험은 그동안 저온 현상 연구에서 특별히 중요했는데, 그 경우에는 자기장 $\mathcal{H}$의 세기를

X로 나타낼 것이다.

X가 일정하게 유지되는 동안에 계가 온도 T_b인 상태 b에서 절대 영도인 상태 0으로 가는 가역 과정을 고려해 보자. X가 일정할 때 열에 대한 미분은 $đQ = C_X dT$이다. 여기서 $C_X = (đQ/dT)_X$는 열용량이다. 고려하는 선이 TX 공간에서 일정 X 과정을 나타날 때 선적분은 보통의 일차원 적분으로 단순화되므로 식 (10.7)의 엔트로피는

$$\Delta S = S(0, X) - S(T_b, X) = \int_{L_{b\to 0}} \frac{đQ}{T} = \int_{T_b}^{0} \frac{C_X}{T} dT = -\int_{0}^{T_b} \frac{C_X}{T} dT \tag{10.42}$$

가 된다. 제3법칙은 $S(0, X) = 0$으로 놓을 수 있음을 알려주므로

$$S(T_b, X) = \int_{0}^{T_b} \frac{C_X}{T} dT \tag{10.43}$$

가 된다. 이 적분이 수렴하려면 **열용량이 절대 영도에 가까워지면서 0으로 가야 한다**. 계의 열역학 좌표가 두 개보다 많으면 X를 T 외의 모든 좌표들의 축약으로 해석할 수 있다.

제3법칙의 또 다른 결과는 **절대 엔트로피**(absolute entropy)의 개념이다. 절대 영도를 기준 상태로 사용하고 $S_o = 0$으로 놓으면 식 (10.8)의 더해지는 상수 S_o로 대표되는 엔트로피 정의에서의 임의성을 없앨 수 있다. 결과적으로 다른 상태 a의 엔트로피 정의는

$$\boxed{S_a = \int_{L_{o\to a}} \frac{đQ}{T}} \tag{10.44}$$

가 된다.

10.7 절대 영도의 도달 불가능성

도달 불가능성 표현은 제3법칙의 또 다른 공식화이다. **계의 온도를 유한 번의 작업으로 절대 영도로 줄이는 것은 불가능하다.**

어떻게 상자성계의 온도를 낮출 수 있는지 상상함으로써 제3법칙에 대한 두 가지 표현의 관계를 알 수 있다. 과정을 예시하기 위해 절대 영도 근처에서 T와 $\mathcal{H}$에 대한 엔트로피의 의존성을

$$S(T, \mathcal{H}) = g(\mathcal{H}) + f(\mathcal{H})T^{\gamma} \tag{10.45}$$

로 나타낸다. 여기서 함수 $g(\mathcal{H})$와 $f(\mathcal{H})$는 온도와 무관하고 γ는 상수이다. 엔트로피가

절대 영도에서 발산하는 것을 방지하기 위해 $\gamma > 0$이라고 가정한다. 일정 자기장 열용량 $C_{\mathcal{H}}(T)$는

$$C_{\mathcal{H}}(T) = T\left(\frac{\partial S}{\partial T}\right)_{\mathcal{H}} = f(\mathcal{H})\gamma T^{\gamma} \tag{10.46}$$

이다. $C_{\mathcal{H}}(T)$가 양수가 되도록 $f(\mathcal{H}) > 0$이라고 가정한다. 제3법칙의 플랑크 표현은 T가 0에 다가가면서 엔트로피 $S(T, \mathcal{H})$가 H에 무관해진다고 말한다. 플랑크 표현은 $g(\mathcal{H})$가 0이 됨을 의미하므로 $S(T, \mathcal{H}) = f(\mathcal{H})T^{\gamma}$이다.

그림 10.6의 두 도형은 제3법칙의 도달 불가능성 표현의 의미를 예시한다. 실선은 $\gamma = 1$일 때 자기장 $\mathcal{H}$의 두 값에서 $S(T, \mathcal{H})$를 나타낸다. $\mathcal{H} = 0$과 $\mathcal{H} > 0$에 대한 일정 자기장 선의 위치는 자기장이 증가하면서 엔트로피가 감소하는 것을 가리키는데, 이것은 상자성계의 특성이다. 점선은 가역 과정을 나타낸다. 수직선(일정 T 선)은 등온 과정을 나타낸다. $đQ = TdS$는 $dS = 0$일 때 $đQ = 0$을 의미하므로 수평선(일정 S 선)은 단열 과정을 나타낸다.

왼쪽 도형에서는 항 $g(\mathcal{H})$가 자기장의 세기에 의존한다. 만약 그렇게 된다면 두 번의 작동으로 절대 영도에 도달할 수 있을 것이다. 자성체 표본을 작은 부분과 훨씬 큰 부분인 두 부분으로 나눌 수 있을 것이다. 작은 부분은 냉각시킬 계이고 큰 부분은 열저장고가 된다. 두 부분 모두 처음에는 온도는 T_a이고 자기장은 $\mathcal{H} = 0$이다. 첫 번째 작동에서 작은 계의 자기장은 천천히 증가하는 반면, 저장고의 자기장은 0으로 유지된다. 이것은 계를 등온적으로 상태 b에 도달하게 만든다. 다음 작동에서 계는 저장고에서 분리되고 자기장은 천천히 0으로 되돌려진다. 이것은 계를 단열적으로 상태 c에 도달하게 만든다. 결과적으로 0이 아닌 자기장의 세기를 적절히 선택하면 상태 c를 절대 영도에 둘 수 있다. 이것은 제3법칙의 도달 불가능성 표현을 위반하므로 식 (10.45)에서 온도와 무관한 항이 자기장에 의존한다는 가정은 옳지 않다.

오른쪽의 도형에서는 항 $g(\mathcal{H})$가 일정하다고 가정한다. 그러면 $g(\mathcal{H})$를 상수 g_o로 바꿀 수 있다. 식 (10.45)는 $S(T, \mathcal{H}) = g_o + f(\mathcal{H})T^{\gamma}$가 되는데, 이것은 일정 자기장 선을 $T = 0$에서 수렴하도록 만든다. 결과적으로 시작 온도(T_b, T_d 등)가 점점 작아지면

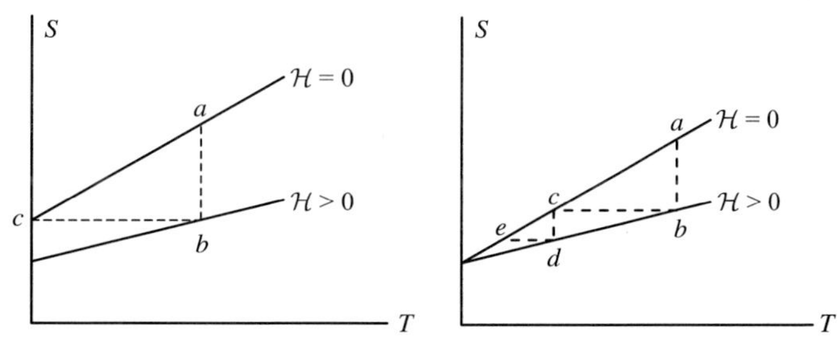

그림 10.6 절대 영도 근처의 엔트로피

서 단열 과정($b \rightarrow c$, $d \rightarrow e$ 등)에서 온도 변화는 점점 줄어든다. 구체적으로 과정이 단열 가역적이기 때문에 $\mathcal{H} > 0$인 상태와 $\mathcal{H} = 0$인 상태 사이의 엔트로피 변화는

$$\Delta S = f(0)T_f{}^{\gamma} - f(\mathcal{H})T_0{}^{\gamma} \tag{10.47}$$

이고, 과정이 단열 가역적이기 때문에 $\Delta S = 0$이다. 마지막 온도 T_f에 대해 풀면

$$T_f = T_0\left[\frac{f(\mathcal{H})}{f(0)}\right]^{1/\gamma} \tag{10.48}$$

을 얻는다. 엔트로피는 자기장의 증가와 더불어 줄어들기 때문에, 즉 $f(\mathcal{H}) < f(0)$이기 때문에 마지막 온도 T_f는 처음 온도 T_0 보다 작지만 0은 아니다. 결론적으로 유한 번의 작동(과정)으로 $T = 0$에 도달할 수 없다. 따라서 도달 불가능성 표현은 식 (10.45)의 항 $g(\mathcal{H})$가 상수일 때 지켜진다. 그 상수를 0으로 놓음으로써 엔트로피는 $S(T, \mathcal{H}) = f(\mathcal{H})T^{\gamma}$가 된다. 이것은 플랑크 표현이 의미하는 결과와 똑같다.

모든 과학 법칙처럼 제3법칙은 실제 세계의 성질을 요약하며 실험적 증명을 필요로 한다. 이것은 일반적으로 옳다고 인정된다. 그럼에도 불구하고 아주 낮은 온도에서의 과정은 대체로 느리기 때문에 제3법칙을 증명하는 실험은 간단하지 않다. 제3법칙을 적용할 때 계가 열평형 상태에 있고 꽤 오래 지속되는 **준안정 상태**(metastable state)에 있지 않는 것이 필수적이다. 그러한 상태는 진짜 평형 상태는 아니지만 긴 수명 때문에 평형 상태인 것처럼 보인다. 유리는 준안정성의 중요한 예이다. 유리는 과냉각 액체, 곧 원리적으로 결정 상태가 더 안정한 온도에 있는 액체이다.

문제

10.1 엔트로피 원리를 사용하여 제2법칙의 클라우지우스 표현을 유도하시오.

10.2 90°C의 물 2.0 kg이 20°C의 물 3.0 kg과 섞일 때 발생하는 엔트로피 변화를 구하시오.

10.3 100°C의 철 조각 0.50 kg을 얼음과 물의 혼합물이 들어있는 통에 떨어뜨렸다. 철, 얼음, 물이 평형에 도달한 후에 얼음 일부가 남아 있다. 엔트로피의 총 변화를 구하시오.

10.4 아주 순수한 물을 조심스럽게 냉각하면 정상적인 어는 온도보다 낮은 온도의 물인 과냉각 물을 얻을 수 있다. 과냉각 물은 가열 없이도 자발적으로 진짜 평형 상태의 얼음-물 혼합물로 바뀔 수 있는 준안정 상태에 있다. 과냉각 과정은 가역적이지만 자발적 변화는 그렇지 않다. −8.0°C의 물 1.0 g이 자

발적으로 얼음-물 혼합물로 바뀔 때 엔트로피의 변화는 얼마인가?

10.5 일련의 카르노 기관을 사용하여 처음에 온도가 T_0인 물체를 열저장고의 온도 T_R까지 냉각함으로써 얻을 수 있는 일을 구하시오. 물체의 부피와 열용량은 일정하다고 가정한다(예제 10.3과 비교하라).

10.6 바다에는 그 아래 있는 물보다 따뜻한 표층수가 있다. 표층수를 아래 깊은 곳에 있는 물의 온도로 냉각시켜서 유용한 일(전기 에너지)을 얻을 수 있다는 것이 제안되었다. 표층수의 온도는 $T_0 = 285$ K (12°C)이고 더 깊은 곳에 있는 차가운 물(저장고)의 온도는 $T_R = 275$ K (2°C)이라고 가정한다. 미국에서 연간 사용되는 에너지(유용한 일)를 공급하기 위해 냉각시켜야만 하는 표층수의 두께를 추정하시오. 예제 10.3 또는 이전 문제의 결과를 사용하자. 문제 7.1의 답과 비교해보는 것은 흥미롭다. 자료: 바다는 지구 표면의 71%를 차지함. 지구 반지름 6370 km, 바닷물의 밀도 1025 kg m^{-3}, 바닷물의 열용량 $c_P^M = 3990$ J kg^{-1} K^{-1}임. 미국의 연간 사용량은 대략 9×10^{16} Btu임.

10.A 부록

제2법칙의 엔트로피 표현

열역학의 클라우지우스–켈빈 공식화의 논리를 따라서 켈빈 표현으로부터 제2법칙의 엔트로피 표현을 10.3절에서 얻었다. 대안적인 공식화는 엔트로피 표현을 법칙이 표현하는 물리적인 원리의 기본 표현으로 사용하는 것이다.[5] 10.3절에 주어진 것처럼 제2법칙의 엔트로피 표현은 다음과 같이 주장한다.

1. **열평형에 있는 모든 열상호작용하는 계는 엔트로피 상태 함수를 가지는데, 그 함수는 크기 변수이고 한 일이 없을 때 내부 에너지가 증가하면 커진다.**
2. **단열 고립계의 엔트로피는 절대 감소하지 않는다.**

이 부록의 목적은 제2법칙의 엔트로피 표현이 앞에서의 켈빈 표현(또는 클라우지우스 표현)과 독립적이라는 것을 보임으로써 열역학의 두 공식화가 물리적으로 대등하다는 것을 보이는 것이다. 그렇게 하기 위해 엔트로피 표현에서 켈빈 표현을 유도한다. 관

5) 대안적인 공식화는 티서(Lazlo Tisza), "*Generalized Thermodynamics*" (MIT 출판사, 캠브리지, 1966)에 전개되어 있고 콜른(Callen H.B.) (1985)이 집필한 교재["*Thermodynamics and an Introduction to Thermostatics*", 2판, John Wiley & Sons, 뉴욕]의 기초가 된다.

련된 개념을 예시하기 위해 *PVT* 계를 고려하고 내부 에너지 *U*와 부피 *V*를 열역학 좌표로 택하면 계의 엔트로피는 함수 $S(U, V)$로 주어진다. 부피가 일정할 때 어떤 일도 하지 않으므로, 한 일이 없을 때 내부 에너지가 증가하면 엔트로피가 증가한다는 주장은 $(\partial S/\partial U)_V > 0$을 의미하고 관계식 $S = S(U, V)$를 $U = U(S, V)$로 표현할 수 있게 해 준다. 법칙의 이전 표현에서 얻은 어떠한 결과도 사용하지 않고서 엔트로피 표현으로부터 관계식 $T = (\partial U/\partial S)_V$와 $dS = đQ/T$를 유도하는 것으로 시작한다.

온도

법칙의 엔트로피 표현이 절대 온도의 특성과 더불어 상태 함수의 존재를 가정하지 않으므로 그런 함수가 존재한다는 것을 증명할 필요가 있다. 7.1절에 요약된 것처럼 온도는 세기 변수 함수로, (i) 열접촉을 하고 있는 계는 서로 평형 상태에서 똑같은 온도를 가지며, (ii) 서로 다른 초기 온도를 가진 계를 열접촉시키면 열을 교환한다는 특성을 가진다. $(\partial U/\partial S)_V$가 세기 변수라는 것을 관찰하는 것으로 시작하자. *U*와 *S* 둘 다 크기 변수이고, 크기 변수를 다른 크기 변수로 나누면 세기 변수가 된다.

열접촉을 하고 있는 계에 대한 $(\partial U/\partial S)_V$의 의미를 구하기 위해 아래 첨자 1과 2로 나타내는 두 계를 고려한다. 내부 에너지의 변화를 열전달과 연관 지을 수 있도록 일을 하지 않는 두 과정을 고려하되, 다른 계와 열이 교환되지 않는다고 가정한다. 이 제약은 계의 합이 단열 고립되어 있고 부피 V_1과 V_2는 일정하다는 것을 의미한다. 일을 하지 않으므로 총 내부 에너지 $U_1 + U_2$는 일정하다. 이것은 $\Delta U_1 = -\Delta U_2$를 의미한다. 두 계의 초기 엔트로피는

$$S_0^{\text{tot}} = S_1(U_{1,0}, V_{1,0}) + S_2(U_{2,0}, V_{2,0}) \tag{10.A.1}$$

이다. 여기서 $U_{1,0}$, $V_{1,0}$, $U_{2,0}$, $V_{2,0}$은 초기 상태의 U_1, V_1, U_2, V_2를 나타낸다. 고려하는 과정에서 다른 상태의 엔트로피는

$$S_f^{\text{tot}} = S_1(U_{1,0} + \Delta U_1, V_{1,0}) + S_2(U_{2,0} - \Delta U_1, V_{2,0}) \tag{10. A.2}$$

이다. 이제 개별 계들이 초기에 단열 고립되어 있다고 가정하고 그것들을 열접촉시키면 무슨 일이 생길지 보자. 작은 양의 에너지 ΔU_1이 전달되는 가능성을 고려하려고 한다. 엔트로피의 변화를 ΔU_1의 거듭곱으로 전개하고 고차 항을 무시하면

$$S_f^{\text{tot}} = S_0^{\text{tot}} + \left[\left(\frac{\partial S_1}{\partial U_1}\right)_{V_1} - \left(\frac{\partial S_2}{\partial U_2}\right)_{V_2}\right]_0 \Delta U_1 \tag{10.A.3}$$

을 얻는다. 여기서 미분은 초기 상태에서 계산된다.

10장에서 말한 대로 "단열 고립계의 엔트로피는 절대 감소하지 않는다."라는 주장

에는 엔트로피는 할 수만 있다면 증가할 것이다가 함축되어 있다. 이것은 자발적인 열교환이 엔트로피의 증가를 야기할 때마다 교환이 발생할 것임을 의미한다. 계가 평형 상태에 있을 때는 자발적인 변화가 발생하지 않으므로 계들이 초기에 서로 평형 상태에 있을 때 초기 상태의 엔트로피는 최대가 되어야 하고, 이것은 엔트로피 S_f^{tot}가 S_0^{tot} 보다 클 수 없음을 의미한다. 그래서

$$\left(\frac{\partial S_1}{\partial U_1}\right)_{V_1} - \left(\frac{\partial S_2}{\partial U_2}\right)_{V_2} = 0 \tag{10.A.4}$$

이다. 수학적 관계식 $(\partial X/\partial Y)_Z = 1/(\partial Y/\partial X)_Z$를 사용하면

$$\left(\frac{\partial U_1}{\partial S_1}\right)_{V_1} = \left(\frac{\partial U_2}{\partial S_2}\right)_{V_2} \tag{10.A.5}$$

를 얻는다. 따라서 열접촉에 있는 두 계는 서로 평형일 때 똑같은 값의 $(\partial U/\partial S)_V$를 가진다.

계들이 평형 상태에 있지 않을 때, ΔU_1의 양과 음의 값은 열이 각각 계 1과 계 2로 전달된다는 것을 관찰하면 열전달의 방향을 알 수 있다. 식 (10.A.3)으로부터 ΔU_1과 괄호 안의 양이 모두 양수일 때 엔트로피는 증가할 것($S_f^{\text{tot}} > S_0^{\text{tot}}$)이라는 결과가 나온다. 할 수만 있다면 엔트로피는 증가할 것이기 때문에, $(\partial S_1/\partial U_1)_{V_1} > (\partial S_2/\partial U_2)_{V_2}$일 때 열은 계 1로 전달될 것이다. 이 조건을

$$\left(\frac{\partial U_1}{\partial S_1}\right)_{V_1} < \left(\frac{\partial U_2}{\partial S_2}\right)_{V_2} \tag{10.A.6}$$

로 표현할 수 있다. 따라서 열은 $(\partial U/\partial S)_V$의 값이 더 작은 계로 전달된다. 마찬가지로 ΔU_1과 괄호 안의 양이 음수일 때 엔트로피가 증가할 것인데, 이 조건은 부등식

$$\left(\frac{\partial U_1}{\partial S_1}\right)_{V_1} > \left(\frac{\partial U_2}{\partial S_2}\right)_{V_2} \tag{10.A.7}$$

가 된다. $\Delta U_1 < 0$은 계 2로의 열전달을 가리키므로 열은 $(\partial U/\partial S)_V$의 값이 더 작은 계로 전달된다는 것을 또 다시 알게 된다. $(\partial U/\partial S)_V$의 초기 값이 똑같지 않을 때 0이 아닌 ΔU_1의 값은 엔트로피의 증가를 가져오므로 온도의 두 번째 특성, 즉 $(\partial U/\partial S)_V$의 초기 값이 다른 계들이 열접촉을 하게 되면 열을 교환한다는 특성을 얻는다. 더구나 열은 $(\partial U/\partial S)_V$의 값이 더 큰 계에서 더 작은 계로 전달된다. 또한 $(\partial S/\partial U)_V$으로부터 S는 양수라는 결론이 나온다. $(\partial U/\partial S)_V$가 절대 온도라는 것을 보이기 전에 열에 대한 미분 표현이 필요하다.

열에 대한 미분

미분 $đQ$를 구하기 위해 상태 공간에서 선으로 나타나는 과정을 고려해 보자. 그 과정은 가역적이고 미분에 의해 기술되는 특성을 가진다. 단열 고립계에서의 과정을 고려하고 S와 V를 열역학 좌표로 사용한다. 상태 공간에서 선을 따라 움직이는 방향을 거꾸로 할 수 있기 때문에 엔트로피는 단열 과정에서 일정하고, 이것은 $dS = 0$을 의미한다. 그렇지 않다면 엔트로피는 두 방향 중 하나에서 감소할 것이다. 에너지의 미분은

$$dU = \left(\frac{\partial U}{\partial S}\right)_V dS + \left(\frac{\partial U}{\partial V}\right)_S dV \tag{10.A.8}$$

이다. $dS = 0$일 때 이것은 $dU = (\partial U/\partial V)_S dV$가 된다. 열에 대한 미분은 단열 과정에서 0이 되므로 관계식 $đQ = dU + PdV$는

$$dU = -PdV \tag{10.A.9}$$

를 가리킨다. 모든 종류의 가역 과정을 고려할 때 제1법칙은

$$đQ = dU + PdV = \left(\frac{\partial U}{\partial S}\right)_V dS + \left(\frac{\partial U}{\partial V}\right)_S dV + PdV \tag{10.A.10}$$

로 표현된다. 마지막 두 항은 식 (10.A.9) 때문에 상쇄되므로 열에 대한 미분의 일반적인 표현은

$$đQ = (\partial U/\partial S)_V dS \tag{10.A.11}$$

이다.

절대 온도

이제 $(\partial U/\partial S)_V$가 절대 온도임을 보이겠다. 7.5절에서 카르노 순환에 대한 기준에 의해 절대 온도가 정의되었다(절대 온도의 정의는 제2법칙의 클라우지우스 표현을 사용하는 카르노 정리에 의존하지 않는다). 그림 10.A.1에 도형화된 것처럼 카르노 순환은 등온 과정 두 개와 단열 과정 두 개로 이루어진 가역 순환 과정이다. 열 $|Q_1^C|$는 과정 $a \to b$에서 온도 $(\partial U/\partial S)_1$의 열저장고 1로부터 카르노 순환(엔진)으로 전달되고, 열 $|Q_2^C|$는 과정 $c \to d$에서 엔진으로부터 온도 $(\partial U/\partial S)_2$의 열저장고 2로 전달된다. 엔트로피는 가역 단열 과정에서 일정하므로 일정 엔트로피 과정 $b \to c$ 와 $d \to a$는 단열 과정이다.

절대 온도 눈금은 조건

$$\frac{T_1}{T_2} = \frac{|Q_1^C|}{|Q_2^C|} \tag{10.A.12}$$

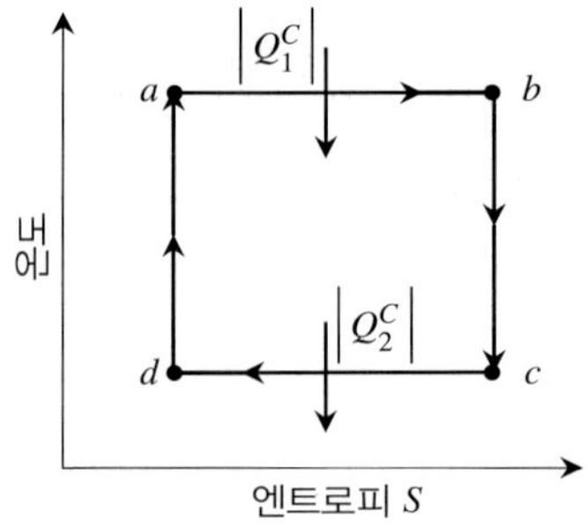

그림 10.A.1 카르노 순환의 온도-엔트로피 도형

에 의해 정의된다. 여기서 $|Q_1^C|$와 $|Q_2^C|$는 두 열저장고 사이에서 작동하는 카르노 순환에 의해 교환된 열이다. $(\partial U/\partial S)_1$과 $(\partial U/\partial S)_2$가 절대 온도인 것을 보이기 위해서는 그 비가 교환된 열의 비와 같다는 것을 보여야 한다. 그러면 절대 온도만 T로 나타낸다는 관례를 따라서 미분 $(\partial U/\partial S)_1$과 $(\partial U/\partial S)_2$를 T_1과 T_2로 나타낼 수 있다.

$đQ = (\partial U/\partial S)_V dS$와 $(\partial U/\partial S)_1$은 일정하기 때문에 과정 $a \to b$ 동안에 전달된 열은

$$Q_1^C = \int_{a\to b} đQ = (\partial U/\partial S)_1 \int_{a\to b} dS = (\partial U/\partial S)_1 (S_b - S_a) \tag{10.A.13}$$

이다. 마찬가지로 과정 $c \to d$에서 전달된 열은 $Q_2^C = (\partial U/\partial S)_2(S_d - S_c)$이다. $S_b > S_a$와 $S_c > S_d$이기 때문에 Q_1^C는 양수이고 Q_2^C는 음수가 된다. 절댓값을 취하면

$$\frac{|Q_1^C|}{|Q_2^C|} = \frac{(\partial U/\partial S)_1(S_b - S_a)}{(\partial U/\partial S)_2(S_c - S_d)} \tag{10.A.14}$$

를 얻는다.

과정 $b \to c$와 $d \to a$는 일정 엔트로피(단열) 과정이기 때문에 $S_b = S_c$와 $S_d = S_a$가 되고, 따라서 $S_b - S_a = S_c - S_d$가 된다. 이것을 식 (10.A.14)에 사용하면

$$\frac{|Q_1^C|}{|Q_2^C|} = \frac{(\partial U/\partial S)_1}{(\partial U/\partial S)_2} \tag{10.A.15}$$

이 된다. 위 결과는 임의의 두 열저장고에 대해서도 유효하기 때문에 **온도** $(\partial U/\partial S)_V$ **는 절대 온도**라는 결론에 도달한다. 따라서

$$\boxed{T = \left(\frac{\partial U}{\partial S}\right)_V} \tag{10.A.16}$$

이다.

제2법칙의 엔트로피 표현을 법칙의 기본 표현으로 사용하면 이 식은 절대 온도 T의 정의가 된다. 열역학에 대한 이 접근에서 그림 10.A.1에 기초한 분석은 식 (10.A.16)을 T의 정의로 사용하는 것이 열역학의 클라우지우스–켈빈 공식화에서 절대 온도의 정의와 상충되지 않는다는 것을 증명한다. 식 (10.A.16)을 식 (10.A.11)에 대입하면 $đQ = TdS$를 얻으므로 엔트로피의 미분은

$$\boxed{dS = \frac{đQ}{T}} \tag{10.A.17}$$

이다.

켈빈 표현

10.3절에서 제2법칙의 엔트로피 표현을 구했는데, 그 유도는 열역학의 제2법칙을 켈빈 표현으로 나타낸 것으로서 사용하였다. 켈빈 표현을 엔트로피 표현의 결과로서 유도할 수 있다면(그럴 수 있다), 켈빈 표현으로부터 나오는 어떠한 결과도 또한 엔트로피 표현으로부터 얻을 수 있다. 그러면 두 표현은 제2법칙의 물리적 내용의 대안적 표현이 된다.

엔트로피 표현으로부터 켈빈 표현을 얻기 위해 결과 $dS = đQ/T$를 사용하여 켈빈 표현을 위반하는 가상적인 과정을 분석한다. 구체적으로 단일한 저장고로부터 열을 받아 전부 일로 전달하는 것이 유일한 효과인 과정을 고려한다. 열저장고의 온도가 일정하므로 저장고의 엔트로피 변화는

$$\Delta S_{\text{res}} = \int dS = \int \left(\frac{đQ}{T}\right) = \left(\frac{1}{T}\right) \int đQ = \frac{Q}{T} \tag{10.A.18}$$

가 된다. Q의 음수 값은 저장고로부터의 열전달을 가리키므로 저장고의 엔트로피 변화는 음수이다($\Delta S_{\text{rev}} < 0$). 그 과정의 유일한 효과는 열을 일로 전달하는 것이고, 열을 일로 변환하는 기구는 변하지 않은 채로 남는다. 저장고의 엔트로피는 감소했을 것이므로 저장고와 기구의 단열 고립계의 엔트로피는 감소했을 것이다. 그러한 감소는 제2법칙의 엔트로피 표현을 위반한다. 따라서 단일한 저장고에서 열을 받아 전부 일로 변환하는 것이 유일한 효과인 어떠한 과정도 불가능하다. 이것은 정확히 켈빈 표현이 주장하는 것이다.

11장 엔트로피 존재성의 결과들

앞 장에서 엔트로피의 존재성을 논증하였다. 이제 잴 수 있는 성질로부터 어떻게 계의 엔트로피를 결정할 수 있는지 묻고자 한다. *PVT* 계에서 잴 수 있는 성질은 열용량과 상태 방정식이다. 엔트로피 존재성의 중요한 결과는 계의 성질들 사이에서 성립하는 정확한 일반적인 관계들이다. 또한 평형 상태에 있는 계의 온도와 압력의 균일성을 엔트로피가 증가하려는 경향의 결과로서 이해할 수 있다.

11.1 엔트로피와 에너지의 미분

엔트로피와 내부 에너지의 미분은 내부 에너지와 압력 사이의 관계를 정립하여 계의 엔트로피와 열용량 사이의 유용한 관계식과 상태 방정식으로 이끈다. T와 V를 *PVT* 계의 열역학 좌표로 사용하면 내부 에너지의 미분은

$$dU = \left(\frac{\partial U}{\partial T}\right)_V dT + \left(\frac{\partial U}{\partial V}\right)_T dV \tag{11.1}$$

이다. 이것을 $đQ = dU + PdV$와 결합하면

$$đQ = \left(\frac{\partial U}{\partial T}\right)_V dT + \left[\left(\frac{\partial U}{\partial V}\right)_T + P\right] dV \tag{11.2}$$

가 된다. $dS = đQ/T$이므로 엔트로피의 미분은

$$dS = \frac{đQ}{T} = \frac{1}{T}\left(\frac{\partial U}{\partial T}\right)_V dT + \frac{1}{T}\left[\left(\frac{\partial U}{\partial V}\right)_T + P\right] dV \tag{11.3}$$

이다. dS는 완전 미분이므로 교차 도함수의 상등성(식 (9.32) 참조)으로부터

$$\frac{\partial}{\partial V}\left\{\frac{1}{T}\left(\frac{\partial U}{\partial T}\right)_V\right\} = \frac{\partial}{\partial T}\left\{\frac{1}{T}\left[\left(\frac{\partial U}{\partial V}\right)_T + P\right]\right\} \tag{11.4}$$

가 나온다. 지시된 미분을 수행하면

$$\frac{1}{T}\frac{\partial^2 U}{\partial V \partial T} = \frac{-1}{T^2}\left[\left(\frac{\partial U}{\partial V}\right)_T + P\right] + \frac{1}{T}\left[\frac{\partial^2 U}{\partial T \partial V} + \left(\frac{\partial P}{\partial T}\right)_V\right] \tag{11.5}$$

가 된다. 편미분 도함수는 미분 순서와 무관하므로 이차 도함수를 포함한 항들은 상쇄된다. 항들을 재배열하고 전체에 T^2을 곱하면

$$\left(\frac{\partial U}{\partial V}\right)_T = T\left(\frac{\partial P}{\partial T}\right)_V - P \tag{11.6}$$

를 얻는다.

$C_V = (\partial U/\partial T)_V$와 위 결과를 사용하면 내부 에너지의 미분은

$$dU = C_V dT + \left[T\left(\frac{\partial P}{\partial T}\right)_V - P\right] dV \tag{11.7}$$

가 된다. 이것을 $đQ = dU + PdV$ 및 $dS = đQ/T$와 결합하여 얻은

$$dS = \frac{1}{T}\left\{C_V dT + \left[T\left(\frac{\partial P}{\partial T}\right)_V - P\right] dV\right\} + \frac{PdV}{T} \tag{11.8}$$

를 단순화하면

$$dS = \frac{C_V}{T} dT + \left(\frac{\partial P}{\partial T}\right)_V dV \tag{11.9}$$

가 된다. 식 (11.7)과 (11.9)를 사용하면 열용량과 상태 방정식으로부터 내부 에너지와 엔트로피를 결정할 수 있다. 실험으로 $P(T, V)$와 $C_V(T, V)$를 결정하는 것이 상대적으로 간단하기 때문에 이 점은 중요하다.

dS는 함수 미분이므로

$$dS = \left(\frac{\partial S}{\partial T}\right)_V dT + \left(\frac{\partial S}{\partial V}\right)_T dV \tag{11.10}$$

이다. 이것과 식 (11.9)로부터

$$\left(\frac{\partial S}{\partial V}\right)_T = \left(\frac{\partial P}{\partial T}\right)_V \quad \text{그리고} \quad \left(\frac{\partial S}{\partial T}\right)_V = \frac{C_V}{T} \tag{11.11}$$

가 나온다. 따라서

$$C_V = T\left(\frac{\partial S}{\partial T}\right)_V \tag{11.12}$$

표 11.1 *PVT* 계의 열용량

일정 부피	$C_V = \lim_{Q\to 0} \frac{Q}{\Delta T}\Big\vert_{V=\text{const}} = \left(\frac{\partial U}{\partial T}\right)_V = \left(\frac{đQ}{dT}\right)_V = T\left(\frac{\partial S}{\partial T}\right)_V$
일정 압력	$C_P = \lim_{Q\to 0} \frac{Q}{\Delta T}\Big\vert_{P=\text{const}} = \left(\frac{\partial H}{\partial T}\right)_P = \left(\frac{đQ}{dT}\right)_P = T\left(\frac{\partial S}{\partial T}\right)_P$

가 된다. C_P가 $T(\partial S/\partial T)_P$와 같다는 것을 보이는 것은 문제로 남겨둔다. 일정 부피 및 일정 압력 열용량의 정의와 공식들은 표 11.1에 요약되어 있다.

단열 부피 탄성률

열에 대한 미분 $đQ$는 가역 과정에서 열의 전달을 기술한다. $đQ$가 0일 때 $dS = đQ/T$도 0이 되므로 엔트로피가 일정하다는 뜻이 된다. $đQ$가 0일 때는 어떤 열도 교환되지 않으므로 **가역 단열 과정은 등엔트로피 과정**, 즉 일정 엔트로피 과정이라는 결론이 나온다. 물질이 단열적으로 압축되면 부피의 변화가 야기하는 압력의 변화는 **단열 부피 탄성률**(adiabatic bulk modulus)

$$B_S = -V\left(\frac{\partial P}{\partial V}\right)_S \tag{11.13}$$

로 주어지는데, 엔트로피는 고정되어 있다. 마찬가지로 압력의 변화가 야기하는 부피의 변화는 **단열 압축률**(adiabatic compressibility)

$$K_S = -\frac{1}{V}\left(\frac{\partial V}{\partial P}\right)_S = \frac{1}{B_S} \tag{11.14}$$

로 주어진다. 흔한 등엔트로피 과정의 예는 기체, 액체, 고체의 급격한 압축 또는 팽창이다. 부피의 변화가 충분히 빠르면 의미 있는 열의 교환이 발생할 충분한 시간이 없다.

11.2 이상 기체

내부 에너지

1장에서 이상 기체를 다음 관계가 성립하는 PVT 계로서 정의했다.

$$PV = nRT \quad \text{그리고} \quad U = U(T) \tag{11.15}$$

이 관계 중에서 두 번째 식은 첫 번째 식의 결과라는 것을 증명 없이 말했지만, 이제는 U와 P 사이의 관계가 있기 때문에 이 진술을 쉽게 증명할 수 있다. $P = nRT/V$로부터

$$(\partial P/\partial T)_V = nR/V \tag{11.16}$$

가 나온다. 이것을 식 (11.6)에 대입하면

$$\left(\frac{\partial U}{\partial V}\right)_T = T\left(\frac{\partial P}{\partial T}\right)_V - P = T\frac{nR}{V} - \frac{nRT}{V} = 0 \tag{11.17}$$

이 된다. 도함수 $(\partial U/\partial V)_T$가 0이 된다는 것은 U가 V와 무관하다는 것을 의미한다. 그러므로 내부 에너지는 T에만 의존하고, 이것을 요약하자면 $U = U(T)$로 쓸 수 있다.

U가 부피와 무관할 때 열용량 $C_V = (\partial U/\partial T)_V$는

$$C_V(T) = \frac{dU(T)}{dT} \tag{11.18}$$

가 된다. 이것 때문에 보통의 일차원 적분을 하여 $C_V(T)$로부터 내부 에너지 함수를 얻을 수 있다. 많은 상황에서 T에 대한 C_V의 의존성은 충분히 약해서 C_V를 상수처럼 취급할 수 있다.

엔트로피

9.4절에 기술된 절차를 사용하여 미분 dS를 적분하면 C_V가 일정한 이상 기체의 엔트로피에 대한 구체적인 표현을 쉽게 구할 수 있다. 비열 $c_V = C_V/n$을 도입하고 $(\partial P/\partial T)_V = nR/V$를 사용하면 식 (11.9)의 dS에 대한 표현은

$$dS = \frac{nc_V}{T}dT + \frac{nR}{V}dV \tag{11.19}$$

가 된다. c_V는 일정하기 때문에 교차 도함수의 상등성을 확인하려면

$$\left(\frac{\partial\left(nc_V/T\right)}{\partial V}\right)_T \stackrel{?}{=} \left(\frac{\partial\left(nR/V\right)}{\partial T}\right)_V \tag{11.20}$$

가 성립하는지 보면 되는데, 이것은 $0 = 0$으로 줄어든다. 그러므로 식 (11.19)의 미분은 완전 미분이다. 식 (11.19)에 있는 dT의 계수의 부정 적분은

$$S(T,V) = \int \frac{nc_V}{T}dT = nc_V \ln T + g(V) + h \tag{11.21}$$

이고, dV의 계수의 부정 적분은

$$S(T,V) = \int \frac{nR}{V}dV = nR\ln V + f(T) + k \tag{11.22}$$

가 된다. 두 표현을 비교하면 $g(V) = nR\ln V$와 $f(T) = C_V \ln T$임을 알 수 있다. 따라서 비열이 일정한 이상 기체의 엔트로피는

$$\boxed{S(T,V) = nc_V \ln T + nR\ln V + k} \tag{11.23}$$

이다. 이 결과를 확인하기 위해 T와 V에 대한 엔트로피의 도함수를 구하면

$$\left(\frac{\partial S}{\partial T}\right)_V = \frac{nc_V}{T} \quad \text{그리고} \quad \left(\frac{\partial S}{\partial V}\right)_T = \frac{nR}{V} \tag{11.24}$$

가 되는데, 이것은 당연하다시피 식 (11.19)의 dT와 dV의 계수들이다.

이제 엔트로피 상태 함수가 있으므로 엔트로피의 처음과 마지막 값 사이의 차를 계산하여 그 변화를 구할 수 있다. 기체의 자유 팽창으로 이것을 예시하겠다. 2.4절에 기술된 것처럼 자유 팽창 실험은 밸브를 열어 한 용기에 있는 기체가 처음에는 비어 있던 두 번째 용기로 팽창하게 하는 것이다. 그 과정에서 어떤 열도 교환되지 않고 어떤 일도 행해지지 않기 때문에 내부 에너지의 변화는 없다. 식 (11.23)을 사용하면 부피 V_0에서 V_f까지 팽창할 때 엔트로피 변화는

$$\begin{aligned} \Delta S &= S(T_f, V_f) - S(T_0, V_0) \\ &= [nc_V \ln T_f + nR \ln V_f + k] - [nc_V \ln T_0 + nR \ln V_0 + k] \end{aligned} \tag{11.25}$$

이다. 이상 기체의 내부 에너지는 온도만의 함수이므로 마지막 온도는 처음 온도와 똑같아서($T_f = T_0$)

$$\Delta S = nR \ln(V_f/V_0) \tag{11.26}$$

이 된다. 부피가 증가했으므로($V_f > V_0$) 엔트로피는 증가했고, 이것은 그 과정이 비가역적임을 말해 준다.

식 (11.23)의 $S(T, V)$에 대한 표현에는 두 가지 단점이 있다. (i) 엔트로피는 뚜렷하게 크기 변수 형태가 되어야 한다. (ii) ($T^m V^n$과 같은) 거듭곱을 제외한 함수의 변수는 무차원이고 세기 변수가 되어야 한다. 이러한 단점들은 적분 상수 k의 선택으로 극복된다. 기준 상태 o를 선택하고 그 상태에서 온도는 T_o, 부피는 V_o, 단위 몰당 엔트로피는 s_o로 지정한다. $s_o = S(T_o, V_o)/n$이기 때문에 $ns_o = nc_V \ln T_o + nR \ln V_o + k$이고, 따라서

$$k = -nc_V \ln T_o - nR \ln V_o + ns_o \tag{11.27}$$

가 된다. 이것을 식 (11.23)에 대입하고 항들을 재배열하면

$$\boxed{S(T, V) = nc_V \ln \frac{T}{T_o} + nR \ln \frac{V}{V_o} + ns_o} \tag{11.28}$$

를 얻는다.

이상 기체의 엔트로피를 T와 P의 함수로 얻기 위해 상태 방정식 $V = nRT/P$를 이용하여 식 (11.28)의 V를 대체한다. nRT/P의 로그를 취하면

$$S(T, P) = nc_V \ln(T/T_o) + nR(\ln nR + \ln T - \ln P - \ln V_o) + ns_o \tag{11.29}$$

가 된다. 식 (3.14)의 관계식 $c_P = c_V + R$를 사용하면 $\ln T$를 포함하고 있는 두 항을

결합할 수 있다. 상태 o에서 압력 $P_o = nRT_o / V_o$를 도입하면

$$S(T,P) = nc_P \ln \frac{T}{T_o} - nR \ln \frac{P}{P_o} + ns_o \tag{11.30}$$

를 얻는다. 상태 방정식을 $T = PV/nR$로 쓰고 식 (11.28)의 T에 대입하면 엔트로피를 P와 V의 함수로 얻는다. 곧

$$S(P,V) = nc_V(\ln P + \ln V - \ln nR - \ln T_o) + nR \ln\left(\frac{V}{V_o}\right) + ns_o \tag{11.31}$$

이다. $P_o = nRT_o / V_o$와 $c_P = c_V + R$를 이용하면

$$S(P,V) = nc_V \ln \frac{P}{P_o} + nc_P \ln \frac{V}{V_o} + ns_o \tag{11.32}$$

가 된다.

위에 있는 $S(T, V)$와 $S(T, P)$에 대한 표현은 제3법칙과 상충되는 것에 유의하자. 왜냐하면 T가 0으로 갈 때 두 표현은 V와 P에 독립적인 값을 내놓지 않기 때문이다. 대신에 그것들은 $T = 0$에서 발산한다. 이런 모순은 이상 기체 모형을 그 유효한 범위 너머까지 확장한 결과이다. C_V가 일정한 계에 대해 위 표현들을 유도하였는데, 그것은 절대 영도에서 열용량이 0이 된다는 조건과 상충한다.

예제 11.1 이상 기체에 대한 B_S

c_V가 일정한 이상 기체의 단열 부피 탄성률을 구하고 등온 부피 탄성률 B_T와 비교하시오.

풀이 ■ 편미분 도함수 사이의 관계식을 사용하면 단열 부피 탄성률에 대한 식 (11.13)의 표현은

$$B_S = -V\left(\frac{\partial P}{\partial V}\right)_S = V\left(\frac{\partial P}{\partial S}\right)_V\left(\frac{\partial S}{\partial V}\right)_P = V\frac{(\partial S/\partial V)_P}{(\partial S/\partial P)_V}$$

가 된다. 그러면 $S(P, V)$에 대한 식 (11.32)의 표현으로부터

$$B_S = V\frac{(nc_P/V)}{(nc_V/P)} = \frac{c_P}{c_V}P$$

가 된다. 비열의 비 $\gamma = c_P / c_V$를 사용하면 단열 부피 탄성률은

$$B_S = \gamma P \tag{11.33}$$

가 된다. 등온 부피 탄성률은

$$B_T = -V\left(\frac{\partial P}{\partial V}\right)_T = -V\left(\frac{-nRT}{V^2}\right) = P$$

이다. $\gamma > 1$이기 때문에 단열 부피 탄성률은 등온 부피 탄성률보다 크다. ◆

두 가지 부피 탄성률 모두 부피의 변화로 인한 압력의 변화를 기술한다. 온도를 일정하게 유지하는 데 필요한 열의 전달은 시간이 걸리기 때문에 등온 부피 탄성률은 상대적으로 느린 과정에 적당하다. 충분히 빨리 발생하여 어떠한 열의 전달도 무시할 수 있는 과정에는 단열 부피 탄성률을 사용한다. 음파에는 빠른 압력 변화가 수반되므로 음속은 단열 부피 탄성률에 의해 결정된다. 기체에서 음속은 $v_{\mathrm{snd}} = \sqrt{B_S/\rho}$이다. 여기서 ρ는 기체의 질량 밀도이다.

11.3 C_V, C_P, B_T, B_S, α_V 사이의 관계

PVT 계에서 잴 수 있는 다섯 가지 성질은 표 11.2에 요약되어 있다. 이 성질들은 독립적이지 않다. 한 종류의 열용량과 부피 탄성률 및 열팽창 계수로부터 다른 한 종류의 열용량과 부피 탄성률의 값을 구할 수 있다. 이것은 실용적인 의미를 가진다. 고체와 액체에서 일정 부피보다는 일정 압력에서 열용량을 재는 것이 보통 더 쉽다. 또한 부피 탄성률을 구하는 데 음속 측정을 흔히 사용하는데, 그것은 단열 값이다. 예시로서 통계역학 계산으로부터 α_V, B_T, C_V 값을 얻고서 이들을 실험값과 비교하고자 할 때, 이용할 수 있는 값들이 B_S와 C_P라고 생각해 보자. 이 경우에 자료를 변환하기 위해 아래에 유도될 공식을 사용할 수 있다.

엔트로피 $S(T, V)$와 상태 방정식 $V = V(T, P)$로부터 얻은 합성 함수

$$\bar{S}(T, P) = S(T, V(T, P)) \tag{11.34}$$

를 미분하여 이들 다섯 가지 물성 사이의 관계식 두 개를 얻을 수 있다. 온도에 대한 도함수를 구하기 위해 연쇄 법칙을 사용하면

표 11.2 *PVT* 계의 성질

열 팽창 계수	등온 부피 탄성률	단열 부피 탄성률	일정 부피에서 열용량	일정 압력에서 열용량
$\alpha_V = \frac{1}{V}\left(\frac{\partial V}{\partial T}\right)_P$	$B_T = -V\left(\frac{\partial P}{\partial V}\right)_T$	$B_S = -V\left(\frac{\partial P}{\partial V}\right)_S$	$C_V = T\left(\frac{\partial S}{\partial T}\right)_V$	$C_P = T\left(\frac{\partial S}{\partial T}\right)_P$

$$\left(\frac{\partial S}{\partial T}\right)_P = \left(\frac{\partial S}{\partial T}\right)_V + \left(\frac{\partial S}{\partial V}\right)_T \left(\frac{\partial V}{\partial T}\right)_P \tag{11.35}$$

를 얻는다. 전체에 T를 곱하고 표 11.2에 있는 C_P와 C_V에 대한 표현을 사용하면

$$C_P = C_V + T\left(\frac{\partial P}{\partial T}\right)_V \left(\frac{\partial V}{\partial T}\right)_P \tag{11.36}$$

를 얻는다. $(\partial P/\partial T)_V$를 $-(\partial P/\partial V)_T(\partial V/\partial T)_P$로 다시 표현하면

$$C_P = C_V + T\left[-\left(\frac{\partial P}{\partial V}\right)_T \left(\frac{\partial V}{\partial T}\right)_P\right] \left(\frac{\partial V}{\partial T}\right)_P \tag{11.37}$$

가 된다. 이제 표 11.2에 있는 α_V와 B_T에 대한 표현에서

$$\boxed{C_P = C_V + TVB_T{\alpha_V}^2} \tag{11.38}$$

이 나온다.

압력에 대해 식 (11.34)를 미분하면

$$\left(\frac{\partial S}{\partial P}\right)_T = \left(\frac{\partial S}{\partial V}\right)_T \left(\frac{\partial V}{\partial P}\right)_T \tag{11.39}$$

가 된다. 편미분 도함수 사이의 관계를 사용하면 이것은

$$\left[-\left(\frac{\partial S}{\partial T}\right)_P \left(\frac{\partial T}{\partial P}\right)_S\right] = \left[-\left(\frac{\partial S}{\partial T}\right)_V \left(\frac{\partial T}{\partial V}\right)_S\right] \left(\frac{\partial V}{\partial P}\right)_T \tag{11.40}$$

가 된다. $(\partial T/\partial P)_S$를 $1/(\partial T/\partial P)_S$로 표현하고 항들을 재배열하면

$$\frac{(\partial S/\partial T)_P}{(\partial S/\partial T)_V} = \left(\frac{\partial P}{\partial T}\right)_S \left(\frac{\partial T}{\partial V}\right)_S \left(\frac{\partial V}{\partial P}\right)_T \tag{11.41}$$

를 얻는다. 오른쪽에 있는 처음 두 도함수를 결합하고 $(\partial V/\partial P)_T$를 뒤집으면

$$\frac{(\partial S/\partial T)_P}{(\partial S/\partial T)_V} = \left(\frac{\partial P}{\partial V}\right)_S \left(\frac{\partial V}{\partial P}\right)_T = \frac{(\partial P/\partial V)_S}{(\partial V/\partial P)_T} \tag{11.42}$$

가 된다. 이것과 C_V, C_P, B_T, B_S에 대한 표현에서

$$\boxed{\frac{C_P}{C_V} = \frac{B_S}{B_T}} \tag{11.43}$$

가 나온다. 식 (11.38)과 (11.43)을 결합하면

$$\boxed{B_S = B_T + \frac{TVB_T{}^2\alpha_V{}^2}{C_V}} \tag{11.44}$$

임을 보일 수 있다.

11.4 클라페이론 식

엔트로피 존재성의 또 다른 결과는 상그림의 이상(two-phase) 곡선의 기울기를 예측하는 능력이다. 얼면서 팽창하는 물질에 대한 상그림(PT 그림)은 그림 11.1에 나타나 있는데, 이것은 그림 5.1과 같다. 공존하는 두 개의 상이 평형일 때 T의 각 값에 대해 하나의 P 값이 있는데, 이것은 함수 $P_{2ph}(T)$가 존재함을 뜻하므로 각 이상 곡선은

$$P = P_{2ph}(T) \tag{11.45}$$

와 같은 방정식으로 기술된다.

식 (11.6)의 내부 에너지와 압력 사이의 관계를 사용하여 진행하려고 한다. 식 (11.45)를 두 개의 상이 존재하는 계에 대한 관계식에 대입하면

$$\left(\frac{\partial U}{\partial V}\right)_T = T\frac{dP_{2ph}(T)}{dT} - P_{2ph}(T) \tag{11.46}$$

를 얻는다. 계의 총질량 M은

$$M = M_1 + M_2 \tag{11.47}$$

인데, 상들을 아래 첨자 1과 2로 구별했다. 부피 V와 내부 에너지 U는

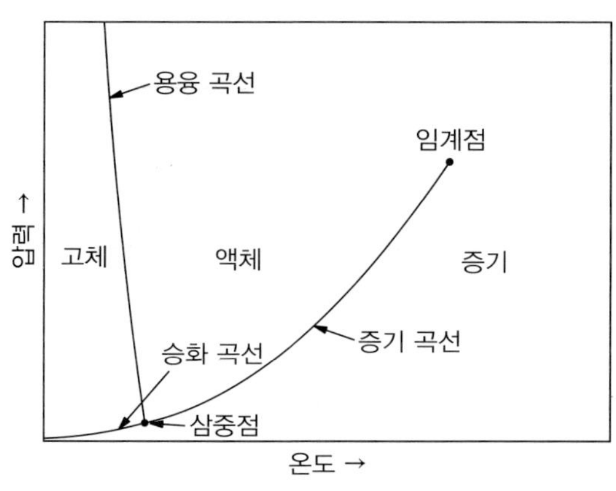

그림 11.1 *PVT* 계의 상그림

$$V = M_1 \mathrm{v}_1(T) + M_2 \mathrm{v}_2(T) \tag{11.48}$$

와

$$U = M_1 u_1(T) + M_2 u_2(T) \tag{11.49}$$

가 된다. 여기서 $\mathrm{v}_1(T)$와 $\mathrm{v}_2(T)$는 상들의 단위 질량당 부피이고 $u_1(T)$와 $u_2(T)$는 단위 질량당 내부 에너지이다. 총질량 M은 고정되어 있기 때문에 $M_1 = M - M_2$이다. 따라서

$$V = (M - M_2)\mathrm{v}_1(T) + M_2 \mathrm{v}_2(T) = V(T, M_2) \tag{11.50}$$

와

$$U = (M - M_2)u_1(T) + M_2 u_2(T) = U(T, M_2) \tag{11.51}$$

가 된다. 여기서 독립 변수는 T와 M_2이다. T가 일정하게 유지될 때 V에 대한 U의 도함수를

$$\left(\frac{\partial U}{\partial V}\right)_T = \left(\frac{\partial U}{\partial M_2}\right)_T \left(\frac{\partial M_2}{\partial V}\right)_T = \frac{(\partial U/\partial M_2)_T}{(\partial V/\partial M_2)_T} \tag{11.52}$$

로 표현할 수 있다. 식 (11.50)과 식 (11.51)을 이용하여 M_2에 대한 도함수를 계산하면

$$\left(\frac{\partial U}{\partial V}\right)_T = \frac{u_2(T) - u_1(T)}{\mathrm{v}_2(T) - \mathrm{v}_1(T)} \tag{11.53}$$

를 얻는다. 이것을 식 (11.46)과 결합하면

$$\frac{u_2(T) - u_1(T)}{\mathrm{v}_2(T) - \mathrm{v}_1(T)} = T\frac{dP_{2\mathrm{ph}}(T)}{dT} - P_{2\mathrm{ph}}(T) \tag{11.54}$$

가 되고, 이것을

$$\frac{dP_{2\mathrm{ph}}}{dT} = \frac{1}{T}\frac{(u_2 + P_{2\mathrm{ph}}\mathrm{v}_2) - (u_1 + P_{2\mathrm{ph}}\mathrm{v}_1)}{\mathrm{v}_2 - \mathrm{v}_1} \tag{11.55}$$

로 재배열할 수 있다. v_1, v_2, u_1, u_2, $P_{2\mathrm{ph}}$가 T의 함수인 것은 명시적으로 표시되지 않았다.

상의 견줌 엔탈피 h는

$$h = \frac{H}{M} = \frac{(U + PV)}{M} = u + P\mathrm{v} \tag{11.56}$$

이다. 양쪽 상들의 압력은 $P_{2\mathrm{ph}}$이기 때문에

$$(u_2 + P_{2ph}v_2) - (u_1 + P_{2ph}v_1) = h_2 - h_1 = L_{1\to2} \tag{11.57}$$

가 된다. 여기서 $L_{1\to2}$는 상전이의 잠열이다. 5.2절에서 논의했듯이 $L_{1\to2}$는 두 상들의 견줌 엔탈피의 차와 같다. 식 (11.57)을 식 (11.55)에 대입하면

$$\boxed{\frac{dP_{2ph}}{dT} = \frac{1}{T}\frac{L_{1\to2}}{v_2 - v_1}} \tag{11.58}$$

를 얻는다. 이것이 상그림에서 이상 공존 곡선의 기울기에 대한 **클라페이론 방정식**(Clapeyron's equation)이다.

아래 첨자 1과 2가 액체상과 증기상을 나타낼 때 $L_{1\to2}$는 기화 잠열이다($L_{1\to2} > 0$). 견줌 부피는 액체보다 기체가 더 크므로($v_2 > v_1$) 클라페이론 식은 기화 곡선의 기울기가 그림 11.1에서처럼 양수임을 가리킨다. 상 1과 2가 고체상과 액체상일 때 $L_{1\to2}$는 용융열이고 견줌 부피의 변화 $v_2 - v_1$은 $v_{liq} - v_{sol}$이 되고, 그 값은 양수 또는 음수가 될 수 있다. 보통의 얼음(얼음 I)은 액체 물보다 더 큰 견줌 부피(낮은 밀도)를 가지고 있으므로 $v_{liq} - v_{sol}$은 음수이고, 클라페이론 식은 용융 곡선의 기울기가 그림 11.1에서처럼 음수인 것을 가리킨다. 대부분의 물질은 고체상에서 더 작은 견줌 부피(높은 밀도)를 가지고 있어서 $v_{liq} - v_{sol}$이 양수이고, 용융 곡선의 기울기가 양수인 점에서 물은 유별나다. 얼음 I은 물보다 밀도가 낮은 유일한 얼음이므로 그림 5.2에 나타낸 것처럼 용융 곡선이 음의 기울기를 가진 유일한 얼음이다.

11.5 최대 엔트로피, 평형, 그리고 안정성

최대 엔트로피

제2법칙은 평형 상태에 있는 단열 고립계는 계의 구속조건과 상충되지 않는 최대의 엔트로피를 가진다는 최대 원리를 정립한다. 이 원리를 사용할 수 있으려면 구속조건이 부과된 후에도 일부 변화성이 계에 남아 있어야 한다. 엔트로피를 **자유**(free) 변수와 **고정**(fixed) 변수로서 표현함으로써 이 원리를 적용한다. 고정 변수는 흔히 실험적으로 조정되는 반면에 자유 변수는 최대 원리에 의해 결정된다.

평형 조건

PVT 계에서 평형과 안정성 조건은 어떻게 최대 원리를 이용하여 유용한 결과를 얻을 수 있는지 예시한다. 최대 원리를 적용하기 위해 고정된 크기와 모양을 가진 단열 고립계에서의 과정을 탐구해 보자. 단열 고립은 열이 전달되지 않는다($Q = 0$)는 것을

의미한다. 계의 크기가 고정되어 있으므로 그 부피가 고정되어 있다($\Delta V = 0$). 부피 변화가 없을 때 해준 일도 없다($W = 0$). 그러면 제1법칙은 내부 에너지도 변하지 않는다($\Delta U = Q - W = 0$)는 것을 알려준다.

U와 V가 열역학 좌표일 때 엔트로피는 함수 $S(U, V, \ldots)$ 로 주어진다. U와 V가 유일한 독립 변수일 때는 엔트로피가 최대가 된다는 진술에는 예측적인 가치가 없다. 자유 변수가 있는 함수를 얻기 위해 계를 그림 11.2에 예시된 것처럼 두 부분으로 나눈다. 첫 번째 도형에는 단열 고립계가 더 큰 물질 덩어리의 일부분이다. 부분계 1은 그 안에 있는 임의의 크기의 영역이고 부분계 2는 고립계의 나머지 영역이다. 부분계 1은 크기를 바꿀 수 있고 부분계 2와 열을 교환할 수 있지만 물질을 교환할 수는 없다. 두 번째 도형에서 단열 고립계는 완전 단열된 단단한 벽을 가진 용기 안에 있는 유체이다. 자유롭게 움직이고 열을 전도하는 피스톤이 유체를 두 부분계로 나누고 있다. 단단한 벽과 자유 피스톤은 고려 중인 과정의 유형을 예시하고 있지만 본질적이지는 않다. 본질적인 것은 결합계의 내부 에너지와 부피가 고정되어 있다는 것인데, 이것은 외적으로 강요하지 않을 때조차 발생할 수 있다.

상상한(그렇지만 불가능한) 변화의 결과로서 엔트로피에 어떤 일이 발생하는지 조사해 보면 일반적인 타당성의 결론을 얻을 수 있다. 그래서 평형 상태 함수를 사용할 수 있도록 부분계들이 개별적으로 과정의 처음과 마지막에서 평형 상태에 있는 과정으로 제한하고, 부분계들이 서로 평형 상태에 있지 않을 때 어떤 일이 발생할지 조사해 보자.

엔트로피는 크기 변수이므로 결합계의 총 엔트로피 S^{tot}는 부분계들의 엔트로피의 합

$$S^{\text{tot}}(U_1, V_1, U_2, V_2) = S_1(U_1, V_1) + S_2(U_2, V_2) \tag{11.59}$$

이다. 여기서 U_1, U_2, V_1, V_2는 결합계의 열역학 좌표이다. 처음 상태 0의 좌표 값은 $(U_{1,0}, V_{1,0}, U_{2,0}, V_{2,0})$이고 상태 0의 엔트로피는

$$S_0^{\text{tot}} = S^{\text{tot}}(U_{1,0}, V_{1,0}, U_{2,0}, V_{2,0}) \tag{11.60}$$

이다. 전체 계의 내부 에너지와 부피는 부분계 값들의 합이다.

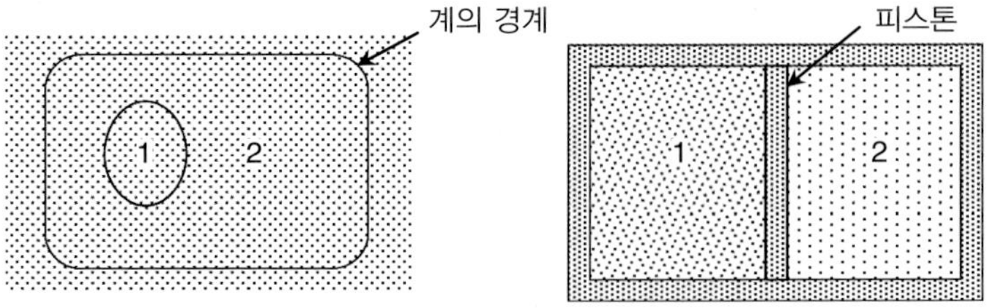

그림 11.2 이부분계

$$U^{\text{tot}} = U_1 + U_2 \quad \text{그리고} \quad V^{\text{tot}} = V_1 + V_2 \tag{11.61}$$

U^{tot}와 V^{tot}가 일정한 과정에 관심이 있으므로 한 부분계에서 U와 V에 대한 변화는 다른 부분계의 변화의 음수이다. 따라서

$$\Delta U_1 = -\Delta U_2 \quad \text{그리고} \quad \Delta V_1 = -\Delta V_2 \tag{11.62}$$

이다. 여기서 $\Delta U_1 = U_{1,f} - U_{1,0}$과 $\Delta U_2 = U_{2,f} - U_{2,0}$이고 마찬가지로 부피 변화도 비슷하다. 고려 중인 가상적인 과정은 ΔU_1과 ΔV_1로 특징지어진다. 마지막 상태 f의 엔트로피는

$$\begin{aligned} S_f^{\text{tot}} &= S^{\text{tot}}(U_{1,f}, V_{1,f}, U_{2,f}, V_{2,f}) \\ &= S^{\text{tot}}(U_{1,0} + \Delta U_1, U_{2,0} - \Delta U_1, V_{1,0} + \Delta V_1, V_{2,0} - \Delta V_1) \end{aligned} \tag{11.63}$$

이다. 여기서 ΔU_1과 ΔV_1은 최대 원리에 의해 결정되는 자유 변수이다. $U_{1,0}$, $V_{1,0}$, $U_{2,0}$, $V_{2,0}$는 고정 변수이다.

어떤 변화가 가능한지 알기 위해 상태 f의 엔트로피를 ΔU_1과 ΔV_1의 거듭곱의 테일러 급수로 전개한다.

$$\begin{aligned} S_f^{\text{tot}} = S_0^{\text{tot}} &+ \left[\left(\frac{\partial S_1}{\partial U_1}\right)_{V_1} - \left(\frac{\partial S_2}{\partial U_2}\right)_{V_2}\right]_0 \Delta U_1 + \left[\left(\frac{\partial S_1}{\partial V_1}\right)_{U_1} - \left(\frac{\partial S_2}{\partial V_2}\right)_{U_2}\right]_0 \Delta V_1 \\ &+ \text{고차항}. \end{aligned} \tag{11.64}$$

대괄호 안의 계수는 상태 0에서 계산한다. 이제 상태 0이 계의 평형 상태라고 가정한다. 단열 고립계의 엔트로피는 할 수만 있다면 증가할 것이므로 마지막 엔트로피는 처음 엔트로피보다 작거나 같아야만 한다($S_f^{\text{tot}} \le S_0^{\text{tot}}$). 그렇지 않다면 계가 자발적으로 변할 것이므로 상태 0은 평형 상태가 아니었다는 의미가 된다. S_0^{tot}는 엔트로피의 최댓값이므로 ΔU_1과 ΔV_1에 대한 S_f^{tot}의 도함수는 0이다. 이 도함수들은 (11.64)에서 ΔU_1과 ΔV_1의 계수들이므로 그것들을 0으로 놓는다는 것은

$$\left(\frac{\partial S_1}{\partial U_1}\right)_{V_1} = \left(\frac{\partial S_2}{\partial U_2}\right)_{V_2} \quad \text{그리고} \quad \left(\frac{\partial S_1}{\partial V_1}\right)_{U_1} = \left(\frac{\partial S_2}{\partial V_2}\right)_{U_2} \tag{11.65}$$

를 의미한다. 이것이 평형 조건의 기본형이다.

$dS = đQ/T$와 $đW = PdV$를 제1법칙 $đQ = dU + đW$와 결합하면

$$dS = \left(\frac{1}{T}\right) dU + \left(\frac{P}{T}\right) dV \tag{11.66}$$

가 된다. dS는 완전 미분이기 때문에

$$\left(\frac{\partial S}{\partial U}\right)_V = \frac{1}{T} \quad \text{그리고} \quad \left(\frac{\partial S}{\partial V}\right)_U = \frac{P}{T} \tag{11.67}$$

가 된다. 부분계에서 T와 P의 값들을 아래 첨자 1과 2로 구분하면 식 (11.65)의 조건은 $1/T_1 = 1/T_2$와 $P_1/T_1 = P_2/T_2$가 되므로

$$\boxed{T_1 = T_2 \quad \text{그리고} \quad P_1 = P_2} \tag{11.68}$$

를 뜻하게 된다. 이것들이 PVT 계에 대한 **평형 조건**(equilibrium conditions)의 실용적인 형식이다.

부분계 1은 임의의 크기와 모양이고 결합계 안 어디에나 위치할 수 있기 때문에 평형 조건은 계의 모든 부분이 똑같은 온도와 압력을 갖는다는 것을 의미한다. 다시 말해서 **온도와 압력은 평형 상태에 있는 계 전체에서 균일하다.** 이 결론에 함축되어 있는 것은 계가 유체이고 단열 고립된 부분이 없다는 가정이다. 고체는 균일치 않은 압력(변형력) 분포를 언제까지나 유지할 수 있기 때문에 제외된다. 대조적으로 유체는 용기의 모양에 맞추어 흐른다.

위의 유도 과정에서 총 엔트로피를 모두 크기 함수인 U_1, U_2, V_1, V_2의 함수로 취급했다. 다른 유형의 계에 대해 평형 조건을 유도할 때는 V_1과 V_2가 다른 변수로 대체된다. 그러한 변수는 식 (11.62)와 유사한 식이 만족되도록 크기 변수가 될 필요가 있다.

안정성 조건

평형 조건을 만족한다고 안정성이 보장되지는 않는다. 역학에서의 예가 안정성의 개념을 멋지게 보여 준다. 정육면체의 중력 중심이 꼭짓점 바로 위에 있도록 정육면체를 놓아 균형을 잡는 것을 생각해 보자. 균형이 어긋나게 하는 힘이 없으므로 정육면체는 역학적 평형에 있다. 그렇지만 이것은 안정되지 않는다. 왜냐하면 어떠한 작은 요동도 정육면체의 한 면이 밑을 향해 떨어지게 할 것이기 때문이다. 대조적으로 면이 밑을 향한 채 멈춰 있는 정육면체는 안정되어 있다. 왜냐하면 어떠한 작은 요동도 원래 면이 밑을 향하는 상태로 되돌리는 힘을 이끌어내기 때문이다.

식 (11.64)의 전개에 있는 이차항으로부터 안정성 조건을 얻을 수 있다. 간단히 하기 위해 부피는 일정하다($\Delta V = 0$)고 가정하고 부분계 사이의 열교환에서 유래하는 변화만 고려하도록 한다. 상태 0은 안정 평형 상태라고 가정하고 마지막 엔트로피를 ΔU_1의 거듭곱으로 전개한다. 여기서 $\Delta U_2 = -\Delta U_1$이다. 이차항까지 전개하면

$$S_f^{\text{tot}} = S_0^{\text{tot}} + \left[\frac{1}{T_1} - \frac{1}{T_2}\right]_0 \Delta U_1 + \frac{1}{2}\left[\left(\frac{\partial^2 S_1}{\partial {U_1}^2}\right)_{V_1} + \left(\frac{\partial^2 S_2}{\partial {U_2}^2}\right)_{V_2}\right]_0 (\Delta U_1)^2 + \cdots \tag{11.69}$$

이 된다. 위에서 $(\partial S/\partial U)_V = 1/T$를 사용했다. 일차항은 평형 조건 $T_1 = T_2$ 때문에 사

라진다. ΔU_1이 작을 때 삼차항과 고차항을 무시할 수 있다. $(\Delta U_1)^2$의 계수를 간단히 하기 위해 이차항의 두 도함수가 같도록 똑같은 크기의 부분계를 고려한다. 그것들을 더하고 아래 첨자를 생략하면

$$S_f^{\text{tot}} = S_0^{\text{tot}} + \left(\frac{\partial^2 S}{\partial U^2}\right)_V (\Delta U)^2 \tag{11.70}$$

을 얻는다. 상태 0이 안정되려면 가상적인 상태 f로의 전이는 금지되어야만 하므로 상태 f의 엔트로피는 상태 0의 엔트로피보다 작다($S_f^{\text{tot}} < S_0^{\text{tot}}$). $(\Delta U)^2 > 0$이기 때문에 이것은 $(\partial^2 S/\partial U^2)_V < 0$을 뜻한다. 계 $C_V = (\partial U/\partial T)_V$와 $(\partial S/\partial U)_V = 1/T$ 관계식을 사용하면

$$\left(\frac{\partial^2 S}{\partial U^2}\right)_V = \frac{\partial}{\partial U}\frac{1}{T(U,V)} = \frac{-1}{T^2}\left(\frac{\partial T}{\partial U}\right)_V = \frac{-1}{T^2(\partial U/\partial T)_V} = \frac{-1}{T^2 C_V} < 0 \tag{11.71}$$

이 된다. 따라서 안정성은 일정 부피 열용량이 양수가 될 것을 요구한다.

$$\boxed{C_V > 0.} \tag{11.72}$$

이것은 안정성 조건 중의 하나이다. 12.5절에서 다른 조건들을 얻을 것이다.

제2법칙의 결과로 얻어진 위의 안정성 조건은 또한 직관적으로 타당하다. 열용량 C_V는 $(\partial U/\partial T)_V$와 같기 때문에 식 (11.72)에 대조적인 열용량은 $(\partial T/\partial U)_V < 0$이 될 것이다. 그렇지만 이 경우가 맞다면 어떠한 내부 에너지의 작은 증가도 온도를 감소시킬 것이다. 그러면 주위 환경으로부터 열이 추가적으로 전달되어 내부 에너지를 더욱 증가시킬 것이고, 온도를 더욱 더 낮추고, 또 그렇게 계속될 것이다. 반면에 안정한 계의 내부 에너지가 우연히 증가하면 온도가 증가하게 될 것이고 계로부터 열이 전달되게 만들기 때문에 내부 에너지를 원래의 값으로 되돌아가게 만들 것이다.

11.6 섞임

평형 상태에 있지 않은 계는 비가역적으로 평형으로 발전된다. 엔트로피의 증가는 비가역적 행동이 발생했다는 정량적인 표시이기 때문에 비가역성이 있을 때마다 총 엔트로피는 증가할 것이라고 당연히 기대된다. 이제 순수한 산소가 방출되어 방 안의 공기와 섞이는 것처럼 두 기체가 섞일 때 어떤 일이 발생하는지 조사하려고 한다. 우리는 그 과정이 비가역적임을 안다. 왜냐하면 순수한 산소가 자발적으로 대기에서 분리되는 가역 과정은 절대 일어나지 않기 때문이다. 그로 인한 엔트로피의 증가를 계산하기 위해서는 부분압의 개념이 필요하다.

부분압

이전의 논의에서 이상 기체의 압력은 온도, 부피, 그리고 몰수에 의존하고 존재하는 분자의 유형과는 무관하다고 가정하였다. 한 종류 이상의 분자들이 들어 있는 기체를 분석하려면 돌턴(John Dalton)의 이름을 딴 **돌턴의 부분 압력 법칙**(Dalton's law of partial pressures)이 필요하다. 이 법칙에 따르면 **기체가 작용하는 압력은 개별 성분의 부분압의 합이다.** 한 성분의 부분압은 그 성분 홀로 전 부피를 차지한다면 작용할 압력이다. 서로 다른 성분(components)은 O_2, N_2, CO_2 등과 같은 서로 다른 분자 종류이다. 이 법칙을 요약하면

$$P = \sum_i P_i \tag{11.73}$$

가 된다. 여기서 P는 기체가 작용하는 총 압력이고 P_i는 성분 i의 부분압이다. 돌턴의 법칙은 이상 기체에 대해서만 정확하지만, 많은 응용에서 정밀한 근사이다. 이상 기체의 성분 i의 부분압은 $P_i = n_i RT/V$인데, n_i는 성분 i의 몰수이다. 이것을 식 (11.73)과 결합하면 총 압력이

$$P = \sum_i \frac{n_i RT}{V} = \frac{n_{\text{tot}} RT}{V} \tag{11.74}$$

가 됨을 알 수 있다. 여기서 $n^{\text{tot}} = \sum_i n_i$는 존재하는 총 몰수이다. 따라서 이전에 가정했듯이 이상 기체의 압력은 존재하는 총 몰수로 결정된다.

기체의 섞임

순수한 이산화탄소와 순수한 헬륨과 같은 유형 A, B의 이상 기체로 하는 실험을 고려하고, 그들의 비열이 일정하다고 가정한다. 그림 11.3에 도형화된 것처럼 기체가 처음에 칸막이로 분리되어 있는데, 똑같은 양의 각 유형이 똑같은 부피와 똑같은 온도에 있다. 해준 일도 없고 용기와의 열의 교환도 없이 기체가 섞여서 평형에 이르도록 칸막이에 구멍을 만든다. 용기의 벽은 단단하고 단열되어 있다.

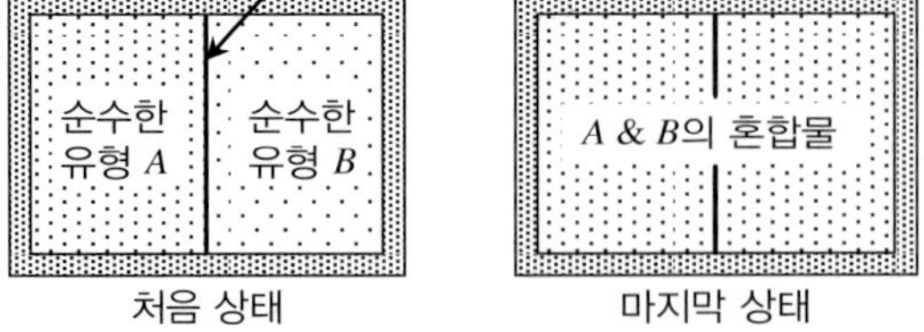

그림 11.3 두 기체의 섞임

어떤 일도 행해지지 않고 열도 교환되지 않으므로 계(두 기체)의 내부 에너지는 변하지 않는다. 이상 기체의 내부 에너지는 온도만의 함수이므로 처음과 마지막 온도는 같다. 의미 있는 유일한 변화는 각 기체가 차지하고 있는 부피로 $\frac{1}{2}V_0$에서 V_0으로 증가했다. 여기서 V_0은 마지막 혼합물의 부피이다. 돌턴의 법칙에 따라서 혼합물의 압력은

$$P_0 = P_A + P_B = \frac{n_o RT}{V_0} + \frac{n_o RT}{V_0} = \frac{2n_o RT}{V_0} \tag{11.75}$$

이다. 여기서 n_o는 각 유형의 몰수이다. 각 기체의 처음 부피가 $\frac{1}{2}V_0$이므로 각 기체의 처음 압력은 $2n_o RT/V_0$인데, 이것은 혼합물의 마지막 압력과 같다.

식 (11.23)에 주어진 것처럼 이상 기체의 엔트로피는

$$S(T, V) = nc_V \ln T + nR \ln V + k \tag{11.76}$$

이다. 처음과 마지막 온도가 같으므로 유형 A 기체의 엔트로피 변화는

$$\Delta S_A = S_A(T, V_0) - S_A\left(T, \frac{1}{2}V_0\right) = n_0 R\left[\ln V_0 - \ln\left(\frac{1}{2}V_0\right)\right] = n_o R \ln 2 \tag{11.77}$$

이다. 유형 B 기체의 엔트로피 변화도 같으므로 엔트로피의 총 변화는

$$\Delta S_{\text{mix}} = \Delta S_A + \Delta S_B = 2n_o R \ln 2 \tag{11.78}$$

이다. 이것은 0보다 크고 계가 단열 고립되어 있으므로 제2법칙에 따르면 그 과정은 가능하고 그 역과정(두 유형의 기체의 자발적인 분리)은 절대 일어나지 않는다.

가역 섞임

식 (11.78)의 결과는 옳지만 섞임의 가능성을 고려하지 않고 유도한 엔트로피 상태 함수를 사용했기 때문에 그 유도에 개념적인 문제가 있다. 이것을 바로잡기 위해 식 (10.7)로부터 엔트로피 변화의 근본적인 표현을 적용하여 엔트로피 변화 ΔS_{mix}를 구하려고 한다. 선 $L_{o\to f}$로 대표되는 가역 과정에 대해 엔트로피 변화는

$$\Delta S = S_f - S_0 = \int_{L_{0\to f}} \frac{đQ}{T} \tag{11.79}$$

이다. 이 표현을 활용하기 위해서는 계가 처음 분리된 상태에서 마지막 섞인 상태로 가거나 또는 그 반대로 가게 하는 가역 과정을 찾을 필요가 있다. 고려하려는 과정은 **반투막**(semipermeable membrane)을 사용한다. 이 막은 한 종류의 분자는 통과하도록 허용하지만 다른 종류의 분자의 통행은 막는다. 방벽에 미시적으로 작은 구멍이 있는데, 그 크기가 작은 분자가 통과하기에는 충분히 크지만 커다란 분자가 통과하기

에는 너무 작다고 상상해 볼 수 있다. 생물학적 세포를 감싸고 있는 막은 반투막이다. 다른 예는 역삼투라 불리는 과정에서 물의 정화와 바닷물의 제염에 사용되는 막이다. 분자의 막 통과는 일반적으로 느리므로 그것을 사용하는 실험은 아주 천천히 수행될 때만 가역적이라고 생각할 수 있다.

어떻게 엔트로피 원리를 섞임에 적용할 수 있는지 예시하기 위해 그림 11.4에 도형화된 두 가지 유형의 기체의 혼합물로 시작하는 실험(과정)을 고려해 본다. 처음 상태(상태 a)에서 외력 F_1과 F_2에 의해 자리를 잡고 있는 피스톤으로 실린더에 갇혀 있는 유형 A와 B의 기체 혼합물이 있다. B 종류의 분자는 통과하도록 허용하지만 A 종류의 분자는 투과하지 못하는 반투막에 의해 실린더가 분리되어 있다. 처음에 유형 A의 기체 n_o몰과 유형 B의 기체 n_o몰의 혼합물이 막의 왼쪽(영역 1)에 있고 오른쪽(영역 2)에 있는 피스톤은 막에 인접해 있다. 혼합물의 압력은 P_0이고, 온도가 T인 열저장고에 의해 혼합물의 온도는 일정하게 유지된다. 두 가지 유형의 기체를 분리하기 위해 유형 B 기체가 막을 통과할 수 있도록 영역 2에 있던 피스톤을 움직인다. 영역 1에 있던 압력은 P_0으로 유지되지만 영역 2에 있던 피스톤은 유형 B의 모든 기체가 영역 2에 있게 될 때까지 움직인다. 이것은 매우 낮은 압력을 필요로 한다. 이 상태(상태 b) 후에 막을 불침투성 칸막이로 대체하여 기체가 더 이상 통과하지 못하도록 한다. 영역 2에 있는 피스톤을 움직여서 양쪽 영역의 마지막 압력이 P_0이 되도록 한다. 이 마지막 상태(상태 c)에서 두 가지 유형의 기체는 (섞인 것이 없이) 완전히 분리된다.

낮은 압력에서 실험을 하면 기체를 이상적인 것으로 취급할 수 있다. 온도가 일정하게 유지되기 때문에 기체의 내부 에너지는 변하지 않는다($\Delta U_{gas} = 0$). 그러면 제1법칙 $Q = \Delta U + W$는 $Q_{gas} = W_{gas}$를 요구한다. 아래에 보이는 것처럼 일은 기체에 행해지므로 기체가 한 일 W_{gas}는 음수이고, 따라서 Q_{gas}는 음수이다. 이것은 저장고에 전달된 열은 양수이고 그 엔트로피는 증가함($\Delta S_{res} = Q_{res}/T > 0$)을 의미한다. 과정이 가역적이고 기체와 저장고는 단열 고립되어 있으므로 결합계의 엔트로피는 변하지 않은 채로 남아있다. 결합계의 엔트로피는 변하지 않으므로 기체의 엔트로피는 감소했다. 이것은 처음 혼합물의 엔트로피는 분리되었을 때의 기체의 엔트로피보다 높다는 것을 알려준다.

피스톤이 한 일을 계산하면 기체의 엔트로피 변화를 구할 수 있다. 처음 상태 a에

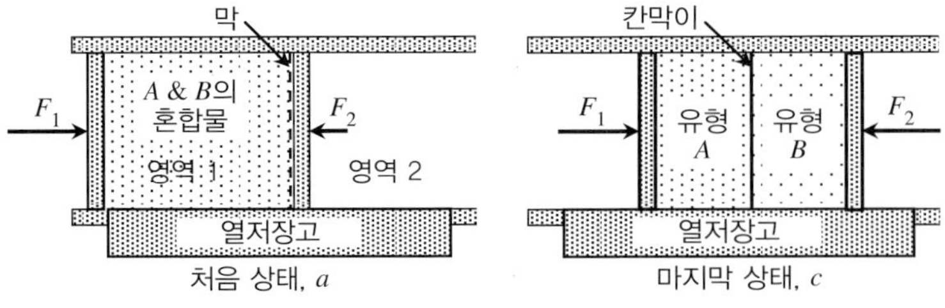

그림 11.4 두 기체를 분리하는 실험

서 영역 1에 있는 기체의 양은 $2n$이고 압력은 P_0이므로

$$P_0V_0 = 2n_oRT \tag{11.80}$$

가 된다. 여기서 V_0은 영역 1의 처음 부피이다. 압력이 P_0으로 유지되고 영역 1의 기체의 양이 $2n_o$에서 n_o가 되므로 부피는 V_0에서 $\frac{1}{2}V_0$이 된다. 피스톤이 기체에 일을 하므로 상태 a에서 상태 b로 가면서 기체가 한 일은 음수이다.

$$W_1 = \int_{V_0}^{V_0/2} P_0 dV_1 = P_0\left(\frac{1}{2}V_0 - V_0\right) = -\frac{1}{2}P_0V_0. \tag{11.81}$$

막이 기체에 대해 침투성이면, 평형 부분압은 막의 양쪽에서 똑같다. 이 성질을 이용하여 피스톤이 영역 2에서 한 일을 구할 수 있다. 이 성질을 실험에 적용하면 $P_{B,1} = P_{B,2}$임을 알 수 있다. 여기서 $P_{B,1}$과 $P_{B,2}$는 영역 1과 2에서 기체 B의 부분압이다. 영역 2에 있는 유일한 기체는 B 유형이므로 그곳의 압력은

$$P_{B,2} = X_2 n_o \frac{RT}{V_2} \tag{11.82}$$

가 된다. 여기서 X_2는 영역 2에서 기체 B의 비율이다. 이 비율은 상태 a의 $X_2 = 0$으로부터 상태 b와 c의 $X_2 = 1$까지 변한다.

영역 2의 부피 V_2는 상태 a에서 영이므로 유형 B 기체 전체의 처음 부피는 V_0이다. 그러므로 영역 2에서의 부분압은 $P_{B,2} = n_oRT/V_0$이다. 영역 2의 압력은 상태 b에서 0으로 가므로 부피와 압력은 $V_{2,b} = \infty$와 $P_{B,2} = 0$으로 가는데, 이 조건은 오직 다가갈 수만 있다. 불침투성 칸막이를 삽입하고 기체가 상태 c에서 압력 P_0으로 압축된 후에 영역 2의 부피는 $V_2 = n_oRT/P_0$이 되는데, 이것은 $\frac{1}{2}V_0$과 같다. 상태 a에서 영역 2의 부피는 $V_{2,a} = 0$이므로 과정 $a \to b \to c$ 동안에 영역 2에서 기체가 한 일은

$$W_2 = \int_0^{\infty} \frac{(X_2 n_o)RT}{V_2} dV_2 + \int_{\infty}^{V_0/2} \frac{n_oRT}{V_2} dV_2 \tag{11.83}$$

이다. $P_0V_0 = 2n_oRT$를 사용하고 비율 $r_2 = V_2/V_0$을 도입하면 이것은

$$W_2 = \frac{1}{2}P_0V_0\int_0^{\alpha} \frac{X_2}{r_2}dr_2 + \frac{1}{2}P_0V_0\int_{\alpha}^{1/2} \frac{1}{r_2}dr_2 \tag{11.84}$$

와 같이 간단해진다. 여기서 $\alpha \to \infty$이다. 이것을 계산하기 전에 어떻게 비율 X_2가 V_2에 의존하는지 알 필요가 있는데, 이것은 상당히 복잡하다. 다음 문단에서 보이겠지만 그 결과는 $W_2 = \frac{1}{2}P_0V_0(1 - 2\ln 2) < 0$이다.

부분압의 상등성 $P_{B,1} = P_{B,2}$를 이용하면

$$\frac{(n_o - X_2 n_o)RT}{V_1} = \frac{(X_2 n_o)RT}{V_2} \tag{11.85}$$

를 얻는데, 이것을 간단히 하면 $(1 - X_2)V_2 = X_2V_1$이 된다. 과정 $a \rightarrow b$ 동안에 영역 1의 기체의 양은

$$n_{\text{tot}} = n_o + n_o(1 - X_2) = (2 - X_2)n_o \tag{11.86}$$

이다. $P_0V_0 = 2n_oRT$이고 압력은 P_0으로 유지되므로 영역 1의 압력은

$$P_0 = \frac{(2 - X_2)n_oRT}{V_1} = \frac{(2 - X_2)}{V_1}\frac{1}{2}P_0V_0 = \left(1 - \frac{1}{2}X_2\right)\frac{P_0V_0}{V_1} \tag{11.87}$$

이 된다. 이것은 $V_1/V_0 = 1 - \frac{1}{2}X_2$를 의미한다. 이것을 $(1 - X_2)V_2 = X_2V_1$에 대입하면

$$(1 - X_2)r_2 = X_2\left(1 - \frac{1}{2}X_2\right) \tag{11.88}$$

가 된다. 여기서 $r_2 = V_2/V_0$이다. 항들을 재배열하면 이차방정식

$$\frac{1}{2}X_2{}^2 - (r_2 + 1)X_2 + r_2 = 0 \tag{11.89}$$

을 얻는다. $r_2 = 0$일 때 $X_2 = 0$이므로 적절한 해는 $X_2 = (r_2 + 1) - \sqrt{r_2{}^2 + 1}$이고, 따라서

$$\frac{X_2}{r_2} = 1 + \frac{1}{r_2}(1 - \sqrt{r_2{}^2 + 1}) \tag{11.90}$$

이 된다. 식 (11.84)에서 필요로 하는 것처럼 X_2/r_2를 적분하기 위해서는 적분 공식

$$\int \frac{1}{r}(1 - \sqrt{r^2 + 1})dr = -\sqrt{r^2 + 1} + \ln(1 + \sqrt{r^2 + 1}) \tag{11.91}$$

이 필요하다(오른쪽 표현을 미분하면 이것을 증명할 수 있다). 이 공식을 사용하고 극한 $\alpha \rightarrow \infty$를 취하면 식 (11.84)의 W_2에 대한 표현은

$$\begin{aligned} W_2 &= \frac{1}{2}P_0V_0\left[r_2 - \sqrt{r_2{}^2 + 1} + \ln\left(1 + \sqrt{r_2{}^2 + 1}\right)\right]\Bigg|_0^{\alpha} + \frac{1}{2}P_0V_0 \ln r_2\Big|_{\alpha}^{1/2} \\ &= \frac{1}{2}P_0V_0\left[\left(\alpha - \sqrt{\alpha^2 + 1} + \ln\left(1 + \sqrt{\alpha^2 + 1}\right)\right) - (-1 + \ln 2) + \left(\ln\frac{1}{2} - \ln\alpha\right)\right] \\ &= \frac{1}{2}P_0V_0(1 - 2\ln 2) \end{aligned} \tag{11.92}$$

가 된다. 양쪽 피스톤이 움직일 때 기체가 한 총 일은

$$W_{\text{gas}} = W_1 + W_2 = -\frac{1}{2}P_0V_0 + \frac{1}{2}P_0V_0[1 - 2\ln 2] = -P_0V_0\ln 2 \tag{11.93}$$

이다. $W_{\text{gas}} = Q_{\text{gas}}$와 $P_0V_0 = 2n_oRT$를 사용하면 $Q_{\text{gas}} = -2n_oRT\ln 2$를 얻는다. T는 일정하므로 과정 $a \rightarrow b \rightarrow c$ 동안의 기체의 엔트로피 변화는

$$\Delta S_{\text{gas}} = S_c - S_a = \frac{Q_{\text{gas}}}{T} = -2n_oRT \tag{11.94}$$

이다. 상태 a의 섞인 기체의 엔트로피로부터 상태 c의 섞이지 않은 기체의 엔트로피를 빼면 섞음 엔트로피를 얻을 수 있는데, 이것은 식 (11.94)의 엔트로피 변화의 음수이다. 따라서

$$\Delta S_{\text{mix}} = S_a - S_c = 2n_oRT \tag{11.95}$$

가 된다. 이것은 식 (11.76)의 엔트로피 함수를 사용하여 얻은 식 (11.78)의 ΔS_{mix}의 값과 같다. 비록 식 (11.76)의 엔트로피 표현은 섞임의 가능성을 고려하지 않고 얻어진 것이지만 그것을 사용하여 두 기체의 섞임을 기술할 수 있다는 것을 ΔS_{mix}에 대한 두 값의 일치로 알 수 있다.

섞음 엔트로피

비록 양이 같은 두 기체의 섞임만을 고려했지만 섞음 엔트로피에 대한 표현을 동일하지 않는 양에 대한 것으로 쉽게 일반화할 수 있다. n_A와 n_B가 각 기체의 몰수를 나타낸다고 하자. 두 기체는 처음에 온도와 압력이 같고 부피가 V_A와 V_B인 분리된 용기에 있다. 둘이 섞이도록 허용한 후에는 각 기체가 차지하는 부피는 $V_A + V_B$가 되고 온도는 변하지 않는다. 식 (11.76)을 사용하여 처음과 마지막 엔트로피를 구하고 더하면 엔트로피의 총 변화는

$$\begin{aligned}\Delta S_{\text{mix}} &= [S_A(T, V_A + V_B) - S_A(T, V_A)] + [S_B(T, V_A + V_B) - S_B(T, V_B)] \\ &= n_AR\ln\left(\frac{V_A + V_B}{V_A}\right) + n_BR\ln\left(\frac{V_A + V_B}{V_B}\right)\end{aligned} \tag{11.96}$$

가 된다. 기체의 처음 압력은 $P = n_ART/V_A$와 $P = n_BRT/V_B$인데 둘은 똑같다. 혼합물의 압력은 $P = (n_A + n_B)RT/(V_A + V_B)$이다. 섞임은 압력을 변화시키지 않으므로 섞음 엔트로피를

$$\Delta S_{\text{mix}} = n_AR\ln\left(\frac{n_A + n_B}{n_A}\right) + n_BR\ln\left(\frac{n_A + n_B}{n_B}\right) \tag{11.97}$$

로 표현할 수 있다.

이 결과는 이상 기체에 대한 것이다. 대부분의 물질은 높은 압력과 낮은 밀도에서 이상 기체처럼 행동하므로 그 결과는 다른 상황에서 섞음 엔트로피를 구하는 데 유용하다. 예를 들어 온도가 T_0이고 압력이 P_0인 두 유체의 섞음 엔트로피를 구하기 위해, 먼저 유체가 이상 기체처럼 행동할 때까지 유체들을 개별적으로 가역적인 가열을 하고 다음에 두 기체가 섞이도록 허용하고 마지막으로 혼합물이 T_0과 P_0으로 되돌아오도록 가역적으로 냉각시킬 수 있다. 총 엔트로피 변화는 세 엔트로피 변화의 합이 될 것이다. 첫 번째와 마지막 단계의 엔트로피 변화는 가역 경로를 따라 $đQ/T$를 적분하여 계산할 수 있고, 섞임에 의한 엔트로피 변화는 ΔS_{mix}로 주어질 것이다.

문제

11.1 좌표가 (T, P)인 계에 대한 일의 미분으로 시작하여 $C_P = T\left(\frac{\partial S}{\partial T}\right)_P$임을 보이시오.

11.2 $P = a_oT - b_o\ln(V/V_o)$와 열용량이 $C_V = Mc_o$인 간단한 고체를 고려해 보자.

(a) dU를 구하고 적분하여 내부 에너지 $U(T, V)$를 결정하시오.

(b) dS를 구하고 적분하여 엔트로피 $S(T, V)$를 결정하시오.

(c) 단열 부피 탄성률 $B_S(T, V)$를 구하시오.

11.3 일정 비열 c_V와 판데르발스 상태 방정식 $(P + a/v^2)(v - b) = RT$인 기체를 고려해 보자. 여기서 $v = V/n$이다.

(a) du와 견줌 내부 에너지 $u = U/n$을 구하시오.

(b) ds와 견줌 엔트로피 $s = S/n$을 구하시오.

11.4 어떤 기체의 상태 방정식과 열용량은

$$P = \frac{nRT}{V} + b_oT^2 \quad \text{그리고} \quad C_V = \left(\frac{\partial U}{\partial T}\right)_V = nc_o + 2b_on^kT^mV^n$$

이다. 여기서 a_o와 b_o는 상수이다.

(a) k, m, n의 값을 구하시오.

(b) 내부 에너지 미분 dU와 엔트로피 미분 dS를 구하시오.

(c) 내부 에너지 $U(V, T)$와 엔트로피 $S(V, T)$를 구하시오.

(d) 열에 대한 미분 $đQ$를 구하고 이것이 완전 미분이 아님을 보이시오.

11.5 콜로라도 덴버의 대기압이 83.6 kPa일 때 클라페이론 식을 사용하여 그곳의 물의 끓는 온도를 추정하시오(참고: 100°C는 1 표준 기압에서 물의 끓는 온도이다).

12장 열역학 퍼텐셜

계의 평형 상태의 행동에 대한 완전한 기술이 열역학 퍼텐셜에 담겨 있다. 미분, 대입 및 대수적 조작을 하여 어떠한 퍼텐셜로부터도 모든 평형 성질을 얻을 수 있다. 내부 에너지는 엔트로피와 부피의 함수로 표현될 때 열역학 퍼텐셜이다. 온도는 엔트로피보다 흔히 더 유용한 변수이므로 온도의 함수인 퍼텐셜이 더 바람직하다. 이러한 퍼텐셜은 자유 에너지라고 하며, 독립 변수를 바꾸는 과정에서 새로운 퍼텐셜을 도입하는 변환에 의해 얻어진다. 특정한 변수들의 함수로 표현되었을 때 엔트로피와 엔탈피도 열역학 퍼텐셜이다.

12.1 내부 에너지

내부 에너지 U는 열역학 제1법칙에서 그 역할 때문에 특히 중요하다. 그 역할을 요약하면

$$dU = đQ - đW \tag{12.1}$$

이다. 이 관계는 Q와 W에 의존하는 과정에 대한 미분을 계의 상태 함수의 변화로서 표현할 때 더욱 유용하다. 일에 대한 미분이 $đW = PdV$인 것은 PVT 계의 역학적 기술의 결과이고, 열에 대한 미분이 $đQ = TdS$인 것은 제2법칙의 결과이다. 이러한 관계식을 식 (12.1)에 대입하면, 평형 과정에 적용된 제1법칙은 완전 미분 사이의 관계식

$$\boxed{dU = T\,dS - P\,dV} \tag{12.2}$$

가 된다. 식 (12.1) 대신에 식 (12.2)를 사용하면 불완전 미분을 다루어야 하는 것을 피할 수 있다.

미분 dU에 함께 나타나는 변수 쌍을 **켤레 변수**(conjugate variables)라고 한다. 온도 T와 엔트로피 S는 켤레 변수이다. PVT 계에 대한 다른 켤레 변수 쌍은 압력 P와 부피 V이다. 전기와 상호작용을 기술하는 켤레 변수는 14장에 소개된다.

식 (12.2)는 S와 V를 계의 열역학 좌표로 사용할 것을 제시한다. 그 결과 내부 에너지에 대한 미분은

$$dU = \left(\frac{\partial U}{\partial S}\right)_V dS + \left(\frac{\partial U}{\partial V}\right)_S dV \tag{12.3}$$

가 된다. 이것을 식 (12.2)와 비교하면

$$T = \left(\frac{\partial U}{\partial S}\right)_V \quad \text{그리고} \quad P = -\left(\frac{\partial U}{\partial V}\right)_S \tag{12.4}$$

임을 알 수 있다. 함수 $U(S, V)$는 **열역학 퍼텐셜**(thermodynamic potential)이고, 엔트로피와 부피는 그것의 **자연 좌표**(natural coordinates)이다. 함수는 그것의 자연 좌표의 함수로 표현되어 있을 때만 열역학 퍼텐셜이 된다. 특히 내부 에너지는 엔트로피와 부피의 함수로 표현되어 있을 때만 열역학 퍼텐셜이다.

12.2 자유 에너지

르장드르 변환[1]

르장드르 변환을 하면 엔트로피와 부피 외의 자연 좌표로 된 열역학 퍼텐셜을 얻을 수 있다. 그 변환은 독립 변수(자연 좌표)를 그것의 켤레 변수로 대체하고 새로운 퍼텐셜을 도입한다. 예시로서 독립 변수가 (X, Z)이고 미분이 $d\Phi = WdX + YdZ$인 함수(열역학 퍼텐셜) Φ를 고려해 보자. 새로운 퍼텐셜 $\Psi = \Phi - WX$를 도입하면 W와 X의 역할을 바꿀 수 있다. 미분 $d\Psi = d\Phi - WdX - XdW$와 $d\Phi$를 결합하면 $d\Psi = -XdW + YdZ$를 얻는데, 이것은 Ψ를 (W, Z)의 함수로 취급하는 것을 자연스럽게 만든다.

헬름홀츠 자유 에너지

자연 좌표를 (S, V)에서 (T, V)로 바꾸는 변환은 헬름홀츠(Hermann von Helmholtz)의 이름을 딴 **헬름홀츠 자유 에너지**(Helmholtz free energy) F

$$\boxed{F = U - TS} \tag{12.5}$$

를 도입한다. 관계식 $d(TS) = TdS + SdT$를 사용하면 F의 미분은

$$dF = dU - T\,dS - S\,dT \tag{12.6}$$

가 된다. 이것을 식 (12.2)의 $dU = TdS - PdV$와 결합하면

1) 독립 변수(자연 좌표)를 교환하는 다른 접근법은 부록 12.A에 설명되어 있다.

$$dF = (T\,dS - P\,dV) - T\,dS - S\,dT \tag{12.7}$$

가 되는데, 이것을 간단히 하면

$$\boxed{dF = -S\,dT - P\,dV} \tag{12.8}$$

이다. dF는 완전 미분이고 함수 미분이므로

$$S = -\left(\frac{\partial F}{\partial T}\right)_V \quad \text{그리고} \quad P = -\left(\frac{\partial F}{\partial V}\right)_T \tag{12.9}$$

가 나온다. $F(T, V)$는 온도와 부피가 자연 좌표인 열역학 퍼텐셜이다.

기브스 자유 에너지

추가적인 르장드르 변환은 자연 좌표를 (T, V)에서 (T, P)로 바꾸고 기브스(Willard Gibbs)의 이름을 딴 **기브스 자유 에너지**(Gibbs free energy) G를 도입한다.

$$\boxed{G = F + PV.} \tag{12.10}$$

G의 미분은

$$dG = dF + d(PV) = dF + P\,dV + V\,dP \tag{12.11}$$

이다. $dF = -SdT - PdV$를 여기에 대입하면

$$dG = (-S\,dT - P\,dV) + P\,dV + V\,dP \tag{12.12}$$

를 얻는데, 이것을 간단히 하면

$$\boxed{dG = -S\,dT + V\,dP} \tag{12.13}$$

가 된다. dG는 함수 미분이기 때문에

$$S = -\left(\frac{\partial G}{\partial T}\right)_P \quad \text{그리고} \quad V = \left(\frac{\partial G}{\partial P}\right)_T \tag{12.14}$$

가 나온다. $G(T, P)$는 온도와 압력이 자연 좌표인 열역학 퍼텐셜이다.

엔탈피

자연 좌표를 (S, V)에서 (S, P)로 바꾸는 르장드르 변환은 **엔탈피**(enthalpy)

$$\boxed{H = U + PV} \tag{12.15}$$

를 도입한다. $H(S, P)$는 엔트로피와 압력이 자연 좌표인 열역학 퍼텐셜이다. 엔탈피의 미분은

$$dH = T\,dS + V\,dP \tag{12.16}$$

이고, 그 도함수는

$$T = \left(\frac{\partial H}{\partial S}\right)_V \quad \text{그리고} \quad V = \left(\frac{\partial H}{\partial P}\right)_S \tag{12.17}$$

이다.

3장에서 말했듯이 엔탈피는 내부 에너지와 계를 일정 압력 환경에 끼워 넣는 데 필요한 에너지 PV 둘 다 포함하고 있다. F, G, H에 대한 위의 표현으로부터 기브스 자유 에너지와 엔탈피 사이에는

$$G = H - TS \tag{12.18}$$

인 관계가 있다. 이것을 $F = U - TS$와 비교하면 엔탈피와 기브스 자유 에너지 사이의 관계는 내부 에너지와 헬름홀츠 자유 에너지 사이의 관계와 유사한 것을 알 수 있다. 일정 압력 및 일정 부피 열용량에 대한 표현은

$$C_P = \left(\frac{\partial H}{\partial T}\right)_P \quad \text{그리고} \quad C_V = \left(\frac{\partial U}{\partial T}\right)_V \tag{12.19}$$

인데, 이것은 일정 압력 과정의 묘사에서 엔탈피의 역할은 일정 부피 과정의 묘사에서 내부 에너지의 역할과 유사함을 가리킨다.

12.3 퍼텐셜에서 유래한 성질

열현상의 이론이 없다면 계의 평형 성질을 완전히 기술하기 위해서는 관련이 없는 많은 함수를 특정할 필요가 있다. 예를 들어 PVT 계는 상태 방정식, 내부 에너지, 엔트로피, 열용량 등과 연관된 함수 $P(T, V)$, $U(T, V)$, $S(T, V)$, $C_V(T, V)$ 등으로 기술되는데, 이 함수들은 서로 관련이 없을 수도 있다. 3장에서는 이들 함수들의 일부가, 예를 들어 $C_V(T, V) = (\partial U/\partial T)_V$처럼 편미분 도함수에 의해 관련되는 것을 알았다. 11장에서는 내부 에너지와 엔트로피를 $P(T, V)$와 $C_V(T, V)$로부터 결정할 수 있음을 보았다. 이제 열역학 퍼텐셜이 있으므로 계의 평형 성질을 단 하나의 함수로부터 결정할 수 있다.

맥스웰 관계식

9.3절에서 논의했듯이 완전 미분의 교차 도함수는 같다. 예를 들어 $dF = -SdT - PdV$는 완전 미분이기 때문에

$$\frac{\partial^2 F}{\partial V \partial T} = \left(\frac{\partial S}{\partial V}\right)_T = \left(\frac{\partial P}{\partial T}\right)_V \tag{12.20}$$

가 된다. 미분의 순서와 무관함에서 유래하는 이와 같은 상등성을 **맥스웰 관계식**(Maxwell relations)이라고 한다. 열역학 퍼텐셜 U, F, G, H의 특성이 표 12.1에 요약되어 있다.

헬름홀츠 자유 에너지

표에 나타나 있듯이 헬름홀츠 자유 에너지 $F(T, V)$의 일차 도함수는 엔트로피와 압력을 결정한다. 게다가 이차 도함수는 열용량 C_V, 부피 탄성률 B_T, 부피 열팽창 계수 α_V를 결정한다. 식 (11.12)를 이용하면 일정 부피 열용량은

$$C_V = T\left(\frac{\partial S}{\partial T}\right)_V = -T\left(\frac{\partial^2 F}{\partial T^2}\right)_V \tag{12.21}$$

가 된다. 식 (3.21)로부터 등온 부피 탄성률은

$$B_T = -V\left(\frac{\partial P}{\partial V}\right)_T = V\left(\frac{\partial^2 F}{\partial V^2}\right)_T \tag{12.22}$$

이고, 식 (3.55)로부터

표 12.1 *PVT* 계의 열역학 퍼텐셜들

내부 에너지	헬름홀츠 자유 에너지	기브스 자유 에너지	엔탈피
$U(S, V)$	$F(T, V)$	$G(T, P)$	$H(S, P)$
	$F = U - TS$	$G = U - TS + PV$	$H = U + PV$
$dU = TdS - PdV$	$dF = -SdT - PdV$	$dG = -SdT + VdP$	$dH = TdS + VdP$
$T = \left(\frac{\partial U}{\partial S}\right)_V$	$S = -\left(\frac{\partial F}{\partial T}\right)_V$	$S = -\left(\frac{\partial G}{\partial T}\right)_P$	$T = \left(\frac{\partial H}{\partial S}\right)_P$
$P = -\left(\frac{\partial U}{\partial V}\right)_S$	$P = -\left(\frac{\partial F}{\partial V}\right)_T$	$V = \left(\frac{\partial G}{\partial P}\right)_T$	$V = \left(\frac{\partial H}{\partial P}\right)_S$
$\left(\frac{\partial T}{\partial V}\right)_S = -\left(\frac{\partial P}{\partial S}\right)_V$	$\left(\frac{\partial S}{\partial V}\right)_T = \left(\frac{\partial P}{\partial T}\right)_V$	$-\left(\frac{\partial S}{\partial P}\right)_T = \left(\frac{\partial V}{\partial T}\right)_P$	$\left(\frac{\partial T}{\partial P}\right)_S = \left(\frac{\partial V}{\partial S}\right)_P$

$$\alpha_V B_T = \left(\frac{\partial P}{\partial T}\right)_V = -\frac{\partial^2 F}{\partial T \partial V} \tag{12.23}$$

가 된다.

위 결과를 사용할 수 있으려면 계의 자유 에너지를 주는 함수 $F(T, V)$가 필요하다. 이 함수를 $F = U - TS$와 함수 $U(T, V)$ 및 $S(T, V)$로부터 구할 수 있는데, 앞장에서 대략 설명한 방법으로 잴 수 있는 성질로부터 이들을 결정할 수 있다. 또한 통계역학 방법에 의한 계의 원자 수준 묘사로부터 자유 에너지 함수를 결정할 수 있다. 일단 $F(T, V)$가 알려지면 그 유도 과정에서 활용하지 않았던 계의 성질들을 구하는 데 그것을 사용할 수 있다. $F(T, V)$를 구하는 것은 쉽지 않을 수도 있으며 광범위한 수치 분석을 포함할 수도 있다. 헬름홀츠 자유 에너지로부터 어떻게 평형 성질을 얻는지 예시하기 위해 이상 기체를 고려해 보자.

예제 12.1 이상 기체

c_V가 일정한 이상 기체의 헬름홀츠 자유 에너지를 구하시오.

풀이 ■ 헬름홀츠 자유 에너지의 정의 $F = U - TS$ 및 U와 S에 대한 표현을 결합하여 헬름홀츠 자유 에너지를 구한다. 식 (3.8)에 따라서 이상 기체의 내부 에너지는 $U = n(u_o + c_V T)$이다. 상수 u_o를 0으로 놓으면

$$U = nc_V T$$

를 얻는다. 식 (11.28)에 따라서 이상 기체의 엔트로피는

$$S = nc_V \ln\frac{T}{T_o} + nR\ln\frac{V}{V_o} + ns_o$$

이다. 여기서 $T = T_o$와 $V = V_o$에서 $S = ns_o$이다. U와 S에 대한 표현을 $F = U - TS$와 결합하고 재배열하면 헬름홀츠 자유 에너지는

$$F(T, V) = nc_V T - nc_V T\ln\frac{T}{T_o} - nRT\ln\frac{V}{V_o} - ns_o T \tag{12.24}$$

가 된다. ◆

예제 12.2 이상 기체의 성질

이상 기체에 대한 헬름홀츠 자유 에너지로 시작하여 S, P, U, C_V, B_T, α_V, C_P, B_S를 T와 V의 함수로 구하시오.

풀이 ■ 비열이 일정한 이상 기체의 헬름홀츠 자유 에너지는 식 (12.24)에 주어져 있

다. 표 12.1을 통해 엔트로피와 상태 방정식을 다음과 같이 얻는다.

$$S = -\left(\frac{\partial F}{\partial T}\right)_V = nc_V \ln \frac{T}{T_o} + nR \ln \frac{V}{V_o} + ns_o$$

$$P = -\left(\frac{\partial F}{\partial V}\right)_T = -\left(\frac{-nRT}{V}\right) = \frac{nRT}{V}.$$

$F = U - TS$를 $U = F + TS$로 쓰고 F와 S에 대한 표현을 사용하면 내부 에너지는

$$U = +\, nc_V T - nc_V T \ln \frac{T}{T_o} - nRT \ln \frac{V}{V_o} - ns_o T$$
$$+\, T\left[nc_V \ln \frac{T}{T_o} + nR \ln \frac{V}{V_o} + ns_o\right]$$

가 된다. 이것을 간단히 하면

$$U = nc_V T$$

가 된다. 식 (12.21) 또는 내부 에너지로부터 일정 부피 열용량

$$C_V = \left(\frac{\partial U}{\partial T}\right)_V = nc_V$$

를 얻을 수 있다. 등온 부피 탄성률은 식 (12.22) 또는 상태 방정식으로부터

$$B_T = -V\left(\frac{\partial P}{\partial V}\right)_T = -V\left(\frac{-nRT}{V^2}\right) = \frac{nRT}{V}$$

가 된다. 식 (12.23)으로부터 열팽창 계수는

$$\alpha_V = \frac{1}{B_T}\left(\frac{\partial P}{\partial T}\right)_V = \frac{V}{nRT}\frac{nR}{V} = \frac{1}{T}$$

이 된다. 11장에서 유도한 C_V, C_P, B_T, B_S 사이의 관계를 사용하면 위의 결과로부터 일정 압력 열용량과 단열 부피 탄성률을 구할 수 있다. 식 (11.38)과 식 (11.43)에 따라서

$$C_P = C_V + TVB_T\alpha_V^2 \quad \text{그리고} \quad \frac{C_P}{C_V} = \frac{B_S C_P}{B_T C_V} = \frac{B_S}{B_T}$$

가 된다. C_V, B_T, α_V에 대한 위 결과를 이용하면

$$C_P = nc_V + TV\frac{1}{T^2}\frac{nRT}{V} = n(c_V + R)$$

가 된다. $C_p/C_V = B_S/B_T$에서 C_V, C_P, B_T에 대한 위 표현을 이용하고 재배열하면

$$B_S = \frac{C_P}{C_V}B_T = \frac{c_P}{c_V}B_T = \gamma\frac{nRT}{V}$$

를 얻는다. 여기서 γ는 비열의 비이다. 이 모든 결과는 이전에 발견한 이상 기체의 성질과 일치한다. ◆

기브스 자유 에너지

표 12.1에 나타나 있듯이 기브스 자유 에너지의 일차 도함수는 엔트로피와 부피를 준다. 그 이차 도함수는 C_P, K_T, α_V를 결정한다. 그리고 엔트로피로부터 일정 압력 열용량을 구할 수 있다(표 11.2 참조).

$$C_P = T\left(\frac{\partial S}{\partial T}\right)_P = -T\left(\frac{\partial^2 G}{\partial T^2}\right)_P \tag{12.25}$$

식 (3.46)으로부터 등온 압축률은

$$K_T = -\frac{1}{V}\left(\frac{\partial V}{\partial P}\right)_T = -\frac{1}{V}\left(\frac{\partial^2 G}{\partial P^2}\right)_T \tag{12.26}$$

이고, 식 (3.21)로부터 부피 열팽창 계수는

$$\alpha_V = -\frac{1}{V}\left(\frac{\partial V}{\partial T}\right)_P = -\frac{1}{V}\frac{\partial}{\partial T}\left(\frac{\partial G}{\partial P}\right)_T = -\frac{1}{V}\frac{\partial G}{\partial T\partial P} \tag{12.27}$$

가 된다.

엔트로피

내부 에너지와 부피의 함수로 표현될 때 엔트로피는 열역학 퍼텐셜이다. 자유 에너지와 달리 르장드르 변환에 의해 퍼텐셜 $U(S, V)$로부터 엔트로피를 구하지 못하고 대신에 함수 $U(S, V)$를 뒤집어서, 다시 말해 관계 $U = U(S, V)$를 $S = S(U, V)$로 표현해서 얻는다. 이때 U와 V는 자연 좌표이다. 열역학 좌표가 U와 V인 상태 공간을 고려함으로써 에너지의 미분으로부터 미분 dS를 얻을 수 있다. dS에 대해 $dU = TdS - PdV$를 풀면

$$dS = \frac{1}{T}dU + \frac{P}{T}dV \tag{12.28}$$

를 얻는다. dS는 함수 미분이기 때문에

$$\frac{1}{T} = \left(\frac{\partial S}{\partial U}\right)_V \quad \text{그리고} \quad \frac{P}{T} = \left(\frac{\partial S}{\partial V}\right)_U \tag{12.29}$$

가 된다. 교차 도함수의 상등성은

$$\left(\frac{\partial}{\partial V}\frac{1}{T}\right)_U = \left(\frac{\partial}{\partial U}\frac{P}{T}\right)_V \tag{12.30}$$

를 뜻한다. 이것을 약간 재배열을 하면

$$\left(\frac{\partial T}{\partial V}\right)_U = P\left(\frac{\partial T}{\partial U}\right)_V - T\left(\frac{\partial P}{\partial U}\right)_V \tag{12.31}$$

가 된다.

열역학 퍼텐셜 $S(U, V)$와 $U(S, V)$에 대한 표현을 구하는 것은 상당히 복잡할 수 있다. 한 가지 해결책은 함수 $U(T, V)$를 뒤집어서 $T(U, V)$를 구하고 그 결과를 $S(T, V)$에 대입하는 것이다. 그 결과인 합성 함수 $S(T(U, V), V)$는 열역학 퍼텐셜 $S(U, V)$가 된다. 그 다음으로 $S(U, V)$를 뒤집어서 퍼텐셜 $U(S, V)$를 구한다. 다음 예제가 이 절차를 보여 준다.

예제 12.3 이상 기체에 대한 S와 U

c_V가 일정한 이상 기체에 대한 열역학 퍼텐셜 $S(U, V)$와 $U(S, V)$를 구하시오.

풀이 ■ 이상 기체에서 $U = U(T)$이기 때문에 $T(U, V)$를 구하기 위해 $U(T, V)$를 뒤집는 것은 아주 쉽다. 특히 c_V가 일정할 때 그렇다. 식 (3.8)에 따라서 c_V가 일정한 이상 기체의 내부 에너지는 $U = n(u_o + c_V T)$이다. $u_o = 0$으로 놓고 T에 대해 풀면 $T = U/(nc_V)$가 된다. 이것을 식 (11.28)의 $S(T, V)$에 대한 표현에 대입하면

$$S(U, V) = nc_V \ln \frac{U}{nc_V T_o} + nR \ln \frac{V}{V_o} + ns_o$$

를 얻는다. 여기서 s_o는 온도가 T_o이고 부피가 V_o인 상태의 엔트로피이다. 상수 $a_o = s_o - c_V \ln(c_V T_o) - R\ln(V_0/n)$을 도입하면 이것은

$$S(U, V) = nc_V \ln \frac{U}{n} + nR \ln \frac{V}{n} + na_o \tag{12.32}$$

가 되는데, 이것이 바로 원하던 함수 $S(U, V)$이다. n, U, V는 크기 변수이고 a_o는 세기 변수이기 때문에 이 표현의 엔트로피는 분명하게 세기 변수이다. 식 (12.32)의 항들을 재배열하면

$$\ln \frac{U}{n} = -\frac{a_o}{c_V} + \frac{S}{nc_V} - \frac{R}{c_V} \ln \frac{V}{n}$$

가 된다. 이상 기체에서 $c_P - c_V = R$이기 때문에 $R/c_V = (c_P - c_V)/c_V = \gamma - 1$ 이

된다. 여기서 $\gamma = c_P/c_V$이다. 로그와 지수 함수의 성질을 사용하면 이상 기체에 대한 열역학 퍼텐셜 $U(S, V)$는

$$U(S, V) = n^{\gamma} e^{-a_o/c_V} e^{S/(nc_V)} V^{1-\gamma} \tag{12.33}$$

이 된다. ◆

내부 에너지는 자연 좌표의 함수로 표현될 때만 열역학 퍼텐셜이 된다는 것을 강조하였다. 이제 열역학 퍼텐셜 $U(S, V)$에 대한 표현이 있으므로 열역학 퍼텐셜이 아닌 함수 $U(T, V)$와 대조해 볼 수 있다. 특히 이상 기체의 상태 방정식은 $U(T, V)$로 결정되는 것이 아니라 $U(S, V)$로 결정된다는 것을 보일 수 있다. 11.1절에 보인 것처럼 내부 에너지와 압력은

$$\left(\frac{\partial U}{\partial V}\right)_T = T\left(\frac{\partial P}{\partial T}\right)_V - P \tag{12.34}$$

에 의해 관련되어 있다. 이상 기체의 내부 에너지는 부피와 무관하므로 $(\partial U/\partial V)_T = 0$이 되는데, 이 경우에 식 (12.34)는 $P = T(\partial P/\partial T)_V$가 된다. $P = Tf(V)$ 형태의 모든 상태 방정식이 이 식을 만족한다. 여기서 $f(V)$는 V의 함수로 임의적이고 미분이 가능하다. 결과적으로 계의 상태 방정식이 완전히 결정되지 않는다.

대조적으로 $U(S, V)$로부터는 완전한 상태 방정식을 구할 수 있다. $dU = TdS - PdV$는 완전 미분이기 때문에 $T = (\partial U/\partial S)_V$와 $P = -(\partial U/\partial V)_S$가 된다. 식 (12.33)의 $U(S, V)$에 대한 표현을 미분하면

$$T = n^{\gamma} e^{-a_o/c_V} \frac{e^{S/(nc_V)}}{nc_V} V^{1-\gamma} \quad \text{그리고} \quad P = -n^{\gamma} e^{-a_o/c_V} e^{S/(nc_V)} V^{-\gamma}(1-\gamma) \tag{12.35}$$

를 얻는다. 이 결과들을 결합하고 $\gamma - 1 = R/c_V$를 이용하면

$$PV = -n^{\gamma} e^{-a_o/c_V} e^{S/(nc_V)} V^{1-\gamma} \left(\frac{-R}{c_V}\right) = nRT \tag{12.36}$$

가 된다. 따라서 $U(S, V)$는 계의 상태 방정식($PV = nRT$)을 완전히 결정한다.

12.4 열저장고와 접촉하고 있는 계

엔트로피 원리를 적용하기 위해서는 단열 고립계가 필요하다. 때때로 관심 있는 계와 외부의 에너지원을 결합하면 단열 고립계를 얻을 수 있다. 조사하는 계는 흔히 대기나 수원과 같은 열저장고와의 접촉을 통하여 일정한 온도로 유지된다. 이러한 계를 분석하기 위해 관심 있는 계에 저장고를 더하여 구성된 단열 고립 합성계에 엔트로피

원리를 적용한다. 단열 고립계의 엔트로피는 절대 감소하지 않으므로

$$(S_f - S_0) + \Delta S_R \geq 0 \tag{12.37}$$

이 된다. 여기서 S_0과 S_f는 계의 처음과 마지막 엔트로피이고 ΔS_R는 저장고의 엔트로피 변화이다. 열저장고의 온도는 T로 고정되어 있으므로 그 엔트로피 변화는 $\Delta S_R = Q_R/T$이다. 여기서 Q_R는 열저장고에 전달된 열이다. 이것을 식 (12.37)과 결합하면

$$T(S_f - S_0) + Q_R \geq 0 \tag{12.38}$$

이 된다. 저장고를 제외한 계에 제1법칙을 적용하면 해준 일의 양 W를 얻는데, 그것은

$$Q_{\text{sys}} = (U_f - U_0) + W \tag{12.39}$$

이다. 여기서 U_0과 U_f는 그 내부 에너지의 처음과 마지막 값이다. 계와 열저장고 사이에는 열교환만 있으므로 $Q_R = -Q_{\text{sys}}$이다. 따라서

$$T(S_f - S_0) \geq Q_{\text{sys}} = (U_f - U_0) + W \tag{12.40}$$

가 된다. 항들을 재배열하면

$$W \leq -(U_f - TS_f) + (U_0 - TS_0) = -F_f + F_0 \tag{12.41}$$

이 된다. 여기서 $F = U - TS$는 헬름홀츠 자유 에너지이다. 이 결과는 해준 일에 위경계

$$\boxed{W_{\text{max}} = F_0 - F_f} \tag{12.42}$$

가 있음을 의미한다. 그래서 $W \leq W_{\text{max}}$이다. 열저장고와의 접촉을 통해 온도가 일정하게 유지되는 계로부터 일을 얻는 데 (자유롭게) 이용할 수 있는 에너지는 자유로운 에너지임을 이 결과가 말하고 있다. **열저장고와 접촉하고 있는 계로부터 얻을 수 있는 일의 최대량은 계의 헬름홀츠 자유 에너지의 감소와 같다.**

12.5 최소 자유 에너지

단열 고립계에서 엔트로피는 절대 감소하지 않는다는 원리를 온도가 일정하게 유지되는 계에 적용하기 위해, 결과 $W \leq W_{\text{max}}$를 이용하여 열저장고와 접촉하고 있는 계에 대해 유사한 원리를 유도하려고 한다. 그 결과로 나온 원리는 감소 대신에 증가에 대해 한계를 설정한다. 특히 온도와 부피가 일정하게 유지되는 계에서 헬름홀츠 자유 에너지는 절대 증가하지 않고, 온도와 압력이 일정하게 유지되는 계에서 기브스 자유 에너지는 절대 증가하지 않는다.

헬름홀츠 자유 에너지

부피 V가 일정할 때 PVT 계는 어떠한 일도 하지 않는다. $W = 0$일 때 식 (12.42)의 관계 $W \le F_0 - F_f$는

$$\boxed{F_f \le F_0} \tag{12.43}$$

을 뜻한다. **일정한 온도와 부피에서 평형 상태에 있는 계의 헬름홀츠 자유 에너지는 계의 구속 조건과 상충되지 않는 최솟값을 가진다.** 마치 단열 고립계의 엔트로피가 할 수만 있다면 증가하는 것처럼, 이 결과는 다음을 가리킨다.

'온도와 부피가 일정한 계의 헬름홀츠 자유 에너지는 할 수만 있다면 감소할 것이다.'

안정성 조건

자유 에너지에 대한 최소 원리를 통해 부피 탄성률 B_T가 양수임을 보일 수 있다. 이는 11.5절에서 C_V가 양수임을 보일 때 전개했던 것과 유사하다. 그림 12.1에 나타나 있는 것처럼 고려하고 있는 계를 두 부분계 1과 2로 나누고, 둘의 온도를 일정하게 유지시킨다. 총 부피 $V^{\text{tot}} = V_1 + V_2$는 고정되어 있으므로 $\Delta V_1 = -\Delta V_2$이다.

처음 상태 0이 안정된 평형 상태에 있다고 가정한다. 이제 가상적인 마지막 상태 f로 전이한 결과로 나타나는 헬름홀츠 자유 에너지의 변화를 구하고자 한다. 상태 0과 f에서 자유 에너지는

$$F_0^{\text{tot}} = F^{\text{tot}}(T, V_{1,0}, V_{2,0}) \quad \text{그리고} \quad F_f^{\text{tot}} = F^{\text{tot}}(T, V_{1,0} + \Delta V_1, V_{2,0} - \Delta V_1) \tag{12.44}$$

이다. ΔV_1은 최소 원리로 결정되는 자유 변수인 반면에 $V_{1,0}$, $V_{2,0}$과 T는 고정 변수이다. 자유 에너지는 크기 변수이므로 결합계의 자유 에너지는 $F^{\text{tot}} = F_1 + F_2$이다. 그러므로 F_f^{tot}를 테일러 급수로 전개하면

$$F_f^{\text{tot}} = F_0^{\text{tot}} + [-P_1 + P_2]_0 \Delta V_1 + \frac{1}{2}\left[\left(\frac{\partial^2 F_1}{\partial {V_1}^2}\right)_{T_1} + \left(\frac{\partial^2 F_2}{\partial {V_2}^2}\right)_{T_2}\right]_0 \Delta {V_1}^2 + \cdots \tag{12.45}$$

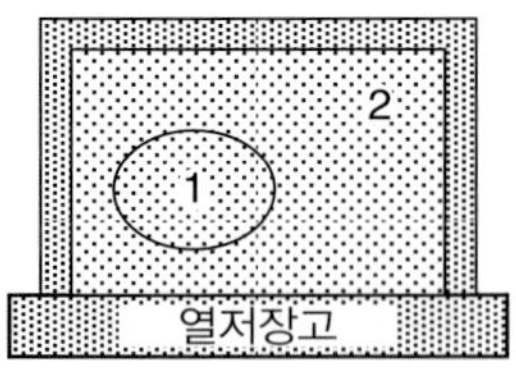

그림 12.1 이부분계

이 된다. 여기서 $P = -(\partial F/\partial V)_T$를 이용하였다. 대괄호 안의 계수는 상태 0에서 계산된다. 일차항은 평형 조건 $P_1 = P_2$ 때문에 0이 된다. ΔV_1이 작을 때 삼차항과 고차항을 무시할 수 있다. ${\Delta V_1}^2$의 계수를 간단하게 만들기 위해 크기가 똑같은 부분계를 고려하면 계수의 두 도함수는 같아진다. 그들을 더하고 아래 첨자를 생략하면

$$F_f^{\text{tot}} = F_0^{\text{tot}} + \left(\frac{\partial^2 F}{\partial V^2}\right)_T {\Delta V_1}^2 = F_0^{\text{tot}} - \left(\frac{\partial P}{\partial V}\right)_T \Delta V^2 \tag{12.46}$$

을 얻는다. 상태 0이 안정되기 위해서 헬름홀츠 자유 에너지는 상태 0에서 최솟값을 가져야만 한다. 이것은 모든 가상적인 마지막 상태의 자유 에너지는 상태 0의 자유 에너지보다 반드시 더 커야 한다는 것을 뜻한다. 그렇지 않다면 계는 자발적으로 상태 f로 변할 것이고, 이것은 상태 0이 평형 상태가 아니라는 것을 뜻하기 때문이다. $\Delta V^2 > 0$이기 때문에 조건 $F_f^{\text{tot}} > F_0^{\text{tot}}$은 식 (12.46)의 도함수가 음수가 된다는 뜻이다. 즉, $(\partial P/\partial V)_T < 0$이다. $B_T = -V(\partial P/\partial V)_T$를 이용하면 등온 부피 탄성률은 양수가 된다.

$$\boxed{B_T > 0.} \tag{12.47}$$

11장에서 C_V, C_P, B_T, B_S, α_V 사이의 관계식을 구하였다. 식 (11.38)과 식 (11.44), 그리고 안정성 조건 $C_V > 0$과 $B_T > 0$으로부터 $C_P \geq C_V$와 $B_S \geq B_T$가 나온다. 등호는 $\alpha_V = 0$일 때 적용된다. 이것 때문에 안정성 조건이 두 개 더 늘어난다.

$$\boxed{C_P > 0 \quad \text{그리고} \quad B_S > 0.} \tag{12.48}$$

두 가지 부피 탄성률 모두 양수가 된다는 조건은 직관적으로 타당하다. 만약 B_T나 B_S 둘 중 어느 하나가 음수이면, 부피가 제멋대로 조금 줄어들 경우 계가 주변에 작용하는 압력이 줄어들 것이다. 그러면 계에 작용하는 외력이 그 힘에 저항하는 힘을 초과하게 되어 부피가 더욱 더 줄어들게 될 것이고, 이것은 다시 압력을 더 감소시킬 것이고, 또 계속 그렇게 될 것이다. 대조적으로 안정한 계에서 부피가 조금 줄어들 경우 부피를 원래 값으로 되돌리는 힘이 야기된다. $B_T = 0$인 특별한 경우는 임계점에서 발생한다.

기브스 자유 에너지

흔히 대기와 접촉하고 있는 계에 대해 실험을 한다. 그 계는 실질적으로 압력과 온도 둘 다 일정한 값으로 유지한다. 그러한 실험을 분석하기 위해 그림 12.2에 도형화된 장치를 고려해 보자. 추가 얹어져 있는 피스톤에 의해 장치의 압력은 일정하게 고정

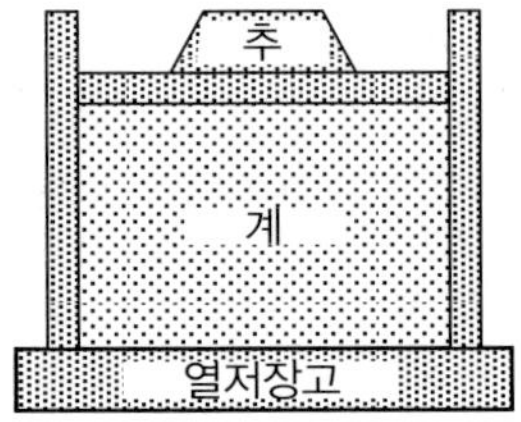

그림 12.2 온도와 압력이 일정하게 유지되는 계

되어 있다. 계는 피스톤을 움직여 그 주변에 일을 할 수 있다. 계와 저장고의 결합계는 단열 고립되어 있다.

압력 P가 일정할 때 계가 피스톤에 한 일은 $P(V_f - V_0)$이다. 여기서 V_0과 V_f는 계의 처음과 마지막 부피이다. 식 (12.42)에 주어진 W의 위경계에서 $P(V_f - V_0)$을 빼면 **피스톤에 한 일을 제외한 다른 일**을 하는 데 이용할 수 있는 에너지

$$W' = W - P(V_f - V_0) \le -(F_f - F_0) - P(V_f - V_0) = -(G_f - G_0) \tag{12.49}$$

을 얻는다. 여기서 $G = F + PV$는 식 (12.10)에 정의된 기브스 자유 에너지이다. 따라서 온도와 압력이 일정하게 유지되는 계로부터 얻을 수 있는 ($P\Delta V$ 일을 제외한) 일의 양에 대한 상한은 계의 기브스 자유 에너지의 감소와 같다.

$P\Delta V$ 일 외에 한 일이 없으면 위 결과는 $0 \le -(G_f - G_0)$이 되므로

$$\boxed{G_f \le G_0} \tag{12.50}$$

이 된다. **온도와 압력이 일정하고 평형 상태인 계의 기브스 자유 에너지는 계의 구속조건과 상충되지 않는 최솟값을 가진다. 온도와 압력이 일정한 계의 기브스 자유 에너지는 할 수만 있다면 작아질 것이다.** 다음 장에서 최소 원리를 사용하여 상전이의 성질과 열린계의 행동을 탐구한다.

문제

12.1 관계식 $\left(\frac{\partial T}{\partial V}\right)_U = P\left(\frac{\partial T}{\partial U}\right)_V - T\left(\frac{\partial P}{\partial U}\right)_V$를 유도하시오.

12.2 **(a)** 단순한 고체의 헬름홀츠 자유 에너지 $F(V, T)$를 구하시오.

(b) (a)의 결과를 사용하여 $(\partial F/\partial T)_V$ 및 $(\partial F/\partial V)_T$가 문제 11.2의 $S(T, V)$ 및 식 (1.15)의 $P(T, V)$와 상충되지 않음을 증명하시오.

12.3 c_V가 일정한 이상 기체에 대해 기브스 자유 에너지 $G(T, P)$를 구하시오.

12.4 이상 기체의 상태 방정식과 c_V가 일정할 때 $S(T, V)$와 $S(T, P)$에 대한 표현을 이용하여 헬름홀츠 자유 에너지 F와 기브스 자유 에너지 G에 연관된 맥스웰 관계식을 증명하시오.

12.A 부록

퍼텐셜의 도함수

미분의 성질을 사용하여 12.2절에서 자유 에너지의 도함수를 구하였다. 이 부록에서는 이들 도함수의 다른 유도법을 소개한다. 그 방법은 열역학 퍼텐셜의 정의에 함축되어 있는 합성 함수에 초점을 맞추고 이전 장들에서 구한 내부 에너지와 엔트로피의 도함수를 사용한다. 식 (3.5)와 식 (11.6)에 주어진 것처럼 내부 에너지 $U(T, V)$의 도함수는

$$\left(\frac{\partial U}{\partial T}\right)_V = C_V \quad \text{그리고} \quad \left(\frac{\partial U}{\partial V}\right)_T = T\left(\frac{\partial P}{\partial T}\right)_V - P \tag{12.A.1}$$

이고, 식 (11.11)에 주어진 것처럼 엔트로피 $S(T, V)$의 도함수는

$$\left(\frac{\partial S}{\partial T}\right)_V = \frac{C_V}{T} \quad \text{그리고} \quad \left(\frac{\partial S}{\partial V}\right)_T = \left(\frac{\partial P}{\partial T}\right)_V \tag{12.A.2}$$

이다.

헬름홀츠 자유 에너지는 $F = U - TS$로 정의되므로 상태 함수 $F(T, V)$는

$$F(T, V) = U(T, V) - TS(T, V) \tag{12.A.3}$$

이다. 따라서 그 온도 도함수는

$$\left(\frac{\partial F}{\partial T}\right)_V = \left(\frac{\partial U}{\partial T}\right)_V - T\left(\frac{\partial S}{\partial T}\right)_V - S(T, V) \tag{12.A.4}$$

가 된다. 식 (3.5)와 식 (11.11)에 있는 $(\partial U/\partial T)_V$와 $(\partial S/\partial T)_V$에 대한 표현을 이용하면 이것은

$$\boxed{S = -\left(\frac{\partial F}{\partial T}\right)_V} \tag{12.A.5}$$

가 된다. $F(T, V)$의 부피 도함수는

$$\left(\frac{\partial F}{\partial V}\right)_T = \left(\frac{\partial U}{\partial V}\right)_T - T\left(\frac{\partial S}{\partial V}\right)_T \tag{12.A.6}$$

인데, 이것은

$$\left(\frac{\partial F}{\partial V}\right)_T = \left[T\left(\frac{\partial P}{\partial T}\right)_V - P\right] - T\left(\frac{\partial P}{\partial T}\right)_V = -P \tag{12.A.7}$$

가 된다. 따라서

$$\boxed{P = -\left(\frac{\partial F}{\partial V}\right)_T} \tag{12.A.8}$$

이다.

열역학 퍼텐셜 $U(S, V)$를 구하기 위해 함수 $S(T, V)$를 뒤집어서 $T(S, V)$를 얻고 합성 함수

$$U(S, V) = U(T(S, V), V) \tag{12.A.9}$$

를 도입한다. 정의 $F = U - TS$는 $U = F + TS$를 의미하므로

$$U(S, V) = F(T(S, V), V) + T(S, V)\,S \tag{12.A.10}$$

가 된다. 엔트로피에 대한 이것의 도함수는

$$\left(\frac{\partial U}{\partial S}\right)_V = \left(\frac{\partial F}{\partial T}\right)_V\left(\frac{\partial T}{\partial S}\right)_V + \left(\frac{\partial T}{\partial S}\right)_V S + T(S, V) \tag{12.A.11}$$

이다. 식 (12.A.5)의 결과 $(\partial F/\partial T)_V = -S$를 이용하면

$$\boxed{T = \left(\frac{\partial U}{\partial S}\right)_V} \tag{12.A.12}$$

를 얻는다. $U(S, V)$의 다른 도함수는

$$\left(\frac{\partial U}{\partial V}\right)_S = \left(\frac{\partial F}{\partial T}\right)_V\left(\frac{\partial T}{\partial V}\right)_S + \left(\frac{\partial F}{\partial V}\right)_T + \left(\frac{\partial T}{\partial V}\right)_S S \tag{12.A.13}$$

이다. F의 도함수를 이용하면 이것은

$$\left(\frac{\partial U}{\partial V}\right)_S = -S\left(\frac{\partial T}{\partial V}\right)_S - P + \left(\frac{\partial T}{\partial V}\right)_S S = -P \tag{12.A.14}$$

가 된다. 따라서

$$\boxed{P = P(S, V) = -\left(\frac{\partial U}{\partial V}\right)_S} \tag{12.A.15}$$

이다.

엔탈피는 $H = U + VP$ 이므로 열역학 퍼텐셜 $H(S, P)$는 $U(S, P)$와 $V(S, P)$로 결정된다. 함수 $P(S, V)$를 뒤집으면 함수 $V(S, P)$를 얻으므로 엔탈피는 합성 함수

$$H(S,P) = U(S,V(S,P)) + V(S,P)P \tag{12.A.16}$$

가 된다. 이것의 엔트로피 도함수는

$$\left(\frac{\partial H}{\partial S}\right)_P = \left(\frac{\partial U}{\partial S}\right)_V + \left(\frac{\partial U}{\partial V}\right)_S\left(\frac{\partial V}{\partial S}\right)_P + \left(\frac{\partial V}{\partial S}\right)_P P \tag{12.A.17}$$

이다. $(\partial U/\partial S)_V = T$와 $(\partial U/\partial V)_S = -P$를 이용하면 이것은

$$\left(\frac{\partial H}{\partial S}\right)_P = T - P\left(\frac{\partial V}{\partial S}\right)_P + \left(\frac{\partial V}{\partial S}\right)_P P = T \tag{12.A.18}$$

가 되므로

$$\boxed{T = \left(\frac{\partial H}{\partial S}\right)_P} \tag{12.A.19}$$

이다. $H(S, P)$의 압력 도함수는

$$\left(\frac{\partial H}{\partial P}\right)_S = \left(\frac{\partial U}{\partial V}\right)_S\left(\frac{\partial V}{\partial P}\right)_S + \left(\frac{\partial V}{\partial P}\right)_S P + V(S,P) \tag{12.A.20}$$

이다. $(\partial U/\partial V)_S = -P$ 이기 때문에

$$\boxed{V = \left(\frac{\partial H}{\partial P}\right)_S} \tag{12.A.21}$$

가 나온다.

식 (12.10)에 정의된 것처럼 기브스 자유 에너지는 $G = F + PV$이다. 이것을 $F = U - TS$와 $H = U + VP$와 결합하면 $G = H - TS$가 되므로

$$G(T,P) = H(S(T,P),P) - T\,S(T,P) \tag{12.A.22}$$

이다. 여기서 $S(T, P)$는 (12.A.19)의 $T(S, P)$를 뒤집거나 합성 함수 $S(T, V(T, P))$를 생성하여 얻어질 수 있다. $G(T, P)$의 온도 도함수는

$$\left(\frac{\partial G}{\partial T}\right)_P = \left(\frac{\partial H}{\partial S}\right)_P\left(\frac{\partial S}{\partial T}\right)_P - S(T,V) - T\left(\frac{\partial S}{\partial T}\right)_P \tag{12.A.23}$$

이다. $(\partial H/\partial S)_P = T$이기 때문에 이것은

$$S = -\left(\frac{\partial G}{\partial T}\right)_P \tag{12.A.24}$$

가 된다. $G(T, P)$의 압력 도함수는

$$\left(\frac{\partial G}{\partial P}\right)_T = \left(\frac{\partial H}{\partial S}\right)_P\left(\frac{\partial S}{\partial P}\right)_T + \left(\frac{\partial H}{\partial P}\right)_S - T\left(\frac{\partial S}{\partial P}\right)_T \tag{12.A.25}$$

이다. $(\partial H/\partial S)_P = T$를 이용하여 이것을 간단히 하면 $(\partial G/\partial P)_T = (\partial H/\partial P)_S$가 된다. 그러면 $(\partial H/\partial P)_S = V$로부터

$$V = \left(\frac{\partial G}{\partial P}\right)_T \tag{12.A.26}$$

가 된다. 상자 안의 식들은 표 12.1에 요약된 열역학 퍼텐셜 $F(T, V)$, $U(S, V)$, $H(S, P)$, $G(T, P)$의 도함수들이다.

13장 상전이와 열린계

앞 장에서 도입되었던 자유 에너지는 상전이의 연구에 특별히 유용하다. 서로 다른 상들 사이에서 물체(분자들)의 교환 때문에 각 상은 열린계, 다시 말하면 다른 계들과 물체를 교환할 수 있는 계로 취급될 수 있다. 열을 교환할 수 있는 계가 평형 상태일 때 같은 온도를 가지는 것처럼, 물체를 교환할 수 있는 계는 같은 화학 퍼텐셜을 가진다. 많은 계는 성분(H_2O, CO_2, O_2, N_2와 같은)이라고 하는 몇 개의 화학 요소들을 포함하며, 각 성분은 화학 퍼텐셜을 가진다. 열린계에서는 모든 상에서 각 성분의 화학 퍼텐셜이 같도록 물체가 분포되어 있다. 우리는 왜 계가 자발적으로 여러 개의 상으로 분리되는지 설명하기 위해서 헬름홀츠(Helmholtz) 자유 에너지와 기브스(Gibbs) 자유 에너지를 이용하면서 시작한다.

13.1 두 개의 상 평형

상분리에 대한 이유를 설명하기 위해서, 5.3절에서 기술했던 판데르발스(van der Waals) 유체의 성질들을 가진 단일 성분을 분석한다. 특정한 부피 $v = V/n$은 부피 V와 몰수 n으로 표현되고, 식 (5.9)에 있는 판데르발스 상태 방정식은 식 (13.1)이 된다.

$$P = \frac{nRT}{(V - bn)} - \frac{an^2}{V^2} \tag{13.1}$$

그림 13.1에 나타낸 상황을 연구하기 위해서 이 방정식을 이용하는데, 여기에서 일정한 온도를 가진 유체가 액체와 증기상들로 분리되었다. 비록 용기의 부피는 고정되

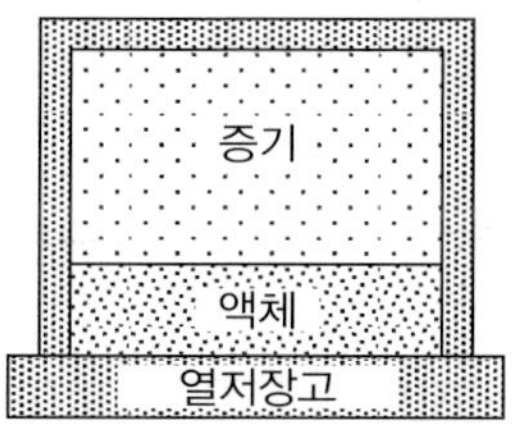

그림 13.1 평형 상태에서 액체와 증기상

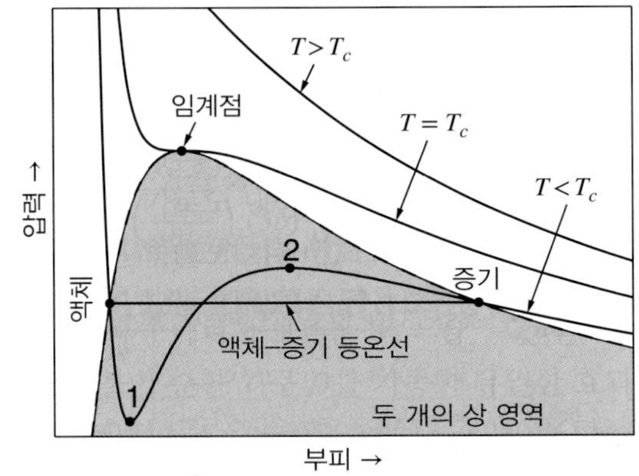

그림 13.2 *PV* 도표 위에 있는 등온선

었지만, 각 상의 부피는 분자들의 교환을 통해서 변할 수 있다.

그림 13.2에 있는 *PV* 도표는 식 (13.1)에 있는 상태 방정식에 의해서 결정되는 임계 온도 T_c와 임계 온도의 위와 아래의 온도에 대한 전형적인 등온선을 보여 주고 있다(그림에 그려진 등온선은 0.875 T_c, 1.125 T_c, T_c이다). $T < T_c$인 경우에 등온선에서 1과 2라고 라벨을 붙인 점들은 단일상 상태인 유체인 반면에, 직선은 이것이 두 개의 상으로 분리된 후를 나타낸다. 어둡게 나타낸 영역은 계가 자발적으로 두 개의 상으로 분리되는 압력과 온도를 표시한다.

헬름홀츠 자유 에너지

자유 에너지를 결정하기 위해서는 상태 방정식과 열용량 둘 다 필요하기 때문에, 일정 부피 열용량 $C_V = nc_V$가 상수인 계를 고려한다. 이원자 기체의 경우에 전형적인 값은 $c_V = 2.5R$이다(15.3절 참조). 판데르발스 상태 방정식과 상수 열용량에 의해서 기술되는 계의 자유 에너지가 식 (13.2)라는 것은 뒤에 나오는 문제를 통해 알 수 있다.

$$F(T, V) = ncRT(1 - \ln T) - nRT\ln(V - nb) - \frac{an^2}{V} - kT \tag{13.2}$$

여기에서 c와 k는 상수이다. $P = -(\partial F/\partial V)_T$와 $C_V = T(\partial^2 F/\partial T^2)_V$을 이용하면 이 식이 올바른 상태 방정식과 열용량을 준다는 것이 쉽게 입증된다. $T < T_c$인 경우의 자유 에너지가 그림 13.3에 그려져 있는데, 여기에서 식 (13.2)에 의해 예측되는 선이 단일상 등온선이다(이 그림은 $T = 0.875\ T_c$와 $c = 2.5$인 경우에 대해서 그려졌다). 액체–증기 계의 자유 에너지를 나타내는 직선의 위치는 자유 에너지가 가능하다면 감소할 것이라는 원리에 의해서 결정된다.

그림에서 직선은 두 점 $(V_{\text{liq}}, F_{\text{liq}})$와 $(V_{\text{vap}}, F_{\text{vap}})$에서 단일상 등온선에 접선으로 그

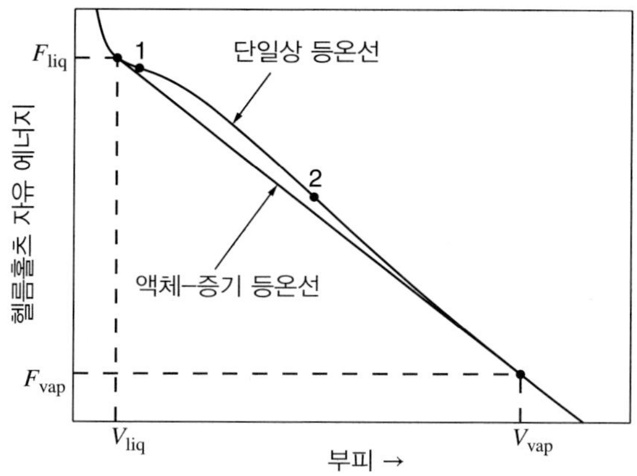

그림 13.3 두 개의 상 영역에서 헬름홀츠 자유 에너지의 등온선

려진다. 이 점들은 그림 13.2에서 두 개의 상 영역의 끝점에서 단일상 계의 성질을 나타낸다. 그림 13.3에서 직선의 방정식은 식 (13.3)인데,

$$F(V) = F_{liq} + \frac{F_{vap} - F_{liq}}{V_{vap} - V_{liq}}(V - V_{liq}) \tag{13.3}$$

여기에서 $(F_{vap} - F_{liq})/(V_{vap} - V_{liq})$은 기울기이다. 항들을 재배열하면 다음과 같다.

$$F(V) = n_{liq}(V)F_{liq} + n_{vap}(V)F_{vap} \tag{13.4}$$

$$n_{liq}(V) = \frac{V_{vap} - V}{V_{vap} - V_{liq}}n \quad 및 \quad n_{vap}(V) = \frac{V - V_{liq}}{V_{vap} - V_{liq}}n \tag{13.5}$$

여기에서 n은 계에 있는 총 몰수이고, $(\partial F/\partial V)_T$는 그림에서 선의 기울기이다. V_{liq}와 V_{vap} 모두에서 단일상 등온선이 직선에 접하기 때문에, 두 점 모두에서 상들의 압력 $P = -(\partial F/\partial V)_T$는 같다. 따라서 직선은 계가 두 개의 상이 존재하는 상태라는 것을 나타내며, 여기에서 계는 점 (V_{liq}, F_{liq})에서 상의 $n_{liq}(V)$ 몰과 점 (V_{vap}, F_{vap})에서 상의 $n_{vap}(V)$ 몰을 가진다. 첫 번째 점에서 밀도 n/V_{liq}가 두 번째 점에서 밀도 n/V_{vap}보다 더 크기 때문에, 두 점들은 각각 계의 액체상과 증기상을 나타낸다. 계에서 총 몰수 n과 총 부피 V는 고정되어 있기 때문에, 식 (13.6)이 성립한다는 것을 확인할 필요가 있고,

$$n_{liq} + n_{vap} = n \quad 및 \quad n_{liq}\frac{V_{liq}}{n} + n_{vap}\frac{V_{vap}}{n} = V \tag{13.6}$$

여기에서 V_{liq}/n과 V_{vap}/n은 몰당 부피이다. 첫 번째 요구 조건은 쉽게 입증된다. 식 (13.5)를 이용하면, 두 번째 요구 조건은 다음과 같다.

$$n_{\text{liq}}\frac{V_{\text{liq}}}{n}+n_{\text{vap}}\frac{V_{\text{vap}}}{n}=\frac{(V_{\text{vap}}-V)V_{\text{liq}}+(V-V_{\text{liq}})V_{\text{vap}}}{V_{\text{vap}}-V_{\text{liq}}}=V \tag{13.7}$$

액체–증기 등온선은 단일상 등온선 아래에 있는데, 이것은 하나의 상이 존재할 때보다 두 개의 상이 존재할 때 헬름홀츠 자유 에너지가 더 낮다는 것을 의미한다. 일정한 온도와 부피에서 유지되는 계의 헬름홀츠 자유 에너지는 그 구속 조건들과 모순되지 않는 최소를 가지기 때문에, 이 유체는 두 개의 상으로 분리된다.

맥스웰 구성

두 개의 상이 존재하는 *PV* 도표의 영역은 맥스웰 동일 면적 구성을 사용함으로써 발견될 수 있다. 그림 13.2에 있는 *PV* 도표가 그림 13.4에 다시 그려졌다. 맥스웰 구성은 두 개의 어두운 영역의 면적이 같아지도록, 다시 말하면 $A_1 = A_2$, 액체–증기 등온선을 그리는 것이다.

맥스웰 구성이 액체–증기 등온선을 올바르게 위치시킨다는 것을 보이기 위해서, 다음과 같이 V_{liq}에서 V_{vap}까지 압력을 적분하고 관계식 $P = -(\partial F/\partial V)_T$을 이용한다.

$$\int_{V_{\text{liq}}}^{V_{\text{vap}}} P(V)\,dV = -\int_{V_{\text{liq}}}^{V_{\text{vap}}} \left(\frac{\partial F}{\partial V}\right)_T dV = F_{\text{liq}} - F_{\text{vap}} \tag{13.8}$$

식 (13.9)에 나타낸 것처럼 이 결과는 고려된 압력이 액체–증기 등온선을 따라가는 압력 $P_{l-v}(V)$ 또는 단일상 등온선을 따라가는 압력 $P_{s-p}(V)$ 중 어느 것이더라도 유효하다.

$$\int_{V_{\text{liq}}}^{V_{\text{vap}}} P_{l\text{-}v}(V)\,dV = \int_{V_{\text{liq}}}^{V_{\text{vap}}} P_{s\text{-}p}(V)\,dV \tag{13.9}$$

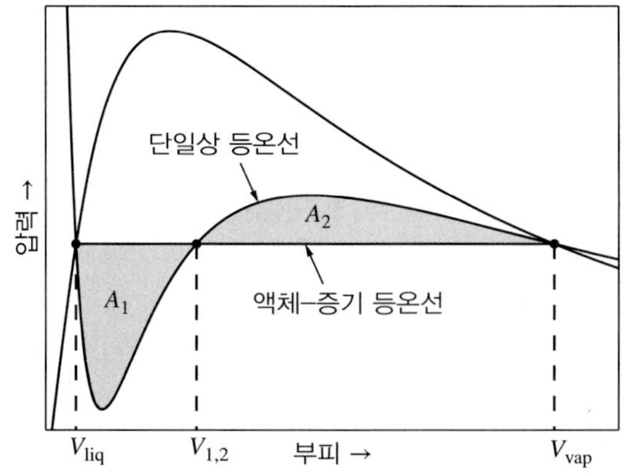

그림 13.4 맥스웰 구성

두 적분이 같기 때문에 식 (13.10)이 따라 나온다.

$$\int_{V_{\text{liq}}}^{V_{\text{vap}}} \left[P_{l\text{-}v}(V) - P_{s\text{-}p}(V)\right] dV = 0 \tag{13.10}$$

액체–증기 등온선이 단일상 등온선을 가로지르는 부피를 $V_{1,2}$라고 하고, V_{liq}에서 $V_{1,2}$까지의 적분과 $V_{1,2}$에서 V_{vap}까지의 적분을 각각 I_1과 I_2로 나타내면, 식 (13.11)을 얻는다.

$$I_1 = \int_{V_{\text{liq}}}^{V_{1,2}} \left[P_{l\text{-}v}(V) - P_{s\text{-}p}(V)\right] dV \quad \text{및} \quad I_2 = \int_{V_{1,2}}^{V_{\text{vap}}} \left[P_{l\text{-}v}(V) - P_{s\text{-}p}(V)\right] dV \tag{13.11}$$

식 (13.10)으로부터 $I_1 + I_2 = 0$이 따라 나온다. 그림으로부터 I_1은 음(−)이고 I_2는 양(+)이라는 것을 알 수 있다. 결과적으로 영역의 면적은 $A_1 = -I_1$과 $A_2 = I_2$이고, 이것은 $-A_1 + A_2 = 0$임을 나타낸다. 그러므로 각 온도에서 두 면적이 같도록 압력을 조정함으로써 두 개의 상 영역이 발견될 수 있다.

비록 유체가 두 개의 상으로 분리되는 것을 설명하기 위해서 판데르발스 모형이 유용하기는 하지만, 이 모형은 꼭 언급되어야만 하는 물리적이지 않은 측면을 가지고 있다. 식 (12.47)에 있는 안정성 조건에 따르면, 등온 부피 탄성 계수(bulk modulus) B_T가 양(+)인 경우($B_T > 0$)에만 계는 부피에서의 작은 변화에 반응하여 안정될 수 있다. $B_T = -V(\partial P/\partial V)_T$이기 때문에, 이것은 $(\partial P/\partial V)_T < 0$을 요구하게 되며, 이것은 그림 13.2에 있는 PV 도표에 있는 등온선의 기울기가 음(−)이어야만 한다는 것을 의미한다. 점 1과 2 사이에 있는 단일상 등온선의 기울기는 양(+)이기 때문에, 등온선의 이 부분은 불안정한 상태, 다시 말하면 물리적으로 실현될 수 없는 상태를 나타낸다.

두 개의 상 영역 내에서 단일상 등온선의 기울기가 음(−)이고 그래서 계가 안정적인 상태를 나타내는 점들이 있다. 그러한 상태는 열역학적으로 가장 안정된 상태는 아니지만 물리적으로 실현될 수 있다. 이들이 **메타 안정 상태**(meta-stable states)인데 매우 순수한 물질에 관한 정밀한 실험에서만 관측될 수 있다. 그림 13.2와 그림 13.3의 두 개의 상 영역에서 점 1의 왼쪽에 있는 상태는 **과열된 액체**(superheated liquid)를 나타내고 점 2의 오른쪽에 있는 상태는 **과냉각된 증기**(supercooled vapor)를 나타낸다.

기브스 자유 에너지

기브스 자유 에너지 $G(T, P)$는 두 개의 상이 존재하는 계를 기술하는 경우에 특별히 유용한데, 이는 두 개의 상이 같은 온도와 압력을 가지기 때문이다. 함수 $G(T, P)$는 헬름홀츠 자유 에너지 $F(T, V)$를 상태 방정식 $V = V(T, P)$와 결합해서 혼합 함수를 만드는 과정에 의해서 식 (13.12)처럼 얻어질 수 있다.

$$G(T,P) = F(T,V(T,P)) + PV(T,P) \tag{13.12}$$

판데르발스 모형에 대한 기브스 자유 에너지의 값이 그림 13.5에 그려져 있다. 왼쪽에 있는 그래프에서는 온도가 상수인 반면에, 오른쪽에 있는 그래프에서는 압력이 상수이다. 그림에 있는 곡선들은 단일상이 존재할 때 계를 나타낸다.

평형 상태에서 두 개의 상이 공존할 수 있는 온도와 압력은 기브스 자유 에너지가 가능하다면 감소할 것이라는 원리에 의해서 결정된다. 왼쪽에 있는 그래프는 낮은 압력에서 증기상이 액체상보다 더 안정적이라는 것을 보여 주고, 오른쪽에 있는 그래프는 낮은 온도에서 액체상이 증기상보다 더 안정적이라는 것을 보여 준다. 평형 상태에서 두 개의 상이 공존할 수 있는 온도와 압력은 곡선들이 만나는 곳의 T와 P의 값들에 의해서 주어진다. 어떤 상의 자유 에너지가 다른 것보다 더 큰 곡선의 부분들은 메타 안정 상태를 나타낸다.

계에 관한 여분의 정보가 그림 13.5에 있는 곡선의 기울기에 의해서 주어진다. 식 (12.14)에 의하면, 계의 부피와 기브스 자유 에너지는 $V = (\partial G/\partial P)_T$에 의해 연관되어 있다. 부피는 결코 음(−)이 아니기 때문에, 이것은 등온선의 기울기가 양(+)이어야만 한다는 것을 의미하며, 그림에서 보면 실제로 그렇다.

앞에서의 11.5절로부터 안정성 조건들 $B_T > 0$과 $C_P > 0$은 그림에서 선의 곡률에 대한 정보를 준다. 식 (12.26)에 의하면, 등온 압축률은 $K_T = -V^{-1}(\partial^2 G/\partial P^2)_V$이다. 그러면 $K_T = 1/B_T$와 $B_T > 0$으로부터 $K_T > 0$이 나오고, 이것은 $(\partial^2 G/\partial P^2)_T < 0$을 의미한다. 따라서 왼쪽에 있는 그래프에서 곡선의 2계 미분은 음(−)이 되어야만 하고, 그림에서 보면 실제로 그렇다. 식 (12.25)에 의하면, 일정 압력 열용량은 $C_P = -T(\partial^2 G/\partial T^2)_P$이고, 따라서 조건 $C_P > 0$은 $(\partial^2 G/\partial T^2)_P < 0$을 의미한다. 따라서 오른쪽에 있는 그래프에서 곡선의 2계 미분은 음(−)이 되어야만 하고, 그림에서 보면 실제로 그렇다.

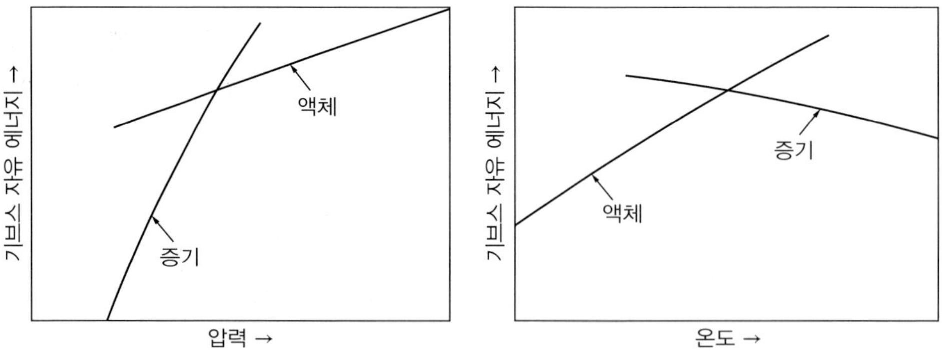

그림 13.5 상전이 근처에서 기브스 자유 에너지

13.2 화학 퍼텐셜

화학 퍼텐셜은 기브스 자유 에너지를 입자의 수로 나누어서 얻어지는 세기 양이다. 이것은 열린계에 대한 성분들의 상호작용을 기술하는 경우에 유용하다. 다중 성분 계에서 그 쓰임새를 고려하기 전에, 단일 성분 계에서 그 중요성을 연구한다.

닫힌 PVT 계의 상태를 나타내기 위한 두 개의 열역학적 좌표에 더해서, 계가 열렸을 때 존재하는 물질의 양을 기술하기 위한 변수 하나가 더 필요하다. 편리한 선택은 입자의 수 N인데, 이것은 몰수 n과 식 (13.13)에 의해서 연관되며,

$$N = nN_A \tag{13.13}$$

여기에서 **아보가드로 수**(Avogadro's number)는 몰당 분자의 수, $N_A = 6.022 \times 10^{23}$이다. 이렇게 선택을 하면, 기브스 자유 에너지는 온도, 압력, 입자의 수를 자연스러운 좌표로 가지는 열역학적 퍼텐셜 $G(T, P, N)$이다. $G(T, P, N)$의 미분은 다음과 같다.

$$dG = \left(\frac{\partial G}{\partial T}\right)_{PN} dT + \left(\frac{\partial G}{\partial P}\right)_{TN} dP + \left(\frac{\partial G}{\partial N}\right)_{TP} dN \tag{13.14}$$

N을 고정한 편미분은 닫힌계에 대한 미분이고, 이것은 표 12.1에 주어지는데, N이 상수라는 것을 나타내기 위해서 아래 첨자를 포함시키면 식 (13.15)가 되며,

$$S = -\left(\frac{\partial G}{\partial T}\right)_{PN} \quad \text{및} \quad V = \left(\frac{\partial G}{\partial P}\right)_{TN} \tag{13.15}$$

여기서 S는 엔트로피이고 V는 부피이다. 입자당 기브스 자유 에너지 **화학 퍼텐셜**(chemical potential)은 다음과 같다.[1]

$$\boxed{\mu = \left(\frac{\partial G}{\partial N}\right)_{TP}} \tag{13.16}$$

이 정의들을 결합하면 식 (13.17)을 주게 된다.

$$\boxed{dG = -SdT + VdP + \mu dN} \tag{13.17}$$

표 12.1에 있는 열역학적 퍼텐셜들 G , F , U , H 사이의 관계식은 열린계에 대해서도 변하지 않는다. $G = F + PV$ 또는 같은 말이지만 $F = G - PV$이기 때문에 헬름홀츠 자유 에너지의 미분은 다음과 같게 된다.

1) 어떤 저자들은 화학 퍼텐셜을 입자당 대신에 몰당 기브스 자유 에너지로 정의한다.

$$dF = dG - PdV - VdP \qquad (13.18)$$

이 식을 식 (13.17)과 결합하면 다음과 같다.[2]

$$dF = -SdT - PdV + \mu dN \qquad (13.19)$$

$F = U - TS$이기 때문에, 내부 에너지 $U = F + TS$이고 그 미분은 다음과 같다.

$$dU = TdS - PdV + \mu dN \qquad (13.20)$$

엔탈피 $H = U + PV$의 미분은 식 (13.21)이다.

$$dH = TdS + VdP + \mu dN \qquad (13.21)$$

엔트로피 $S(U, V, N)$은 내부 에너지 함수 $U(S, V, N)$을 거꾸로 함으로써 발견된다. 그 미분은 식 (13.20)에 있는 항을 재배열함으로써 얻어지는데, 식 (13.22)로 된다.

$$dS = \frac{1}{T}dU + \frac{P}{T}dV - \frac{\mu}{T}dN \qquad (13.22)$$

화학 퍼텐셜 μ는 열역학적 퍼텐셜과 식 (13.23)에 의해서 연관된다.

$$\boxed{\mu = \left(\frac{\partial G}{\partial N}\right)_{TP} = \left(\frac{\partial F}{\partial N}\right)_{TV} = \left(\frac{\partial U}{\partial N}\right)_{SV} = \left(\frac{\partial H}{\partial N}\right)_{SP} = -T\left(\frac{\partial S}{\partial N}\right)_{UV}} \qquad (13.23)$$

화학 퍼텐셜의 미시적인 의미는 식 (13.20)에서 내부 에너지에 대한 미분을 위한 표현에 의해서 표현된다. **화학 퍼텐셜은 어떠한 열도 교환되지 않고**($dS = 0$) **어떠한 일도 행해지지 않을 때**($dV = 0$) **계의 안쪽으로 분자 하나를 도입하기 위해서 필요로 하는 에너지이다.**

열린계에 대한 평형 조건들

평형 조건 $T_1 = T_2$와 $P_1 = P_2$가 물체의 교환에 대한 허용 없이 11장에서 유도되었다. 이것들은 에너지의 교환으로부터 생기는 엔트로피에서의 변화와 부피에서의 변화를 연구함으로써 발견되었다. 11.5절에서 있었던 논의들을 일반화함으로써 또 하나의 조건을 얻을 수 있다.

또 하나의 조건($\mu_1 = \mu_2$)은, 12.5절에서 유도된 **기브스 자유 에너지가 T와 P가 상수로 유지될 때 최소에 있다**는 원리를 이용해서 얻어질 수 있다. 이 원리는 부분계 1과 2로 나누어진 전체 계에 적용되는데, 온도와 압력은 일정하게 유지되는 반면에

---

2) 다중 성분 계에 대해서는 미분 dG, dF, dU, dH에서 항 μdN이 $\sum_j \mu_j dN_j$에 의해서 대체된다.

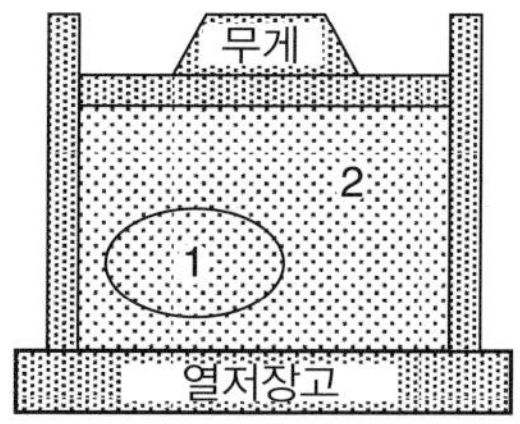

그림 13.6 온도와 압력이 일정하게 유지되는 계

물체를 교환하는 것은 허용된다. 그림 13.6은 이 상황을 실현하기 위한 한 가지 방법을 보여 준다. 부분계 1은 전체 계의 작은 부분이고, 부분계 2는 나머지이다. 결합된 계에서 입자의 수 $N^{\text{tot}} = N_1 + N_2$은 고정되어 있고, 그래서 $\Delta N_1 = -\Delta N_2$이며, 여기에서 ΔN_1과 ΔN_2는 입자들의 수에서 변화량들이다.

우리는 과정의 시작과 끝에서 부분계가 각자 평형 상태에 있는 과정을 고려하고 그들이 서로 평형 상태에 있지 않을 가능성에 관심을 집중한다. 기브스 자유 에너지는 크기 양이기 때문에, 결합된 계에 대한 값은 식 (13.24)이다.

$$G^{\text{tot}} = G_1(T, P, N_1) + G_2(T, P, N_2) \tag{13.24}$$

처음 상태를 아래 첨자 0으로 나타내고 마지막 상태를 f로 나타내면, 처음 자유 에너지는 다음과 같게 되고,

$$G_0^{\text{tot}} = G_1(T, P, N_{1,0}) + G_2(T, P, N_{2,0}) \tag{13.25}$$

마지막 자유 에너지는 다음과 같게 표현된다.

$$G_f^{\text{tot}} = G_1(T, P, N_{1,0} + \Delta N_1) + G_2(T, P, N_{2,0} - \Delta N_1) \tag{13.26}$$

G_f^{tot}를 ΔN_1의 여러 거듭제곱으로 전개하고 $\mu = (\partial G/\partial N)_{TP}$를 이용하면, 식 (13.27)이 뒤따른다.

$$G_f^{\text{tot}} = G_0^{\text{tot}} + \left[\left(\frac{\partial G_1}{\partial N_1}\right)_{TP} - \left(\frac{\partial G_2}{\partial N_2}\right)_{TP}\right]_0 \Delta N_1 + \cdots = G_0^{\text{tot}} + [\mu_1 - \mu_2]_0 \Delta N_1 + \cdots. \tag{13.27}$$

ΔN_1이 작을 때 거듭제곱을 많이 한 항들은 무시할 수 있다. 만약 부분계가 초기 상태에서 서로 평형 상태에 있다면, 기브스 자유 에너지는 최소에 있을 것이고, 이것은 ΔN_1이 양(+) 또는 음(−)인 것에 무관하게 자유 에너지 G_f^{tot}가 어떤 다른 상태에 있어도 G_0^{tot}보다 더 커야만 한다는 것을 의미한다. 따라서 식 (13.27)에서 ΔN_1의 계수는 0이고, 이것은 $\mu_1 = \mu_2$라는 것을 의미한다. 이것을 11장에서 유도했던 조건들과 결합하면[식 (11.68) 참조], 열린계에 대한 평형 조건은 식 (13.28)이 된다.

$$\boxed{\mu_1 = \mu_2, \qquad T_1 = T_2, \qquad P_1 = P_2.} \tag{13.28}$$

부분계 1은 전체 계 내에서 어디에나 있을 수 있기 때문에, 등식 $\mu_1 = \mu_2$는 다음을 의미한다. **화학 퍼텐셜은 열평형 상태에 있는 계의 모든 곳에서 같은 값을 가진다.**

균일한 계

1.5절에서 논의되었던 것처럼, 균일한 계의 크기 의존성은 연속적인 매개 변수 λ에 의해서 특성이 기술될 수 있으며, 계의 크기 양은 λ에 비례하고 세기 양은 λ에 무관하다. G와 N은 크기 양인 반면에 T와 P는 세기 양이기 때문에, 식 (13.29)[3]가 따라 나온다.

$$\lambda G(T, P, N) = G(T, P, \lambda N) \tag{13.29}$$

λ로 미분하고 $\lambda = 1$로 놓으면 식 (13.30)을 준다.

$$G(T, P, N) = N\frac{\partial G(T, P, N)}{\partial N} \tag{13.30}$$

이것은 미분 방정식 $G(N) = N(\partial G/\partial N)_{TP}$의 모음으로 취급될 수 있는데, 여기에서 T와 P는 서로 다른 방정식을 나타낸다. 이 미분 방정식의 해는 $G(N) = KN$이고, 여기에서 K는 T와 P에 의존하는 상수이다. 이 의존성이 명시적으로 만들어지면, 식 (13.31)을 얻는다.

$$G(T, P, N) = K(T, P)N \tag{13.31}$$

이것이 $G(N) = N(\partial G/\partial N)_{TP}$와 결합하면 $K(T, P) = (\partial G/\partial N)_{TP}$를 의미하게 되며, 그래서 화학 퍼텐셜은 $\mu = (\partial G/\partial N)_{TP}$처럼 정의되고, 식 (13.32)가 성립한다.

$$\boxed{G(T, P, N) = N\mu(T, P)} \tag{13.32}$$

이 방정식은 두 가지 중요한 결과를 요약하고 있다. (i) 자유 에너지는 N에 비례하고, (ii) **화학 퍼텐셜은 N에 무관하다.**

이제 12장에서의 상전이에 대한 논의가 등식 $\mu_1 = \mu_2$와 일치한다는 것을 점검한다. 이 평형 조건을 두 개의 상 계에 적용하기 위해서, 우리는 각각의 상을 부분계로 취급한다. 부분계 1은 액체상이고 부분계 2는 증기상이다. 그림 13.5에서 기브스 자유 에너지는 액체상과 증기상 모두에 대해서 그려져 있고 이 곡선들은 평형 상태에서 상들이 공존하는 온도와 압력에서 만난다. 자유 에너지는 입자의 수에 비례하기 때문에,

3) 이것은 균일한 함수의 특별한 경우인데, 이들은 $\lambda^n f(x,y,\ldots) = f(\lambda x,\lambda y,\ldots)$인 함수들이다. 오일러(Euler)의 정리는 이 함수들이 $nf(x,y,\ldots) = x\partial f(x,y,\ldots)/\partial x + y\partial f(x,y,\ldots)/\partial y + \ldots$를 만족한다는 것을 의미한다.

이 곡선들은 화학 퍼텐셜 $\mu = G/N$의 비율에 따라 그린 것이라고 해석될 수 있다. 두 개의 상에 대한 이 곡선들이 그들의 값이 같은 점에서 만나기 때문에 $\mu_{\text{liq}} = \mu_{\text{vap}}$를 가진다.

클라페이론 방정식

평형 조건 $\mu_1(T, P) = \mu_2(T, P)$은 상도표 위에서 두 개의 상 공존 곡선들의 기울기들에 대한 클라페이론(Clapeyron) 방정식을 유도하기 위해서 이용될 수 있으며, 이것은 11.4절에서 엔트로피의 성질을 이용함으로써 얻어지는 결과이다. 공존 곡선을 따라 가면서 두 개의 상(부분계)들은 같은 온도와 압력을 가진다. 상들의 화학 퍼텐셜은 서로 다른 방법으로 T와 P에 의존하기 때문에, 평형 조건은 각각의 T값에 대해서 하나의 P값이 있다는 것을 의미하며, 이것은 $P = P_{2\text{ph}}(T)$를 의미하는데 여기에서 $P_{2\text{ph}}(T)$는 상도표 위에 있는 곡선을 정의한다. 이 공존 곡선을 따라가면서, 평형 조건들은 식 (13.33)이 성립해야 함을 요구한다.

$$\mu_1\left(T, P_{2\text{ph}}(T)\right) - \mu_2\left(T, P_{2\text{ph}}(T)\right) = 0 \tag{13.33}$$

이 식을 T로 미분하면 식 (13.34)를 주게 된다.

$$\left[\left(\frac{\partial \mu_1}{\partial T}\right)_P - \left(\frac{\partial \mu_2}{\partial T}\right)_P\right] + \left[\left(\frac{\partial \mu_1}{\partial P}\right)_T - \left(\frac{\partial \mu_2}{\partial P}\right)_T\right]\frac{dP_{2\text{ph}}(T)}{dT} = 0 \tag{13.34}$$

화학 퍼텐셜의 미분은 식 (13.15)에 있는 S와 V에 대한 표현을 이용함으로써 발견될 수 있다. $\mu = G/N$을 이용하면, 화학 퍼텐셜의 미분은 식 (13.35)와 식 (13.36)이 된다.

$$S = -\left(\frac{\partial G}{\partial T}\right)_{PN} = -\frac{1}{N}\left(\frac{\partial \mu}{\partial T}\right)_{PN} = -\frac{S}{N} \tag{13.35}$$

$$V = \left(\frac{\partial G}{\partial P}\right)_{TN} = \frac{1}{N}\left(\frac{\partial \mu}{\partial P}\right)_{TN} = \frac{V}{N} \tag{13.36}$$

그러면 식 (13.34)는 식 (13.37)이 된다.

$$-\left[\frac{S_1}{N_1} - \frac{S_2}{N_2}\right] + \left[\frac{V_1}{N_1} - \frac{V_2}{N_2}\right]\frac{dP_{2\text{ph}}(T)}{dT} = 0 \tag{13.37}$$

이제 온도가 상수로 유지되면서 어떤 계가 오로지 상 1에 있는 것으로 시작해서 오로지 상 2에 있는 것으로 끝나는 과정을 고려한다. 처음 상태에서는 $N_1 = N_{\text{tot}}$이고 $N_2 = 0$인 반면에, 마지막 상태에서는 $N_1 = 0$이고 $N_2 = N_{\text{tot}}$이다. N_1과 N_2에 대한 이 값들을 가지고 식 (13.37)은 식 (13.38)처럼 다시 쓸 수 있으며,

$$\frac{dP_{2ph}(T)}{dT} = \frac{S_2 - S_1}{V_2 - V_1} \tag{13.38}$$

여기서 S_1과 V_1은 처음 엔트로피와 부피이고 S_2과 V_2는 이들의 마지막 값이다. 온도가 상수이기 때문에, 엔트로피의 변화는 $S_2 - S_1 = Q_{1\to2}/T$이며, 여기에서 $Q_{1\to2}$는 계에 옮겨진 열이다. 질량이 M인 물체를 상 1에서 상 2로 변환하기 위해서 요구되는 열은 $Q_{1\to2} = ML_{1\to2}$이고, 여기에서 $L_{1\to2}$는 변환의 숨은열[식 (5.1) 참조]이다. 따라서 엔트로피의 변화는 $S_2 - S_1 = ML_{1\to2}/T$이므로 다음 식이 성립한다.

$$\boxed{\frac{dP_{2ph}}{dT} = \frac{1}{T}\frac{L_{1\to2}}{v_2 - v_1}} \tag{13.39}$$

여기서 $v_1 = V_1/M$과 $v_2 = V_2/M$은 두 개의 상의 특정 부피이다. 이것이 **클라페이론 방정식**(Clapeyron's equation)이다.

예를 들면, 상 1이 액체이고 상 2가 증기일 때, v_2는 v_1보다 더 크고 $L_{1\to2}$는 기화열이다. $v_2 - v_1 > 0$이고 $L_{1\to2} > 0$이기 때문에 클라페이론의 방정식은 상도표 위에서 기화 곡선의 기울기가 양(+)이라는 것을 의미한다.

13.3 다중 성분의 계

여러 성분들(화학적 조성)을 가진 PVT 계는 각각의 성분에 대한 서로 다른 화학 퍼텐셜을 가진다. 우리는 단일상을 가진 계를 연구하는 것으로 시작하고 서로 다른 성분들을 지표 j로 나타낸다. 온도와 압력에 더하여, 기브스 자유 에너지는 식 (13.40)에 나타낸 것처럼 각 성분의 입자수 N_j의 함수이다.

$$G = G(N_1, \dots, N_j, \dots, T, P) \tag{13.40}$$

성분 j의 화학 퍼텐셜은 다음과 같이 표현되는데,

$$\mu_j = (\partial G/\partial N_j)_{T,P,N\dots} \tag{13.41}$$

여기서 $N\dots$은 N_j 중에서 하나만 제외하고 모두가 고정된 것을 나타낸다. G와 N_j들은 크기 양인 반면에 T와 P는 세기 양이기 때문에, 계의 크기를 λ의 인자에 의해서 바꾸는 것은 다음을 의미한다.

$$\lambda G(N_1, \dots, N_j, \dots, T, P) = G(\lambda N_1, \dots, \lambda N_j, \dots, T, P) \tag{13.42}$$

λ로 미분하고 $\lambda = 1$로 놓으면 식 (13.43)을 준다.

$$G(N_1, \dots, N_j, \dots, T, P) = \sum_j \left(\frac{\partial G}{\partial N_j}\right)_{T,P,N\dots} N_j \tag{13.43}$$

따라서 식 (13.44)가 성립한다.

$$G = \sum_j \mu_j N_j \tag{13.44}$$

다중 성분(multi-component) 계의 화학 퍼텐셜들이 단지 세기 양에만 의존한다는 것을 보이기 위해서 J개의 성분을 가진 ($j = 1, 2, \dots, J$) 계를 고려하고 $\mu_j(N_1, \dots, N_j, T, P)$를 ($J - 1$) 성분의 농도 c_j와 남은 성분의 입자수의 함수로 취급한다. 농도 $c_j = N_j/N_J$는 성분 J에 대한 상대적인 값으로 측정되며, 따라서 다음과 같다.

$$\mu_j = \mu_j\left(\frac{N_1}{N_J}, \dots, \frac{N_{J-1}}{N_J}, N_J, T, P\right) = \mu_j(c_1, \dots, c_{J-1}, N_J, T, P) \tag{13.45}$$

남은 크기 양 N_J를 없애기 위해서 λ에 의해서 계의 크기를 곱한다. N_J를 제외하고 모든 변수들이 세기 양이기 때문에 식 (13.46)이 따라 나온다.

$$\mu_j(c_1, \dots, c_{J-1}, N_J, T, P) = \mu_j(c_1, \dots, c_{J-1}, \lambda N_J, T, P) \tag{13.46}$$

$\lambda = 1/N_J$로 놓으면 식 (13.47)을 주는데,

$$\mu_j = \mu_j(c_1, \dots, c_{J-1}, 1, T, P) = \mu_j(c_1, \dots, c_{J-1}, T, P) \tag{13.47}$$

여기서 각각의 화학 퍼텐셜은 온도, 압력, ($J - 1$) 농도의 함수이고, 이들은 모두 세기 양이다.

다중상을 가진 계

다중상(multi-phase)을 가진 계의 기브스 자유 에너지는 서로 다른 상들의 자유 에너지들을 더한 것이다. 서로 다른 상들을 지표 k로 나타내고 식 (13.44)에 있는 결과를 각각의 상에 적용하면, 다중 성분의 다중상을 가진 계의 기브스 자유 에너지는 식 (13.48)이 되며,

$$\boxed{G = \sum_{j,k} \mu_j^k N_j^k} \tag{13.48}$$

여기서 N_j^k는 상 k에 있는 성분 j의 입자 수이다. G를 N_j^k로 미분하면 관련된 화학 퍼텐셜이 식 (13.49)라는 것을 의미한다.

$$\boxed{\mu_j^k = \left(\frac{\partial G}{\partial N_j^k}\right)_{T,P,N\ldots}} \tag{13.49}$$

화학 퍼텐셜 μ_j^k 사이의 관계는 단일 성분의 계에 대한 평형 조건을 발견하기 위해서 이용된 것과 비슷한 논의를 함으로써 발견된다. 일정한 온도와 압력에서 평형이 유지되는 계를 고려하면, 여기에서 처음 상태 0인 경우에 기브스 자유 에너지는 다음과 같고,

$$G_0 = G(\ldots, N_{j,0}^k, \ldots, T, P) \tag{13.50}$$

가까운 상태인 f에서 자유 에너지는 식 (13.51)이 된다.

$$G_f = G(\ldots, N_{j,0}^k + \Delta N_j^k, \ldots + \Delta N_J, T, P) \tag{13.51}$$

G_f를 ΔN_j^k의 거듭제곱으로 테일러(Taylor) 전개를 하면 식 (13.52)를 얻으며,

$$G_f = G_0 + \sum_j \mu_{j,0}^k \, \Delta N_j^k + \text{고차항} \tag{13.52}$$

여기서 $\mu_{j,0}^k$는 화학 퍼텐셜의 처음 값이다. 일정한 T와 P에서 기브스 자유 에너지는 계의 구속 조건들과 모순되지 않는 최소의 값을 가지기 때문에, $G_f \geq G_0$ 관계식이 따라 나온다. 식 (13.52)에 있는 1차 항들이 우세할 때, 각각의 ΔN_j^k를 그것의 음(−)인 $-\Delta N_j^k$로 대체하면 $G_f \geq G_0$을 $G_f \leq G_0$로 바꾼다. 원래의 ΔN_j^k와 그들의 음(−)의 값이 둘 다 허용되기 때문에, $G_f = G_0$이 따라 나온다. 변화들 ΔN_j^k는 식 (13.52)에 있는 합이 없어지는 것들에 제한되며, 따라서 식 (13.53)을 얻게 된다.

$$\boxed{\sum_{j,k} \mu_j^k \, \Delta N_j^k = 0} \tag{13.53}$$

상 k로부터 상 l로 옮겨지는 성분 j의 입자 수를 $c_j^{(k\to l)}$로 나타내도록 하자. 모든 가능한 옮겨짐이 포함될 때, 입자의 수 N_j^k에서 전체 변화는 다음과 같다.

$$\Delta N_j^k = \sum_l c_j^{(k\to l)} \tag{13.54}$$

하나의 상을 떠나는 물체는 다른 상으로 들어가기 때문에, $c_j^{(k\to l)} = -c_j^{(l\to k)}$이 따라 나오며, 이것은 $c_j^{(k\to k)} = 0$을 의미한다. 식 (13.54)를 식 (13.53)에 대입하면 다음과 같다.

$$\sum_{j,k,l} \mu_j^k \, c_j^{(k\to l)} = 0 \tag{13.55}$$

지표들 k와 l을 교환해서, 그 결과를 원래의 합에 더하고, $c_j^{(k\to l)} = -c_j^{(l\to k)}$을 이용하면, 우리는 식 (13.56)을 발견한다.

$$\sum_{j,k,l}\left(\mu_j^k c_j^{(k\to l)} + \mu_j^l c_j^{(l\to k)}\right) = \sum_{j,k,l}(\mu_j^k - \mu_j^l)c_j^{(k\to l)} = 0 \tag{13.56}$$

이 식은 모든 가능한 옮겨짐에 대해서 옳기 때문에, 단지 하나의 $c_j^{(k\to l)}$만 0이 아닐 때도 역시 옳다. 이 경우에는 식 (13.56)이 $(\mu_j^k - \mu_j^l)c_j^{(k\to l)} = 0$으로 단순하게 되며, 이것은 식 (13.57)이 성립함을 의미한다.

$$\boxed{\mu_j^k = \mu_j^l} \tag{13.57}$$

따라서 **각 성분의 화학 퍼텐셜은 모든 상에서 같은 값을 가진다.**

13.4 기브스의 상 규칙

위의 등식들은 다중상을 가진 다중 성분 계가 변할 수 있는 방법의 수를 제한한다. J개의 성분들($j = 1, 2, \ldots, J$)과 K개의 상($k = 1, 2, \ldots, K$)들을 가진 계를 고려하자. 각각의 j와 각각의 짝 (k, l)에 대해서 서로 다른 등식 $\mu_j^k = \mu_j^l$이 존재하고, $K(K-1)/2$개의 이런 짝들이 있다. 등식 $\mu_j^k = \mu_j^l$은 독립적이지 않은데, 왜냐하면 이것은 식 (13.58)에 있는 $(K-1)$개의 등식들로부터 모두 얻어질 수 있기 때문이다.

$$\mu_j^1 = \mu_j^2 = \cdots = \mu_j^{K-1} = \mu_j^K \tag{13.58}$$

J개의 성분들과 각각의 성분에 대해서 $(K-1)$개의 독립적인 등식들이 있기 때문에, 이들 등식들은 화학 퍼텐셜들의 값들에 $J(K-1)$개의 구속 조건들을 부과한다.

우리는 단일상을 가진 계에 대한 여러 성분의 화학 퍼텐셜들이 T와 P와 $(J-1)$개의 입자 농도의 함수들이라는 것을 발견한다. 각각의 상을 서로 다른 계라고 취급하면, 이 결과는 각각의 상에 응용될 수 있고, 따라서 다음과 같다.

$$\mu_j^k = \mu_j^k(c_j^k, \ldots, c_{J-1}^k, T, P) \tag{13.59}$$

여기서 $c_j^k = N_j^k/N_J^k$는 성분 J의 농도를 기준으로 상대적으로 나타낸 상 k에 있는 성분 j의 농도이다. 두 변수 T와 P는 모든 상에서 같은 값을 가지기 때문에, J개의 성분과 K개의 상을 가진 계의 화학 퍼텐셜은 $[2 + (J-1)K]$개의 변수들에 의해서 결정된다. 하지만 이들 변수가 독립적인 것은 아니다. 앞의 단락에서 발견된 $J(K-1)$개의 구속 조건 때문에, 독립적으로 선택될 수 있는 변수의 수는 식 (13.60)이 되며,

$$D = [2 + (J - 1)K] - J(K - 1) \tag{13.60}$$

이것은 다음 식처럼 간단하게 된다.

$$\boxed{D = 2 + J - K} \tag{13.61}$$

D는 **변이성의 정도**(degree of variability) 또는 **자유도의 수**(the number of degrees of freedom)라고 한다. 식 (13.61)이 **기브스의 상 규칙**(Gibbs phase rule)을 요약한다.

기브스의 상 규칙의 의미는 PVT 계의 거동에 의해서 설명된다. 단일상에 있는 순수한 물질을 고려하자(기체, 액체, 또는 고체). 이것은 하나의 성분($J = 1$)과 하나의 상($K = 1$)을 가지기 때문에, 기브스의 상 규칙은 이 계가 두 개의 자유도($D = 2$)를 가진다는 것을 말해 준다. 온도와 압력이 바로 이 두 개의 자유도이다.

이제 증기와 평형 상태에 있는 액체를 고려하면, 이것은 두 개의 상($K = 2$)이 존재하는 하나의 성분($J = 1$)을 가진 계이다. 기브스의 상 규칙에 의하면, 이 계는 하나의 자유도($D = 1$)를 가진다. 이러한 결론은 이 계의 상태가 기화 곡선 위에 있는 점에 의해서 표현된다는 사실과 부합하는데, 이것은 그 압력이 온도에 의해서 결정된다는 것을 의미한다.

다음으로 삼중점에 있는 계를 고려하자. 성분의 수는 1($J = 1$)이고 상의 수는 3이다($K = 3$). 기브스의 상 규칙에 의하면, 자유도의 수는 0($D = 0$)이다. 변이성의 결여는 삼중점에서 온도와 압력이 유일한 값을 가진다는 사실에 반영된다.

마지막으로 실온과 대기압에서 물과 질소로 이루어진 계를 고려하자. 이것은 두 개의 성분(H_2O와 N_2)과 두 개의 상(액체와 기체)을 가진다. 기브스의 상 규칙에 의하면, 두 개의 자유도($D = 2$)가 있다. 이것은 기체 내에서 수증기의 농도와 액체 내에서 용해되어 있는 질소의 농도가 온도와 압력에 의해서 결정된다는 사실을 반영한다.

13.5 화학 반응

화학 반응은 서로 다른 성분들에서 물체의 양을 바꿀 수 있다. 예를 들면 O_2, CO, CO_2 기체로 이루어진 계를 고려하자. 충분히 높은 온도에서 이들 성분들은 식 (13.62)에 있는 화학 방정식에 의해서 기술되는 것처럼 반응하는데,

$$O_2 + 2CO \rightleftharpoons 2CO_2 \tag{13.62}$$

여기서 $\rightleftharpoons$ 기호는 이 반응이 양쪽 방향으로 다 진행될 수 있다는 것을 나타낸다. 활성 반응일 때, 이러한 반응들은 평형 상태에 있는 계들의 화학 퍼텐셜들에 대한 제한을 부과한다. 화학 방정식은 반응이 일어나면서 증가 또는 감소하는 서로 다른 성분들이 어느 정도의 양인지를 나타내고 그래서 서로 다른 성분들에서 입자 수의 변화 ΔN_j에

대한 제한을 부과하게 된다. 이 제한을 발견하기 위해서 화학 방정식을 식 (13.63)처럼 다시 쓴다.

$$O_2 + 2CO - 2CO_2 = 0 \tag{13.63}$$

O_2 양의 작은 변화를 α로 나타내면 $\Delta N_{O_2} = \alpha$이다. 그러면 CO와 CO_2의 변화는 각각 $\Delta N_{CO} = 2\alpha$와 $\Delta N_{CO_2} = -2\alpha$이다.

이 예제에 있는 표시법은 (A_1, A_2, A_3)가 (O_2, CO, CO_2)를 나타낸다고 놓음으로써 일반화될 수 있는데, 그러면 식 (13.63)은 다음과 같게 된다.

$$A_1 + 2A_2 - 2A_3 = 0 \tag{13.64}$$

이것은 더 일반화되어 식 (13.65)로 되는데,

$$\sum_j I_j A_j = 0 \tag{13.65}$$

여기에서 정수들 I_j의 값들은 고려되고 있는 화학 방정식을 기술한다. 위 예제의 경우에는, $I_1 = 1$, $I_2 = 2$, $I_3 = -2$이다. 더군다나 성분들 A_1, A_2, A_3의 입자수 변화는 각각 $\Delta N_1 = I_1\alpha$, $\Delta N_2 = I_2\alpha$, $\Delta N_3 = I_3\alpha$인데, 이들은 식 (13.66)에 있는 형태이다.

$$\Delta N_j = I_j \alpha \tag{13.66}$$

이 결과는 식 (13.64)에 있는 것처럼 표현될 수 있는 화학 방정식을 가진 어떤 반응에 대해서도 유효하다.

단일상 계에 대해서는 식 (13.53)에 있는 제한이 다음과 같게 된다.

$$\sum_j \mu_j \Delta N_j = 0 \tag{13.67}$$

이 식에 식 (13.66)을 대입하면 식 (13.68)을 주게 되며,

$$\sum_j \mu_j I_j \alpha = 0 \tag{13.68}$$

여기서 α는 화학 반응의 정도를 결정한다. 식 (13.68)이 α의 값에 무관하게 되기 위해서는 화학 퍼텐셜이 식 (13.69)를 만족해야만 한다.

$$\boxed{\sum_j I_j \mu_j = 0} \tag{13.69}$$

예를 들면, 식 (13.62)에 있는 반응에 대해서는 식 (13.70)을 얻는다.

$$\mu_{O_2} + 2\mu_{CO} = 2\mu_{CO_2} \tag{13.70}$$

식 (13.70)과 같은 제한은 열적, 역학적, 화학적 평형 상태에 있는 계에서 활성 반응을 나타내는 모든 화학 방정식에 대해서 만족된다. 특정한 화학 반응이 활성인가 아닌가 여부는 온도와 압력에 의존한다.

예제 13.1 기브스-두헴(Gibbs-Duhem) 방정식

화학 퍼텐셜의 미분을 온도와 압력의 미분에 연관시키는 방정식을 구하시오.

풀이 ■ 식 (13.44)에 주어진 것처럼, 단일상 계의 자유 에너지는 $G = \sum_j \mu_j N_j$이다. 이 양의 미분은 아래 식인데,

$$dG = \sum_j (\mu_j dN_j + N_j d\mu_j) = \sum_j \mu_j dN_j + \sum_j N_j d\mu_j$$

여기서 $\mu_j = (\partial G/\partial N_j)_{T, P, N, \ldots}$이다. 기브스 자유 에너지는 함수 $G(N_1, \ldots, N_j, \ldots, T, P)$에 의해서 주어지고, 그 미분은 아래 식이 된다.

$$dG = \sum_j \left(\frac{\partial G}{\partial N_j}\right)_{T,P,N\cdots} dn_j + \left(\frac{\partial G}{\partial T}\right)_{P,N\cdots} dT + \left(\frac{\partial G}{\partial P}\right)_{T,N\cdots} dP$$

엔트로피, 부피, 화학 퍼텐셜을 이용해서 표현할 때, 이것은 다음과 같다.

$$dG = \sum_j \mu_j dN_j - S\,dT + VdP$$

이 식을 dG에 관한 첫 번째 식으로부터 빼면, 아래 식을 주게 된다.

$$S\,dT - VdP + \sum_j N_j d\mu_j = 0$$

이것이 바로 **기브스-두헴 방정식**(Gibbs-Duhem equation)이다. 이 방정식은 온도와 압력이 상수로 유지될 때, 화학 퍼텐셜에서의 변화가 아래 식으로 연관된다는 것을 알려 준다.

$$\sum_j N_j d\mu_j = 0$$ ◆

문제

13.1 **(a)** 식 (13.2)에 주어진 판데르발스 기체의 자유 에너지 $F(T, V)$를 유도하시오. 문제 11.3의 결과들인 $u = c_V T - a/v + u_o$와 $s = c_V \ln T + R \ln(v - b) + s_o$를 이용하시오.

(b) 자유 에너지 $F(T, V)$로부터 이 기체의 상태 방정식, 엔트로피, 내부 에너지, 일정 부피 열용량, 등온 부피 탄성 계수를 각각 구하시오.

13.2 함수 $\Phi(T, V, \mu)$는 $\Phi = G - PV - \mu N$에 의해서 정의되고 큰 퍼텐셜(grand potential)이라고 한다.

(a) $d\Phi = -SdT - PdV - Nd\mu$임을 보이시오

(b) 어떤 기체의 큰 퍼텐셜(25장에서 발견되는)이 아래 식으로 주어지는데

$$\Phi(T, V, \mu) = -K_o\, e^{\mu/k_B T}(k_B T)^{5/2} V$$

여기서 K_o는 상수이고 $k_B = R/N_A$는 볼츠만 상수이다.

미분 $d\Phi$에 의해서 나타나는 Φ의 편미분들을 이용해서 이 기체의 상태 방정식을 구하시오.

13.3 물체의 교환을 허용하기 위해 11장에 있는 평형 조건의 유도를 일반화해서 평형 조건 $\mu_1 = \mu_2$를 추론하시오.

14장 유전체 계와 자성체 계

온도와 압력에 의존하는 것처럼, 물체의 열역학적인 성질들은 전기장과 자기장의 세기에 의존한다. 장의 영향을 분석하기 위해서는 물체와 상호작용에 의해서 행해지는 일에 관한 표현이 필요하다. *PVT* 계에 관한 일에 대한 미분식이 역학으로부터 얻어졌던 것처럼, 전기적인 계와 자기적인 계에 관한 일에 대한 미분식은 전자기학으로부터 얻어진다. 우리는 균일한 장을 고려하고 장이 변함에 따라 발생하는 에너지의 교환에 집중한다. 마지막 절에서는 임계점 근처에서 열역학적 계의 이상한 거동을 연구하기 위해서 자성체 계가 이용된다. 임계 거동은 상자성-강자성 전이, 유체들에서 액체-기체 전이, 그리고 액체 헬륨에서 λ-전이를 포함하는 2차 상전이에서 발생한다. 이 장에서는 SI 단위계가 사용된다.

14.1 유전체

외부 전기장에 대한 유전체의 반응을 분석해 보자. 분석에 참조할 편리한 장치는 그림 14.1에 표시한 평행 판 축전기인데, 여기서 면적 A의 충전된 전도 판의 사이에 균일한 유전체 물질이 끼워져 샌드위치 모양으로 되어 있다. 판의 간격은 a이고, 물질의 부피는 $V = aA$이다. 간격이 충분히 작기 때문에 판의 가장자리에서 변형된 장은 무시될 수 있으며, 따라서 전기장 $\mathcal{E}$, 변위 $\mathcal{D}$, 분극 $\mathcal{P}$는 균일하다.

축전기 내에서 전기장의 크기는 식 (14.1)로 주어지며,

$$\mathcal{E} = \frac{V_{\text{el}}}{a} \tag{14.1}$$

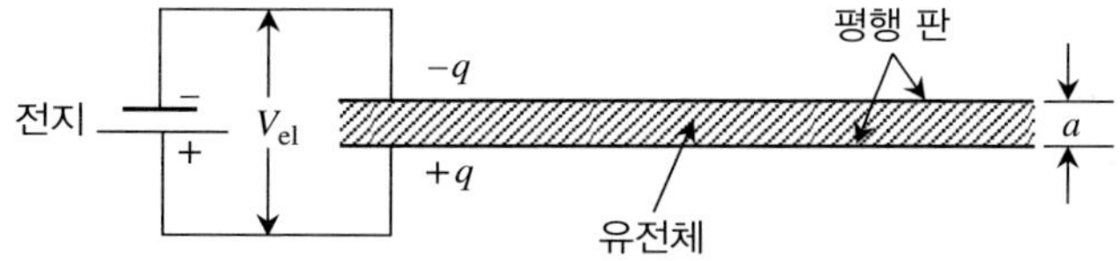

그림 14.1 평행 판 축전기

여기서 V_{el}은 외부에서 조정되는 판들 사이의 퍼텐셜 차이(전압)이다(아래 첨자는 전압 V_{el}을 부피 V와 구별되도록 한다). 변위 $\mathcal{D}$는 식 (14.2)에 나타낸 맥스웰(Maxwell) 방정식에 의해서 결정되는데,

$$\nabla \cdot \mathcal{D} = \rho \tag{14.2}$$

여기서 ρ는 자유 전하 밀도이다. 축전기에서 판 위에 있는 전하들은 자유 전하인 반면에 유전 물질 안에 있는 전하들은 속박 전하이다.

축전기의 전하에 대한 $\mathcal{D}$-장의 관계식은 양(+)의 판을 둘러싸고 있는 표면을 도입함으로써 발견된다. 이 표면에 의해서 둘러싸인 부피에 대해서 식 (14.2)를 적분하면 식 (14.3)을 준다.

$$\int \nabla \cdot \mathcal{D}\, dr^3 = \int \rho\, dr^3 \tag{14.3}$$

발산 정리를 이용하면, $\nabla \cdot \mathcal{D}$의 부피 적분은 표면 적분 $\int \mathcal{D} \cdot dA$으로 된다. 장은 판들 사이에서만 0이 아니기 때문에 표면 적분은 $A\mathcal{D}$와 같게 되며, 여기서 $\mathcal{D}$는 유전체 안에서의 장이다. ρ는 단위 부피당 전하이기 때문에, 식 (14.3)의 우변에 있는 부피 적분은 표면 안쪽으로 둘러싸여 있는 총전하 q와 같게 된다. 따라서 판 위에서 전하는 $q = A\mathcal{D}$이다.

q의 값이 줄어들었을 때, 전압 V_{el}을 유지하는 장치(그림에서는 이것이 전지임) 위에서 축전기에 의해 일이 행해진다. 축전기에 의해서 행해진 일은 다음과 같다.

$$W_{cap} = -\int V_{el}\, dq \tag{14.4}$$

여기서 음(−)의 부호는 축전기에 의해서 행해진 일이 그 위에 있는 전하가 줄어들 때 양(+)이라는 것을 나타낸다. 판의 면적 A와 판의 간격 a가 상수라고 가정하면, $\mathcal{E} = V_{el}/a$와 $q = A\mathcal{D}$로부터 $V_{el}dq = \mathcal{E}Vd\mathcal{D}$가 따라나오며, 여기서 $V = aA$이다. 이 과정을 매개 변수로 표시하기 위해서 시간 t를 사용하고 적분 변수를 $\mathcal{D}$에서 t로 바꾸면, 식 (14.5)가 얻어진다.

$$W_{cap} = -V \int_{t_0}^{t_f} \mathcal{E}(t) \frac{d\mathcal{D}(t)}{dt}\, dt \tag{14.5}$$

우리는 유전체 물질에 의해서 행해지는 일에 관심이 있기 때문에, 유전체가 없을 때 행해질 일을 W_{cap}으로부터 빼는 것이 필요하다. 물질이 없을 때 $\mathcal{D}$-장은 $\mathcal{D} = \varepsilon_0 \mathcal{E}$이며, 여기에서 ε_0은 **전기적 상수**[electric constant, **진공 유전율**(vacuum permittivity)과 **자유 공간의 유전율**(permittivity of free space)이라고도 함]이고, 따라서 물질에 의해서 행해진 일은 식 (14.6)이 된다.

$$W_{\text{sys}} = -V\int_{t_0}^{t_f} \mathcal{E}(t)\left(\frac{d\mathcal{D}(t)}{dt} - \varepsilon_0\frac{d\mathcal{E}(t)}{dt}\right)dt \tag{14.6}$$

전자기학 이론에서 벡터 장 $\mathcal{E}$과 $\mathcal{D}$는 식 (14.7)에 의해서 **분극**(polarization) $\mathcal{P}$와 연관되어 있고,

$$\mathcal{D} = \varepsilon_0\mathcal{E} + \mathcal{P} \tag{14.7}$$

따라서 이 벡터들이 서로 평행할 때(등방성의 물질 안에서는 그러한 것처럼), 그들의 크기는 $\mathcal{D} - \varepsilon_0\mathcal{E} = \mathcal{P}$에 의해서 연관된다. 유전체 계에 의해서 행해진 일에 관한 전자기학 이론의 결과적인 예측은 다음과 같다.

$$W_{\text{sys}} = -V\int_{t_0}^{t_f} \mathcal{E}(t)\frac{d\mathcal{P}(t)}{dt}dt \tag{14.8}$$

우리는 우리의 연구를 평형 과정, 즉 계가 모든 시간에 실제적으로 평형 상태에 있도록 충분히 천천히 진행되는 실험들로 제한한다. 그러면 분극은 온도와 전기장의 함수 $\mathcal{P}(T, \mathcal{E})$로 주어지며, 따라서 다음과 같다.

$$\frac{\partial\mathcal{P}(t)}{\partial t} = \frac{\partial\mathcal{P}}{\partial T}\frac{dT(t)}{dt} + \frac{\partial\mathcal{P}}{\partial\mathcal{E}}\frac{d\mathcal{E}(t)}{dt}, \tag{14.9}$$

여기서 함수들 $T(t)$와 $\mathcal{E}(t)$는 좌표 $\mathcal{P}(T, \mathcal{E})$를 가진 공간에서 선을 기술한다. 이것을 식 (14.8)에 대입하면 식 (14.10)을 주는데,

$$W_{sys} = -V\int_{t_0}^{t_f} \mathcal{E}(t)\left[\frac{\partial\mathcal{P}}{\partial t}\frac{dT(t)}{dt} + \frac{\partial\mathcal{P}}{\partial\mathcal{E}}\frac{d\mathcal{E}(t)}{dt}\right]dt \tag{14.10}$$

이것은 선 적분의 형태를 가진다. 미분을 이용해서 썼을 때, 이 선 적분은 식 (14.11)이 되는데,

$$W_{\text{sys}} = \int_L đW \tag{14.11}$$

여기서 $đW = -\mathcal{E}\,Vd\mathcal{P}$는 일에 대한 미분이고 $d\mathcal{P}$는 분극의 미분이다. 분극은 단위 부피당 쌍극자 모멘트이기 때문에(이것은 계 전체를 통해서 균일하다) 계의 **쌍극자 모멘트**(dipole moment)는 다음과 같다.

$$P_{\text{el}} = V\mathcal{P} \tag{14.12}$$

여기서 V는 부피이다. V가 상수일 때, 쌍극자 모멘트의 미분은 $dP_{\text{el}} = Vd\mathcal{P}$이고, 유전체 계에 의해서 행해진 일에 대한 미분은 식 (14.13)이 된다.

$$\boxed{đW = -\mathcal{E}\,dP_{\text{el}}} \tag{14.13}$$

표 14.1 유전체 계에 대한 열역학적 퍼텐셜

내부 에너지	헬름홀츠 자유 에너지	기브스 자유 에너지	엔탈피
$U(S, P_{\mathrm{el}})$	$F(T, P_{\mathrm{el}})$	$G(T, \mathcal{E})$	$E_{\mathrm{th}}(S, \mathcal{E})$
	$F = U - TS$	$G = U - TS - \mathcal{E}P_{\mathrm{el}}$	$E_{\mathrm{th}} = U - \mathcal{E}P_{\mathrm{el}}$
$dU = TdS + \mathcal{E}dP_{\mathrm{el}}$	$dF = -SdT + \mathcal{E}dP_{\mathrm{el}}$	$dG = -SdT - P_{\mathrm{el}}d\mathcal{E}$	$dE_{\mathrm{th}} = TdS - P_{\mathrm{el}}d\mathcal{E}$
$T = \left(\frac{\partial U}{\partial S}\right)_{P_{\mathrm{el}}}$	$S = -\left(\frac{\partial F}{\partial T}\right)_{P_{\mathrm{el}}}$	$S = -\left(\frac{\partial G}{\partial T}\right)_{\mathcal{E}}$	$T = \left(\frac{\partial E_{\mathrm{th}}}{\partial S}\right)_{\mathcal{E}}$
$\mathcal{E} = \left(\frac{\partial U}{\partial P_{\mathrm{el}}}\right)_S$	$\mathcal{E} = \left(\frac{\partial F}{\partial P_{\mathrm{el}}}\right)_T$	$P_{\mathrm{el}} = -\left(\frac{\partial G}{\partial \mathcal{E}}\right)_T$	$P_{\mathrm{th}} = -\left(\frac{\partial E_{\mathrm{th}}}{\partial \mathcal{E}}\right)_S$
$\left(\frac{\partial T}{\partial P_{\mathrm{el}}}\right)_S = \left(\frac{\partial \mathcal{E}}{\partial S}\right)_{P_{\mathrm{el}}}$	$-\left(\frac{\partial S}{\partial P_{\mathrm{el}}}\right)_T = \left(\frac{\partial \mathcal{E}}{\partial T}\right)_{P_{\mathrm{el}}}$	$\left(\frac{\partial S}{\partial \mathcal{E}}\right)_T = \left(\frac{\partial P_{\mathrm{el}}}{\partial T}\right)_{\mathcal{E}}$	$\left(\frac{\partial T}{\partial \mathcal{E}}\right)_S = -\left(\frac{\partial P_{\mathrm{el}}}{\partial S}\right)_{\mathcal{E}}$

열역학적 퍼텐셜

제1법칙은 $dU = đQ - đW$에 의해서 요약된다. $đW$에 관한 위의 표현을 이용하면, 유전체 계에 대한 dU 미분은 다음과 같으며,

$$dU = TdS + \mathcal{E}\,dP_{\mathrm{el}}, \tag{14.14}$$

여기서 $\mathcal{E}$과 P_{el}은 짝을 이루는 켤레 변수이다. 이것을 PVT 계에 대한 해당 결과와 비교하면($dU = TdS - PdV$), 다음과 같이 $-\mathcal{E}$이 압력 P와 유사하고 쌍극자 모멘트 P_{el}은 부피 V와 유사하다는 것을 보여 준다.

$$-\mathcal{E} \leftrightarrow P \quad \text{및} \quad P_{\mathrm{el}} \leftrightarrow V. \tag{14.15}$$

$\mathcal{E}$과 P는 둘 다 세기 양이고 P_{el}과 V는 둘 모두 크기 양이라는 것에 주목하자. 내부 에너지 U는 자연적인 좌표들의 함수로(유전체에 대해서는 S와 P_{el}이다) 표현했을 때 하나의 열역학적 퍼텐셜이다. 어떤 유전체 계의 평형 성질들을 완전하게 기술하는 것은 이 계의 열역학적 퍼텐셜 중 어느 하나에 포함되어 있다. 12장에서 기술했던 것처럼 내부 에너지, 엔탈피, 자유 에너지는 르장드르(Legendre) 변환에 의해서 연관되어 있다. 열역학적 퍼텐셜, 그들의 미분, 그리고 그들의 도함수는 표 14.1에 요약되어 있다[1](유전체 계와 자성체 계의 경우에는 엔탈피가 E_{th}로 나타난다). 엔트로피 $S(U, P_{\mathrm{el}})$ 역시 하나의 열역학적 퍼텐셜이다.

---

1) 식 (14.15)에 있는 PVT 계와의 유추를 따라서 헬름홀츠와 기브스의 이름이 자유 에너지에 부여되었다. 자성체 계에 대한 유추는 식 (14.38)에 주어진다. T에 더해서 오직 하나의 변수가 있을 때, 더해진 변수(V, P_{el}, 또는 M)은 헬름홀츠 자유 에너지에서는 크기 양인 반면에, 변수(P, $\mathcal{E}$, 또는 $\mathcal{H}$)는 기브스 자유 에너지에서는 세기 양이다. 둘 또는 V와 같은 더 많은 여분의 변수가 요구되는 상황에서는, "자유 에너지"라는 용어가 수식어구 없이 사용되어야 한다.

축전기에서 $\mathcal{E}$-장은 판들 사이의 전압을 조정함으로써 변화될 수 있기 때문에, $\mathcal{E}$이 쌍극자 모멘트 P_{el}보다 보통 더 편리한 열역학적 좌표이다. 결과적으로 유전체들을 기술하기 위해서는 기브스(Gibbs) 자유 에너지와 엔탈피가 헬름홀츠 자유 에너지와 내부 에너지보다 더 편리한 성질이라고 할 수 있다. PVT 계의 엔탈피가 내부 에너지 U와 에너지 PV를 포함하는 것처럼, 유전체 계의 엔탈피 E_{th}는 내부 에너지와 에너지 $-\mathcal{E}P_{el}$을 둘 다 포함한다. 계에 의해서 행해진 일은 계에 행해진 일의 음(−)이기 때문에, $\mathcal{E}P_{el}$은 일정한 장 환경에서 쌍극자 모멘트를 0에서 P_{el}까지 갖도록 하기 위해서 계에게 옮겨지도록 할 필요가 있는 에너지이다.

열용량

전기장이 일정한 상태에서 열용량의 경험적인 정의는 다음과 같다.

$$C_{\mathcal{E}} = \lim_{Q \to 0} \frac{Q}{\Delta T}\bigg|_{\mathcal{E}=\text{const}} \tag{14.16}$$

여기서 극한 과정은 $Q \to 0$에 의해서 나타나며, 그 이유는 Q가 실험적으로 제어할 수 있는 양이기 때문이다. 열 Q가 가역적으로 옮겨질 수 있을 때, 엔탈피의 미분은 $dE_{th} = TdS - P_{el}d\mathcal{E}$이다. 장이 상수일 때 $d\mathcal{E} = 0$이기 때문에 **전기장이 상수일 때 열용량**은 식 (14.17)과 같다.

$$C_{\mathcal{E}} = \left(\frac{đQ}{dT}\right)_{\mathcal{E}} = T\left(\frac{\partial S}{\partial T}\right)_{\mathcal{E}} = \left(\frac{\partial E_{th}}{\partial T}\right)_{\mathcal{E}} \tag{14.17}$$

$S = -(\partial G/\partial T)_{\mathcal{E}}$으로부터 열용량은 $C_{\mathcal{E}} = -T(\partial^2 G/\partial T^2)_{\mathcal{E}}$에 의해서 기브스 자유 에너지와 연관된다.

전기적 감수율

많은 응용에서 분극 $\mathcal{P}$는 전기장 $\mathcal{E}$에 비례하고, 따라서 식 (14.18)이 성립하는데,

$$\mathcal{P} = \varepsilon_0 \chi_{el} \mathcal{E} \tag{14.18}$$

여기서 **전기적 감수율**(electric susceptibility) χ_{el}은 $\mathcal{E}$에 독립적이다. 이것과 $\mathcal{D} = \varepsilon_0\mathcal{E} + \mathcal{P}$로부터 식 (14.19)가 뒤따라 나오며,

$$\mathcal{D} = \varepsilon_0(1 + \chi_{el})\mathcal{E} = \varepsilon\mathcal{E} = \kappa_{el}\varepsilon_0\mathcal{E} \tag{14.19}$$

여기서 $\mathcal{E}$은 **유전율**(permittivity)이고 $\kappa_{el} = 1 + \chi_{el}$은 **유전 상수**[dielectric constant, 또

표 14.2 실온에서 유전 상수 κ_{el}

물질	다이아몬드, C	식염, NaCl	산화 구리, CuO	산화납, PbO	타이타늄산 스트론튬, $SrTiO_3$
κ_{el}	5.5	5.9	18.1	25.9	332

는 **상대적 유전율**(relative permittivity)이라고도 함]인데, 이것은 단위가 없는 양이다. 매개 변수들 χ_{el}, ε, κ_{el}이 물질의 유전체 성질을 규정하며, 이것은 일반적으로 온도의 함수들이다. 몇 가지 물질의 유전 상수가 표 14.2에 주어져 있다.

등온 전기적 감수율(isothermal electric susceptibility)과 **단열 전기적 감수율**(adiabatic electric susceptibility)은 다음과 같다.

$$\chi_T = \frac{1}{\varepsilon_0}\left(\frac{\partial \mathcal{P}}{\partial \mathcal{E}}\right)_T \quad \text{및} \quad \chi_S = \frac{1}{\varepsilon_0}\left(\frac{\partial \mathcal{P}}{\partial \mathcal{E}}\right)_S. \tag{14.20}$$

일정한 온도에서 수행되는 실험에서, 감수율은 χ_T이다. 단열적으로 수행되는 실험에서 감수율은 χ_S인데, 여기에서 단열적인 값은 어떤 열 옮김도 무시될 수 있도록 충분히 빠르게 수행되는 실험에 대해서 적절하다. 부피의 변화가 무시될 수 있을 때, $P_{el} = V\mathcal{P}$와 표 14.1에 있는 P_{el}에 관한 표현으로부터 식 (14.21)이 뒤따른다.

$$\chi_T = \frac{-1}{\varepsilon_0 V}\left(\frac{\partial^2 G}{\partial \mathcal{E}^2}\right)_T \tag{14.21}$$

다음 예제는 위의 개념들을 전기 에너지를 저장하기 위한 장치들로 축전기들을 이용하는 것에 연관시키도록 도움을 준다.

예제 14.1 **저장된 에너지**

축전기에 저장된 에너지를 구하시오. 온도와 축전기의 크기는 고정되어 있다고 가정한다.

풀이 ■ 축전기에 저장된 전기 에너지는 판들 위에 있는 전하가 0으로부터 최종 값까지 충전되면서 일로 옮겨진 에너지이다. 외부의 에너지 원천에 의해서 축전기에 행해진 일은 축전기에 의해서 행해진 일의 음(−)이기 때문에, 저장된 에너지 식 (14.4)로부터 다음 식이 된다.

$$E_{cap} = \int V_{el}\,dq$$

전하 q와 전압 V_{el}이 $q = \mathcal{D}A$와 $= V_{el}/a$에 의해서 장 $\mathcal{D}$, $\mathcal{E}$과 연관되어 있기 때문에

$\mathcal{D} = \kappa_{el}\varepsilon_0 \mathcal{E}$으로부터 $q = \kappa_{el}\varepsilon_0 A V_{el}/a$가 따라 나오며, 이것은 전하가 전압에 비례한다는 것을 의미한다. 면적 A와 간격 a가 고정되어 있고 κ_{el}이 상수일 때 저장된 에너지는 다음과 같다.

$$E_{cap} = \left(\frac{\kappa_{el}\varepsilon_0 A}{a}\right) \int V_{el}\, dV_{el}$$

전압을 0에서 V_{cap}으로 증가시키는 과정들에서 $\int V_{el} dV_{el} = \frac{1}{2} V_{cap}^2$이기 때문에 다음 식이 성립하게 되며,

$$E_{cap} = \tfrac{1}{2}\kappa_{el} C_0 V_{cap}^2 = (1 + \chi_T)\tfrac{1}{2} C_0 V_{cap}^2$$

여기서 $C_0 = \varepsilon_0 A/a$는 유전체가 없을 때의 **전기 용량**(capacitance)이다. 최종 전압 V_{cap}이 전지 또는 다른 에너지에 의해서 유지되고 있을 때, 유전체를 가진 축전기에 저장된 에너지는 $\frac{1}{2}\kappa_{el} C_0 V_{cap}^2$이다. ◆

이 예는 유전체를 포함하는 것이 유전 상수 κ_{el}에 의해서 저장된 에너지를 증가시킨다는 것을 말해 준다. 유전체 계에 저장된 에너지는 $\frac{1}{2}\chi_T C_0 V_{cap}^2$인데, 이것은 유전체가 있을 때와 없을 때 저장된 에너지 사이의 차이이다. 이 에너지는 축전기 판 위에 있는 전하에 의해서 생성되는 전기장과 유전체의 상호작용으로부터 만들어지는 결과이다.

14.2 자성 물질

자기적으로 질서를 가진 가장 알려진 상은 강자성 상이다. 물질은 또한 상자성과 반자성 거동도 보여 준다. 상자성은 외부에서 주어지는 장을 향상시키며 자유롭게 방향을 바꿀 수 있는 영구 자기 모멘트를 가진 분자들의 반응에 의해서 생긴다. 반자성은 외부에서 주어지는 장에 반대 방향으로 약한 장을 만들며 전자의 궤도 운동에 미치는 외부 장의 영향에 의해서 생긴다. 강자성은 미시적인 모멘트들이 서로의 상호작용에 의해서 정렬하는 물질들에서 발생한다. 강자성 물질은 높은 온도에서 2차 상전이를 겪고 상자성으로 된다.

자기장에 대한 물체의 반응에 대한 분석을 간단하게 하기 위해서, $\mathcal{B}$와 $\mathcal{H}$장이 평행한 장치를 연구해 본다. 이 성질을 가진 장치는 그림 14.2에 나타낸 롤랜드(Roland) 고리이다. 이 장치는 고리 둘레에 강하게 감긴 본래의 감은 선에 흐르는 전류에 의해서 만들어진 $\mathcal{H}$-장의 영향 아래에 있는, 균일한 자성 물질의 토로이드(toroid)로 구성되어 있다. $\mathcal{B}$-장의 변화는 몇 차례 회전(그림의 왼쪽에 있는)으로 나중에 감은 선에 의해서 검출된다. 자기 유도(magnetic induction) $\mathcal{B}$, 자기 세기(magnetic intensity) $\mathcal{H}$,

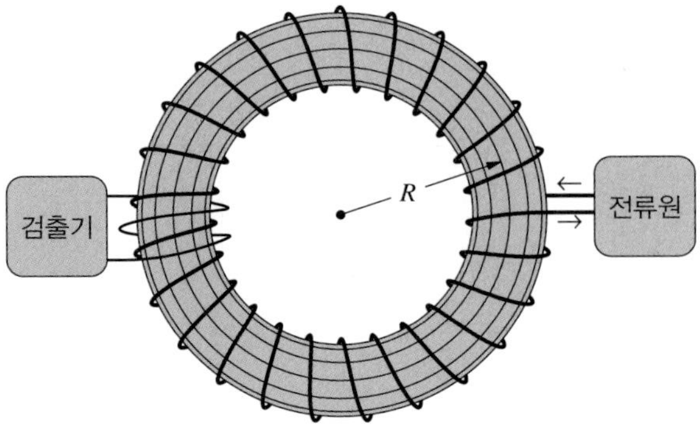

그림 14.2 롤랜드 고리

자기화(magnetization) $\mathcal{M}$은 서로 평행하며, (보이지는 않지만) 물질 내부에서 고리를 이루는 원 모양 장의 선들에 의해서 나타내질 수 있다. 전류가 그림에서 표시한 방향으로 흐를 때, 장은 시계 반대 방향이다. 고리의 두께는 평균 반지름 R과 비교하면 충분히 작기 때문에 $\mathcal{B}$, $\mathcal{H}$, $\mathcal{M}$의 크기들은 본질적으로 균일하다. 고리의 부피는 $V_{\text{ring}} = 2\pi RA$이고 상수로 취급될 수 있으며, 여기에서 고리의 둘레는 $2\pi R$이고 A는 고리의 단면적이다.

본래의 감은 선에서 전류에 의해서 만들어진 $\mathcal{H}$-장과 나중에 감은 선에 의해서 검출된 $\mathcal{B}$-장은 식 (14.22)에 의해서 물질의 자기화 $\mathcal{M}$과 연관되는데,

$$\mathcal{B} = \mu_0(\mathcal{H} + \mathcal{M}) \tag{14.22}$$

여기서 μ_0은 **자기 상수**[magnetic constant, **진공 투자율**(vacuum permeability)과 **자유 공간의 투자율**(permeability of free space)이라고도 함]이며 자기장과 전기장은 다음 식에 나타낸 암페어(Ampere) 법칙과

$$\oint \mathcal{H} \cdot d\boldsymbol{r} = I_{\text{tot}} \tag{14.23}$$

다음 식에 나타낸 패러데이(Faraday) 법칙을 만족하며,

$$\oint \mathcal{E}(\boldsymbol{r}) \cdot d\boldsymbol{r} = -\frac{d\Phi_{\mathcal{B}}}{dt} \tag{14.24}$$

이 식들은 식 (14.25)에 나타낸 맥스웰(Maxwell) 방정식들을 적분으로 표현한 것이다.

$$\nabla \times \mathcal{H} = \boldsymbol{J} + \frac{\partial \mathcal{D}}{\partial t} \quad \text{및} \quad \nabla \times \mathcal{E} = -\frac{\partial \mathcal{B}}{\partial t} \tag{14.25}$$

자유 전하가 없는 물질들이 고려되고, 따라서 $\mathcal{D}$와 $\partial\mathcal{D}/\partial t$는 0이다.

$\mathcal{H}$를 발견하기 위해서, 우리는 암페어 법칙을 적용하고 장들의 방향으로 경로(contour) 적분을 이용하는데, 이 경로 곡선은 물체 내부에서 반지름 R인 원 모양이다. $\mathcal{H}$-장은 이 경로와 평행하기 때문에 $\mathcal{H}$의 적분은 $2\pi R\mathcal{H}$이다. 이 경로는 본래의 감은 선에 있는 N회 감은 모든 전선을 통과한다. 이 경로를 통해서 흐르는 총 전류 I_{tot}은 NI_1이기 때문에 여기서 I_1은 전선에서의 전류이다. 암페어 법칙은 우리에게 다음을 알려준다.

$$2\pi R\mathcal{H} = I_{\text{tot}} = NI_1 \tag{14.26}$$

$\mathcal{B}$를 발견하기 위해서, 우리는 패러데이 법칙을 본래의 감은 선의 회전을 밀접하여 따라가는 적분 경로에 적용한다. 일반적으로 "밀접하여 따라간다(closely follows)"라고 하는데, 왜냐하면 이 경로는 전선이 감긴 모양과는 다르게 그 자체로 닫혀 있기 때문이다. $\mathcal{B}$-장은 이 경로의 평면에 수직이기 때문에, 이 면은 단면적 A를 가진다. 따라서 이 경로를 통과하는 자기 선속(magnetic flux)은 $\Phi\mathcal{B} = \mathcal{B}A$이다. 패러데이 법칙에 의하면 본래의 감은 선의 각 회전에서 기전력(electromotive force)의 크기는 다음과 같다.

$$\text{emf}_1 = \oint \mathcal{E}(\boldsymbol{r}) \cdot d\boldsymbol{r} = -A\frac{\partial \mathcal{B}}{\partial t} \tag{14.27}$$

여기서 음(−)의 부호는 렌츠(Lenz) 법칙을 나타내며, 이것은 유도 전류의 방향이 그것을 만들어내는 변화에 대항한다고 주장한다.

본래의 감은 선에서 외부적으로 제어되는 전류가 감소되었을 때, 자성 물질은 외부 전류원에게 일을 한다. 원천 위에 있는 고리에 의해서 일이 행해지는 정도(일률)는 식 (14.28)이 되며,

$$\frac{dW_{\text{ring}}}{dt} = -N\,\text{emf}_1\,I_1 \tag{14.28}$$

여기서 $N\,\text{emf}_1$은 본래의 감은 선 N번 회전에서 총 기전력이고 I_1은 전선에 흐르는 전류이다. 식 (14.26)에서 식 (14.28)까지 모든 식으로부터 식 (14.29)가 따라 나오는데,

$$\frac{dW_{\text{ring}}}{dt} = -\left(NA\frac{\partial \mathcal{B}}{\partial t}\right)\left(\frac{2\pi R\mathcal{H}}{N}\right) = -V_{\text{ring}}\,\mathcal{H}\frac{\partial \mathcal{B}}{\partial t} \tag{14.29}$$

여기서 $V_{\text{ring}} = 2\pi RA$이다. 음(−)의 부호는 $\partial\mathcal{B}/\partial t$가 음수일 때 dW_{ring}/dt 는 양(+)이 된다는 것을 나타낸다.

우리는 자성 물질의 성질들에 관심이 있으며, 물질이 없을 때 행해지는 일에 대한 보정이 필요하다. 물질이 없을 때는 $\mathcal{B}$와 $\mathcal{H}$ 장들이 $\mathcal{B} = \mu_0\mathcal{H}$에 의해 연관되어 있기 때문에, 자성 물질에 의해서 일이 행해지는 정도는 식 (14.30)으로 표현된다.

$$\frac{dW}{dt} = -V_{\text{ring}}\mathcal{H}\left[\frac{d\mathcal{B}}{dt} - \mu_0\frac{d\mathcal{H}}{dt}\right] \tag{14.30}$$

자기화 $\mathcal{M}$과 벡터 장 $\mathcal{B}$와 $\mathcal{H}$는 $\mathcal{B} = \mu_0(\mathcal{H} + \mathcal{M})$에 의해서 연관되고, 따라서 이 장들이 서로 평행할 때 이들의 크기는 $\mu_0\mathcal{M} = \mathcal{B} - \mu_0\mathcal{H}$에 의해서 연관된다. 따라서 식 (14.31)이 성립한다.

$$\frac{dW}{dt} = -\mu_0\mathcal{H}\,V_{\text{ring}}\frac{d\mathcal{M}}{dt} \tag{14.31}$$

우리는 이제 전체에 걸쳐서 $\mathcal{M}$의 방향이 본질적으로 상수인 물질의 작은 시료를 고려한다. 자기화는 단위 부피당 자기 모멘트이기 때문에, 이 작은 계의 **자기 모멘트**(magnetic moment)는 다음과 같다.

$$M = V\mathcal{M} \tag{14.32}$$

여기서 V는 계의 부피이다. 이 작은 계에 의해서 행해진 일은 전체 고리에 의해서 행해진 일로부터 V/V_{ring} 인자만큼 줄어들고, 따라서 다음과 같다.

$$\frac{dW_{\text{sys}}}{dt} = \frac{V}{V_{\text{ring}}}\frac{dW}{dt} = -\mu_0\mathcal{H}\,V\frac{d\mathcal{M}}{dt} = -\mu_0\mathcal{H}\,\frac{dM}{dt} \tag{14.33}$$

시간 t_0와 t_f 사이에 행해진 일은 식 (14.34)로 나타낼 수 있다.

$$W_{\text{sys}} = -\int_{t_0}^{t_f}\mu_0\mathcal{H}\frac{dM}{dt}dt \tag{14.34}$$

계가 평형 상태에 있을 때, 자기장은 자기 모멘트와 온도의 함수로 취급될 수 있으며, 이 경우에 식 (14.34)는 좌표 (T, M)을 가진 공간에서 선 적분이 된다. 따라서 다음 식이 성립하며,

$$W_{\text{sys}} = -\int_L \mu_0\mathcal{H}dM = \int_L đW \tag{14.35}$$

여기서 자성체 계에 대한 일을 나타내는 미분은 다음과 같다.

$$\boxed{đW = -\mu_0\mathcal{H}\,dM} \tag{14.36}$$

열역학적 성질

$đQ = TdS$와 $đW = -\mu_0\mathcal{H}dM$을 $dU = đQ - đW$에 대입하면 다음 식을 얻는데,

$$dU = TdS + \mu_0\mathcal{H}\,dM \tag{14.37}$$

여기서 $\mu_0\mathcal{H}$와 M은 서로 짝이 되는 켤레 변수들이다. 이것을 PVT 계에 대한 관계식 $dU = TdS - PdV$와 비교하면, 다음 식처럼 $-\mu_0\mathcal{H}$는 압력 P와 유사하고 자기 모멘트 M은 부피 V와 유사하다는 것을 의미하는데,

$$-\mu_0\mathcal{H} \leftrightarrow P \quad \text{및} \quad M \leftrightarrow V \tag{14.38}$$

여기서 M과 V는 크기 양이고 $\mu_0\mathcal{H}$와 P는 세기 양이다. 내부 에너지 $U(S, M)$는 자성체 계에 대한 열역학적 퍼텐셜이다. 이것과 연관된 열역학적 퍼텐셜들은 르장드르 변환에 의해서 표 14.3에 요약되어 있다. 또한 이 표에 포함되어 있는 것들은 이들의 미분과 이들로부터 얻을 수 있는 성질이다. $S(U, M)$ 역시 열역학적 퍼텐셜이다.

롤랜드 고리에서 전류를 조정함으로써 변할 수 있는 $\mathcal{H}$-장은 독립 변수로서 모멘트 M보다 선호되는 경우가 많다. 결과적으로 자성체 계들을 기술하기 위해서 헬름홀츠 자유 에너지보다 기브스 자유 에너지가 보통 더 유용하다. 자성체 계의 엔탈피 $E_{\text{th}} = U - \mu_0\mathcal{H}M$는 내부 에너지 U와 에너지 $-\mu_0\mathcal{H}M$(이것은 외부에 형성된 장과 계의 상호작용을 기술한다) 모두를 포함하고 있다. $\mathcal{E}P_{\text{el}}$이 일정한 장 환경에서 쌍극자 모멘트를 0으로부터 P_{el}까지 가지기 위해서 계에 옮겨지도록 할 필요가 있는 에너지인 것처럼, $\mu_0\mathcal{H}M$은 일정한 $\mathcal{H}$-장에서 그 모멘트를 0으로부터 M까지 가지기 위해서 자성체 계에 옮겨지는 에너지이고, 다시 말하면 $\mu_0\mathcal{H}M$은 어떤 외부 장치로부터 계에 옮겨지는 에너지이다.

열용량

일정한 자기장에서 열용량 $C_{\mathcal{H}}$의 정의는 식 (14.16)에 있는 $C_{\mathcal{E}}$의 정의와 비슷하며 $C_{\mathcal{H}} = (đQ/dT)_{\mathcal{H}}$로 표현될 수 있다. 미분 $dE_{\text{th}} = TdS - M\mu_0 d\mathcal{H}$를 이용하고 식 (14.17)을

표 14.3 자성체 계에 대한 열역학적 퍼텐셜

내부 에너지	헬름홀츠 자유 에너지	기브스 자유 에너지	엔탈피
$U(S, M)$	$F(T, M)$	$G(T, \mathcal{H})$	$E_{\text{th}}(S, \mathcal{H})$
	$F = U - TS$	$G = U - TS - \mu_0\mathcal{H}M$	$E_{\text{th}} = U - \mu_0\mathcal{H}M$
$dU = TdS + \mu_0\mathcal{H}dM$	$dF = -SdT + \mu_0\mathcal{H}\,dM$	$dG = -SdT - M\mu_0 d\mathcal{H}$	$dE_{\text{th}} = TdS - M\mu_0 d\mathcal{H}$
$T = \left(\frac{\partial U}{\partial S}\right)_M$	$S = -\left(\frac{\partial F}{\partial T}\right)_M$	$S = -\left(\frac{\partial G}{\partial T}\right)_{\mathcal{H}}$	$T = \left(\frac{\partial E_{\text{th}}}{\partial S}\right)_{\mathcal{H}}$
$\mu_0\mathcal{H} = \left(\frac{\partial U}{\partial M}\right)_S$	$\mu_0\mathcal{H} = \left(\frac{\partial F}{\partial M}\right)_T$	$M = -\frac{1}{\mu_0}\left(\frac{\partial G}{\partial \mathcal{H}}\right)_T$	$M = -\frac{1}{\mu_0}\left(\frac{\partial E_{th}}{\partial \mathcal{H}}\right)_S$
$\left(\frac{\partial T}{\partial M}\right)_S = \mu_0\left(\frac{\partial \mathcal{H}}{\partial S}\right)_M$	$-\left(\frac{\partial S}{\partial M}\right)_T = \mu_0\left(\frac{\partial \mathcal{H}}{\partial T}\right)_M$	$\frac{1}{\mu_0}\left(\frac{\partial S}{\partial \mathcal{H}}\right)_T = \left(\frac{\partial M}{\partial T}\right)_{\mathcal{H}}$	$\frac{1}{\mu_0}\left(\frac{\partial T}{\partial \mathcal{H}}\right)_S = -\left(\frac{\partial M}{\partial S}\right)_{\mathcal{H}}$

유도하기 위해 사용되었던 것과 비슷한 논의를 이용하면, 우리는 **일정한 자기장에서 열용량**이 다음과 같음을 발견할 수 있다.

$$C_{\mathcal{H}} = \left(\frac{đQ}{dT}\right)_{\mathcal{H}} = T\left(\frac{\partial S}{\partial T}\right)_{\mathcal{H}} = \left(\frac{\partial E_{\text{th}}}{\partial T}\right)_{\mathcal{H}} \tag{14.39}$$

열용량은 또한 $C_{\mathcal{H}} = -T(\partial^2 G/\partial T^2)_{\mathcal{H}}$에 의해서 주어진다.

자기적 감수율

자기적 감수율(magnetic susceptibility) χ_m은 식 (14.40)에 나타낸 것처럼 자기화를 외부에서 걸어준 자기장에 연관시키는 차원이 없는 비례 상수이다.

$$\mathcal{M} = \chi_m \mathcal{H} \tag{14.40}$$

이 식을 $\mathcal{B} = \mu_0(\mathcal{H} + \mathcal{M})$과 결합하면 다음과 같다.

$$\mathcal{B} = \mu_0(1 + \chi_m)\mathcal{H} = \mu\mathcal{H} = \kappa_m \mu_0 \mathcal{H}, \tag{14.41}$$

여기서 μ는 **투자율**(permeability)이고 κ_m은 **상대 투자율**(relative permeability)이다. 자기화 $\mathcal{M}$이 $\mathcal{H}$에 비례할 때, 물질의 성질인 χ_m, μ, κ_m은 온도의 함수들이고 장의 세기에 무관하다. 몇 가지 반자성($\chi_m < 0$)과 상자성($\chi_m > 0$) 물질의 자기적 감수율이 표 14.4에 주어져 있다. 자기 이력 효과 때문에 강자성 물질의 감수율은 하나의 숫자로 나타낼 수 없지만 전형적으로 10^{+3} 정도의 큰 값들을 가진다.

등온 자기적 감수율(isothermal magnetic susceptibility) χ_T와 **단열 자기적 감수율**(adiabatic magnetic susceptibility) χ_S는 다음 식에 의해서 주어진다.

$$\chi_T = \left(\frac{\partial \mathcal{M}}{\partial \mathcal{H}}\right)_T \quad \text{및} \quad \chi_S = \left(\frac{\partial \mathcal{M}}{\partial \mathcal{H}}\right)_S \tag{14.42}$$

일정한 온도에서 수행되는 실험에서 감수율이 상수라고 한다면, χ_m은 χ_T이다. 단열적으로 수행되는 실험들에서 χ_m은 χ_S와 같다. $M = V\mathcal{M}$과 $\mu_0 M = -(\partial G/\partial \mathcal{H})_T$로부터 식 (14.43)이 따라 나온다.

$$\chi_T = \frac{-1}{\mu_0 V}\left(\frac{\partial^2 G}{\partial \mathcal{H}^2}\right)_T \tag{14.43}$$

표 14.4 실온에서 자기적 감수율

물질	물	다이아몬드	마그네슘	텅스텐
χ_m	-9.035×10^{-6}	-2.2×10^{-5}	1.2×10^{-5}	6.8×10^{-5}

롤랜드 고리에서 저장된 에너지가 $\frac{1}{2}LI^2$임을 보이는 것은 뒤에 나오는 문제로 남겨 두는데, 여기서 L은 인덕턴스이다.

14.3 임계 현상

임계 거동은 많은 다른 계에서 발생하며 관련된 계의 종류와 무관한 특성을 가지고 있다. 임계점에서 계의 내재적인 불안정성은 유체들에서 압축률 K_T의 발산과 자성체 계에서 감수율 χ_T의 발산과 연관되어 있다. 상자성-강자성 전이는 임계점 근처에서 무슨 일이 일어나는가를 설명하는 좋은 예이다.

자성체 계에서 임계점[**퀴리 점**(Curie point)이라고 함]은 그림 14.3의 왼쪽에 나타낸 것처럼, 자기장이 0이고($\mathcal{H} = 0$) 자기 모멘트가 0일 때($M = 0$) 발생한다. 퀴리 점은 임계 온도에서 발생하는데, 철의 경우에는 770 ℃이다. 자기장이 0일 때($\mathcal{H} = 0$) 자기 모멘트는 T_c 위의 상자성 상에서 없어지고 T_c 아래의 강자성 상에서 0이 아니다. 오른쪽에 있는 그래프는 자기장이 자기 모멘트의 기함수라는 것을 보여 주는데, 다시 말하면 $\mathcal{H}(M) = -\mathcal{H}(-M)$이다. 이것은 또한 감수율의 역수 χ_T^{-1}가 임계점에서 없어지는 것도 보여 주는데, 다음과 같다.

$$\chi_T^{-1} = \left(\frac{\partial \mathcal{H}}{\partial \mathcal{M}}\right)_T = 0 \tag{14.44}$$

이것은 감수율 $\chi_T = (\partial \mathcal{M}/\partial \mathcal{H})_T$가 임계점에서 발산함을 의미한다.

임계점에서 장의 세기에 따른 자기 모멘트의 의존성을 발견하기 위해서, 헬름홀츠 자유 에너지 $F(T, M)$을 임계점에서의 T와 M의 값들에서 벗어난 정도의 여러 거듭제곱들의 합으로 나타낸다. $\mathcal{H}$는 M의 기함수이고 $\mu_0\mathcal{H} = (\partial F/\partial M)_T$이기 때문에, 자유 에너지는 M의 우함수이며, 따라서 식 (14.45)와 식 (14.46)이 성립한다.

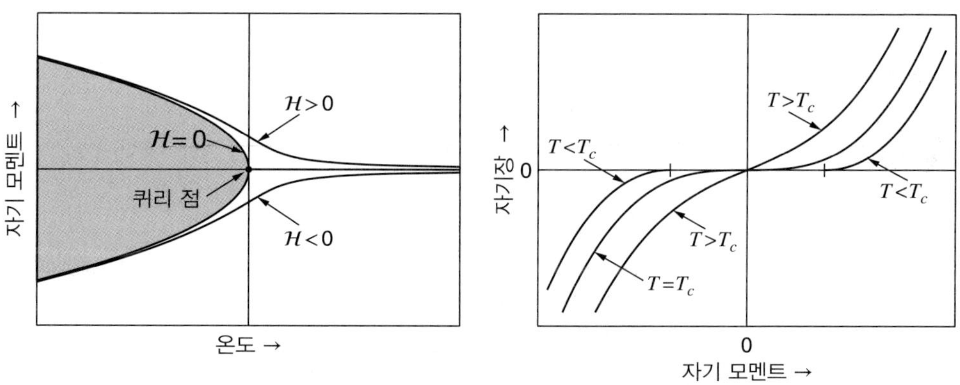

그림 14.3 강자성 계에서 자기 모멘트 M과 자기장 $\mathcal{H}$

$$F(T, M) = A_0(T) + A_2(T)M^2 + A_4(T)M^4 + \cdots \tag{14.45}$$

$$\mu_0 \mathcal{H} = \left(\frac{\partial F}{\partial M}\right)_T = 2A_2(T)M + 4A_4(T)M^3 + \cdots. \tag{14.46}$$

계수 $A_2(T)$와 $A_4(T)$를 $(T - T_c)$의 여러 거듭제곱들로 전개하면 식 (14.47)을 얻는다.

$$\mu_0 \mathcal{H} = 2\left[a_{2,0} + a_{2,1}\left(T - T_c\right) + \cdots\right] M + 4\left[a_{4,0} + a_{4,1}\left(T - T_c\right) + \cdots\right] M^3 + \cdots. \tag{14.47}$$

$\mathcal{M} = M/V$이기 때문에, $\chi_T^{-1} = (\partial \mathcal{H}/\partial \mathcal{M})_T = V(\partial \mathcal{H}/\partial M)_T$이 따라 나오며, 따라서 식 (14.48)이 나오게 된다.

$$\left(\frac{V}{\mu_0}\right)\chi_T^{-1} = 2\left[a_{2,0} + a_{2,1}\left(T - T_c\right) + \cdots\right] + 12\left[a_{4,0} + a_{4,1}\left(T - T_c\right) + \cdots\right] M^2 + \cdots. \tag{14.48}$$

임계점에서 $\chi_T^{-1} = 0$이기 때문에, $T = T_c$과 $M = 0$에서 식 (14.48)을 계산하면 $a_{2,0} = 0$임을 의미한다. 그러면 이제 $T > T_c$와 $M = 0$을 고려하면 $\chi_T^{-1} \geq 0$로부터 $a_{2,1} > 0$이 따라 나온다. 여기서 $a_{4,0} > 0$을 가정할 수 있는데, 그렇지 않다면 M이 0이 아닐 때 T_c 아래에서 χ_T^{-1}와 χ_T가 음$(-)$이 될 수 있다. 임계점에서 $\mathcal{H} = 0$이기 때문에 식 (14.47)로부터 식 (14.49)가 나오며,

$$2\left[a_{2,1}\left(T - T_c\right) + \cdots\right] M + 4\left[a_{4,0} + a_{4,1}\left(T - T_c\right) + \cdots\right] M^3 = 0 \tag{14.49}$$

여기서 $a_{2,1}$과 $a_{4,0}$은 양$(+)$이다.

임계 온도 위에서 $a_{2,1}(T - T_c)$는 양$(+)$이기 때문에, 식 (14.49)를 만족하는 M의 유일한 실수 값은 $M = 0$이다. 임계 온도 아래에서[여기에서는 $a_{2,1}(T - T_c)$가 음$(-)$이다] 식 (14.49)는 식 (14.50)을 의미한다.

$$a_{2,1}|T - T_c| = 2a_{4,0}M^2 \tag{14.50}$$

0이 아닌 M의 값 두 개는 다음과 같다.

$$\boxed{M = \pm\sqrt{\frac{a_{2,1}}{2a_{4,0}}}(T_c - T)^{1/2}} \tag{14.51}$$

T_c 아래에서 $M = 0$을 가진 해는 물리적이지 않은데, 식 (14.48)에 의하면 χ_T^{-1}가 그 경우에는 음$(-)$이 될 것이기 때문이다.

임계 지수

임계 지수는 임계점으로 접근하면서 계의 성질에 대한 함수 형태를 명시적으로 나타낸다. 예를 들면, 식 (14.51)은 아래에서 임계값으로 접근하면서 자기 모멘트가 $(T - T_c)^{1/2}$로 변하는 것을 의미하는데, 여기서 1/2이 **임계 지수**(critical exponent)이다. 또 다른 예는 감수율의 역수 χ_T^{-1}의 거동이다. $M = 0$와 $a_{2,0} = 0$을 정하고 나면, 식 (14.48)은 위로부터 임계점으로 접근하면서 식 (14.52)가 된다는 것을 의미한다.

$$\chi_T^{-1} = 2a_{2,1}\left(\frac{\mu_0}{V}\right)(T - T_c) \tag{14.52}$$

χ_T^{-1}는 $(T - T_c)^{+1}$으로 임계값에 접근하기 때문에, 임계점 위에서 역 감수율의 임계 지수는 +1이다. 임계점 아래에서 χ_T^{-1}의 임계 지수를 발견하기 위해서, 우리는 식 (14.51)을 식 (14.48)에 대입해서 0이 아닌 M의 값을 설명할 필요가 있다. $T < T_c$인 경우에 대한 결과적인 표현은 다음과 같다.

$$\chi_T^{-1} = \frac{\mu_0}{V}\left[-2a_{2,1}\left(T_c - T\right) + 12a_{4,0}\left(\frac{a_{2,1}}{2a_{4,0}}\left(T_c - T\right)\right)\right] = 4a_{2,1}\left(\frac{\mu_0}{V}\right)(T_c - T) \tag{14.53}$$

따라서 역 감수율의 임계 지수는 임계 온도 위와 아래에서 모두 +1이다. 임계 지수는 비열을 포함하는 다른 성질에 대해서도 정의된다.

위에서 얻은 임계 지수들은 고전적인 값이라고 언급된다. 놀라운 점은 이들이 단지 근사적이라는 것이다. 예를 들면, "보편 부류"에 의존해서 식 (14.51)에서 1/2에 해당하는 임계 지수는 0.3에서 0.4까지의 범위를 가진다. 보정된 값을 주는 이론은 **재규격화 군 이론**(renormalization group theory)인데, 이 책의 범위를 벗어난다.

란다우 이론[2]

란다우(Lev D. Landau)에 의해서 개발된 임계 현상의 이론은 임계 지수의 고전적인 값을 예측한다. 이 이론은 이론이 임계 거동의 본성에 주는 통찰력 때문에 여기에 제시되었다. 란다우 이론의 본질적인 개념은 **질서 매개 변수**(order parameter)인데, 이것은 임계 온도 아래에서는 0이 아니고 임계 온도 위에서는 없어지는 계의 성질이다. 강자성 계에서는 질서 매개 변수가 자기 모멘트이며, 이것은 미시적인 자기 모멘트들의 배열을 기술한다. 미시적인 모멘트는 고온에서는 질서가 없는 제멋대로의 상태이며, 저온에서는 같은 방향으로 정렬되는 경향이 있다. 질서 매개 변수의 또 다른 예는 강유전체 물질에서 전기 쌍극자 모멘트이다. *PVT* 계에서 질서 매개 변수는 액체와 기

2) Landau, L. D. and Lifshitz E. M. (1969) *Statistical Physics*, 2nd edn, Addison-Wesley, p. 429.

체의 밀도 차이이다. 질서-무질서 전이를 일으키는 두 가지 물질로 이루어진 합금에서 질서 매개 변수는 특정한 부분 격자에서 원자 종류들 중 하나의 비율이다.

란다우 이론은 질서 매개 변수 η를 자유 변수로 취급하는데, 그 값은 자유 에너지 $F_g(T, \eta)$를 최소화함으로써 결정된다. $F_g(T, \eta)$에 있는 아래 첨자가 이것을 앞에서 고려되었던 자유 에너지 $F(T, M)$와 구별되도록 한다. $F(T, M)$은 평형 자기 모멘트 M의 함수인 반면에, $F_g(T, \eta)$는 질서 매개 변수의 평형과 비평형 값들 모두에 대해서 정의된 일반화된 자유 에너지이다. 이 이론은 장이 $0(\mathcal{H} = 0)$인 강자성 계의 거동에 의해서 설명된다.

이 이론은 임계 온도 위와 아래에서 자유 에너지 $F_g(T, \eta)$를 분석함으로써 설명된다. 그림 14.4를 보면, $T > T_c$인 경우에는 $\eta = 0$에서 하나의 최소가 있고, 이것이 $T = T_c$에서는 꽤 넓어진다. T_c 아래에서는 같은 자유 에너지를 가진 두 개의 최소가 있다. 질서 매개 변수의 평형 값은 최소(또는 최소들)에 있기 때문에, 임계 온도 위에서 질서 매개 변수는 없어지고 아래에서는 0이 아닌 값이다. $\eta = 0$에서 이계 미분 $\partial^2 F_g/\partial\eta^2$는 T_c 아래에서는 음(−)이고 T_c 위에서는 양(+)이며 $T = T_c$에서는 없어진다는 것에 주목하자.

그림 14.4는 $\mathcal{H}$-장이 0일 때 강자성 계를 나타낸다. 장이 0이 아닐 때는 그림 14.5에 나타낸 것처럼 T_c 아래에서 두 개의 최소들이 같은 자유 에너지를 가지지 않게 된다. 이 상황에서는 자유 에너지가 최소가 되는 곳에서 하나의 질서 매개 변수 값이 있

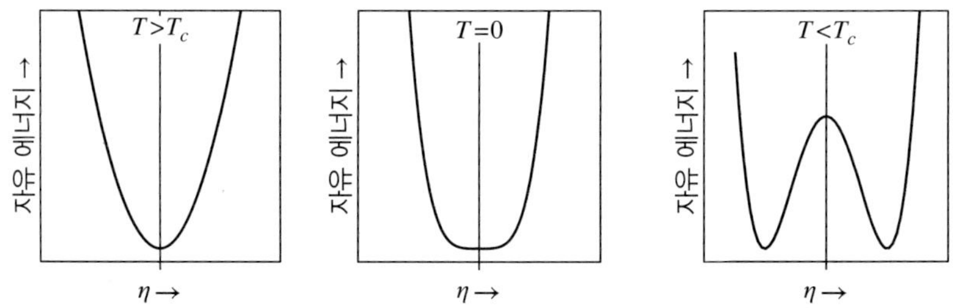

그림 14.4 장이 0인 경우에 자유 에너지와 질서 매개 변수의 관계

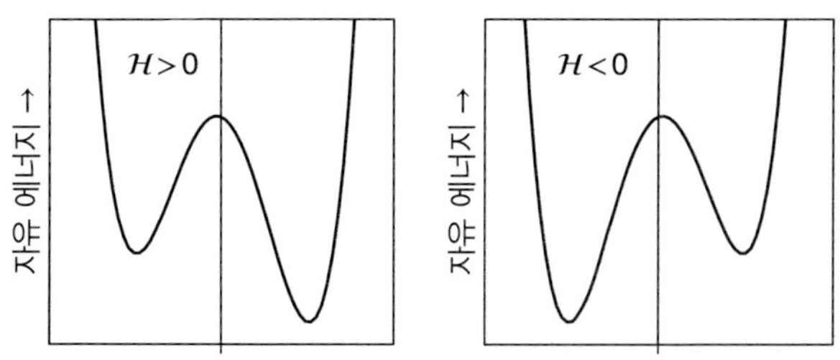

그림 14.5 $T < T_c$인 경우에 자유 에너지와 질서 매개 변수의 관계

고, 그래서 하나의 자기 모멘트 값이 있게 되는데 이것은 $\mathcal{H}$가 양(+)일 때는 양(+)이고 $\mathcal{H}$가 음(−)일 때는 음(−)이다.

임계점 근처에서는 η와 $(T - T_c)$가 작기 때문에, 자유 에너지 $F_g(T, \eta)$는 η와 $(T - T_c)$의 여러 거듭제곱들의 합으로 나타낼 수 있다(이 표현은 수렴하는 전개가 아니다). 그러면 자유 에너지는 식 (14.54)처럼 표현되는데,

$$F_g(T,\eta) = \left[f_{0,0} + \cdots\right] + \left[f_{2,0} + f_{2,1}\left(T - T_c\right) + \cdots\right]\eta^2 + \left[f_{4,0} + \cdots\right]\eta^4 + \cdots \tag{14.54}$$

여기서 $F_g(T, \eta)$는 η의 우함수라고 가정되었다. 식 (14.54)의 생김새는 식 (14.45)와 비슷하지만, 그 의미는 매우 다르다. 식 (14.45)에서 변수 M은 자기 모멘트의 평형 값을 나타내고, 미분 $(\partial F/\partial M)_T$는 $\mu_0\mathcal{H}$와 같다. 대조적으로, 변수 η는 자기 모멘트의 평형과 비-평형 값들 모두를 나타낸다. $F_g(T, \eta)$의 첫 두 미분들은 식 (14.55)와 식 (14.56)이 된다.

$$\left(\frac{\partial F_g}{\partial \eta}\right)_T = 2\left[f_{2,0} + f_{2,1}\left(T - T_c\right) + \cdots\right]\eta + 4\left[f_{4,0} + \cdots\right]\eta^3 + \cdots \tag{14.55}$$

$$(\partial^2 F_g/\partial \eta^2)_T = 2\left[f_{2,0} + f_{2,1}\left(T - T_c\right) + \cdots\right] + 12\left[f_{4,0} + \cdots\right]\eta^2 + \cdots. \tag{14.56}$$

$\eta = 0$과 $T = T_c$에서 $\partial^2 F_g/\partial^2\eta = 0$이기 때문에 $f_{2,0} = 0$이 따라 나온다. 그러면 이제 T_c 위에서 $\partial^2 F_g/\partial^2\eta$이 양(+)이 된다는 것이 $f_{2,1} > 0$을 요구한다. 최소로부터 멀어지면서 자유 에너지가 증가하기 위해서는 $f_{4,0} > 0$을 요구한다. η의 평형 값은 자유 에너지를 최소화함으로써 얻어지는데, 이것은 $(\partial F_g/\partial \eta)_T = 0$을 요구하며, 따라서 식 (14.55)로부터 식 (14.57)이 따라 나온다.

$$f_{2,1}(T - T_c)\eta + 2f_{4,0}\eta^3 = 0 \tag{14.57}$$

$T > T_c$일 때, 이것을 만족하는 η의 유일한 실수 값은 $\eta = 0$이다. $T < T_c$일 때, 자유 에너지가 최소로 되는 η의 두 값은 다음과 같다.

$$\boxed{\eta = \pm\sqrt{\frac{f_{2,1}}{2f_{4,0}}}\,(T_c - T)^{1/2}} \tag{14.58}$$

위의 결과는 아래로부터 임계값으로 접근하면서 질서 매개 변수가 $(T_c - T)^{1/2}$로 변한다는 것을 의미하는데, 여기서 1/2이 임계 지수이다. 강자성 계들에 대해서는 이것이 식 (14.51)에 주어진 결과이다. 식 (14.58)의 중요성은 란다우 이론을 통한 유도가 모든 종류의 계에서 임계점 근처에 존재하는 자유 에너지의 일반적인 특성에 기반을 두고 있다는 것이다.

왜 란다우 이론이 맞지 않는 결과들을 주는 것인가? 그 이유는 열역학이 성분 입자들의 무작위 운동의 결과인 계들의 성질에서 요동을 설명하는 것은 아니라는 것이다. 22장에서 논의되는 것처럼, 요동은 보통 작아서 무시될 수 있지만, 임계점 근처에서는 아니라는 것이다. 요동의 발산하는 크기 때문에 올바른 결과를 얻기 위해서는 재규격화 이론이 필요하게 된다.

문제

14.1 분극 $\mathcal{P} = (a + b/T)\mathcal{E}$와 열용량 $C_{\mathcal{E}} = A + B$인 유전체를 고려하자(여기서 a와 b는 상수임). $B = 2b\, V/T^2$임을 보이고 등온 유전 상수 κ_{el}을 구하시오(표 14.1에 있는 $G(T, \mathcal{E})$의 성질들을 이용한다).

14.2 롤랜드 고리에서 저장된 에너지가 $\frac{1}{2}LI^2$임을 보이시오. 단면적 A와 원둘레 $2\pi R$의 함수로 L을 표현하시오.

14.3 만약 어떤 상자성 계가 퀴리 법칙 $\mathcal{M} = C\mathcal{H}/T$($\mathcal{M}$은 자기화이고 C는 퀴리 상수이다)을 만족한다면, 그때 $\mathcal{H}$에 비례하는 열용량 $C_{\mathcal{H}}$에 온도에 따라 달라지는 기여가 있다는 것을 보이시오. 이 기여를 구하시오(맥스웰 관계식을 이용한다).

III부
통계 열역학

열역학은 물체의 성질들을 기술하는 도구를 제공하기는 하지만, 그것들의 미시적인 원인에 대해서는 아무런 암시도 주지 못한다. 원자 수준에서는 계의 분자, 원자, 이온, 전자들이 연속적인 무작위적 운동을 하는 매우 동적인 것이지만, 거시적으로 본다면 계는 주변 상황의 변화에 반응하여 단지 변하는 것뿐이다. 열적 거동의 미시적인 모형들은 열역학의 성립과 같은 시기인 19세기에 도입되었다. 비록 물체의 원자 구조가 완전히 받아들여지기 전에 만들어졌지만, 이 모형들은 열 현상의 본질에 대한 귀중한 통찰력을 제공한다. III부는 이 모형들과 통찰력 중 일부에 대해서 논의한다. 열적 거동의 원인들은 약하게 상호 작용하는 입자들의 계에서 매우 쉽게 볼 수 있다. 기체 분자들은 다른 입자들 또는 용기의 벽과 충돌할 때를 제외하고는 독립적이기 때문에, 우리는 기체의 성질에 초점을 맞추고 압력의 근원, 분자 속도의 분포, 엔트로피의 미시적인 중요성 등을 연구한다.

15장 분자 모형들

이 장에서는 분자들이 용기와 충돌하는 것으로부터 기체의 압력이 어떻게 나오는지, 미시적인 자유도 사이에 이용할 수 있는 에너지를 분배하는 것으로부터 기체의 비열이 어떻게 나오는지를 보여 준다. 또한 원자 수준에서 열과 일 사이의 구분에 대하여 연구한다. 비록 주어진 설명이 정성적으로는 옳지만, 정량적인 계산은 때로는 관련된 단순함 때문에 정확하지는 않다. 이제, 앞에서 사용된 몇 개의 용어들을 복습하는 것으로 시작한다.

15.1 미시적인 기술들

계의 크기는 원자 수준에서 몰수 n보다는 입자의 개수 N에 의해서 편리하게 나타낸다. 이 두 수는 다음과 같이 연관되며

$$N = nN_A \tag{15.1}$$

여기서 N_A는 **아보가드로 수**(Avogadro's number)인데, 다음과 같다.

$$N_A = 6.022 \times 10^{23}\ \text{mole}^{-1} \tag{15.2}$$

이것은 1몰당 입자들의 수이다. 원자 수준 운동의 효과를 결정하기 위해서는 입자들의 질량을 알 필요가 있다. 입자 1몰의 질량을 그램 단위로 나타낸 것을 **분자량**(molecular weight, 또는 분자 질량)이라고 한다. 1몰 안에는 N_A개의 분자가 있으므로, 분자 하나의 질량은 다음과 같다.

$$m = \frac{(\text{분자량})(1\text{g})}{N_A} = (\text{분자량})\, m_u \tag{15.3}$$

여기서 m_u는 다음 식으로 주어지는 **원자 질량 단위**(atomic mass unit)이다.

$$m_u = \frac{1\text{g}}{N_A} = 1.6605 \times 10^{-27}\ \text{kg}$$

m_u는 때로는 *amu*(atomic mass unit)라고 불리기도 한다. 예를 들어, 산소의 원자량은

15.9994이다. 산소는 보통 이원자 분자인 O_2로 존재하기 때문에 그 분자량은 유효 숫자 3자리까지 표현하면 $2 \times 16.0 = 32.0$이다. 따라서 O_2 분자 하나의 평균 질량은 다음과 같다.

$$m = 32.0\,m_u = 5.31 \times 10^{-26}\ \text{kg} \tag{15.4}$$

볼츠만 상수(Boltzmann constant) k_B는 열 현상의 미시적인 기술에 필수적이다. 이것은 식 (15.5)에 나타낸 것처럼 사실상 몰 대신에 입자들 용어로 표현한 기체 상수 R이다.

$$k_B = \frac{R}{N_A} = 1.381 \times 10^{-23}\text{J K}^{-1} \tag{15.5}$$

식 (15.5)와 식 (15.1)로부터 식 (15.6)이 유도되며

$$N k_B = nR \tag{15.6}$$

따라서 이상 기체 상태 방정식은 다음과 같게 된다.

$$PV = N k_B T \tag{15.7}$$

15.2 기체 압력

기체는 다른 분자들 그리고 용기의 벽과 빈번하게 충돌하면서 음속에 가까운 빠르기로 임의의 방향으로 움직이고 있는 분자들의 모임이다. 압력의 미시적인 원인과 상태 방정식을 이해하기 위해서, 부피가 $V = L^3$인 입방형 용기 안에 들어 있는 N개의 분자들로 이루어진 계를 연구한다. 용기의 2차원 표현이 그림 15.1에 나타나 있다. 분자들이 벽과 충돌할 때 방향이 바뀌도록 하는 것에 필요한 힘이 바로 [뉴턴 제3법칙(Newton's third law) 의미에서] 압력과 연관된 힘에 대한 반응이다.

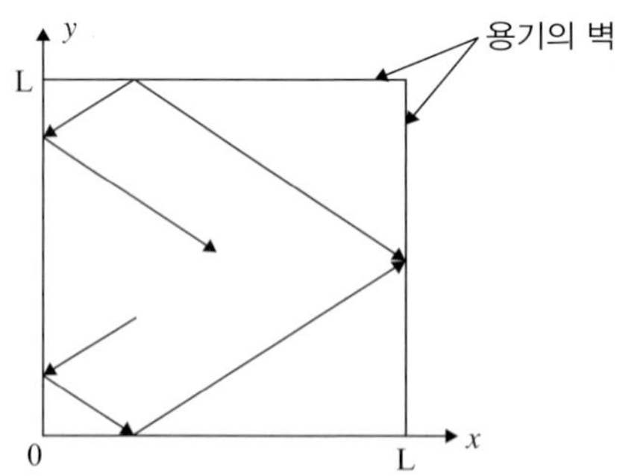

그림 15.1 분자들 사이의 충돌이 없을 때 기체 분자의 운동

분자가 $x = 0$에 있는 벽과 충돌할 때 분자에 작용하는 힘을 $\boldsymbol{F}(t)$라고 표현하자. 이 $\boldsymbol{F}(t)$의 시간 적분을 충격량이라고 하는데, 이는 운동량의 변화와 같다. 분자의 운동에 뉴턴 제2법칙을 적용하면 시간 t에서 $t + \Delta t$ 사이의 시간 동안 충격량의 x 성분이 다음과 같이 된다는 것을 의미하며

$$\int_t^{t+\Delta t} F_x(t')\,dt' = \int_t^{t+\Delta t} ma(t')\,dt' = mv_x(t+\Delta t) - mv_x(t) \tag{15.8}$$

여기서 $a(t)$는 가속도의 x 성분이고 $mv_x(t)$와 $mv_x(t + \Delta t)$는 운동량의 처음과 나중 성분이다. 충격량은 간편하게 $\boldsymbol{F}^{\mathrm{av}}\Delta t$로 표현할 수 있다. 평균 힘의 x 성분은 다음과 같다.

$$F_x^{\mathrm{av}} = \frac{1}{\Delta t}\int_t^{t+\Delta t} F_x(t')\,dt' \tag{15.9}$$

단순화하기 위해, 벽들이 평평하고 딱딱하며 충돌은 탄성 충돌이라고 가정한다. 그러면 운동량의 크기가 충돌에 의해 변하지 않으며, 벽에 수직인 성분은 반대로 되고, 벽에 평행한 성분은 변하지 않는다. 따라서 다음 식이 성립하게 된다.

$$mv_x(t+\Delta t) - mv_x(t) = m|v_x| - m(-|v_x|) = 2m|v_x| \tag{15.10}$$

위의 결과들을 결합하면 식 (15.11)이 성립하는 것을 알 수 있다.

$$F_x^{\mathrm{av}}\,\Delta t = 2m|v_x| \tag{15.11}$$

이제 Δt 값이 필요하다. 우리는 연속되는 충돌 사이의 시간 Δt 사이에 평균적으로 분자에 미치는 힘의 전형적인 값으로 F_x^{av}를 원한다. 힘 $\boldsymbol{F}(t)$는 분자가 벽에 접촉하는 매우 짧은 시간 동안에만 0이 아니기 때문에, 시간 간격 Δt 동안에 발생하는 충돌에 대해서 $\boldsymbol{F}(t)$의 적분은 Δt에 무관하다. 분자들 사이의 충돌은 어떤 분자들은 벽에서 멀어지게 하고 다른 분자들을 벽 방향으로 가도록 하는 경향이 있기 때문에, 단순하게 분자들 사이의 충돌을 무시함으로써 Δt의 어림값을 구할 수 있다. 충돌이 없을 때 분자의 궤적을 그림 15.1에 나타내었다. 평평하고 딱딱한 벽인 경우에 분자가 $+x$와 $-x$ 방향으로 움직이는 비율은 y와 z 방향의 운동에 의해서 영향을 받지 않는다. 결과적으로 분자가 $x = L$에서 벽을 떠나, 벽과 $x = 0$에서 충돌하고, 다시 $x = L$에 있는 벽으로 되돌아오는 거리는 용기 폭의 2배가 된다. 거리 $2L$을 $\pm x$ 방향으로 운동하는 데 필요한 시간은 다음과 같다.

$$\Delta t = \frac{2L}{|v_x|} \tag{15.12}$$

여기서 $|v_x|$는 속도의 x 성분의 크기이다. 이 식을 식 (15.11)과 결합하면 다음과 같음을 알 수 있다.

$$F_x^{\text{av}} = \frac{m|v_x|^2}{L} = \frac{m{v_x}^2}{L} \tag{15.13}$$

벽에 의해서 모든 N개 분자에 작용하는 전체 힘은 서로 다른 분자들에 작용하는 결과들을 더함으로써 얻어진다. 이것을 쉽게 하려면, 분자들을 1에서 N까지 정수 값을 가지는 아래 첨자 i로 나타낸다. 아래 첨자를 식 (15.13)에 도입하면 식 (15.14)를 주게 된다.

$$F_{x,i}^{\text{av}} = \frac{m_i {v_{x,i}}^2}{L} \tag{15.14}$$

벽에 의해서 N개 분자에 작용하는 전체 힘은 다음과 같다.

$$F_x^{\text{tot}} = F_{x,1}^{\text{av}} + F_{x,2}^{\text{av}} + \cdots + F_{x,N}^{\text{av}} = \frac{m_1 {v_{x,1}}^2}{L} + \frac{m_2 {v_{x,2}}^2}{L} + \cdots + \frac{m_N {v_{x,N}}^2}{L} \tag{15.15}$$

합에 관한 표준 표기법을 이용하였을 때, 이 식은 다음과 같다.

$$F_x^{\text{tot}} = \sum_{i=1}^{N} F_{x,i}^{\text{av}} = \sum_{i=1}^{N} \frac{m_i {v_{x,i}}^2}{L} \tag{15.16}$$

표면 위에서 압력은 단위 면적당 힘의 수직 성분이다. 입방 용기에서 벽의 면적은 L^2이다. 벽에 의해서 분자에 작용하는 힘은 분자에 의해서 벽에 작용하는 힘과 같은 크기를 가지기 때문에 $x = 0$에서 벽 위의 압력은 다음과 같이 되며

$$P = \frac{\text{힘}}{\text{면적}} = \frac{F_x^{\text{tot}}}{L^2} = \frac{1}{L^2}\sum_{i=1}^{N} \frac{m_i {v_{x,i}}^2}{L} = \frac{1}{V}\sum_{i=1}^{N} m_i {v_{x,i}}^2 \tag{15.17}$$

여기서 $V = L^3$은 용기의 부피이다. $y = 0$ 또는 $z = 0$에 있는 벽을 고려하면 x를 y 또는 z로 대체한 비슷한 표현이 얻어질 수 있다. 기체에 의해서 작용하는 압력은 모든 방향에서 같기 때문에 $x = 0$, $y = 0$, $z = 0$에서 벽에 대한 결과들이 결합되어 다음 식을 주게 되며

$$\begin{aligned} P &= \frac{1}{3}\left[\frac{1}{V}\sum_{i=1}^{N} m_i {v_{x,i}}^2 + \frac{1}{V}\sum_{i=1}^{N} m_i {v_{y,i}}^2 + \frac{1}{V}\sum_{i=1}^{N} m_i {v_{z,i}}^2\right] \\ &= \frac{1}{3V}\sum_{i=1}^{N} m_i \left({v_{x,i}}^2 + {v_{y,i}}^2 + {v_{z,i}}^2\right) \end{aligned} \tag{15.18}$$

여기서 $(v_{x,i}, v_{y,i}, v_{z,i})$는 입자 i의 속도인 $\boldsymbol{v}_i$의 성분들이다. 개수 N을 곱하고 나누게 되면, 압력은 다음과 같고

$$P = \frac{N}{3V}\left(\frac{1}{N}\sum_{i=1}^{N} m_i {v_i}^2\right) \tag{15.19}$$

여기서 $v_i^2 = {v_{x,i}}^2 + {v_{y,i}}^2 + {v_{z,i}}^2$이다.

평균

분자 N개로 이루어진 계에서 성질 X_i의 **평균**(average)은 $\overline{X}$로 표현되는데, 다음과 같다.

$$\boxed{\overline{X} = \frac{X_1 + X_2 + \cdots + X_N}{N} = \frac{1}{N}\sum_{i=1}^{N} X_i} \tag{15.20}$$

이런 유형의 평균은 **산술 평균**(arithmetic mean)이다. 합을 구하면 i에 관한 의존성이 없어지므로 지표 i는 **합지표**(dummy index)이다.

분자당 평균 운동 에너지(average kinetic energy per molecule)는 다음과 같다.

$$\overline{\frac{1}{2}mv^2} = \frac{\frac{1}{2}m_1 {v_1}^2 + \frac{1}{2}m_2 {v_2}^2 + \cdots + \frac{1}{2}m_N {v_N}^2}{N} = \frac{1}{N}\sum_{i=1}^{N}\left(\frac{1}{2}m_i v_i^2\right) \tag{15.21}$$

$\frac{1}{2}$은 각 항의 바깥에서 곱해질 수 있으며, 따라서 다음 식이 성립된다.

$$\overline{\frac{1}{2}mv^2} = \frac{1}{2}\overline{mv^2} \tag{15.22}$$

분자들의 질량이 같을 때, 이 양도 평균 바깥에서 곱해질 수 있으며, 따라서 $\frac{1}{2}\overline{mv^2}$는 $\frac{1}{2}m\overline{v^2}$가 되고, 여기에서 $\overline{v^2}$는 **제곱-평균 속도**(mean-square velocity)이다. 식 (15.19)와 식 (15.21)을 결합하면 기체의 압력이 다음과 같음을 알 수 있다.

$$PV = N\frac{2}{3}\left(\frac{1}{2}\overline{mv^2}\right) \tag{15.23}$$

온도

물리량 P, V, N 사이의 관계는 이상 기체에서 상태 방정식, $PV = Nk_BT$와 비슷하다. 이것은 식 (15.23)에 의해서 PV/N값을 이상 기체 값과 같게 놓도록 암시하는데, 이것은 다음 식이 성립됨을 의미한다.

$$\frac{PV}{N} = \frac{2}{3}\left(\frac{1}{2}\overline{mv^2}\right) = k_BT \tag{15.24}$$

우리가 이상 기체 상태 방정식을 유도한 것은 아니고 단지 P와 N/V의 비례 관계에 대한 미시적인 이유를 발견했을 뿐임이 강조되어야만 한다. 그럼에도 불구하고, 식 (15.24)는 절대 온도의 유용한 해석을 함축하고 있다: **절대 온도는 분자의 평균 운동 에너지에 비례한다**. 특별히, 이 식은 각 기체 분자의 평균 운동 에너지가 다음과 같게 된다는 것을 의미한다.

$$\frac{1}{2}\overline{mv^2} = \frac{3}{2}k_BT \tag{15.25}$$

이러한 표시는 고전역학이 유효한 범위까지는 옳지만, 양자 효과가 중요해지는 낮은 온도에서는 옳지 않게 된다.

분자의 전형적인 속력에 관한 유용한 어림값은 **제곱−평균−제곱근 속도**(root-mean-square velocity) v_{rms}에 의해서 주어지는데, 이것은 같은 질량을 가진 분자에 대해서는 다음과 같게 된다.

$$v_{\text{rms}} = \sqrt{\overline{v^2}} \tag{15.26}$$

서로 다른 질량을 가진 분자에 대해서는 제곱-평균-제곱근 속도가 다음과 같이 되는데

$$v_{\text{rms}} = \sqrt{\frac{\overline{mv^2}}{\overline{m}}} \tag{15.27}$$

여기서 $\overline{m}$은 평균 질량이다. 그러면 식 (15.25)로부터 다음 식이 나오게 된다.

$$v_{\text{rms}} = \sqrt{\frac{3k_BT}{\overline{m}}} \tag{15.28}$$

예제 15.1

제곱−평균−제곱근 속도

실온에서 산소 분자의 제곱-평균-제곱근 속도를 구하시오.

풀이 ■ 우리는 식 (15.4)에 있는 O_2 분자의 질량을 이용할 수 있다. 자연적으로 존재하는 산소는 여러 개의 동위원소를 포함하고 있기 때문에, 이것은 본질적으로 $\overline{m}$이다. 실온이 300 K(27 °C)이라는 것을 고려하면, 다음 식을 얻는다.

$$v_{\text{rms}} = \sqrt{\frac{3k_BT}{\overline{m}}} = \sqrt{\frac{3(1.381\times10^{-23}\text{J K}^{-1})(273+20)\text{K}}{5.31\times10^{-26}\text{ kg}}} = 484 \text{ m s}^{-1}$$ ◆

예제 15.2 **벽 충돌 빈도**

고체 표면 1 mm^2에서 초당 충돌 횟수를 어림 계산하시오. 대기압과 실온에서 산소 기체를 고려한다.

풀이 ■ 그림 15.1에 있는 용기에서 $x = L$에 있는 벽의 단면 1.0 mm^2을 고려하자. 분자 하나가 벽과 충돌할 때 운동량의 변화는 $2m|v_x|$이다. 충돌 N_c회 후에 분자들의 총 운동량 변화는 $N_c 2m\overline{|v_x|}$인데, 여기서 $\overline{|v_x|}$는 $|v_x|$의 평균이다. 충격량 $F_x^{av}\Delta t$는 운동량 변화와 같기 때문에 표면에 의해서 기체 분자들에 작용하는 평균 힘은 다음 식이 된다.

$$F_x^{av} = \frac{N_c 2m\overline{|v_x|}}{\Delta t}$$

이것은 PA와 같은데, 여기서 P는 기체의 압력이고 A는 1.0 mm^2이다. 앞의 식에서 F_x^{av}를 PA로 대체하고 단위 시간당 충돌 횟수에 대해서 풀면 다음 식을 얻는다.

$$\frac{N_c}{\Delta t} = \frac{PA}{2m\overline{|v_x|}}$$

제곱-평균-제곱근 속도 v_{rms}를 이용해서 $\overline{|v_x|}$를 어림 계산하면, 이 식은 다음 식이 된다.

$$\frac{N_c}{\Delta t} \approx \frac{PA}{2m v_{rms}}$$

대기압은 100 kPa로 하고 식 (15.4)에 있는 질량과 앞의 예제로부터 v_{rms}의 값을 이용하면, 초당 충돌 횟수에 대한 어림 계산은 다음 식이다.

$$\frac{N_c}{\Delta t} \approx \frac{(100 \times 10^3\ \text{Pa})(0.00100\ \text{m})^2}{2(5.31 \times 10^{-26}\ \text{kg})(484\ \text{m s}^{-1})} = 1.95\ \times 10^{21}\ \text{s}^{-1}$$ ◆

고체 표면 1 mm^2에서 충돌 횟수에 대한 위의 어림 계산은 정말로 엄청나다! 열적 거동의 미시적인 원인을 고려하는 경우에 이렇게 매우 큰 수는 전형적이다. 그렇기 때문에 보통 크기의 수를 다루면서 형성된 직관의 어떤 것들은 수정될 필요가 있을 수 있다.

독립적인 입자들

분자들 사이의 충돌 중 어떤 것들은 무시되었기 때문에 이상 기체 모형은 **독립 입자 모형**(independent particle model)이다. 밀도가 낮은 기체의 압력을 결정할 때, 상호작용의 무시는 정당화된다. 그럼에도 불구하고 독립 입자 모형은 필연적으로 근사적이다. 비록 작기는 하지만, 입자들 사이에 약간의 상호작용이 불가피하며, 만약 그렇지 않다면 원자 수준에서 열적 평형의 무작위 성질을 만드는 일에 필요한 에너지의 교환을 위한 장치가 없을 것이다.

15.3 에너지의 등분배

자유도

열 물리학에서 "자유도"라는 용어는 역학에서와는 다르게 사용된다. 역학에서 자유도의 개수는 계의 배치를 특정하기 위해서 필요한 독립적인 좌표의 개수이다. 따라서 각 입자는 3개의 역학적 자유도를 가진다. **열 물리학에서 자유도의 개수는 계가 에너지를 저장할 수 있는 방법의 개수이다**. 예를 들면, 운동 에너지는 속도의 세 성분 각각에 관련되어 있기 때문에, 3개의 자유도가 각 분자의 질량 중심 속도와 연관된다. 하지만 이상 기체에서 자유도가 분자의 위치와는 연관되지 않는데, 왜냐하면 에너지가 위치와는 관련이 없기 때문이다.

등분배 추측

자유도와 연관된 에너지는 계속해서 변하고 있다. 그럼에도 불구하고, 그 값은 많은 수의 입자에 대해서 평균을 하였을 때는 잘 정의가 된다. 등분배 추측은 **평균적으로 $\frac{1}{2}k_BT$의 에너지가 각 자유도에 연관되어 있다**고 주장한다.

질량 중심의 속도와 3개의 자유도가 연관되어 있기 때문에, 기체에서 각 분자와 연관된 평균 에너지는 다음과 같다.

$$\frac{1}{2}\overline{mv^2} = 3\left(\frac{1}{2}k_BT\right) \tag{15.29}$$

이것은 이상 기체 상태 방정식의 미시적 원인을 연구해서 얻어진 식 (15.25)에 있는 값과 같다.

등분배 추측에 따르면, 분자당 자유도가 f인 분자 N개로 이루어진 기체의 내부 에너지는 다음과 같으며

$$U(T) = Nf\left(\frac{1}{2}k_BT\right) = nf\frac{1}{2}RT \tag{15.30}$$

여기서 $Nk_B = nR$이 이용되었다. 이것은 일정한 c_V 값을 가진 [식 (3.8)에서 상수 u_0가 0인] 이상 기체의 내부 에너지 함수이다. 정적 비열은 다음 식으로 표현된다.

표 15.1 단원자 기체의 성질들. kcal (kmol K)$^{-1}$ 단위로 나타낸 비열들.

	c_V	c_P	γ
이론값	2.98	4.97	1.67
He	2.99	4.97	1.66
Ar	2.98	4.98	1.67
Kr	2.95	4.99	1.69
Xe	3.01	5.02	1.67

$$c_V = \frac{1}{n}\left(\frac{\partial U}{\partial T}\right)_V = f\frac{1}{2}R \tag{15.31}$$

킬로칼로리 단위로 나타낸 R의 값은 1.987 kcal (kmol K)$^{-1}$이다. 따라서 유효 숫자 3 자리로 나타내면 R의 값은 2이다. 이것과 식 (15.31)로부터 c_V의 값은 kcal (kmol K)$^{-1}$ 단위로 분자당 자유도의 수와 같아야만 한다. 이상 기체에서 $c_P = c_V + R$이기 때문에 정압 비열은 다음과 같고

$$c_P = \left(1 + \frac{f}{2}\right)R \tag{15.32}$$

정압 비열과 정적 비열의 비는 다음과 같다.

$$\gamma = \frac{c_P}{c_V} = 1 + \frac{2}{f} \tag{15.33}$$

서로 다른 형태의 분자들은 다른 수의 자유도를 가지기 때문에, 서로 다른 비열 값을 가지게 된다. 희귀 기체들은 헬륨, 네온, 아르곤, 크립톤, 제논(He, Ne, Ar, Kr, Xe) 등이다. 이들은 단원자 기체(분자당 원자 하나)이기 때문에 유일하게 중요한 자유도는 질량 중심의 속도와 연관된 3개이다. 따라서 다음 식이 됨을 알 수 있다.

$$f = 3,\ c_V = 1.5R,\ c_P = 2.5R,\ \gamma = \frac{5}{3} = 1.67 \tag{15.34}$$

이들의 이론적인 값들은 표 15.1에 있는 실험적인 값들과 비교된다. 이론과 실험 사이의 일치는 아주 좋다.

어떤 이원자 분자는 **딱딱한 아령**(rigid dumbbells), 즉 고정된 거리만큼 떨어진 2개의 점 질량으로 취급할 수 있다. 분자의 방향을 표시하기 위해서 2개의 변수가 필요하다. 예를 들면, 원자들 중 하나에 좌표의 원점을 놓고 다른 원자의 위치를 구면 좌표 θ와 ϕ로 나타내면 된다. 회전 운동 에너지는 이 각들의 변화량과 연관되어 있기 때문에 분자당 2개의 회전 자유도가 있게 된다. 이것을 질량 중심 운동과 연관된 3개의 병진 자유도에 더하면 분자당 5개의 자유도를 주게 된다. 따라서 다음과 같음을 알 수 있다.

표 15.2 이원자 기체의 성질들. kcal (kmol K)$^{-1}$ 단위로 나타낸 비열들.

	c_V	c_P	γ
이론값	4.97	6.95	1.40
H_2	4.87	6.89	1.41
N_2	4.97	6.96	1.40
O_2	5.03	7.02	1.40
Cl_2	5.99	8.15	1.36

표 15.3 다원자 기체의 성질들. kcal (kmol K)$^{-1}$ 단위로 나타낸 비열들.

	이론값	CO_2	NH_3	SO_2	C_2H_6
c_V	5.96	6.75	6.80	7.43	10.35

$$f = 5,\ c_V = 2.5R,\ c_P = 3.5R,\ \gamma = 1.4 \tag{15.35}$$

이들 이론적인 값들은 표 15.2에 있는 실험적인 값들과 비교된다. 이론과 실험 사이의 일치는 염소(Cl_2)의 예를 제외하고는 매우 좋다.

2개보다 더 많은 원자를 가지는 분자들은 그 위치를 나타내기 위해서 3개의 변수를 요구한다. 원자 2개 사이에 연결된 선의 방향을 나타내기 위하여 각 θ와 ϕ가 사용되고 이 선 둘레에 다른 원자들의 방향(회전)을 나타내기 위해서 세 번째 각이 사용될 수 있다. 운동 에너지는 이들 3개의 각과 연관된다. 이 3개의 회전 자유도를 3개의 병진 자유도에 더하면 총 6개의 자유도를 주게 된다. 따라서 식 (15.36)으로 됨을 알 수 있다.

$$f = 6,\ c_V = 3R,\ c_P = 4R,\ \gamma = \left(\frac{4}{3}\right) = 1.33 \tag{15.36}$$

이들 c_V에 관한 이론적인 값들은 표 15.3에 있는 실험적인 값들과 비교된다. 이론과 실험 사이의 일치는 좋지 않다.

위의 예들은 분자들이 딱딱하다고 가정한다. 만약 원자들이 진동할 수 있다면 어떤 일이 일어날까? 그러면 진동 운동과 연관된 에너지가 고려될 필요가 있다. 진동하고 있는 이원자 분자는 용수철에 연결된 2개의 질량 모형으로 나타낸다. 질량들의 방향을 나타내는 각 θ와 ϕ에 더해서, 그들 사이의 거리도 변할 수 있다. 퍼텐셜 에너지를 최소로 하는 거리에서 벗어난 정도를 Δr이라고 하자. 운동 에너지 $\frac{1}{2}m(d\Delta r/dt)^2$과 퍼텐셜 에너지 $\frac{1}{2}K(\Delta r)^2$ 둘 모두 진동과 연관되기 때문에, 여기서 K는 유효 용수철 상수, 이 운동과 연관된 2개의 자유도가 있게 된다. 이 2개의 진동 자유도를 2개의 회전 자유도와 3개의 병진 자유도에 더하면 총 7개의 자유도를 주게 된다. 따라서 다음과 같음을 알 수 있다.

$$f = 7,\ c_V = 3.5R,\ c_P = 4.5R,\ \gamma = \left(\frac{9}{7}\right) = 1.29 \tag{15.37}$$

진동 모형은 표 15.2에 있는 Cl_2의 비열을 딱딱한 아령 모형이 과소평가하는 양만큼 과대평가한다.

서로 다른 종류의 기체 분자에 대해서 자유도의 수와 에너지의 유형이 표 15.4에 정리되어 있다. 비록 등분배 추측이 더 단순한 분자에 대해서 정확한 예측을 주기는 하지만, 더 복잡한 계에 대해서 제한된 값을 가지게 된다. 뒤의 장에서 우리는 원자 수준의 거동을 기술하기 위해서 고전역학 이용에 근거하여 **등분배 정리**(equipartition theorem)를 증명할 것이다. 등분배 아이디어의 제한점은 일차적으로 고전역학의 이용의 결과이다. 모든 온도에서 정확한 예측을 얻기 위해서는 양자역학이 필요하다.

15.4 고체의 내부 에너지

고체 안에 있는 원자들은 평균 위치들을 중심으로 진동하는데, 이 위치들은 공간에서 점들의 규칙적인 격자를 형성한다. 일차 근사로, 원자들은 용수철에 의해 근처의 원자들에 연결되어 있는 점 질량들이라는 모형으로 나타낼 수 있다. 압력이 가해지면 이 용수철들이 압축되며 에너지가 그 안에 저장된다. 이것이 1.1절에 있는 간단한 고체 모형에 포함된 정지 에너지 $\Phi(V)$이다. 이 에너지가 고체의 내부 에너지에 기여하는 것은 온도에 무관하다. 온도에 의존하는 기여는 원자의 진동으로부터 기인하며 등분배 추측과 함께 어림 계산될 수 있다.

뒬롱과 프티 법칙(Law of Dulong and Petit)

앞 절에서 논의되었던 것처럼, 퍼텐셜 에너지와 운동 에너지는 둘 다 진동 운동과 연관되어 있다. 퍼텐셜 에너지는 각 원자의 위치를 정하는 벡터의 3개 성분과 연관이 있고, 운동 에너지는 원자 속도의 3개 성분과 연관이 있다. 따라서 원자당 6개

표 15.4 분자당 자유도

	병진 (운동)	회전 (운동)	진동 (운동)	진동 (퍼텐셜)	f (합계)
단원자	3	0	0	0	3
딱딱한 이원자	3	2	0	0	5
딱딱한 다원자	3	3	0	0	6
진동 이원자	3	2	1	1	7

의 자유도($f = 6$)가 있게 된다. 그러면 등분배 추측으로부터 원자당 평균 에너지는 $6\left(\frac{1}{2}k_BT\right) = 3k_BT$라는 결론에 이른다. 이 결과는 뒬롱과 프티 법칙이라고 정리되는데(역사적인 이유에서 법칙으로 불린다), 이 법칙은 다음과 같다. **고체에서 모든 원자와 연관된 진동 에너지는 평균적으로 $3k_BT$이다.**

정적 기여와 진동 기여를 결합하면 고체의 내부 에너지는 다음과 같다.

$$U(V,T) = \Phi(V) + 3Nk_BT = \Phi(V) + 3nRT \tag{15.38}$$

따라서 정적 비열은 식 (15.39)처럼 된다.

$$c_V = \frac{1}{n}\left(\frac{\partial U}{\partial T}\right)_V = 3R \tag{15.39}$$

이 결과는 뒬롱과 프티 법칙을 실험 데이터와 비교하기 위해서 이용될 수 있다. 비열 $3R$은 몰당 비열이다. 표 1.2에 있는 실험 데이터는 킬로그램당 열용량에 해당하는 비열이다. $3R$을 킬로그램 단위로 몇 가지 물질의 비열에 대해서 어림값으로 변환하는 것은 연습문제로 남겨 둔다. 이론과 실험 사이의 일치는 단지 유효 숫자 2자리 정도까지 정확할 뿐이다.

고체와 액체에서 압력은 기체의 경우처럼 계의 입자들이 그들을 담고 있는 용기에 작용하는 힘에 의해서 주어진다. 고체에서는 이 힘들이 주로 정지 에너지 $\Phi(V)$와 연관된다. 이런 이유 때문에 예제 3.4에서 알 수 있는 것처럼, 고체의 정압 비열과 정적 비열은 근사적으로 같게 ($c_P \approx c_V$) 된다.

15.5 비활성 자유도

기체에 있는 분자들은 서로 충돌하기도 하고 용기의 벽과 충돌하기도 하면서 빠른 속력으로 움직인다. 고체에 있는 원자들은 평균 위치를 중심으로 진동한다. 열 접촉을 하였을 때, 계들 사이에 적은 양의 에너지가 교환된다. 만약 이 미시적인 활동의 속도를 늦추고 확대시켜서 눈으로 관찰한다면, 그것은 극도로 무작위적이고 혼돈스럽게 보일 것이다. 각 자유도와 연관된 순간적인 에너지는 변동이 심하게 되며 보통 평균 에너지와 아주 다르다. 그럼에도 불구하고 오랜 시간 동안 평균을 하거나, 같은 유형의 에너지를 많은 입자들에 대해서 평균을 하였을 때는, 평균이 잘 정의되고 서로 다른 자유도 사이에 예측할 수 있는 방법으로 공유된다. 등분배 추측은 각 입자의 운동 에너지가 내부 에너지에 $\frac{3}{2}k_BT$를 기여한다는 것을 의미한다. 크기를 어림 계산하는 목적으로, **열에너지 k_BT는 각 자유도에 이용 가능하다**(k_BT에 $\frac{1}{2}$을 곱하면, 등분배 추측에 의해 제시된 것처럼 적절한 것보다 더 큰 중요성의 정도를 의미한다).

양자 효과

이원자 기체를 논의할 때, 왜 어떤 분자들을 딱딱한 아령으로 취급할 수 있는지 의문을 가지는 것은 타당하다. 왜 이들은 진동하지 않을까? 또한 왜 원자에 있는 전자들의 운동과 연관되는 에너지가 고려되지 않았는지 의아해 할 수도 있다. 이 질문들에 답하기 위해서는 양자역학이 필요하다. 양자역학에서는 특별한 유형의 운동과 연관된 에너지가 에너지 준위라고 하는 불연속적인 값에 한정된다. 어떤 특별한 유형의 운동에 대한 가장 낮은 에너지 준위 사이의 에너지 차이가 $\Delta\varepsilon$이라고 하자. **만약 열에너지 k_BT가 에너지 준위 간격 $\Delta\varepsilon$보다 훨씬 작다면, 이 유형의 운동은 비활성이 되거나 또는 무시될 것이다.** 온도가 감소하면 이용할 수 있는 에너지가 감소하기 때문에, 낮은 온도에서는 서로 다른 유형의 운동이 비활성이 되는 경향이 있으며, 여기서 낮다는 의미는 $\Delta\varepsilon$에 의해서 결정된다. 또한 k_BT가 $\Delta\varepsilon$보다 훨씬 더 클 때는, 양자 효과가 중요하지 않게 됨으로써 운동이 고전적으로 취급될 수 있다.

예를 들어 조화 진동자로 취급하는 모형으로 나타낼 수 있는, 이원자 분자의 진동 운동을 고려하자. 조화 진동자의 에너지 준위는 $\varepsilon(n) = (n + \frac{1}{2})\hbar\omega$인데, 여기서 n은 정수($n \geq 0$)이고, ω는 고전적인 각진동수이며, $\hbar$는 플랑크 상수를 2π로 나눈 것이다. 준위들 사이의 에너지 차이는 $\Delta\varepsilon = \hbar\omega$이기 때문에, $k_BT \ll \hbar\omega$일 때는 이 운동이 무시되고, 이 분자는 딱딱한 아령으로 취급될 수 있다.

수소 기체의 정적 비열에 대한 온도 의존성이 그림 15.2에 나타나 있다. 온도 좌표축이 로그 척도라는 것에 주목하자. 비열이 제한된 온도 영역에서만 일정하다는 것을 그림을 통해 분명히 알 수 있다. 등분배 추측의 용어로 해석하였을 때, 이 그림은 H_2 분자가 약 70 K 아래에서는 단원자 분자처럼($f = 3$) 행동하고, 300∼600 K에서는 딱딱한 아령처럼($f = 5$) 행동한다는 것을 의미한다. 진동 운동의 효과는 약 1000 K에서 나타나기 시작한다. 하지만 이 분자는 3000 K 위에서 분리되기 시작하기 때문에 고전적인 진동 운동이 전개된다.

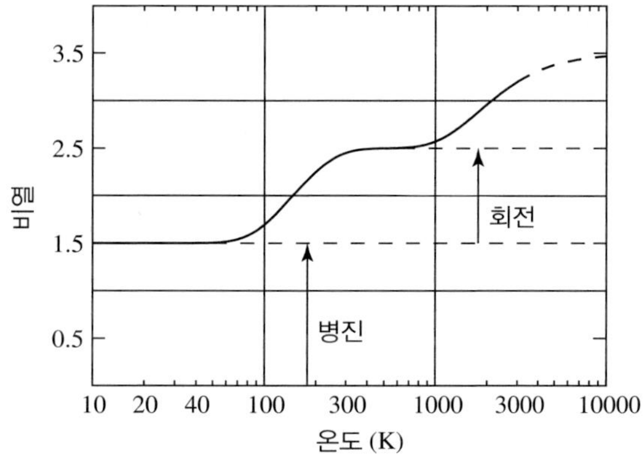

그림 15.2 수소 기체의 정적 비열

열적 거동을 원자와 분자 성질들과 비교하는 유용한 관계식은, 볼츠만 상수의 역수를 켈빈/전자-볼트 단위로 표현함으로써 다음 식처럼 얻을 수 있다.

$$\frac{1}{k_B} = \frac{1}{1.381 \times 10^{-23}\,\mathrm{J\,K^{-1}}}\left(\frac{1.602 \times 10^{-19}\,\mathrm{J}}{\mathrm{eV}}\right) = 11\,600\,\mathrm{K\,eV^{-1}} \tag{15.40}$$

이 결과는 1전자-볼트를 온도 11 600 K와 연관시킨다. H_2 분자의 회전 운동에 대한 가장 낮은 에너지 준위 사이의 에너지 차이가 $\Delta\varepsilon = 0.015$ eV 정도인데, 이것은 회전 운동이 대략 다음 식으로 주어지는 온도에서 비활성이 되기 시작한다는 것을 의미한다.

$$T \approx \frac{\Delta\varepsilon}{k_B} = (0.015\,\mathrm{eV})\,(11\,600\,\mathrm{K\,eV^{-1}}) = 174\,\mathrm{K} \tag{15.41}$$

이것은 그림과 잘 일치한다. H_2 분자의 전자 들뜸에 대한 $\Delta\varepsilon$의 값은 11.4 eV이다. 이것은 전자 자유도가 활성이 되기 위해서는 근사적으로 온도가 (11 eV) (10^4 K eV^{-1}) $\approx 10^5$ K 이상이라는 것을 의미하는데, 이것은 분자가 해리되는 온도보다 훨씬 높다. 양자 효과를 정확하게 취급하는 것은 단지 가장 낮은 에너지 준위보다는 더 많은 지식을 요구하기 때문에, 여기서 계산된 온도는 단지 대강의 어림값이다. 그럼에도 불구하고 그러한 어림값은 중요한 원자 준위 운동의 유형에 대한 유용한 통찰력을 제공한다.

15.6 열의 미시적 중요성

열을 이동하는 2가지 방법(열 Q 또는 일 W) 사이의 구별은 열역학에서 중요하다. 이 구별의 미시적인 중요성을 설명하기 위해서, 실린더 안에 있는 기체와 이 기체를 가두고 있는 피스톤의 상호작용을 연구할 것이다. 이 계는 그림 15.3에 그려져 있고, 여기서 피스톤은 기체에 의해서 작용하는 힘과 균형을 이루는 외부 힘 $\boldsymbol{F}_{\mathrm{ext}}$에 의해서 제자리에 놓여 있다.

우리의 관심은 기체 안에 있는 분자들과 피스톤 안에 있는 원자들 사이의 상호작용에 집중될 것이다. 피스톤 면의 일부분이 그림 15.4에 표시되어 있다. 왼쪽에 있는 어두운 원들은 기체 분자들을 나타내고, 한편 오른쪽에 있는 빈 원들은 피스톤 안에

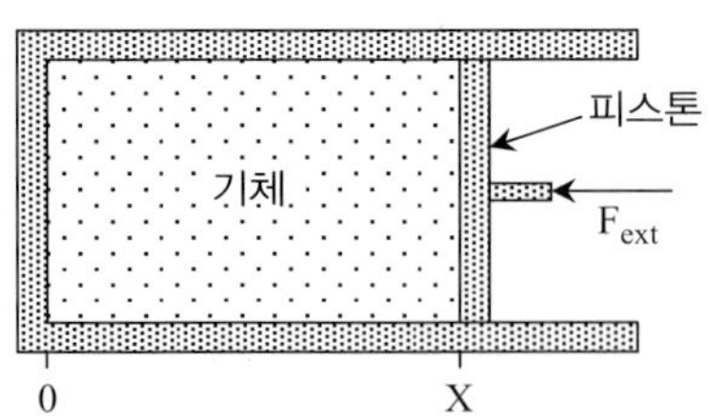

그림 15.3 실린더 안에 가두어진 기체

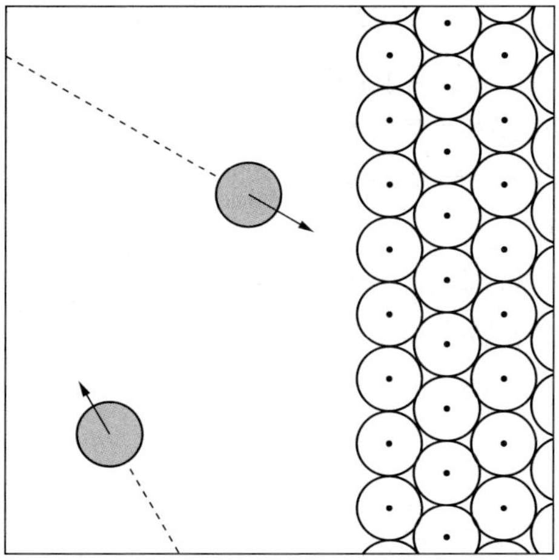

그림 15.4 피스톤 면의 미시적인 모습

있는 원자들을 나타낸다. 고체 안에 있는 원자들은 평균 위치들을 중심으로 진동하는데, 이 위치들은 빈 원들의 안쪽에 점으로 표시되어 있다. 몇 개의 원자가 평균 위치에서 순간적으로 벗어난 것을 그림에서 볼 수 있다. 그림 15.4에 있는 미시적인 모습의 크기는 나노미터로 측정되는데, 반면에 그림 15.3에 있는 거시적인 모습의 크기는 전형적으로 센티미터 정도이다.

기체 안에 있는 분자들의 에너지는 그들의 운동 에너지들과 분자들 사이에 충돌이 일어나는 동안에 일어나는 힘과 연관된 작은 양의 퍼텐셜 에너지의 합이며, 다음과 같다.

$$E_{\text{gas}}(\cdots \boldsymbol{v}_i \cdots \boldsymbol{r}_i \cdots) = \sum_i \frac{1}{2} m_i v_i^2 + \Phi_{\text{gas}}(\cdots \boldsymbol{r}_i \cdots) \qquad (15.42)$$

여기서 m_i는 분자의 질량이고, $v_i = |\boldsymbol{v}_i|$는 분자 속도의 크기이며, $\boldsymbol{r}_i = (x_i, y_i, z_i)$는 분자의 위치이다. 간편함을 위해서 단원자 기체를 고려할 것이다. 기체 안에 있는 입자들과 피스톤 안에 있는 입자들을 구별하기 위해서, 기체의 성분들은 분자라고 하며 지표 i로 나타낼 것이고, 반면에 피스톤의 성분들은 원자라고 하며 지표 j로 나타낼 것이다. 피스톤 안에 있는 원자들의 에너지는 그들의 운동 에너지들과 그들을 함께 묶고 있는 힘들과 연관된 퍼텐셜 에너지의 합이며, 다음과 같이 나타낼 수 있다.

$$E_{\text{pist}}(\cdots \boldsymbol{v}_j \cdots \boldsymbol{r}_j \cdots) = \sum_j \frac{1}{2} m v_j^2 + \Phi_{\text{pist}}(\cdots \boldsymbol{r}_j \cdots) \qquad (15.43)$$

기체 분자들이 피스톤과 충돌할 때 발생하는 힘들은 기체와 피스톤 사이에 에너지를 이동하는 상호작용이다. 이 힘들과 연관되는 퍼텐셜 에너지는 Φ_{int}로 표현된다.

퍼텐셜 에너지 함수들인 Φ_{int}, Φ_{gas}, Φ_{pist} 등은 두-물체 퍼텐셜의 합으로 표현될 수 있다. 예를 들어 상호작용 에너지는 다음과 같은데,

$$\Phi_{\text{int}}(\cdots \boldsymbol{r}_i \cdots \boldsymbol{r}_j \cdots) = \sum_{ij} \phi_{ij}(r_{ij}) \tag{15.44}$$

여기서 $r_{ij} = |\boldsymbol{r}_i - \boldsymbol{r}_j|$는 분자 i와 원자 j 사이의 거리이다. 두-물체 퍼텐셜 $\phi_{ij}(r_{ij})$는 분자와 원자가 서로 대략 나노미터 정도 안에 있을 때를 제외하면 0이며, 따라서 $\phi_{ij}(r_{ij})$는 분자 i와 원자 j의 위치에 있는 피스톤에서 튕겨져 나가는 순간을 제외하면 사라진다. 결과적으로 상호작용 에너지 Φ_{int}는 E_{gas}와 E_{pist}와 비교하면 무시할 수 있다. 비슷하게, 분자 i와 i'의 상호작용을 기술하는 두-물체 퍼텐셜 $\phi_{ii'}(r_{ii'})$는 그들이 충돌할 때를 제외하면 사라진다. 특정한 분자들은 드물게 충돌하기 때문에, 에너지 $\phi_{ii'}(r_{ii'})$는 E_{gas}와 비교하면 무시할 수 있고, 이것은 거의 모두 운동 에너지이다. 작은 크기의 Φ_{int}와 Φ_{gas}와는 대조적으로, 에너지 Φ_{pist}에 대한 퍼텐셜 에너지 Φ_{pist}의 기여는 아주 중요하다.

입자들의 속도와 위치가 변하기 때문에 입자들의 운동 에너지와 퍼텐셜 에너지는 변한다. 식 (15.42)에 있는 E_{gas}의 표현식으로부터 그 시간 변화율은 다음과 같다.

$$\frac{dE_{\text{gas}}}{dt} = \sum_i m_i \boldsymbol{a}_i \cdot \boldsymbol{v}_i + \sum_i \boldsymbol{v}_i \cdot \frac{\partial}{\partial \boldsymbol{r}_i} \Phi_{\text{gas}} \tag{15.45}$$

여기서 $\boldsymbol{a}i = d\boldsymbol{v}_i/dt$는 입자 i의 가속도이고 $\boldsymbol{v}_i = d\boldsymbol{r}i/dt$는 속도이다. 기호 $\partial/\partial \boldsymbol{r}_i$는 미분 $(\partial/\partial x_i, \partial/\partial y_i, \partial/\partial z_i)$에 의해 얻어진 벡터의 성분들을 나타낸다. 속도와 위치의 시간 의존성은 뉴턴 제2법칙에 의해서 결정되는데, 이것은 $m\boldsymbol{a}_i = \boldsymbol{F}_i$를 말하며, 여기서 $\boldsymbol{F}_i$는 모든 다른 입자들에 의해서 입자 i에 작용되는 총 힘이다. 힘은 미분에 의해 퍼텐셜 에너지로부터 유도된다. 특정하게, 입자 i에 작용하는 힘은 $\boldsymbol{F}_i = -\partial\Phi/\partial \boldsymbol{r}_i$인데, 여기서 $\Phi = \Phi_{\text{gas}} + \Phi_{\text{int}} + \Phi_{\text{pist}}$이다. Φ_{pist}는 기체 입자의 위치 $\boldsymbol{r}_i$의 함수가 아니기 때문에 다음 식이 성립한다.

$$m_i \boldsymbol{a}_i = \boldsymbol{F}_i = -\frac{\partial}{\partial \boldsymbol{r}_i}(\Phi_{\text{gas}} + \Phi_{\text{int}}) \tag{15.46}$$

이것을 식 (15.45)에 대입하면 다음과 같다.

$$\frac{dE_{\text{gas}}}{dt} = -\sum_i \frac{\partial}{\partial \boldsymbol{r}_i}(\Phi_{\text{gas}} + \Phi_{\text{int}}) \cdot \boldsymbol{v}_i + \sum_i \boldsymbol{v}_i \cdot \frac{\partial}{\partial \boldsymbol{r}_i}\Phi_{\text{gas}} = -\sum_i \boldsymbol{v}_i \cdot \frac{\partial}{\partial \boldsymbol{r}_i}\Phi_{\text{int}} \tag{15.47}$$

Φ_{gas}로부터 유도된 힘들은 기체의 값을 변하지 않게 하는데, 왜냐하면 이들은 단순히 에너지를 한 분자에서 다른 분자로 이동하기 때문이다. 상호작용 에너지 Φ_{int}는 기체와 피스톤 둘 모두 안에 있는 입자들의 위치에 의존하기 때문에 그 시간 변화율은 다음 식이 된다.

$$\frac{d\Phi_{\text{int}}}{dt} = \sum_i \boldsymbol{v}_i \cdot \frac{\partial}{\partial \boldsymbol{r}_i}\Phi_{\text{int}} + \sum_j \boldsymbol{v}_j \cdot \frac{\partial}{\partial \boldsymbol{r}_j}\Phi_{\text{int}} \tag{15.48}$$

이것을 식 (15.47)에 더하면 식 (15.49)로 되는데,

$$\frac{d}{dt}(E_{\text{gas}} + \Phi_{\text{int}}) = \sum_j \boldsymbol{v}_j \cdot \frac{\partial}{\partial \boldsymbol{r}_j}\Phi_{\text{int}} = -\sum_j \boldsymbol{v}_j \cdot \boldsymbol{F}_j^{\text{int}} \tag{15.49}$$

여기서 $\boldsymbol{F}_j^{\text{int}} = -\partial\Phi_{\text{int}}/\partial\boldsymbol{r}_j$는 기체와의 상호작용에 의해서 생기는 피스톤 안에 있는 분자 j에 작용하는 힘이다. 이제 Φ_{int}를 두-물체 퍼텐셜들의 합으로 표현하기 위해서 식 (15.44)를 이용하며, 따라서 분자 j에 작용하는 힘은 다음과 같다.

$$\boldsymbol{F}_j^{\text{int}} = -\frac{\partial}{\partial \boldsymbol{r}_j}\Phi_{\text{int}} = -\frac{\partial}{\partial \boldsymbol{r}_j}\sum_{ij}\phi_{ij}(r_{ij}) = -\sum_i \frac{\partial}{\partial \boldsymbol{r}_j}\phi_{ij}(r_{ij}) = \sum_i \boldsymbol{F}_{j,i} \tag{15.50}$$

$\boldsymbol{F}_{j,i}$는 분자 i에 의해서 원자 j에 작용하는 힘인 $-\partial\phi_{ij}(r_{ij})/\partial\boldsymbol{r}_j$와 같다. 따라서 다음 식이 성립한다.

$$\frac{d}{dt}(E_{\text{gas}} + \Phi_{\text{int}}) = -\sum_{ij} \boldsymbol{v}_j \cdot \boldsymbol{F}_{j,i} \tag{15.51}$$

이것은 우리에게 $(E_{\text{gas}} + \Phi_{\text{int}})$의 시간 변화율이 기체 안에 있는 분자들에 의해서 피스톤 안에 있는 원자들에게 해주는 일의 변화율 값의 음$(-)$이 된다는 것을 알려준다.

피스톤 안에 있는 원자들은 평균 위치(격자 위치라고 함)를 중심으로 진동하며, 진동의 진폭은 인접한 위치 사이의 거리와 비교하면 작은 값이다. 진동 운동을 거시적인 운동으로부터 분리하기 위해서, 원자 j의 격자 위치로부터 변위를 $\boldsymbol{q}_j$로 나타내고 격자 위치의 위치는 $\boldsymbol{R}_j$로 나타내면 다음과 같다.

$$\boldsymbol{r}_j = \boldsymbol{R}_j + \boldsymbol{q}_j \tag{15.52}$$

이것은 그림 15.5에 그림으로 표시되어 있다. $\boldsymbol{r}_j$를 시간으로 미분하면 다음 식을 얻는다.

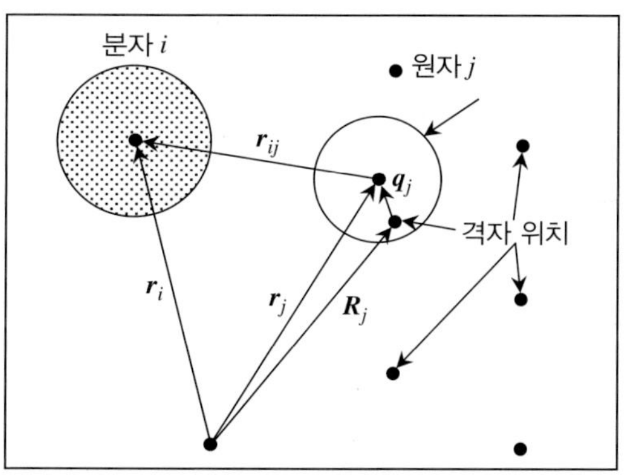

그림 15.5 피스톤 면 근처의 입자들

$$\boldsymbol{v}_j = \boldsymbol{V}_j + \boldsymbol{u}_j \tag{15.53}$$

$\boldsymbol{v}_j = d\boldsymbol{r}_j/dt$는 공간에 고정된 좌표계에서 원자의 속도이고, $\boldsymbol{u}_j = d\boldsymbol{q}_j/dt$는 격자 위치에 **상대적인**(relative) 속도이며, $\boldsymbol{V}_j = d\boldsymbol{R}_j/dt$는 위치의 속도이다. 그림 15.3에 표시한 것처럼, 실린더의 왼쪽 끝으로부터 피스톤 면까지 거리가 X이므로 피스톤의 속도는 $(dX/dt, 0, 0)$이다. 격자 위치들은 피스톤 내에서 고정된 위치를 가지며, 따라서 같은 속도를 가지고 움직이는데, 그 값은 $\boldsymbol{V}_j = (dX/dt, 0, 0)$이다. 식 (15.51)에 있는 에너지의 시간 변화율은 이제 다음과 같다.

$$\frac{d}{dt}(E_{\text{gas}} + \Phi_{\text{int}}) = -\sum_{i,j} \boldsymbol{u}_j \cdot \boldsymbol{F}_{j,i} - \frac{dX}{dt}\sum_{i,j} F_{j,i}^x \tag{15.54}$$

여기서 $F_{j,i}^x$는 $\boldsymbol{F}_{j,i}$의 x 성분이다.

이 결과는 압력 P를 도입함으로써 간단하게 될 수 있다. **압력**(pressure)은 표면에 작용하는 힘의 수직 성분을 표면의 면적으로 나눈 것이다. 기체의 압력은 기체 안에 있는 분자들 모두에 의해서 피스톤 안에 있는 원자들 모두에게 작용하는 힘들의 합으로, 다음 식으로 표현되는데,

$$P = \frac{1}{A}\sum_{ij} F_{j,i}^x \tag{15.55}$$

여기서 A는 피스톤의 면적이다. 이것을 식 (15.54)와 결합하면 다음과 같다.

$$\frac{d}{dt}(E_{\text{gas}} + \Phi_{\text{int}}) = -\sum_{i,j} \boldsymbol{u}_j \cdot \boldsymbol{F}_{j,i} - PA\frac{dX}{dt} \tag{15.56}$$

피스톤의 거시적 속도 dX/dt는 피스톤을 제자리에 있도록 잡고 있는 힘에 의해서 제어되고, 반면에 상대적인 속도들인 $\boldsymbol{u}_j$는 무작위적이고 무질서하다.

처음 시간 t_0에 시작해서 나중 시간 t_f에 끝나는 과정 동안에 에너지의 변화는 시간 변화량을 적분함으로써 얻어지는데, 다음과 같다.

$$\begin{aligned}\Delta(E_{\text{gas}} + \Phi_{\text{int}}) &= \int_{t_0}^{t_f} \frac{d}{dt}(E_{\text{gas}} + \Phi_{\text{int}})dt \\ &= -\sum_{i,j}\int_{t_0}^{t_f} \boldsymbol{F}_{j,i} \cdot \boldsymbol{u}_j\, dt - \int_{t_0}^{t_f} PA\frac{dX}{dt}dt\end{aligned} \tag{15.57}$$

우리는 부피의 시간 변화율을 발견함으로써 기체에 의해 행해지는 일을 알 수 있는데, 이는 $dV/dt = A(dX/dt)$ 이다. 이것을 이용하고 적분 변수를 바꾸면, 다음 식을 얻는다.

$$\int_{t_0}^{t_f} PA\frac{dX}{dt}dt = \int_{X_0}^{X_f} PA\,dX = \int_{V_0}^{V_f} P\,dV \tag{15.58}$$

상호작용 에너지의 변화 $\Delta\Phi_{\text{int}}$는 ΔE_{gas}와 비교하면 무시할 수 있고, 따라서 이 과정 동안에 기체의 에너지 변화는 다음과 같다.

$$\Delta E_{\text{gas}} = -\sum_{i,j}\int_{t_0}^{t_f} \boldsymbol{F}_{j,i}\cdot\frac{d\boldsymbol{q}_j}{dt}dt - \int_{V_0}^{V_f} P\,dV \tag{15.59}$$

이 결과는 에너지를 이동하는 2가지 방법 사이의 구별을 확립한다. 피스톤 운동의 결과로 기체에 의해서 행하여진 일은 다음과 같다.

$$W = \int_{V_0}^{V_f} P\,dV \tag{15.60}$$

항 $\boldsymbol{F}_{j,i}\cdot(d\boldsymbol{q}_j/dt)$는 기체 안에 있는 분자 i에 의해서 피스톤 안에 있는 원자 j에 행해지는 일에 의한 기여인데, 이는 격자 위치에 상대적인 원자들의 무작위 무질서한 운동에 의한 결과이다. 모든 기체 분자들과 피스톤 안에 있는 모든 분자들에 대해서 더하게 되면, 이 항들은 기체로부터 피스톤에 이동되는 열 Q_{pist}를 결정한다. 열 Q_{pist}는 피스톤으로부터 기체로 이동되는 열 Q의 음(−)이기 때문에($Q_{\text{pist}} = -Q$), 기체에 이동된 열은 다음과 같다.

$$Q = -\sum_{i,j}\int_{t_0}^{t_f} \boldsymbol{F}_{j,i}\cdot\frac{d\boldsymbol{q}_j}{dt}dt \tag{15.61}$$

식 (15.59)에서 식 (15.61)까지 결합하면 다음 식을 얻는다.

$$\Delta E_{\text{gas}} = Q - W \tag{15.62}$$

내부 에너지 U는 평형 상태 함수이기 때문에, 변화량 ΔE_{gas}는 과정의 시작과 끝에서 기체가 평형 상태에 있을 때 내부 에너지의 변화와 같게 놓을 수 있다. 이 경우에는 다음 식이 성립한다.

$$\Delta U = Q - W \tag{15.63}$$

이것은 열역학 제1법칙을 완전히 고쳐서 말하는 것은 아닌데, 왜냐하면 제1법칙은 내부 에너지가 상태 함수라고 주장하기 때문이며, 이는 U가 T와 V와 같은 계의 열역학적 좌표들의 함수라는 것을 의미한다. 대조적으로, 식 (15.42)에 있는 에너지 E_{gas}는 계의 성분들의 속도와 위치 $(\cdots\boldsymbol{v}_i\cdots\boldsymbol{r}_i\cdots)$의 함수이다. 그럼에도 불구하고 실질적인 문제로서 E_{gas}의 값은 평형 상태에서 열역학적 좌표들에 의해서 결정된다. **따라서** (i)

열은 성분 입자들의 무작위한 미시적 운동의 결과로 계들 사이에 이동된 에너지이고, (ii) 일은 그들 사이에 있는 계면의 거시적인 운동의 결과로 계들 사이에 이동된 에너지이다.

문제

15.1 실험실에서 10^{-10} torr는 고진공이다. 온도가 20℃일 때 이 압력에서 기체 1 mm^3 안에 있는 분자의 수를 어림 계산하기 위해서 이상 기체 상태 방정식을 이용하시오.

15.2 공기는 근사적으로 80 %의 N_2와 20 %의 O_2이다.

(a) 공기의 평균 분자량을 어림 계산하시오.

(b) 30℃에서 공기 분자의 제곱-평균-제곱근 속력 v_{rms}를 어림 계산하시오.

15.3 **(a)** 소리의 속도 $v_{snd} = \sqrt{\gamma P/\rho}$로 시작해서 여기서 $\rho = M/V$는 질량 밀도 $v_{snd} = \sqrt{\gamma k_B T/m}$이 됨을 보이시오.

(b) 제곱-평균-제곱근 속력과 소리 속도의 비율 v_{rms}/v_{snd}에 관한 간단한 표현식을 구하시오. 공기에 대해서 그 값을 계산하시오.

15.4 알루미늄, 구리, 납의 비열 c_V^M을 kcal kg^{-1} K^{-1} 단위로 어림 계산하기 위해서 뒬롱과 프티 법칙을 이용하시오. 표 1.2에 있는 실험값들과 비교하시오. (c_P와 c_V 사이의 차이는 무시될 수 있다.)

16장 기체 운동론

앞 장에서는 기체 분자들의 평균 속력이 온도에 어떻게 의존하는지 입증했지만, 그 속력이 어떻게 분포하는지 또는 분자들이 충돌 사이에 운동하는 거리에 대해서는 아무런 암시도 주지 못했다. 이 문제는 기체 운동론에 의해서 답이 얻어진다. 분자들의 속력이 분자들 사이의 충돌에 의해서 제멋대로 된다고 가정하면 물리 문제를 조합 문제로 바꿈으로써 속력의 분포가 얻어진다. 결과적인 분포가 맥스웰(James C. Maxwell)에 의해서 예측되었고 여러 해 후에 입증되었다. 분자들이 충돌 사이에 얼마나 움직이는지 어림 계산하기 위해서, 분자들을 다른 분자와 충돌하는 경우를 제외하고는 직선으로 움직이는 작은 공으로 취급한다.

16.1 속도 분포

속력은 속도의 크기이기 때문에, 분자 속력의 분포는 속도의 분포에 의해서 결정된다. 속도 분포를 기술하기 위해서 그 좌표가 속도의 성분 (v_x, v_y, v_z)인 **속도 공간**(velocity space)을 도입한다. 이 공간은 같은 부피를 가지는 세포들로 나누어지고 각 세포 안에서 속도를 가지는 분자들의 수가 명시된다. 예를 들어 $v_x = \left(I_x + \frac{1}{2}\right)\Delta v$, $v_y = \left(I_y + \frac{1}{2}\right)\Delta v$, $v_z = \left(I_z + \frac{1}{2}\right)\Delta v$에 있는 평면들을 도입함으로써 속도 공간에서 부피가 $(\Delta v)^3$인 작은 세포들이 만들어질 수 있는데, 여기서 I_x, I_y, I_z는 정수이고 세포들은 인접한 평면들 사이의 작은 입방 영역들이다. 서로 다른 세포들을 나타내기 위해서 지표 j를 사용할 것이고 n_j가 세포 j 안에 있는 속도를 가지는 분자들의 수를 표시한다고 하자. **속도의 분포**(distribution of velocities)는 숫자 $n_1, \ldots, n_j, \ldots$에 의해서 명시된다.

기체 안에 있는 분자들의 수는 고정되어 있으며 따라서 다음과 같다.

$$N = \sum_j n_j \tag{16.1}$$

여기서 N은 분자의 총수이다. 질량 m인 분자 N개의 총 운동 에너지는 다음과 같고

$$E = \sum_j n_j \epsilon_j \tag{16.2}$$

여기서 $\epsilon_j = \frac{1}{2}mv_j^2$은 세포 j 안에 있는 분자 하나의 운동 에너지이고 $v_j = |\boldsymbol{v}_j|$는 이 분자의 속력이다. 세포 안에 있는 분자들 모두가 단일한 속력을 가지는 것의 연관성은 세포들을 극단적으로 작게 만들면 정당화된다. 평형 상태에서는 E의 값이 등분배 추측에 의해서 주어지는데, 이것은 평균 에너지 $\frac{1}{2}k_BT$를 속도의 각 성분과 연관시키므로 $E = \frac{3}{2}Nk_BT$이다.

분포 $n_1, \ldots, n_j, \ldots$는 어떤 분자들이 어느 세포 안에 있는 속도를 가지는지 알려주지는 않으며, 분포를 바꾸지 않고 속도가 분자들에 배당될 수 있는 여러 서로 다른 방법들이 있다. 세포 1에 있는 속도를 가지는 분자 n_1개, 세포 2에 있는 속도를 가지는 분자 n_2개 등이 되도록 속도가 배당될 수 있는 방법들의 수를 $W(n_1 \ldots n_j \ldots)$가 나타낸다고 하자. 열적 평형 상태에 있는 속도의 분포는 다음 가정을 이용함으로써 얻어진다.

평형 상태에 있는 기체의 속도 분포는 명시된 값 N과 E와 부합하는 배열의 수 $W(n_1 \ldots n_j \ldots)$를 최대로 만드는 수인 $n_1, \ldots, n_j, \ldots$에 의해서 주어진다.

비록 이 가정이 그럴 듯하지만, 이 가정은 필요에 의한 임시적인(*ad hoc*) 것이며, 다시 말하면 어떤 앞에서의 원리의 결과는 아닌 것이다. 얻어진 예측이 실험 결과와 일치한다는 것을 입증함으로써 그 타당성이 확립된다.

16.2 순열 조합론

$W(n_1 \ldots n_j \ldots)$를 발견하는 것은 물체(분자) N개를 상자(세포) J개에 배당하는 방법들의 수를 발견하는 순열 조합 문제와 동일하다. 각 배열은 속도와 분자를 연관시키는 서로 다른 방법에 해당한다.

다항 분포

상자 j 안에 물체 n_j개가 있도록 물체 N개를 상자 J개에 배당하는 방법의 수는 다음과 같은 다항 계수에 의해서 주어진다.

$$W(n_1 \ldots n_j \ldots) = \frac{N!}{n_1! \ldots n_j! \ldots n_J!} \tag{16.3}$$

여기서 $j = 1, 2, \ldots, J$이다. W는 식 (16.4)의 전개에서 나오는 계수들이기 때문에 다항 계수라고 하며

$$(x_1 + \cdots + x_j + \cdots + x_J)^N = \sum W(n_1 \ldots n_j \ldots)x_1^{n_1} \ldots x_j^{n_j} \ldots x_J^{n_J} \tag{16.4}$$

여기서 합은 $\sum_j n_j = N$을 만족하는 음수가 아닌 값 n_j 모두를 포함한다.

	상자 1 $n_1=5$	상자 2 $n_2=3$	상자 3 $n_3=6$	상자 4 $n_4=4$	.....
물체 지표 =	21 | 83 | 70 | 42 | 18	03 | 05 | 07	39 | 46 | 93 | 81 | 24 | 47	69 | 38 | 12 | 50	74 | . . | . .

그림 16.1 상자 안에 물체를 배열

우리는 그림 16.1처럼 상자들의 모음을 상상함으로써 식 (16.3)을 이해할 수 있다. 물체들은 지표에 의해서 지정될 수 있다는 의미에서 구별 가능하다. 처음에, 우리는 상자들로 나누는 것을 무시하고 그림의 바닥에 있는 위치에 나타나는 지표들(물체들)을 고려한다. 첫 번째 위치에 놓는 물체를 선택하는 N개의 서로 다른 방법들이 있다(그림에서는 물체 21이 거기에 있다). 물체 하나가 사용되었기 때문에, 두 번째 위치에 놓는 물체를 선택하는 $(N-1)$개의 서로 다른 방법들이 있다(그림에서는 물체 83이 거기에 있다). 이제는 두 물체가 사용되었기 때문에, 세 번째 위치에 놓는 물체를 선택하는 $(N-2)$개의 서로 다른 방법들이 있고, 이와 같이 계속된다. 마지막 바로 앞 위치에 놓는 물체를 선택한 후에는, 오직 한 물체만 N번째 위치에 남겨진다. **따라서 서로 구별되는 물체 N개가 배열될 수 있는, 또는 순서대로 나열될 수 있는 방법들의 수는 다음과 같다.**

$$N(N-1)(N-2)\cdots(2)(1) = N! \tag{16.5}$$

이제 상자들로 나누는 것을 고려하고, 상자 안에서 물체들이 어떻게 배열되어 있는지 무시하면서, 각 상자 안에 있는 물체들에 집중한다. 상자 j 안에 있는 물체들을 배열하는 $n_j!$개의 서로 다른 방법들이 있다. 그림에서 상자 2 안에 있는 3개의 물체를 배열하는 $n_2! = 3! = 6$개의 서로 다른 방법들이 있는데, 이들은 [3|5|7], [7|5|3], [5|7|3], [3|7|5], [7|3|5], [5|3|7] 등이다. 앞 단락에서 상자 1 안에 있는 물체들은 $n_1!$번 계산되었고, 상자 2 안에 있는 물체들은 $n_2!$번 계산되었으며, 이와 같이 계속된다. 게다가 물체들 N개 모두를 배열하는 서로 다른 방법들의 수는 $N!$이다. 상자들 안에서 배열을 무시하기 위해서는, 각 상자 안에 있는 물체의 배열 수로 $N!$을 나누어야만 한다. 그 결과가 $N!/(n_1! \ldots n_j! \ldots)$인데, 바로 식 (16.3)에 주어진 수이다. $0! = 1$이기 때문에 $n_j = 0$일 가능성이 0으로 나누는 것으로 이어지지는 않는다.

이항 분포

다항 분포의 특별한 경우로 중요한 것은 N개의 물체가 2개의 상자에 분배되는 경우에 생긴다. 이항 분포는 식 (16.3)에서 $J = 2$와 $n_1 = M$으로 놓으면 얻어진다. $n_1 + n_2 = N$이기 때문에, $n_2 = N - M$이 된다. 이 분포는 보통 다음과 같이 기술된다. **순서를 고려하지 않고 N개의 물체들 모임에서 M개의 물체들을 선택하는 방법의 수는 다음 식과 같은 이항 계수로 주어진다.**

$$\binom{N}{M} = \frac{N!}{M!(N-M)!} \tag{16.6}$$

$(x+y)^N = \sum_{M=0}^{N} \binom{N}{M} x^{N-M} y^M$이기 때문에 이 식을 이항 계수라고 한다.

스털링 근사

관련된 수들이 매우 크기 때문에, 계승 함수에 대한 스털링(Stirling) 근사가 이용된다. 이 근사는 $n! \approx n^n e^{-n}$으로[1] 표현된다. $n!$의 자연 로그는 다음과 같다.

$$\boxed{\ln n! \approx n \ln n - n} \tag{16.7}$$

$n!$이 가질 수 있는 매우 큰 값을 보여 주기 위해서, 몇 개의 n값에 대한 $n!$의 자릿수가 표 16.1의 두 번째 열에 나타나 있다. $\ln n!$을 근삿값으로 나눈 정확한 값이 마지막 열에 주어진다. n이 1000보다 크거나 같을 때는 스털링 근사가 0.1%보다 더 정확하다는 것을 알 수 있다.

비록 n_j의 정수값만이 물리적으로 의미가 있지만, 계승 함수는 정수가 아닌 값들을 포함하도록 확장될 수 있고, 따라서 $n!$은 n에 대해서 미분 가능한 함수로 취급될 수 있다. 그러면 $W(n_1 \ldots n_j \ldots)$의 최댓값은 이 함수의 n_j에 대한 도함수들을 0으로 놓음으로써 구할 수 있다. W의 최댓값은 $\ln W$를 최대로 함으로써 발견될 수 있고, 다음 식이 성립한다.

$$\frac{\partial \ln W}{\partial n_j} = \frac{1}{W}\frac{\partial W}{\partial n_j} \tag{16.8}$$

스털링 근사를 이용하면, 식 (16.3)에 있는 다항 계수의 로그는 다음과 같다.

$$\ln W(n_1 \ldots n_j \ldots) = (N \ln N - N) - \sum_j (n_j \ln n_j - n_j) \tag{16.9}$$

표 16.1 스털링 근사

	$n!$ (approx)	$\ln n!$	$n \ln n - n$	$\frac{\ln n!}{n \ln n - n}$
100	10^{258}	3.637×10^2	3.605×10^2	1.0089
1 000	$10^{2\,568}$	5.912×10^3	5.908×10^3	1.00074
10 000	$10^{35\,659}$	8.211×10^4	8.210×10^4	1.000067
100 000	$10^{456\,573}$	1.051×10^6	1.051×10^6	1.0000063
1 000 000	$10^{5\,567\,708}$	1.282×10^7	1.282×10^7	1.00000061

1) 근사식 $\ln n! \approx n \ln n - n + \ln \sqrt{2\pi n}$이 더 정확하지만, 우리가 관심이 있는 n값에 대해서 $\ln \sqrt{2\pi n}$의 기여는 무시할 수 있다.

16.3 미정 곱수법

평형 속도 분포는 N과 E에 관한 조건을 만족하면서 $\ln W(n_1 \ldots n_j \ldots)$를 최대로 만드는 $n_1 \ldots n_j \ldots$ 값들에 의해서 주어진다. 이 조건들은 $\ln W$의 독립 변수들 중 2개를 없애는 데 이용될 수 있으며, 그래서 나머지 변수들은 서로 독립적이지만, **라그랑주 미정 곱수법**(Lagrange's method of undetermined mltipliers)을 이용하는 것이 훨씬 쉽다.

이 방법을 설명하기 위해서, x와 y가 식 (16.10)의 조건을 만족할 때 2변수 함수 $f(x, y)$의 극값(최대와 최소)을 구하는 문제를 고려한다.

$$g(x, y) = 0 \tag{16.10}$$

라그랑주 방법은 $g(x, y)$에 미정 곱수 α를 곱해서 함수 $f(x, y)$에 더함으로써 진행한다. 이것은 변수 3개의 **보조 함수**(auxiliary function)인 다음 식을 얻게 된다.

$$F_{aux}(x, y; \alpha) = f(x, y) + \alpha g(x, y) \tag{16.11}$$

제한 조건이 있는 $f(x, y)$의 극값은 다음 식처럼 x와 y에 대한 $F_{\text{aux}}(x, y, \alpha)$의 편미분을 0으로 놓고,

$$\frac{\partial F_{aux}(x, y, \alpha)}{\partial x} = 0 \quad \text{및} \quad \frac{\partial F_{aux}(x, y, \alpha)}{\partial y} = 0 \tag{16.12}$$

주어진 조건을 만족하는 α의 값을 선택함으로써 구할 수 있다. 극값은 식 (16.10)과 식 (16.12)를 동시에 만족하는 (x, y, α)를 발견함으로써 알 수 있다. $(\hat{x}, \hat{y}, \hat{\alpha})$가 그 값들을 나타낸다고 하자. $g(\hat{x}, \hat{y}) = 0$이기 때문에, $F_{\text{aux}}(\hat{x}, \hat{y}, \hat{\alpha}) = f(\hat{x}, \hat{y})$가 된다. $F(x, y, \alpha)$의 극값이 또한 $f(x, y)$의 극값이다. 다음 예는 이 방법을 설명한다.

예제 16.1 **라그랑주 방법**

조건 $y = e^{-x^2/a}$을 만족하는 함수 $f(x, y) = x^2 y$의 극값을 구하시오.

풀이 ■ $g(x, y) = 0$ 형태로 표현했을 때, 조건 $y = e^{-x^2/a}$는 $y - e^{-x^2/a} = 0$으로 된다. 이 문제에 대한 보조 함수는 다음 식이며

$$F_{\text{aux}}(x, y; \alpha) = x^2 y + \alpha \left(y - e^{-x^2/a}\right)$$

여기서 α는 미정 곱수이다. 동시에 만족하는 해가 요구되는 3개의 방정식은 다음 식들과 같다.

$$\frac{\partial F_{\text{aux}}(x, y; \alpha)}{\partial x} = 2xy + \alpha(2x/a)e^{-x^2/a} = 0,$$

$$\frac{\partial F_{\text{aux}}(x, y; \alpha)}{\partial y} = x^2 + \alpha = 0, \quad \text{그리고} \quad y - e^{-x^2/a} = 0.$$

이 방정식들을 만족하는 (x, y, α)의 값들이 다음 식과 같은 2개의 조합이라는 것을 입증하는 것은 간단하다.

$$\left(\hat{x} = +\sqrt{a},\ \hat{y} = e^{-1},\ \hat{\alpha} = -a\right) \quad \text{및} \quad \left(\hat{x} = -\sqrt{a},\ \hat{y} = e^{-1},\ \hat{\alpha} = -a\right)$$

두 극값에서(최댓값이다) $f(x, y)$의 값은 다음과 같다.

$$f(\hat{x}, \hat{y}) = \hat{x}^2\hat{y} = \left(\pm\sqrt{a}\right)^2 e^{-1} = a e^{-1}$$

이 예제는 단순하기 때문에 $f(x, y)$의 두 번째 변수를 없애기 위해 조건 $y(x = e^{-x^2/a}$를 이용함으로써 극값이 쉽게 구해질 수 있는데, 이것은 다음 식과 같은 복합 함수를 낳는다.

$$\bar{f}(x) = f(x, y(x)) = x^2 e^{-x^2/a}$$

다음 식을 풀어서 $\bar{f}(x)$의 극값을 구할 수 있는데

$$\frac{d\bar{f}(x)}{dx} = 2x e^{-x^2/a} - \frac{2x^3}{a} e^{-x^2/a} = 0,$$

이 식은 $\hat{x} = \pm\sqrt{a}$ 값을 준다. 따라서 두 극값에서 $\bar{f}(x) = f(x, y(x))$의 값은 $f(\hat{x}, \hat{y}) = ae^{-1}$이며, 이것은 라그랑주 방법에 의해서 얻은 값과 같다. ◆

16.4 맥스웰 분포

미정 곱수의 개수는 조건들의 개수와 같다. $\ln W(n_1 \ldots n_j \ldots)$를 최대로 만드는 $n_1 \ldots n_j \ldots$의 값들은 N과 E에 대한 조건들과 연관되어 있기 때문에, 보조 함수는 다음과 같고

$$F_{\text{aux}}(n_1 \ldots n_j \ldots; \alpha, \beta) = \ln W(n_1 \ldots n_j \ldots) + \alpha\left(N - \sum_j n_j\right) + \beta\left(E - \sum_j n_j \epsilon_j\right) \tag{16.13}$$

여기서 α와 β는 미정 곱수들이다. $\ln W$의 최댓값은 다음 방정식을 만족하는 n_j의 값들에서 생긴다.

$$\frac{\partial F_{\text{aux}}(n_1 \ldots n_j \ldots ; \alpha, \beta)}{\partial n_j} = \frac{\partial \ln W(n_1 \ldots n_j \ldots)}{\partial n_j} - \alpha - \beta \epsilon_j = 0 \tag{16.14}$$

식 (16.9)에 있는 ln W에 관한 표현으로부터 다음 식이 성립한다.

$$\frac{\partial \ln W}{\partial n_j} = -\frac{\partial}{\partial n_j}(n_j \ln n_j - n_j) = -\ln n_j \tag{16.15}$$

식 (16.14)에서 이것을 이용하면 $-\ln n_j - \alpha - \beta\epsilon_j = 0$이 된다. 따라서 n_j의 값들은 다음과 같다.

$$\hat{n}_j = e^{-\alpha} e^{-\beta \epsilon_j} \tag{16.16}$$

α와 β를 결정하는 방정식들은 $\hat{n}_j$를 식 (16.1)과 식 (16.2)에 있는 N과 E의 조건에 대입함으로써 얻어지는데, 이것은 다음과 같다.

$$N = \sum_j e^{-\alpha} e^{-\beta \epsilon_j} \quad \text{및} \quad E = \sum_j e^{-\alpha} e^{-\beta \epsilon_j} \epsilon_j \tag{16.17}$$

속도의 분포를 기술하기 위해서 이용되는 양이 **속도 공간에서 단위 부피당 분자들의 수** $n_{\text{vel}}(\boldsymbol{v})$이다. 이것은 각 세포 안에서 속도들을 가진 분자들의 수를 세포의 부피로 나눔으로써 얻어지는데, 다음과 같다.

$$n_{\text{vel}}(\boldsymbol{v}_j) = \frac{\hat{n}_j}{\Delta v^3} = \left(\frac{e^{-\alpha}}{\Delta v^3}\right) e^{-\beta \epsilon_j} \tag{16.18}$$

$\boldsymbol{v}_j = (v_{x,j}, v_{y,j}, v_{z,j})$는 세포 j 안에 있는 분자들의 속도이다. 식 (16.18)을 이용하고 $(\Delta v)^3 = \Delta v_x \Delta v_y \Delta v_z$를 곱하고 나누면, 식 (16.17)에 있는 조건들이 식 (16.19), 식 (16.20), 식 (16.21)이 된다.

$$N = \sum_j \frac{e^{-\alpha}}{(\Delta v)^3} e^{-\beta \epsilon_j} \Delta v_x \Delta v_y \Delta v_z = \sum_j n_{vel}(\boldsymbol{v}_j) \Delta v_x \Delta v_y \Delta v_z \tag{16.19}$$

$$E = \sum_j \frac{e^{-\alpha}}{(\Delta v)^3} e^{-\beta \epsilon_j} \epsilon_j \Delta v_x \Delta v_y \Delta v_z = \sum_j n_{vel}(\boldsymbol{v}_j) \left(\frac{1}{2} m v_j^2\right) \Delta v_x \Delta v_y \Delta v_z \tag{16.20}$$

$$\epsilon_j = \frac{1}{2} m v_j^2 = \frac{1}{2} m (v_{x,j}^2 + v_{y,j}^2 + v_{z,j}^2) \tag{16.21}$$

세포들이 충분히 작을 때는 j에 관한 합이 적분이 되며, 따라서 식 (16.22)와 식 (16.23)이 된다.

$$N = \int_{-\infty}^{+\infty} dv_x \int_{-\infty}^{+\infty} dv_y \int_{-\infty}^{+\infty} dv_z \, n_{\text{vel}}(\boldsymbol{v}) \tag{16.22}$$

$$E = \int_{-\infty}^{+\infty} dv_x \int_{-\infty}^{+\infty} dv_y \int_{-\infty}^{+\infty} dv_z\, n_{\mathrm{vel}}(\boldsymbol{v}) \left(\frac{1}{2}mv^2\right) \tag{16.23}$$

이제는 세포들이 $\boldsymbol{v}$의 부피에 의해서 확인되기 때문에 인수 j가 빠졌다. $\epsilon = \frac{1}{2}mv^2$을 이용하면 단위 부피당 분자들의 수는 다음과 같다.

$$n_{\mathrm{vel}}(\boldsymbol{v}) = \left(\frac{e^{-\alpha}}{\Delta v^3}\right) e^{-\beta\frac{1}{2}mv^2} \tag{16.24}$$

이것으로부터 식 (16.23)에 있는 적분은 식 (16.22)에 있는 적분을 β로 미분한 값의 음(−)이라는 것이 나오며, 따라서 식 (16.25)와 식 (16.26)이 성립한다.

$$N = \left(\frac{e^{-\alpha}}{(\Delta v)^3}\right) I(\beta) \quad \text{및} \quad E = -\left(\frac{e^{-\alpha}}{(\Delta v)^3}\right)\frac{dI(\beta)}{d\beta} \tag{16.25}$$

$$I(\beta) = \int_{-\infty}^{+\infty} dv_x \int_{-\infty}^{+\infty} dv_y \int_{-\infty}^{+\infty} dv_z\, e^{-\beta\frac{1}{2}mv^2}. \tag{16.26}$$

$v^2 = v_x{}^2 + v_y{}^2 + v_z{}^2$이기 때문에 $e^{-\beta\frac{1}{2}mv^2} = e^{-\beta\frac{1}{2}mv_x{}^2}e^{-\beta\frac{1}{2}mv_y{}^2}e^{-\beta\frac{1}{2}mv_z{}^2}$을 얻는다. 이것과 $\int_{-\infty}^{+\infty} e^{-u^2/a}du = \sqrt{\pi a}$로부터 식 (16.27)과 식 (16.28)이 따라온다.

$$I(\beta) = \int_{-\infty}^{+\infty} e^{-\beta\frac{1}{2}mv_x{}^2}dv_x \int_{-\infty}^{+\infty} e^{-\beta\frac{1}{2}mv_y{}^2}dv_y \int_{-\infty}^{+\infty} e^{-\beta\frac{1}{2}mv_z{}^2}dv_z = \left(\frac{2\pi}{m\beta}\right)^{\frac{3}{2}} \tag{16.27}$$

$$\frac{dI(\beta)}{d\beta} = -I(\beta)\frac{3}{2}\frac{1}{\beta} \tag{16.28}$$

이들을 식 (16.25)에 대입하면 다음과 같다.

$$N = \frac{e^{-\alpha}}{(\Delta v)^3}\left(\frac{2\pi}{m\beta}\right)^{\frac{3}{2}} \quad \text{및} \quad E = \frac{e^{-\alpha}}{\Delta v^3}\left(\frac{2\pi}{m\beta}\right)^{\frac{3}{2}}\frac{3}{2}\frac{1}{\beta} \tag{16.29}$$

항들을 재배열하고 결과들을 결합하면 다음 식을 얻는다.

$$\frac{e^{-\alpha}}{(\Delta v)^3} = N\left(\frac{m\beta}{2\pi}\right)^{\frac{3}{2}} \quad \text{및} \quad E = \frac{3}{2}\frac{N}{\beta} \tag{16.30}$$

내부 에너지에 대한 병진 자유도의 기여가 $E = \frac{3}{2}Nk_BT$이기 때문에, $E = \frac{3}{2}N/\beta$로부터 다음 식이 성립한다.

$$\boxed{\beta = 1/k_BT} \tag{16.31}$$

이것과 식 (16.30)으로부터 $e^{-\alpha}/(\Delta v)^3$에 대한 값을 이용하면, 식 (16.24)는 다음과 같다.

$$n_{\text{vel}}(\boldsymbol{v}) = N\left(\frac{m}{2\pi k_B T}\right)^{\frac{3}{2}} e^{-m|\boldsymbol{v}|^2/(2k_B T)} \tag{16.32}$$

이것이 **맥스웰 속도 분포**(Maxwell distribution of velocities)이다. 이것의 중요성은 $n_{\text{vel}}(\boldsymbol{v})dv^3$이 $\boldsymbol{v}$와 $\boldsymbol{v} + d\boldsymbol{v}$ 사이의 속도를 가진 분자들의 수라는 것을 나타냄으로써 요약된다. 부피 요소가 작다는 것을 강조하기 위해서, 기호 Δ가 d로 대체되었고, 따라서 $(\Delta v)^3$이 dv^3으로 되었다. '$\boldsymbol{v}$와 $\boldsymbol{v} + d\boldsymbol{v}$ 사이의 속도를 가진 분자들'이라는 표현은 '속도가 부피 $dv^3 = dv_x dv_y dv_z$인 세포 안에 있고 속도 $\boldsymbol{v}$를 포함하는 분자들'을 짧게 말하는 방법이다.

통계적인 해석

맥스웰 속도 분포의 유도에 있어서 암묵적인 것은 N개의 분자들에 서로 다른 속도를 지정하는 것 각각이 똑같이 가능하다는 가정이다. 이 가정과 함께, 분포 $n_1, \ldots, n_j, \ldots$의 확률은 각 배열의 확률 p_0과 특정한 분포를 주는 지정의 수를 곱한 것과 같다는 것이고, 결과적으로 분포의 확률은 $p_0 W(n_1 \ldots n_j \ldots)$가 된다. 이 확률은 $W(n_1 \ldots n_j \ldots)$를 최대로 함으로써 최대로 될 수 있다. 그 결과로, 맥스웰 분포의 유도는 다음 원리의 응용으로 해석될 수 있다. **열적 평형 상태에 있을 때, 기체에서 분자 속도의 분포는 가장 있음직한 분포이다.**

속력의 분포

속력의 분포 $n(v)$는 속도 분포 $n_{\text{vel}}(\boldsymbol{v})$으로부터 모든 방향에 대해서 적분을 함으로써 얻어진다. 이것을 하기 위해 구면 좌표계에서 속도를 표현하며, 따라서 $\boldsymbol{v} = (v, \theta, \varphi)$가 되고 여기서 v는 $\boldsymbol{v}$의 크기이다. v와 $v + dv$ 사이에 있는 속도 공간의 부피는 $dv^3 = v^2 \sin\theta\, dv\, d\theta\, d\varphi$이다. 맥스웰 분포는 θ와 φ에 무관하기 때문에, **v와 $v + dv$ 사이에 있는 속력을 가지는 분자들의 수**는 다음과 같다.

$$n(v)\,dv = \int_0^{\pi} \sin\theta\, d\theta \int_0^{2\pi} d\phi\, v^2 n_{\text{vel}}(\boldsymbol{v})\, dv = 4\pi v^2 n_{\text{vel}}(v)\, dv \tag{16.33}$$

이것을 식 (16.32)와 결합하면 다음 식을 얻게 되며

$$n(v)\,dv = 4\pi N\left(\frac{m}{2\pi k_B T}\right)^{\frac{3}{2}} v^2 e^{-mv^2/(2k_B T)} dv \tag{16.34}$$

$n(v)$는 **속력의 맥스웰 분포**(Maxwell distribution of speeds)이다.

위의 결과가 실제 계를 기술할 때, 간격 dv의 크기에 하한이 있게 된다. N은 유한하기 때문에 만일 간격 dv가 너무 작으면, v와 $v + dv$ 사이에 있는 속력을 가지는 분자들의 수가 0이 되거나 또는 작은 값이 될 수도 있다. 실험 데이터를 분석할 때 N이 충분히 크고 dv가 너무 작지 않다면, 서로 다른 영역에 있는 속도를 가지는 입자들의 수는 전형적으로 매끄럽게 변할 것이고 dv의 크기가 변함에 따라 단지 약간씩 변할 것이다. 이러한 실질적인 고려는 때때로 간격들이 "거시적으로는 작고 미시적으로는 크게" 되어야만 한다고 말함으로써 나타내어진다.

평균

기체의 성질을 분자들의 속력을 가지고 기술하는 것이 보통 편리하다. 식 (16.22)와 식 (16.23)에 있는 N과 E에 관한 조건들을 직교 좌표계에서 구면 좌표계로 바꾸고, θ와 φ에 대해서 적분하고, $n = 4\pi v^2 n_{\text{vel}}$을 이용하면, 식 (16.35)와 식 (16.36)이 얻어진다.

$$N = \int_0^\infty n(v)\,dv \tag{16.35}$$

$$E = \int_0^\infty n(v)\left(\frac{1}{2}mv^2\right)dv \tag{16.36}$$

관계식 $\int_0^{+\infty} u^2 e^{-u^2/a} du = \frac{1}{4}\pi^{\frac{1}{2}} a^{\frac{3}{2}}$와 $\int_0^{+\infty} u^4 e^{-u^2/a} du = \frac{3}{8}\pi^{\frac{1}{2}} a^{\frac{5}{2}}$를 이용하면 위의 방정식들은 $N = N$과 $E = \frac{3}{2}Nk_BT$로 간단하게 된다. **평균 속력**(average speed)은 다음과 같고

$$\bar{v} = \frac{1}{N}\int_0^\infty n(v)\,v\,dv \tag{16.37}$$

제곱-평균 속도(mean-square velocity)는 다음과 같다.

$$\overline{v^2} = \frac{1}{N}\int_0^\infty n(v)\,v^2\,dv \tag{16.38}$$

평균 에너지는 제곱-평균 속도와 다음 식에 의해서 연관된다.

$$\frac{1}{2}m\overline{v^2} = \frac{1}{N}\int_0^\infty n(v)\left(\frac{1}{2}mv^2\right)dv = \frac{E}{N} \tag{16.39}$$

$E = \frac{3}{2}Nk_BT$이기 때문에 다음 식이 얻어진다.

$$\overline{v^2} = \frac{3k_BT}{m} \tag{16.40}$$

제곱-평균-제곱근 속도(root-mean-square velocity)는 다음과 같다.

$$v_{\mathrm{rms}} = \sqrt{\overline{v^2}} = \sqrt{\frac{3k_BT}{m}} \tag{16.41}$$

이것은 15.2절에서 얻은 결과와 같다. 속력들의 맥스웰 분포가 그림 16.2에 v/v_{rms}의 함수로 그려져 있다. 최대에서 속력은 **가장 있음직한 속력**(most probable speed) $\widehat{v}$이고, 이것은 $\partial n(\widehat{v})/\partial v = 0$을 풀어서 얻어지는데, 다음과 같다.

$$\widehat{v} = \sqrt{\frac{2k_BT}{m}} \tag{16.42}$$

평균 속력 $\overline{v}$를 구하는 것은 문제로 남겨둔다. 가장 있음직한 속력은 평균 속력보다 작고 평균 속력은 v_{rms}보다 작은데, 다음과 같이 나타낼 수 있다.

$$\widehat{v} < \overline{v} < v_{\mathrm{rms}} \tag{16.43}$$

비록 단원자 이상 기체에 대해서 유도했지만, 맥스웰 분포의 유효성은 이 계들에만 한정되지는 않는다. 실제로, 이 분포는 고체에서 원자들의 진동 운동과 연관된 속도 분포는 물론 모든 종류의 기체에서 분자들의 병진 속도들의 분포를 기술한다. 이 유효성의 주요한 제한점은 양자 효과들이 무시되는 정도로 온도가 충분히 높아야만 한다는 것이다.

실증

분자의 속도에 대한 최초의 직접적인 측정이 1920년 슈테른(O. Stern)에 의해서 이루

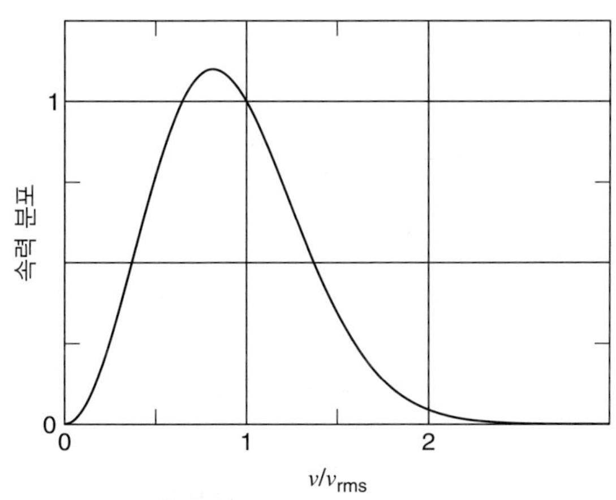

그림 16.2 속력의 맥스웰 분포

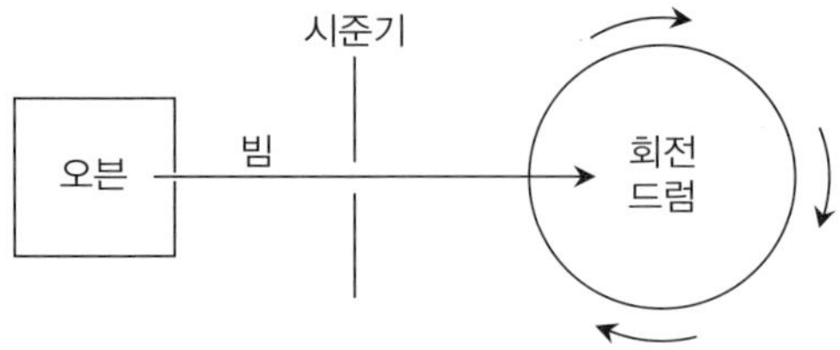

그림 16.3 속도 분포를 측정하기 위한 장치

어졌다.[2] 이 독창적인 연구에 이어서 더 정확한 실험들이 뒤따랐다. 1930년에 차르트만(Zartman)은 비스무트(bismth)의 증기에서 속도 분포를 측정하기 위해서 그림 16.3에 나타낸 것과 같은 장치를 이용했다.[3] 비록 비스무트는 보통의 온도에서 고체이지만, 높은 온도에서는 단원자와 이원자 분자의 증기를 형성한다. 그림에서 나타낸 것처럼 비스무트는 오븐에서 가열되고, 몇 개의 입자들이 오븐의 벽에 있는 구멍을 통과해서 집속되며, 빠르게 회전하는 드럼을 향해서 진행한다. 드럼의 벽에 있는 가는 틈새가 빔의 경로와 만나게 되면, 몇 개의 분자들이 드럼에 들어가서, 반대쪽을 가로질러 표면 안쪽에 달라붙는다. 더 빠른 분자들이 더 느린 것들에 앞서서 반대쪽에 도달한다. 드럼은 회전하고 있기 때문에 분자가 표면에 달라붙는 위치는 분자의 속력, 드럼의 지름, 그리고 회전 속력에 의해서 결정된다. 이것은 속력의 분포가 표면 안쪽 위에 부착되는 옆모습으로부터 결정되도록 허용한다. 이 증기에는 두 종류의 분자가 있기 때문에, 옆모습은 두 가지 분포의 합이다. 맥스웰 분포와 좋은 일치가 얻어졌다.

16.5 평균-자유-행로

계들이 평형에 이르기 위해서는 입자들 사이에 상호작용이 필요하다. 기체에서 이 상호작용은 분자들이 서로 충돌하는 것이다. 충돌 사이에서 한 분자의 궤적은 직선이다. 한 분자가 충돌 사이에 진행하는 평균 거리는 **평균-자유-행로**(mean-free-path)라고 하며 $\bar{l}$로 표시된다.

분자들을 지름이 d인 작은 공이라고 취급함으로써 평균-자유-행로를 어림 계산할 수 있다. 그러면 한 분자에 집중하고 다른 분자들의 운동을 무시한다. 그림 16.4에 나타낸 것처럼, 움직이는 분자는 그 궤적으로부터 중심이 d이거나 더 작은 다른 분자들과 충돌한다. 이 분자는 그림에서 분자 1은 벗어나지만 분자 2와는 충돌한다. 움직이는 분자가 여행하면서 반지름 d인 튜브를 쓸고 지나가고, 이 튜브 안에 중심을 가지는

2) Stern, O. (1920) *Zeitschrift für Physik*, **2**, 49 and **3**, 415.

3) Zartman, I. F. *Physical Review*, **37**, 383−391. Also Ko, C. C. (1934) *Journal of the Franklin Institute*, **217**, 173−199.

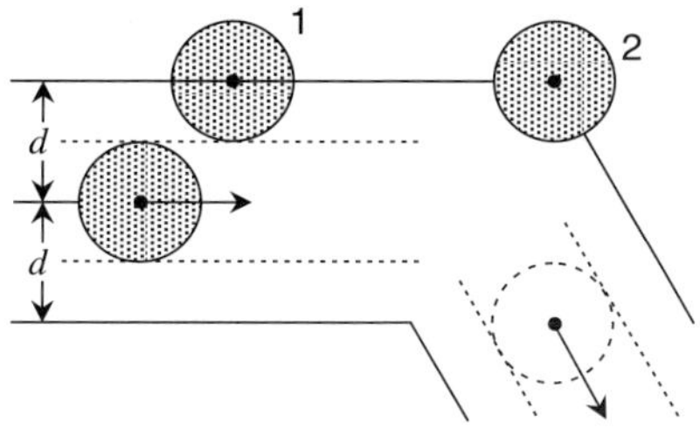

그림 16.4 분자들 사이의 충돌

분자들과 충돌한다고 상상할 수 있다. 이 튜브는 충돌이 발생하는 모든 곳에서 굴곡을 가진다. 따라서 한 분자가 튜브를 따라 거리 L을 움직이면서 경험하는 충돌의 수는 길이 L 안에 있는 다른 분자들의 수와 같다. 이 튜브의 단면적은 πd^2이고 단위 부피당 분자들의 수는 N/V이기 때문에 거리 L 안에서 충돌의 수는 다음과 같다.

$$N_{\text{collisons}} = (\text{단위 부피당 수})\,(\text{튜브의 부피}) = \left(\frac{N}{V}\right)(\pi d^2 L) \tag{16.44}$$

평균-자유-행로는 거리 L을 충돌의 수로 나눔으로써 어림 계산되며, 다음과 같다.

$$\bar{l} = \frac{L}{N_{\text{collisons}}} = \frac{1}{(N/V)\pi d^2} \tag{16.45}$$

예제 16.2 **미시적인 거리**

아르곤(argon)기체가 0.0℃와 100 kPa 상태에 있을 때, 분자들 사이의 전형적인 거리와 평균-자유-행로를 어림 계산하시오.

풀이 ■ 분자들 사이의 거리는 끊임없이 변하고 있지만, 분자들을 입방 배열 위치에 놓고 인접 분자들 사이의 거리를 구함으로써, 분자들 사이의 거리에 대한 대략적인 어림 계산이 얻어질 수 있다. 입방 배열에서 분자들의 직교 좌표는 $(n_x\bar{s}, n_y\bar{s}, n_z\bar{s})$이며, 여기서 n_x, n_y, n_z는 정수이며, $\bar{s}$는 인접 분자들 사이의 거리이다. 분자당 부피는 $\bar{s}^3$이고, 따라서 N개 분자 계의 부피는 $V \approx N\bar{s}^3$이다. $\bar{s}$에 대해서 풀면 다음 식을 얻는다.

$$\bar{s} \approx \left(\frac{V}{N}\right)^{\frac{1}{3}}$$

이상 기체 상태 방정식($PV = Nk_BT$)으로부터 V/N의 값이 얻어질 수 있고, 다음 식이 된다.

$$\frac{V}{N} = \frac{k_BT}{P} = \frac{(1.38 \times 10^{-23}\text{J K}^{-1})(273\text{ K})}{1.00 \times 10^5\text{ Pa}} = 3.77 \times 10^{-26}\text{ m}^3$$

따라서 원자들 사이의 전형적인 거리는 다음 식 정도의 크기가 된다.

$$\bar{s} \approx \left(\frac{V}{N}\right)^{\frac{1}{3}} = 3.4 \times 10^{-9}\ \text{m} = 3.4\ \text{nm}$$

평균-자유-행로는 식 (16.45)로 어림 계산된다. V/N에 관한 위의 값을 이용하면 다음 식을 얻는다.

$$\bar{l} = \frac{1}{(N/V)\pi d^2} = \left(\frac{V}{N}\right)\frac{1}{\pi d^2} = \frac{3.77 \times 10^{-26}\ \text{m}^3}{\pi\left(3.0 \times 10^{-10}\ \text{m}\right)^2} = 1.33 \times 10^{-7}\ \text{m} = 130\ \text{nm}$$

따라서 보통의 조건에서 d, $\bar{s}$, $\bar{l}$의 값은 각각 0.30, 3.4, 130 nm, 또는 3.0, 34, 1300 Å이다. 이 어림 계산의 근사적인 속성 때문에 이 숫자들의 두 번째 자리는 유효 숫자가 아니다. ◆

평균-자유-행로의 개념과 밀접하게 연관되어 있는 것이 **충돌 시간**(collision time) τ인데, 이것은 충돌들 사이의 시간 특성을 나타낸다. 때로는 **완화 시간**(relaxation time)이라고도 하는, 평형 상태에 있지 않은 계들에서 입자들의 속력이 맥스웰 분포를 얻기 위해 요구되는 시간에 대한 편리한 어림 계산이다. 이것은 충돌 사이의 평균 거리를 분자들의 속력에 대한 전형적인 값으로 나누어 줌으로써 어림 계산된다. 제곱-평균-제곱근 속도 v_{rms}를 이용하면, 다음 식을 얻는다.

$$\tau = \frac{\bar{l}}{v_{\text{rms}}} \tag{16.46}$$

예제 16.3

충돌 시간

아르곤 기체가 0.0℃와 100 kPa 상태에 있을 때, 충돌 시간을 어림 계산하시오.

풀이 ■ 아르곤 원자의 분자량은 39.95이고, 질량은 39.95 $\text{m}_u = 6.634 \times 10^{-26}$ kg이다. 제곱-평균-제곱근 속도는 다음 식이 된다.

$$v_{\text{rms}} = \sqrt{\frac{3k_BT}{\overline{m}}} = \sqrt{\frac{3(1.381 \times 10^{-23}\ \text{J K}^{-1})(273\ \text{K})}{6.634 \times 10^{-26}\ \text{kg}}} = 413\ \text{m s}^{-1}$$

이 식을 앞의 예제에서 구해진 평균-자유-행로와 결합하면, 식 (16.46)에서 충돌 시간에 대한 어림 계산은 다음 식이 된다.

$$\tau = \frac{\bar{l}}{v_{\text{rms}}} = \frac{1.33 \times 10^{-7}\ \text{m}}{413\ \text{m s}^{-1}} = 3.2 \times 10^{-10}\ \text{s}$$

◆

문제

16.1 맥스웰 분포의 평균 속력 $\bar{v}$를 구하고 관계식 $\hat{v} < \bar{v} < v_{\text{rms}}$가 성립함을 증명하시오.

16.2 이준위계는 2개의 가능한 에너지를 가지는 N개의 독립된 입자들의 모임이다. n_1과 n_2가 각각 에너지 ϵ_1과 ϵ_2를 가지는 입자들의 수를 나타낸다고 하자. 정해진 N의 값과 $E = n_1\epsilon_1 + n_2\epsilon_2$와 모순이 없으면서 배열의 수 $W(n_1, n_2) = N!/(n_1!n_2!)$를 최대로 만드는 n_1과 n_2를 구하시오. $E = N(e^{-\beta\epsilon_1}\epsilon_1 + e^{-\beta\epsilon_2}\epsilon_2)(e^{-\beta\epsilon_1} + e^{-\beta\epsilon_2})^{-1}$임을 보이시오.

16.3 네온(neon) 원자의 유효 지름에 대한 전형적인 값은 0.33 nm이다. 네온 기체에 대해서 원자 사이의 평균 거리와 평균-자유-행로를 구하시오:
(a) 100 kPa 압력과 293 K에서
(b) 0.10 kPa 압력과 293 K에서

16.A 부록

양자 분포

속도의 맥스웰 분포를 유도하기 위해 사용된 방법들은 페르미-디랙(Fermi-Dirac) 분포와 보스-아인슈타인(Bose-Einstein) 분포를 발견하기 위해서도 이용될 수 있다. 이 부록에서 제시된 유도는 26장에서 논의된 양자역학적인 구별 불가능성의 원칙에 기반을 둔 유도들과는 다른 대안이다. 이들은 나중 장들에서 통계역학적인 방법들이 전개되기 전에 이 양자 분포에 관심이 있는 학생들을 위해 여기에서 이용할 수 있도록 만들었다. 페르미-디랙 분포는 전자와 ^{3}He 원자 같은 동일한 **페르미온**(fermions)의 계를 기술하며, 반면에 보스-아인슈타인 분포는 ^{4}He 원자 같은 동일한 **보손**(bosons)의 계를 기술한다.

페르미온은 **파울리 배타 원리**(Pauli exclusion principle)를 만족하는데, 이 원리는 어떤 단일 입자 상태를 점유할 수 있는 페르미온은 한 개보다 많을 수 없다고 주장한다. 보손은 어떤 단일 입자 상태를 점유할 수 있는 입자들의 수가 몇 개라도 된다는 성질을 가지고 있다. 이러한 제한들은 가능한 에너지들을 폭 $\delta\epsilon$의 간격들로 나눔으로써 적용되는데, 이것은 맥스웰 분포를 유도하는 데 이용된 속도 공간에서 세포들과 비슷한 역할을 가진다. 단일 입자 에너지 상태들이 이 간격에 배열되고, 이들은 지표 j

에 의해서 확인된다. 많은 수의 촘촘하게 구분된 에너지 준위들[4]이 있기 때문에, 우리는 각 간격 안에 많은 상태들을 가질 수 있으며, 각 간격 안에 많은 상태들이 실질적으로 같은 에너지(이것을 ϵ_j로 나타낸다)를 가질 수 있도록 충분히 작은 폭 $\delta\epsilon$를 여전히 가질 수 있다. 간격은 $j' < j$일 때 $\epsilon_{j'} < \epsilon_j$가 되도록 라벨이 붙여진다. 동일한 입자들의 구별 불가능성 때문에, 입자들의 새로운 배열을 만드는 유일한 방법은 서로 다른 간격들에 있는 입자들의 수를 변화시키는 것이다.

총 에너지 E를 가지는 동일한 입자들 N개로 이루어진 계들이 고려된다. 문제는 간격 사이에 입자들이 배열될 수 있는 방법의 수를 발견하는 것이다. 입자들의 분포는 수 $n_1, \ldots, n_j, \ldots$에 의해서 기술되는데, 여기서 n_j는 간격 j 안에 있는 입자들의 수이다. 이 분포는 식 (16.A.1)의 조건에 의해서 제한된다.

$$N = \sum_j n_j \quad \text{및} \quad E = \sum_j n_j \epsilon_j \tag{16.A.1}$$

페르미온과 보손 모두에 대해서 평형 분포는 다음을 가정함으로써 얻어진다. **열적 평형 상태에서 입자들의 분포는 N과 E의 값들과 일치하는 배열의 수를 최대로 만드는 $n_1, \ldots, n_j, \ldots$ 수에 의해서 주어진다.**

페르미-디랙 분포

K_j가 간격 j 안에 있는 단일 입자 상태의 수를 나타낸다고 하자. 페르미-디랙 분포를 발견하기 위해서 각 단일 입자 상태에 하나의 입자보다 더 많지 않도록 n_j개의 입자들이 K_j개의 상태들 사이에 배열될 수 있도록 하는 방법들의 수를 결정하는 것이 필요하다. 방법들의 수를 $w_f(n_j)$로 나타내자. $w_f(n_j)$를 발견하는 것은 K_j개의 물체들(상태)의 모음으로부터 순서에 관계없이 n_j개의 물체들(페르미온)을 선택하는 방법의 수를 발견하는 조합 문제와 동일하다. 식 (16.6)에 의하면, N개의 서로 다른 물체들의 모음으로부터 순서에 관계없이 M개의 물체들을 선택하는 방법들의 수는 이항 계수 $N!/(M!(N-M)!)$에 의해서 주어진다. 여기서 N을 K_j로 대체하고 M을 n_j로 대체하면, n_j개의 동일한 입자들이 K_j개의 단일 입자 상태에 배열될 수 있는 방법의 수를 얻게 되는데, 다음과 같다.

$$w_f(n_j) = \frac{K_j!}{n_j!(K_j - n_j)!} \tag{16.A.2}$$

입자들이 구별 불가능할 때, n_j개의 입자들을 간격 j 안에 있는 상태 사이에 배열하는 방법의 수는 다른 간격에서 입자들의 배열과는 무관하다. 결과적으로 전체 계에

4) 이상 기체의 단일 입자 에너지들은 17.2절에서 유도된다.

대한 입자들의 배열들 수 W_f는 간격 모두에 대한 수의 곱이 되며, 다음과 같다.

$$W_f(n_1 \ \ldots \ n_j \ \ldots) = w_f(n_1)w_f(n_2)\cdots w_f(n_j)\cdots \tag{16.A.3}$$

W_f를 최대로 만드는 분포 n_1 …, n_j …는 그 로그를 최대로 함으로써 발견될 수 있으며 다음과 같다.

$$\ln W_f(n_1\cdots n_j\cdots) = \ln w_f(n_1) + \ln w_f(n_2) + \cdots + \ln w_f(n_j) + \cdots \tag{16.A.4}$$

스털링 근사 $\ln n! \approx n \ln n - n$과 $w_f(n_j)$에 관한 위의 관계식을 이용하면 다음 식이 성립함을 알 수 있다.

$$\begin{aligned}\ln W_f(n_1 \ \ldots \ n_j \ \ldots) &= \sum_j \ln w_f(n_j) \\ &= \sum_j [K_j(\ln K_j - 1) - n_j(\ln n_j - 1) - (K_j - n_j)(\ln(K_j - n_j) - 1)]\end{aligned} \tag{16.A.5}$$

이것을 최대로 만드는 분포 n_1, …, n_j, …는 라그랑주 미정 곱수법을 이용함으로써 얻어진다. N과 E에 관한 조건들에 해당하는 미정 곱수로 α와 β를 사용하면 보조 함수는 다음과 같다.

$$F_{\text{aux}}(n_1 \ \ldots \ n_j \ \ldots \ ; \alpha, \beta) = \ln W_f(n_1 \ \ldots \ n_j \ \ldots) + \alpha\left(N - \sum_j n_j\right) + \beta\left(E - \sum_j n_j \epsilon_j\right) \tag{16.A.6}$$

식 (16.A.5)에 있는 $\ln W_f$에 대한 표현을 이용하면, 이 식에 대한 n_j의 미분은 다음과 같다.

$$\begin{aligned}\frac{\partial F_{\text{aux}}(n_1 \ \ldots \ n_j \ \ldots \ ; \alpha, \beta)}{\partial n_j} &= -\ln n_j + \ln(K_j - n_j) - \alpha - \beta\epsilon_j \\ &= \ln(K_j/n_j - 1) - \alpha - \beta\epsilon_j = 0\end{aligned} \tag{16.A.7}$$

배열의 수를 최대로 만드는 n_j의 값을 $\hat{n}_j$로 나타내자. 그러면 $\ln(K_j/\hat{n}_j - 1) = \alpha + \beta\epsilon_j$가 되며, 따라서 다음 식이 된다.

$$\hat{n}_j = \frac{K_j}{e^{\alpha+\beta\epsilon_j} + 1} \tag{16.A.8}$$

곱수 α와 β의 값은 N과 E에 관한 조건에 의해서 결정되는데, 이것들은 에너지의 단위당 상태의 수로 편리하게 표현되며, 이는 간격 j에 대해서 다음과 같고

$$D(\epsilon_j) = \frac{K_j}{\delta\epsilon} \tag{16.A.9}$$

여기서 $D(\epsilon)$은 단일 입자 상태 밀도이다.[5] 식 (16.A.1)에 있는 N과 E에 관한 조건들 속으로 $\hat{n}_j$의 값들을 치환하면 다음 식을 얻는다.

$$N = \sum_j \frac{D(\epsilon_j)}{e^{\alpha+\beta\epsilon_j}+1}\delta\epsilon \quad 및 \quad E = \sum_j \frac{D(\epsilon_j)\epsilon_j}{e^{\alpha+\beta\epsilon_j}+1}\delta\epsilon \tag{16.A.10}$$

우리는 α와 β가 다음 식에 의해서 절대 온도 T와 화학 퍼텐셜 μ와 연관된다는 것을 증명하지 않고 주장한다.

$$\beta = \frac{1}{k_BT} \quad 및 \quad \alpha = \frac{-\mu}{k_BT} \tag{16.A.11}$$

$\delta\epsilon$을 극한으로 작게 만들면 식 (16.A.10)에 있는 합이 적분으로 되며, 다음과 같게 된다.

$$N = \int \frac{D(\epsilon)}{e^{(\epsilon-\mu)/k_BT}+1}d\epsilon \quad 및 \quad E = \int \frac{D(\epsilon)\epsilon}{e^{(\epsilon-\mu)/k_BT}+1}d\epsilon \tag{16.A.12}$$

이 관계식들은 입자들의 수 N과 온도 T로부터 에너지 E와 화학 퍼텐셜 μ를 결정하기 위해 이용될 수 있다. 절대 0도($T = 0$)에서는 최댓값보다 작은 에너지들을 가진 모든 단일 입자 상태들이 점유되며 최댓값보다 큰 에너지들을 가진 모든 상태들은 비어 있게 된다. 이 최대 에너지는 **페르미 에너지**(Fermi energy)라고 하며, $T = 0$에서는 화학 퍼텐셜이 페르미 에너지와 같다.

각 상태에 있는 입자들의 평균 개수가 $\hat{n}_j$보다 더 유용하다. 개별 단일 입자 상태들을 인지하기 위해서 지표 k를 사용하면, 간격 j 안에 있는 상태 k에서 입자들의 평균 개수는 다음 식이 된다.

$$\overline{N}_k = \frac{\hat{n}_j}{K_j} \tag{16.A.13}$$

이것과 식 (16.A.8)로부터 상태 k의 평균 점유수는 다음 식이 되는데

$$\boxed{\overline{N}_k = \frac{1}{e^{(\epsilon_k-\mu)/k_BT}+1}} \tag{16.A.14}$$

여기서 ϵ_k는 이 상태의 에너지이다. 이것이 **페르미-디랙 분포**(Fermi-Dirac distribution)이며, 이것은 또한 **페르미 분포**(Fermi distribution)라고도 한다. ϵ_k에 대한 $\overline{N}_k$의 그래프가 그림 27.1에 그려져 있다.

5) 상태 밀도는 어떤 양의 단위당 무엇의 수이지만, 그 무엇이 항상 단일 입자 상태들인 것은 아니고 어떤 양도 항상 에너지인 것은 아니다.

보스-아인슈타인 분포

보스-아인슈타인 분포를 발견하기 위해서는 n_j개의 입자들이 K_j개의 단일 입자 상태 사이에 배열될 수 있도록 하는 방법들의 수가 필요한데, 각 상태에는 어떤 개수의 보손도 허용된다. 이 수를 $w_f(n_j)$라고 하자. 이것을 발견하는 것은 N개의 흰 물체들(보손)이 물체들을 서로 구분하지 않고 M개의 상자들(상태)에 놓일 수 있는 방법의 수를 발견하는 조합 문제와 동일하다.

그림 16.A.1에 나타낸 것처럼, 이 조합 문제는 N개의 다른 흰 물체들과 $(M-1)$개의 다른 검은 물체들을 선을 따라서 배열했다고 상상함으로써 해결된다. 검은 물체들은 인접 상자들을 분리하는 벽들이라고 간주된다. 상자는 비었을 수도 있는데, 그림에서 상자 2의 경우와 같다. $M-1$개의 벽들은 M개의 상자들을 만든다. N개의 다른 물체들이 배열될 수 있는 방법의 수는 $n!$이기 때문에 [식 (16.5) 참조], $N+M-1$개의 검은 물체들과 흰 물체들이 선을 따라서 배열될 수 있는 방법의 수는 $(N+M-1)!$이다. 상자들은 선을 따라서 그들의 위치들에 의해 인지될 수 있기 때문에, $M-1$개의 검은 물체들을 재배열하는 것은 그들을 인지하는 우리들의 능력에 영향이 없다. 그들이 배열될 수 있는 $(M-1)!$개의 방법들이 있기 때문에 $(M-1)!$로 나눈다. 흰 물체들은 서로 다르기 때문에, 그들을 배열하는 $N!$개의 방법들이 있다. 물체들이 서로 구별되지 않을 때 배열의 수를 얻기 위해서 $N!$로 나눈다. 따라서 **N개의 흰 물체들이 서로 구분되지 않으면서 M개의 상자들에 놓일 수 있는 방법의 수는 다음과 같다.**

$$(N+M-1)!/(N!(M-1)!) \tag{16.A.15}$$

이 조합 결과가 보손에 적용될 때, N개의 흰 물체들은 간격 j 안에 있는 n_j개의 입자들에 해당하고 M개의 상자들은 같은 간격 안에 있는 K_j개의 상태에 해당한다. n_j개의 동일한 보손을 K_j개의 단일 입자 상태에 지정하는 방법의 수에 대한 결과 값은 다음과 같다.

$$w_b(n_j) = \frac{(n_j + K_j - 1)!}{n_j!(K_j - 1)!} \tag{16.A.16}$$

입자들은 구별 불가능하기 때문에, 어떤 간격 안에 있는 배열의 수는 다른 간격 안에 있는 배열에 의해서 영향을 받지 않고, 따라서 전체 계에 대한 배열들의 수는 다음과 같다.

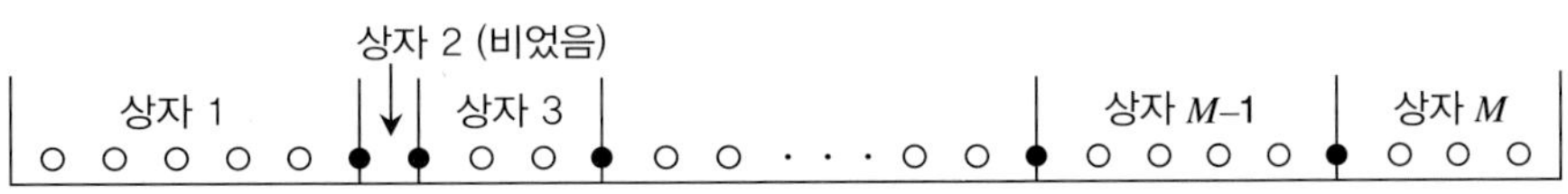

그림 16.A.1 흰 물체들과 검은 물체들의 배열

$$W_b(n_1 \ \dots \ n_j \ \dots) = w_b(n_1)w_b(n_2)\cdots w_b(n_j)\cdots \tag{16.A.17}$$

스털링 근사와 $w_b(n_j)$에 관한 표현을 이용하면, W_b의 로그는 다음과 같다.

$$\begin{aligned}\ln W_b(n_1 \ \dots \ n_j \ \dots) &= \sum_j \ln w_b(n_j) \\ &= \sum_j [(n_j + K_j - 1)(\ln(n_j + K_j - 1) - 1) - n_j(\ln n_j - 1) - K_j(\ln(K_j - 1) - 1)]\end{aligned} \tag{16.A.18}$$

배열들의 최댓값은 $\ln W_b$를 최대로 만드는 라그랑주 방법을 이용해서 얻어진다. 필요한 보조 함수는 다음과 같고

$$F_{\text{aux}}(n_1 \ \dots \ n_j \ \dots \ ; \alpha, \beta) = \ln W_b(n_1 \ \dots \ n_j \ \dots) + \alpha\left(N - \sum_j n_j\right) + \beta\left(E - \sum_j n_j \epsilon_j\right) \tag{16.A.19}$$

여기서 α와 β는 미정 곱수이다. 이 식을 n_j로 미분한 도함수는 다음과 같다.

$$\begin{aligned}\frac{\partial F_{\text{aux}}(n_1 \ \dots \ n_j \ \dots \ ; \alpha, \beta)}{\partial n_j} &= +\ln(n_j + K_j) - \ln n_j - \alpha - \beta\epsilon_j \\ &= \ln\left(1 + \frac{(K_j - 1)}{n_j}\right) - \alpha - \beta\epsilon_j = 0\end{aligned} \tag{16.A.20}$$

K_j는 통상적으로 1보다 훨씬 크기 때문에, -1은 생략될 수 있다. 그러면 식 (16.A.20)을 만족하는 n_j의 값을 $\hat{n}_j$로 나타낸다고 놓음으로써, $\ln(K_j/\hat{n}_j + 1) = \alpha + \beta\epsilon_j$가 되는 것을 발견한다. $\hat{n}_j$에 대해서 풀면 다음 식을 얻는다.

$$\hat{n}_j = \frac{K_j}{e^{\alpha + \beta\epsilon_j} - 1} \tag{16.A.21}$$

N과 E에 관한 조건들 속으로 $\hat{n}_j$를 치환하고, 상태 밀도 $D(\epsilon_j) = K_j/\delta\epsilon$을 도입하고, $\delta\epsilon$을 극한으로 작게 만들면, 식 (16.A.1)에 있는 조건들은 다음과 같게 된다.

$$N = \int \frac{D(\epsilon)}{e^{\alpha+\beta\epsilon} - 1} d\epsilon \quad \text{및} \quad E = \int \frac{D(\epsilon)}{e^{\alpha+\beta\epsilon} - 1} d\epsilon \tag{16.A.22}$$

페르미온에 대해서는 곱수 α와 β가 다음 식에 의해서 절대 온도 T 및 화학 퍼텐셜 μ와 연관되며

$$\beta = \frac{1}{k_B T} \quad \text{및} \quad \alpha = -\frac{\mu}{k_B T} \tag{16.A.23}$$

따라서 다음과 같다.

$$N = \int \frac{D(\epsilon)}{e^{(\epsilon-\mu)/k_BT} - 1} d\epsilon \quad 및 \quad E = \int \frac{D(\epsilon)\,\epsilon}{e^{(\epsilon-\mu)/k_BT} + 1} d\epsilon \tag{16.A.24}$$

이 관계식들은 입자들의 수 N과 온도 T로부터 에너지 E와 화학 퍼텐셜 μ를 결정하기 위해 이용될 수 있다. $\overline{N}_k = \hat{n}_j / K_j$를 도입함으로써, 이것은 간격 j 안에 있는 각 상태에서 입자들의 평균 개수를 주게 되는데, 평형 상태에 있는 동일한 보손의 계에서 에너지 ϵ_k인 단일 입자 상태에 대한 평균 점유수는 다음과 같다.

$$\boxed{\overline{N}_k = \frac{1}{e^{(\epsilon_k-\mu)/k_BT} - 1}} \tag{16.A.25}$$

이것이 **보스-아인슈타인 분포**(Bose-Einstein distribution)이며, 이것은 또한 **보스 분포**(Bose distribution)라고도 한다.

17장 엔트로피의 미시적인 의미

엔트로피의 기초적인 개념은 원래 열의 본성에 관한 거시적인 주장을 채택함으로써 추론되었다. 계의 거시적인 특징은 그들의 원자 수준에서 성분의 거동을 반영하는 것이기 때문에, 계의 어떤 미시적인 측면이 엔트로피에 반영되는 것인지 묻는 것은 자연스럽다. 그 질문은 다음과 같은 볼츠만(Boltzmann)의 통찰에 의해서 대답이 된다. 즉, 엔트로피는 일단 계의 거시적인 상태가 명시되었을 때 계가 가질 수 있는 미시적인 배열들의 수의 크기라고 하는 것이다. 이 통찰의 의미를 설명하기 위해서 이상 기체의 성질을 예측하는 것이 이용된다.

17.1 볼츠만 엔트로피

미시 상태

엔트로피는 계의 열역학적 상태, 즉 계의 **거시 상태**(macrostate)를 변화시키지 않고 계의 미시적인 배열, 즉 계의 **미시 상태**(microstate)가 변화될 수 있는 양의 크기이다. 양자역학적으로 기술했을 때, 미시 상태는 계의 에너지 고유 상태와 같은 것이 되고, 계의 다양성은 접근 가능한 **상태의 수**(number of accessible states) $\Omega(E)$에 의해서 측정되는데 식 (17.1)과 같다.

$$\boxed{\Omega(E) = E - \delta E \text{와 } E \text{ 사이 에너지와 미시 상태의 수}} \tag{17.1}$$

계 성분의 운동 에너지와 퍼텐셜 에너지의 합이 E로 표현된다. 에너지의 간격 δE는 E와 비교하면 무시할 수 있을 정도로 작지만, 에너지 고윳값들이 불연속이라는 속성 때문에 필요하다.

계의 미시적인 성질과 거시적인 성질 사이의 연결은 **볼츠만 엔트로피**(Boltzmann entropy) S_B를 열역학적 엔트로피 S와 같도록 하고 E를 내부 에너지 U와 같게 놓음으로써 이루어진다. 엔트로피에 대한 볼츠만 식은[1] 다음과 같다.

1) 이 유명한 식은 비엔나(Vienna)에 있는 볼츠만의 무덤 돌에 기호 Ω가 W로 대체되어 새겨져 있다.

$$\boxed{S_B = k_B \ln \Omega(E)} \tag{17.2}$$

어떤 특정한 계가 고려되었을 때 $\Omega(E)$의 로그를 사용할 필요성이 분명하게 될 것이다. 볼츠만 식은 우리에게 엔트로피는 어떤 계가 특정한 값의 에너지를 가질 때 있을 수 있는 미시 상태의 수에 의해서 결정된다는 것을 알려준다.

$\Omega(E)$와 연관된 두 개의 유용한 개념들은 식 (17.3)에 나타낸 E**보다 작거나 같은 에너지를 가지는 미시 상태의 수**와,

$$\Sigma(E) = E\text{보다 작거나 같은 에너지를 가지는 미시 상태의 수} \tag{17.3}$$

식 (17.4)에 나타낸 **단위 에너지당 미시 상태의 수**이다.

$$\omega(E) = \frac{\partial \Sigma}{\partial E} \tag{17.4}$$

이 정의들로부터 $\Omega(E) = \Sigma(E) - \Sigma(E - \delta E)$ 식이 나오는데, 이 식은 δE의 값이 작은 경우에는 다음과 같다.

$$\Omega(E) = \frac{\partial \Sigma}{\partial E}\delta E = \omega(E)\,\delta E \tag{17.5}$$

17.2 이상 기체

볼츠만 엔트로피 S_B의 의미는 단원자 이상 기체의 성질을 예측함으로써 알 수 있다. 볼츠만 식이 이 기체의 알려진 성질을 산출한다는 것을 입증하기 위해서는 $\Omega(E)$를 발견할 필요가 있는데, 이것은 $\Sigma(E)$를 계산하고 식 (17.5)를 이용해서 얻어진다. 우리는 먼저 계의 미시 상태의 에너지를 발견하는 것으로 시작한다. 이상 기체 모형에서, 단원자 기체의 에너지 E는 개별 분자들(이 경우에는 원자들이다)의 운동 에너지 합이다.

어떤 원자(입자)의 운동 에너지는 그 운동량에 의해서 결정된다. 양자역학에서 운동량의 크기는 $p = h/\lambda$인데, 여기서 λ는 드브로이(de Broglie) 파장이고 h는 플랑크(Planck) 상수이다. 진행파가 평행한 벽들 사이에서 운동할 때, 반 파장의 정수 배를 가진 정상파 형태가 나타나며, 따라서 $\lambda = 2L/n$이다. 그러므로 $p = nh/(2L)$이고, 여기서 n은 정수이며 L은 벽들 사이의 거리이다. 질량 m을 가진 입자의 운동 에너지는 $\varepsilon = p^2/2m$이므로 결과적으로 $\varepsilon = n^2(h^2/8mL^2)$이 된다. 이 결과를 각 좌표 방향에 적용하면, 입방 용기 안에 있는 한 입자의 에너지는 다음과 같다.

$$\varepsilon(n_x, n_y, n_z) = ({n_x}^2 + {n_y}^2 + {n_z}^2)\frac{h^2}{8mL^2} \tag{17.6}$$

이들 **단일 입자 에너지**(single-particle energies)는 **양자수**(quantum numbers) (n_x, n_y, n_z)에 의해서 정해지는데, 이 수들은 양의 정수이다. 서로 다른 n_x, n_y, n_z의 많은 조합이 같은 값의 $\varepsilon(n_x, n_y, n_z)$를 가질 수 있다는 것에 주목하자.

간단하게 하기 위해서, 부피가 $V = L^3$인 입방 용기 안에 있는 N개의 동일한 입자들(원자들)의 기체를 고려한다. 이상 기체 모형에서 입자들은 독립적이기 때문에, 계의 미시 상태는 모든 입자의 상태에 의해서 결정된다. 입자들은 지표 i로 나타내는데, 여기서 $i = 1, 2, \ldots, N$이고, 따라서 입자 i의 상태는 ($n_{x,i}$, $n_{y,i}$, $n_{z,i}$)에 의해서 정해진다. 그러면 이 계의 미시 상태는 $3N$개의 양자수인 ($n_{x,1}$, $n_{y,1}$, $n_{z,1}$, $n_{x,2}$, … , $n_{y,N}$, $n_{z,N}$)에 의해서 정해지고 어떤 미시 상태의 에너지(고윳값[2])는 입자들의 에너지의 합으로 다음과 같다.

$$E_N(n_{x,1}, n_{y,1}, n_{z,1}, \ldots, n_{z,N}) = \sum_{i=1}^{N}(n_{x,i}^{\ 2} + n_{y,i}^{\ 2} + n_{z,i}^{\ 2})\frac{h^2}{8mL^2} \tag{17.7}$$

양자수들은 하나의 아래 첨자 j로 라벨을 붙이는 것이 편리하며, 따라서 ($n_{x,1}$, $n_{y,1}$, $n_{z,1}$, …, $n_{z,N}$)은 (n_1, n_2, n_3, …, n_{3N})으로 되고, 미시 상태의 에너지는 다음과 같다.

$$E_N(n_1, n_2, \ldots, n_{3N}) = \sum_{j=1}^{3N}\frac{1}{2m}(n_j\Delta p)^2 \tag{17.8}$$

여기서 $\Delta p = h/(2L)$이다. 양자수 n_j는 양의 정수들이며 ($n_j = 1, 2, \ldots, \infty$)와 Δp는 운동량의 차원을 가진다.

에너지가 E보다 작거나 같은 미시 상태의 수를 발견하기 위해서는 E보다 작거나 같은 에너지들 $E_N(n_1, \ldots, n_{3N})$과 연관이 있는 수들 (n_1, …, n_{3N})의 조합의 수가 필요하다. 이 수에 대한 공식적인 표현은 다음과 같이 주어지는데,

$$\Sigma(E) = \sum_{n_1=1}^{+\infty}\cdots\sum_{n_{3N}=1}^{+\infty}\begin{pmatrix} 1, & \sum_j \frac{1}{2m}(n_j\Delta p)^2 \le E\text{의 경우} \\ 0, & \text{그렇지 않은 경우} \end{pmatrix} \tag{17.9}$$

여기서 $j = 1, 2, \ldots, 3N$이다. 합을 적분으로 대체함으로써 $\Sigma(E)$의 값이 어림 계산된다. 먼저 $p_j = n_j\Delta p$를 도입하고, p_j에 대해서 합을 구한 후에 $\Delta p = h/(2L)$로 곱하고 나누면 다음과 같다.

$$\Sigma(E) = L^{3N}\left(\frac{2}{h}\right)^{3N}\sum_{p_1}\Delta p\cdots\sum_{p_{3N}}\Delta p\cdots\begin{pmatrix} 1, & \sum_j \frac{1}{2m}p_j^{\ 2} \le E\text{의 경우} \\ 0, & \text{그렇지 않은 경우} \end{pmatrix} \tag{17.10}$$

$V = L^3$을 이용하고 $\Delta p \to 0$ 극한을 취하면, 이 식은 다음과 같다.

2) 이 고윳값들은 부록 20.A에 있는 슈뢰딩거(Schrödinger) 방정식으로부터 유도된다.

$$\Sigma(E) = V^N \left(\frac{2}{h}\right)^{3N} \int_0^{+\infty} dp_1 \cdots \int_0^{+\infty} dp_{3N} \begin{pmatrix} 1, & \sum_j \frac{1}{2m} p_j^2 \le E\text{의 경우} \\ 0, & \text{그렇지 않은 경우} \end{pmatrix} \tag{17.11}$$

$3N$개의 적분 변수 p_j를 차원이 없는 변수 u_j로 바꾸면 다음 식을 얻을 수 있다. 여기서 $u_j = p_j/\sqrt{2mE}$이다.

$$\Sigma(E) = V^N \left(\frac{2}{h}\right)^{3N} (2mE)^{\frac{3}{2}N} \int_0^{+\infty} du_1 \cdots \int_0^{+\infty} du_{3N} \begin{pmatrix} 1, & \sum_j u_j^2 \le 1\text{의 경우} \\ 0, & \text{그렇지 않은 경우} \end{pmatrix} \tag{17.12}$$

$u_j^2 = (-u_j)^2$이기 때문에, 적분의 아래쪽 극한을 0에서 $-\infty$로 바꿀 수 있고 2로 나누어서 상쇄시킬 수 있다. 따라서 식 (17.13)과 식 (17.14)가 된다.

$$\Sigma(E) = V^N \left(\frac{2mE}{h^2}\right)^{\frac{3}{2}N} I_{3N} \tag{17.13}$$

$$I_{3N} = \int_{-\infty}^{+\infty} du_1 \cdots \int_{-\infty}^{+\infty} du_{3N} \begin{pmatrix} 1, & \sum_j u_j^2 \le 1\text{의 경우} \\ 0, & \text{그렇지 않은 경우} \end{pmatrix} \tag{17.14}$$

부록 17.A에 나타낸 것처럼 I_{3N}의 값은 $\pi^{\frac{3}{2}N} / \left(\frac{3}{2}N\right)!$이므로 다음과 같다.[3]

$$\boxed{\Sigma(E) = V^N \frac{E^{\frac{3}{2}N}}{(3N/2)!} \left(\frac{2\pi m}{h^2}\right)^{\frac{3}{2}N}} \tag{17.15}$$

I_{3N}의 값은 기체의 엔트로피에 기여하지만, 상태 방정식 또는 기체의 내부 에너지에 영향을 주지는 않는다.

식 (17.15)로부터 다음 식이 뒤따라 나온다.

$$\omega(E) = \frac{\partial \Sigma(E)}{\partial E} = V^N \frac{E^{\frac{3}{2}N-1}}{(3N/2-1)!} \left(\frac{2\pi m}{h^2}\right)^{\frac{3}{2}N} \tag{17.16}$$

$\frac{3}{2}N/E$를 곱하고 $\Omega(E) = \omega(E)\delta E$를 이용하면, 접근 가능한 상태들의 수는 다음과 같다.

$$\Omega(E) = V^N E^{\frac{3}{2}N} \frac{1}{(3N/2)!} \left(\frac{2\pi m}{h^2}\right)^{\frac{3}{2}N} \frac{3N}{2} \frac{\delta E}{E} \tag{17.17}$$

스털링(Stirling) 근사 $\ln n! = n \ln n - n$을 이용하면 다음과 같다.

---

3) 양자수에 대한 합을 적분으로 어림 계산하면 $\Sigma(E)$의 고전적인 값을 주게 된다. 이것은 22.4절에서 논의된다.

$$\ln\Omega(E) = N\ln V + \frac{3}{2}N\ln E + \frac{3}{2}N\ln\left(\frac{2\pi m}{h^2}\right) \\ -\frac{3}{2}\left[\ln\left(\frac{3N}{2}\right) - 1\right] + \ln\left(\frac{3}{2}\frac{N\delta E}{E}\right) \tag{17.18}$$

마지막 항을 예외로 하면, 이 식의 오른쪽 편에 있는 항들은 N에 비례하는데, 이것은 아보가드로(Avogadro) 수 정도의 크기이다. 마지막 항의 기여가 무시될 수 있도록 δE를 선택하는 것이 항상 가능하다. 따라서 단원자 이상 기체에 대해서 식 (17.2)에서 정의된 볼츠만 엔트로피는 다음과 같다.[4]

$$\boxed{S_B = Nk_B\left[\ln V + \frac{3}{2}\ln(E/N) + \frac{3}{2}\ln\left(\frac{2\pi m}{h^2}\right) + \frac{3}{2}\right]} \tag{17.19}$$

열역학적 성질

에너지 E와 동일한 열역학적인 양은 내부 에너지 U이다. E를 U로 대체하면, 식 (17.19)에 있는 볼츠만 엔트로피는 다음과 같다.

$$S(U, V) = Nk_B\ln V + \frac{3}{2}Nk_B\ln U + S_o \tag{17.20}$$

여기서 $S_0 = \frac{3}{2}Nk_B\left[-\ln N + \ln\left(\frac{4\pi m}{3h^2}\right) + 1\right]$이다. 12장에서 논의된 것처럼, U와 V에 대한 엔트로피의 의존성을 주는 함수 $S(U, V)$는 열역학적 퍼텐셜이며, 이것은 계의 성질들이 미분과 산술적인 조작에 의해서 $S(U, V)$로부터 얻어질 수 있다는 것을 의미한다. 식 (12.29)에서 $1/T$와 P/T에 관한 표현들을 이용하면 다음 식이 성립함을 발견한다.

$$\frac{1}{T} = \left(\frac{\partial S}{\partial U}\right)_V = \frac{3}{2}Nk_B\frac{1}{U} \quad \text{및} \quad \frac{P}{T} = \left(\frac{\partial S}{\partial V}\right)_U = \frac{Nk_B}{V} \tag{17.21}$$

그러면 다음 식이 성립한다.

$$U = \frac{3}{2}Nk_BT \quad \text{및} \quad PV = Nk_BT \tag{17.22}$$

정적 열용량은 $C_V = (\partial U/\partial T)_V = \frac{3}{2}Nk_B$이다. 이것들은 단원자 이상 기체의 내부 에너지, 상태 방정식, 열용량에 대해서 잘 알려진 표현들이다. 위의 계산은 $\Omega(E)$의 로그를 취하는 것에 대한 필요를 암시한다. 이것은 또한 거시적인 계에 존재하는 접근 가능한 상태의 엄청난 수를 설명한다.

---

4) S_B에 관한 표현은 22.3절에서 $\Omega(E)$를 $N!$로 나눔으로써 변형되는데, 여기서 $N!$은 N개의 동일한 입자들의 구별할 수 없는 배열의 수이다. $N!$로 나누는 것은 식 (17.19)에 있는 $\ln V$ 항을 $\ln(V/N)$으로 바꾸게 되는데, 이것은 엔트로피에 관한 표현을 완전하게 크기 양으로 만든다.

예제 17.1

접근 가능한 상태

온도 $T = 10\,\mathrm{K}$인 상태에 있을 때 한 변의 길이가 $L = 1.0\,\mathrm{mm}$인 입방 모양의 상자에 들어 있는 헬륨(helium) 원자 $N = 10^6$개로 이루어진 단원자 이상 기체에서 접근 가능한 상태의 수 $\Omega(E)$ 값을 어림 계산하시오.

풀이 ■ 관련된 수들이 매우 크기 때문에, 먼저 로그를 계산하고 관계식 $\Omega = 10^{\log \Omega}$를 이용해서 $\Omega(E)$ 값을 계산한다. 여기서 $\log \Omega = \ln \Omega / \ln 10$이고, $\ln x$는 x의 자연로그이며, $\log x$는 밑이 10인 로그이다. 헬륨은 단원자 기체이기 때문에, 내부 에너지는 $E = \frac{3}{2}Nk_BT$이다. $V = L^3$을 이용하면, 식 (17.18)에 있는 $\ln \Omega(E)$에 관한 표현은 다음 식이 된다.

$$\ln \Omega(E) = N\left[3\ln L + \frac{3}{2}\ln k_BT + \frac{3}{2}\ln\left(\frac{2\pi m}{h^2}\right) + \frac{3}{2}\right]$$

$k_BT = 1.38 \times 10^{-22}\,\mathrm{J}$, $m = 4m_u = 6.64 \times 10^{-27}\,\mathrm{kg}$, $h = 6.63 \times 10^{-34}\,\mathrm{J\,s}$이므로 다음 식을 얻는다.

$$\ln \Omega(E) = 4.681 \times 10^7 \quad \text{및} \quad \Omega(E) = 10^{20\,329\,000}$$ ◆

매우 큰 수

위에서 발견된 $\Omega(E)$의 값은 2 뒤에 7개의 0이 따라오는 2천만 같은 '보통의' 수가 아니다. 대신에 이 수는 0이 2천만 개가 따라오게 써지는 것이다. 그렇게 엄청나게 큰 수들은 자주 만나지는 것이 아니다. 예제에서 사용된 $N = 10^6$은 작기 때문에, $\Omega(E)$에 관한 이 값조차도 매우 작은 값이다. 상태 방정식 $PV = Nk_BT$가 N의 값을 예측하기 위해 이용될 수 있다. 실온과 대기압 상태(300 K, 100 kPa)에서 부피 $V = (1.0\,\mathrm{mm})^3$을 가지는 기체의 경우에 $N = 2.4 \times 10^{16}$을 얻는다. 예제에서 $\ln \Omega(E)$는 N에 비례하기 때문에, 이 온도와 압력에서 $\ln \Omega(E)$의 값은 예제에서 얻은 값보다 2.4×10^{10}배 더 크다! 이렇게 큰 값의 $\ln \Omega(E)$와 매우 큰 값의 $\Omega(E)$는 거시적인 계들의 특징이다.

17.3 통계적 해석

열역학적인 거동의 통계적 본성은 엔트로피에 관한 볼츠만 식에 내재하는데, 이것은 계에 접근 가능한 미시적인 배열들의 수의 크기이다. 에너지는 보존되기 때문에 고립된 계에 접근 가능한 미시 상태는 모두 본질적으로 같은 에너지를 가지고 있다. 단원자 이상 기체의 미시 상태는 양자수 $(n_1, n_2, \ldots, n_{3N})$의 값들에 의해서 지정되었다. 미시 상태(고유 상태)를 $3N$개의 지표들 대신에 하나의 지표로 나타내는 것이 편리한데, 다음과 같다.

$$\alpha = (n_1, n_2, \ldots, n_{3N}) \tag{17.23}$$

이제 지표 α에 정수값 1, 2, 3 등을 할당할 수 있고 α의 값들을 서로 다른 양자수의 집합들과 일대일 대응이 되도록 하는 절차를 만들 수 있거나, 또는 지표 α를 단순하게 양자수의 모음에 대한 생략된 표현이라고 생각할 수 있다. α를 이용해서 나타내면, 에너지 E를 가진 계의 접근 가능한 상태의 수는 다음과 같고,

$$\Omega(E) = \sum_{\alpha} \begin{pmatrix} 1, & E - \delta E < E_{N,\alpha} \leq E \text{ 인 경우} \\ 0, & \text{그렇지 않은 경우} \end{pmatrix} \tag{17.24}$$

여기서 E_α는 미시 상태 α의 에너지이다. 엔트로피에 관한 볼츠만 식에 내재하는 것은 모든 접근 가능한 미시 상태에 대해서 같은 **선험적인**(*a priori*)[5] 확률의 할당이다. **열적인 평형 상태에 있을 때 한 고립된 계의 모든 접근 가능한 미시 상태는 똑같이 가능하다.**

확률

통계는 본질적으로 응용된 확률 이론이다. 실험의 결과에 할당된 확률은 음수가 아니고 규격화되어야만 한다는 것이 요구되는데, 따라서 식 (17.25)와 식 (17.26)이 성립하고,

$$\rho_n \geq 0 \tag{17.25}$$

$$\sum_n \rho_n = 1 \tag{17.26}$$

여기서 모든 가능한 결과들 n이 합에 포함된다. 열역학적인 거동의 분석에서, 용어 '결과'와 '실험'은 각각 '미시 상태'와 '계'가 된다. 모든 접근 가능한 미시 상태는 똑같이 가능하기 때문에, 규격화 조건 $\sum_\alpha \rho_\alpha = 1$은 각각의 접근 가능한 미시 상태의 확률은 $1/\Omega(E)$라는 것을 요구하며, 따라서 에너지 E를 가진 계에 대해서 미시 상태 α에 할당된 확률은 다음과 같다.

$$\rho_\alpha(E) = \begin{cases} 1/\Omega\,(E), & E - \delta E < E_{N,\alpha} \leq E \text{ 인 경우} \\ 0, & \text{그렇지 않은 경우} \end{cases} \tag{17.27}$$

$\Omega(E)$는 매우 크기 때문에, 어떤 특정한 미시 상태의 확률은 극도로 작다. 성분 원자와 분자의 무작위적인 혼돈스러운 운동 때문에 계의 배열을 기술하는 미시 상태는 계속

5) '선험적인(*a priori*)'이라는 것은 실험 또는 경험보다는 가설에 기반을 둔다는 것을 의미한다.

해서 변화하게 된다.[6]

열역학적 거동의 통계적 해석에서 계의 거시적인 성질은 서로 다른 미시 상태에서 성질의 값들에 대해 평균을 해서 얻은 평균값들이다. 압력과 에너지 같은 성질이 평균값 주위로 요동하며, 이 요동의 규모는 통계적으로 예측될 수 있다. 대부분의 상황에서, 요동은 $1/\sqrt{N}$ 곱하기 평균값 정도의 크기이며, 여기서 N은 계의 입자의 수이다. 전형적으로 N은 아보가드로 수($N_A = 6 \times 10^{23}$) 정도의 크기이기 때문에, 요동은 $1/\sqrt{N_A} = 1.3 \times 10^{-12}$ 곱하기 평균값 정도의 크기이다. 이것은 측정된 값들에서 전형적인 불확정성보다 훨씬 작기 때문에 요동은 보통 무시될 수 있다.[7]

계의 엔트로피는 원자 수준에서 계의 무질서 또는 무작위를 나타낸다. 예를 들어 고체가 녹아서 액체로 될 때, 계의 구조적인 무질서가 증가한다. 이것은 만일 입자의 순간적인 배열이 확대될 수 있고 맨눈으로 볼 수 있다면 우리가 보게 될 무질서이다. 이렇게 녹을 때 구조적인 무질서가 증가하는 것은 $\Omega(E)$ 값의 증가에 의해서 직접적으로 측정되는 것은 아니며, 이것은 계에 접근 가능한 서로 다른 배열의 수를 기술한다. 그럼에도 불구하고, 매 순간 계는 이들 배열 중에 오직 하나의 상태에 있게 된다. 액체가 고체보다 더 무질서한 이유는 액체 같은 구조적 무질서를 가진 접근 가능한 미시 상태들의 수가 고체 같은 질서를 가진 수보다 훨씬 더 크기 때문이다.

17.4 열역학적 성질

이상 기체의 성질을 예측하기 위한 볼츠만 식 사용에서, 접근 가능한 상태의 수 $\Omega(E)$는 에너지 E의 함수였다. 특정한 에너지 E를 사용하는 것은 계가 고립되었다는 것을 의미하는데, 왜냐하면 다른 계와 에너지를 교환할 수 있는 계의 에너지는 상수가 아니기 때문이다. 다른 계와 에너지를 쉽게 교환하는 계를 기술하기 위해서 다음의 원리를 적용한다. **다른 계와 열적 평형 상태에 있을 때, 어떤 계(또는 부분계)의 내부 에너지 U는 가장 있음직한 에너지 $\hat{E}$와 동일하며 이 계의 엔트로피 S는 $k_B \ln \Omega(\hat{E})$와 동일하다.**

복합 계

볼츠만 엔트로피와 위에서 언급했던 원리가 열역학에 의해서 확립된 계의 성질과 일

---

6) 계의 미시 상태는 에너지 고유 상태로 지정되었는데, 이것들은 시간에 무관한 상태이고 실제적인 미시적 배열은 시간에 따라 변화된다.

7) 평균을 만드는 과정은 18장~21장에서 전개된다. 요동은 제22장에서 논의된다.

치한다는 것을 입증하기 위해서 복합 계의 거동을 연구한다. 우리는 부분계 1과 부분계 2라고 부르는, 두 부분으로 이루어진 계를 고려한다. 두 부분보다 더 많은 부분을 가진 복합 계에 대한 결과는 연속적으로 각 부분을 부분계 1로 고려하고 다른 모든 부분을 부분계 2로 취급하면서 얻을 수 있다. 결합된 (전체) 계는 고립되어 있다고 가정하고, 그래서 계의 에너지 E_{tot}은 고정된다. 부분계들이 서로 접촉하고 있는 계면에서 입자들의 상호작용으로부터 생기는 열의 형태로 에너지를 교환하고 있기 때문에, 이 상호작용의 에너지는 부분계의 에너지 E_1과 E_2와 비교하면 무시할 수 있고, 따라서 다음 식이 성립한다.

$$E_{tot} = E_1 + E_2 \tag{17.28}$$

간단하게 하기 위해서, E_1과 E_2의 가능한 최솟값이 0이라고 가정한다. E_{tot}은 고정되어 있기 때문에 관계식 $E_2 = E_{tot} - E_1$을 통해서 E_2가 E_1에 의존하도록 함으로써 E_1을 독립 변수로 취급할 수 있다.

PVT 계에서 접근 가능한 상태들의 수는 계의 에너지 E, 부피 V, 입자들의 수 N에 의존한다. 따라서 V와 N의 값들은 고정되도록 하면서, 열의 형태로 에너지를 교환함으로써 생기는 에너지의 분포에 집중할 수 있다. 부피 V_1과 V_2가 고정되었을 때 (또는 계의 다른 형태에 대한 유사한 변수들이 고정되었을 때), 부분계에 의한 일은 행해지지 않는다.

가장 있음직한 에너지

결합된 계의 각 미시 상태 α_{tot}은 부분계 1의 미시 상태 α_1과 부분계 2의 미시 상태 α_2로 구성되어 있으며, 다시 말하면 $\alpha_{tot} = (\alpha_1, \alpha_2)$이다. 에너지 E_1을 가진 각각의 미시 상태 α_1에 대해서 부분계 2에 접근 가능한 $\Omega_2(E_{tot} - E_1)$개의 미시 상태 α_2가 있다. 에너지 E_1을 가진 부분계 1의 미시 상태 α_1의 개수는 $\Omega_1(E_1)$이기 때문에, E_{tot}과 E_1의 특정한 값들과 모순되지 않는 결합된 계의 미시 상태의 수는 다음과 같다.

$$\Omega_{tot}(E_{tot}, E_1) = \Omega_1(E_1)\Omega_2(E_{tot} - E_1) \tag{17.29}$$

고립된 계의 모든 접근 가능한 미시 상태가 똑같이 있음직하다는 원리는 가장 있음직한 부분계 에너지인 $\hat{E}_1$과 $\hat{E}_2$를 발견하기 위해서 이용될 수 있다. 미시 상태의 집합의 확률은 개별 상태에 대한 확률의 합이기 때문에, 결합된 계에서 부분계 1이 에너지 E_1을 가질 확률 $P_{tot}(E_1)$은 $\Omega_{tot}(E_{tot}, E_1)$에 비례하고, 따라서 다음 식이 성립하며,

$$P_{tot}(E_1) = K_0\,\Omega_{tot}(E_{tot}, E_1) = K_0\,\Omega_1(E_1)\Omega_2(E_{tot} - E_1) \tag{17.30}$$

여기서 K_0은 비례 상수이다.

가장 있음직한 E_1의 값은 E_1을 연속적인 변수라고 취급하고 $P_{tot}(E_1)$의 미분을 0으

로 놓음으로써 발견되며, 다음과 같다.

$$\frac{\partial P_{\text{tot}}(\widehat{E}_1)}{\partial E_1} = K_0\left[\frac{\partial \Omega_1\left(\widehat{E}_1\right)}{\partial E_1}\Omega_2(E_{\text{tot}} - \widehat{E}_1) + \Omega_1(\widehat{E}_1)\frac{\partial \Omega_2(E_{\text{tot}} - \widehat{E}_1)}{\partial E_1}\right] = 0 \quad (17.31)$$

$E_2 = E_{\text{tot}} - E_1$이기 때문에, 미분 $\partial\Omega_2/\partial E_1$은 $-\partial\Omega_2/\partial E_2$와 같으며, 따라서 식 (17.31)은 $(\partial\Omega_1/\partial E_1)\Omega_2 - \Omega_1(\partial\Omega_2/\partial E_2) = 0$임을 의미하고, $\Omega_1\Omega_2$로 나누면 다음을 얻는데,

$$\frac{1}{\Omega_1(\widehat{E}_1)}\frac{\partial \Omega_1(\widehat{E}_1)}{\partial E_1} = \frac{1}{\Omega_2(\widehat{E}_2)}\frac{\partial \Omega_2(\widehat{E}_2)}{\partial E_2} \quad (17.32)$$

여기서 부분계 2의 가장 있음직한 에너지는 다음과 같다.

$$\widehat{E}_2 = E_{\text{tot}} - \widehat{E}_1 \quad (17.33)$$

$d\ln x/dx = 1/x$를 이용하면, 식 (17.32)는 다음과 같이 표현될 수 있다.

$$\frac{\partial \ln \Omega_1(\widehat{E}_1)}{\partial E_1} = \frac{\partial \ln \Omega_2(\widehat{E}_2)}{\partial E_2} \quad (17.34)$$

온도

부분계의 내부 에너지가 가장 있음직한 에너지와 동일하다는 원리는 다음 식을 주며,

$$U_1 = \widehat{E}_1 \quad \text{및} \quad U_2 = \widehat{E}_2 \quad (17.35)$$

이것은 엔트로피와 온도 사이의 관계에 대한 중요한 의미를 가진다. 관계식 $S = k_B \ln \Omega$가 이용되고 내부 에너지가 $\widehat{E}_1$과 $\widehat{E}_2$와 동일하게 되었을 때, 식 (17.34)는 다음을 의미한다.

$$\frac{\partial S_1(U_1)}{\partial U_1} = \frac{\partial S_2(U_2)}{\partial U_2} \quad (17.36)$$

온도의 본질적인 특징은 평형 상태에 있는 상호작용하는 계들 사이에서는 서로 온도가 같다는 것이다. 식 (17.36)은 그들의 $\partial S/\partial U$가 온도의 특성을 가진다는 것을 나타낸다. *PVT* 계들이 고려되고 그들의 부피가 고정되었다고 명시적으로 나타낼 때, 이 방정식은 $(\partial S_1/\partial U_1)_{V_1} = (\partial S_2/\partial U_2)_{V_2}$이 되며, 이것은 $(\partial U_1/\partial S_1)_{V_1} = (\partial U_2/\partial S_2)_{V_2}$임을 의미한다. 식 (12.4)로부터 엔트로피와 절대 온도 사이의 열역학적 관계식은 $T = (\partial U/\partial S)_V$이기 때문에, 볼츠만 엔트로피의 에너지 미분이 절대 온도 T의 미시적인 해석을 준다.

내부 에너지

에너지 E_1과 E_2는 고려되는 복합 계에서 고정되는 것이 아니기 때문에 U_1과 U_2에 대한 이들 값들이 (내부 에너지들이 잘 정의되는) 열역학과 모순되지 않는다는 것을 입증할 필요가 있다. 우리는 E_1과 E_2가 그들의 가장 있음직한 값들과는 현저하게 다른 값을 가질 확률이 극도로 작다는 것을 보임으로써 이것을 입증할 수 있다.

식 (17.17)에서 단원자 이상 기체에서 접근 가능한 상태 $\Omega(E)$의 개수가 $E^{cN}(c = 3/2)$에 비례한다는 것을 발견했다. 다양한 값의 c와 함께 이런 종류의 거동은 많은 계들에서 전형적이다.[8] E_1 값들의 분포를 설명하기 위해서, 접근 가능한 개수의 에너지에 관한 의존성이 다음 식으로 주어지는 부분계들을 고려하는데,

$$\Omega_1(E_1) = K_1 E_1{}^{c_1 N_1} \quad 및 \quad \Omega_2(E_2) = K_2 E_2{}^{c_2 N_2} \tag{17.37}$$

여기서 K_1과 K_2는 비례 상수이고 N_1과 N_2는 두 부분계에서 입자들의 개수이다. 이들을 식 (17.30)에 있는 $P_{\text{tot}}(E_1)$에 관한 표현식에 대입하면, 에너지 E_{tot}이 부분계 1에 에너지 E_1으로 배분되는 확률은 다음과 같다.

$$P_{\text{tot}}(E_1) = K_0 K_1 K_2 E_1{}^{c_1 N_1} (E_{\text{tot}} - E_1)^{c_2 N_2} \tag{17.38}$$

부분계 1의 가장 있음직한 에너지 $\hat{E}_1$은 $\partial P_{\text{tot}}(\hat{E}_1)/\partial E_1 = 0$을 만족한다는 조건에 의해서 결정되는데, 이것은 다음 식을 의미하며,

$$\frac{\hat{E}_1}{c_1 N_1} = \frac{\hat{E}_2}{c_2 N_2} \tag{17.39}$$

여기서 $\hat{E}_2 = \hat{E}_{\text{tot}} - \hat{E}_1$이다. 부분계 1이 에너지 E_1을 가지는 확률이 $c_1 = c_2 = 3/2$이고, $N_1 = N_2$인 특별한 경우에 대해서 최대 확률 $P_{\text{tot}}(\hat{E}_1)$에 대한 상대적인 확률이 그림 17.1에 나타나 있다.

부분계들은 같은 형태와 크기이기 때문에, 가장 있음직한 에너지 $\hat{E}_1$과 $\hat{E}_2$는 둘 다 $\frac{1}{2}E_{\text{tot}}$과 같다. 그림에서 $N_1 = 10^2$과 $N_1 = 10^4$에 대한 결과들은 부분계들 사이에 에너지의 분포가 가장 있음직한 분포 주위에 강하게 집중되어 있고 입자들의 수가 증가하면서 집중도가 증가한다는 것을 나타낸다.[9] 만일 $N_1 = 10^6$에 대한 결과가 그려진다면, 이것은 $E_1/E_{\text{tot}} = \frac{1}{2}$에서 수직의 선으로 나타나게 될 것이다. 거시적인 계에서 입자들의 개수는 아보가드로의 수 정도의 크기이기 때문에, E_1과 E_2가 $\hat{E}_1$과 $\hat{E}_2$와 다를 확률은 극도로 작다. 이것 때문에 내부 에너지 U_1과 U_2를 가장 있음직한 에너지 $\hat{E}_1$과 $\hat{E}_2$와 같다고 하는 것이 정당하게 된다. 그러면 $E_{\text{tot}} = \hat{E}_1 + \hat{E}_2$가 $U_{\text{tot}} = U_1 + U_2$를 의미하며, 따라서 내부 에너지는 크기 상태 함수의 더하기 성질을 가진다.

---

8) $\Omega(E)$가 E의 증가 함수가 아닌 상황은 부록 21.A에서 논의된다.

9) 그림에서 곡선들의 폭이 $1/\sqrt{N}$에 비례한다는 것을 보이는 것은 연습 문제로 남긴다.

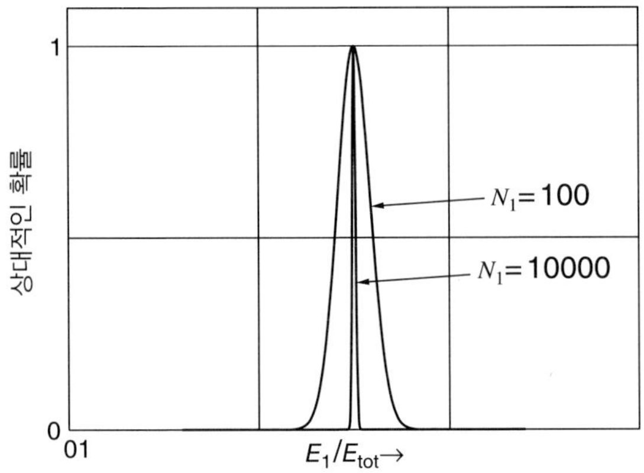

그림 17.1 상대적인 확률 $P_{\mathrm{tot}}(E_1)/P_{\mathrm{tot}}(\hat{E}_1)$

열적인 현상의 미시적 기술과 열역학적 기술의 일관성은 에너지가 가장 있음직한 방법으로 분포되어 있다는 높은 확률에 의존한다. 높은 확률의 존재가 성분 입자 개수의 커다란 값에 의존하기 때문에, 내부 에너지와 엔트로피를 대응하는 열역학적 성질과 동일시하는 것은 거시적인 크기의 계를 요구한다.

엔트로피

볼츠만 엔트로피 $S_B = k_B \ln \Omega$가 열역학의 대응하는 상태 함수의 특성을 가진다는 것을 입증하기 위해서, 이것이 열역학 제2법칙의 엔트로피 진술과 모순되지 않는다는 것을 보일 필요가 있다(10.3절 참조). 특별히 우리는 (i) 볼츠만 엔트로피가 크기 양이고, (ii) 일이 행해지지 않을 때 내부 에너지가 증가함에 따라 증가하며, (iii) 단열적으로 고립된 계에서 결코 감소하지 않는다는 것을 보일 필요가 있다.

볼츠만 엔트로피가 두 번째 특성을 가진다는 것은 이상 기체에서 $\Omega(E)$의 거동에 의해 나타난다. 비록 식 (17.17)에서 Ω의 E 의존성은 단원자 기체에 한정된 것이기는 하지만, 부피 V가 고정되어 있을 때 $\Omega(E)$가 빠르게 증가하는 E의 함수라는 것은 전형적이다. V가 고정되어 있을 때는 일이 행해지지 않기 때문에, 내부 에너지가 증가함에 따라 $k_B \ln \Omega(E)$의 값은 증가하며, 이것은 내부 에너지가 E 또는 $\hat{E}$ 어느 것과 동일시되어도 사실이다.

엔트로피는 크기 양

부분계 1과 2가 고립되었을 때, 에너지 E_1과 E_2는 고정되고 부분계 내부 에너지들도 고정된다. 식 (17.29)에 따르면, 결합 계에 접근 가능한 미시 상태의 수는 다음과 같다.

$$\Omega_{\text{tot}}(E_{\text{tot}}, E_1) = \Omega_1(E_1)\Omega_2(E_2) \tag{17.40}$$

여기서 $E_2 = E_{\text{tot}} - E_1$이다. 이 식에 로그를 취하고 k_B를 곱하면 다음과 같다.

$$k_B \ln \Omega_{\text{tot}}(E_{\text{tot}}, E_1) = k_B \ln \Omega_1(E_1) + k_B \ln \Omega_2(E_2) \tag{17.41}$$

그러면 볼츠만 식으로부터 다음 식이 성립하게 된다.

$$S_{\text{tot}}(E_{\text{tot}}) = S_1(E_1) + S_2(E_2) \tag{17.42}$$

따라서 엔트로피는 부분계들이 고립되었을 때 크기 양으로 상태 함수의 더하기 성질을 가진다.

어떤 계가 평형 상태에 있을 때, 고립된 계를 단일한 실체 또는 부분계의 조합 중 어느 것으로 다룰 것인가는 열역학에서 선택의 문제이다. 단일한 실체로 다룰 때, 계의 엔트로피는 $S_{\text{tot}} = k_B \ln \Omega_{\text{tot}}$이다. 두 개의 부분계들로 다룰 때에는, 부분계 엔트로피들이 $S_1 = S_1(\hat{E}_1)$과 $S_2 = S_2(\hat{E}_2)$이며, 엔트로피의 크기 양 특성은 $S_{\text{tot}} = S_1 + S_2$임을 요구한다. 식 (17.40)을 $E_1 = \hat{E}_1$과 $E_2 = \hat{E}_2$에서 계산하면 다음과 같다.

$$\Omega_{\text{tot}}(E_{\text{tot}}, \hat{E}_1) = \Omega_1(\hat{E}_1)\Omega_2(\hat{E}_2) \tag{17.43}$$

이 식에 로그를 취하고, k_B를 곱하고, 볼츠만 식을 이용하면 다음과 같다.

$$S_{\text{tot}}(E_{\text{tot}}) = S_1(\hat{E}_1) + S_2(\hat{E}_2) \tag{17.44}$$

따라서 볼츠만 엔트로피는 크기 양으로 상태 함수의 더하기 성질을 가진다.

엔트로피는 결코 감소하지 않음

엔트로피는 평형 상태 성질이기 때문에, 평형 상태에서 시작하고 끝나는 과정들을 고려해 본다. 우리는 평형 상태에 있는 계에서 시작하며, 상수 또는 구속 조건들을 제거함으로써 계를 교란시키고, 그 다음에 계가 다시 평형 상태로 가도록 놓아둔다. 왜 엔트로피가 증가하는 경향이 있는지 설명하기 위해서 위에서 논의되었던 고립된 두 부분계들이 이용될 수 있다. 부분계가 고립되었을 때, 이 계에 접근 가능한 미시 상태의 수는 식 (17.40)으로 주어지며, 따라서 결합된 계의 초기 엔트로피는 다음과 같다.

$$S_0 = k_B \ln \Omega_{\text{tot}}(E_{\text{tot}}, E_1) = S_1(E_1) + S_2(E_2) \tag{17.45}$$

이제 단열 고립의 구속 조건을 제거함으로써 계를 교란시킨다. 두 부분계가 평형 상태에 이른 후에 접근 가능한 미시 상태의 수는 식 (17.43)에 의해서 주어지고, 따라서 결합된 계들의 최종 엔트로피는 다음과 같다.

$$S_f = k_B \ln \Omega_{\text{tot}}(E_{\text{tot}}, \widehat{E}_1) = S_1(\widehat{E}_1) + S_2(\widehat{E}_2) \tag{17.46}$$

$\Omega_{\text{tot}}(E_{\text{tot}}, \widehat{E}_1)$이 $\Omega_{\text{tot}}(E_{\text{tot}}, E_1)$의 최댓값이기 때문에 최종 엔트로피 S_f는 초기 엔트로피 S_0보다 단지 크거나 같을 수 있다.

엔트로피 증가의 원천에 대한 또 하나의 설명은 자유 팽창 실험에서 엔트로피의 증가이다. 이 실험들은 딱딱한 절연 벽들을 가진 두 개의 용기를 이용하고 하나의 용기는 기체로 채우고 다른 것은 비워둔 상태로 시작한다. 기체가 용기들 사이에서 자유롭게 흐를 수 있도록 밸브를 열어서 구속 조건이 제거되도록 한다. 밸브를 여는 것이 기체가 원래 있던 곳에 머무는 것을 방해하는 것은 아니기 때문에, 초기에 접근 가능했던 미시 상태들이 여전히 접근 가능하도록 남게 된다. 그러나 밸브가 열려진 후에는 기체가 두 용기에 모두 있는 추가적인 미시 상태들도 있게 된다. 접근 가능한 상태의 수 Ω의 결과적인 증가는 $S_B = k_B \ln \Omega$가 증가하도록 만든다. 우리는 두 용기의 전체 부피를 원래의 값으로 줄임으로써 팽창의 효과를 반대로 해서 S_B를 감소시키려고 노력할 수 있는데, 이것은 적절하게 고안된 장치에서 피스톤을 움직여서 달성될 수 있다. 부피 감소는 Ω의 값을 참으로 감소시키는 경향이 있겠지만, 피스톤에 의해서 행해지는 일은 기체의 내부 에너지를 증가시키게 될 것이고, 이것이 다음에는 Ω의 값을 증가시키는 경향이 있다. 마지막 결과는 (우리가 일반적으로 증명하지는 않았지만) Ω의 값을 감소시키는 경향이 있는 효과가, 접근 가능한 상태의 수가 결코 감소하지 않는 방법으로 항상 그것을 증가시키는 경향이 있는 효과에 의해 상쇄된다는 것이다.

17.5 볼츠만 인자

다른 계들과 평형 상태에 있는 어떤 계가 미시 상태 α에 있는 확률은 $e^{-E_{N,\alpha}/k_BT}$에 비례하는데, 여기서 T는 계의 온도이다. e^{-E/k_BT} 형의 표현을 **볼츠만 인자**(Boltzmann factors)라고 한다. 이러한 비례 관계를 보이기 위해서, 두 개의 상호작용하는 부분계들로 구성된 계를 고려하고 부분계 1에 관심을 집중한다. 결합된 (전체) 계는 (α', α'')에 의해서 지정된 미시 상태를 가지고 고립되어 있는데, 여기서 α'과 α''은 각각 부분계 1과 2의 미시 상태이다. 부분계 1이 미시 상태 α'에 있는 확률 $\rho_{\alpha'}^{(1)}$을 찾고 있는 것이다.

부분계 1의 에너지가 $E_{\alpha'}^{(1)}$이고 결합된 계의 에너지가 E_{tot}일 때, 부분계 2에 접근 가능한 미시 상태의 수는 $\Omega_2(E_2)$인데, 여기서 $E_2 = E_{\text{tot}} - E_{\alpha'}^{(1)}$이다. 결합된 계의 미시 상태들은 똑같이 있음직하다고 가정되었기 때문에, 부분계 1이 미시 상태 α'에 있을 확률은 $\Omega_2(E_{\text{tot}} - E_{\alpha'}^{(1)})$에 비례하며, 따라서 다음과 같다.

$$\rho_{\alpha'}^{(1)} = K\Omega_2(E_{tot} - E_{\alpha'}^{(1)}) \tag{17.47}$$

여기서 K는 비례 상수이다. 계 1의 에너지가 가장 있음직한 값의 주변에 대단히 집중되어 있기 때문에, $\rho_{\alpha'}^{(1)}$의 $E_{\alpha'}^{(1)}$ 의존성을 가장 있음직한 에너지 $\widehat{E}_1$에서 벗어난 정도의 거듭제곱으로 전개할 수 있고 여러 제곱을 한 항들을 무시할 수 있다. 접근 가능한 상태의 수 Ω_2가 매우 크기 때문에, 먼저 $\rho_{\alpha'}^{(1)}$을 표현하기 위해서 다음 식처럼 관계식 $x = e^{\ln x}$를 이용할 수 있다.

$$\rho_{\alpha'}^{(1)} = K\, e^{\ln \Omega_2 (E_{\text{tot}} - E_{\alpha'}^{(1)})} \tag{17.48}$$

이제는 지수를 전개한다. $\widehat{E}_1$에서 벗어난 정도의 거듭제곱으로 테일러(Taylor) 급수 전개를 했을 때 차수가 낮은 몇 항들은 다음과 같다.

$$\ln \Omega_2 (E_{\text{tot}} - E_{\alpha'}^{(1)}) = \ln \Omega_2 (\widehat{E}_2) - \frac{\partial \ln \Omega_2 (\widehat{E}_2)}{\partial E_2} (E_{\alpha'}^{(1)} - \widehat{E}_1) + \cdots \tag{17.49}$$

여기서 $\widehat{E}_2 = E_{\text{tot}} - \widehat{E}_1$이다. 부분계 2의 엔트로피는 $S_2 = k_B \ln \Omega_2(\widehat{E}_2)$이기 때문에, $(\partial S/\partial U)_V = 1/T$로부터 $\partial \ln \Omega_2(\widehat{E}_2)/\partial E_2 = 1/k_B T_2$가 따라 나온다. 결합 계가 평형 상태에 있을 때, 온도 T_2와 T_1이 같기 때문에 부분계 1이 미시 상태 α'에 있을 확률은 다음과 같다.

$$\rho_{\alpha'}^{(1)} = K\, e^{\ln \Omega_2 (\widehat{E}_2)} e^{-(E_{\alpha'}^{(1)} - \widehat{E}_1)/k_B T_1} = \frac{e^{-E_{\alpha'}^{(1)}/k_B T_1}}{Z_N} \tag{17.50}$$

여기서 $1/Z_N = K\, e^{\ln \Omega_2 (\widehat{E}_2)} e^{\widehat{E}_1/k_B T_1}$이다. Z_N이 고려되고 있는 미시 상태에는 의존하지 않는다는 것에 주목하자.

정준 확률

우리의 관심이 부분계 1에 있기 때문에 α'에 있는 프라임 부호는 빠질 수 있다. N개로 이루어진 입자 계의 고윳값이라는 것을 나타내기 위해서 $E_{N,\alpha}$에 아래 첨자 N을 덧붙이고 나면, 결과적인 확률들은 다음 식처럼 볼츠만 인자 $e^{-E_{N,\alpha}/k_B T}$에 비례하게 되는데,

$$\boxed{\rho_{\alpha}^{c}(T) = \frac{e^{-E_{N,\alpha}/k_B T}}{Z_N}} \tag{17.51}$$

여기서 위 첨자 'c'는 이것이 온도 T에서 평형 상태에 있는 계를 기술하는 **정준 확률**(canonical probabilities)이라는 것을 나타낸다. 규격화 조건이 Z_N의 값을 결정하는데, 이것을 **분배 함수**(partition function)라고 한다. $\rho_{\alpha}^{c}(T)$를 $\sum_{\alpha} \rho_{\alpha}^{c}(T) = 1$에 대입하고 Z_N에 대해서 풀면 다음과 같다.

$$Z_N = \sum_{\alpha} e^{-E_{N,\alpha}/k_B T} \tag{17.52}$$

다음 장에서 논의되는 대로, 확률 $\rho_\alpha^c(T)$는 **바른틀 모둠**(canonical ensemble, 정준 앙상블)이라고 알려진 것을 기술하고, 반면에 식 (17.27)에서 주어지는 확률 $\rho_\alpha(E)$는 **작은 바른틀 모둠**(microcanonical ensemble)을 기술한다.

문제

17.1 원자 N개로 이루어진 에너지 $E = \sum_j x_j^2$를 가지는 고전적인 고체의 접근 가능한 상태들의 수, 엔트로피, 내부 에너지를 구하시오. 여기서 $\sqrt{2m}$으로 나눈 운동량의 성분 $(p_1^x, \ldots, p_{3N}^z)$을 $(x_1, \ldots, x_{3N})$으로 나타냈으며 원자의 변위들의 성분 $(q_1^x, \ldots, q_{3N}^z)$는 $(x_{3N+1}, \ldots, x_{6N})$에 비례한다(이것은 아인슈타인 모형의 고전적인 변형이다). 다음 식을 참조하라.

$$\Sigma(E) = \frac{1}{h^{3N}} \int_{-\infty}^{\infty} dx_1 \cdots \int_{-\infty}^{\infty} dx_{6N} \begin{pmatrix} 1, & \sum_j x_j^2 \le E \text{ 인 경우} \\ 0, & \text{그렇지 않은 경우} \end{pmatrix}$$

결과를 뒬롱과 프티 법칙(law of Dulong and Petit)과 비교하시오.

17.2 상대적인 확률 $P_{\text{tot}}(E_1)/P_{\text{tot}}(\hat{E}_1)$이 1/2일 때, 그림 17.1에 있는 곡선의 폭 $|E_1 - \hat{E}_1|$이 $\hat{E}_1/\sqrt{N}$에 비례함을 보이시오. $N_1 = N_2$이고 $c_1 = c_2$라고 가정한다. [힌트: $P_{\text{tot}}(E_1)$을 $E_1 = \hat{E}_1$ 근처에서 테일러 급수로 전개하고 $E_1 - \hat{E}_1$의 여러 제곱을 한 항들을 무시한다.]

17.A 부록

I_{3N}의 계산

이상 기체에 대해서 접근 가능한 상태의 수 $\Omega(E)$를 결정하기 위해 필요한 적분 I_{3N}의 값이 이 부록에서 유도된다. 식 (17.A.1)과 식 (17.A.2)로 정의되는 함수로 시작한다.

$$J_n(X) = \int_{-\infty}^{+\infty} dx_1 \cdots \int_{-\infty}^{+\infty} dx_{2n} F(X, x_1 \ldots x_{2n}) \tag{17.A.1}$$

$$F(X, x_1 \ldots x_{2n}) = \begin{pmatrix} 1, & \sum_j x_j^2 \le X \text{ 인 경우} \\ 0, & \text{그렇지 않은 경우} \end{pmatrix} \tag{17.A.2}$$

방정식 $X = \sum_j x_j^2$은 좌표들 $(x_1, x_2, \ldots, x_{2n})$을 가진 $2n$차원 공간에서 '표면'을 정의하고, $F(X, x_1, \ldots, x_{2n})$는 표면 안쪽에 있는 '부피'이다. 적분 변수들을 x_j에서 u_j로 바꾸면 다음과 같다. 여기서 $x_j = u_j\sqrt{X}$이고 $dx_j = du_j\sqrt{X}$이다.

$$J_n(X) = X^n \int_{-\infty}^{+\infty} du_1 \cdots \int_{-\infty}^{+\infty} du_{2n} F(1, \ldots u_j \ldots) \tag{17.A.3}$$

요구 조건인 $\sum_j x_j^2 \le X$은 $\sum_j u_j^2 \le 1$이 되며, 따라서 식 (17.A.4)와 식 (17.A.5)가 된다.

$$J_n(X) = X^n I_{2n} \tag{17.A.4}$$

$$I_{2n} = \int_{-\infty}^{+\infty} du_1 \cdots \int_{-\infty}^{+\infty} du_{2n} \begin{pmatrix} 1, & \sum_j u_j^2 \le 1\text{인 경우} \\ 0, & \text{그렇지 않은 경우} \end{pmatrix} \tag{17.A.5}$$

이 식에서 $2n = 3N$이라고 놓으면 식 (17.14)에서 정의된 양 I_{3N}을 얻는다.

아래에 나오는 적분을 두 가지 방법들로 계산하고 그 결과들을 결합함으로써 I_{2n}의 값이 발견될 수 있다. 다음 식을 정의하자.

$$K_n = \int_{-\infty}^{+\infty} dx_1 \cdots \int_{-\infty}^{+\infty} dx_{2n}\, e^{-\sum_j x_j^2} \tag{17.A.6}$$

여기서 $j = 1, 2, \ldots, 2n$이다. 첫 번째 방법은 K_n을 $2n$개의 적분들의 곱으로 다시 쓰기 위하여 $e^{a+b+c+\ldots} = e^a e^b e^c \ldots$를 이용한다. 그러면 $\int_{-\infty}^{+\infty} e^{-x^2} dx = \sqrt{\pi}$로부터 다음과 같다.

$$K_n = \left(\int_{-\infty}^{+\infty} e^{-x_1^2} dx_1\right) \cdots \left(\int_{-\infty}^{+\infty} e^{-x_{2n}^2} dx_{2n}\right) = \left(\int_{-\infty}^{+\infty} e^{-x^2} dx\right)^{2n} = \pi^n \tag{17.A.7}$$

K_n을 표현하는 두 번째 방법은 이것을 $X = \sum_j x_j^2$가 본질적으로 상수가 되는 영역들에 대해서 적분을 구하고 서로 다른 영역들에 대해서 적분을 합하는 것으로 나타내는 것이다. 이것을 수행하기 위해서 $X_k = k\Delta X$를 정의하는데, 여기서 ΔX는 무한소이고 k는 $(k = 0, 1, 2, \ldots)$ 음이 아닌 정수이다. $F(X, x_1, \ldots, x_{2n})$는 X에 있는 표면 안쪽에서는 1이고 바깥쪽에서는 0이기 때문에, 차이 값인 $[F(X_{k+1}, x_1, \ldots, x_{2n}) - F(X_k, x_1, \ldots, x_{2n})]$은 X_k와 X_{k+1}에 있는 표면 사이를 제외하면 0이 된다. k에 관한 합은 x 공간 모두를 포함하기 때문에 식 (17.A.2)로부터 다음 식이 따라 나온다.

$$\sum_{k=0}^{\infty} [F(X_{k+1}, x_1 \ldots x_{2n}) - F(X_k, x_1 \ldots x_{2n})] = 1 \tag{17.A.8}$$

식 (17.A.6)에 있는 K_n의 피적분 함수에 식 (17.A.8)을 곱하고 합과 적분들을 교환하면, 다음 식을 얻는다.

$$K_n = \sum_{k=0}^{\infty} \int_{-\infty}^{+\infty} dx_1 \cdots \int_{-\infty}^{+\infty} dx_{2n}\, e^{-\sum_j x_j^2} [F(X_{k+1}, x_1 \ldots x_{2n}) - F(X_k, x_1 \ldots x_{2n})] \tag{17.A.9}$$

$\Delta X \to 0$이면, 지수 함수 $e^{-\sum_j x_j^2} = e^{-X}$은 e^{-X_k}에 접근한다. 이제 e^{-X_k}를 적분 바깥으로 보내고 ΔX를 곱하고 나누어 주면, 식 (17.A.1)로부터 다음과 같다.

$$\begin{aligned} K_n &= \sum_{k=0}^{\infty} e^{-X_k} \int_{-\infty}^{+\infty} dx_1 \cdots \int_{-\infty}^{+\infty} dx_{2n} [F(X_{k+1}, x_1 \ldots x_{2n}) - F(X_k, x_1 \ldots x_{2n})] \\ &= \sum_{k=0}^{\infty} e^{-X_k} \frac{J_n(X_k + \delta X) - J_n(X_k)}{\Delta X} \Delta X \end{aligned} \tag{17.A.10}$$

극한 $\Delta X \to 0$에서 이것은 다음 식이 된다.

$$K_n = \int_0^{\infty} e^{-X} \frac{dJ_n(X)}{dX} dX \tag{17.A.11}$$

식 (17.A.4)로부터 $\partial J_n / \partial X = nX^{n-1} I_{2n}$이 나오며, 따라서 다음과 같다.

$$K_n = nI_{2n} \int_0^{\infty} e^{-X} X^{n-1} dX = n\Gamma(n) I_{2n} \tag{17.A.12}$$

$\Gamma(n) = \int_0^{\infty} e^{-X} X^{n-1} dX$는 잘 알려진 감마(gamma) 함수인데, 부분 적분에 의해서 입증될 수 있는 것처럼, $\Gamma(1) = 1$과 $\Gamma(n) = (n-1)\Gamma(n-1)$ 값들을 가진다. $\Gamma(n) = (n-1)!$이기 때문에 양변에 n을 곱하면 $n\Gamma(n) = n!$을 주게 된다. 따라서 다음 식을 얻는다.

$$K_n = I_{2n}\, n! \tag{17.A.13}$$

이것을 식 (17.A.7)로부터 $K_n = \pi^n$ 결과와 결합하면 $I_{2n} = \pi^n / n!$이 되는 것을 의미한다. 이제 $2n = 3N$이라고 놓으면, 다음과 같다.

$$\boxed{I_{3N} = \frac{\pi^{\frac{3}{2}N}}{\left(\frac{3}{2}N\right)!}} \tag{17.A.14}$$

IV부
통계 역학 I

많은 수의 미시적인 자유도로 구성되어 있는 열역학적인 계를 기술하려면 통계적인 방법이 필요하다. 실제의 물리계에 대한 가상의 복사본들의 모임을 모둠(ensemble, 또는 앙상블)이라고 하는데, 통계물리학에서의 확률은 바로 이러한 모둠을 이용해 기술하게 된다. 세 종류의 기본적인 모둠들 [작은 바른틀(microcanonical), 바른틀(canonical), 큰 바른틀(grandcanonical) 모둠]은 미시 상태(microstate)라고 하는 계의 미시적인 짜임새들(configurations)에 확률을 치우치지 않게(unbiased) 배정하는 방법을 얻는 과정을 거쳐, 정보이론의 개념들을 이용해 얻을 수 있다. IV부에서는 에너지가 E인 미시 상태에 e^{-E/k_BT}의 확률을 부여하는 바른틀 모둠을 중점적으로 기술한다. 바른틀 모둠의 확률 표현으로부터 얻어지는 중요한 결과가 바로 분배 함수인데, 분배 함수를 통해 계의 거시적인 성질들이 계의 미시적인 구조로부터 결정된다. 고전역학과 양자역학 모두에서 원자 수준의 계의 행태는 해밀토니안(Hamiltonian)으로 결정된다. 해밀토니안은 계의 미시 상태 에너지를 결정하고, 미시 상태의 에너지는 분배 함수를 결정하며, 분배 함수로부터 결국 헬름홀츠 자유 에너지(Helmholtz free energy)가 주어진다. 열역학적인 퍼텐셜로서의 자유 에너지가 주어지면 계에 대한 평형 상태에서의 성질들이 온전히 기술되므로, 결국 자유 에너지와 분배 함수 사이의 관계를 주는 분배 함수 공식을 통해서 계의 미시적인 성질과 거시적인 성질 사이의 관계가 제대로 결정되는 것이다.

모둠 평균(ensemble average)과 분배 함수를 실제 이용하려면, 살펴보고자 하는 물리계에 대한 일정 수준의 이상화(idealization)가 요구되게 마련이다. 많은 경우, 서로 상호작용하지 않는 입자들로 이루어진 모형계나, 서로 독립적으로 진동하는 모드(mode)들로 이루어진 모형계를 가정하면 유용한 결과들을 얻을 수 있다. 평형 상태에 있는 계의 성질들은 잘 정의된 값을 가지며 정적(static)인 것처럼 보이지만, 사실상 무작위적인 작은 요동들이 끊임없이 일어나고 있다. 거시적인 특성들이 정적인 것처럼 보이는 이유는 그 값들이 평균값으로부터 벗어나는 정도가 (임계점 부근이 아니라면) 아주 작기 때문이다. 통계역학은 이들의 평균값뿐 아니라 요동하는 정도 모두를 얻을 수 있는 중요한 도구이다. 세 종류의 기본적인 모둠을 유도하는 것으로부터 IV부를 시작하자.

18장 모둠[1]

미시적인 수준에서 보면 열역학적 계를 구성하는 입자들은 끊임없이 혼돈(chaos)의 움직임을 하고 있으며, 동일한 거시적인 상태에 대응되는 많은 서로 다른 미시적인 짜임새들(미시 상태들)을 거쳐 시간에 따라 진행한다. 이로서 계의 미시 상태들에 확률값을 부여하는 통계적인 분석방법을 이용할 수 있게 된다. 작은 바른틀, 바른틀, 큰 바른틀 모둠 각각에서 미시 상태에 확률을 부여하는 것은 열적인 평형 조건을 기술하는 서로 다른 방법을 통해 이루어진다.

18.1 확률과 평균

기체의 에너지 분포를 기술하기 위해 필요한 용어와 표기법을 다시 되새겨 보자. 기체 입자의 운동 에너지는

$$K_i = \frac{1}{2}mv_i^2 \tag{18.1}$$

인데, 여기서 v_i는 입자의 속력(즉, 속도의 크기)이다. N개의 입자가 있을 때 입자 하나당 운동 에너지는 다음과 같은 **산술 평균**(arithmetic mean)으로 주어진다.

$$\overline{K} = \frac{K_1 + K_2 + \cdots + K_N}{N} = \frac{1}{N}\sum_{i=1}^{N}\left(\frac{1}{2}mv_i^2\right) \tag{18.2}$$

평균값 $\overline{K}$는 입자가 가질 수 있는 속력을 구간들로 나누어 기술할 수도 있다. 즉, 속력 구간의 폭이 Δv이면, n번째 속력 구간의 속력 v_n은 $n\Delta v \le v_n < (n+1)\Delta v$를 만족한다($n = 1, 2, 3, \ldots$). 입자의 속력이 n번째 구간에 있는 입자의 수를 N_n이라고 하면, 평균 운동 에너지는

$$\overline{K} = \frac{1}{N}\sum_{n=0}^{\infty} N_n\left(\frac{1}{2}mv_n^2\right) = \sum_{n=0}^{\infty}\frac{N_n}{N}K_n \tag{18.3}$$

인데, 여기서 $K_n = \frac{1}{2}mv_n^2$이다. N_n/N은 속력 v_n의 **상대 빈도**(relative frequency)이다.

1) 18장은 16장의 통계역학적인 개념에 의존하지만, 17장과는 직접적 관계가 없다.

상대 빈도는 **확률** ρ_n과 동일한 것이므로,

$$\rho_n = \frac{N_n}{N} \tag{18.4}$$

확률은 **음이 아니며**(non-negative) 또한 **규격화**(normalization)되어 있어야 한다. 즉 ρ_n은 $\rho_n \geq 0$와 $\sum_n \rho_n = 1$를 만족해야 하는데, 위의 N_n이 '무엇인가의 숫자'이므로 N_n/N이 음이 아니게 되고, 또한 전체 N개의 '무엇인가를' n이라는 지표(index)를 갖는 여러 모임으로 나눈 것($N = \sum_n N_n$)에 불과하므로 규격화 조건인 $\sum_n N_n/N = 1$를 만족한다. 속력 v_n의 상대적인 빈도를 ρ_n으로 나타냄으로써, 식 (18.3)의 평균 운동 에너지는 다음과 같다.

$$\langle K \rangle = \sum_n \rho_n K_n \tag{18.5}$$

여기서 꺾인 모양의 괄호(⟨ ⟩)는 평균값을 구할 때 확률값을 가중치로 했다는 것을 의미하는 기호이다. 임의의 성질 X의 **평균값**(average value)은 일반적으로 다음과 같다.

$$\langle X \rangle = \sum_n \rho_n X_n \tag{18.6}$$

여기서 X_n은 n이라는 지표로 구별되는 성질 X의 값이다.

모둠

운동 에너지는 개별 입자 하나에 대한 성질이므로 $\langle K \rangle$는 **단일 입자 평균**(single-particle average)이다. 단일 입자 평균을 얻는 과정은 어렵지 않다. 즉 여러 입자들로부터 각각이 기여하는 값을 얻은 후, 그 합을 입자의 수로 나누면 된다. 이렇게 얻어지는 평균은 산술 평균이다. 하지만 두 개 혹은 그 이상의 입자들 사이의 상호작용에 어쩔 수 없이 의존하는 퍼텐셜 에너지와 같은 양들에는 이런 산술 평균의 과정을 곧바로 적용하기 어렵다. 이런 양들의 경우에도 구해진 평균값을 일종의 산술 평균으로 해석하는 것이 도움이 되긴 하는데, 바로 모둠이라는 개념을 통해서다. 통계역학의 창시자 중 하나인 기브스(J. Willard Gibbs)[2]는 "본질적으로는 동일하지만 짜임새와 속도에 관해서는 다른, 수많은 독립적인 계들의 집합을 상상하자. 그 모임의 계 하나하나에서 역학적인 힘은 정확히 같은 법칙으로 결정된다." 바로 이 상상된 서로 독립적인 계들의 모임을 **모둠**(ensemble)이라고 한다. 모둠은 함께 작동하는[마치 함께 연주하는 음악 앙상블(musical ensemble)의 연주자들처럼] 무엇인가들의 모임이다. 통계

2) Gibbs, J.W. (1902) *Elementary Principles of Statistical Mechanics*, Yale University Press, reprinted by Dover Publications, 1960. See p. 5 in the Dover edition.

역학의 어떤 주어진 양의 평균값은 주어진 모둠 안에서의 그 양이 가질 수 있는 값들의 산술 평균으로 얻어지게 된다. 따라서 열역학의 통계적인 해석에 있어서, 적절히 주어진 모둠에 대해 계산된 평균값들로 계의 성질들이 얻어진다.

미시 상태

주어진 모둠에 속하는 계들 하나하나는 서로 다른 미시적인 짜임, 즉 서로 다른 **미시 상태**(microstate)를 가지지만 정확히 같은 물리계의 복사본들이다. 물리학의 많은 분야에서 에너지의 개념이 중요하고, 또 양자역학에서 임의의 파동함수는 에너지의 고유 함수를 기저로 해서 표현될 수 있으므로, 열적으로 평형 상태에 놓인 계의 미시 상태를 시간에 의존하지 않는 슈뢰딩거 방정식의 해로서의 **에너지 고유 상태**(energy eigenstate)를 이용해 구별하게 된다. 서로 다른 고유 상태는 지표 α를 이용해 구별하고 N개 입자의 에너지 **고윳값**(eigenvalue)은 $E_{N,\,\alpha}$로 적는다. 실제로 α는 여러 지표들을 한 지표로 줄여 묶어 적는 표기법이다. 예를 들어 앞 장에서의 지표 α는 단원자 이상 기체의 고유 상태를 기술하는 $3N$개의 양자수 $(n_{x,\,1}, n_{y,\,1}, n_{z,\,1}, \ldots, n_{z,\,N})$의 줄임 표기였다. 아래에서 설명하는 두 개의 준위를 갖는 이준위계(two-level system)의 경우에도 α는 N개의 지표들 $(n_1, n_2, \ldots, n_N)$의 줄임 표기이다.

한 모둠에서 미시 상태 α에 있는 구성원들의 상대적인 빈도는 확률 ρ_α에 의해 주어지는데, 이를 이용하면 성질 X의 **모둠 평균**(ensemble average)은 다음과 같다.

$$\boxed{\langle X \rangle = \sum_\alpha \rho_\alpha X_\alpha} \tag{18.7}$$

여기서 X_α는 계가 미시 상태 α에 있을 때의 성질 X의 값이다. 특히 평균 에너지는

$$\langle E_N \rangle = \sum_\alpha \rho_\alpha E_{N,\alpha} \tag{18.8}$$

인데, 여기서 $E_{N,\,\alpha}$는 미시 상태 α의 에너지 고윳값이다. 또한 확률의 **규격화 조건**(normalization condition)은

$$\sum_\alpha \rho_\alpha = 1 \tag{18.9}$$

이며 모든 미시 상태에 대한 합이다. 많은 입자들로 이루어진 계에는 엄청나게 큰 개수의 미시 상태들이 있는데, 이는 이준위계를 살펴보아도 쉽게 알 수 있다.

18.2 이준위계

입자 하나가 두 개의 가능한 에너지만을 갖는 독립적인 입자들의 집합을 이용해 열역학적인 계의 통계적인 기술 방법을 알아보자. 이러한 계를 **이준위계**(two-level system)라고 한다. 이준위계의 예로서는 스핀-$\frac{1}{2}$인 입자들로 이루어진 상자성계(paramagnetic system)를 생각할 수 있다. 입자 하나하나는 **위**(up)와 **아래**(down) 두 방향의 스핀 상태를 가지며, 입자의 자기 모멘트가 외부의 자기장에 나란한 방향일 때 에너지가 더 낮다. 또 다른 예는 암모니아(NH_3) 기체를 이루는 분자들의 집합이다. 각각의 암모니아 분자 안의 질소는 세 개의 수소 원자가 만드는 평면에 대해 상대적으로 **위** 혹은 **아래**에 있을 수 있다. 외부에서 전기장을 걸어주면 암모니아 분자의 에너지는 질소의 위치에 따라 달라진다. 많은 계의 경우에는 이러한 이준위 행동이 계의 다른 특성들과는 충분히 분리되어 나타나므로 이준위 행동을 독립적으로 분석할 수 있다. ε_o가 입자의 두 상태의 에너지 차이라고 하고, 입자 하나하나를 지표 i로 구별하면, N개의 입자로 이루어진 계의 에너지는

$$E_N(n_1, n_2, \cdots, n_N) = \sum_{i=1}^{N} n_i \varepsilon_o \tag{18.10}$$

로 적히는데, 만약 입자 i가 높은 에너지 상태에 있으면 $n_i = 1$, 낮은 에너지 상태에 있으면 $n_i = 0$이다. $E_N(n_1 \ldots n_N)$은 **양자수**(quantum number) $(n_1, n_2, \ldots, n_N)$에 의해 특정된 **고유 상태**(미시 상태)의 에너지 고윳값이다. 이준위계에 대해서는 지표 α는 $(n_1, n_2, \ldots, n_N)$의 줄임 표기이므로

$$\alpha = (n_1, n_2, \cdots, n_N) \tag{18.11}$$

이다. 미시 상태 α의 에너지를 마찬가지로 줄여 적으면

$$E_{N,\alpha} = E_N(n_1, n_2, \cdots, n_N) = \varepsilon_o \sum_i n_i \tag{18.12}$$

로 적을 수 있다. 식 (18.7)~식 (18.9)에 나온 미시 상태에 대한 합은 N개의 양자수의 모든 가능한 값에 대한 합이므로,

$$\sum_\alpha = \sum_{n_1=0,1} \sum_{n_2=0,1} \cdots \sum_{n_N=0,1} \tag{18.13}$$

이다.

허용된 미시 상태

예제 17.1에서 이상 기체에 대해 허용된 미시 상태의 개수 $\Omega(E)$를 계산한 것에서 알 수 있듯이 열역학적계의 미시 상태의 개수는 정말 크다. 이 결론이 이상 기체에 국한된 것이 아니라는 것을 좀 더 자세히 살펴보기 위해 아래에서 이준위계에 대해 허용된 미시 상태의 수 $\Omega(E)$를 계산해 보자. 식 (17.1)로부터 **허용된 상태의 수**(number of accessible states) $\Omega(E)$는

$$\Omega(E) = \text{에너지가 } E - \delta E\text{와 } E \text{ 사이인 미시 상태의 수} \tag{18.14}$$

인데, 에너지 간격 δE는 계의 에너지 E에 비해서는 충분히 작은 값이다.

N개의 입자로 이루어진 이준위계에서 K개의 입자가 높은 에너지 상태에 있다면, 계의 전체 에너지는 $K = \sum_i n_i$이므로 $K\varepsilon_o$이다. 또 에너지가 0인 상태에 있는 입자의 수는 $N - K$이다. 에너지가 $K\varepsilon_o$인 미시 상태의 수 $E_{N,\alpha}$를 계산하는 것은 순서에 상관없이 N개의 물체에서 K개의 물체를 택하는 경우의 수를 계산하는 조합론(combinatorial) 문제와 동등하다. 이 경우의 수는 이항 계수[식 (16.6) 참조]로 주어지므로, 에너지가 $K\varepsilon_o$인 미시 상태의 수는

$$\Omega_K = \frac{N!}{K!(N-K)!} \tag{18.15}$$

이다. 이준위계의 전체 에너지 E는 ε_o의 단위로 커지므로, δE를 ε_o로 택하는 것이 적절한 선택이다. 이렇게 하면 $\Omega(E)$는 Ω_K와 같다. 스털링의 어림법 $\ln n! = n\ln n - n$을 이용하고, 에너지가 $E \geq K\varepsilon_o$와 $E < (K+1)\varepsilon_o$인 $\Omega(E)$의 로그값은 다음과 같다.

$$\ln\Omega(E) = N\ln N - K\ln K - (N-K)\ln(N-K) \tag{18.16}$$

같은 결과를 높은 에너지 상태에 있는 입자의 비율인 K와 N의 비 $f = K/N$를 이용해서 표시하는 것이 편리하므로,

$$\ln\Omega(E) = N[-f\ln f - (1-f)\ln(1-f)] \tag{18.17}$$

여기서 $E = Nf\varepsilon_o$이다. 이렇게 적고 $\ln\Omega(E)$를 E의 충분히 매끄러운(smooth) 함수로 가정하여 미분 등의 연산을 하게 된다.

백만 개의 입자로 이루어진 계에서($N = 10^6$) 25%의 입자가 높은 에너지 상태에, 75%의 입자가 에너지 0인 상태에 있으면 $f = 1/4$이므로 $\ln\Omega(E)$의 값은 5.62×10^5이다. $\Omega = 10^{\log\Omega}$과 $\log\Omega = \ln\Omega/\ln 10$을 이용하면 다음 식을 얻는다.

$$\Omega(E) = 10^{244\,000} \tag{18.18}$$

허용된 상태의 수인 이 값은 예제 17.1에서 계산한 단원자 이상 기체에서의 값보다

는 상당히 작다. 하지만 이 숫자를 10진법 표현으로 10,000,...의 형태로 적으면 24만 4,000개의 0이 나오므로 정말로 큰 수임을 알 수 있다.

18.3 정보 이론

실험을 통해 어떤 사건이 일어날 확률을 결정하기에는 정보가 부족한 상황이 자주 있다. 현재 우리의 관심은 열역학적인 계의 미시 상태에 확률값을 부여하는 이론적인 상황이지만, 이 절에서는 실험, 실험결과와 같은 개념들을 사용하겠다. 이런 개념들이 일반적인 상황에서도 적용이 가능하기 때문이다. 먼저 실험에 대해 알려진 정보에 부합하면서 가장 치우치지 않게(unbiase) 확률값을 부여하는 방법에 대해 알아보고자 한다. 바로 **정보 이론**(information theory)으로부터의 방법들을 이용하는데, 이것들은 샤논(C. E. Shannon)[3]의 커뮤니케이션 이론에 기반하였으며 이후 통계역학 분야에 이용하기 위해 제인스(E. T. Jaynes)가 발전시킨 것이다.[4]

정보-엔트로피

어떻게 확률을 치우치지 않도록 배정할지는 실제의 실험과 밀접한 사고 실험을 통해 찾을 수 있다. 16장에서 분자의 수가 N이고 에너지는 E라는 조건을 만족하면서 속도 공간의 낱칸들에 분자들을 배열하는 경우의 수를 가장 크게 하는 분포를 가정하여 맥스웰 분포를 얻은 바 있다. 마찬가지의 아이디어를 따라 다음과 같은 사고 실험을 해보자. J개의 상자에 N_0개의 물체를 나누어 배치해서 j번째 상자에는 n_j개의 물체가 들어 있다고 해 보자. N_0은 임의의 수이며 $j = 1, 2, \ldots, J$이다. $n_1 \ldots n_J$의 수들이 물체가 상자들에 분포되어 있는 양상을 기술하게 되며, 상대적인 빈도 n_j/N_0는 임의의 물체 하나를 택했을 때 그 물체가 j라는 상자에 들어 있을 확률 ρ_j로 해석할 수 있다. 이러한 상상적인 실험과 실제의 실험 사이의 관계는 바로 J를 실제 실험에서 나올 수 있는 서로 다른 가능한 전체 실험결과의 개수로, 그리고 $n_1 \ldots n_J$의 숫자들은 실제 실험에 대해 가용한 정보와 부합한다고 하면 찾을 수 있게 된다. 가정 적게 치우치도록 확률을 배정하는 방법은 바로 물체를 상자들에 배정하는 경우의 수 $W(n_1 \ldots n_J)$를 최대로 하는 $n_1, n_2, \ldots, n_J$를 찾는 과정에서 얻어지게 된다. **가장 치우치지 않도록 배정된 확률은, 주어진 정보에 부합한다는 조건하에서 N_0개의 물체를 J개의 상자에 배정하는 경우의 수를 최대로 할 때 얻어지는 $n_1 \ldots n_J$의 값들로부터 계산된 상대적인 빈도 $\rho_j = n_j/N_0$로 주어진다.**

---

3) Shannon, C.E. (1948) *Bell Telephone Technical Journal*, **27**, 379–423 & 623–656.

4) Jaynes, E.T. (1956) Phys. Rev. **106**, 620; Jaynes, E.T. (1957) Phys. Rev. **108**, 171.

상자 j에 들어 있는 물체의 수가 n_j일 때, N_0개의 물체를 J개의 상자에 배정하는 경우의 수는 다항 계수[(식 16.3) 참조]로 주어진다.

$$W(n_1 \cdots n_j \cdots n_J) = \frac{N_0!}{n_1! \cdots n_j! \cdots n_J!} \tag{18.19}$$

여기서 $\sum_j n_j = N_0$이다. $W(n_1 \cdots n_J)$에 로그를 취한 $\ln W(n_1 \cdots n_J)$를 최대로 하면 가장 치우치지 않도록 배정된 확률이 되는데, N_0가 충분히 크다고 가정하여 스털링 어림 $\ln n! = n \ln n - n$을 이용하면,

$$\begin{aligned} \ln W(n_1 \cdots n_j \cdots n_J) &= (N_0 \ln N_0 - N_0) - \sum_{j=1}^{J} (n_j \ln n_j - n_j) \\ &= -N_0 \sum_{j=1}^{J} \frac{n_j}{N_0} \ln \frac{n_j}{N_0} \end{aligned} \tag{18.20}$$

이다.

이제 상대 빈도 $\rho_j = n_j/N_0$를 이용해 $\ln W$를 $\rho_1 \cdots \rho_J$의 함수로 적어 보자. 식 (18.20)에 임의의 상수 k/N_0를 곱하고 이를 $S_I(\rho_1 \cdots \rho_J)$라고 하면, 다음 식이 얻어진다.

$$\boxed{S_I(\rho_1 \cdots \rho_J) = -k \sum_{j=1}^{J} \rho_j \ln \rho_j.} \tag{18.21}$$

$S_I(\rho_1 \cdots \rho_J)$는 **정보-엔트로피**(information-entropy)[5]이며, $S_I(\rho_1 \cdots \rho_J)$의 최댓값을 주는 확률 $\rho_1 \cdots \rho_J$은 또한 경우의 수 $W(n_1 \cdots n_J)$도 마찬가지로 최대로 한다. 위의 결과들을 조합하면 다음의 원리를 얻게 된다.

최대 엔트로피 원리

가장 치우치지 않은 실험은 주어진 정보에 부합하는 정보-엔트로피 S_I를 최대로 하는 확률 분포로 기술된다.

정보-엔트로피 S_I는 불확실성의 잣대로서 다음과 같은 직관적인 성질들을 가지고 있다. (i) S_I는 실험의 결과에 대해 아무런 불확실성이 없다면 0의 값을 갖는다. (ii) S_I의 값은 통계적으로 독립인 부분들의 더하기로 얻어진다. (iii) S_I의 값은 실험결과의 불확실성이 커질수록 증가한다. ρ_j는 확률이므로 $0 \le \rho_j$와 $\rho_j \le 1$이고 식 (18.21)을 이루는 각 항 $-\rho_j \ln \rho_j$는 음이 아니므로, 따라서 정보-엔트로피도 마찬가지로 음이 아니라는 것에 주의할 필요가 있다.

---

5) 정보의 척도로서 S_I의 유일성을 부록 18.A에 나오는 세 가지의 합리적 가정으로부터 통해 추론할 수 있다.

실험결과에 대한 불확실성이 없다는 것은, 가능한 결과가 오직 하나임을 의미하고 따라서 그 결과가 아닌 다른 결과가 나올 확률은 0임을 의미한다. 만약 j_o가 바로 그 유일하게 가능한 결과라면 확률의 규격화 조건으로부터 $\rho_{j_o} = 1$이 되고, 따라서 $\rho_{j_o} \ln \rho_{j_o} = 0$이 된다. 한편, j가 j_o가 아닌 다른 모든 실험결과들에 대해서는 $\rho_j = 0$이 되는데, $x \to 0$인 극한에서 $x \ln x \to 0$이므로 $j = j_o$일 때도 $\rho_j \ln \rho_j = 0$이 된다. 따라서 정보-엔트로피는 실험결과에 대해 아무런 불확실성이 없다면 0의 값을 가짐을 알 수 있다.

통계적인 독립

통계적인 독립이라는 개념은 우연에 의해 결정되는 게임에서 사용되는 주사위를 통해 쉽게 설명할 수 있다. 만약 두 개의 주사위가 던져진다면, 그 결과는 각각의 주사위가 보여 주는 눈에 의해 결정된다. 만약 한 주사위가 보여 주는 눈을 m이라고 하고, 다른 주사위가 보여 주는 눈을 n이라고 하면, 두 주사위를 던지는 실험의 결과는 (m, n)으로 적을 수 있다. 각각의 주사위는 다른 주사위의 행동과는 전적으로 무관하므로, 두 주사위가 보여 주는 결과는 ρ_m과 ρ_n을 따로 따로 간주해서 기술할 수 있다. 즉, 결과 (m, n)이 나올 확률 $\rho(m, n)$은

$$\rho_{m,n} = \rho_m \rho_n \tag{18.22}$$

과 같다. 확률이 서로 독립인 두 확률의 곱의 형태로 적히는 경우가 바로 통계적으로 독립인 부분으로 이루어진 계의 특성이다. 전체 계의 정보-엔트로피는 $\rho_{m,n} = \rho_m \rho_n$를 식 (18.21)에 대입해서 적을 수 있어서

$$S_I = -k \sum_{m,n} \rho_{m,n} \ln \rho_{m,n} = -k \sum_{m,n} \rho_m \rho_n \ln(\rho_m \rho_n) \tag{18.23}$$

을 얻는다. $\ln xy = \ln x + \ln y$, 그리고 규격화 조건 $\sum_m \rho_m = 1$, $\sum_n \rho_n = 1$을 적용하면 다음 식을 얻는다.

$$S_I^{\text{tot}} = -k \sum_{n,m} \rho_n \rho_m \ln \rho_m - k \sum_{m,n} \rho_m \rho_n \ln \rho_n = S_{I,1} + S_{I,2} \tag{18.24}$$

여기서 $S_{I,1}$, $S_{I,2}$는 각각 두 부분의 정보-엔트로피이다.

계가 만약 세 개의 독립적인 부분으로 구성되어 있다면 실험의 결과는 세 개의 지표 (a, b, c)로 적히고, 위와 마찬가지로 그 확률은 $\rho_a \rho_b \rho_c$가 된다. 셋 중 둘을 하나의 계로 간주하고 (b, c)를 위의 (m, n)으로 대체해 생각하면, $\rho_{b,c} = \rho_b \rho_c$이므로 정보-엔트로피는 $S_{I,B} + S_{I,C}$이다. 다음에는 a를 식 (18.24)의 m으로, 그리고 (b, c)를 식 (18.24)의 n으로 생각해 적으면, 세 부분으로 이루어진 전체 계의 엔트로피는 결국

$S_{I,A} + S_{I,B} + S_{I,C}$가 된다. 이 결과는 전체 확률이 $\rho_a \ldots \rho_k$처럼 곱의 꼴로 적히는 경우 전체 계의 정보-엔트로피가 $S_{I,A} + \ldots + S_{I,K}$의 꼴이 된다는 것을 의미한다. 즉, 통계적으로 독립인 부분들로 이루어진 전체 계의 정보-엔트로피는 각각의 계에 대한 정보-엔트로피의 합과 같다.

실험결과에 대한 불확실성의 척도로 0이 아닌 확률을 갖는 실험결과의 가짓수를 이용할 수 있다. M을 바로 이 수로 하고 0이 아닌 확률을 갖는 결과들을 지표 $j(= 1, 2, \ldots M)$를 이용해 표시하자. 주어진 정보가 M의 값뿐이라면, 각각의 결과들에 다른 확률값을 배정할 아무런 이유가 없게 된다. 이처럼 M개의 확률값들이 모두 동일하고 이들을 제외한 확률값들이 0이라면, 확률의 규격화 조건으로부터 $\rho_j = 1/M$을 얻게 된다. 또, $\ln(1/M) = -\ln M$이므로, 이 경우의 정보-엔트로피는 다음 식으로 적히게 된다.

$$S_I = -k\sum_{j=1}^{M} \frac{1}{M} \ln \frac{1}{M} = k \ln M \tag{18.25}$$

$\ln M$은 M에 대한 단조 증가 함수이고, M은 결과의 불확실성의 척도이므로, 이 실험의 정보-엔트로피는 불확실성이 증가하면서 함께 증가한다는 것을 알 수 있다.

"0이 아닌 확률을 갖는 결과들에 서로 다른 확률을 배정할 아무런 이유가 없다."라는 주장은 **불충분한 합리성의 원리**(principle of insufficient reason) 또는 **무차별의 원리**(principle of indifference)라고 알려진 아이디어의 한 예이다. 불행히도, 이 원리의 유용성은 제한적인데, 우리가 알고 있는 정보가 0이 아닌 확률을 가지는 결과들의 총 숫자인 경우에만 이용할 수 있다. 하지만 이 원리가 훨씬 더 넓은 유형의 상황에 적용 가능한 **최대 엔트로피 원리**(principle of maximum entropy)의 한 특수한 경우에 해당한다는 것을 보일 수 있다. 이를 위해서는 16.3절에서 설명한 라그랑주 미정 곱수법을 이용하게 된다. 확률의 규격화 조건 $\sum_j \rho_j = 1$을 곱수 λ를 이용해 적고, $1 \le j \le M$의 경우에 $\rho_j \neq 0$, $j > M$의 경우에 $\rho_j = 0$이라는 정보를 이용하면, 최적화 문제의 보조함수는 다음 식으로 적을 수 있는데

$$F_{\text{aux}}(\rho_1 \cdots \rho_M; \lambda) = -k\sum\nolimits_j \rho_j \ln \rho_j + \lambda\left(\sum\nolimits_j \rho_j - 1\right) \tag{18.26}$$

여기서 우변의 합은 j가 1부터 M까지만을 포함한다. 위의 보조 함수를 극대로 만드는 ρ_j는 $\partial F_{\text{ex}}/\partial \rho_j = 0$으로부터 얻어지므로, F를 ρ_j에 대해 편미분하고 그 결과를 0으로 놓으면 $\ln \rho_j + 1 - \lambda/k = 0$을 얻는다. λ와 k는 j에 무관하므로, 이로부터 확률 ρ_j도 $1 \le j \le M$인 경우 j에 무관하다는 결과를 얻는다. 이는 위에서 불충분한 합리성의 원리에 의해 얻어진 결과와 같다. 마지막으로 확률의 규격화 조건을 적용하면 $\rho_j = 1/M$을 얻고 이로부터 $S_I = k \ln M$도 얻게 된다.

18.4 평형 모둠

열적 평형에 있는 계를 기술하는 모둠들은 최대 엔트로피의 원리를 적용해서 얻을 수 있다. 열역학적인 계를 기술하는 데 있어서는 '미시 상태', '계'와 같은 용어들이 '실험결과', '실험'을 대신해서 사용된다. 평형 모둠에서는 다음의 근본적인 원리가 아주 중요하다. **평형 상태에 있는 열역학적인 계는 계의 거시적인 상태에 부합하는 정보-엔트로피를 최대로 하는 확률을 미시 상태에 배정함으로써 기술된다.**

작은 바른틀 모둠[6]

작은 바른틀 모둠은 알려진 정보가 오로지 0이 아닌 확률을 가지는 미시 상태의 수라는 조건을 가정할 때 얻어지는 모둠이다. 에너지 고윳값은 본질적으로 띄엄띄엄하므로, 에너지의 작은 구간 δE를 도입하면, 0이 아닌 확률을 가지는 미시 상태는 에너지가 $E - \delta E$와 E 사이에 있는 상태들이라고 할 수 있다. 이렇게 얻어지는 숫자가 바로 식 (18.14)에서 정의된 **허용된 상태의 수**(number of accessible states) $\Omega(E)$이다. 바로 이런 상황이 앞의 불충분한 합리성의 원리가 이용될 수 있는 경우이다. 0이 아닌 확률들에 서로 다른 값들을 배정할 아무런 이유가 없으므로, 규격화 조건을 이용해서 다음 식을 얻게 된다.

$$\rho_\alpha^{\mathrm{mc}}(E) = \begin{cases} 1/\Omega(E), & (E - \delta E < E_{N,\alpha} \le E \text{ 인 경우}) \\ 0, & (\text{그 이외의 경우}) \end{cases} \tag{18.27}$$

정보-엔트로피의 최댓값은 식 (18.25)에서 M을 $\Omega(E)$로 바꾸어 얻어지므로

$$S_I = k_B \ln \Omega(E) \tag{18.28}$$

인데, 바로 17장에서 정의된 **볼츠만 엔트로피**(Boltzmann entropy)이다. 엔트로피의 올바른 단위를 얻기 위해 식 (18.21)의 상수 k 대신 k_B를 이용했다. 작은 바른틀 모둠을 열역학과 연결하려면 S_B와 열역학적 엔트로피를, 그리고 E와 내부 에너지 U를 같은 것으로 생각하면 된다. 볼츠만 엔트로피가 최대 정보-엔트로피와 부합하는 것이므로, 이로부터 엔트로피는 계의 미시 상태에 대한 불확정성의 측정값이라고 할 수 있다.

바른틀 모둠

주어진 온도에서 평형 상태에 있는 계의 평형 특성은 **바른틀 모둠**(canonical ensemble)

6) 작은 바른틀 모둠과 볼츠만 엔트로피는 17장과 22장에서 자세히 논의한다.

에 의해 기술된다. 영어 단어 'canonical'의 뜻이 '표준' 혹은 '일반적인 규칙에 따라서'임을 기억하자. 주어진 계의 온도는 어쩔 수 없이 다른 계(즉 온도계)와의 상호작용을 통해서만 측정할 수 있기 때문에, 계의 에너지는 고유하게 정해진 값을 가지고 있을 수는 없다. 이런 경우, 내부 에너지 U는 평균 에너지 $\langle E_N \rangle$와 같은 양이고, 계는 $U = \langle E_N \rangle$와 부합하는 정보-엔트로피를 최대로 하는 확률에 의해 기술된다.

식 (18.21)의 지표 j를 α로 치환하면, 정보-엔트로피는

$$S_I = -k \sum_{\alpha} \rho_\alpha \ln \rho_\alpha \tag{18.29}$$

가 된다. 확률의 규격화 조건 $\sum_\alpha \rho_\alpha = 1$과 $U = \langle E_N \rangle$의 가정에 부합하는 S_I를 최대로 하는 확률 ρ_α를 얻어 보자. U는 다음과 같다.

$$U = \sum_{\alpha} \rho_\alpha E_{N,\alpha} \tag{18.30}$$

여기서 $E_{N,\alpha}$는 미시 상태 α의 에너지이다. 라그랑주 미정 곱수법에 이용되는 보조 함수(16.2절 참조)는

$$F_{\text{aux}}(\cdots \rho_\alpha \cdots ; \lambda, \gamma) = -k \sum_{\alpha} \rho_\alpha \ln \rho_\alpha + \lambda \left(\sum_{\alpha} \rho_\alpha - 1 \right) + \gamma \left(\sum_{\alpha} \rho_\alpha E_{N,\alpha} - U \right) \tag{18.31}$$

인데, 여기서 λ와 γ가 바로 라그랑주 미정 곱수이다. S를 최대로 하는 확률은 다음 식을 만족한다.

$$\frac{\partial F_{\text{aux}}}{\partial \rho_\alpha} = -k(\ln \rho_\alpha + 1) + \lambda + \gamma E_{N,\alpha} = 0 \tag{18.32}$$

이로부터 얻어지는 확률은 $\rho_\alpha = e^{(\lambda/k-1)} e^{-\beta E_{N,\alpha}}$이고, $\beta = -\gamma/k$이다. $e^{(\lambda/k-1)}$을 $1/Z_N$로 바꿔 적으면, 계가 미시 상태 α에 있을 확률은 다음과 같다.

$$\boxed{\rho_\alpha^{\text{c}} = \frac{e^{-\beta E_{N,\alpha}}}{Z_N}} \tag{18.33}$$

이를 **바른틀 확률**(canonical probability)이라고 한다. 식의 Z_N은 **분배 함수**(partition function)[7]라고 하는데, 그 값은 미시 상태에 관계없이 일정하다. 분배 함수는 확률 ρ_α^{c}에 규격화 조건 $\sum_\alpha \rho_\alpha^{\text{c}} = 1$을 적용해서 얻을 수 있다.

---

7) "Z"는 상태에 대한 합을 뜻하는 독일어 zustandssumme의 첫 알파벳이다. 다른 방법으로 바른틀 확률을 유도하는 것은 17.5절에 있다.

$$Z_N = \sum_\alpha e^{-\beta E_{N,\alpha}} \tag{18.34}$$

대부분의 계는 에너지 $E_{N,\alpha}$의 상한치가 없으므로(앞에서 기술한 이준위계는 상한치가 있는 예외 중 하나이다), 식 (18.34)의 합이 유한하려면 $\beta > 0$을 만족해야 한다.

내부 에너지는 ρ_α^c를 식 (18.30)에 대입해서 얻을 수 있다.

$$U = \langle E_N \rangle = \sum_\alpha \rho_\alpha^c E_{N,\alpha} = \sum_\alpha \frac{e^{-\beta E_{N,\alpha}}}{Z_N} E_{N,\alpha} \tag{18.35}$$

Z_N에 로그를 취하고 이를 β에 대해 미분하면

$$\frac{\partial \ln Z_N}{\partial \beta} = \frac{1}{Z_N} \sum_\alpha -E_{N,\alpha} e^{-\beta E_{N,\alpha}} = -\sum_\alpha \frac{e^{-\beta E_{N,\alpha}}}{Z_N} E_{N,\alpha} \tag{18.36}$$

이 되므로, 이를 이용해 내부 에너지와 분배 함수의 관계를 얻는다.

$$U = \langle E_N \rangle = -\frac{\partial \ln Z_N}{\partial \beta} \tag{18.37}$$

아래에서 보이듯이 곱수 β는 온도 T와 $\beta = 1/k_B T$의 관계가 있다. 따라서 절대 온도 T인 평형 상태에 있는 계의 최소로 치우친 확률 분포는 다음 식의 **바른틀 확률**(canonical probability)

$$\rho_\alpha^c = \frac{e^{-E_{N,\alpha}/k_B T}}{Z_N} \tag{18.38}$$

그리고 **분배 함수**(partition function)

$$Z_N = \sum_\alpha e^{-E_{N,\alpha}/k_B T}. \tag{18.39}$$

로 기술되는데 $e^{-E/k_B T}$의 지수 함수꼴을 **볼츠만 인자**(Boltzmann factor)라고 한다.

큰 바른틀 모둠

26장 이전에는 입자의 수가 변할 수 있는 계에 대해서 자세히 다루지 않겠지만, 이런 열린계를 기술하는 확률 분포는 지금 기술 가능하다. 왜냐하면 바른틀 확률을 유도할 때 이용했던 방법을 조금만 확장하면 되기 때문이다. N개의 입자를 가지고 있는 계의 미시 상태를 이전처럼 α를 써서 기술하지만, 지표 α의 정확한 의미는 이제 입자의 수 N의 값에 의존한다. 이 경우 α와 N 둘 모두가 변할 수 있으므로 확률은 $\rho_{N,\alpha}$로 표시되

며, 평균 에너지는

$$U = \langle E_N \rangle = \sum_N \sum_\alpha \rho_{N,\alpha} E_{N,\alpha} \tag{18.40}$$

인데, 여기서 N에 대한 합은 0부터 무한대까지이며, $E_{N,\alpha}$는 N개의 입자가 α라는 미시 상태에 있을 때의 에너지이다. 이처럼 열린계에서의 거시적인 입자의 수는 $\overline{N}$로 적는데, 이는 다름 아닌 입자수의 평균값이다.

$$\overline{N} = \langle N \rangle = \sum_N \sum_\alpha \rho_{N,\alpha} N \tag{18.41}$$

S_I를 최대로 하는 확률 $\rho_{N,\alpha}$는 다음의 세 조건을 만족해야 한다. 확률의 규격화 조건, 그리고 $U = \langle E_N \rangle$와 $\overline{N} = \langle N \rangle$이 바로 그것이다. 라그랑주 미정 곱수법의 적용에 필요한 보조 함수는 다음과 같다.

$$\begin{aligned} F_{\text{aux}}(\cdots \rho_\alpha \cdots; \lambda, \gamma) = &-k \sum_N \sum_\alpha \rho_{N,\alpha} \ln \rho_{N,\alpha} \\ &- \lambda\left(\sum_N \sum_\alpha \rho_{N,\alpha} - 1 \right) + \gamma\left(\sum_N \sum_\alpha \rho_{N,\alpha} E_{N,\alpha} - U \right) \\ &+ \eta\left(\sum_N \sum_\alpha \rho_{N,\alpha} N - \overline{N} \right) \end{aligned} \tag{18.42}$$

여기서 λ, γ, η는 세 조건을 기술하기 위한 세 개의 미정 곱수이다. S_I를 최대로 하는 확률은 이제 다음 식을 만족한다.

$$\frac{\partial F_{\text{aux}}}{\partial \rho_{N,\alpha}} = -k(\ln \rho_{N,\alpha} + 1) + \lambda + \gamma E_{N,\alpha} + \eta N = 0 \tag{18.43}$$

이 식으로부터

$$\rho_{N,\alpha} = e^{(\lambda/k)-1} e^{(\gamma/k)E_{N,\alpha}} e^{(\eta/k)N} \tag{18.44}$$

를 얻는다. $e^{(\lambda/k)-1}$의 값은 N과 α에는 무관하고 이를 $1/Q$로 적는데, $\gamma/k = -\beta$, $\eta/k = \beta\mu$로 치환해 적으면 N개의 입자가 있는 미시 상태 α에 있는 계의 확률은 이제

$$\boxed{\rho_{N,\alpha} = \frac{e^{\beta(\mu N - E_{N,\alpha})}}{Q}} \tag{18.45}$$

가 된다. 이렇게 주어진 확률을 **큰 바른틀 확률**(grand canonical ensemble)이라고 한다. **큰 바른틀 분배 함수**(grand canonical partition function) Q는 $\rho_{N,\alpha}$를 확률의 규격화 조건 $\sum_N \sum_\alpha \rho_{N,\alpha} = 1$에 넣고 이를 Q에 대해 풀면 얻어진다.

$$Q = \sum_N e^{\beta\mu N} \sum_\alpha e^{-\beta E_{N,\alpha}} = \sum_N e^{\beta\mu N} Z_N \tag{18.46}$$

확률 $\rho_{N,\alpha}$의 표현에 들어 있는 β와 μ는 각각 U와 $\overline{N}$가 만족하는 식 (18.40)과 (18.41)로부터 결정된다.

18.5 바른틀 열역학

기브스 엔트로피

바른틀 모둠은 계의 열역학적인 성질을 예측하는 가장 유용한 모둠이다(단 26장에서 페르미온과 보손계를 분석할 때는 바른틀 모둠보다는 큰 바른틀 모둠이 더 유용하다). 미시적인 성질과 거시적인 성질의 연결은 정보-엔트로피 S_I의 최댓값을 열역학적인 엔트로피로 놓으면 얻어진다. 바른틀 확률 ρ^c_α와 볼츠만 상수 k_B를 이용하면 식 (18.21)의 S_I는 다음과 같이 적을 수 있다.

$$S_G = -k_B \sum_\alpha \rho^c_\alpha \ln \rho^c_\alpha \tag{18.47}$$

이를 **기브스 엔트로피**(Gibbs entropy)라고 하는데 때로는 **바른틀 엔트로피**(canonical entropy)라고도 한다. S_I는 바른틀 확률에 의해 최대가 되므로, 온도 T인 평형 상태에 놓인 계의 가장 덜 치우친 기술은 기브스 엔트로피에 의해 주어지게 된다. 작은 바른틀 모둠에서와 마찬가지로 바른틀 모둠에서도 열역학적 엔트로피는 계의 미시 상태에 대한 불확실성에 대한 측정치가 된다.

바른틀 모둠을 이용해서 계의 열역학적인 성질들을 계산하려면, 엔트로피와 평균 에너지 $\langle E_N \rangle$ 사이의 관계식이 필요한데 이를 위해 $\rho^c_\alpha = e^{-\beta E_{N,\alpha}}/Z_N$로부터 얻어지는 $\ln \rho^c_\alpha = (-\beta E_{N\,\alpha} - \ln Z_N)$를 이용하자. 이 식을 식 (18.47)에 대입하고 확률의 규격화 조건 $\sum_\alpha \rho^c_\alpha = 1$를 사용하면,

$$S_G = -k_B \sum_\alpha \rho^c_\alpha(-\beta E_{N,\alpha} - \ln Z_N) = k_B \beta \langle E_N \rangle + k_B \ln Z_N \tag{18.48}$$

을 얻는데, 여기서 $\langle E_N \rangle = \sum_\alpha \rho^c_\alpha E_{N,\alpha}$이다.

PVT 계

$\langle E_N \rangle$을 *PVT* 계의 내부 에너지 U와 같은 것으로 놓고 S_G를 열역학적 엔트로피 S로 하면, 식 (18.48)로부터 다음 식을 얻게 된다.

$$S = k_B(\beta U + \ln Z_N) \tag{18.49}$$

부피 V가 조절 변수로 에너지 고윳값 $E_{N,\alpha}$에 포함되므로, V를 고정하고 U에 대해 S를 미분하면 다음과 같다.

$$\begin{aligned}\left(\frac{\partial S}{\partial U}\right)_V &= \left(\frac{\partial S}{\partial \beta}\right)_V \left(\frac{\partial \beta}{\partial U}\right)_V = k_B\left(U + \beta\frac{\partial U}{\partial \beta} + \frac{d\ln Z_N}{d\beta}\right)_V \left(\frac{\partial \beta}{\partial U}\right)_V \\ &= k_B\left[U + \beta\left(\frac{\partial U}{\partial \beta}\right)_V - U\right]\left(\frac{\partial \beta}{\partial U}\right)_V = k_B\beta\end{aligned} \tag{18.50}$$

엔트로피의 미분과 온도 T와의 열역학적 관계식인 $(\partial S/\partial U)_V = 1/T$[(식 12.29) 참조]을 식 (18.50)과 비교하면

$$\boxed{\beta = 1/k_B T} \tag{18.51}$$

을 얻는데, 다시 이를 식 (18.49)에 적용하면

$$S = \frac{U}{T} + k_B \ln Z_N \tag{18.52}$$

이다. 이를 다시 적으면

$$-k_B T \ln Z_N = U - TS \tag{18.53}$$

이 되는데, 이로부터 헬름홀츠 자유 에너지의 정의 식 (12.5), $F = U - TS$와 비교하여

$$\boxed{F = -k_B T \ln Z_N} \tag{18.54}$$

를 얻게 된다. 이 식이 바로 **자유 에너지의 분배 함수 공식**(partition function formula for the free energy)이다.

12장에서 설명한 것처럼 헬름홀츠 자유 에너지 $F = F(T,V)$는 열역학적인 퍼텐셜의 한 종류이며, 주어진 열역학적 퍼텐셜로부터 계의 평형 특성에 대한 온전한 기술을 얻을 수 있다. 예를 들어 엔트로피와 압력은 아래 식을 통해 F로부터 구할 수 있다.

$$S = -\left(\frac{\partial F}{\partial T}\right)_V \quad \text{및} \quad P = -\left(\frac{\partial F}{\partial V}\right)_T \tag{18.55}$$

나아가서 F의 이차 미분을 통해 정적 열용량 C_V, 등온 부피 탄성률 B_T, 부피 열팽창

계수 α_V 등을 쉽게 얻을 수 있다. 자유 에너지는 분배 함수 Z_N으로부터 유도되므로, 미시적인 기술로부터 시작하여 분배 함수를 얻게 되면 *PVT* 계의 열역학적인 성질들을 예측할 수 있다.

상자성[8]

상자성계의 에너지는 계와 에너지의 외부 원천이 되는 외부 자기장 $\mathcal{H}$와의 상호작용을 통해 결정된다. 바로 이 이유로 상자성계에서는 에너지의 모둠 평균 $\langle E_N \rangle$은 내부 에너지 U가 아닌 엔탈피 E_{th}로 봐야 한다. $\langle E_N \rangle = E_{\text{th}}$로 놓고 기브스 엔트로피를 열역학적인 엔트로피로 놓으면, 식 (18.48)은

$$S = k_B(\beta E_{\text{th}} + \ln Z_N) \tag{18.56}$$

을 주고, 마찬가지로 평균 에너지에 대한 식 (18.37)은

$$E_{\text{th}} = \langle E_N \rangle = -\frac{\partial \ln Z_N}{\partial \beta} \tag{18.57}$$

로 바뀐다. $\mathcal{H}$를 고정하고 S를 E_{th}로 편미분하면

$$\left(\frac{\partial S}{\partial E_{\text{th}}}\right)_{\mathcal{H}} = \left(\frac{\partial S}{\partial \beta}\right)_{\mathcal{H}} \left(\frac{\partial \beta}{\partial E_{\text{th}}}\right)_{\mathcal{H}} = k_B\left(E_{\text{th}} + \beta\frac{\partial E_{\text{th}}}{\partial \beta} + \frac{d \ln Z_N}{d\beta}\right)_{\mathcal{H}} \left(\frac{\partial \beta}{\partial E_{\text{th}}}\right)_{\mathcal{H}} = k_B\beta \tag{18.58}$$

을 얻는다. 표 14.3에 있는 것처럼, 엔탈피를 엔트로피로 미분하면 $T = (\partial E_{\text{th}}/\partial S)_{\mathcal{H}}$이고, 이는 $(\partial S/\partial E_{\text{th}})_{\mathcal{H}} = 1/T$을 준다. 식 (18.58)과 비교하면 $\beta = 1/k_B T$이다. 일정한 자기장하에서의 열용량은 $C_{\mathcal{H}} = (đQ/dT)_{\mathcal{H}}$인데 여기서 $đQ = TdS$이므로 이를 이용하면

$$C_{\mathcal{H}} = T\left(\frac{\partial S}{\partial T}\right)_{\mathcal{H}} \tag{18.59}$$

를 얻는다. $d\beta/dT = -k_B\beta^2$이고, $\beta = 1/k_B T$를 이용하면 열용량 $C_{\mathcal{H}}$는 다음과 같다.

$$C_{\mathcal{H}} = -\beta\left(\frac{\partial S}{\partial \beta}\right)_{\mathcal{H}} \tag{18.60}$$

열용량에 대한 또 다른 유용한 표현은 식 (18.57)을 식 (18.56)에 대입해서 얻어진다.

$$S = k_B\left(-\beta\frac{\partial \ln Z_N}{\partial \beta} + \ln Z_N\right) \tag{18.61}$$

8) 상자성계는 21장에서 자세히 논의한다.

β에 대한 S의 미분이 $\left(\frac{\partial S}{\partial \beta}\right)_{\mathcal{H}} = -k_B \beta \left(\frac{\partial^2 \ln Z_N}{\partial \beta^2}\right)_{\mathcal{H}}$ 이므로 이를 식 (18.60)과 함께 적용하면

$$C_{\mathcal{H}} = k_B \beta^2 \left(\frac{\partial^2 \ln Z_N}{\partial \beta^2}\right)_{\mathcal{H}} \tag{18.62}$$

를 얻는다.

이준위계

분배 함수의 중요성은 외부 자기장하에 있는 이준위계의 예로서의 스핀-$\frac{1}{2}$인 입자들의 열용량을 계산하는 다음 과정을 통해 쉽게 알 수 있다. N개의 입자로 이루어진 식 (18.10)으로 기술되는 이준위계의 에너지 고윳값은 다음과 같다.

$$E_{N,\alpha} = \sum_{i=1}^{N} n_i \varepsilon_o \tag{18.63}$$

여기서 α는 양자수 $(n_1, n_2, \ldots, n_N)$의 줄임 표기이고, 각각의 n_i는 두 개의 값, 0과 1을 갖는다. 두 상태 사이의 에너지 차이는 외부 자기장의 세기 $\mathcal{H}$에 의존한다. $E_{N,\alpha}$를 분배 함수의 표현 식 (18.34)에 대입하고 α의 합에 관한 식 (18.13)을 이용하면

$$Z_N = \sum_{\alpha} e^{-\beta E_{N,\alpha}} = \sum_{n_1=0,1} \sum_{n_2=0,1} \cdots \sum_{n_N=0,1} e^{-\beta \sum_i n_i \varepsilon_o} \tag{18.64}$$

를 얻는다. 이로부터 $e^{x_1+x_2+x_3+\cdots} = e^{x_1} e^{x_2} e^{x_3} \ldots$를 이용해

$$\begin{aligned} Z_N &= \sum_{n_1=0,1} \sum_{n_2=0,1} \cdots \sum_{n_N=0,1} e^{-\beta n_1 \varepsilon_o} e^{-\beta n_2 \varepsilon_o} \cdots e^{-\beta n_N \varepsilon_o} \\ &= \sum_{n_1=0,1} e^{-\beta n_1 \varepsilon_o} \sum_{n_2=0,1} e^{-\beta n_2 \varepsilon_o} \cdots \sum_{n_N=0,1} e^{-\beta n_N \varepsilon_o} \end{aligned} \tag{18.65}$$

가 얻어진다. 위 식에 나오는 합에서 지표들만이 다르고 합 자체는 같은 값을 가지므로 β를 $1/k_B T$로 치환해서

$$Z_N = \left(\sum_{n=0,1} e^{-\beta n \varepsilon_o}\right)^N = (1 + e^{-\varepsilon_o/k_B T})^N \tag{18.66}$$

이 된다. Z_N에 로그를 취하고 이를 미분하면

$$\ln Z_N = N \ln(1 + e^{-\varepsilon_o/k_B T}) \tag{18.67}$$

$$\frac{\partial \ln Z_N}{\partial \beta} = N\frac{e^{-\beta\varepsilon_o}(-\varepsilon_o)}{1+e^{-\beta\varepsilon_o}} = \frac{-N\varepsilon_o}{e^{+\beta\varepsilon_o}+1} \tag{18.68}$$

그리고

$$\frac{\partial^2 \ln Z_N}{\partial \beta^2} = N\varepsilon_o^2\frac{e^{\beta\varepsilon_o}}{(e^{\beta\varepsilon_o}+1)^2} = N\left(\frac{\varepsilon_o}{e^{+\frac{1}{2}\beta\varepsilon_o}+e^{-\frac{1}{2}\beta\varepsilon_o}}\right)^2 \tag{18.69}$$

가 된다. 식 (18.69)를 $C_{\mathcal{H}}$에 대한 식에 대입하고 $\beta = 1/k_BT$를 이용하면 일정한 외부 자기장에서의 열용량은 다음 식과 같다.[9]

$$C_{\mathcal{H}} = Nk_B\left(\frac{\varepsilon_o}{k_BT}\right)^2\left(\frac{1}{e^{\varepsilon_o/2k_BT}+e^{-\varepsilon_o/2k_BT}}\right)^2 \tag{18.70}$$

18.6 합성계

바른틀 모둠에 대한 이해를 더 진전시키기 위해, 두 개의 부분계 1, 2로 구성되어 있는 합성계(composite systems)를 생각하자. 이처럼 둘 이상의 부분으로 이루어진 합성계에 대한 결과는 둘 중 한 부분을 부분계로 간주하고, 다른 한 부분은 다른 부분계로 간주하여 얻을 수 있다. 아래에서는 *PVT* 계를 중점적으로 살펴보자.

두 개의 부분으로 이루어진 합성계의 미시 상태는 각각의 부분계의 미시 상태(α'과 α''이라고 하자)에 의해 정해진다. 합성계의 미시 상태를 α 대신 $(\alpha'\alpha'')$으로 적으면, 합성계의 에너지는

$$E^{\text{tot}}_{\alpha'\alpha''} = E^{(1)}_{\alpha'} + E^{(2)}_{\alpha''} + I_{\alpha'\alpha''} \tag{18.71}$$

이다. 일 W의 형태로 에너지의 교환이 일어나면 각 부분계의 에너지 $E^{(1)}_{\alpha'}$와 $E^{(2)}_{\alpha''}$에 들어 있는 조절변수인 부피 V의 변화를 수반한다. 한편 열 Q의 형태로 일어나는 에너지의 교환은 두 부분계의 상호작용 에너지 $I_{\alpha'\alpha''}$에 의해 기술되는데, 이는 입자들의 미시적인 상호작용과 관계된다. 두 부분계의 경계면에서 일어나는 이러한 상호 작용은 부분계 각각의 에너지 $E^{(1)}_{\alpha'}$와 $E^{(2)}_{\alpha''}$에 비해서는 무시할 수 있을 정도로 작다. 하지만 상호작용 에너지 $I_{\alpha'\alpha''}$의 어떤 항들은 만약 부분계가 **열접촉**(thermal contact)하고 있다면 0이 아니다. 만약 모든 상호작용 항들이 0이라면, 부분계들은 **단열 고립**(adiabatically isolated)되어 있다.

9) $C_{\mathcal{H}}$의 그림은 그림 21.2에 나와 있다.

크기 성질과 세기 성질[10]

내부 에너지 U와 엔트로피 S는 크기 특성인데, 이는 합성계에서의 값이 각각 부분계에서의 값의 합과 같다는 것을 뜻한다. 온도 T는 중요한 세기 성질의 하나인데, 이는 그 값이 계의 크기와 무관하다는 것을 의미한다. 바른틀 모둠이 이러한 U, S, T의 크기 성질과 세기 성질을 올바로 표현하는지 살펴볼 필요가 있다.

합성계의 내부 에너지 U_{tot}는 $E^{\text{tot}}_{\alpha'\alpha''}$의 모둠 평균이고, 에너지 U_1, U_2는 각각의 부분계의 에너지 $E^{(1)}_{\alpha'}$, $E^{(2)}_{\alpha''}$의 평균값이다. 내부 에너지의 크기 특성(혹은 더하기 성질)은 $U_{\text{tot}} = U_1 + U_2$을 의미하므로, 이는 또한 상호작용항 $I_{\alpha'\alpha''}$의 평형 상태에서의 평균값이 무시할 수 있을 정도로 작아야 함을 뜻한다. 이 조건이 엄밀한 의미에서 맞는 것은 아니지만, 거시적인 계에서는 참으로 볼 수 있다. 만약 $I_{\alpha'\alpha''}$가 엄밀한 의미에서 0이라면 두 부분계는 상호작용하지 않으므로 평형 상태에 도달할 수 없다. 즉, 평형 상태에 도달하려면 최소한의 부분계 사이의 상호작용이 필요하다. 단, 거시적인 크기의 부분계라면 두 부분계 사이의 상호작용은 각 부분계의 에너지에 비하면 무시할 수 있을 정도로 작다.

만약 상호작용항 $I_{\alpha'\alpha''}$가 무시할 수 있을 정도로 작다면(정확히 0은 아님), 에너지 $E^{\text{tot}}_{\alpha'\alpha''}$는 $E^{(1)}_{\alpha'} + E^{(2)}_{\alpha''}$와 사실상 같다. 이로부터 $e^{-\beta E^{\text{tot}}_{\alpha'\alpha''}} = e^{-\beta E^{(1)}_{\alpha'}} e^{-\beta E^{(2)}_{\alpha''}}$를 얻고, 따라서 합성계의 바른틀 확률은 다음 식과 같다.

$$\rho^{\text{tot}}_{\alpha'\alpha''} = Z_N^{-1}\, e^{-\beta E^{\text{tot}}_{\alpha'\alpha''}} = Z_1^{-1}\, e^{-\beta E^{(1)}_{\alpha'}}\, Z_2^{-1}\, e^{-\beta E^{(2)}_{\alpha''}} = \rho^{(1)}_{\alpha'}\, \rho^{(2)}_{\alpha''} \tag{18.72}$$

여기서 식 (18.39)에 정의된 분배 함수는 $Z_N = Z_1 Z_2$이다. 부분계 각각의 미시 상태 α'과 α''의 확률은

$$\rho^{(1)}_{\alpha'} = \frac{e^{-\beta E^{(1)}_{\alpha'}}}{Z_1} \quad \text{및} \quad \rho^{(2)}_{\alpha''} = \frac{e^{-\beta E^{(2)}_{\alpha''}}}{Z_2} \tag{18.73}$$

이다. $\rho^{\text{tot}}_{\alpha'\alpha''} = \rho^{(1)}_{\alpha'}\, \rho^{(2)}_{\alpha''}$의 꼴은 각 부분계가 서로 통계적으로 독립임을 뜻하는데, 이는 각 부분계가 서로 열적 평형 상태에 있을 때 부분계가 사실상 서로 통계적으로 독립임을 의미한다.

식 (18.24)에서 보았듯이 서로 통계적으로 독립인 부분들로 이루어진 한 계의 정보-엔트로피 S^{tot}_I는 각 부분의 정보-엔트로피의 합이 된다(즉, $S^{\text{tot}}_I = S_{I,1} + S_{I,2}$). S_G는 S_I의 최댓값이므로 이로부터

$$S^{\text{tot}}_G = S_{G,1} + S_{G,2} \tag{18.74}$$

를 얻는데, 이는 **기브스 엔트로피가 세기 특성**임을 뜻한다.

---

10) 크기 성질과 세기 성질의 개념은 1.5절에 설명되어 있다.

온도[11]

한 크기 성질을 다른 크기 성질로 나누면 세기 성질이 되고, 엔트로피와 내부 에너지는 둘 모두 크기 성질이므로, $\beta = 1/k_B T$와 $(dS/dU)_V = k_B\beta$로부터 온도는 세기 성질임을 알 수 있다. 둘 혹은 그 이상의 열적으로 상호작용하는 부분계의 온도는 동일한 반면, 만약 부분계가 단열적으로 고립되어 있다면 이들의 온도는 다를 수 있다. 단열적으로 고립될 때, 각 부분계의 정보-엔트로피는 다른 부분계와는 상관없이 따로 따로 최대가 된다. 그 결과로서, 부분계의 확률은

$$\rho^{(1)}_{\alpha'} = \frac{e^{-\beta_1 E^{(1)}_{\alpha'}}}{Z_1} \quad \text{및} \quad \rho^{(2)}_{\alpha''} = \frac{e^{-\beta_2 E^{(2)}_{\alpha''}}}{Z_2} \tag{18.75}$$

가 되고, 여기서 β_1과 β_2는 다른 값을 가질수 있다. 이와는 달리 앞에서 기술한 열적으로 상호작용하는 부분계의 경우는 식 (18.73)의 β의 값이 동일하다. 따라서 $\beta = 1/k_B T$는 열적으로 상호작용하는 부분계들에서는 동일하지만, 단열적으로 고립된 부분계에서는 다를 수 있다. $\beta = 1/k_B T$와 $(dS/\partial U)_V = k_B\beta$를 결합해서 정리하면 $T = (dU/dS)_V$이며 따라서 T는 절대 온도이다.[12]

엔트로피

기브스 엔트로피 S_G가 10.3절의 열역학 제2법칙에 등장하는 열역학적인 엔트로피의 특성을 가지고 있는지 검토해 보자. 특히 다음의 세 가지 조건을 살펴보자. (i) S_G는 크기 특성이고, (ii) S_G는 일을 하지 않을 때 내부 에너지의 단조 증가 함수이고, (iii) S_G는 단열적으로 고립된 계에서는 줄어들지 않는다. 식 (18.74)는 S_G가 크기 특성임을 보여 준다. $(\partial S/\partial U)_V = k_B\beta$와 식 (18.34) 아래에서 언급된 $\beta > 0$이라는 조건으로부터 $(\partial S/\partial U)_V > 0$임을 알 수 있다. 또 V가 일정할 때 PVT 계에는 아무 일도 가해지지 않으므로, S_G가 내부 에너지 U가 증가할 때 증가한다는 것도 알 수 있다.

기브스 엔트로피가 단열적으로 고립된 계에서는 줄지 않는다는 것은 S_G가 다름 아닌 정보-엔트로피 S_I의 최댓값이라는 것으로부터 유도되는 결과이다. 엔트로피는 평형 상태에서만 정의되는 양이므로, 처음 상태와 나중 상태 모두가 평형인 계에서 일어나는 과정을 고려해야 한다. 여기서 고려하는 이러한 종류의 과정은 하나 혹은 그 이상의 구속 조건을 제거하는 것에 관계된다. 자유 팽창 실험에서 두 용기 사이의 밸브를 여는 것(2.4절 참조)이 이처럼 구속 조건을 제거하는 한 예이다. 이처럼 구속 조건을 제거하게 되면 고립계의 가능한 미시 상태가 주는 것이 아니라 추가적인 미시 상태가 허용되게 되는 것이다. 허용된 상태의 집합이 변하면, 확률 분포는 다시 계산

11) 온도의 특성에 관한 정의는 1.4절에 나와 있다.

12) $(dU/dS)_V$가 절대 온도라는 것은 부록 10.A에 나와 있다.

되어야 하는데, 이는 앞에서와 마찬가지로 정보-엔트로피를 최대로 해서 얻을 수 있다. 처음 계를 기술했던 미시 상태들은 구속 조건이 제거되어도 여전히 허용되는 상태이지만 새로운 미시 상태들이 완화된 구속 조건에 의해 계의 나중 상태에서 허용되므로, 이렇게 다시 계산된 S_I는 처음의 값보다 줄어들 수는 없다. S_G는 다름 아닌 S_I의 최댓값이므로, 기브스 엔트로피 S_G는 구속 조건이 완화될 때 결코 줄어들지 않는다. 주의할 것이 있는데, 기브스 엔트로피가 열역학적 엔트로피의 성질을 가지고 있지만(최소한 방금 기술한 과정에 대해서는) 기브스 엔트로피(볼츠만 엔트로피도 마찬가지다)에 의해 주어지는 엔트로피의 미시적인 해석은 엔트로피의 변화를 만들어 내는 원자 수준의 상호작용에 대해서 우리에게 어느 것도 말해 줄 수 없다는 것이다.

문제

18.1 상태 1, 2의 에너지를 ε_1, ε_2라고 하자. 에너지의 평균값 $\bar{\varepsilon} = \langle \varepsilon \rangle = \rho_1\varepsilon_1 + \rho_2\varepsilon_2$이 주어졌을 때 이와 부합하는 정보 엔트로피 S_I를 최대로 하는 확률 ρ_1, ρ_2를 구하시오. 이렇게 얻어진 확률을 이용해서 $\bar{\varepsilon}$를 찾고 이를 문제 16.2와 비교하시오. 미정 곱수법을 이용하시오.

18.2 에너지가 각각 $\varepsilon_1 = -\varepsilon_o/2$과 $\varepsilon_2 = +\varepsilon_o/2$인 이준위계가 있다. 볼츠만 인자 $e^{-\beta\varepsilon_j}$를 규격화하여 확률 $\rho_j = e^{-\beta\varepsilon_j}/Z$를 구하시오. $\beta = 1/k_BT$로 두고 내부 에너지 $U = N\langle\varepsilon\rangle$와 열용량 $C = \partial U/\partial T$를 N개의 입자로 이루어진 이준위계에 대해서 구하시오. 결과를 식 (18.70)과 비교하시오.

18.A 부록

유일성 정리

정보-엔트로피에 대한 유일성 정리를 증명하자. 함수 $S_I(\rho_1 \dots \rho_j \dots \rho_J)$의 세 가지 성질을 가정하고 이 성질들을 가지는 함수가 $-k\sum_j \rho_j \ln \rho_j$임을 보이는 과정을 거쳐 증명을 하게 된다. ρ_j는 확률이므로, $\rho_j \geq 0$과 $\sum_j \rho_j = 1$를 만족해야 한다. 정보-엔트로피 함수는 다음과 같은 성질을 가져야 한다.

1. $S_I(\rho_1 \dots \rho_j \dots \rho_J)$는 연속적이고 대칭적이며, J개의 가능한 결과값에 대한 확률의 함수이다. 대칭적이라는 것의 의미는 $S_I(\rho_1 \dots \rho_j \dots \rho_J)$이 인자 $\rho_1 \dots \rho_j \dots \rho_J$들의 순서를 바꾸어도 함수의 형태가 바뀌지 않음을 뜻한다.

2. 만약 M개의 결과에 대해서는 확률값이 동일하고 다른 결과에 대해서는 확률값이 0인 경우에는 $S_I(\rho_1 \dots \rho_j \dots \rho_J)$는 M의 단조 증가 함수이다. 이 경우 $j \le M$일 때 $\rho_j = 1/M$, $j > M$일 때 $\rho_j = 0$으로 ρ_j를 적는 것이 편리하다. 그런 다음,

$$I(M) = S_I\left(\frac{1}{M}, \dots, \frac{1}{M}, 0, \dots\right) \tag{18.A.1}$$

위 정의를 이용하면 두 번째 성질은 다음과 같다.

$$I(M_1) > I(M_2) \ (M_1 > M_2\text{일 때}) \tag{18.A.2}$$

3. $S_I(\rho_1 \dots \rho_j \dots \rho_J)$는 어떻게 실험결과를 그룹으로 묶는지에 무관한 양이다. **조합의 규칙**(composition rule)이라고 하는 이 조건의 의미는 그림 18.A.1에서 예시된 경우로 이해할 수 있다. 왼쪽 그림에는 네 가지의 가능한 결과가 각각 $\rho_1 = 2/10$, $\rho_2 = 3/10$, $\rho_3 = 1/3$, $\rho_4 = 1/6$의 확률로 발생할 수 있음을 보여 준다. 오른쪽 그림에서는 먼저 두 가지의 결과가 가능한데 이들 각각은 또 왼쪽 그림의 두 가지 결과를 가질 수 있다. 확률을 각각 규격화하면, ρ_1, ρ_2는 각각 2/5와 3/5이 되고, ρ_3, ρ_4는 각각 2/3와 1/3이 된다. 최종 결과는 왼쪽과 오른쪽 그림에서 같아야 하므로

$$S_I\left(\frac{2}{10}, \frac{3}{10}, \frac{1}{3}, \frac{1}{6}\right) = S_I\left(\frac{1}{2}, \frac{1}{2}\right) + \left[\frac{1}{2}S_I\left(\frac{2}{5}, \frac{3}{5}\right) + \frac{1}{2}S_I\left(\frac{2}{3}, \frac{1}{3}\right)\right]. \tag{18.A.3}$$

을 만족해야 한다.

J개의 가능한 결과를 G개의 그룹으로 나누면, **조합의 규칙**(composition rule)으로부터

$$S_I(\rho_1 \dots \rho_j \dots \rho_J) = S_I(P_1 \dots P_g \dots P_G) + \sum_{g=1}^{G} P_g S_I(p_{g,1} \dots p_{g,i} \dots) \tag{18.A.4}$$

를 얻는다. 이 식에서 아래 첨자인 j는 두 개의 첨자로 대체되어 ρ_j 대신 $\rho_{g,i}$로 적었는데, g는 개개의 결과가 속한 그룹($g = 1, 2, \dots, G$)을 의미하는 첨자이고 i는 그룹 안에서의 결과를 나타내는 첨자이다. 그룹 g의 전체 확률 P_g는

$$P_g = \rho_{g,1} + \cdots + \rho_{g,i} + \cdots + \rho_{g,n_g} \tag{18.A.5}$$

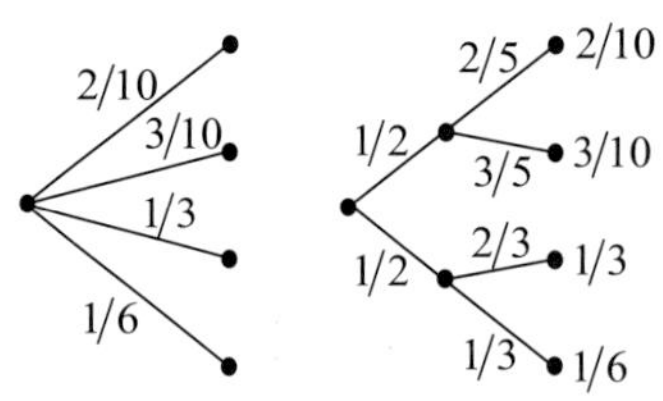

그림 18.A.1 조합의 규칙에 대한 예시

인데, n_g는 그룹 안에서의 가능한 결과의 개수를 나타내며 $\sum_g n_g = J$이다. 확률 $\rho_{g,i}$를 그룹 g 내에서 규격화하면, $p_{g,i} = \rho_{g,i}/P_g$를 얻는다. 또 $\sum_i p_{g,i} = 1$이므로, $S_I(p_{g,1} \cdots p_{g,i} \cdots)$의 함수의 인자들은 규격화 조건 $\sum_j \rho_j = 1$을 만족한다.

증명 $S_I(\rho_1 \ldots \rho_j \ldots \rho_J)$의 함수꼴은 모든 실험에서 동일하므로, 특별한 경우를 고려해서 구할 수 있다. 확률 ρ_j를 유리수라고 하면, ρ_j는 $\rho_j = m_j/D$의 형태가 되는데 여기서 ρ_j는 충분히 큰 m_j와 D를 택한다면 임의의 정확도로 표시될 수 있다. 확률의 규격화 조건 $\sum_j \rho_j = 1$로부터 $D = \sum_j m_j$이다.

다음에는 D개의 똑같은 정도로 가능한 결과가 있는 특별한 경우를 생각하고, 이들을 지표 d로 표시하면 $\rho_d = 1/D$ $(d = 1, 2, \ldots, D)$이다. 그리고는 결과들을 그룹으로 묶어서 한 그룹의 전체 확률이 $S_I(\rho_1 \ldots \rho_j \ldots \rho_J)$의 확률 ρ_j들 중 하나가 되도록 하자. 이렇게 그룹으로 묶으면, 조합의 규칙을 따르는 그룹들은 (g가 아니라) j로, 그룹의 개수는 (G가 아니라) J로, 그리고 그룹 j 안의 결과들의 개수는 (n_g가 아니라) m_j로 표시된다. 첨자 d를 두 개의 첨자로 바꿔 적으면 확률 ρ_d는 ($p_{g,i}$가 아니라) $\rho_{j,i}$가 되는데, 여기서 j는 그룹을 그리고 i는 그룹 안의 서로 다른 결과들을 구별하는 지표이다. 그룹 j의 전체 확률이 (P_g가 아니라) ρ_j이므로, (18.A.5)는 다음과 같다.

$$\rho_j = \rho_{j,1} + \cdots + \rho_{j,i} + \cdots + \rho_{j,m_j} = \frac{m_j}{D} \tag{18.A.6}$$

$\rho_{j,i}$를 그룹에 대해 규격화하면($\sum_i p_{j,i} = 1$), $p_{j,i} = \rho_{j,i}/\rho_j$를 얻는다. (18.A.4)의 조합 규칙을 이 특수한 경우에 적용하면

$$S_I(p_1 \ldots p_d \ldots p_D) = S_I(\rho_1 \ldots \rho_j \ldots \rho_J) + \sum_{j=1}^{J} \rho_j S_I(p_{j,1} \ldots p_{j,i} \ldots p_{j,m_j}) \tag{18.A.7}$$

이다. $\rho_{j,i} = \rho_d = 1/D$, $\rho_j = m_j/D$이므로 $p_{j,i} = \rho_{j,i}/\rho_j$로부터 $p_{j,i} = 1/m_j$을 얻는다. 확률 ρ_d가 일정하므로, 식 (18.A.1)을 이용해 식 (18.A.7)을 다시 적으면

$$I(D) = S_I(\rho_1 \ldots \rho_j \ldots \rho_J) + \sum_{j=1}^{J} \rho_j I(m_j) \tag{18.A.8}$$

이 된다.

이제 J개의 결과가 동일한 확률로 일어나는 실험을 생각하자. 확률의 규격화 조건을 적용하면 $\rho_j = 1/J$이다. 또 $\rho_j = m_j/D$이므로, 이로부터

$$m_1 = \cdots = m_J = m \tag{18.A.9}$$

를 얻는데, 여기서 m은 m_j의 공통된 값이다. $D = \sum_j m_j$로부터 $D = Jm$이 되므로, 식 (18.A.8)은

$$I(Jm) = I(J) + \sum_{j=1}^{J} \frac{1}{J} I(m) = I(J) + I(m) \tag{18.A.10}$$

이 된다. $I(Jm) = I(J) + I(m)$을 만족하는 연속 함수는 로그 함수와 상수의 곱이다. 로그의 성질로부터 $\ln(J\,m) = \ln J + \ln m$, 상수 k를 곱하면 $k\ln(J\,m) = k\ln J + k\ln m$이 된다. 따라서

$$I(M) = k\ln M \tag{18.A.11}$$

을 얻게 된다. 식 (18.A.2)에 요약된 두 번째 성질로 $k > 0$임을 알 수 있다. 식 (18.A.8)의 $I(M) = k\ln M$으로부터 다음 식을 얻는다.

$$k\ln D = S_I(\rho_1 \,\ldots\, \rho_j \,\ldots\, \rho_J) + \sum_{j=1}^{J} \rho_j k \ln m_j \tag{18.A.12}$$

$S_I(\rho_1 \,\ldots\, \rho_j \,\ldots\, \rho_J)$에 대해 $\sum_j \rho_j = 1$을 이용해 계산하면

$$S_I(\rho_1 \,\ldots\, \rho_j \,\ldots\, \rho_J) = \left(\sum_{j=1}^{J} \rho_j\right) k\ln D - \sum_{j=1}^{J} \rho_j k \ln m_j = -k\sum_{j=1}^{J} \rho_j \ln \frac{m_j}{D} \tag{18.A.13}$$

을 얻는데, $\rho_j = m_j/D$이므로 결국 다음 식을 최종적으로 얻을 수 있다.

$$\boxed{S_I(\rho_1 \,\ldots\, \rho_j \,\ldots\, \rho_J) = -k\sum_{j=1}^{J} \rho_j \ln \rho_j} \tag{18.A.14}$$

19장 분배 함수

18장에서는 열열학적인 성질들을 계산하기 위한 분배 함수 공식을 유도하였다. 이제 계의 해밀토니안으로부터 계의 미시 상태의 에너지 값을 얻고 이를 이용해 구체적으로 분배 함수를 계산해 볼 차례이다. 고전역학에서 미시 상태의 에너지는 직접적으로 해밀토니안과 관계된다. 양자역학적인 분배 함수의 계산은 20장의 주제이다.

계가 고체, 액체, 기체 중 어떤 상(phase)으로 존재하든 원자 수준에서 계는 동일한 해밀토니안으로 기술된다. 그러나 계의 분배 함수의 효율적인 계산을 위해서는 적절한 어림을 하게 되는데, 상마다 적절하게 다른 방법으로 어림을 하는 것이 필요하다. 이 장에서는 전형적인 *PVT* 계의 해밀토니안을 소개하고, 어림으로서의 이상 기체 모형과 고체의 비열에 대한 아인슈타인 모형에 대해 논의한다.

19.1 해밀토니안과 위상 공간

해밀토니안은 주어진 계의 구성요소들의 운동량과 위치에 어떻게 계의 에너지가 의존하는지를 기술하는 함수이다. 첨자 $i(i = 1, 2, \ldots, N)$로 구별되는 N개의 입자들로 이루어진 계를 생각하자. 입자 i의 위치는 $\boldsymbol{r}_i = (x_i, y_i, z_i)$인데, 여기서 x_i, y_i, z_i는 직교 좌표계의 좌표들이고, 입자 i의 운동량은 $\boldsymbol{p}_i = (p_i^x, p_i^y, p_i^z)$이다. N개의 입자로 구성된 계의 해밀토니안은 모두 $6N$개의 위치와 운동량 변수를 가진 함수로서,[1]

$$H_N(p_1^x, p_1^y, p_1^z, \ldots, p_N^z, x_1, \ldots, x_N, y_N, z_N) \tag{19.1}$$

로 주어진다. $6N$개의 독립 변수들은 편의상$(\boldsymbol{p}_1 \ldots \boldsymbol{r}_N)$로 표시하는데, 여기서

$$(\boldsymbol{p}_1 \cdots \boldsymbol{r}_N) = (p_1^x, p_1^y, p_1^z, \ldots, p_N^z, x_1, \ldots, x_N, y_N, z_N) \tag{19.2}$$

이다. 다음과 같은 형태의 해밀토니안

1) 직교 좌표계를 통해 입자의 위치(x_i, y_i, z_i)를 나타내는 것은 원자 혹은 분자들의 모임으로서의 *PVT* 계를 기술하는 일반화 좌표(generalized coordinate) 중 자연스러운 방법이다. 다른 일반화 좌표의 사용에 대해서는 23장을 참조하라.

$$H_N(\boldsymbol{p}_1 \cdots \boldsymbol{r}_N) = K_N(\boldsymbol{p}_1 \cdots \boldsymbol{p}_N) + \Phi_N(\boldsymbol{r}_1 \cdots \boldsymbol{r}_N) \tag{19.3}$$

에서 $K_N(\boldsymbol{p}_1 \ldots \boldsymbol{p}_N)$는 계의 운동 에너지

$$K_N(\boldsymbol{p}_1 \cdots \boldsymbol{p}_N) = \sum_{i=1}^{N} \frac{1}{2m_i} |\boldsymbol{p}_i|^2 \tag{19.4}$$

이고 $\Phi_N(\boldsymbol{r}_1 \ldots \boldsymbol{r}_N)$는 계의 퍼텐셜 에너지이다. 특정한 에너지 값은 함수 $H_N(\boldsymbol{p}_1 \ldots \boldsymbol{r}_N)$로부터 계산되는데, 이를 E_N으로 표시하자.

미시 상태와 위상 공간

변수$(\boldsymbol{p}_1 \ldots \boldsymbol{r}_N)$는 **위상 공간**(phase space)이라고 하는 추상적인 공간의 한 점의 좌표이다. 어떻게 계가 시간에 따라 진행하는지를 결정하기 위해서는 운동량과 위치 변수 모두 필요하다. **고전역학에서는 계의 미시 상태가 위상 공간의 한 점으로 표현된다.** 이 점을 **위상 점**(phase point)이라고 하는데 위상 점은 계가 시간 진행하면서 위상 공간 안의 궤적(trajectory)을 따라 움직인다. 이러한 시간에 따른 진행은 **해밀턴의 운동 방정식**(Hamilton's equation of motion)에 의해 결정되며, 이는 $6N$개의 결합된 상미분 방정식의 형태이다. 입자 i의 운동량과 위치에 대한 6개의 방정식은 다음과 같다.

$$\frac{d\boldsymbol{r}_i}{dt} = \frac{\partial H_N(\boldsymbol{p}_1 \cdots \boldsymbol{r}_N)}{\partial \boldsymbol{p}_i} \quad \text{및} \quad \frac{d\boldsymbol{p}_i}{dt} = -\frac{\partial H_N(\boldsymbol{p}_1 \cdots \boldsymbol{r}_N)}{\partial \boldsymbol{r}_i} \tag{19.5}$$

해밀턴의 방정식과 식 (19.3)으로부터 $d\boldsymbol{r}_i/dt = \boldsymbol{p}_i/m_i$와 $d\boldsymbol{p}_i/dt = -\partial\Phi_N/\partial\boldsymbol{r}_i$를 얻고, 이는

$$\boldsymbol{p}_i = m_i \boldsymbol{v}_i \quad \text{및} \quad m_i \boldsymbol{a}_i = -\frac{\partial \Phi_N}{\partial \boldsymbol{r}_i} \tag{19.6}$$

을 주는데 여기서 $\boldsymbol{v}_i = d\boldsymbol{r}_i/dt$는 속도, $\boldsymbol{a}_i = d\boldsymbol{v}_i/dt$는 가속도이다. 위의 두 번째 식은 뉴턴 제2법칙인 $\boldsymbol{F}_i = m_i\boldsymbol{a}_i$와 사실상 같으며, 여기서 $\boldsymbol{F}_i = -\partial\Phi/\partial\boldsymbol{r}_i$는 입자 i에 작용하는 힘이다.

19.2 모형 해밀토니안

자동차 타이어 안의 공기, 컵에 담긴 물, 알루미늄 조각은 아주 다른 성질을 갖지만, 정확히 같은 통계적인 가정을 이용해 분석할 수 있다. 서로 다른 계를 구별하는 것은 바로 해밀토니안이다. 해밀토니안의 중요한 역할을 보기 위해, 희귀 기체 원자들로 이루어진 계를 생각해 보자. 희귀 기체인 네온, 아르곤, 크립톤, 제온으로 이루어진 이들

표 19.1 희귀한 기체계

		T_m (K)	T_V (K)	ε/k_B (K)	$\varepsilon(\times 10^{-21}$ J)	r_o (nm)	m (amu)
Neon	Ne	25	27	36	0.50	0.312	20.18
Argon	Ar	84	87	119	1.64	0.381	39.95
Krypton	Kr	116	120	164	2.26	0.408	83.80
Xenon	Xe	161	165	229	3.16	0.444	131.3

T_m은 녹는점, T_v는 끓는점이다. 1 amu = 1.6605×10^{-27} kg.

희귀 기체계는 상대적으로 분석하기 쉽다. 이들 원자들은 다른 원자와 결합하여 분자를 이루지 않기 때문에 이들 기체들은 단원자 기체이다. 희귀한 기체라고 불리지만, 이런 계는 액체나 고체로도 존재할 수 있다. 이들 희귀한 기체들의 1기압에서의 녹는점과 끓는점은 표 19.1에 있다.[2]

원자간 상호작용

원자들 사이의 상호작용은 원자핵을 둘러싼 전자들의 행동에 의해 결정된다. 많은 경우, 이는 변형될 수 있는 작은 구 모양의 물체 사이의 상호작용으로 이상화해서 생각할 수 있다. 이 경우 두 원자핵이 거리 r만큼 떨어져 있을 때 두 원자 사이의 상호작용 퍼텐셜 에너지를 주는 **원자간 퍼텐셜**(interatomic potential) $\phi(r)$를 이용해 상호작용을 기술할 수 있다. $\phi(r)$의 함수 꼴을 결정하는 것은 이 교재의 범위를 넘어서는 양자역학 문제가 된다.

올바른 정성적인 특징을 가지는 원자간 퍼텐셜의 어림 표현을 이용하는 것은 매우 편리하다.[3] **레너드-존스 퍼텐셜**(Lennard–Jones potential)은 이런 목적으로 자주 이용되는데, 함수꼴은 다음과 같다(그림 19.1 참조).

$$\phi(r) = 4\varepsilon\left[\left(\frac{\sigma}{r}\right)^{12} - \left(\frac{\sigma}{r}\right)^{6}\right] \tag{19.7}$$

퍼텐셜 우물의 깊이는 ε이고, 퍼텐셜의 극소점에서 원자간 거리 r은 $r_o = 2^{1/6}\sigma$인데, 여기서 $2^{1/6} = 1.122$이고 $\phi(r_o) = -\varepsilon$이다. 이 퍼텐셜은 0을 $r = \sigma$에서 지나므로 $\phi(\sigma) = 0$이다. r_o 또는 σ가 원자의 지름을 특징짓는 값으로 쓰인다. 같은 종류의 원자들일 경우 ε과 r_o의 전형적인 값은 표 19.1에 있다.[4] 녹는점과 끓는점이 퍼텐셜 우물

2) Anderson H. L. (ed.) (1989) *A Physicist's Desk Reference, the Second Edition of Physics Vade Mecum*, ed. H. L. Anderson), American Institute of Physics, New York, p. 341.

3) 서로 다른 종류의 원자들을 가지고 있는 계의 경우에 원자간 퍼텐셜은 원자의 종류에 따라 다르다.

4) Horton G. K. (1979), in *Rare Gas Solids*, vol. 1 (eds M. L. Klein and J. A. Venables), Academic, New York, p. 88.

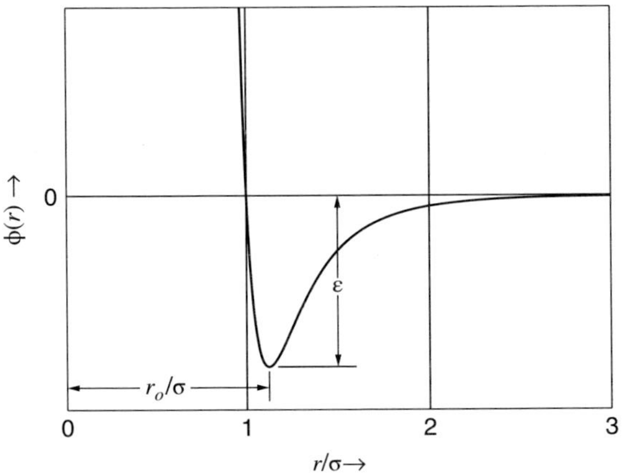

그림 19.1 레너드–존스 퍼텐셜

의 깊이가 깊어질수록 높아진다는 것을 눈여겨보라.

$r = r_o$에서의 극솟값은 원자들이 서로 묶여 있으려고 하는 경향과 관계있다. $r < r_o$일 때 $\phi(r)$이 급격히 커지는 것은 원자들 사이의 거리가 작아지면 원자들이 서로 밀치는 힘을 주게 된다. $r > r_o$일 때 $\phi(r)$가 점점 0에 접근하는 것은 원자 지름의 두세 배 정도의 거리 내로 퍼텐셜이 작용하는 영역이 사실상 제한되는 것을 알려준다. 표의 r_o의 값으로부터 몇 나노미터 정도보다 더 멀어지게 되면 두 원자는 사실상 독립적으로 움직인다는 것을 의미한다.

계의 에너지에 원자간 퍼텐셜이 기여하는 전체 양은 각각의 원자 두 개의 짝에 대해서 퍼텐셜을 더하면 얻어지므로, 원자간 상호작용 에너지는

$$\Phi_{\text{int}}(\boldsymbol{r}_1 \cdots \boldsymbol{r}_N) = \sum_{1 \le i < j \le N} \phi(r_{ij}) \tag{19.8}$$

이 되며, 여기서 $r_{ij} = |\boldsymbol{r}_i - \boldsymbol{r}_j|$는 두 원자 i와 j의 핵 사이의 거리이다. $1 \le i \le j \le N$이라는 제한 조건으로부터 각각의 두 원자의 짝은 Φ_{int}를 계산할 때 한 번씩만 들어간다. 이러한 원자 짝의 전체 개수는 $N(N-1)/2$이다.

원자-벽 상호작용

압력의 미시적인 원인은 계의 원자들에 의해 원자들이 들어있는 용기의 벽에 작용하는 힘이다. 이 힘의 반작용으로 벽은 원자들에 힘을 미치게 된다. 이러한 벽과 원자들 사이의 힘을 정확하게 기술하는 것은 어려운 일이지만, 그 효과는 벽을 매끄럽고 평평한 표면으로 이상화하여 이해할 수 있다. 원자 i와 용기의 벽 사이 상호작용에 관계된 퍼텐셜 에너지는 **원자–벽 퍼텐셜**(atom-wall potential) $\phi_{a\text{-}w}(\boldsymbol{r}_i)$로 기술하는데, 원자 i에 미치는 힘의 각 성분은 다음과 같다.

$$F_i^x(r_i) = -\frac{\partial \phi_{a\text{-}w}(r_i)}{\partial x_i}, \quad F_i^y(r_i) = -\frac{\partial \phi_{a\text{-}w}(r_i)}{\partial y_i}, \quad F_i^z(r_i) = -\frac{\partial \phi_{a\text{-}w}(r_i)}{\partial z_i} \tag{19.9}$$

$\phi_{a\text{-}w}$의 특징을 명확히 보기 위해 부피가 $V = L^3$인 정육면체 용기 내부의 기체를 생각하고 그림 19.2a처럼 원자가 벽에 충돌하는 것을 상상해 보자. $w(x_i)$가 원자 i와 $x = 0$에 있는 벽 사이의 상호작용에 관계된 퍼텐셜 에너지라면, 벽이 원자에 미치는 힘의 x 방향 성분은 $F_{x,i} = -dw(x_i)/dx_i$이다. 원자가 벽과 접촉하기 전에는 원자에 미치는 힘이 없으므로, $w(x_i)$는 x_i가 0보다 클 때는 0이다. 원자가 벽에 부딪칠 때, 원자는 나노미터 혹은 그보다 작은 거리 내에서 벽에 의해 튕겨 나온다. 즉, 퍼텐셜 에너지 $w(x_i)$는 x_i가 0보다 작을 때 급격하게 증가하게 된다. 이상화된 $w(x)$와 $F_x = -dw(x)/dx$가 그림 19.2의 (b)에 그려져 있는데 이 그림에서 x값의 영역은 나노미터 정도의 크기인 반면, (a)에서 x와 y는 보통 센티미터 정도의 크기라는 것이 중요하다. 정육면체 모양의 용기에서 퍼텐셜 $\phi_{a\text{-}w}(\boldsymbol{r}_i)$는 용기를 둘러싸고 있는 6개의 벽과의 상호작용을 기술하는 6개의 항들의 합으로 표시될 수 있다.

$$\phi_{a-w}(r_i) = w(x_i) + w(L - x_i) + w(y_i) + w(L - y_i) + w(z_i) + w(L - z_i) \tag{19.10}$$

$x = L$에 있는 벽에 의한 힘에 관계된 퍼텐셜 에너지는 $w(L - x_i)$인데, 이는 $w(x)$에서 x 대신 $L - x_i$를 이용해서 얻어지는 함수이다. 그림에서 볼 수 있듯이 $w(x)$는 왼쪽으로 가면서 증가하므로 $w(L - x)$는 오른쪽으로 가면서 증가한다. $w(L - x_i)$에 관계되는 힘은 원자를 왼쪽으로, 즉 용기의 내부 쪽으로 밀어낸다. $w(L - x_i)$는 $x_i < L$일 때 0이므로 용기 내부에서 힘은 0이다. 마찬가지로 식 (19.10)의 뒤의 네 항은 $y = 0$, $y = L$, $z = 0$, $z = L$에 있는 네 벽의 효과를 이상화한 항들이다.

비록 위의 논의가 기체 상태의 원자들에 대한 것이지만, 원자–벽 상호작용의 일반적 성질은 액체나 고체에서도 마찬가지이다. 특히 $\phi_{a\text{-}w}(\boldsymbol{r})$가 용기 내부에서 0의 값을 가지고 용기의 표면에서 아주 빠르게 증가하는 것도 마찬가지로 성립한다. 원자들은 나노미터 혹은 그보다 짧은 거리 정도만 벽 내부로 들어갈 수 있으므로, 원자–벽 퍼텐셜을 다음과 같은 모형으로 기술하는 것이 편리하다.

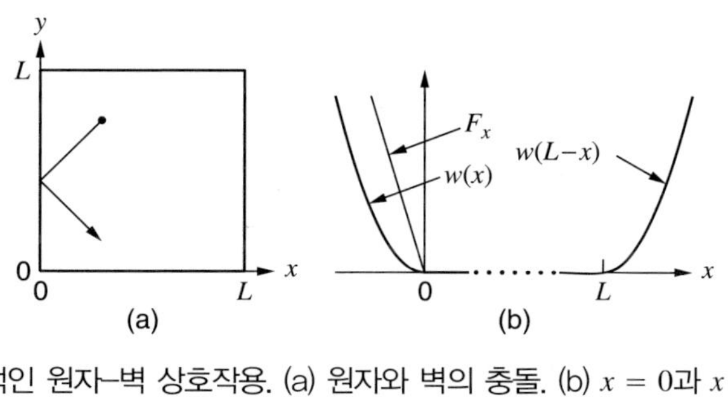

그림 19.2 이상적인 원자–벽 상호작용. (a) 원자와 벽의 충돌. (b) $x = 0$과 $x = L$에서의 퍼텐셜 에너지

$$\phi_{a\text{-}w}(\boldsymbol{r}) = \begin{cases} 0, \text{ 만약 } \boldsymbol{r}\text{이 용기 내부라면.} \\ \infty, \text{ 만약 } \boldsymbol{r}\text{이 용기 외부라면.} \end{cases} \tag{19.11}$$

원자들과 용기와의 상호작용을 모두 고려하면 원자–벽 에너지는

$$\Phi_{a\text{-}w}(\boldsymbol{r}_1 \cdots \boldsymbol{r}_N) = \sum_{i=1}^{N} \phi_{a\text{-}w}(\boldsymbol{r}_i) \tag{19.12}$$

이다.

모형 해밀토니안

식 (19.8)의 상호작용 에너지 Φ_{int}와 식 (19.12)의 원자–벽 에너지 $\Phi_{a\text{-}w}$를 모두 포함해서 적으면 전체 퍼텐셜 에너지는 $\Phi_N = \Phi_{a\text{-}w} + \Phi_{\text{int}}$가 된다. 식 (19.4)로부터 운동 에너지 K_N과 퍼텐셜 에너지 Φ_N을 더하면 희귀한 기체 원자들의 계를 기술하는 해밀토니안을 얻는다.

$$H_N(\boldsymbol{p}_1 \cdots \boldsymbol{r}_N) = \sum_{i=1}^{N} \frac{1}{2m_i} |\boldsymbol{p}_i|^2 + \sum_{i=1}^{N} \phi_{a\text{-}w}(\boldsymbol{r}_i) + \sum_{i<j} \phi(r_{ij}) \tag{19.13}$$

고체, 액체, 기체 상 모두 이 해밀토니안으로 기술된다. 계가 고체, 액체, 기체 중 어떤 상으로 존재하는지는 동일한 해밀토니안으로 기술되는 이 계의 온도와 부피에 의해 결정된다. 그러나 어림이 없이 이런 예측을 하는 것은 어려운 일이므로, 보통 서로 다른 상을 기술하기에 적합한 다른 어림을 이용하게 된다. 이상 기체 모형을 주는 어림에 대한 설명은 바로 다음에 나오며, 고체를 모형화하는 어림은 19.6절에 있다. 액체상을 기술하는 비슷한 어림은 존재하지 않으므로, 보통 액체상의 연구는 컴퓨터를 이용한 시늉내기(simulation)를 이용하게 된다.

단원자 이상 기체

이상 기체 모형은 입자당 부피 V/N가 클 때 정확한 기술이 된다. 이런 경우에 원자들 사이의 평균 거리는 원자 하나의 지름에 비해 충분히 크게 된다. 두 원자 i, j 사이의 거리가 나노미터 정도보다 더 크게 되면 상호작용 에너지 $\phi(r_{ij})$가 아주 작아지기 때문에 입자당 부피는 커지고, 이에 따라 원자 사이 상호작용 에너지 Φ_{int}도 무시할 수 있을 정도로 충분히 작아지기 때문이다. 이는 희귀한 기체 원자로 이루어진 이상 기체에서는 식 (19.13)의 Φ_{int}를 무시할 수 있음을 의미한다. 식 (19.4)와 식 (19.12)를 이용하면, 이상 기체의 해밀토니안 $H_N^{ig} = K_N + \Phi_{a\text{-}w}$은 다음과 같이 나타낼 수 있다.

$$H_N^{ig}(\boldsymbol{p}_1 \cdots \boldsymbol{r}_N) = \sum_{i=1}^{N} \left[\frac{1}{2m_i} |\boldsymbol{p}_i|^2 + \phi_{a\text{-}w}(\boldsymbol{r}_i) \right] \tag{19.14}$$

19.3 고전적인 바른틀 모둠

바른틀 모둠은 계의 해밀토니안에 담겨 있는 미시적인 기술로부터 열역학적인 성질들을 예측하는 유용한 도구이다. 열역학적 계에서 입자의 수가 보통 아보가드로수(N_A = 6.0 × 10^{23}) 정도이므로, 하고 싶다고 해서, 입자들의 운동 방정식을 모두 푸는 것은 불가능하다. 이런 경우 계를 통계적인 방법으로 분석하는 것이 필요하며, 이는 매우 편리한 방법이다. 고전역학에서의 미시 상태는 연속적이므로, 통계적인 방법의 분석은 확률이 아니라 확률 밀도로 표현된다.

확률 밀도

위상 공간의 한 영역에 확률값을 배정하기 전에 실험의 결과가 하나의 연속적인 변수인 경우를 생각해 보자. 예를 들어 입자(혹은 분자)의 속력이 v_1과 v_2 사이에 있을 확률은 적분꼴로 적힌다.

$$\int_{v_1}^{v_2} \rho(v)dv = \text{속력이 } v_1\text{과 } v_2 \text{ 사이일 확률} \tag{19.15}$$

여기서 **확률 밀도**(probability density) $\rho(v)$는 단위 속력당 확률이다. 위의 관계식은 다음과 같이 적는 것이 엄밀하지는 않지만 편리하다.

$$\rho(v)dv = \text{속력이 } v\text{와 } v + dv \text{ 사이일 확률} \tag{19.16}$$

확률 밀도는 음이 아니어야 하고 또 규격화되어야 하는데, 이를 식으로 적으면

$$\rho(v) \geq 0 \quad \text{및} \quad \int \rho(v)dv = 1 \tag{19.17}$$

이다. 속력 v에 의존하는 어떤 성질 $X(v)$의 평균값은

$$\langle X \rangle = \int \rho(v)X(v)dv \tag{19.18}$$

와 같은데, 입자의 평균 속력 $\int \rho(v)vdv$이 한 예이다.

위에 언급된 내용은 다차원의 연속적인 결과들(미시 상태들)을 가지는 실험(계)에

대해 일반화할 수 있고, 이때 식 (19.15)는 위상 공간에서의 부피 적분이 되며, $\rho(v)dv$는 확률 밀도와 부피 요소의 곱이다. 특히 N개의 입자로 이루어진 계가 부피 요소 $dp^{3N}dr^{3N}$ 안에 있을 확률은 다음과 같다.

$$\rho(\boldsymbol{p}_1 \cdots \boldsymbol{r}_N)dp^{3N}dr^{3N} = \begin{pmatrix} \text{계가 위상 공간의 부피 요소 } dp^{3N}dr^{3N} \\ \text{안의 위상점}(\boldsymbol{p}_1 \cdots \boldsymbol{r}_N)\text{에 있을 확률} \end{pmatrix} \tag{19.19}$$

확률 밀도 $\rho(\boldsymbol{p}_1 \cdots \boldsymbol{r}_N)$는 위상 공간의 단위 부피당 확률이다. 확률 밀도는 **음이 아니며** 다음의 **규격화 조건**(normalization condition)을 만족한다.

$$\int dp^{3N} \int dr^{3N} \rho(\boldsymbol{p}_1 \cdots \boldsymbol{r}_N) = 1 \tag{19.20}$$

여기서 적분은 위상 공간 전체에 대한 적분이다. 위의 적분식을 좀 더 길게 풀어서 나타내면 아래와 같다.

$$\int dp^{3N} \int dr^{3N} \to \int dp_1^3 \int dr_1^3 \cdots \int dp_i^3 \int dr_i^3 \cdots \int dp_N^3 \int dr_N^3 \tag{19.21}$$

위 식에서

$$\int dp_i^3 \int dr_i^3 \to \int_{-\infty}^{+\infty} dp_i^x \int_{-\infty}^{+\infty} dp_i^y \int_{-\infty}^{+\infty} dp_i^z \int_{-\infty}^{+\infty} dx_i \int_{-\infty}^{+\infty} dy_i \int_{-\infty}^{+\infty} dz_i \tag{19.22}$$

이다. 규격화 조건의 우변은 차원이 없는 숫자이므로, 확률 밀도 $\rho(\boldsymbol{p}_1 \cdots \boldsymbol{r}_N)$의 차원은 부피 요소 $dp^{3N}dr^{3N}$의 차원의 역수여야 하는데, 이로부터 확률 밀도 $\rho(\boldsymbol{p}_1 \cdots \boldsymbol{r}_N)$의 차원이 (질량 $\times$ 길이^2/시간)$^{-3N}$임을 알 수 있다.

모둠은 "본질적으로는 동일하지만 위상 공간에서는 다른 곳에 있는 엄청나게 많은 수의 독립적인 계의 상상의 모임이다."[5] 고전역학에서 모둠을 이루는 계들은 확률 밀도로 기술된다. 하나의 계를 나타내는 위상 점$(\boldsymbol{p}_1 \cdots \boldsymbol{r}_N)$은 위상 공간에서 궤적을 그리며 움직이고 이는 모둠을 이루는 모든 계가 다 마찬가지이다. 한 모둠을 구성하는 요소들인 계들이 위상 점들의 움직임을 이루므로, 이를 마치 보통의 유체에서 분자들의 흐름에 비유하여 위상 공간에서의 흐름처럼 해석할 수 있다. 이런 흐름으로 인해 점들의 분포와 해당하는 확률 밀도는 일반적으로 시간의 함수가 된다. 하지만 평형 상태에 있는 계들의 거시적인 성질은 자발적으로 변하지 않으므로, 이들을 기술하는 확률 밀도도 변하지 않아야 한다. 이런 일이 가능하려면, 위상 점들이 위상 공간의 한 부피 요소로 단위 시간당 흘러들어오는 비율이 같은 부피 요소로부터 밖으로 나가는 비율과 같아야 한다. 에너지는 보존되므로, 에너지의 함수는 시간에 의존하지 않아야

5) Gibbs J. W. (1902) *Elementary Principles of Statistical Mechanics*, Yale University Press, p. 5 (reprinted by Dover Publications, 1960).

한다. 이로부터 평형 상태에 있는 계를 기술하는 확률 밀도는 해밀토니안의 함수이다.

볼츠만 인자

18장에서 평형 상태에 있는 계가 미시 상태 α에 있을 확률은 볼츠만 인자 $e^{-E_{N,\alpha}/k_BT}$에 비례함을 알 수 있었는데, 여기서 $E_{N,\alpha}$는 미시 상태의 에너지이다. 고전역학과 양자역학 모두에서 바른틀 확률은 볼츠만 인자에 비례한다. 고전역학에서 미시 상태는 에너지 고유 상태인 α가 아니라 위상 공간$(\boldsymbol{p}_1 \cdots \boldsymbol{r}_N)$의 한 점으로 표현되고, 그 에너지는 해밀토니안 $H_N(p_1 \cdots r_N)$으로부터 주어진다. 온도 T인 평형 상태에 있는 계는 다음의 **바른틀 확률 밀도**(canonical probability density)로 기술되는데

$$\boxed{\rho^c(\boldsymbol{p}_1 \cdots \boldsymbol{r}_N) = \frac{C_N}{Z_N} e^{-H_N(\boldsymbol{p}_1 \cdots \boldsymbol{r}_N)/k_BT}} \tag{19.23}$$

여기서 C_N은 상수이고 Z_N은 **고전적인 분배 함수**(classical partition function)이다. $\rho^c(\boldsymbol{p}_1 \cdots \boldsymbol{r}_N)$를 식 (19.20)의 규격화 조건에 대입하고 Z_N에 대해서 풀면,

$$\boxed{Z_N(T,V) = C_N \int dp^{3N} \int dr^{3N} e^{-H_N(\boldsymbol{p}_1 \cdots \boldsymbol{r}_N)/k_BT}} \tag{19.24}$$

이 된다. 온도에 대한 의존성은 볼츠만 인자 e^{-H_N/k_BT}에 보이는 T를 통해 나타나는 반면, 부피 V에 대한 의존성은 해밀토니안을 통해 들어온다. 위상 공간에서의 적분의 형태이므로 Z_N은 운동량과 위치의 함수는 아니다. 양자역학뿐 아니라 고전역학에서도 헬름홀츠 자유 에너지는 식 (18.54)의 **분배 함수 공식**(partition function formula)으로 주어진다.

$$\boxed{F(T,V) = -k_BT \ln Z_N(T,V)} \tag{19.25}$$

확률 밀도 함수의 표현에 나오는 상수 C_N은 양자역학적인 효과가 무시될 수 있을 때 양자역학적인 결과가 고전역학적인 결과와 정확히 일치해야 한다는 조건으로 정해진다. 이는 온도가 아주 낮지 않은 경우에 일어나는데, 얼마나 낮은 온도를 이야기하는지는 분석하고자 하는 계에 따라 다르다. 똑같은 입자로 이루어진 계에서 C_N은 $(h^{3N}N!)^{-1}$과 같은데, 이 식에서 h는 플랑크 상수이다. 22.3절에서 다뤄지듯이 인자 $1/N!$는 N개의 똑같은 입자로 이루어진 계를 기술할 때 발생하는 **기브스의 패러독스**(Gibbs paradox)로 알려진 문제를 해결하는 데 필요하다. 플랑크 상수 h와 $dpdr$은 모두 같은 차원(질량 $\times$ 길이^2/시간)을 가지므로 h^{3N}과 $dp^{3N}dr^{3N}$도 마찬가지로 같은 차원을 갖는다. 그 결과, 고전적인 분배 함수는 차원이 없는 양이 된다.

19.4 열역학적 성질과 평균값

역학적이고 통계적인 성질들

계의 성질은 분배 함수 공식과 표준적인 열역학적 관계식들을 이용함으로써, 혹은 미시적인 양들의 바른틀 평균을 구함으로써 예측할 수 있다. 두 종류의 열역학적인 성질이 있는데, 하나는 **역학적인 성질**(mechanical properties)이고 다른 하나는 **통계적인 성질**(statistical properties)이다. 역학적인 성질들은 계의 거시적인 조건과는 독립적인 잘 정의된 값들을 갖는다. 대조적으로 온도, 엔트로피, 자유 에너지 같은 통계적인 성질들은 열적 평형 상태에 있는 계에서만 잘 정의되는 양들이다. 이런 양들은 **통계적인 성질**(statistical property)이라고 하는데, 그 이유는 계가 거시적인 평형 조건에 있을 때 통계적으로 기술되기 때문이다.

위상 함수

계의 역학적인 성질이 어떻게 미시 상태에 따라 달라지는지는 **위상 함수**(phase function)로 표현된다. 예를 들어 해밀토니안은 에너지의 위상 함수이다. 압력과 자기 모멘트 또한 역학적인 성질인데, 어떤 역학적인 성질들은 계의 해밀토니안의 조절변수로 나타난다. 부피가 그 예이다.

계의 열역학적 상태는 소수의 열역학적 변수들만으로 특정된다(PVT 계의 경우는 단 두 개의 독립적인 열역학적 변수만 필요하다)는 데 비해, 계의 미시 상태는 고전역학적으로 변수 $(\boldsymbol{p}_1 \cdots \boldsymbol{r}_N)$에 의해 표현된다. 따라서 열역학적인 성질을 예측하기 위해서는 엄청난 정도의 독립변수의 수 줄임이 일어나야 한다. 이러한 변수 줄임은 평균의 과정을 통해 이루어진다. 고전적으로 역학적인 양 X의 **모둠 평균**(ensemble average)은

$$\langle X \rangle = \int dp^{3N} \int dr^{3N} \rho(\boldsymbol{p}_1 \cdots \boldsymbol{r}_N) X(\boldsymbol{p}_1 \cdots \boldsymbol{r}_N) \tag{19.26}$$

인데, 여기서 $X(\boldsymbol{p}_1 \cdots \boldsymbol{r}_N)$는 역학적양에 해당하는 위상 함수이다. 열역학의 통계적 해석의 근간에는 다음의 원리가 있다. **(해밀토니안에 들어가는 조절 변수들은 제외한) 역학적 양의 열역학적인 값은 그에 대응하는 위상 함수의 바른틀 모둠 평균으로 주어진다.**

분배 함수

내부 에너지 U와 압력 P는 각각에 대응하는 위상 함수의 평균 혹은 자유 에너지의 분배 함수 공식을 이용해 구한다. 열역학적 성질을 평균을 이용해 구하는 것이 분배 함수 공식을 이용해 구하는 것과 같다는 것을, 두 방법이 같은 결과를 준다는 것을 보임으로써 살펴보려고 한다.

표 12.1에 있는 몇몇 표준적인 열역학적 관계식들을 이용하자.

$$F = U - TS, \qquad P = -\left(\frac{\partial F}{\partial V}\right)_T, \qquad S = -\left(\frac{\partial F}{\partial T}\right)_V \tag{19.27}$$

여기서 F는 헬름홀츠 자유 에너지이고 S는 엔트로피이다. 위의 식으로부터 아래와 같은 식을 얻을 수 있다.

$$U = F + TS = F - T\left(\frac{\partial F}{\partial T}\right)_V \tag{19.28}$$

분배 함수 공식 $F = -k_B T \ln Z_N$을 이용하면,

$$U = -k_B T \ln Z_N + T\frac{\partial}{\partial T}(k_B T \ln Z_N) = k_B T^2 \left(\frac{\partial \ln Z_N}{\partial T}\right)_V \tag{19.29}$$

를 얻는다. 이로부터

$$P = -\frac{\partial}{\partial V}(-k_B T \ln Z_N) = k_B T\left(\frac{\partial \ln Z_N}{\partial V}\right)_T \tag{19.30}$$

도 얻을 수 있다.

에너지

에너지의 위상 함수가 바로 해밀토니안이므로, 평균 에너지는

$$\langle H_N \rangle = \int dp^{3N} \int dr^{3N} \rho^c(\boldsymbol{p}_1 \ldots \boldsymbol{r}_N) H_N(\boldsymbol{p}_1 \ldots \boldsymbol{r}_N) \tag{19.31}$$

이며 확률 밀도가 평행 상태에 있는 계를 기술한다면 이 양이 바로 내부 에너지 U에 해당하므로 $\langle H_N \rangle = U$이다. 식 (19.23)의 바른틀 확률 밀도를 이용하면

$$U = \langle H_N \rangle = \frac{C_N}{Z_N} \int dp^{3N} \int dr^{3N} e^{-H_N(\boldsymbol{p}_1 \cdots \boldsymbol{r}_N)/k_B T} H_N(\boldsymbol{p}_1 \cdots \boldsymbol{r}_N) \tag{19.32}$$

가 된다. 온도에 대한 의존성은 온도보다는 **거꿀 온도**(inverse temperature)

$$\beta = \frac{1}{k_B T} \tag{19.33}$$

를 이용하는 것이 편리하다. 이를 이용하면 확률 밀도와 분배 함수는

$$\rho^c = \frac{C_N}{Z_N} e^{-\beta H_N} \qquad \text{및} \qquad Z_N = C_N \int dp^{3N} \int dr^{3N} e^{-\beta H_N} \tag{19.34}$$

로 적힌다. Z_N에 로그를 취해서 β에 대해 미분하면

$$\frac{\partial \ln Z_N}{\partial \beta} = \frac{1}{Z_N}\frac{\partial Z_N}{\partial \beta} = \frac{C_N}{Z_N}\int dp^{3N} \int dr^{3N}(-H_N)e^{-\beta H_N} \tag{19.35}$$

가 되고, 이를 식 (19.32)와 비교하면, 내부 에너지

$$\boxed{U = \langle H_N \rangle = -\left(\frac{\partial \ln Z_N}{\partial \beta}\right)_V} \tag{19.36}$$

를 얻는다. 다시 $T = 1/k_B\beta$를 이용해 적으면

$$U = \langle H_N \rangle = k_B T^2 \left(\frac{\partial \ln Z_N}{\partial T}\right)_V \tag{19.37}$$

가 되는데, 이는 식 (19.29)의 내부 에너지 U의 표현식과 같다.

지금까지 계의 에너지를 표현하는 몇 가지 다른 기호를 이용하였다. 각 기호는 다른 의미를 가지는데 앞으로의 편의를 위해 여기서 그 의미들을 정리해 보자.

- $H_N(\boldsymbol{p}_1 \cdots \boldsymbol{r}_N)$는 미시 상태 $(\boldsymbol{p}_1 \cdots \boldsymbol{r}_N)$의 에너지를 결정하는 함수이다.
- E_N은 미시 상태의 에너지의 특정한 값을 의미한다.
- $\langle H_N \rangle$은 에너지의 평균값이다.
- U는 에너지의 평형 상태 함수이다.

압력

압력에 해당하는 위상 함수가 무엇인지를 즉각 명확하게 생각하기는 어렵다. 분배 함수 공식 $F = -k_B T \ln Z_N$으로부터 압력에 해당하는 위상 함수가 어떤 것이어야 하는지를 찾을 수 있다. 식 (19.30)에서

$$P = k_B T \left(\frac{\partial \ln Z_N}{\partial V}\right)_T \tag{19.38}$$

을 얻었다. 분배 함수의 부피에 대한 의존성은 해밀토니안에 들어가므로, 분배 함수에

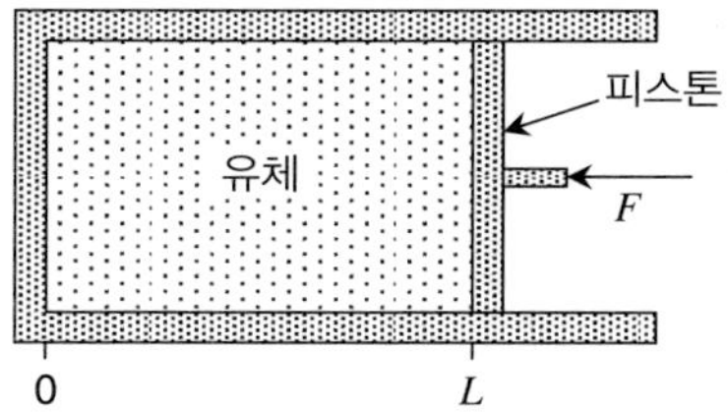

그림 19.3 실린더 안의 유체

로그를 취해 미분하면

$$\frac{\partial \ln Z_N}{\partial V} = \frac{C_N}{Z_N}\int dp^{3N}\int dr^{3N} e^{-H_N(\boldsymbol{p}_1\cdots\boldsymbol{r}_N)/k_BT}\left(-\frac{1}{k_BT}\frac{\partial H_N(\boldsymbol{p}_1\cdots\boldsymbol{r}_N)}{\partial V}\right) \quad (19.39)$$

를 얻고, 이와 함께 확률 밀도 $\rho^c = (C_N/Z_N)e^{-H_N/k_BT}$를 이용해서 식 (19.38)을 적으면

$$P = \int dp^{3N}\int dr^{3N}\rho^c(\boldsymbol{p}_1\cdots\boldsymbol{r}_N)\left(-\frac{\partial H_N(\boldsymbol{p}_1\cdots\boldsymbol{r}_N)}{\partial V}\right) = \left\langle -\frac{\partial H_N}{\partial V}\right\rangle \quad (19.40)$$

이 된다. 압력의 열역학적인 값은 위상 함수의 평균이므로, **압력의 위상 함수**(phase function for pressure)는

$$\boxed{P_{\text{ph}}(\boldsymbol{p}_1\cdots\boldsymbol{r}_N) = -\frac{\partial H_N(\boldsymbol{p}_1\cdots\boldsymbol{r}_N)}{\partial V}.} \quad (19.41)$$

이어야 한다.[6]

이 위상 함수가 한 표면에 가해지는 단위 면적당 힘이라는 압력의 의미에 부합하는지를 보기 위해 그림 19.3의 피스톤에 의해 실린더 안에 갇힌 유체를 생각하고 피스톤에 가해지는 힘을 계산하자. $x = 0$부터 $x = L$ 사이의 유체의 부피는 A가 피스톤의 단면적일 때 $V = AL$이다. 유체의 압력은 유체가 피스톤에 가하는 수직 성분(x성분)의 힘을 면적으로 나눈 것이다. 이 힘은 외부에서 피스톤을 미는 힘과 평형을 이루고 있다.

피스톤에 가해지는 압력은

$$P_{\text{pist}} = \frac{1}{A}\sum_i F^x_{\text{pist},i} \quad (19.42)$$

인데, $F^x_{\text{pist},i}$는 원자 i가 피스톤에 미치는 힘의 x 성분이다. 원자가 가하는 이런 힘은 피스톤으로부터 수 나노미터 정도만 멀어져도 0이 되므로, 대부분의 원자들은 식

6) 이것과 동등한 압력의 위상 함수인 비리알 공식(virial formula)은 29장에서 유도된다.

(19.42)의 합에 아무런 기여를 하지 않는다. 19.2절에서 기술한 것처럼, 원자–벽 상호작용에 의해 벽이 원자 i에 가하는 힘의 x 성분은 $F_i^x = -\partial\phi_{a\text{-}w}/\partial x_i$이다. 원자–벽 퍼텐셜 $\phi_{a\text{-}w}(\boldsymbol{r}_i)$는 아래처럼 적을 수 있는데,

$$\phi_{a\text{-}w}(\boldsymbol{r}_i) = w(L - x_i) + \text{다른 항들} \tag{19.43}$$

여기서 '다른 항들'은 피스톤이 아닌 용기의 다른 부분들과의 상호작용을 의미한다. 원자 i와 피스톤 사이의 상호작용의 퍼텐셜 에너지는 $w(L - x_i)$에 의해 표현되므로, 피스톤이 원자 i에 가하는 힘은

$$F^x_{\text{pist},i} = -\frac{\partial w(L - x_i)}{\partial x_i} = \frac{\partial w(L - x_i)}{\partial L} \tag{19.44}$$

이며, 여기서 L과 x_i가 $w(x)$의 인자에 반대의 부호로 나타난다는 것을 이용하였다. 피스톤에 원자 i가 미치는 힘 $F^x_{\text{pist},i}$은 피스톤이 원자에 미치는 힘의 반작용(뉴턴 제3법칙)이므로, 피스톤에 작용하는 힘은

$$F^x_{\text{pist},i} = -\frac{\partial w(L - x_i)}{\partial L} \tag{19.45}$$

이다. 식 (19.43)의 '다른 항들'은 L에는 무관하므로, 식 (19.42) ~ (19.45)를 모두 결합하면

$$P_{\text{pist}} = -\frac{1}{A}\sum_i \frac{\partial w(L - x_i)}{\partial L} = -\frac{1}{A}\sum_i \frac{\partial \phi_{a\text{-}w}(\boldsymbol{r}_i)}{\partial L} = -\frac{1}{A}\frac{\partial}{\partial L}\Phi_{a\text{-}w}(\boldsymbol{r}_1 \cdots \boldsymbol{r}_N) \tag{19.46}$$

을 얻게 되는데, 여기서 $\Phi_{a\text{-}w}(\boldsymbol{r}_1 \cdots \boldsymbol{r}_N)$는 원자–벽 상호작용의 전체 에너지이다. 식 (19.13)의 해밀토니안이 $H_N = K_N + \Phi_{\text{int}} + \Phi_{a\text{-}w}$이고 운동 에너지 K_N과 원자 간 상호작용 에너지 Φ_{int}는 L에 무관하므로, 미분 $\partial\Phi_{a\text{-}w}/\partial L$은 $\partial H_N/\partial L$로 대체될 수 있다. 따라서 $L = V/A$를 이용하면

$$P_{\text{pist}} = -\frac{\partial H_N(\boldsymbol{p}_1 \cdots \boldsymbol{r}_N)}{\partial V} \tag{19.47}$$

을 얻게 된다. 이 식은 식 (19.41)의 위상 함수 $P_{\text{ph}} = -\partial H_N/\partial V$와 같음을 알 수 있다.

19.5 이상 기체

분리 가능한 해밀토니안

분배 함수 공식의 궁극적인 정당화는 이 식이 실험과 일치하는 예측을 주는지를 살펴

보는 것이다. 이 절에서는 이상 기체 모형을 이용해서 해밀토니안으로부터 계의 열역학적인 성질들을 예측하는 과정을 다룬다. 식 (19.14)의 단원자 이상 기체의 어림 해밀토니안은 다음의 형태이다.

$$H_N^{ig}(\boldsymbol{p}_1 \cdots \boldsymbol{r}_N) = \sum_{i=1}^{N} H_i(\boldsymbol{p}_i, \boldsymbol{r}_i) \tag{19.48}$$

여기서 $H_i(\boldsymbol{p}_i, \boldsymbol{r}_i)$는 **단일 입자 해밀토니안**(single-particle Hamiltonian)

$$H_i(\boldsymbol{p}_i, \boldsymbol{r}_i) = \frac{1}{2m_i}|\boldsymbol{p}_i|^2 + \phi_{a\text{-}w}(\boldsymbol{r}_i) \tag{19.49}$$

이다. 식 (19.48)과 식 (19.49) 형태의 해밀토니안은 **분리 가능한 해밀토니안**(separable Hamiltonian)의 한 예인데, 각각의 입자의 위치와 운동량은 식 (19.48)의 합 안에서 단 하나의 단일 입자 해밀토니안에만 나오기 때문이다. 해밀토니안이 분리 가능한 경우에 분배 함수는 아래처럼 아주 쉽게 계산된다.

계의 분배 함수는

$$Z_N = C_N \int dp^{3N} \int dr^{3N} e^{-\beta \sum_i H_i(\boldsymbol{p}_i, \boldsymbol{r}_i)} \tag{19.50}$$

으로 적히는데 $\beta = 1/k_B T$이다. 이 식의 적분을 계산하기 위해서는 관계식 $e^{X+Y} = e^X e^Y$을 이용하는 것이 중요하다. 이 식을 반복적으로 이용하면 합의 지수 함수는 지수 함수들의 곱의 꼴로 표현되므로

$$e^{\sum_i A_i} = e^{(A_1 + A_2 + A_3 + \cdots)} = e^{A_1} e^{A_2} e^{A_3} \cdots \tag{19.51}$$

이를 적용하면

$$e^{-\beta \sum_i H_i(\boldsymbol{p}_i, \boldsymbol{r}_i)} = e^{-\beta H_1(\boldsymbol{p}_1, \boldsymbol{r}_1)} e^{-\beta H_2(\boldsymbol{p}_2, \boldsymbol{r}_2)} e^{-\beta H_3(\boldsymbol{p}_3, \boldsymbol{r}_3)} \cdots, \tag{19.52}$$

가 된다. 각각의 입자를 기술하는 변수들은 한 항에만 등장하므로 각각의 입자에 대한 적분은 그 입자의 볼츠만 인자하고만 관계하게 된다. 식 (19.21)을 이용해서 위상 공간에서의 적분을 표현하면, 분배 함수는

$$\begin{aligned} Z_N = & C_N \int dp_1^3 \int dr_1^3 e^{-\beta H_1(\boldsymbol{p}_1, \boldsymbol{r}_1)} \\ & \times \int dp_2^3 \int dr_2^3 e^{-\beta H_2(\boldsymbol{p}_2, \boldsymbol{r}_2)} \\ & \times \cdots \\ & \times \int dp_N^3 \int dr_N^3 e^{-\beta H_N(\boldsymbol{p}_N, \boldsymbol{r}_N)} \end{aligned} \tag{19.53}$$

이 되는데, 위 식에서 ×···으로 줄여진 한 줄은 사실 $N-3$ 줄의 식이다. 각 입자에 대한 적분은 다른 입자가 관계하는 적분과는 무관하므로, i번째 입자가 식 (19.53)의 적분에 기여하는 것은

$$Z_i = (C_N)^{1/N} \int dp^3 \int dr^3 e^{-\beta H_i(\boldsymbol{p},\boldsymbol{r})} \tag{19.54}$$

가 되며 여기서 적분 변수의 첨자들은 생략할 수 있다. 위의 과정을 거쳐 계산되는 N개의 입자로 이루어진 계의 분배 함수는 이제 N개의 **단일 입자 분배 함수**(single-particle partition function)의 곱의 꼴로 적혀

$$Z_N = Z_1 Z_2 Z_3 \cdots = \prod_{i=1}^{N} Z_i \tag{19.55}$$

가 된다. 계를 구성하는 입자들이 모두 같은 입자라면, 위의 곱은

$$Z_N = [Z_s]^N \tag{19.56}$$

이 되고, 이때 Z_s의 첨자 s는 단일(single) 입자에 관계된 양임을 의미한다.

동일한 종류의 입자들로 구성된 단원자 이상 기체의 단일 입자 분배 함수는

$$Z_s = (C_N)^{1/N} \int dp^3 \int dr^3 e^{-\beta[(1/2m)|\boldsymbol{p}|^2 + \phi_{a-w}(\boldsymbol{r})]} \tag{19.57}$$

이다. $|\boldsymbol{p}|^2 = p_x{}^2 + p_y{}^2 + p_z{}^2$이므로, 위 식의 지수 함수에 들어 있는 항은 모두 네 개의 지수 함수의 곱으로 표시할 수 있다.

$$\begin{aligned} Z_s &= (C_N)^{1/N} \int dr^3 e^{-\beta\phi_{a-w}(\boldsymbol{r})} \\ &\times \int_{-\infty}^{+\infty} dp_x e^{-\beta p_x{}^2/2m} \int_{-\infty}^{+\infty} dp_y e^{-\beta p_y{}^2/2m} \int_{-\infty}^{+\infty} dp_z e^{-\beta p_z{}^2/2m} \end{aligned} \tag{19.58}$$

가우스 적분을 이용하고,

$$\int_{-\infty}^{+\infty} du\, e^{-au^2} = \sqrt{\frac{\pi}{a}} \tag{19.59}$$

운동량의 각각의 성분에 대해 적분하면

$$\int_{-\infty}^{+\infty} dp e^{-\beta p^2/2m} = \sqrt{\frac{2\pi m}{\beta}} \tag{19.60}$$

을 얻는다. 식 (19.11)의 원자–벽 퍼텐셜 $\phi_{a-w}(\boldsymbol{r})$의 모형에서 $\boldsymbol{r}$이 용기 내부에 있을 때

는 퍼텐셜이 0을 값을 가지고 만약 $\boldsymbol{r}$이 용기의 외부라면 퍼텐셜이 무한대가 된다. 또 $e^0 = 1$과 $e^{-\infty} = 0$를 이용하면

$$e^{-\beta\phi_{a-w}(\boldsymbol{r})} = \begin{cases} 1, \text{만약 } \boldsymbol{r}\text{이 용기 내부에 있으면.} \\ 0, \text{만약 } \boldsymbol{r}\text{이 용기 밖에 있으면.} \end{cases} \tag{19.61}$$

이 되므로 다음 식을 얻을 수 있다.

$$\int dr^3 e^{-\beta\phi_{a-w}(\boldsymbol{r})} = V \tag{19.62}$$

여기서 V는 용기의 부피이다. 예를 들어 정육면체 모양의 용기에 대해서 x, y, z 모두 0과 L 사이라면 $e^{-\beta\phi_{a-w}(\boldsymbol{r})} = 1$을, 용기 밖에 있다면 $e^{-\beta\phi_{a-w}(\boldsymbol{r})} = 0$을 얻으므로, 위의 적분은

$$\int dr^3 e^{-\beta\phi_{a-w}(\boldsymbol{r})} = \int_0^L dx \int_0^L dy \int_0^L dz = L^3 = V \tag{19.63}$$

가 된다. 식 (19.60)과 식 (19.62)를 식 (19.58)에 대입하면 다음 식을 얻을 수 있다.

$$Z_s = (C_N)^{1/N}\left(\frac{2\pi m}{\beta}\right)^{3/2} V \tag{19.64}$$

$Z_N^{ig} = [Z_s]^N$을 이용하면, N개의 원자로 구성된 단원자 이상 기체의 분배 함수는 결국

$$Z_N = C_N\left(\frac{2\pi m}{\beta}\right)^{3N/2} V^N \tag{19.65}$$

로 나타낼 수 있다($\beta = 1/k_BT$). 입자들이 다른 질량을 가진다면 식 (19.54)를 계산해서 식 (19.64)와 비슷한 결과를 얻는데 이 식에서 m을 입자 i의 질량 m_i로 치환하면 된다. 이 경우 Z_N은 $Z_1Z_2Z_3\ldots$처럼 마찬가지의 곱의 형태지만 Z_N에서 m은 $\overline{m} = (m_1m_2\cdots m_N)^{1/N}$로 바꿔 적어야 한다.

예제 19.1 **내부 에너지와 열용량**

단원자 이상 기체의 내부 에너지와 정적 열용량을 계산하시오.

풀이 ■ 이상 기체의 분배 함수에 로그를 취하면

$$\ln Z_N = \ln C_N + \frac{3}{2}N(\ln(2\pi m) - \ln\beta) + N\ln V$$

이 된다. 식 (19.36)에서 보았듯이, 내부 에너지는 Z_N과 $U = -(\partial \ln Z_N/\partial\beta)$로 관계된

다. $\ln Z_N$을 β에 대해서 미분하고, -1을 곱하고, $\beta = 1/k_B T$을 이용하면 내부 에너지를 얻는다.

$$U = \frac{3}{2}\frac{N}{\beta} = \frac{3}{2}Nk_B T$$

정적 열용량은 $C_V = (\partial U/\partial T)_V$이므로,

$$C_V = \frac{3}{2}N k_B \tag{19.66}$$

를 얻는다. $Nk_B = nR$를 이용하면 위 식은 $C_V = \frac{3}{2}nR$인데, 이는 15장에서 논의한 단원자 이상 기체의 등분배 값과 같다.

헬름홀츠 자유 에너지

위의 예제는 상태 방정식을 쓰지 않고도 내부 에너지와 열용량을 계산하는 빠른 방법을 보여 준다. 상태 방정식은 헬름홀츠 자유 에너지로부터 얻어진다. 식 (19.65)를 분배 함수 공식 $F = -k_B T$에 넣고 $\beta = 1/k_B T$를 이용하면,

$$F = -k_B T \ln [(C_N)^{1/N}(2\pi m k_B T)^{3/2} V]^N \tag{19.67}$$

을 얻는데, 로그 함수의 성질을 이용하면 자유 에너지는 아래 형태로 적힌다.

$$F(T, V) = -Nk_B T \left[\frac{3}{2}\ln T + \ln V + c_o\right] \tag{19.68}$$

여기서

$$c_o = \ln[(C_N)^{1/N}(2\pi m k_B)^{3/2}] \tag{19.69}$$

이다. 이 식과 $P = -(\partial F/\partial V)_T$을 이용하면

$$P = \frac{Nk_B T}{V} \tag{19.70}$$

을 얻는데 바로 이 식이 이상 기체의 상태 방정식이다. 이로서 단원자 이상 기체의 상태 방정식과 열용량이 올바로 계산되었다.

자유 에너지 $F(T, V)$에 대한 위의 표현은 열역학적인 결과와 같이 T와 V에 의존한다. 단원자 이상 기체의 열용량 $1.5nR$을 위에서 구한 열용량 $C_V = nc_V$와 비교하고 $nR = Nk_B$을 이용하면, 12장에서 구한 열역학적인 결과는

$$F(T, V) = -Nk_B T\left(-\frac{3}{2} + \frac{3}{2}\ln\frac{T}{T_o} + \ln\frac{V}{V_o} + \frac{s_o}{R}\right) \tag{19.71}$$

로 나타낼 수 있는데[식 (12.24) 참조] 여기서 ns_o는 $T = T_o$, $V = V_o$일 때의 임의로 주어진 엔트로피 값이다. 이 식을 식 (19.68)과 비교하면

$$c_o = -\frac{3}{2} - \frac{3}{2}\ln T_o - \ln V_o + \frac{s_o}{R} \tag{19.72}$$

를 얻는데, 식 (19.69)와 식 (19.72)의 c_o값은 열역학적인 양인 s_o, T_o, V_o가 어떻게 미시적인 양인 k_B, m, C_N과 관계되는지를 알려준다. 상수 C_N은 고전적인 바른틀 모둠에서는 여전히 결정되지 않는다. 20장에서 계를 양자역학적으로 분석하고 22장에서 깁스의 패러독스를 해결하게 되면, $C_N = (h^{3N}N!)^{-1}$이라는 것을 보일 수 있게 되는데, 여기서 h가 바로 플랑크 상수이다[식 (22.42) 참조]. 주의할 것은 상수 c_o는 열용량의 값이나 상태 방정식에 아무런 영향을 주지 않는다는 것이다.

다수 입자와 단일 입자의 개념

다수 입자계의 해밀토니안 H_N, 분배 함수 Z_N과 단일 입자계에 해당하는 개념인 H_i, Z_i와의 차이를 아는 것이 중요하다. 분배 함수 공식 $F = -k_B T \ln Z_N$은 열역학과 계의 미시적인 성질 사이의 근본적인 관계를 표현하는 식이므로 어떤 형태의 해밀토니안에 대해서도 성립하는 식이다. 반면, 단일 입자 분배 함수 Z_i는 단일 입자 해밀토니안 H_i에 기반하며 이는 분리 가능한 해밀토니안이라는 모형 계에서만 성립하는 개념이다. 분리 가능한 해밀토니안은 항상 어림일 뿐이다. 입자 간 상호작용은 어떤 경우라도 완전히 무시될 수는 없기 때문이다. 만약 입자 간 상호작용이 정말로 존재하지 않는다면 입자들 사이에 에너지를 교환할 수 있는 어떤 얼개도 없다는 것을 의미하므로 계를 열적 평형 상태로 나아가게 하는 아무런 얼개도 없게 된다.

19.6 조화 고체

고체를 이루는 원자들은 공간상의 한 점에 고정된 체로 인접한 다른 원자 사이의 거리에 비해 작은 진폭으로 진동한다. 고체의 조화 근사(harmonic approximation)란 원자들 사이의 퍼텐셜 에너지를 최솟값 근방에서 변위의 급수로 전개하고 높은 차수의 항들을 무시함으로써 얻어진다.

원자들이 그 주변을 진동하는 평형 위치들을 $(\boldsymbol{R}_1 \ldots \boldsymbol{R}_N)$이라고 하고 $\boldsymbol{R}_i$번째 원자의 위치를 $\boldsymbol{r}_i$라고 하면 퍼텐셜 에너지는 $\Phi_N(\boldsymbol{r}_1 \ldots \boldsymbol{r}_N)$의 꼴을 갖는다. $r_i = R_i$일 때의 퍼텐셜 에너지를 **정지 에너지**(static energy) $\Phi_{\text{st}} = \Phi_N(\boldsymbol{R}_1 \ldots \boldsymbol{R}_N)$라고 부르자. 즉 Φ_{st}는 원자들이 평형 위치에 정지해 있을 때 계의 전체 에너지이다. 원자 i의 평형 위치로부터의 변위는

$$\boldsymbol{q}_i = \boldsymbol{r}_i - \boldsymbol{R}_i \tag{19.73}$$

이다. 세 성분 (q_i^x, q_i^y, q_i^z)을 모두 모아서 하나의 지표 i를 이용해서 $\boldsymbol{q}_i$로 표시하는 것이 편리한데, 이렇게 하면 모든 성분들 $(q_1^x, q_1^y, q_1^z, q_2^x, \ldots, q_N^z)$는 $(q_1, q_2, q_3, q_4, \ldots, q_{3N})$로 표기하게 된다. Φ_N을 변위 q_j의 테일러 급수로 전개하고 이차보다 높은 차수의 항들을 무시하면, 다음 식의 퍼텐셜 에너지의 **조화 근사**(harmonic approximation)를 얻는다.

$$\Phi_N(q_1 \cdots q_{3N}) = \Phi_{\text{st}} + \frac{1}{2}\sum_{m=1}^{3N}\sum_{n=1}^{3N} A_{mn} q_m q_n \tag{19.74}$$

이 식에서 일차항이 없는 이유는 위의 전개 식이 퍼텐셜 에너지의 최소점을 기준으로 했기 때문이며, 높은 차수의 항들을 무시할 수 있는 이유는 변위가 작다고 가정했기 때문이다. **힘 상수 행렬**(force constant matrix)의 성분인 A_{mn}는 $\partial^2\Phi_N/(\partial q_m \partial q_n)$이다. 식 (19.74)에 기반한 분리 가능한 해밀토니안은 24장에서 다룬다. 이 절에서는 조화 근사의 간단한 유형을 소개하는데 이것이 바로 아인슈타인이 고체의 비열에 대한 양자역학적인 효과를 보여 줄 때 사용했던 모형이다.

아인슈타인 모형

아인슈타인 모형의 해밀토니안은 분리 가능하다. 이 모형은 고체를 퍼텐셜 에너지를 최소로 하는 위치 $(\boldsymbol{R}_1 \cdots \boldsymbol{R}_N)$에 스프링으로 연결된 원자들의 모임으로 기술한다. 이 모형의 퍼텐셜 에너지는

$$\Phi_N(q_1 \cdots q_{3N}) = \Phi_{\text{st}} + \sum_{i=1}^{N} \frac{1}{2}k_o|\boldsymbol{q}_i|^2 = \Phi_{\text{st}} + \sum_{i=1}^{N} \frac{1}{2}k_o\left[(q_i^x)^2 + (q_i^y)^2 + (q_i^z)^2\right] \tag{19.75}$$

인데, Φ_{st}는 정지 에너지이고 k_o는 유효 스프링 상수이다. 위에서 설명한 것과 마찬가지로 변위 $(q_1^x, q_1^y, \ldots, q_N^z)$를 하나의 지표를 이용해 $(q_1, q_2, \ldots, q_{3N})$로 적으면, 이에 대응되는 운동량은 $(p_1, p_2, \ldots, p_{3N})$이 된다. 따라서

$$H_N = K_N + \Phi_N = \Phi_{\text{st}} + H_{\text{vib}} \tag{19.76}$$

로 적으면 진동(vibration)을 기술하는 해밀토니안은

$$H_{\text{vib}}(p_1 \cdots q_{3N}) = \sum_{j=1}^{3N} H_j(p_j, q_j) \tag{19.77}$$

이고

$$H_j(p_j, q_j) = \frac{1}{2m}{p_j}^2 + \frac{1}{2}k_o{q_j}^2 \tag{19.78}$$

이다. 힘 상수 행렬 A_{mn}에서 비대각 성분들을 무시하면 같은 꼴의 해밀토니안이 얻어진다.

식 (19.24)의 분배 함수에 들어가는 변수 $(\boldsymbol{r}_1 \cdots \boldsymbol{r}_N)$는 $(\boldsymbol{q}_1 \cdots \boldsymbol{q}_N)$로 바뀌었고, 이는 다시 $(q_1 \cdots q_{3N})$로 표현했으므로, 아인슈타인 모형의 고전적인 분배 함수는

$$Z_N = C_N \int dp^{3N} \int dq^{3N} e^{-H_N(p_1 \cdots q_{3N})/k_B T} \tag{19.79}$$

가 된다. 정적인 에너지 Φ_{st}는 적분 변수에 무관하므로, 관계 식 $e^{-H_N/k_B T} = e^{-\Phi_{st}/k_B T}$ $e^{-H_{vib}/k_B T}$를 이용해서 Z_N을 적으면

$$Z_N = e^{-\Phi_{st}/k_B T} Z_N^{vib} \tag{19.80}$$

이 되는데, 여기서

$$Z_N^{vib} = C_N \int dp^{3N} \int dq^{3N} e^{-H_{vib}(p_1 \cdots q_{3N})/k_B T} \tag{19.81}$$

이다. 고전적으로 취급하면 아인슈타인 모형이 15.4절의 뒬롱(Dulong)과 프티(Petit)의 비열 값과 같은 결과를 준다는 것은 연습문제로 남겨둔다. 아인슈타인 모형의 양자역학적인 분석은 20장에서 다룬다.

문제

19.1 세 개와 네 개의 희귀 기체 원자들의 모임의 최소 퍼텐셜 에너지를 구하시오. 최소 에너지를 가지는 배열에서 세 개의 원자는 삼각형의 각 꼭짓점에, 그리고 네 개의 원자는 사면체의 네 꼭짓점에 있게 된다. 원자들의 배열을 그림으로 그려 보고 답을 퍼텐셜 우물의 깊이를 이용해서 표현하시오.

19.2 N개의 입자로 이루어진 고전적인 단원자 이상 기체가 균일한 중력장 안에서 수직으로 서 있는 무한히 긴 단면적 A인 실린더 안에 있다. 이는 행성 대기의 모형인데 여기서 실린더는 행성을 둘러싼 대기의 효과를 나타낸다. 이 모형의 해밀토니안은

$$H_N = \sum_{i=1}^{N} \left(\frac{|\boldsymbol{p}_i|^2}{2m_i} + mgz_i + \phi_A(x_i, y_i) \right)$$

인데, m은 원자의 질량, g는 중력 가속도, 그리고 행성의 표면에서 $z = 0$이다. 퍼텐셜 $\phi_A(x_i, y_i)$ (이는 본문의 ϕ_{a-w}와 유사하다)는 원자를 실린더 내부에 가둔다. 이 모형을 이용해서 기체의 내부 에너지와 면적이 일정할 때의 열용량 $(\partial U/\partial T)_A$을 구하시오.

19.3 만약 스프링 상수 $k_o(V)$가 부피에 의존하면, 아인슈타인 모형의 진동 해밀토니안은

$$H_{\text{vib}} = \sum_{j=1}^{N} \left[\frac{1}{2m} \left| \boldsymbol{p}_j \right|^2 + \frac{1}{2} k_o(V) |\boldsymbol{q}_j|^2 \right].$$

이다.

(a) 진동 분배 함수를 계산하시오.

$$Z_N^{\text{vib}} = C_N \int dp^{3N} \int dq^{3N} e^{-H_{\text{vib}}(p_1 \cdots q_{3N})/k_B T}$$

(b) 헬름홀츠 자유 에너지 $F(T, V)$를 구하시오. 스프링 상수의 부피 의존성 $(k_o(V))$과 정지 에너지 $\Phi_{\text{st}}(V)$를 고려하시오.

(c) 비열 c_V를 구하고 이를 뒬롱과 프티의 법칙과 비교하시오.

(d) 상태 방정식을 구하시오.

20장 양자계

계의 미시적인 성질과 거시적인 성질 사이의 관계는 계의 미시 상태 에너지의 볼츠만 인자 e^{-E/k_BT}의 합으로 얻어지는 분배 함수에 의해 정해진다. 고전적으로 미시 상태는 위상 공간의 점이다. 양자역학에서 미시 상태는 에너지 고유 상태에 대응하며, 이는 시간에 무관한 슈뢰딩거 방정식의 풀이로 얻어진다. 열역학적인 성질들은 고전역학, 양자역학 모두에서 해밀토니안으로부터 결정되지만, 양자역학에서는 그 관계가 덜 직접적이다. 이 장에서는 이상 기체와 아인슈타인 모형의 성질을 양자역학적으로 다룬다. 또 고전적인 접근이 정확한 결과를 주게 되는 조건이 무엇인지도 살핀다. 단원자 기체의 에너지 고유 상태에 대한 논의를 다시 살펴보는 것으로 이 장을 시작하자.

20.1 에너지 고유 상태

계의 시간에 따른 변화는 시간에 의존하는 슈뢰딩거 방정식 $\hat{H}_N\Psi(t) = i\hbar(\partial\Psi(t)/\partial t)$으로부터 결정되는데, 여기서 $\hat{H}_N$은 해밀토니안 연산자, $\Psi(t)$는 계의 파동 함수이다. N개의 입자로 이루어진 PVT 계의 연산자 $\hat{H}_N$은 고전적인 해밀토니안 $H_N(\boldsymbol{p}_1\cdots\boldsymbol{r}_N)$에서 입자 i의 운동량 변수 $\boldsymbol{p}_i$를 미분 연산자 $(\hbar/i)\nabla_i$로 바꾸면 얻을 수 있다. 기울기 연산자 ∇_i는 위치 변수 $\boldsymbol{r}_i$에 대한 미분이고, $(\hbar/i)$의 i는 -1의 제곱근이며, $\hbar$는 플랑크 상수 h를 2π로 나눈 것이다($\hbar = h/2\pi$). $\Psi(t)$의 시간에 대한 의존성을 $e^{-iE_{N,\alpha}t/\hbar}\Psi_\alpha$로 표현하면, 다음과 같은 **시간에 무관한 슈뢰딩거 방정식**(time-independent Schrödinger equation)을 얻는다.

$$\hat{H}_N\Psi_\alpha(\boldsymbol{r}_1\cdots\boldsymbol{r}_N) = E_{N,\alpha}\Psi_\alpha(\boldsymbol{r}_1\cdots\boldsymbol{r}_N) \tag{20.1}$$

여기서 α는 서로 다른 선형 독립인 해들을 구별하는 지표이다. 각각의 독립적인 해들은 에너지 **고윳값**(eigenvalue) $E_{N,\alpha}$와 **고유 함수**(eigenfunction) $\Psi_\alpha(\boldsymbol{r}_1\cdots\boldsymbol{r}_N)$를 가지는 **에너지 고유 상태**(energy eigenstates)이다. 에너지 고유 상태가 계의 미시 상태로 주로 이용된다.[1]

1) 에너지 고유 상태 대신 밀도 행렬을 이용한 열열학적 성질의 양자역학적인 기술은 23.4절에서 논의된다.

이상 기체

단원자 이상 기체의 고유 상태의 유도는 부록 20.A에서 다뤄지는데 아래에서는 그 요약만을 소개한다. 고전역학에서는 기체를 밖으로 나가지 못하게 담는 용기의 효과를 원자-벽 퍼텐셜이 들어 있는 해밀토니안 식 (19.14)로 기술하지만, 양자역학적에서는 고유 함수의 경계 조건을 부과하는 것으로 그 효과를 표현하게 된다. N개의 입자로 이루어진 기체계의 해밀토니안 연산자는 식 (19.14)의 원자-벽 퍼텐셜을 생략하고, 운동량 변수 $\boldsymbol{p}_i$를 연산자 $(\hbar/i)\nabla_i$로 바꿔

$$\hat{H}_N^{ig} = \hat{H}_1 + \hat{H}_2 + \cdots + \hat{H}_N \tag{20.2}$$

로 적을 수 있고, 여기서 $\hat{H}_i$는 자유 입자 해밀토니안 연산자

$$\hat{H}_i = -\frac{\hbar^2}{2m_i}\nabla_i{}^2 \tag{20.3}$$

이다. 기체계에서 유의미한 에너지 영역에 상당히 많은 수의 에너지 고윳값들이 있으므로, 에너지 고윳값들이 어떻게 분포하는지에 초점을 두어 기술하자. 그 분포는 용기의 구체적인 모양에는 무관하므로 계산의 편의를 위해 부피가 $V = L^3$인 정육면체 용기를 선택하자.

기체의 에너지 고윳값 $E_{N,\alpha}$는 **단일 입자 고윳값**(single-particle eigenvalue) $\varepsilon_i(\boldsymbol{n}_i)$의 합이고, 고유 함수 Ψ_α는 **단일 입자 고유 함수**(single-particle eigenfunction) $\psi_{\boldsymbol{n}_i}(\boldsymbol{r}_i)$의 곱이다. 단일 입자(혹은 원자)의 고윳값 방정식

$$-\frac{\hbar^2}{2m_i}\nabla_i^2\psi_{\boldsymbol{n}_i}(\boldsymbol{r}_i) = \varepsilon_i(\boldsymbol{n}_i)\psi_{\boldsymbol{n}_i}(\boldsymbol{r}_i) \tag{20.4}$$

은 해밀토니안 $\hat{H}_i$의 슈뢰딩거 방정식이다. 에너지 $\varepsilon_i(\boldsymbol{n}_i)$는 함수 $\psi_{\boldsymbol{n}_i}(\boldsymbol{r}_i)$가 용기의 벽에서 0이 되어야 한다는 경계 조건에 의해 결정되어서

$$\varepsilon_i(\boldsymbol{n}_i) = \frac{1}{2m_i}\left(\frac{\hbar\pi}{L}\right)^2|\boldsymbol{n}_i|^2 \tag{20.5}$$

를 얻는다. 여기서 $|\boldsymbol{n}_i|^2 = n_{x,i}{}^2 + n_{y,i}{}^2 + n_{z,i}{}^2$이고 허용된 양자수들은 다음과 같다.

$$n_{x,i} = 1, 2, \ldots, \infty, \qquad n_{y,i} = 1, 2, \ldots, \infty, \qquad n_{z,i} = 1, 2, \ldots, \infty \tag{20.6}$$

식 (20.A.5)로부터 N개의 원자로 이루어진 단원자 이상 기체의 에너지 고윳값은

$$\boxed{E_{N,\alpha} = \varepsilon_1(\boldsymbol{n}_1) + \varepsilon_2(\boldsymbol{n}_2) + \cdots + \varepsilon_N(\boldsymbol{n}_N)} \tag{20.7}$$

인데, 여기서 지표 α는 모든 N개의 원자들의 양자수의 줄임 표기이다.

$$\alpha = (\boldsymbol{n}_1, \boldsymbol{n}_2, \ldots, \boldsymbol{n}_N) = (n_{x,1}, n_{y,1}, \ldots, n_{z,N}) \tag{20.8}$$

강조할 것은 지표 α가 계의 고유 상태를 하나씩 표시하는 것이지, **에너지 준위**(energy level)를 구별하는 것은 아니라는 것이다. 정해진 에너지 값에 해당하는 에너지 고윳값을 갖는 고유 상태의 개수를 에너지 준위의 **겹침**(degeneracy)이라고 한다. 기체계의 에너지 준위들은 높은 수의 겹침을 가진다.

20.2 양자 바른틀 모둠

한 모둠의 다른 구성원들은 다른 미시 상태에 있다. 양자역학적으로 기술하면 평형 상태에 있는 한 계의 **미시 상태**는 **에너지 고유 상태**이다. 18.4절에서 본 것처럼, 미시 상태 α의 바른틀 확률 ρ_α^c는 **볼츠만 인자** $e^{-E_{N,\alpha}/k_BT}$에 비례하는데, 여기서 $E_{N,\alpha}$는 미시 상태의 에너지 고윳값이고, 온도 T인 계의 **바른틀 모둠**은 아래의 확률로 기술된다.

$$\boxed{\rho_\alpha^c = \frac{e^{-E_{N,\alpha}/k_BT}}{Z_N}} \tag{20.9}$$

위 식의 확률은 Z_N으로 규격화되어 있는데 규격화 조건 $\sum_\alpha \rho_\alpha^c = 1$로부터 얻어지는 **양자 분배 함수**(quantum partition function)는 다음과 같다.

$$\boxed{Z_N(T, V) = \sum_\alpha e^{-E_{N,\alpha}/k_BT}} \tag{20.10}$$

Z_N의 온도에 대한 의존성은 볼츠만 인자의 T에, 부피 V에 대한 의존성은 에너지 고윳값 $E_{N,\alpha}$의 V 의존성에 반영되어 있다. PVT 계의 열역학적인 성질들은 다음 식의 헬름홀츠 자유 에너지에 대한 **분배 함수 공식**(partition function formula)에 의해 계의 미시적인 성질들과 관계된다.

$$\boxed{F(T, V) = -k_BT \ln Z_N(T, V)} \tag{20.11}$$

이 식은 고전역학과 양자역학 모두에서 타당한 식이다.

성질 X의 **모둠 평균**(ensemble average)은 다음 식처럼 모든 미시 상태에 대한 합으로 표현된다.[2] 여기서 X_α는 계가 미시 상태 α에 있을 때의 값이다.

$$\langle X \rangle = \sum_\alpha \rho_\alpha X_\alpha \tag{20.12}$$

2) 이 식은 23.4절에서 논의되는 일반적인 양자역학적인 평균의 한 특수한 경우로 볼 수 있다.

계의 에너지의 모둠 평균은 바른틀 확률에 의해 기술된다.

$$\langle E_N \rangle = \sum_{\alpha} \rho_{\alpha}^{c} E_{N,\alpha} \tag{20.13}$$

확률 ρ_{α}^{c}는 평형 상태에 있는 계를 기술하므로, 위의 모둠 평균은 다름 아닌 내부 에너지 상태 함수 U임을 알 수 있다. U에 대한 이 값이 분배 함수 공식으로부터 계산되는 값과 같다는 것은 아래와 같이 쉽게 보일 수 있다. 식 (20.11)을 이용하고 표준적인 열역학 관계식을 이용하면

$$U = F - T\left(\frac{\partial F}{\partial T}\right)_V = k_B T^2 \left(\frac{\partial \ln Z_N}{\partial T}\right)_V \tag{20.14}$$

를 얻는다. $\beta = 1/k_B T$를 대입하면 위 식은

$$U = -\left(\frac{\partial \ln Z_N}{\partial \beta}\right)_V \tag{20.15}$$

가 되어 식 (19.36)과 동일하다. Z_N을 미분하고 $\rho_{\alpha}^{c} = e^{-\beta E_{N,\alpha}}/Z_N$를 이용하면

$$U = \frac{1}{Z_N} \sum_{\alpha} e^{-\beta E_{N,\alpha}} E_{N,\alpha} = \sum_{\alpha} \rho_{\alpha}^{c} E_{N,\alpha} \tag{20.16}$$

을 얻는데, 이 값이 바로 $U = \langle E_N \rangle$의 관계에 의해 주어지는 U와 같다는 것을 알 수 있다.

20.3 이상 기체

이상 기체 모형을 분석하는 것으로 양자역학적인 분석을 시작하자. 식 (20.7)에 주어진 것처럼 N개의 원자로 이루어진 단원자 이상 기체의 에너지 고윳값은 $E_{N,\alpha} = \sum_i \varepsilon_i(\boldsymbol{n}_i)$이다. 이 합의 각각의 항은 한 원자의 양자수에 의존하므로 에너지가 **분리 가능**(separable)해지고, 분배 함수의 계산이 쉬워진다.[3](페르미온계와 보존계의 성질에 대한 내용은 26장에서 다뤄진다.) 지표 α는 양자수들의 모임($\boldsymbol{n}_1, \boldsymbol{n}_2, \ldots, \boldsymbol{n}_N$)의 줄임 표기이며, 이를 이용하면 볼츠만 인자는 다음 식과 같이 나타낼 수 있다.

$$e^{-E_{N,\alpha}/k_B T} = e^{-[\varepsilon_1(\boldsymbol{n}_1)+\varepsilon_2(\boldsymbol{n}_2)+\cdots+\varepsilon_N(\boldsymbol{n}_N)]/k_B T} \tag{20.17}$$

3) 해밀토니안이 분리 가능하면, 페르미온과 보존의 교환 대칭성을 고려하기 전에는 에너지 고윳값도 분리 가능하다.

모든 미시 상태에 대한 합은 각 원자의 양자수에 대한 합으로 계산되는데

$$\sum_{\alpha} = \sum_{\boldsymbol{n}_1}\sum_{\boldsymbol{n}_2}\cdots\sum_{\boldsymbol{n}_N} \tag{20.18}$$

여기서 합은 각각의 원자에 대한 것으로서 아래처럼 세 개의 합으로 구성된다.

$$\sum_{\boldsymbol{n}_i} = \sum_{n_{x,i}=1}^{\infty}\ \sum_{n_{y,i}=1}^{\infty}\ \sum_{n_{z,i}=1}^{\infty} \tag{20.19}$$

결국 분배 함수는 다음 식으로 표현된다.

$$Z_N = \sum_{\alpha} e^{-\beta E_{N,\alpha}} = \sum_{\boldsymbol{n}_1}\sum_{\boldsymbol{n}_2}\cdots\sum_{\boldsymbol{n}_N} e^{-\beta[\varepsilon_1(\boldsymbol{n}_1)+\varepsilon_2(\boldsymbol{n}_2)+\cdots+\varepsilon_N(\boldsymbol{n}_N)]} \tag{20.20}$$

여기서 $\beta = 1/k_B T$이다. 합의 지수 함수는 지수 함수의 곱과 같다는 것을 이용하면

$$Z_N = \sum_{\boldsymbol{n}_1}\sum_{\boldsymbol{n}_2}\cdots\sum_{\boldsymbol{n}_N} e^{-\beta\varepsilon_1(\boldsymbol{n}_1)} e^{-\beta\varepsilon_2(\boldsymbol{n}_2)}\cdots e^{-\beta\varepsilon_N(\boldsymbol{n}_N)} \tag{20.21}$$

을 얻고 이는 다시

$$\boxed{Z_N = \left(\sum\nolimits_{\boldsymbol{n}_1} e^{-\beta\varepsilon_1(\boldsymbol{n}_1)}\right)\left(\sum\nolimits_{\boldsymbol{n}_2} e^{-\beta\varepsilon_2(\boldsymbol{n}_2)}\right)\cdots\left(\sum\nolimits_{\boldsymbol{n}_N} e^{-\beta\varepsilon_N(\boldsymbol{n}_N)}\right)} \tag{20.22}$$

를 준다. 이처럼 에너지의 분리 가능성의 결과로서 N 입자 분배 함수는 단일 입자 분배 함수 N개의 곱으로 표현되게 된다.

같은 종류의 원자로 이루어진 기체에서는 단일 입자 고윳값은 모든 입자에 대해 같으므로

$$Z_N = [Z_s]^N \tag{20.23}$$

처럼 표현되는데 여기서

$$Z_s = \sum_{\boldsymbol{n}} e^{-\beta\varepsilon(\boldsymbol{n})} \tag{20.24}$$

이고 첨자 s는 단일 입자 분배 함수임을 의미한다. 부피 $V = L^3$인 용기 안의 질량이 m인 원자들의 단일 입자 고윳값은 다음과 같다[식 (20.5) 참조)].

$$\varepsilon(\boldsymbol{n}) = \frac{1}{2m}\left(\frac{\hbar\pi}{L}\right)^2 (n_x{}^2 + n_y{}^2 + n_z{}^2) \tag{20.25}$$

위 식은 아래의 꼴

$$\varepsilon(\boldsymbol{n}) = e(n_x) + e(n_y) + e(n_z) \tag{20.26}$$

로 표현되며, 여기서 $e(n) = (1/2m)(\hbar\pi n/L)^2$인데 이를 Z_s에 대입하면 다음과 같다.

$$\begin{aligned} Z_s &= \sum_{\vec{n}} e^{-\beta e(\boldsymbol{n})} = \sum_{n_x=1}^{\infty}\sum_{n_y=1}^{\infty}\sum_{n_z=1}^{\infty} e^{-\beta(e(n_x)+e(n_y)+e(n_z))} \\ &= \sum_{n_x=1}^{\infty} e^{-\beta e(n_x)} \sum_{n_y=1}^{\infty} e^{-\beta e(n_y)} \sum_{n_z=1}^{\infty} e^{-\beta e(n_z)} = \left[\sum_{n=1}^{\infty} e^{-\beta e(n)}\right]^3 \end{aligned} \tag{20.27}$$

자유 에너지

$Z_N = [Z_s]^N$을 이용하면 분배 함수 Z_N을 구하는 것이 단일 입자 분배 함수인 합 $\sum_n e^{-\beta e(n)}$을 계산하는 문제가 되므로 쉬워진다. 식 (20.26)의 에너지 $e(n)$은 다음과 같다.

$$e(n) = \frac{1}{2m}\hbar^2 {k_n}^2 \tag{20.28}$$

여기서 k_n은 다음과 같다.

$$k_n = \frac{\pi n}{L} \tag{20.29}$$

인접한 k_n 값들 사이의 간격은

$$\Delta k = k_{n+1} - k_n = \frac{\pi}{L} \tag{20.30}$$

이고, 이는 $(L/\pi)\Delta k = 1$을 준다. 이를 이용하면 n에 대한 합이

$$\sum_{n=1}^{\infty} e^{-\beta e(n)} = \frac{L}{\pi}\sum_{n=1}^{\infty} e^{-(\beta\hbar^2/2m)k_n^2}\Delta k \tag{20.31}$$

가 되고, 이는 다음의 적분으로 계산 가능하다.

$$\sum_{n=1}^{\infty} e^{-(\beta\hbar^2/2m)k_n^2}\Delta k \approx \int_0^{\infty} e^{-(\beta\hbar^2/2m)k^2} dk \tag{20.32}$$

이 적분값은 식 (19.59)의 $-\infty$부터 $+\infty$까지의 가우스 적분값의 절반이다. 또 $\int_0^{\infty} e^{-ak^2} dk = \frac{1}{2}\sqrt{\pi/a}$, $a = \beta\hbar^2/2m$를 이용하면 n에 대한 합은 다음과 같다.

$$\frac{1}{2}\sqrt{\frac{2\pi m}{\beta\hbar^2}} = \frac{\pi}{h}\sqrt{2\pi m k_B T} \tag{20.33}$$

여기서 $\beta = 1/k_BT$, $h = 2\pi\hbar$이다. 따라서

$$\sum_{n=1}^{\infty} e^{-\beta e(n)} = \frac{L}{\pi} I_k = \frac{L}{h}\sqrt{2\pi m k_B T} \tag{20.34}$$

를 얻는데 여기서 길이 L은 에너지 고유 함수의 경계 조건으로부터 기인한다. 부피 $V = L^3$을 도입하면, 단일 입자 분배 함수는 다음과 같다.

$$Z_s = \left[\sum_n e^{-\beta e(n)}\right]^3 = \left(\frac{2\pi m k_B T}{h^2}\right)^{3/2} V \tag{20.35}$$

결국 단원자 이상 기체의 N 입자 분배 함수

$$\boxed{Z_N = [Z_s]^N = \left(\frac{2\pi m k_B T}{h^2}\right)^{3N/2} V^N} \tag{20.36}$$

를 얻게 된다. 이 식을 $F = -k_BT \ln Z_N$에 대입하면 다음의 헬름홀츠 자유 에너지

$$\boxed{F(T, V) = -Nk_BT\left[\frac{3}{2}\ln T + \ln V + c_o\right]} \tag{20.37}$$

를 얻는데, 여기서 c_o는 다음과 같다.

$$c_o = \ln\frac{(2\pi m k_B)^{3/2}}{h^3} \tag{20.38}$$

비록 c_o의 표현은 다르더라도, F(T, V)의 양자역학적인 표현은 식 (19.68)의 고전역학적인 표현과 같다. c_o의 값이 P, U 또는 C_V의 값에 아무런 영향을 미치지 않으므로, 양자역학적으로 계산된 상태 방정식($P = Nk_BT/V$), 내부 에너지($U = \frac{3}{2}Nk_BT$), 그리고 열용량은 19.5절의 고전역학적인 결과와 동일하다.

식 (19.69)의 고전역학적인 c_o의 표현은 상수 C_N을 가지고 있는데 이는 고전적인 이론으로는 결정되지 않는 양이다. 고전역학적인 c_o와 양자역학적인 c_o가 동일한 값을 가진다는 조건을 주면 C_N이 h^{-3N}과 같다는 것을 알 수 있다. 하지만 22.3절에서 논의되듯이, 추가로 $1/N!$라는 인자가 기브스 패러독스를 해결하기 위해 필요하게 되므로 C_N의 최종적으로 올바른 값은 $(h^{3N}N!)^{-1}$이다.

20.4 아인슈타인 모형

이상 기체에 대한 결과와는 대조적으로 아인슈타인 모형에 대한 양자역학적인 결과는 고전적인 결과와 상당히 다르다. 19.6절에서 논의된 것처럼, 아인슈타인 모형은 고체의 진동의 성질에 대한 조화 근사의 단순화된 모형인데, 고체를 이루는 원자들이 스프링에 의해 연결되어 있다고 가정한다.[4]

운동량 변수 p_j를 연산자 $\hat{p}_j = (\hbar/i)\partial/\partial q_j$로 치환하면 식 (19.76)~(19.78)의 아인슈타인 모형의 해밀토니안은

$$\hat{H}_N(\hat{p}_1 \cdots q_{3N}) = \Phi_{\mathrm{st}} + \hat{H}_{\mathrm{vib}}(\hat{p}_1 \cdots q_{3N}) \tag{20.39}$$

가 되며, 이 식의 진동 해밀토니안은

$$\hat{H}_{\mathrm{vib}}(\hat{p}_1 \cdots q_{3N}) = \sum_{j=1}^{3N} \hat{H}_j(\hat{p}_j, q_j) \tag{20.40}$$

이고

$$\hat{H}_j(\hat{p}_j, q_j) = \frac{1}{2m}\hat{p}_j^{\,2} + \frac{1}{2}k_o q_j^{\,2} \tag{20.41}$$

이다. 정적인 에너지 Φ_{st}는 퍼텐셜 에너지를 급수 전개할 때의 상수항이고, k_o는 유효 스프링 상수이다. 식 (20.39)~(20.41)에서 원자 i의 정지 위치 $\boldsymbol{R}_i$로부터의 변위를 나타내는 성분 (q_i^x, q_i^y, q_i^z)은 j라는 지표 하나를 이용해서 $(q_1^x, q_1^y, q_1^z, q_2^x, \cdots, q_N^z)$로 표시했다. 서로 다른 j값에 해당하는 움직임을 진동의 다른 **모드**(mode)라고 한다. 질량 m, 스프링 상수 k_o인 고전적인 조화 진동자의 각진동수는 $\omega = \sqrt{k_o/m}$이므로 $k_o = m\omega^2$이다. ω를 이용하면 모드 j에 해당하는 해밀토니안은 다음과 같다.

$$\hat{H}_j(\hat{p}_j, q_j) = \frac{1}{2m}\hat{p}_j^{\,2} + \frac{1}{2}m\omega^2 q_j^{\,2} \tag{20.42}$$

Φ_{st}는 상수이므로 계의 고윳값 $E_{N,\alpha}$는 진동 해밀토니안의 고윳값 $E_{N,\alpha}^{\mathrm{vib}}$에

$$E_{N,\alpha} = \Phi_{\mathrm{st}} + E_{N,\alpha}^{\mathrm{vib}} \tag{20.43}$$

의 식으로 관계된다. 식 (20.10)의 분배 함수에 들어 있는 $e^{-\beta\Phi_{\mathrm{st}}}$를 α에 대한 합의 밖으로 내어놓으면

$$Z_N = \sum_\alpha e^{-\beta E_{N,\alpha}} = \sum_\alpha e^{-\beta(\Phi_{\mathrm{st}} + E_{N,\alpha}^{\mathrm{vib}})} = e^{-\beta\Phi_{\mathrm{st}}} Z_N^{\mathrm{vib}} \tag{20.44}$$

4) 고체의 조화 근사에 대한 일반적인 내용은 24.3절에서 다뤄진다.

를 얻는데, $\beta = 1/k_B T$이고

$$Z_N^{\text{vib}} = \sum_{\alpha} e^{-\beta E_{N,\alpha}^{\text{vib}}} \tag{20.45}$$

이다.

고유 상태

모드 j에 대한 슈뢰딩거 방정식은 $\hat{H}_j \psi_{n_j} = \varepsilon(n_j)\psi_{n_j}$인데, 운동량 연산자 $p_j = (\hbar/i)\partial/\partial q_j$를 이용하면

$$\left(-\frac{\hbar^2}{2m}\frac{\partial^2}{\partial q_j^2} + \frac{m\omega^2}{2}q_j{}^2\right)\psi_{n_j}(q_j) = \varepsilon(n_j)\psi_{n_j}(q_j) \tag{20.46}$$

이 된다. 이 식이 바로 조화 진동자 하나에 대한 슈뢰딩거 방정식이다. 대부분의 양자역학 교과서에서 볼 수 있듯이 에너지 고윳값은

$$\varepsilon(n_j) = \left(n_j + \frac{1}{2}\right)\hbar\omega \tag{20.47}$$

임을 얻을 수 있고, 여기서 ω는 고전적인 각진동수와 같고 n_j의 허용된 값은

$$n_j = 0, 1, 2, \ldots, \infty \tag{20.48}$$

이다. N 입자 고윳값 $E_{N,\alpha}^{\text{vib}}$는 각각의 모드의 에너지 고윳값의 합이 되므로

$$E_{N,\alpha}^{\text{vib}} = \varepsilon(n_1) + \varepsilon(n_2) + \cdots + \varepsilon(n_{3N}) \tag{20.49}$$

인데, 여기서 α는 $3N$개의 양자수 n_j의 줄임 표기이다.

$$\alpha = (n_1, n_2, \ldots, n_{3N}) \tag{20.50}$$

각각의 양자수는 식 (20.49)에 딱 한 번씩만 나오므로, 에너지는 분리 가능하다.

분배 함수

$E_{N,\alpha}^{\text{vib}}$를 식 (20.45)에 대입하면, 진동에 관련된 분배 함수는

$$\begin{aligned} Z_N^{\text{vib}} &= \sum_{\alpha} e^{-\beta E_{N,\alpha}^{\text{vib}}} = \sum_{n_1=0}^{\infty}\sum_{n_2=0}^{\infty}\cdots\sum_{n_{3N}=0}^{\infty} e^{-\beta[\varepsilon(n_1)+\varepsilon(n_2)+\cdots+\varepsilon(n_{3N})]} \\ &= \sum_{n_1=0}^{\infty} e^{-\beta\varepsilon(n_1)} \sum_{n_2=0}^{\infty} e^{-\beta\varepsilon(n_2)} \cdots \sum_{n_{3N}=0}^{\infty} e^{-\beta\varepsilon(n_{3N})} \end{aligned} \tag{20.51}$$

이 된다. 진동수 ω는 모든 모드에 대해 동일하므로 위의 합들은 모두 같고, 따라서

$$Z_N^{\text{vib}} = [Z_s^{\text{vib}}]^{3N} \tag{20.52}$$

로 적을 수 있고, 여기서

$$Z_s^{\text{vib}} = \sum_{n=0}^{\infty} e^{-\beta\varepsilon(n)} \tag{20.53}$$

이다. $\varepsilon(n) = \left(n + \frac{1}{2}\right)\hbar\omega$와 지수 함수의 성질을 이용하면

$$e^{-\beta\varepsilon(n)} = e^{-\beta\left(n+\frac{1}{2}\right)\hbar\omega} = e^{-\frac{1}{2}\beta\hbar\omega}(e^{-\beta\hbar\omega})^n \tag{20.54}$$

를 얻고 이로부터

$$Z_s^{\text{vib}} = e^{-\frac{1}{2}\beta\hbar\omega}\sum_{n=0}^{\infty}(e^{-\beta\hbar\omega})^n \tag{20.55}$$

가 된다. $X = e^{-\beta\hbar\omega}$로 치환하고 다음의 급수 전개

$$\frac{1}{1-X} = 1 + X + X^2 + X^3 + \cdots = \sum_{n=0}^{\infty} X^n \tag{20.56}$$

을 이용하면

$$Z_s^{\text{vib}} = \frac{e^{-\frac{1}{2}\beta\hbar\omega}}{1 - e^{-\beta\hbar\omega}} \tag{20.57}$$

을 얻는다. 즉 N개의 원자로 이루어진 고체의 진동 분배 함수는 다음과 같다.

$$\boxed{Z_N^{\text{vib}} = [Z_s^{\text{vib}}]^{3N} = \left(\frac{e^{-\frac{1}{2}\beta\hbar\omega}}{1 - e^{-\beta\hbar\omega}}\right)^{3N}} \tag{20.58}$$

내부 에너지

식 (20.10), (20.9), (20.13)의 Z_N, ρ_α, $\langle E_N \rangle$을 모두 이용하면,

$$\begin{aligned} -\frac{\partial \ln Z_N}{\partial\beta} &= -\frac{1}{Z_N}\frac{\partial}{\partial\beta}\sum_\alpha e^{-\beta E_{N,\alpha}} = \sum_\alpha \frac{e^{-\beta E_{N,\alpha}}}{Z_N}E_{N,\alpha} \\ &= \sum_\alpha \rho_\alpha E_{N,\alpha} = \langle E_N \rangle \end{aligned} \tag{20.59}$$

를 얻는다. 평형 상태의 평균 $\langle E_N \rangle$은 내부 에너지이므로

$$U = -\frac{\partial \ln Z_N}{\partial \beta} = \langle E_N \rangle \tag{20.60}$$

인데, $Z_N = e^{-\beta\Phi_{\text{st}}} Z_N^{\text{vib}}$와 $E_{N,\alpha} = \Phi_{\text{st}} + E_{N,\alpha}^{\text{vib}}$를 이용하면 아인슈타인 모형의 내부 에너지는

$$U = -\frac{\partial}{\partial \beta}[-\beta\Phi_{\text{st}} + \ln Z_N^{\text{vib}}] = \Phi_{\text{st}} - \frac{\partial \ln Z_N^{\text{vib}}}{\partial \beta} \tag{20.61}$$

의 형태가 되어

$$U = \Phi_{\text{st}} + \langle E_N^{\text{vib}} \rangle \tag{20.62}$$

를 얻는다. Z_N^{vib}에 로그를 취하면

$$\ln Z_N^{\text{vib}} = -3N \left[\ln\left(1 - e^{-\beta\hbar\omega}\right) + \frac{1}{2}\beta\hbar\omega \right] \tag{20.63}$$

이므로, 내부 에너지에 진동이 기여하는 부분은

$$U_{\text{vib}} = -\frac{\partial \ln Z_N^{\text{vib}}}{\partial \beta} = 3N \left[\frac{e^{-\beta\hbar\omega}}{1 - e^{-\beta\hbar\omega}} + \frac{1}{2} \right] \hbar\omega \tag{20.64}$$

가 되어서 결국

$$\boxed{U_{\text{vib}} = 3N \left(\frac{1}{e^{\hbar\omega/k_B T} - 1} + \frac{1}{2} \right) \hbar\omega} \tag{20.65}$$

를 얻게 된다. $T \to 0$이면 $e^{\hbar\omega/k_B T} \to \infty$이므로 절대 온도 $T = 0$에서 입자당 에너지 U_{vib}/N는 $\frac{3}{2}\hbar\omega$이다. 이는 계가 양자역학적으로 취급되면, 절대 온도 0도에서조차도 진동의 움직임이 완전히 사라질 수 없다는 것을 의미한다. 바로 이 가능한 최소 에너지를 **영점 에너지**(zero point energy)라고 한다.

비열

정적인 에너지 Φ_{st}는 온도의 함수가 아니며, 따라서 비열에는 아무런 기여도 주지 않는다. 모드 하나당의 열용량으로 표현되는 비열은

$$\frac{C_V}{3N} = \frac{1}{3N}\left(\frac{\partial U}{\partial T}\right)_V = k_B \left(\frac{1}{e^{+\hbar\omega/(2k_B T)} - e^{-\hbar\omega/(2k_B T)}} \right)^2 \left(\frac{\hbar\omega}{k_B T} \right)^2 \tag{20.66}$$

이고, 이를 더 간단히 적으면

$$\boxed{\frac{C_V}{3N} = k_B\left[\frac{\theta_E/T}{e^{+\theta_E/2T} - e^{-\theta_E/2T}}\right]^2} \tag{20.67}$$

이 되는데 $\theta_E = \hbar\omega/k_B$는 **아인슈타인 온도**(Einstein temperature)라고 한다. 고체의 비열에 관한 실험 결과와 식 (20.67)이 가장 잘 일치하도록 아인슈타인 온도 θ_E의 값을 조정할 수 있다. 아인슈타인 온도는 24.4절에서 논의되는 디바이(Debye) 온도 θ_D와 비슷한 정도의 값을 가지는데, 그 값은 보통 100~1000 K 정도이다. 몇 종류의 물질에 대한 θ_D의 값은 표 24.1에 있다. θ_D에 의해 주어지는 비열의 특성은 디바이 모형의 결과인데, 이 모형은 아인슈타인 모형보다는 더 자세히 원자의 진동을 기술한다.

아인슈타인 모형은 낮은 온도에서 고체의 비열이 작아지는 현상의 원인을 알게 해준다. 비열 $C_V/3Nk_B$를 T/θ_E에 대해 그린 그림 20.1을 보면 비열이 절대 온도 0도에서 0으로 접근하는데 이는 열역학 제3법칙에 의해 요구되는 것이다. 높은 온도의 극한값은 $e^{\theta_E/T} = e^{\hbar\omega/k_BT}$를 $\hbar\omega/k_BT$의 급수로 전개해서 얻을 수 있다. 여기서 $\hbar\omega$는 두 에너지 준위 사이의 간격이다. 급수 전개 $e^{\hbar\omega/k_BT} = 1 + \hbar\omega/k_BT + \cdots$ 에서 첫 번째 두 항만을 포함하면 식 (20.65)의 진동 에너지 U_{vib}는

$$U_{\text{vib}} = 3N\left(\frac{1}{(\hbar\omega/k_BT) + \cdots} + \frac{1}{2}\right)\hbar\omega \approx 3N\left(k_BT + \frac{1}{2}\hbar\omega\right) \approx 3Nk_BT \tag{20.68}$$

이 된다. 따라서 높은 온도에서 C_V는 고전적인 결과인 $3Nk_B$에 접근하는데, 이 값이 바로 15.4절에서 논의된 뒬롱과 프티의 값이다.

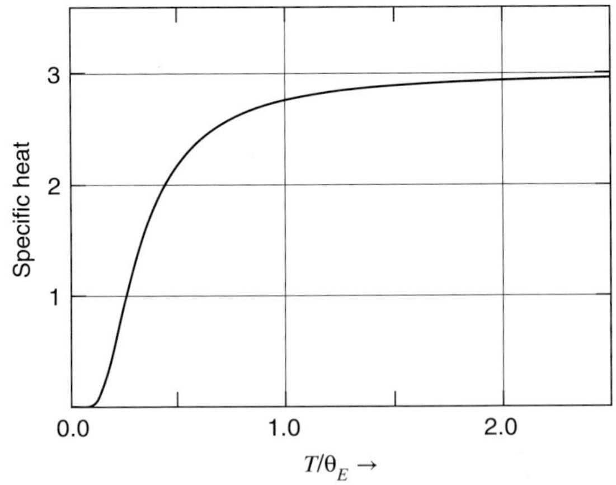

그림 20.1 아인슈타인 모형의 비열

20.5 고전적인 어림

고전적인 접근의 정확성은 연구대상인 계의 특성 거리를 양자 효과의 특성 거리와 비교해서 추정할 수 있다. 양자 효과의 특성 거리는 $p = h/\lambda$일 때(h는 플랑크 상수) 드브로이 파장 λ이다. 계를 이루는 입자의 운동량의 일반적인 값은 15.3절에서 논의된 등분배 가정, 즉 미시적인 자유도 하나당 에너지는 $\frac{1}{2}k_BT$임을 이용해서 계산할 수 있다. 에너지의 등분배 법칙은 3차원에서 움직이는 입자 하나의 운동 에너지가

$$\frac{1}{2m}p^2 \approx \frac{3}{2}k_BT \tag{20.69}$$

임을 주는데 이를 $\lambda = h/p$와 비교하면

$$\lambda \approx \frac{h}{\sqrt{3mk_BT}} \tag{20.70}$$

을 얻는다. 대충의 어림만 생각하자면, 위 식의 λ에서 3을 2π로 바꿔도 큰 차이는 없고, 따라서 **열적 드브로이 파장**(thermal de Broglie wavelength)

$$\boxed{\lambda_{\text{th}} = \frac{h}{\sqrt{2\pi mk_BT}}} \tag{20.71}$$

을 얻는다. 위에서 3을 2π로 바꾸는 것은 상당히 편리한데 왜냐하면 $2\pi mk_BT$이 고전적인 분배 함수 Z_N과 자유 에너지 F에서 나오기 때문이다. 식 (20.36)과 식 (20.37)에 있는 Z_N과 F의 이상 기체에서의 값은 다음의 형태로 적을 수 있다.

$$Z_N = \left(\frac{V}{\lambda_{\text{th}}^3}\right)^N \quad \text{및} \quad F = -Nk_BT\ln\frac{V}{\lambda_{\text{th}}^3} \tag{20.72}$$

고전적인 어림은 만약 내부적인 길이 매개변수가 열적 드브로이 파장 λ_{th}보다 크면 정확해질 것으로 예상할 수 있다. λ_{th}는 온도 T가 높아질수록 늘어나므로, 고전적인 어림은 높은 온도에서 좀 더 정확해질 것으로 기대할 수 있다.

고체의 진동 성질에서 λ_{th}와 비교할 적절한 길이 매개변수는 변위의 제곱-평균-제곱근인 q_{rms}인데, 이는 $\langle q_j^2\rangle$의 제곱근이며 여기서 q_j는 원자의 변위의 한 성분이다. λ_{th}를 q_{rms}와 비교하면 아인슈타인 온도 θ_E보다 높은 온도에서는 고전적인 어림이 정확하다는 것을 알 수 있는데, 이는 그림 20.1의 $C_V/(3Nk_B)$의 그래프와 부합하는 결과이다. 이를 좀 더 검증하기 위해서는 q_{rms}의 값을 추정할 필요가 있다. 등분배 정리(증명은 21장 참조)에 의해 해밀토니안의 2차항의 꼴로 나오는 모든 변수는 하나당 에너지 $\frac{1}{2}k_BT$를 가진다. 식 (20.42)의 모드 j의 해밀토니안 $\hat{H}_j$는 $\frac{1}{2}m\omega^2q_j^2$을 포함하므로, 등분

배 정리로부터

$$\frac{1}{2}k_BT = \left\langle \frac{1}{2}m\omega^2 q_j^2 \right\rangle \quad \text{및} \quad \langle q_j^2 \rangle = \frac{k_BT}{m\omega^2} \tag{20.73}$$

를 얻는다. $q_{\text{rms}} = \langle q_j^2 \rangle^{1/2}$를 열적인 드브로이 파장과 비교하면 $q_{\text{rms}} > \lambda_{\text{th}}$(혹은 $q_{\text{rms}}^2 > \lambda_{\text{th}}^2$)를 만족할 때 고전적인 어림이 정확해질 것으로 기대할 수 있다. 이 부등식을 식 (20.71)과 (20.73)과 비교하고 $\hbar = h/2\pi$를 이용하면 다음 부등식을 얻는다.

$$\frac{k_BT}{m\omega^2} > \frac{h^2}{2\pi mk_BT} = \frac{2\pi\hbar^2}{mk_BT} \tag{20.74}$$

이를 다시 정리하면

$$T > \sqrt{2\pi}\frac{\hbar\omega}{k_B} = \sqrt{2\pi}\theta_E \tag{20.75}$$

를 얻는데, $\theta_E = \hbar\omega/k_B$는 아인슈타인 온도이다. 따라서 λ_{th}를 q_{rms}와 비교함으로써 θ_E보다 높은 온도에서 고전적인 어림이 정확해진다는 것을 알 수 있다.

기체의 고전적인 분석은 고체보다는 훨씬 더 낮은 온도에서 정확해지는데 그 이유는 기체계의 평균 자유 거리 $\bar{l}$와 분자간 거리 $\bar{s}$라는 거리의 매개변수의 크기가 고체보다 훨씬 크기 때문이다. 예제 16.2에서 보였듯이, 온도 273 K와 압력 100 kPa에서 아르곤(Ar)에 대해 계산한 $\bar{l}$와 $\bar{s}$의 추산된 값이 각각 $\bar{l} = 130$ nm, $\bar{s} = 3.4$ nm였다. 아르곤의 분자량이 40이라는 것을 이용하면 원자의 질량 m은 $(40)(1.66 \times 10^{-27}) = 6.64 \times 10^{-26}$이고 이를 이용하면 아르곤의 λ_{th}를 계산할수 있다. 질량 m을 식 (20.71)에 대입하면 $T = 273$ K에서 열적 드브로이 파장을 얻을 수 있다.

$$\lambda_{\text{th}} = \frac{6.62 \times 10^{-34}\,\text{J s}}{\sqrt{2\pi(6.64 \times 10^{-26}\,\text{kg})(1.38 \times 10^{-23}\,\text{J K}^{-1})(273\,\text{K})}} = 0.017\,\text{nm} \tag{20.76}$$

이처럼 기체계에 대해서 계산하면, λ_{th}의 값은 기체의 특성 거리 매개변수에 비해 상당히 작아서, 기체계에서는 극한적인 조건에서만 양자 효과가 중요해질 것으로 기대할 수 있다. 그러나 열적 드브로이 파장을 계의 거리 매개변수와 비교하는 것은 여전히 똑같은 페르미온과 보손들의 교환 대치성의 효과를 고려하지 않은 것이다. 이들 순수한 양자역학적인 효과는 보통의 온도에서도 금속안의 전자 기체에 대해서는 상당히 중요한데, 이는 26장과 27장에서 다룬다.

20.3절에서 양자역학을 이용해 구한 이상 기체에 대한 기술은 19.5절에서 고전적으로 얻은 결과와 같았는데, 그 이유는 양자역학적인 계산을 할 때 적절한 어림을 했기 때문이다. 사실 앞에서 했던 단 하나의 어림은 식 (20.32)에서 합을 구할 때 적분으로 바꾸어 계산했던 것뿐이었다. 아래에서 보여지듯이 이 어림은 열적 드브로이 파장

이 부피의 1/3승인 $L = V^{1/3}$보다 아주 작다면 가능한 것이다. 비록 L보다는 자유 평균 거리 $\bar{l}$와 분자간 거리 $\bar{s}$가 더 적절한 기체계의 거리의 척도지만, 이상 기체 모형의 유일한 거리의 조절 변수는 식 (20.5)의 단일 입자 고윳값 $\varepsilon_i(\boldsymbol{n}_i)$에 들어가는 L이다.

합을 적분으로 어림함으로써 생기는 오차는

$$\text{오차} = I_k - \sum_{n=1}^{\infty} e^{-(\beta/2m)\hbar^2 k_n^2} \Delta k \tag{20.77}$$

인데, 여기서 적분 I_k는

$$I_k = \int_0^{\infty} e^{-\beta\hbar^2 k^2/(2m)} dk \tag{20.78}$$

이다. 이 적분을 구간 간격 $\Delta k = \pi/L$의 합으로 표시하면

$$I_k = \sum_{n=0}^{\infty} \int_{k_n}^{k_{n+1}} e^{-\beta\hbar^2 k^2/(2m)} dk \tag{20.79}$$

인데, 여기서 $k_n = n\Delta k$이다. 적분 함수 $e^{-\beta\hbar^2 k^2/(2m)}$는 k가 줄어들면 증가하는 함수이므로, 적분 구간의 아래 끝에서 최댓값을 그리고 위 끝에서 최솟값을 가진다. 이 최소와 최댓값을 이용하면 적분값은 다음 부등식을 만족한다.

$$\sum_{n=0}^{\infty} e^{-\beta\hbar^2 k_{n+1}^2/(2m)} \Delta k < I_k < \sum_{n=0}^{\infty} e^{-\beta\hbar^2 k_n^2/(2m)} \Delta k \tag{20.80}$$

왼쪽의 합에서 $\bar{n} = n + 1$로 넣고 오른쪽의 합에서 $n = 0$인 항을 따로 떨어뜨리면

$$\sum_{\bar{n}=1}^{\infty} e^{-\beta\hbar^2 k_{\bar{n}}^2/(2m)} \Delta k < I_k < \Delta k + \sum_{n=1}^{\infty} e^{-\beta\hbar^2 k_n^2/(2m)} \Delta k \tag{20.81}$$

이 된다. 이 식에서 $\bar{n}$에 대한 합이나 n에 대한 합은 같으므로 이를 식 (20.81)의 각각의 항에서 똑같이 빼고 식 (20.77)의 오차의 정의를 이용하면

$$0 < \text{오차} < \Delta k \tag{20.82}$$

를 얻는다. 여기서 $\Delta k = \pi/L$이다. 위의 부등식을 식 (20.34)의 I_k로 나누면

$$\frac{\text{오차}}{I_k} < \frac{\Delta k}{I_k} = \frac{(\pi/L)}{(\pi/h)\sqrt{2\pi m k_B T}} = \frac{\lambda_{\text{th}}}{L} \tag{20.83}$$

을 얻는데, 여기서 $\lambda_{\text{th}} = h/\sqrt{2\pi m k_B T}$이다. 따라서 양자역학적인 계산에서의 오차는 만약 거리의 척도 $L = V^{1/3}$이 열적인 드브로이 파장보다 아주 클 때 무시할 수 있다는 것을 알 수 있다.

문제

20.1 정육면체 상자에 갇혀 있는 세 개의 입자의 가장 낮은 네 개의 에너지 준위 각각에 대해 겹침수를 구하시오(계산해 보면 이 네 개의 에너지 준위에 대한 전체 고유 상태의 수는 55이다).

20.2 퍼텐셜 우물 안에 낮은 밀도와 낮은 온도에서는 적은 양의 기체를 가둘 수 있다. k_o를 우물을 특징짓는 값으로 이용하면 계의 해밀토니안은

$$\hat{H}_N(\hat{\boldsymbol{p}}_1 \ldots \boldsymbol{r}_N) = \sum_{j=1}^{3N}\left(\frac{1}{2m}\hat{p}_j^2 + \frac{1}{2}k_o x_j^{\,2}\right)$$

인데, 여기서 $(\hat{\boldsymbol{p}}_1, \ldots, \hat{\boldsymbol{p}}_N) = (\hat{p}_1^x, \hat{p}_1^y, \ldots, p_{3N}^z) = (\hat{p}_1, \hat{p}_2, \ldots, p_{3N})$이고 $(x_1, x_2, \ldots, x_{3N})$은 변위 $(\boldsymbol{r}_1, \ldots, \boldsymbol{r}_N)$의 각 성분들을 풀어 쓴 것이다.

(a) 분배 함수 Z_N과 내부 에너지 U를 구하시오.

(b) $T = 0$일 때의 내부 에너지를 구하시오.

(c) 높은 온도에서 $U = 3Nk_BT$임을 보이시오.

20.3 열적 드브로이 파장 λ_{th}와 평균 자유 거리 $\bar{l}$를 $T = 273$ K, $P = 1.0$ atm인 H_2 기체에 대해 구하시오(16.5절 참조). H_2 분자의 지름은 약 0.1 nm임을 이용하시오.

20.A 부록

이상 기체의 고유 상태

양자역학의 교재들은 보통 아주 적은 수의 입자들만을 다룬다. 이 부록에서는 이상 기체의 에너지 고윳값을 유도하고자 한다. 열역학적인 계를 기술하는 데 사용하는 미시 상태는 다음 식의 N 입자의 시간에 무관한 슈뢰딩거 방정식의 고유 상태이다.

$$\hat{H}_N\Psi_\alpha(\boldsymbol{r}_1 \cdots \boldsymbol{r}_N) = E_{N,\alpha}\Psi_\alpha(\boldsymbol{r}_1 \cdots \boldsymbol{r}_N) \qquad (20.A.1)$$

지표 α 하나를 사용하는 것은 20.2절의 바른틀 모둠을 이용한 기술을 알아보기 쉽게 한다. 그러나 겉으로 드러나는 식이 단순해 보인다고 해서 계산이 쉬운 것은 아닌데, 지표 α가 사실 상당히 많은 수의 양자 상태들을 줄여서 표시한 것이기 때문이다.

식 (19.14)의 단원자 이상 기체의 고전적인 해밀토니안은

$$H_N^{ig}(\boldsymbol{p}_1 \cdots \boldsymbol{r}_N) = \sum_{i=1}^{N} \left[\frac{1}{2m_i} |\boldsymbol{p}_i|^2 + \phi_{a\text{-}w}(\boldsymbol{r}_i) \right] \tag{20.A.2}$$

이다. 양자역학에서는 원자 i의 운동량 $\boldsymbol{p}_i$가

$$\boldsymbol{p}_i = \frac{\hbar}{i} \nabla_i \tag{20.A.3}$$

로 주어진다($\hbar$는 플랑크 상수를 2π로 나눈 것이고 $(\hbar/i)$의 i는 허수 단위, 즉 $\sqrt{-1}$이다). 원자 i의 운동 에너지 연산자는

$$\frac{1}{2m_i} |\boldsymbol{p}_i|^2 = -\frac{\hbar^2}{2m_i} \nabla_i^2 = -\frac{\hbar^2}{2m_i} \left(\frac{\partial^2}{\partial x_i^2} + \frac{\partial^2}{\partial y_i^2} + \frac{\partial^2}{\partial z_i^2} \right) \tag{20.A.4}$$

이고 여기서 $\boldsymbol{r}_i = (x_i, y_i, z_i)$이다. 이상 기체의 퍼텐셜 에너지는 원자-벽 퍼텐셜 $\phi_{a\text{-}w}(\boldsymbol{r}_i)$만 고려하면 되는데, 이는 원자를 공간의 한 영역 안에 가두기 위한 것이다. 이러한 가둠은 양자역학에서는 고유 함수의 경계 조건을 적절히 부여함으로써 같은 효과를 기술할 수 있다. N개의 원자로 이루어진 기체계에서 해밀토니안 연산자 $\hat{H}_N$은

$$\hat{H}_N^{ig} = -\sum_{i=1}^{N} \frac{\hbar^2}{2m_i} \nabla_i^2 \tag{20.A.5}$$

이고, 이에 대응하는 N **입자 슈뢰딩거 방정식**(N-particle Schrödinger equation)은

$$\boxed{\sum_{i=1}^{N} \left(-\frac{\hbar^2}{2m_i} \nabla_i^2 \right) \Psi_\alpha(\boldsymbol{r}_1 \ \ldots \ \boldsymbol{r}_N) = E_{N,\alpha} \Psi_\alpha(\boldsymbol{r}_1 \ \ldots \ \boldsymbol{r}_N)} \tag{20.A.6}$$

이다. N 입자 고유 상태는 분리된 단일 입자 슈뢰딩거 방정식의 고유 상태를 모두 결합해서 얻게 된다. 단일 입자 방정식은 N 입자 고유 상태 Ψ_α를 아래처럼 단일 입자 고유 상태의 곱으로 표시해서 얻게 되는데,

$$\Psi_\alpha(\boldsymbol{r}_1 \cdots \boldsymbol{r}_N) = \psi_{\boldsymbol{n}_1}(\boldsymbol{r}_1)\psi_{\boldsymbol{n}_2}(\boldsymbol{r}_2) \cdots \psi_{\boldsymbol{n}_N}(\boldsymbol{r}_N) = \prod_{i=1}^{N} \psi_{\boldsymbol{n}_i}(\boldsymbol{r}_i) \tag{20.A.7}$$

이를 이용하면 N 입자 고윳값 $E_{N,\alpha}$은 다음 식처럼 단일 입자 고윳값들의 합으로 적힌다.

$$E_{N,\alpha} = +\varepsilon_2(\boldsymbol{n}_2) + \cdots + \varepsilon_N(\boldsymbol{n}_N) = \sum_{i=1}^{N} \varepsilon_i(\boldsymbol{n}_i) \tag{20.A.8}$$

식 (20.A.7)과 식 (20.A.8)을 식 (20.A.6)에 대입하면

$$\left(-\sum_{i=1}^{N} \frac{\hbar^2}{2m_i}\nabla_i^2\right)\psi_{\boldsymbol{n}_1}(\boldsymbol{r}_1)\cdots\psi_{\boldsymbol{n}_N}(\boldsymbol{r}_N) = \left(\sum_{i=1}^{N} \varepsilon_i\left(\boldsymbol{n}_i\right)\right)\psi_{\boldsymbol{n}_1}(\boldsymbol{r}_1)\cdots\psi_{\boldsymbol{n}_N}(\boldsymbol{r}_N) \quad (20.A.9)$$

를 얻는다. 위 식의 항들을 다시 잘 정리하면,

$$\sum_{i=1}^{N}\left[\left(-\frac{\hbar^2}{2m_i}\nabla_i^2\psi_{\boldsymbol{n}_i}\left(\boldsymbol{r}_i\right) - \varepsilon_i(\boldsymbol{n}_i)\psi_{\boldsymbol{n}_i}(\boldsymbol{r}_i)\right)\cdots\psi_{\boldsymbol{n}_{i-1}}(\boldsymbol{r}_{i-1})\psi_{\boldsymbol{n}_{i+1}}(\boldsymbol{r}_{i+1})\cdots\right] = 0 \quad (20.A.10)$$

을 얻는데, 원자 i의 고유 함수는 위 식의 괄호 안 i번째 항에 넣어 적었다. 이 식의 전체 방정식은 괄호 안의 양이 각각의 원자에 대해 0이라는 조건을 주면 만족하게 되어서,

$$-\frac{\hbar^2}{2m_i}\nabla^2\psi_{\boldsymbol{n}_i}(\boldsymbol{r}_i) - \varepsilon_i(\boldsymbol{n}_i)\psi_{\boldsymbol{n}_i}(\boldsymbol{r}_i) = 0 \quad (20.A.11)$$

을 얻게 된다. 이 식에서 첨자 i를 생략하고 항들을 재정리하면 다음의 자유 입자에 대한 **단일 입자 슈뢰딩거 방정식**(single-particle Schrödinger equation)을 얻게 된다.

$$\boxed{-\frac{\hbar^2}{2m}\nabla^2\psi_{\boldsymbol{n}}(\boldsymbol{r}) = \varepsilon(\boldsymbol{n})\psi_{\boldsymbol{n}}(\boldsymbol{r})} \quad (20.A.12)$$

상자 경계 조건[5]

개개의 단일 입자 고윳값은 세 개의 일차원 고윳값의 합으로 표현할 수 있고, 입자(원자)를 공간의 한 영역 안에 가두는 것은 고유 함수에 적절한 경계 조건을 적용해서 이룰 수 있다. 계산의 편의상 부피가 $V = L_xL_yL_z$인 직육면체 모양의 상자를 생각하자. 좌표계의 원점을 직육면체의 꼭짓점 하나로 택하면, 상자가 입자를 가두는 효과는 아래의 부등식으로 기술된다.

$$0 \le x \le L_x, \quad 0 \le y \le L_y, \quad 0 \le z \le L_z \quad (20.A.13)$$

여기서 $\boldsymbol{r} = (x, y, z)$이다. 경계 조건은

$$\psi_{\boldsymbol{n}}(0, y, z) = \psi_{\boldsymbol{n}}(L_x, y, z) = 0, \quad \psi_{\boldsymbol{n}}(x, 0, z) = \psi_{\boldsymbol{n}}(x, L_y, z) = 0, \quad (20.A.14)$$

로 나타낼 수 있다(생략했지만 z 방향도 마찬가지이다). 식 (20.A.12)의 단일 입자 슈뢰딩거 방정식은 다음의 일차원 고윳값과 고유 함수를 가진다.

$$\varepsilon(\boldsymbol{n}) = e(n_x) + e(n_y) + e(n_z) \quad (20.A.15)$$

5) 주기적인 경계 조건을 만족하는 고유 상태에 대한 논의는 24.1절에 있다.

$$\psi_{\boldsymbol{n}}(x, y, z) = \psi_{n_x}(x)\psi_{n_y}(y)\psi_{n_z}(z) \tag{20.A.16}$$

위의 두 식을 식 (20.A.12)에 넣고 식 (20.A.12)를 얻을 때 이용한 것과 같은 논의를 적용하면 x 방향에 대한 다음 식을 얻는다.

$$-\frac{\hbar^2}{2m}\frac{\partial^2}{\partial x^2}\psi_{n_x}(x) = e(n_x)\psi_{n_x}(x) \tag{20.A.17}$$

(y와 z 방향에 대해서도 마찬가지의 식을 얻지만 생략한다.) 위의 슈뢰딩거 방정식은 다음의 고윳값과 고유 함수를 갖는다는 것을 쉽게 보일 수 있다.

$$e(n_x) = \frac{1}{2m}\left(\frac{\hbar\pi}{L_x}\right)^2 {n_x}^2 \tag{20.A.18}$$

$$\psi_{n_x}(x) = \sqrt{\frac{2}{L_x}}\sin\left(\frac{n_x\pi x}{L_x}\right) \tag{20.A.19}$$

여기서 $\sqrt{2/L_x}$는 $\psi_{n_x}(x)$를 규격화하기 위해 도입된 계수다. 경계 조건은 n_x를 양의 정수로 택해서 만족하게 된다.

$$n_x = 1, 2, 3, \cdots, \infty \tag{20.A.20}$$

y 방향과 z 방향에 대해서도 위와 비슷한 결과를 얻게 되어서, 결국 단일 입자 슈뢰딩거 방정식의 에너지의 고윳값과 고유 함수는 다음의 식으로 적힌다.

$$\varepsilon(\boldsymbol{n}) = \frac{(\hbar\pi)^2}{2m}\left(\frac{{n_x}^2}{{L_x}^2} + \frac{{n_y}^2}{{L_y}^2} + \frac{{n_z}^2}{{L_z}^2}\right) \tag{20.A.21}$$

$$\psi_{\boldsymbol{n}}(\boldsymbol{r}) = \frac{2^{3/2}}{V}\sin\left(\frac{xn_x\pi}{L_x}\right)\sin\left(\frac{yn_y\pi}{L_y}\right)\sin\left(\frac{zn_z\pi}{L_z}\right) \tag{20.A.22}$$

N 입자 고유 함수 $\Psi_\alpha(\boldsymbol{r}_1 \cdots \boldsymbol{r}_N)$는 이제 첨자 i를 고유 함수에 도입하고 이렇게 얻어진 $\psi_{\boldsymbol{n}_i}(\boldsymbol{r}_i)$를 식 (20.A.7)에 대입하면 얻어진다.

부피 $V = L^3$인 상자 안에 갇힌 입자 i의 **단일 입자 고윳값**(single-particle eigenvalues)은

$$\boxed{\varepsilon_i(\boldsymbol{n}_i) = \frac{1}{2m_i}\left(\frac{\hbar\pi}{L}\right)^2 |\boldsymbol{n}_i|^2} \tag{20.A.23}$$

이고, 여기서 $\boldsymbol{n}_i = (n_{x,i}, n_{y,i}, n_{z,i})$, $|\boldsymbol{n}_i|^2 = {n_{x,i}}^2 + {n_{y,i}}^2 + {n_{z,i}}^2$이다. 허용된 양자수는

$$n_{x,i} = 1, 2, \ldots, \infty, \quad n_{y,i} = 1, 2, \ldots, \infty, \quad n_{z,i} = 1, 2, \ldots, \infty \tag{20.A.24}$$

이다. 식 (20.A.8)에서 이미 보였듯이 단원자 이상 기체처럼, 상자 안에 갇힌 N개의 입자의 N **입자 고윳값** $E_{N,\alpha}$은

$$\boxed{E_{N,\alpha} = \varepsilon_1(\boldsymbol{n}_1) + \varepsilon_2(\boldsymbol{n}_2) + \cdots + \varepsilon_N(\boldsymbol{n}_N)} \tag{20.A.25}$$

이고, 여기서 α는 $3N$개의 양자수의 줄임표기이다.

$$\alpha = (\boldsymbol{n}_1, \boldsymbol{n}_2, \cdots, \boldsymbol{n}_N) = (n_{x,1}, n_{y,1}, n_{z,1}, \ \ldots \ , n_{x,N}, n_{y,N}, n_{z,N}) \tag{20.A.26}$$

이 결과들을 모두 모으고 $\hbar = h/2\pi$를 이용하면 결국

$$E_{N,\alpha} = \sum_{i=1}^{N}(n_{x,i}^2 + n_{y,i}^2 + n_{z,i}^2)\frac{h^2}{8mL^2} \tag{20.A.27}$$

을 얻는데, 바로 이 식이 식 (17.7)에 주어진 질량 m인 N개의 원자로 구성된 이상 기체의 에너지가 된다. 위의 계산이 가능했던 이유는 해밀토니안의 형태가 단순해서 N 입자 고윳값을 단일 입자 고윳값의 합으로 나타낼 수 있었기 때문이다. 만약 입자 간 상호작용이 있다면 이처럼 간단하게 계산할 수는 없다.

21장 독립적인 입자와 상자성

계의 열역학적인 성질들은 분배 함수식을 이용하거나 모둠 평균을 구함으로써 예측할 수 있다. 두 방법 모두에서, 계가 서로 독립적인 부분들로 이루어졌다는 이상화를 할 수 있다면 계산 과정은 무척 간단해진다. 실제적으로 수행되는 많은 연구에서 실제 계의 행동을 제대로 모사하면서도 계산 과정이 어렵지 않은 모형을 찾는 것이 아주 중요하고 도전적인 문제이다. 이런 이유로 많은 경우 이상 기체나 아인슈타인 모형처럼 독립적인 입자들의 모형을 이용하게 된다. 상자성계도 마찬가지이다. 통계적인 독립성의 의미를 먼저 기술하고 원자 수준에서 상자성이 어떻게 나타나는지를 다루고 이후 스핀-$\frac{1}{2}$인 입자계의 성질을 유도하는 것이 이 장의 주된 내용이다.

21.1 평균

19.4절에서 논의된 바와 같이 열역학적인 성질에는 두 종류가 있다. 통계적인 성질과 역학적인 성질이 바로 그것인데, 통계적인 성질과 달리 역학적인 성질은 거시적인 값뿐만 아니라 미시적인 값도 가진다. 에너지, 압력, 자기 모멘트와 같은 역학적인 양들은 주어진 계의 미시 상태에 대해 미시적인 값들을 부여할 수 있다. 이러한 양들의 거시적인 값은 위상 함수의 모둠 평균으로 주어진다. 이 장에서는 이러한 모둠 평균을 주로 다룬다. 먼저 평균의 일반적인 성질을 다시 돌이켜보는 것으로 시작하자.

평균값의 성질

1. 상수의 평균값은 바로 그 상수의 값이다.

$$\boxed{\langle c\rangle = c} \tag{21.1}$$

2. 함수와 상수의 곱의 평균은 함수의 평균에 상수를 곱한 것과 같다.

$$\boxed{\langle cA\rangle = c\langle A\rangle} \tag{21.2}$$

3. 합의 평균은 평균의 합과 같다.

$$\boxed{\langle A+B\rangle = \langle A\rangle + \langle B\rangle} \tag{21.3}$$

식 (19.26)에 의해서 주어진 양의 고전적인 모듬 평균은 위상 함수 $X(\boldsymbol{p}_1\cdots\boldsymbol{r}_N)$에 의해 다음 식으로 나타낼 수 있다.

$$\langle X\rangle = \int dp^{3N}\int dr^{3N}\rho(\boldsymbol{p}_1\cdots\boldsymbol{r}_N)X(\boldsymbol{p}_1\cdots\boldsymbol{r}_N) \tag{21.4}$$

식 (20.12)에 의해서 양자역학적인 평균은

$$\langle X\rangle = \sum_\alpha \rho_\alpha X_\alpha \tag{21.5}$$

인데, 여기서 X_α는 미시 상태 α에서의 X의 값이다. 식 (21.1)~(21.3)은 꺾인 괄호 (〈 〉)의 꼴로 평균을 의미하면 쉽게 보일 수 있다. 예를 들어 어떤 양 X가 두 양 A와 B의 합이라고 하면, 식 (21.5)로부터

$$\langle A+B\rangle = \sum_\alpha \rho_\alpha(A_\alpha + B_\alpha) \tag{21.6}$$

을 얻는데, 이를 다시 식 (21.5)를 이용해서 정리하면

$$\sum_\alpha \rho_\alpha(A_\alpha + B_\alpha) = \sum_\alpha(\rho_\alpha A_\alpha + \rho_\alpha B_\alpha) = \sum_\alpha \rho_\alpha A_\alpha + \sum_\alpha \rho_\alpha B_\alpha = \langle A\rangle + \langle B\rangle \tag{21.7}$$

이 된다. 따라서 $\langle A+B\rangle$는 $\langle A\rangle + \langle B\rangle$임을 알 수 있다. 같은 결과가 식 (21.4)의 고전적인 평균의 정의로부터도 얻어진다.

줄임 표기

양자역학의 ρ_α, X_α 등의 기호를 각각에 대응하는 고전적인 개념에 대한 줄임 표기로 해석하면 양자역학적인 결과로부터 고전적인 결과를 얻을 수 있는 경우가 많다. 이런 경우 (미시 상태를 가리키는) 지표 α, γ 등은 고전적으로는 위상 점$(\boldsymbol{p}_1\cdots\boldsymbol{r}_N)$이 되고, X_α의 값들의 집합은 위상 함수 $X(\boldsymbol{p}_1\cdots\boldsymbol{r}_N)$이 된다. 확률 ρ_α는 확률 밀도와 위상 공간의 부피 요소의 곱 $\rho(\boldsymbol{p}_1\cdots\boldsymbol{r}_N)dp^{3N}dr^{3N}$이 되고, 미시 상태의 합은 위상 공간에서 부피 적분이 된다. 위의 내용을 정리하면 다음 식들과 같다.

$$\alpha \rightarrow (\boldsymbol{p}_1\cdots\boldsymbol{r}_N) \tag{21.8}$$

$$X_\alpha \rightarrow X(\boldsymbol{p}_1\cdots\boldsymbol{r}_N) \tag{21.9}$$

$$\rho_\alpha \rightarrow \rho(\boldsymbol{p}_1 \cdots \boldsymbol{r}_N) dp^{3N} dr^{3N} \tag{21.10}$$

$$\sum_\alpha \rightarrow \int \cdots \int \tag{21.11}$$

예를 들어 평균의 정의를 생각해 보자. 위 식들로부터 식 (21.5)의 양자역학적인 평균은

$$\sum_\alpha \rho_\alpha X_\alpha \rightarrow \int \cdots \int dp^{3N} dr^{3N} \rho(\boldsymbol{p}_1 \cdots \boldsymbol{r}_N) X(\boldsymbol{p}_1 \cdots \boldsymbol{r}_N) \tag{21.12}$$

로 나타내는데, 이는 식 (21.4)의 고전적인 평균 $\langle X \rangle$이다. 일반적인 결과들은 주로 양자역학적인 표기법으로 쉽게 유도될 때가 많으므로, 위의 내용이 유용할 때가 많다.

21.2 통계적인 독립성

실험 결과(미시 상태)가 띄엄띄엄한 값 α', α''을 가지는 실험(계)을 생각하자. α'은 계를 구성하는 부분 1의 결과이고, α''는 부분 2의 결과라고 하자. 결과 $(\alpha'\alpha'')$을 얻을 확률은 **결합 확률**(joint probability) $\rho_{\alpha'\alpha''}$로 주어진다. 만약 두 번째 부분의 결과를 무시하면, 첫 번째 부분의 결과의 확률은 **한계 확률**(marginal probability) $\rho^{(1)}_{\alpha'}$로 주어지는데, 이는 두 번째 부분의 모든 가능한 결과에 대한 합을 통해 얻어진다.

$$\rho^{(1)}_{\alpha'} = \sum_{\alpha''} \rho_{\alpha'\alpha''} \tag{21.13}$$

마찬가지로 두 번째 부분 2의 한계 확률은 $\rho^{(2)}_{\alpha''} = \sum_{\alpha'} \rho_{\alpha'\alpha''}$이다. 각 부분의 결과가 다른 부분의 결과에 아무런 영향을 미치지 못한다면, 부분들은 **통계적으로 독립**(statistically independent)이라고 한다. 이런 특별한 경우에 확률 $\rho_{\alpha'\alpha''}$는 한계 확률의 곱으로 나타낼 수 있다.

$$\rho_{\alpha'\alpha''} = \rho^{(1)}_{\alpha'} \rho^{(2)}_{\alpha''} \tag{21.14}$$

$\langle \cdots \rangle$는 결합 확률 $\rho_{\alpha'\alpha''}$에 대한 평균으로, $\langle \cdots \rangle_1$과 $\langle \cdots \rangle_2$는 각각 $\rho^{(1)}_{\alpha'}$과 $\rho^{(2)}_{\alpha''}$에 대한 평균을 의미하도록 표기하자. 두 부분으로 이루어진 계의 어떤 성질이 부분 1의 결과에만 의존하는 경우에는

$$\langle A \rangle = \sum_{\alpha'\alpha''} \rho_{\alpha'\alpha''} A_{\alpha'} = \sum_{\alpha''} \rho^{(1)}_{\alpha'} \left[\sum_{\alpha''} \rho^{(2)}_{\alpha''} \right] A_{\alpha'} = \sum_{\alpha'} \rho^{(1)}_{\alpha'} A_{\alpha'} = \langle A \rangle_1 \tag{21.15}$$

를 얻는다. 즉 어떤 양 A가 부분 1의 성질이라면 단지 그 부분의 한계 확률만이 필

요하다. 어떤 경우에는 관심을 두고 있는 양이 각 부분의 성질의 곱의 형태, 즉 $X_{\alpha'\alpha''} = A_{\alpha'}B_{\alpha''}$인 경우가 있다. 만약 부분들이 서로 통계적으로 독립이라면, 그러한 양의 평균은

$$\langle AB\rangle = \sum_{\alpha'\alpha''} \rho_{\alpha'\alpha''} X_{\alpha'\alpha''} = \left[\sum_{\alpha'} \rho^{(1)}_{\alpha'} A_{\alpha'}\right] \left[\sum_{\alpha''} \rho^{(2)}_{\alpha''} B_{\alpha''}\right] = \langle A\rangle_1 \langle B\rangle_2 \qquad (21.16)$$

이 된다. **만약 부분들이 통계적으로 독립이라면**, 계의 다른 부분들의 성질들의 곱의 평균은 평균의 곱이 된다.

양자계

통계적인 독립이라는 개념과 열역학 계의 크기 성질은 서로 밀접한 관계가 있다. 내부 에너지는 크기 성질의 전형적인 양이다. 식 (18.71)에서 볼 수 있듯이 두 부분으로 이루어진 계의 결합된 전체 에너지는 양자역학적으로 적으면

$$E^{\text{tot}}_{\alpha'\alpha''} = E^{(1)}_{\alpha'} + E^{(2)}_{\alpha''} + I_{\alpha'\alpha''} \qquad (21.17)$$

이 되는데, 여기서 $E^{(1)}_{\alpha'}$과 $E^{(2)}_{\alpha''}$는 각각의 부분계 1과 2의 에너지이다. 서로 다른 부분계 입자들 사이의 무작위적인 미시적 상호작용은 에너지 $I_{\alpha'\alpha''}$으로 표시하자. 이러한 상호작용은 두 부분계가 만나는 경계에서 일어나므로 $I_{\alpha'\alpha''}$는 $E^{(1)}_{\alpha'}$과 $E^{(2)}_{\alpha''}$에 비해 무시할 수 있을 정도로 작다. 결과적으로 평형 모둠 평균은

$$U_{\text{tot}} = \langle E^{\text{tot}}\rangle, \qquad U_1 = \langle E^{(1)}\rangle_1, \qquad U_2 = \langle E^{(2)}\rangle_2 \qquad (21.18)$$

이고, 여기서 U_{tot}, U_1, U_2는 내부 에너지 함수들이다. 이를 이용하고 평균의 더하기 성질을 이용하면 식 (21.17)의 모둠 평균은 이제 $U_{\text{tot}} = U_1 + U_2 + \langle I\rangle$이다. 내부 에너지의 크기 성질로부터 $U_{\text{tot}} = U_1 + U_2$가 되어야 한다. 이를 위해서는 평균 $\langle I\rangle$가 무시할 수 있을 정도로 작아야 한다. 비록 이것이 열적으로 상호작용하는 부분계에 대해서는 엄밀한 의미에서 참은 아니지만, 거시적인 크기를 가지는 부분계에서는 실제적으로는 참이나 다름없다. 두 부분계 사이의 경계의 효과가 무시할 수 있을 정도로 작다는 것이 이처럼 열역학적인 양들의 크기 성질을 위해서는 필수적인 것이다.

분리 가능한 에너지

에너지 고윳값이 다른 양자수에 의존하는 항들의 합으로 표시되면 전체 에너지는 분리 가능하다. 상호작용 에너지 $I_{\alpha'\alpha''}$이 무시할 수 있을 때, 결합계의 에너지 고윳값은

$$E^{\text{tot}}_{\alpha'\alpha''} = E^{(1)}_{\alpha'} + E^{(2)}_{\alpha''} \qquad (21.19)$$

가 되어 에너지는 분리 가능하다. 이 경우, 평형 상태에 있는 계의 확률 $\rho^{\text{tot}}_{\alpha'\alpha''}$는

$$\rho^{\text{tot}}_{\alpha'\alpha''} = \frac{e^{-\beta E^{\text{tot}}_{\alpha'\alpha''}}}{Z_{\text{tot}}} = \frac{e^{-\beta E^{(1)}_{\alpha'}}}{Z_1}\frac{e^{-\beta E^{(2)}_{\alpha''}}}{Z_2} = \rho^{(1)}_{\alpha'}\rho^{(2)}_{\alpha''} \tag{21.20}$$

이 되고, 이때 $\beta = 1/k_B T$이다. 확률 $\rho^{\text{tot}}_{\alpha'\alpha''}$는 부분계들이 통계적으로 독립인 경우 두 확률의 곱의 형태로 나타내고, 분배 함수도 마찬가지로 $Z_{\text{tot}} = Z_1 Z_2$로 적을 수 있다.

$$Z_{\text{tot}} = \sum_{\alpha'\alpha''} e^{-\beta E^{\text{tot}}_{\alpha'\alpha''}}, \qquad Z_1 = \sum_{\alpha'} e^{-\beta E^{(1)}_{\alpha'}}, \qquad Z_2 = \sum_{\alpha''} e^{-\beta E^{(2)}_{\alpha''}} \tag{21.21}$$

$\ln Z_1 Z_2 = \ln Z_1 + \ln Z_2$를 이용하면, 헬름홀츠 자유 에너지 $F_{\text{tot}} = -k_B T \ln Z_{\text{tot}}$는 $F_{\text{tot}} = F_1 + F_2$인데, 여기서 F_1과 F_2는 각 부분계의 자유 에너지이다. 따라서 계가 열적인 평형 상태에 있으면 분리 가능한 에너지를 가지는 계의 성질들은 다음처럼 간단하게 적을 수 있다.

$$E^{\text{tot}}_{\alpha'\alpha''} = E^{(1)}_{\alpha'} + E^{(2)}_{\alpha''}, \quad \rho^{\text{tot}}_{\alpha'\alpha''} = \rho^{(1)}_{\alpha'}\rho^{(2)}_{\alpha''}, \quad Z_{\text{tot}} = Z_1 Z_2, \quad F_{\text{tot}} = F_1 + F_2 \tag{21.22}$$

또한 만약 A와 B가 각 부분계의 성질들이라면 $\langle AB\rangle_{\text{tot}} = \langle A\rangle_1 \langle B\rangle_2$이다.

이런 결과들은 둘보다 더 많은 부분을 갖는 계로도 쉽게 일반화된다. 부분계 a, b, c 등으로 이루어진 결합계의 에너지가 분리 가능하면, 먼저 부분계 a를 위의 논의의 부분계 1로, 그리고 나머지 b, c, d 등을 위의 부분계 2로 생각하면, 앞의 논의의 결과에 따라서 $\rho^{\text{tot}}_{\dots} = \rho^{(a)}_{\alpha'}\rho^{(b,c,d,\dots)}_{\dots}$이다. 다음에는 부분계 b를 부분계 1로, 그리고 c, d, e 등의 부분계를 결합하여 부분계 2로 간주하면 마찬가지로 $\rho^{(b,c,d,\dots)}_{\dots} = \rho^{(b)}_{\alpha''}\rho^{(c,d,e,\dots)}_{\dots}$를 얻는다. 이 과정을 계속하면 결국

$$E^{\text{tot}} = E^{(a)} + E^{(b)} + E^{(c)} + \cdots, \tag{21.23}$$

$$\rho^{\text{tot}} = \rho^{(a)}\rho^{(b)}\rho^{(c)}\cdots, \tag{21.24}$$

$$Z_{\text{tot}} = Z_a Z_b Z_c \cdots, \tag{21.25}$$

$$F_{\text{tot}} = F_a + F_b + F_c + \cdots \tag{21.26}$$

을 얻는다. 또 A, B, C가 부분계 a, b, c의 성질이라면

$$\langle ABC\cdots\rangle_{\text{tot}} = \langle A\rangle_a \langle B\rangle_b \langle C\rangle_c \cdots \tag{21.27}$$

도 얻는다. 위의 식들은 부분계들이 통계적으로 독립인 경우 어떻게 결과들을 간단하게 적을 수 있는지를 보여 준다. 20장의 이상 기체와 아인슈타인 모형의 설명에서 통계적으로 독립인 부분들은 다름 아닌 개별적인 입자들이었다. 하지만 독립적인 부분들로 이루어진 모형계를 사용해서 얻는 결과들의 단순함은 이런 독립적인 입자 모형에 국한되지 않는다.

21.3 고전적인 계

고전적으로 계를 분석할 때 통계적인 독립성의 효과는 식 (21.23)~(21.27)에 요약된 결과들과 같다. 주된 차이점은 미시 상태가 이제 확률이 아닌 확률 밀도에 관계된다는 것이다. 두 부분으로 이루어진 고전적인 계의 에너지는

$$H_N(\boldsymbol{p}_1\cdots\boldsymbol{r}_N) = H_1(\boldsymbol{p}'_1\cdots\boldsymbol{r}'_{N_1}) + H_2(\boldsymbol{p}''_1\cdots\boldsymbol{r}''_{N_2}) + \Phi^{\text{int}}(\cdots\boldsymbol{r}'_{i'}\cdots\boldsymbol{r}''_{i''}\cdots) \tag{21.28}$$

인데, 여기서 각 부분계의 운동량과 위치 변수는 분리하여 $(\boldsymbol{p}'_1\cdots\boldsymbol{r}'_{N_1})$과 $(\boldsymbol{p}''_1\cdots\boldsymbol{r}''_{N_2})$로 따로 나타낸다. 상호작용 에너지 Φ^{int}는 식 (21.17)의 $I_{\alpha'\alpha''}$에 비교되는 양이고, 19.2절에 기술된 모형 계에서는

$$\Phi^{int}(\cdots\boldsymbol{r}'_{i'}\cdots\boldsymbol{r}''_{i''}\cdots) = \sum_{i',i''}\phi(r_{i'i''}) \tag{21.29}$$

이다. 이 식에서는 부분계 1과 2의 입자들을 각각 i'과 i''으로 표시했다. 부분계 1의 해밀토니안은

$$H_1(\boldsymbol{p}'_1\cdots\boldsymbol{r}'_{N_1}) = \sum_{i'}\frac{1}{2m_{i'}}|\boldsymbol{p}'_{i'}|^2 + \sum_{i'<j'}\phi(r_{i'j'}) \tag{21.30}$$

인데 여기에는 부분계 1에 있는 입자들을 기술하는 변수들만 등장한다(원자-벽 퍼텐셜 $\phi_{a\text{-}w}$은 생략했다). H_2의 표현식은 유사한데, 단지 위 식에서의 i'과 j'을 i''과 j''으로 바꿔 적으면 된다. 입자 i'과 i''이 나노미터 정도보다 더 떨어져 있다면 원자 간 상호작용 퍼텐셜 $\phi(r_{i'i''})$은 0이므로, 식 (21.29)에서의 합에는 두 부분계의 경계에 위치하는 입자들만이 기여하게 된다. 결국 그 합에 기여하는 항의 수는 부분계 안에 있는 입자의 수에 비하면 무시할 수 있을 정도로 작다. 상호작용 에너지 Φ^{int}는 무시할 수 있으므로, 해밀토니안은 $H_N = H_1 + H_2$이 되고, 에너지는 분리 가능하게 된다.

상호작용 에너지가 무시되면, 전체 결합계의 바른틀 확률 밀도는

$$\begin{aligned}\rho_{\text{tot}}(\boldsymbol{p}_1\cdots\boldsymbol{r}_N) &= \frac{e^{-\beta H_N(\boldsymbol{p}_1\cdots\boldsymbol{r}_N)}}{Z_{tot}} = \frac{e^{-\beta H_1(\boldsymbol{p}'_1\cdots\boldsymbol{r}'_{N_1})}}{Z_1}\frac{e^{-\beta H_2(\boldsymbol{p}''_1\cdots\boldsymbol{r}''_{N_2})}}{Z_2}\\ &= \rho_1(\boldsymbol{p}'_1\cdots\boldsymbol{r}'_{N_1})\rho_2(\boldsymbol{p}''_1\cdots\boldsymbol{r}''_{N_2})\end{aligned} \tag{21.31}$$

이 되며 이때 $\rho_1(\boldsymbol{p}'_1\cdots\boldsymbol{r}'_{N_1})$과 $\rho_2(\boldsymbol{p}''_1\cdots\boldsymbol{r}''_{N_2})$는 각각의 부분계의 확률 밀도이다. 부분계 1의 분배 함수는

$$Z_1 = C_{N_1}\int dp^{3N_1}\int dr^{3N_1}e^{-H_1(\boldsymbol{p}'_1\cdots\boldsymbol{r}'_{N_1})/k_BT} \tag{21.32}$$

이고 부분계 2의 분배 함수도 마찬가지로 적을 수 있다.

자유 에너지

운동량 변수 $\boldsymbol{p}_i = (p_i^x, p_i^y, p_i^z)$는 운동 에너지 항 $K_N = \sum_i \frac{1}{2m_i}|\boldsymbol{p}_i|^2$에만 나타나고 위치 변수 $\boldsymbol{r}_i$는 퍼텐셜 에너지 $\Phi(\boldsymbol{r}_1 \cdots \boldsymbol{r}_N)$에만 나타나므로, 운동 에너지와 퍼텐셜 에너지는 서로 분리 가능하다. 해밀토니안은

$$H_N(\boldsymbol{p}_1 \cdots \boldsymbol{r}_N) = K_N(\boldsymbol{p}_1 \cdots \boldsymbol{p}_N) + \Phi_N(\boldsymbol{r}_1 \cdots \boldsymbol{r}_N) \tag{21.33}$$

이므로 식 (19.24)의 고전적인 분배 함수는

$$Z_N = C_N \int dp^{3N} e^{-\beta K_N(\boldsymbol{p}_1 \cdots \boldsymbol{p}_N)} \int dr^{3N} e^{-\beta\Phi_N(\boldsymbol{r}_1 \cdots \boldsymbol{r}_N)} \tag{21.34}$$

가 된다. 운동량에 대한 적분에 V^N을 곱하고, 같은 양을 위치에 대한 적분에서는 나눠 주면서 $\beta = 1/k_B T$을 이용하면 분배 함수는

$$Z_N = Z_N^{ig} Z_N^{\text{config}} \tag{21.35}$$

인데, 여기서 **짜임새 분배 함수**(configurational partition function)는

$$\boxed{Z_N^{\text{config}} = V^{-N} \int dr^{3N} e^{-\Phi_N(\boldsymbol{r}_1 \cdots \boldsymbol{r}_N)/k_B T}} \tag{21.36}$$

이고 이 적분을 **짜임새 적분**(configurational integral)이라고 한다. Z_N^{ig}는 식 (19.65)에서 계산된 이상 기체의 분배 함수이며 다음과 같다.

$$Z_N^{ig} = C_N V^N \int dp^{3N} e^{-K_N(\boldsymbol{p}_1 \cdots \boldsymbol{p}_N)/k_B T} = C_N (2\pi m k_B T)^{3N/2} V^N \tag{21.37}$$

$Z_N^{ig} Z_N^{\text{config}}$의 로그는 $\ln Z_N^{ig} + \ln Z_N^{\text{config}}$과 같으므로, 헬름홀츠 자유 에너지 $F = -k_B T \ln Z_N$는

$$\boxed{F = F^{ig} + F^{\text{config}}} \tag{21.38}$$

이 되는데, F^{ig}는 식 (19.68)의 이상 기체 자유 에너지이다. **짜임새 자유 에너지**(configurational free energy)는

$$\boxed{F^{\text{config}} = -k_B T \ln Z_N^{\text{config}}} \tag{21.39}$$

이다. 이 고전적인 결과는 계가 어떤 상태에 있더라도 계의 성질을 예측하는 데 사용할 수 있어 유용하다.

등분배 정리

등분배 가정은 15장에서 소개되었다. 이제 이를 증명할 이론을 가지고 있으므로 가정은 정리가 된다. 등분배 정리는 고전적인 결과이며 다음과 같다. **해밀토니안에 등장하는 2차항 꼴의 운동량 혹은 위치 변수 하나마다 평균 에너지는 $\frac{1}{2}k_BT$이다.**

등분배 정리를 증명하기 위해 다음과 같은 꼴의 분리 가능한 에너지를 생각하자.

$$\varepsilon(u) = \frac{1}{2}Ku^2 \tag{21.40}$$

여기서 u는 운동량 혹은 위치 변수이고 해밀토니안의 단 하나의 항에 등장한다. u가 운동량 변수라면 $\varepsilon(u)$는 운동 에너지의 한 항이며 $K = 1/m$이다. 만약 u가 위치 변수라면 K는 유효 스프링 상수이며 $\varepsilon(u)$는 퍼텐셜 에너지에 기여한다. 식 (21.40)의 에너지가 바른틀 확률 밀도에 기여하는 것은

$$\rho(u) = \frac{e^{-\beta\varepsilon(u)}}{Z_o} \tag{21.41}$$

이고 평균 에너지는 $\langle\varepsilon\rangle = \int \rho_1(u)\varepsilon(u)du$이다. u의 허용된 값이 $-\infty$부터 $+\infty$라면, $\rho(u)$의 규격화 조건으로부터

$$Z_o = \int_{-\infty}^{+\infty} e^{-\beta\varepsilon(u)}du = \int_{-\infty}^{+\infty} e^{-\beta\frac{1}{2}Ku^2}du \tag{21.42}$$

를 만족해야 하므로 평균은

$$\langle\varepsilon\rangle = \left\langle\frac{1}{2}Ku^2\right\rangle = \frac{1}{Z_o}\int_{-\infty}^{+\infty} e^{-\beta\frac{1}{2}Ku^2}\left(\frac{1}{2}Ku^2\right)du = -\frac{\partial}{\partial\beta}\ln Z_o \tag{21.43}$$

의 형태로 표현된다. 적분 변수를 u로부터 $w = \beta^{1/2}u$로 바꾸고 $du = \beta^{-1/2}dw$를 이용하면 $Z_o = \beta^{-1/2}\int e^{-(1/2)Kw^2}dw$를 얻는다. w에 대한 적분은 β와 무관하므로

$$\left\langle\frac{1}{2}Ku^2\right\rangle = -\frac{\partial}{\partial\beta}\left[-\frac{1}{2}\ln\beta + \ln\int_{-\infty}^{+\infty} e^{-(1/2)Kw^2}dw\right] = \frac{1}{2\beta} \tag{21.44}$$

를 얻는데, $\beta = 1/k_BT$를 이용하면

$$\boxed{\left\langle\frac{1}{2}Ku^2\right\rangle = \frac{1}{2}k_BT} \tag{21.45}$$

를 얻어 고전적인 결과로서 등분배 정리가 증명되었다. 등분배 정리는 양자역학적인 효과를 고려하지 않았으므로 낮은 온도에서 계가 어떻게 행동할지는 등분배 정리로부터 예측할 수 없다.

운동 에너지

입자 하나당 세 개의 운동량 변수(p_x, p_y, p_z)가 있으므로 등분배 법칙으로부터 입자당 운동 에너지는

$$\left\langle \frac{1}{2m}\left|\vec{p}\right|^2 \right\rangle = \frac{3}{2}k_B T \tag{21.46}$$

이다. 비록 입자당 운동 에너지는 역학적인 성질이지만, 이 결과가 온도 T 역시 역학적인 성질임을 의미하지는 않는다. 예를 들어 만약 개개의 입자의 운동량의 크기가 p_o라면, 입자당 평균 운동 에너지는 $\frac{1}{2m}p_o^2$이 되는데, 이 식이 옳다면 계는 속도와 운동량이 맥스웰 분포를 따를 때까지 자발적으로 진행할 것이다. 이 경우 계는 자발적으로 변하고 있으므로 평형 상태에 있을 수 없고, 따라서 온도를 정의할 수 없다. 즉 식 (21.46)의 결과는 평형 상태일 때만 타당하다. 평형 상태라고 해도 위의 결과는 양자역학의 효과를 감안하지 않았으므로 낮은 온도에서는 정확한 식이 아니다. 특히 위의 식은 절대 온도 0도에서조차도 영점 에너지로 인해 운동 에너지가 0으로 될 수는 없다는 사실을 설명할 수 없다. 영점 에너지에 대해서는 20.4절에서 논의한 바 있다.

맥스웰 분포

속력의 분포는 입자의 운동 에너지에 의해 결정된다. 평형 상태에서의 운동량 $\rho(\boldsymbol{p})$의 확률 밀도 $\boldsymbol{p} = (p_x, p_y, p_z)$는 볼츠만 인자에 비례한다.

$$\rho(\boldsymbol{p}) = \frac{e^{-\beta\frac{1}{2m}|\boldsymbol{p}|^2}}{Z_o} \tag{21.47}$$

규격화 조건으로부터 $Z_o = (2\pi m/\beta)^{3/2}$를 얻는다. $\boldsymbol{p} = m\boldsymbol{v}$이므로 속도 공간의 부피 요소 dv^3에 대응하는 운동량 공간의 부피 요소 dp^3는 $dp^3 = m^3 dv^3$이다. 입자가 주어진 부피 요소에 존재할 확률은 운동량 공간이나 속도 공간이나 마찬가지이므로, 확률을 기술하는 두 방법은 동일하게 되므로 $\rho_{\text{vel}}(\boldsymbol{v})dv^3 = \rho(\boldsymbol{p})dp^3$를 이용할 수 있다. 이로부터 입자가 부피 요소 dv^3에 있을 확률은 다음과 같다.

$$\rho_{\text{vel}}(\boldsymbol{v})dv^3 = \frac{1}{Z_o}e^{-\beta\frac{1}{2m}|\boldsymbol{p}|^2}dp^3 = \left(\frac{\beta}{2\pi m}\right)^{3/2} e^{-\beta\frac{1}{2}m|\boldsymbol{v}|^2}\left(m^3 dv^3\right) \tag{21.48}$$

속력의 확률 밀도는 속도의 구면 좌표계 $\boldsymbol{v} = (v, \theta, \varphi)$를 도입해 찾을 수 있다. 여기서 $v = |\boldsymbol{v}|$는 속력이다. v와 $v + dv$ 사이의 부피는 $dv^3 = 4\pi v^2 dv$이고 $\rho_{\text{vel}}(\boldsymbol{v})$은 θ와, φ에 무관하므로, 입자의 속력이 v와 $v + dv$ 사이에 있을 확률은

$$\rho_{\text{sp}}(v)dv = \rho_{\text{vel}}(\boldsymbol{v})4\pi v^2 dv = 4\pi\left(\frac{\beta m}{2\pi}\right)^{3/2} v^2 e^{-\beta\frac{1}{2}m|\boldsymbol{v}|^2} dv \tag{21.49}$$

이다. 질량이 같은 입자로 구성된 계에서 $\rho_{sp}(v)$는 모든 입자에 대해서 동일하다. N개의 입자로 구성된 계에서 dv의 구간 안의 속력을 가지는 입자의 수는 $N\rho_{sp}(v)dv$이다. $\beta = 1/k_BT$를 이용하면, 속력이 v와 $v + dv$ 사이인 입자의 수는

$$n(v)dv = 4\pi N\left(\frac{m}{2\pi k_BT}\right)^{3/2} v^2 e^{-mv^2/(2k_BT)}dv \tag{21.50}$$

이 되는데, 이것이 바로 **맥스웰 속력 분포**(Maxwell distribution of speeds)이며 그림 16.2에서 이미 소개하였다. 식 (21.47)의 확률 밀도 $\rho(\boldsymbol{p})$는 해밀토니안의 분리 가능한 항으로부터 얻어지는데, 그 결과(맥스웰의 분포)는 양자역학적인 효과가 무시될 수 있을 정도로 충분히 높은 온도에서 열적인 평형을 이루고 있는 계라는 조건만 만족하면 상당히 일반적으로 적용될 수 있다. 즉 계가 고체, 액체, 기체의 어떤 상에 있더라도 이용 가능한 식이다.

21.4 상자성

상자성(paramagnetism)을 공부하면 모둠 평균과 통계적인 독립성이 열역학적인 계의 성질을 예측하는 데 어떻게 이용되는지를 잘 알 수 있다. 상자성은 영구적인 자기 쌍극자 모멘트를 가지고 있는 입자가 그 방향을 마음대로 바꿀 수 있을 때의 자기장에 대한 계의 반응이다. 자기장이 없다면 쌍극자는 마구잡이로 아무 방향이나 가리킬 수 있지만, 자기장이 있는 경우에는 한 방향을 따라 배열하게 된다.

계의 자기 모멘트는 거시적이기도 하고 미시적이기도 한 값이므로, 역학적인 성질이다. 자기 모멘트의 거시적인 값은 미시적인 값들의 모둠 평균이다. 미시적인 값은 계를 구성하는 자기를 띤 입자의 쌍극자 모멘트 $\boldsymbol{m}_i$의 방향에 의해 결정되어서

$$\boldsymbol{M}_N = \sum_{i=1}^{N} \boldsymbol{m}_i \tag{21.51}$$

이 된다. 보통 전체 입자의 수에 비해 자성을 띤 입자의 수 N이 작다. 자기 모멘트의 거시적인 값은 $\boldsymbol{M}_N$의 모둠 평균이다.

자성계의 해밀토니안은

$$H_N = H_N^{int} + H_N^{\text{pm}} \tag{21.52}$$

의 꼴인데, 여기서 H_N^{int}은 자기 입자 사이의 상호작용이고 H_N^{pm}은 외부 자기장 $\mathcal{H}$와의 상호작용 에너지이다. 내부적인 상호작용은 H_N^{int}로 주어지는데 이는 강자성(ferromagnetism)에는 필수적인 것이지만 상자성을 기술할 때는 무시한다. 자기 입자 i의 에너지는 $-\mu_0\mathcal{H}\cdot\boldsymbol{m}_i$이며 μ_0는 진공의 자기 투자율(permeability)이다. 음(−)의 부

호는 자기 모멘트 $\boldsymbol{m}_i$가 자기장에 평행할 때 에너지가 낮다는 것을 의미한다. z 방향의 균일한 자기장을 생각하면 입자 i의 에너지는 $-\mu_0 \mathcal{H} m_i^z$이며, 여기서 $\mathcal{H}$와 m_i^z는 $\mathcal{H}$와 $\boldsymbol{m}_i$의 z 성분이다. N개 입자의 상자성 해밀토니안은 이제

$$H_N^{\text{pm}} = -\sum_{i=1}^{N} \mu_0 \mathcal{H} m_i^z \tag{21.53}$$

이 된다. 그리고 미시적인 자기 모멘트의 z 성분은

$$\boxed{M_N^z = \sum_{i=1}^{N} m_i^z} \tag{21.54}$$

로 적히는데, 이를 이용하고 $\mu_0 \mathcal{H}$를 식 (21.53)의 합의 밖으로 내보내서 적으면 해밀토니안은

$$H_N^{\text{pm}} = -\mu_0 \mathcal{H} M_N^z \tag{21.55}$$

가 된다. 각각의 m_i^z는 한 항에만 나오므로, 상자성 해밀토니안은 분리 가능하고, 따라서 입자의 평형에서의 방향은 서로 독립적이다. 고전적으로 취급하면 자기 모멘트 M_N^z와 해밀토니안 H_N^{pm}은 변수 $(m_1^z \cdots m_N^z)$의 함수이다. 양자역학적으로 생각하면 상자성계의 에너지 고윳값은

$$\boxed{E_{N,\alpha}(\mathcal{H}) = -\mu_0 \mathcal{H} M_{N,\alpha}^z} \tag{21.56}$$

이며, $M_{N,\alpha}^z$는 고유 상태 α의 자기 모멘트의 값이다.

열역학

자기 모멘트의 거시적인 값은 $M_{N,\alpha}^z$의 모둠 평균이므로

$$\boxed{M_{\text{th}} = \langle M_N^z \rangle} \tag{21.57}$$

이다. M_{th}의 첨자 th는 이 값이 자기 모멘트의 열역학적인(thermodynamic) 값임을 뜻하는데, 이는 부피 V인 계의 **자화율**(magnetization) $\mathcal{M}$과 $\mathcal{M} = M_{\text{th}}/V$의 관계가 있다. 14장에서 구했듯이 외부의 에너지 근원과의 상호작용에 전기장 혹은 자기장을 통해 관계되는 에너지는 엔탈피 E_{th}이다. 따라서 $E_{N,\alpha}$의 모둠 평균이 바로 **엔탈피**(enthalpy)

$$\boxed{E_{\text{th}} = \langle E_N \rangle} \tag{21.58}$$

가 된다. 표 14.3에 요약된 자성계의 열역학적인 관계식들에 의하면, 기브스 자유 에너지 G, 엔트로피 S, 자기 모멘트 M_{th}는 다음 식으로 주어진다.

$$G = E_{\text{th}} - TS, \quad S = -\left(\frac{\partial G}{\partial T}\right)_{\mathcal{H}}, \quad M_{\text{th}} = -\frac{1}{\mu_0}\left(\frac{\partial G}{\partial \mathcal{H}}\right)_T \tag{21.59}$$

식 (14.39)의 외부 자기장이 일정할 때의 열용량은 다음과 같다.

$$C_{\mathcal{H}} = -T\left(\frac{\partial^2 G}{\partial T^2}\right)_{\mathcal{H}} = \left(\frac{\partial E_{\text{th}}}{\partial T}\right)_{\mathcal{H}} \tag{21.60}$$

식 (21.56)의 $E_{N,\alpha}$의 평균은

$$E_{\text{th}} = \langle E_N \rangle = -\mu_0 \mathcal{H}\langle M_N^z \rangle = -\mu_0 \mathcal{H} M_{\text{th}} \tag{21.61}$$

인데, 이를 표 14.3의 열역학적인 관계식 $E_{\text{th}} = U - \mu_0 \mathcal{H} M_{\text{th}}$과 비교하면 계의 내부 에너지가 0이라는 것을 알 수 있다. 이는 계의 내부에 관계하는 상호작용 에너지 H_N^{int}를 상자성 해밀토니안 H_N^{pm}에 적지 않았기 때문에 예상할 수 있는 결과이다.

평형 성질은 모둠 평균을 구하거나 혹은 분배 함수 공식을 통해 얻을 수 있다. 상자성계의 분배 함수는

$$\boxed{Z(T, \mathcal{H}) = \sum_{\alpha} e^{-E_{N,\alpha}(\mathcal{H})/k_B T}} \tag{21.62}$$

이다. $\mathcal{H}$는 세기 변수이므로, 분배 함수 공식으로 결정되는 자유 에너지는 기브스 자유 에너지인데, 이는 T와 $\mathcal{H}$를 자연스러운 변수로 가지는 열역학적 퍼텐셜이다. 자성계의 분배 함수 공식은

$$\boxed{G(T, \mathcal{H}) = -k_B T \ln Z(T, \mathcal{H})} \tag{21.63}$$

이다. 식 (21.59)의 관계식으로부터 자기 모멘트가 분배 함수와

$$M_{\text{th}} = -\frac{k_B T}{\mu_0}\frac{1}{Z}\left(\frac{\partial Z}{\partial \mathcal{H}}\right)_T \tag{21.64}$$

의 관계가 있다는 것을 알 수 있다. 식 (21.59)의 관계식을 이용하면 $E_{\text{th}} = G - T(\partial G/\partial T)_{\mathcal{H}}$를 알고, 이는 다시 다음 식을 주게 된다.

$$E_{\text{th}} = -k_B\left[T \ln Z - \frac{\partial}{\partial T}(T \ln Z)_{\mathcal{H}}\right] = \frac{k_B T^2}{Z}\left(\frac{\partial Z}{\partial T}\right)_{\mathcal{H}} \tag{21.65}$$

분배 함수 공식의 정당성은 M_{th}와 E_{th}의 예측을 각각의 모둠 평균과 비교해서 알아

볼 수 있다. 고유 상태 α의 바른틀 확률은

$$\rho_\alpha = \frac{e^{-E_{N,\alpha}(\mathcal{H})/k_B T}}{Z_{\text{pm}}} \tag{21.66}$$

이고, 분배 함수는

$$Z_{\text{pm}} = \sum_\alpha e^{-E_{N,\alpha}(\mathcal{H})/k_B T} \tag{21.67}$$

이다. $E_{N,\alpha}(\mathcal{H}) = -\mu_0 \mathcal{H} M^z_{N,\alpha}$이므로 위 식에서 예측되는 자기 모멘트는

$$M_{\text{th}} = -\frac{k_B T}{\mu_0}\frac{1}{Z_{\text{pm}}}\left(\frac{\partial Z_{\text{pm}}}{\partial \mathcal{H}}\right)_T = \sum_\alpha \frac{e^{\mu_0 \mathcal{H} M^z_{N,\alpha}/k_B T}}{Z_{\text{pm}}} M^z_{N,\alpha} = \sum_\alpha \rho_\alpha M^z_{N,\alpha} \tag{21.68}$$

이어서 $M_{\text{th}} = \langle M^z_N \rangle$임을 알 수 있다. 또 예측되는 엔탈피는

$$E_{\text{th}} = \frac{k_B T^2}{Z_{\text{pm}}}\left(\frac{\partial Z_{\text{pm}}}{\partial T}\right)_{\mathcal{H}} = k_B T^2 \sum_\alpha \frac{e^{-E^z_{N,\alpha}(\mathcal{H})/k_B T}}{Z_{\text{pm}}}\left(\frac{E^z_{N,\alpha}(\mathcal{H})}{k_B T^2}\right) = \langle E_N \rangle \tag{21.69}$$

이므로 마찬가지로 분배 함수 공식이 올바른 모둠 평균을 준다는 것을 알 수 있다.

21.5 스핀계

원자의 자기 쌍극자 모멘트는 원자가 가지고 있는 각운동량에 비례한다. 전자의 궤도 운동과 전자가 고유하게 가지고 있는 스핀이 원자의 각운동량에 기여한다. 자기 모멘트의 크기는 $g\mu_B\sqrt{j(j+1)}$인데, j는 전체 각운동량의 양자수이고, $\mu_B = e\hbar/2m$은 **보어 마그네톤**(Bohr magneton)이다. g는 1의 크기 정도를 가지는 무차원수이며 그 값은 원자에 따라 다르다. 전자의 경우에는 $g = 2$이다. 자기장의 방향이 z축 방향일 때, 쌍극자 모멘트의 z 성분은 $g\mu_B m_j$인데, m_j는 **자기 양자수**(quantum number)라고 하며 그 값은

$$m_j = -j, -j+1, \cdots, +j-1, +j \tag{21.70}$$

이다. j가 무한대가 되면 고전적인 행동을 보이게 된다.

이 절에서는 스핀-$\frac{1}{2}$인 계를 다루는데,[1] 이는 18.2절에서 논의된 이준위계의 예이다. 이러한 계에서는 $j = \frac{1}{2}$이며 따라서 자기 양자수 m_j는 두 값 $-\frac{1}{2}$과 $\frac{1}{2}$만이 허용된다.

1) 상자성에 기여하는 입자들은 원자의 위치에 고정되어 있다. 반면, 금속의 전자는 자유롭게 움직이는데, 이들은 26장과 27장에서 논의할 페르미-디랙 분포를 따른다.

자기 모멘트의 z 성분은 $m_i^z = m_o\sigma_i$이며 $\sigma_i = \pm 1$ 이고 m_o는 자기 모멘트의 크기이다. N개의 스핀-$\frac{1}{2}$ 입자의 자기 모멘트는

$$M_{N,\alpha}^z = \sum_{i=1}^{N} m_o\sigma_i \tag{21.71}$$

이고 여기서 $\sigma_i = +1$는 스핀이 '위'임을, $\sigma_i = -1$는 스핀이 '아래'임을 가리킨다.

자기 입자의 에너지는 $-\mu_0\mathcal{H}m_i^z$이고 각 스핀의 에너지는 $-\mu_0\mathcal{H}m_o\sigma_i$이므로 N개의 스핀으로 이루어진 계의 에너지는

$$E_{N,\alpha}(\mathcal{H}) = \sum_{i=1}^{N}(-\mu_0\mathcal{H}m_o\sigma_i) = -\varepsilon_{\mathcal{H}}\sum_{i=1}^{N}\sigma_i \tag{21.72}$$

가 된다. 여기서 $\varepsilon_{\mathcal{H}} = \mu_0\mathcal{H}m_o$이다. 스핀 i의 양자수로 σ_i (자기 양자수 대신에)를 택하면 지표 α는 N개의 양자수의 줄임표기가 된다.

$$\alpha = (\sigma_1, \sigma_2, \ldots, \sigma_N) \tag{21.73}$$

바른틀 확률은

$$\rho_\alpha = \frac{e^{-E_{N,\alpha}(\mathcal{H})/k_BT}}{Z_{\text{pm}}} = \frac{e^{(\varepsilon_{\mathcal{H}}/k_BT)\sum_i\sigma_i}}{Z_{\text{pm}}} \tag{21.74}$$

이고 지수 함수의 성질을 이용하면, 이는 다시

$$\rho_\alpha = \frac{e^{(\varepsilon_{\mathcal{H}}/k_BT)\sigma_1}\cdots e^{(\varepsilon_{\mathcal{H}}/k_BT)\sigma_N}}{Z_{\text{pm}}} = \rho_{\sigma_1}\cdots\rho_{\sigma_N}, \tag{21.75}$$

가 되며 ρ_{σ_i}는 스핀 i가 상태 σ_i에 있을 확률이다.

자성

통계적으로 독립적인 부분들로 구성된 계의 평형 성질은 평균의 성질과 볼츠만 인자로 기술되는 확률 분포로부터 직접 구할 수 있다. 스핀-$\frac{1}{2}$ 계의 자기 모멘트는

$$M_{\text{th}} = \langle M_N^z\rangle = \left\langle \sum_i m_o\sigma_i \right\rangle = m_o\sum_i\langle\sigma_i\rangle \tag{21.76}$$

이다. 개개의 스핀은 통계적으로 독립이므로 평균값 $\langle\sigma_i\rangle$는 상태 σ_i의 확률 ρ_{σ_i}에 의해 주어지며 그 값은 에너지 $-\varepsilon_{\mathcal{H}}\sigma_i$에 관계된 볼츠만 인자에 비례한다.

$$\rho_{\sigma_i} = Ce^{\beta\varepsilon_{\mathcal{H}}\sigma_i} \tag{21.77}$$

여기서 $\beta = 1/k_B T$이고 C는 비례 상수이다. σ_i가 두 값을 가지므로 ρ_{σ_i}의 규격화로부터

$$\sum_{\sigma_i} \rho_{\sigma_i} = \rho_{+1} + \rho_{-1} = Ce^{+\beta\varepsilon_{\mathcal{H}}} + Ce^{-\beta\varepsilon_{\mathcal{H}}} = 1 \tag{21.78}$$

을 얻고 이는 $C = (e^{+\beta\varepsilon_{\mathcal{H}}} + e^{-\beta\varepsilon_{\mathcal{H}}})^{-1}$를 준다. 따라서

$$\rho_{\sigma_i} = \frac{e^{\beta\varepsilon_{\mathcal{H}}\sigma_i}}{e^{+\beta\varepsilon_{\mathcal{H}}} + e^{-\beta\varepsilon_{\mathcal{H}}}} \tag{21.79}$$

를 얻는다. σ_i의 평균값은

$$\langle\sigma_i\rangle = \sum_{\sigma_i} \rho_{\sigma_i}\sigma_i = \frac{e^{+\beta\varepsilon_{\mathcal{H}}}(+1) + e^{-\beta\varepsilon_{\mathcal{H}}}(-1)}{e^{+\beta\varepsilon_{\mathcal{H}}} + e^{-\beta\varepsilon_{\mathcal{H}}}} \tag{21.80}$$

이다. 쌍곡 탄젠트 함수 $\tanh x = (e^{+x} - e^{-x})/(e^{+x} + e^{-x})$를 이용하면, 위의 식은

$$\langle\sigma_i\rangle = \tanh(\beta\varepsilon_{\mathcal{H}}) \tag{21.81}$$

이 된다. 또 이 평균값은 N개의 모든 스핀에 대해서 동일하므로, 전체의 자기 모멘트의 평형에서의 값

$$\boxed{M_{\text{th}} = Nm_o \tanh x} \tag{21.82}$$

를 얻는다. $x = \beta\varepsilon_{\mathcal{H}} = \mu_0 \mathcal{H} m_o / k_B T$이다.

스핀-$\frac{1}{2}$계의 자화율 $\mathcal{M} = M_{\text{th}}/V$을 그림 21.1에 M_{th}/Nm_o 대 $x = \mu_0 \mathcal{H} m_o / k_B T$의 꼴로 그렸다. $\varepsilon_{\mathcal{H}}$는 $\mathcal{H}$에 비례하므로, 그림은 각각의 모멘트가 자기장 방향을 향하려는 경향과 계의 자화율이 자기장이 강할 때 점점 커지는 경향을 보여 준다.

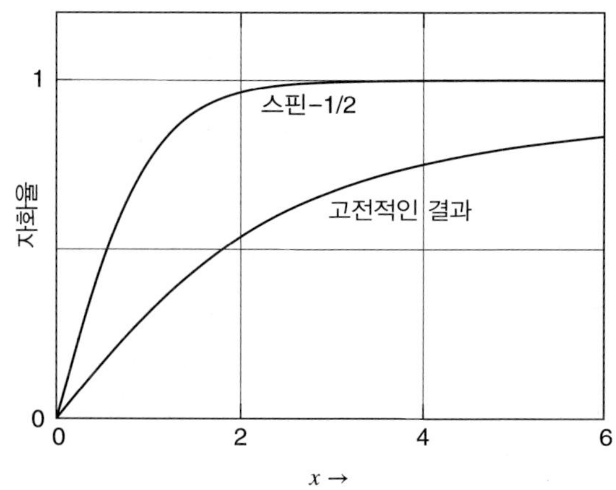

그림 21.1 자기장의 세기에 대한 자화율의 의존성

자화율을 자기장으로 미분해서 얻은 $(\partial\mathcal{M}/\partial\mathcal{H})_T$는 등온에서의 자기 감수율 χ_T인데, $\tanh x = x + \cdots$를 이용하면 x가 작을 때의 식 (21.82)의 자기 모멘트가 $Nm_o x = N\mu_0\mathcal{H}m_o^2/k_BT$이 된다. 자기장이 약할 때의 감수율은

$$\chi_T = \left(\frac{\partial\mathcal{M}}{\partial\mathcal{H}}\right)_T = \frac{Nm_o{}^2\mu_0}{Vk_BT} \tag{21.83}$$

인데, 이는 다름 아닌 **퀴리 법칙**(Curie's law)으로서 자기 감수율이 온도에 반비례한다는 것을 뜻한다.

엔탈피와 열용량

식 (21.60)의 자기장이 일정할 때의 열용량은 $C_\mathcal{H} = (\partial E_{\text{th}}/\partial T)_\mathcal{H}$이다. 식 (21.61)로부터의 엔탈피는 $E_{\text{th}} = -\mu_0\mathcal{H}M_{\text{th}}$이므로

$$E_{\text{th}} = -N\mu_0\mathcal{H}m_o \tanh x \tag{21.84}$$

를 얻는데 여기서 $x = \mu_0\mathcal{H}m_o/k_BT$이고 $\tanh x = (e^{+x} - e^{-x})/(e^{+x} + e^{-x})$이다. 위 식을 T에 대해 미분하면

$$C_\mathcal{H} = \left(\frac{\partial E_{\text{th}}}{\partial T}\right)_\mathcal{H} = -N\mu_0\mathcal{H}m_o\frac{4}{(e^{+x} + e^{-x})^2}\frac{\partial x}{\partial T} \tag{21.85}$$

를 얻고, $\partial x/\partial T = -x/T$를 이용하면 다음 식을 얻는다.

$$\boxed{C_\mathcal{H} = Nk_B\left(\frac{2x}{e^{+x} + e^{-x}}\right)^2 = Nk_B\left[\frac{x}{\cosh x}\right]^2} \tag{21.86}$$

여기서 $\cosh x = \frac{1}{2}(e^{+x} + e^{-x})$은 쌍곡 코사인 함수이다.

입자당 열용량(즉 비열)의 온도에 대한 의존성은 그림 21.2에 나타내었다. 그림에서는 $C_\mathcal{H}/Nk_B$를 온도의 함수로 그렸다. 가로축의 숫자들은 바로 $k_BT/(\mu_0\mathcal{H}m_o)$의 값들이다. 열역학 제3법칙에 따라 절대 온도 0도에 접근하면 비열이 0의 값을 갖는다는 것도 볼 수 있다. 중간 정도의 온도에서 비열이 봉우리 모양을 보이다가 온도가 더 올라가면 0으로 접근하는 것을 알 수 있다. 이러한 행동은 정렬 과정(ordering process)이 일어나는 계에서는 상당히 일반적인 것인데, 이는 비열이 높은 온도에서 0이 아닌 상수값을 갖는 *PVT* 계와는 질적으로 다른 것이다. 이러한 상자성 계에서의 정렬 과정은 개개의 자기 모멘트가 외부 자기장의 방향과 같은 방향을 향하려는 과정이다.

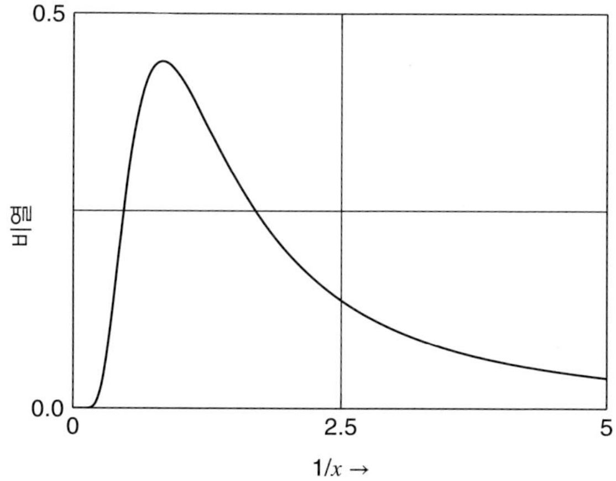

그림 21.2 온도에 대한 비열의 의존성

분배 함수와 엔트로피

스핀-$\frac{1}{2}$인 계의 에너지 고윳값은 $E_{N,\alpha}(\mathcal{H}) = -\varepsilon_{\mathcal{H}} \sum_i \sigma_i$이므로 분배 함수는

$$\begin{aligned} Z_{pm} &= \sum_{\alpha} e^{-E_{N,\alpha}(\mathcal{H})/k_BT} = \sum_{\sigma_1=\pm 1} \cdots \sum_{\sigma_N=\pm 1} \left(e^{(\varepsilon_{\mathcal{H}}/k_BT)\sigma_1} \ldots e^{(\varepsilon_{\mathcal{H}}/k_BT)\sigma_N} \right) \\ &= \left(e^{+\varepsilon_{\mathcal{H}}/k_BT} + e^{-\varepsilon_{\mathcal{H}}/k_BT} \right)^N = (2\cosh x)^N \end{aligned} \tag{21.87}$$

이다. 여기서 $x = \varepsilon_{\mathcal{H}}/k_BT$이고 $\varepsilon_{\mathcal{H}} = \mu_0 \mathcal{H} m_o$이다. 계의 엔트로피는 $S = -(\partial G/\partial T)_{\mathcal{H}}$를 $G = -k_BT \ln Z$에 적용하고 $\partial x/\partial T = -x/T$를 이용하면 얻을 수 있다

$$\begin{aligned} S &= -\left(\frac{\partial G}{\partial T} \right)_{\mathcal{H}} = Nk_B \frac{\partial}{\partial T} [T \ln(e^{+x} + e^{-x})] \\ &= Nk_B[\ln(e^{+x} + e^{-x}) - x \tanh x] \end{aligned} \tag{21.88}$$

여기서 $x = \mu_0 \mathcal{H} m_o / k_BT$이다. 엔트로피는 x의 단조 감소 함수이므로 $T/\mathcal{H}$가 증가하면 증가한다. 온도에 대한 엔트로피의 의존성이 그림 21.3에 그려져 있는데, S/Nk_B를 온도의 함수로 그린 것이다.

낮은 온도($k_BT < \mu_0 \mathcal{H} m_o$)에서는 개개의 자기 모멘트는 자기장의 방향으로 정렬하고, 이처럼 큰 규모의 정렬은 낮은 온도에서의 작은 엔트로피로 나타난다. 높은 온도에서는(혹은 약한 자기장에서는) 스핀의 두 방향이 거의 동일한 확률로 일어나고 이에 수반하는 무질서는 높은 값의 엔트로피를 주게 된다. $\ln(e^{+x} + e^{-x})$는 $x = 0$일 때 $\ln 2$가 되므로 이로부터 자기장이 0으로 접근할 때 엔트로피 값은 $Nk_B \ln 2$로 수렴함을 알 수 있다(즉 $\mathcal{H} \to 0$일 때 $S \to Nk_B \ln 2$). 식 (21.88)의 첫 번째 항은 $\mathcal{H}$가 무한대로 발산할 때 $+Nk_Bx$로, 두 번째 항은 $-Nk_Bx$로 수렴하므로, 이로부터 엔트로피는 강한 자기장에서 0으로 수렴함을 알 수 있다(즉 $\mathcal{H} \to \infty$일 때 $S \to 0$).

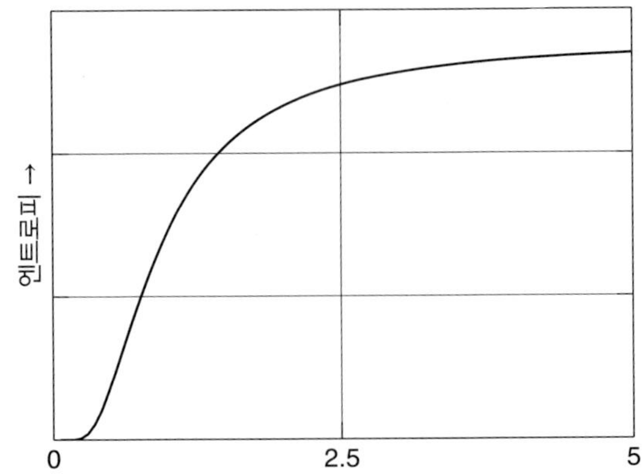

그림 21.3 엔트로피의 온도 의존성

자기 냉각

상자성계는 엔트로피가 $T/\mathcal{H}$에 의존하는 것을 이용해서 온도를 낮추기에 유용한 계이다. 낮은 온도를 얻는 과정은 두 개의 계와 열저장고(heat reservoir)를 이용한다. 계 1은 상자성계이고 계 2는 온도를 낮추고자 하는 계이다. 예를 들어 계 2의 온도를 보통의 압력에서의 액체 헬륨의 온도인 4.2 K보다 더 낮추려고 하는 것이 목표라고 하자. 두 계를 열저장고와 열적인 접촉을 시키고 계 1에는 강한 자기장을 걸자. 자기장을 바꾸지 않는다면, 두 계는 열저장고로부터 고립되어 있다. 두 계를 열적 접촉을 시킨 상황에서 자기장을 이제 가역적으로(즉 아주 천천히) 0으로 줄인다. 이 과정은 단열 과정이고 가역적이므로, 전체의 엔트로피는 이 과정에서 변하지 않는다. 상자성계의 엔트로피는 $T/\mathcal{H}$가 커짐에 따라 증가하므로, $\mathcal{H}$를 줄이는 것은 온도 T를 낮추는 효과를 수반해야 한다.

21.6 고전적인 쌍극자

고전적인 극한

고전적으로 취급하면 상자성 해밀토니안은 자기 쌍극자 모멘트 $\boldsymbol{m}_i$와 외부 자기장 $\mathcal{H}$ 사이의 각 θ_i의 함수이므로

$$H_{\text{pm}}(\theta_1 \cdots \theta_N) = -\sum_{i=1}^{N} \varepsilon_{\mathcal{H}} \cos\theta_i \tag{21.89}$$

로 적을 수 있다. 여기서 $\varepsilon_{\mathcal{H}} = \mu_0 \mathcal{H} m_o$이고 자기장은 z 방향이다. 자기 모멘트 m_o의 크

기가 모두 같다면 계의 미시적인 자기 모멘트의 z 성분은

$$M_N^z(\theta_1 \cdots \theta_N) = \sum_{i=1}^{N} m_o \cos\theta_i \tag{21.90}$$

이 되고, 거시적인 자기 모멘트는 다음과 같다.

$$M_{\text{th}} = \langle M_N^z \rangle = \sum_{i=1}^{N} m_o \langle \cos\theta_i \rangle = N m_o \langle \cos\theta \rangle. \tag{21.91}$$

평균 $\langle \cos\theta \rangle$은 모든 자기 입자들에 대해 동일하므로,

$$\langle \cos\theta \rangle = \int_0^{2\pi} d\phi \int_0^{\pi} d\theta \sin\theta \rho(\theta) \cos\theta \tag{21.92}$$

이다. 또 확률 밀도 $\rho(\theta)$는 에너지 $-\varepsilon_{\mathcal{H}} \cos\theta$인 볼츠만 인자에 비례하므로

$$\rho(\theta) = \frac{e^{-\beta(-\varepsilon_{\mathcal{H}} \cos\theta)}}{Z_o} = \frac{e^{+\beta\varepsilon_{\mathcal{H}} \cos\theta}}{Z_o} \tag{21.93}$$

이다. 위 식에서 상수 Z_o는 규격화 조건으로부터 얻어진다.

$$\int_0^{2\pi} d\phi \int_0^{\pi} d\theta \sin\theta \rho(\theta) = \frac{2\pi}{Z_o} \int_0^{\pi} d\theta \sin\theta e^{\beta\varepsilon_{\mathcal{H}} \cos\theta} = 1 \tag{21.94}$$

위 식에서 2π는 ϕ에 대한 적분에서 얻어진다. Z_o에 위 식을 정리하면

$$Z_o = 2\pi \int_0^{\pi} d\theta \sin\theta \, e^{\beta\varepsilon_{\mathcal{H}} \cos\theta} \tag{21.95}$$

가 된다. 식 (21.92)의 평균은 이제

$$\langle \cos\theta \rangle = \frac{\displaystyle\int_0^{\pi} d\theta \sin\theta e^{\beta\varepsilon_{\mathcal{H}} \cos\theta} \cos\theta}{\displaystyle\int_0^{\pi} d\theta \sin\theta e^{\beta\varepsilon_{\mathcal{H}} \cos\theta}} = \frac{d}{d(\beta\varepsilon_m)} \ln\left(\int_0^{\pi} d\theta \sin\theta e^{\beta\varepsilon_{\mathcal{H}} \cos\theta} \right) \tag{21.96}$$

으로 적히는데, 적분 변수를 θ에서 $u = \cos\theta$로 바꾸면

$$\int_0^{\pi} d\theta \sin\theta e^{\beta\varepsilon_{\mathcal{H}} \cos\theta} = -\int_{+1}^{-1} du e^{\beta\varepsilon_{\mathcal{H}} u} = -\frac{e^{-\beta\varepsilon_{\mathcal{H}}}}{\beta\varepsilon_{\mathcal{H}}} + \frac{e^{+\beta\varepsilon_{\mathcal{H}}}}{\beta\varepsilon_{\mathcal{H}}} = \frac{2\sinh\beta\varepsilon_{\mathcal{H}}}{\beta\varepsilon_{\mathcal{H}}} \tag{21.97}$$

을 얻는다. $\sinh u$는 쌍곡 사인 함수이다. 이로부터

$$\langle \cos\theta \rangle = \frac{d}{d(\beta\varepsilon_{\mathcal{H}})}[\ln(2\sinh\beta\varepsilon_{\mathcal{H}}) - \ln\beta\varepsilon_{\mathcal{H}}] = \frac{\cosh\beta\varepsilon_{\mathcal{H}}}{\sinh\beta\varepsilon_{\mathcal{H}}} - \frac{1}{\beta\varepsilon_{\mathcal{H}}} \tag{21.98}$$

을 얻는다. 결국 평형 자기 모멘트의 고전적인 표현은

$$\boxed{M_{\text{th}} = Nm_o L(x)} \tag{21.99}$$

가 되며

$$x = \beta\varepsilon_{\mathcal{H}} = \frac{\mu_0 \mathcal{H} m_o}{k_B T} \quad \text{및} \quad L(x) = \frac{1}{\tanh x} - \frac{1}{x} \tag{21.100}$$

이다. $L(x)$는 **랑주뱅 함수**(Langevin function)라고 한다. 식 (21.99)의 평형에서의 모멘트는 M_{th}/Nm_o를 x에 대해서 그림 21.1에 '고전적인 결과'라고 표시한 곡선에 해당한다.

$(\tanh x)^{-1}$의 급수 전개의 첫 몇 항을 적으면 $x^{-1} + \frac{1}{3}x + \cdots$ 이어서 $L(x)$의 급수 전개의 가장 낮은 차수의 항은 $\frac{1}{3}x$이다. 따라서 약한 자기장에서의 자기 모멘트는 $M_{\text{th}} = \frac{1}{3}Nm_o\beta\varepsilon_m$이다. $\mathcal{M} = M_{\text{th}}/V$와 $x = \mu_0\mathcal{H}m_o/k_BT$을 이용하면 약한 자기장에서의 자기 감수율의 고전적인 극한은

$$\chi_T = \left(\frac{\partial \mathcal{M}}{\partial \mathcal{H}}\right)_T = \frac{Nm_o^2\mu_0}{3Vk_BT} \tag{21.101}$$

이 된다. 이 값은 스핀-$\frac{1}{2}$인 계의 1/3에 해당한다[식 (21.83)과 비교할 것)].

유전체

유전체의 많은 성질은 상자성계의 성질에서 $\mu_0\mathcal{H}$를 전기장 $\mathcal{E}$로 바꾸고, 자기 쌍극자 모멘트 $\boldsymbol{m}_i$를 전기 쌍극자 모멘트 $\boldsymbol{p}_i^{\text{el}}$로 바꾸면 구할 수 있다. 두 개 혹은 그 이상의 원자로 이루어진 분자들에서 쌍극자 모멘트의 방향은 분자의 방향에 의해 결정된다. 외부의 전기장과 전기 쌍극자의 상호작용에 관계되는 에너지는 $-\boldsymbol{p}_i^{\text{el}} \cdot \mathcal{E}$이고 이 계의 전기 쌍극자 모멘트는 $\sum_i \boldsymbol{p}_i^{\text{el}}$이다.

문제

21.1 등분배 정리를 이용해서 Rb 원자의 속도의 제곱평균제곱근을 표 1.1의 보스-아인슈타인 응축이 일어나는 온도 10^{-8} K에서 구하시오. Rb 원자의 원자량은 87이다.

21.2 아인슈타인 모형의 원자 하나의 진동 퍼텐셜 에너지는 $\frac{1}{2}k_o(q_x^2 + q_y^2 + q_z^2)$이며 $\boldsymbol{q} = (q_x, q_y, q_z)$는 변위 벡터이다. 변위의 고전적인 확률 밀도 $\rho(q_x, q_y, q_z)$를 구하시오.

21.3 행성의 대기(문제 19.2에서 소개됨)의 모형 해밀토니안은

$$H_N = \sum_{i=1}^{N} \left(\frac{|\boldsymbol{p}_i|^2}{2m_i} + m_i g z_i + \phi_A(x_i, y_i) \right)$$

이다. 행성의 표면의 좌표를 $z = 0$으로 하고 g는 중력 가속도라고 하자. 대기를 구성하는 두 종류의 원자들의 질량은 각각 m_A와 m_B이다.

(a) 높이 x에서 질량이 m_A, m_B인 각각의 원자에 대해 확률 밀도 $\rho_A(z)$와 $\rho_B(z)$를 구하시오.

(b) 통계적인 평균 $\langle \cdots \rangle$을 이용해서 두 종류 원자 각각의 평균 높이를 구하시오.

21.4 서로 독립적인 N개의 스핀-1인 입자로 이루어진 계를 생각하시오. 입자 i의 양자수는 $m_i = -1, 0, +1$이어서, 자기 에너지는

$$\varepsilon(m_i) = \begin{cases} -\mu\mathcal{H}, & m_i = +1 \text{ 인 경우} \\ 0, & m_i = 0 \text{ 인 경우} \\ +\mu\mathcal{H}, & m_i = -1 \text{ 인 경우} \end{cases}$$

이다.

(a) 분배 함수 Z_N과 기브스 자유 에너지 $G = -k_B T \ln Z_N$를 구하시오.

(b) 자기 모멘트 $M_{\text{th}} = -(1/\mu_0)(\partial G/\partial' \mathcal{H})_T$를 구하시오.

21.A 부록

음의 온도

이 부록에서는 음의 온도의 개념을 간략히 논의하자. 이 개념에 대한 관심은 자성계에서의 에너지와 온도 사이의 열역학적인 관계로부터 비롯한다. 엔트로피와 허용된 상태수 $\Omega(E)$는

$$\frac{\partial S}{\partial E} = \frac{1}{T} \qquad \text{및} \qquad S = k_B \ln \Omega(E) \tag{21.A.1}$$

의 관계를 가지고 있다. 열역학적인 변수들로 온도와 자기장을 택하면, 에너지 E는 엔탈피이며 $\partial S/\partial E = 1/T$의 관계로부터 표 14.3의 $T = (\partial E_{\text{th}}/\partial S)_{\mathcal{H}}$결과를 얻을 수 있다($E_{\text{th}}$의 첨자는 이 부록에서는 생략한다). 음의 온도는 평형에서의 온도의 개념을 계가 거의 열적인 평형에 있는 비형평인 상황으로 확장한 것이다. 때로 부분계와 그 환경 사이의 상호작용은 충분히 약해서 부분계가 계의 나머지와 평형을 이루는 것보다 훨씬 빨리 내부적인 평형을 이루는 상황을 생각할 수 있다. 최종적인 평형 상태에서는 계의 온도는 단 하나의 온도 값만으로 기술되지만, 약하게 상호작용하는 계의 부분들은 다른 온도를 가지는 것으로 생각할 수 있다. 음의 온도를 이용하는 것은 가능한 가장 낮은 온도로 절대 온도 0도를 생각하는 것의 중요성과 모순되는 것은 아니다. 왜냐하면 음의 온도로 기술되는 계는 양의 온도를 가지는 계보다 사실 **더 뜨겁기**(hotter) 때문이다.

강한 외부 자기장이 있을 때 보통의 물질의 원자핵의 스핀 자유도는 (거의) 고립된 부분계의 한 예이다. 스핀의 높은 에너지 상태에 특성상 열적이지 않은 고주파 기술(radio frequency technique)을 이용해 입자를 놓을 수 있다. 스핀 사이의 에너지 교환이 계의 다른 부분과의 교환에 비해 아주 빨리 일어나면, 스핀 부분계는 음의 온도를 가지는 것으로 기술될 수 있다. 레이저에서 생기는 밀도 뒤집힘(population inversion)은 음의 온도로 기술될 수 있는 또 다른 상황이다.

대부분의 계는 에너지 $E_{N,\alpha}$에 상한이 없지만, 고립된 스핀계는 예외이다. 21.5절에서 논의된 스핀-$\frac{1}{2}$ 계가 바로 이에 해당한다. 각 스핀은 단 두 개의 에너지 상태만을 가지고, N 입자계의 에너지는 하한($-N\varepsilon_{\mathcal{H}}$)과 상한($+N\varepsilon_{\mathcal{H}}$) 모두를 가진다. 여기서 $\varepsilon_{\mathcal{H}} =$ $= \mu_0 \mathcal{H} m_o$이다. $N\varepsilon_{\mathcal{H}}$보다 더 큰 에너지를 주는 미시 상태는 불가능하므로, 허용된 상태의 수 $\Omega(E)$는 높은 에너지에서 0이 된다. 게다가 $\Omega(E)$는 E가 상한값에 접근하면 감소하는 함수가 되고, 따라서 이는 $\partial S/\partial E$이 0보다 작음을 의미한다. 즉 이 경우 T는 음이 된다.

각각의 스핀-$\frac{1}{2}$입자는 18.2절의 이준위계이다. 식 (18.17)에서 볼 수 있듯이 N 입자로 이루어진 계의 허용된 상태수의 로그는

$$\ln \Omega(E) = N[-f \ln f - (1-f)\ln(1-f)] \tag{21.A.2}$$

인데 f는 높은 에너지 상태에 있는 입자의 비율이다. 가장 낮은 에너지는 $-N\varepsilon_{\mathcal{H}}$이고 높은 에너지 상태의 스핀 하나당 $2\varepsilon_{\mathcal{H}}$를 에너지에 기여하므로, N 스핀의 에너지 E는 비율 f를 이용해 다음 식으로 나타낼 수 있다.

$$E = (fN)(2\varepsilon_{\mathcal{H}}) - N\varepsilon_{\mathcal{H}} \quad 및 \quad f = \frac{1}{2}\left(\frac{E}{N\varepsilon_{\mathcal{H}}} + 1\right) \tag{21.A.3}$$

에너지에 대해서 엔트로피가 어떻게 의존하는지를 그림 21.A.1에 보였는데, 그림에서는 $S/k_B = \ln\Omega(E)$를 $E/N\varepsilon_{\mathcal{H}} = 2f - 1$의 함수로 나타냈다. β의 값에 양과 음을 모두 허락하고, 또한 식 (21.84)와 (21.88)을 이용하면 같은 그림을 얻을 수 있는데, 이 식들은 계의 엔탈피와 엔트로피 각각을 $\beta\varepsilon_{\mathcal{H}}$의 함수로 표현한 것이다.

식 (21.A.1)로부터 엔트로피의 미분이 $\partial \ln\Omega/\partial E = \beta$에 비례한다는 결과를 얻는데, $\beta = 1/k_B T$이다. 거꿀 온도 β와 절대 온도 T가 어떻게 에너지에 의존하는지는 그림 21.A.2에 나타나 있다. $\beta = \partial \ln\Omega/\partial E$와 $T = 1/k_B\beta$를 $E/N\varepsilon_{\mathcal{H}}$의 함수로 그린 그림이다.

핵의 스핀과 주변과의 상호작용은 비록 약하지만 에너지를 계의 다른 부분으로 전달해서 궁극적으로는 전체 계를 한 온도를 가지는 평형 상태로 몰아가게 된다. 서로 다른 처음 온도를 가지고 있는 계가 열적인 접촉을 하면, 에너지의 교환은 뜨거운 계가 에너지를 잃고 찬 계가 에너지를 얻는 형태가 된다. 그림과 같이 만약 음의 온도에 있는 계가 에너지를 잃으면, 나중 온도는 더 낮아지거나 혹은 양의 값이 될 것이다. 음의 온도로 기술될 수 있는 이러한 종류의 계의 열용량은 보통의 물질의 열용량에 비해 대개는 작기 때문에, 결합계의 나중 온도는 양이 될 것이다. 낮은 온도에서 높은 온도로 갈 때, 온도 T는 점진적으로 0에서 양의 무한대로 커지고, 이후에는 불연속적

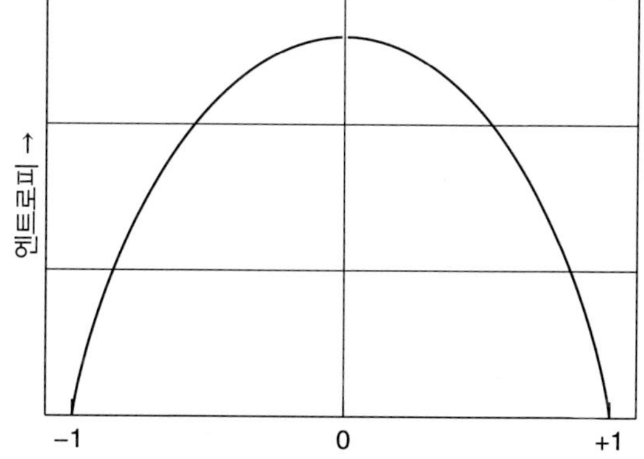

그림 21.A.1 엔트로피 대 에너지

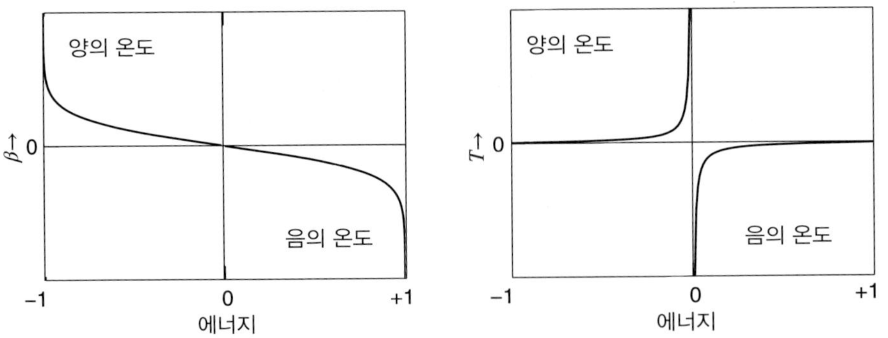

그림 21.A.2 β와 T 대 에너지

으로 음의 무한대로 건너뛰어서 음의 값에서 시작해서 0으로 접근하게 된다. 조심할 것은 거꿀 온도 β로 기술하면 아무런 불연속이 없다는 것인데, 거꿀 온도는 온도가 낮은 쪽에서 높은 쪽으로 올라가면 연속적으로 양의 무한대에서 시작해서 음의 무한대로 변하게 된다.

22장 요동과 에너지 분포

평형에서의 계의 성질을 예측하는 기본 도구들이 이제 갖추어졌다. 계를 구성하는 수많은 입자의 수가 계의 성질에 미치는 영향에 초점을 두어 살펴보자. 또 주어진 순간에 계는 많은 미시 상태 중 한 상태에 있는데, 계의 정확한 성질이 많은 수의 미시 상태에 대한 평균으로 기술되는 이유도 찾아보자. 또한 엔트로피의 미시적인 해석에서 생기는 패러독스를 해결하고, 왜 다른 종류의 모둠들이 같은 결과를 주는지도 살펴보자.

22.1 표준 편차

역학적인 성질 X의 열역학적인 값은 $\langle X\rangle \pm \sigma_X$으로 표현된다. 여기서 $\langle X\rangle$는 X의 평균값, σ_X는 **표준 편차**(standard deviation)이다. σ_X의 존재는 계의 평형에서의 성질이 변하지 않는 상수가 아니라는 것을, 즉 **요동**(fluctuation)이라고 하는 작은 무작위적인 변동을 가진다는 것을 의미한다. 평균 $\langle X\rangle$는 주어진 양의 열역학적인 값이고, 그 값의 요동은 표준 편차로 기술된다. 통계역학은 열역학적인 성질과 요동 둘 모두를 예측한다. 평균값 주변의 요동의 크기는 N이 입자의 수일 때 $1/\sqrt{N}$배 만큼 줄어든다. 더 정확히 이야기하면 N은 지금 살펴보고 있는 양에 관여하는 입자의 수이다.

표준 편차(standard deviation) σ_X는 분산의 제곱근이고, 양 X의 **분산**(variance)은 평균으로부터 벗어난 크기의 제곱의 평균이다. 즉 분산은

$$\mathrm{Var}[X] = \langle [X - \langle X\rangle]^2\rangle \tag{22.1}$$

이다. 분산은 확률 분포의 폭 혹은 퍼짐의 정도를 재는 양이다. 평균의 성질과 규격화 조건 $\sum_\alpha \rho_\alpha = 1$로부터

$$\begin{aligned}\left\langle [X - \langle X\rangle]^2\right\rangle &= \sum_\alpha \rho_\alpha [X_\alpha - \langle X\rangle]^2 = \sum_\alpha \rho_\alpha \left[X_\alpha{}^2 - 2X_\alpha\langle X\rangle + \langle X\rangle^2\right] \\ &= \left[\sum_\alpha \rho_\alpha X_\alpha{}^2\right] - 2\left[\sum_\alpha \rho_\alpha X_\alpha\right]\langle X\rangle + \left[\sum_\alpha \rho_\alpha\right]\langle X\rangle^2 \\ &= \langle X^2\rangle - 2\langle X\rangle\langle X\rangle + \langle X\rangle^2 = \langle X^2\rangle - \langle X\rangle^2\end{aligned} \tag{22.2}$$

를 얻고, 따라서

$$\mathrm{Var}[X] = \langle X^2 \rangle - \langle X \rangle^2 \tag{22.3}$$

이다. 이 식은 확률 밀도로 기술되는 계에 대해서도 타당하다. 위의 식으로부터 **표준 편차**(standard deviation)는 다음과 같다.

$$\boxed{\sigma_X = \sqrt{\mathrm{Var}[X]} = \sqrt{\langle X^2 \rangle - \langle X \rangle^2}} \tag{22.4}$$

통계적으로 독립인 부분계

예를 들어 이상 기체나 아인슈타인 고체 혹은 상자성계와 같이 N개의 통계적으로 독립인 부분계로 이루어진 계를 생각하고 입자들이 모두 동일하다고 가정하자. 이러한 계의 성질들은 각 부분계의 성질들의 합으로 주어진다. 동일한 부분계의 양 X_i의 합으로 다음 식으로 표현되는 전체 계에 대한 어떤 양 X_{tot}를 생각하자.

$$X_{\text{tot}} = \sum_{i=1}^{N} X_i \tag{22.5}$$

합의 평균은 평균의 합과 같으므로, X_{tot}의 평균은

$$\langle X_{\text{tot}} \rangle = \sum_{i=1}^{N} \langle X_i \rangle \tag{22.6}$$

이다. 만약 부분계들이 동일하다면(혹은 입자들이 똑같은 입자들이라면), 평균 $\langle X_i \rangle$는 모든 N개의 입자 i에 대해 같으므로

$$\langle X_{\text{tot}} \rangle = N \langle X_i \rangle \tag{22.7}$$

인데, i는 전체 입자 중 임의로 택한 하나의 입자로 볼 수 있다.

X_{tot}의 제곱은 두 합의 곱의 꼴이다. 서로 다른 지표를 다른 합에 대해 사용하면

$$X_{\text{tot}}^2 = \left(\sum_{i=1}^{N} X_i \right)^2 = \left(\sum_{i=1}^{N} X_i \right) \left(\sum_{j=1}^{N} X_j \right) = \sum_{i=1}^{N} \sum_{j=1}^{N} X_i X_j \tag{22.8}$$

를 얻는다. 제곱의 평균은

$$\langle X_{\text{tot}}^2 \rangle = \sum_{i=1}^{N} \sum_{j=1}^{N} \langle X_i X_j \rangle \tag{22.9}$$

이고, 평균의 제곱은

$$\langle X_{\text{tot}}\rangle^2 = \langle X_{\text{tot}}\rangle\langle X_{\text{tot}}\rangle = \left\langle \sum_{i=1}^{N} X_i \right\rangle \left\langle \sum_{j=1}^{N} X_j \right\rangle = \sum_{i=1}^{N}\sum_{j=1}^{N}\langle X_i\rangle\langle X_j\rangle \tag{22.10}$$

이다. 따라서 X_{tot}의 분산은

$$\text{Var}[X_{\text{tot}}] = \langle X_{\text{tot}}^2\rangle - \langle X_{\text{tot}}\rangle^2 = \sum_{i=1}^{N}\sum_{j=1}^{N}[\langle X_iX_j\rangle - \langle X_i\rangle\langle X_j\rangle] \tag{22.11}$$

이다. 식 (21.16)에서 보였듯이, 개별 입자들이 통계적으로 독립이라면 $i \neq j$일 때 평균 $\langle X_iX_j\rangle$는 $\langle X_i\rangle\langle X_j\rangle$와 같다. 결과적으로

$$\langle X_iX_j\rangle = \begin{cases} \langle X_i{}^2\rangle, & i = j\text{의 경우} \\ \langle X_i\rangle\langle X_j\rangle, & i \neq j\text{의 경우} \end{cases} \tag{22.12}$$

를 얻는다. 그 결과로서 식 (22.11)에서 $i \neq j$인 항들은 모두 사라지고, 따라서 X_{tot}의 분산은 다음과 같다.

$$\text{Var}\left[X_{\text{tot}}\right] = \sum_{i=1}^{N}\left[\langle X_i{}^2\rangle - \langle X_i\rangle^2\right] \tag{22.13}$$

똑같은 입자들의 경우에는 개개의 평균이 모든 i에 대해 같으므로

$$\text{Var}[X_{\text{tot}}] = N\text{Var}[X_i] \tag{22.14}$$

를 주는데, 여기서

$$\text{Var}[X_i] = \langle X_i{}^2\rangle - \langle X_i\rangle^2 \tag{22.15}$$

는 입자 하나에 대한 평균이다. 표준 편차는 분산의 제곱근임을 이용하면

$$\boxed{\sigma_{X_{\text{tot}}} = \sqrt{N}\sigma_{X_i}} \tag{22.16}$$

를 얻는데,

$$\sigma_{X_i} = \sqrt{\langle X_i{}^2\rangle - \langle X_i\rangle^2} \tag{22.17}$$

이다. $\langle X_{\text{tot}}\rangle = N\langle X_i\rangle$이므로, 열적인 요동으로 말미암은 양 X_{tot}의 **상대적인 불확실성**(relative uncertainty)은

$$\frac{\sigma_{X_{\text{tot}}}}{\langle X_{\text{tot}} \rangle} = \frac{1}{\sqrt{N}} \frac{\sigma_{X_i}}{\langle X_i \rangle} \tag{22.18}$$

이 된다. 따라서 독립적인 입자들의 계에서 어떤 양의 요동의 크기는 그 양의 열역학적인 값에 비해 $1/\sqrt{N}$배 만큼 더 작다.

위의 논의로부터 독립적인 입자들로 이루어진 계의 역학적인 성질의 값은 계의 미시 상태 대부분에 대해서 필연적으로 동일하다는 것을 알 수 있다. 비록 이 결론이 독립적인 입자들의 계에 대해서 얻어졌지만, 이 결과는 통계적으로 독립적인 부분계들의 모임으로 모형화할 수 있는 모든 계에도 적용 가능하다.

예제 22.1 **자기 모멘트**

N개의 독립적인 스핀-$\frac{1}{2}$ 입자들로 이루어진 계가 온도 T에 있다. 이 계의 자기 모멘트의 표준 편차를 구하시오.

풀이 ▪ 21.5절에서 논의된 것처럼 N개의 독립적인 스핀들의 자기 모멘트는 $M^z_{N,\alpha}$의 z 방향 성분의 모듬 평균이며, $M^z_{N,\alpha}$는

$$M^z_{N,\alpha} = \sum_{i=1}^{N} (-m_o \sigma_i)$$

이다. $\sigma_i = +1$은 '위' 방향 스핀을 $\sigma_i = -1$은 '아래' 방향 스핀을 가리킨다. σ_i의 평균값은 식 (21.81)로부터

$$\langle \sigma_i \rangle = -\tanh(\beta \varepsilon_{\mathcal{H}})$$

이며, $\varepsilon_{\mathcal{H}} = \mu_0 \mathcal{H} m_o$이고 $\beta = 1/k_B T$이다. 식 (21.82)에 의해서 자기 모멘트의 평형 상태 값은

$$M_{\text{th}} = \langle M^z_N \rangle = N m_o \tanh(\beta \varepsilon_{\mathcal{H}})$$

이다. 모든 입자가 동일한 자기 모멘트를 가지므로, 계의 자기 모멘트의 분산은 $\text{Var}[M^z_N] = N\text{Var}[-m_o \sigma_i]$이며, 이때 개개의 모멘트의 분산은

$$\text{Var}\left[-m_o \sigma_i\right] = \left\langle \left(-m_o \sigma_i\right)^2 \right\rangle - \langle -m_o \sigma_i \rangle^2 = m_o{}^2 \left[\left\langle \sigma_i{}^2 \right\rangle - \langle \sigma_i \rangle^2\right]$$

이다. $\sigma_i = +1$, $\sigma_i = -1$ 모두에 대해 $\sigma_i^2 = 1$이므로, 규격화 조건을 이용하면

$$\left\langle \sigma_i{}^2 \right\rangle = \sum_{\sigma_i} \rho_{\sigma_i} \sigma_i{}^2 = \sum_{\sigma_i} \rho_{\sigma_i} = 1$$

을 얻는다. 위에서 구한 $\langle \sigma_i \rangle$와 $\langle \sigma_i{}^2 \rangle$을 이용하면, 단일 입자 분산은

$$\text{Var}\left[-m_o\sigma_i\right] = m_o{}^2[1 - \tanh^2(\beta\varepsilon_{\mathcal{H}})]$$

이다. 계의 분산 $\text{Var}[M_N^z]$은 위 식에 N을 곱한 것과 같으므로 결국 N개 스핀-$\frac{1}{2}$ 입자의 자기 모멘트의 표준 편차는

$$\sigma_M = k_B\sqrt{N}m_o\sqrt{1 - \tanh^2 x} \tag{22.19}$$

인데, $x = \beta\varepsilon_{\mathcal{H}} = \mu_0\mathcal{H}m_o/k_BT$이다. ◆

예상대로, 자기 모멘트의 평형 상태 값은 N에 비례하고 요동은 $\sqrt{N}$에 비례한다. 상대적인 불확실성은 x가 온도와 자기장에 의존하는 방식 때문에 특히 흥미롭다. $x \to \infty$일 때 $\tanh x \to 1$이고, $\tanh 0 = 0$이므로, 함수 $\tanh x$는 낮은 온도 혹은 강한 자기장($k_BT \ll \mu_0\mathcal{H}m_o$)에서 $+1$의 값으로 수렴하고, 높은 온도 혹은 약한 자기장($k_BT \gg \mu_0\mathcal{H}m_o$)에서는 0으로 수렴한다. 따라서 낮은 온도 혹은 강한 자기장에서는 자기 모멘트가 최댓값을 가지며 이때는 모든 스핀들이 한 방향으로 정렬하며 요동의 값은 아주 작아 무시할 수 있다($M_{\text{th}} = Nm_o \pm 0$). 높은 온도 혹은 약한 자기장에서는 자기 모멘트가 0의 값으로 수렴하고 자기 모멘트의 요동은 상당히 크다($M_{\text{th}} = 0 \pm \sqrt{N}m_o$).

22.2 에너지 요동

에너지 요동의 크기 정도가 $1/\sqrt{N}$라는 것은 통계적인 독립성의 가정 없이도 보여질 수 있다. 이를 보이려면, 먼저 정적 열용량 C_V를 β를 이용해 적는 것으로 시작하자. 여기서 $\beta = 1/k_BT$이다.

$$C_V = \left(\frac{\partial U}{\partial T}\right)_V = \left(\frac{\partial U}{\partial \beta}\right)_V \frac{d\beta}{dT} = \left(\frac{\partial U}{\partial \beta}\right)_V \left(\frac{-1}{k_BT^2}\right) \tag{22.20}$$

식 (20.15)의 내부 에너지 U와 분배 함수 Z_N의 관계식 $U = -\partial \ln Z_N/\partial\beta$을 이용하면 정적 열용량은

$$\begin{aligned} C_V &= \frac{1}{k_BT^2}\frac{\partial^2 \ln Z_N}{\partial\beta^2} = \frac{1}{k_BT^2}\frac{\partial}{\partial\beta}\left[\frac{1}{Z_N}\frac{\partial Z_N}{\partial\beta}\right] \\ &= \frac{1}{k_BT^2}\left[\frac{1}{Z_N}\frac{\partial^2 Z_N}{\partial\beta^2} - \left(\frac{1}{Z_N}\frac{\partial Z_N}{\partial\beta}\right)^2\right] \end{aligned} \tag{22.21}$$

이 되고, 이 식과 $Z_N = \sum_\alpha e^{-\beta E_{N,\alpha}}$으로부터

$$C_V = \frac{1}{k_B T^2}\left[\sum_\alpha \frac{e^{-\beta E_{N,\alpha}}}{Z_N}(-E_{N,\alpha})^2 - \left(\sum_\alpha \frac{e^{-\beta E_{N,\alpha}}}{Z_N}(-E_{N,\alpha})\right)^2\right]$$

$$= \frac{1}{k_B T^2}\left[\sum_\alpha \rho_\alpha E_{N,\alpha}{}^2 - \left(\sum_\alpha \rho_\alpha E_{N,\alpha}\right)^2\right] \tag{22.22}$$

를 얻는다. 평균에 대한 표기를 도입해서 적으면

$$C_V = \frac{1}{k_B T^2}\left[\langle E_N{}^2\rangle - \langle E_N\rangle^2\right] \tag{22.23}$$

이 되는데, 이로부터 에너지의 분산은

$$\mathrm{Var}[E_N] = k_B T^2 C_V \tag{22.24}$$

이고, 또 표준 편차는

$$\boxed{\sigma_{E_N} = T\sqrt{k_B C_V}} \tag{22.25}$$

가 된다.

하나의 예로서 이상 기체의 에너지의 표준 편차를 구해 보자. 21장의 등분배 정리에 의해서 N개 분자로 이루어진 기체계의 평균 에너지는 $\langle E_N\rangle = \frac{1}{2}Nfk_BT$이며, f는 해밀토니안에 들어 있는 분리 가능한 이차항의 수이다. 열용량 $C_V = \frac{1}{2}Nfk_B$를 이용하면 내부 에너지를 얻는다.

$$U = \langle E_N\rangle \pm \sigma_E = \frac{1}{2}fNk_BT \pm k_BT\sqrt{\frac{1}{2}fN} = \frac{1}{2}fNk_BT\left(1 \pm \sqrt{\frac{2}{fN}}\right) \tag{22.26}$$

이원자 기체($f = 5$) 1몰($N = 6 \times 10^{23}$)에 대한 상대적인 불활실성 $\sqrt{2/(fN)}$을 계산하면 8×10^{-13}이어서, 요동의 상대적인 크기는 무시할 수 있을 정도라는 것을 알 수 있다.

열역학적 극한

수학의 논리적 과정은 정확한 관계식을 준다. 따라서 열역학적인 성질의 값의 불확실성은 우리가 어떤 것을 증명하려고 할 때 어려움을 줄 수 있다. N이 증가함에 따라 불확실성의 크기는 작아지므로, 정확한 결과는 $N \to \infty$일때 주로 얻어지게 되는데, 크기 변수들을 N으로 나누어 세기 변수로 바꾼 후 N을 무한대로 보내는 극한을 취하게 된다. 이러한 극한을 **열역학적 극한**(thermodynamic limit)이라고 하며, 실제의 계에서는 N이 비록 유한하기는 하지만 보통 아주 크기 때문에 열역학적 극한이 실제의 계와 비교할 수 있는 타당한 결과를 대부분 주게 된다. 거시적인 계의 열적 요동은 대개의 경우 실험의 불확실성에 비해서는 무시할 수 있을 정도인데, 단 임계점 부근은 예외이다.

22.3 기브스 패러독스

똑같은 입자로 이루어진 계의 엔트로피를 미시적으로 해석할 때 발생하는 심각한 문제가 있다. 헬륨과 산소처럼 서로 다른 기체들이 섞이게 되면, 섞임의 과정은 비가역적이지만, 같은 종류의 기체 분자가 섞이는 경우에는 측정할 수 있는 아무런 변화도 없다. 이러한 두 경우의 차이는 엔트로피의 변화에도 제대로 반영되어야 한다.

식 (19.68)과 식 (20.37)에 주어진 단원자 이상 기체의 헬름홀츠 자유 에너지는

$$F(T,V) = -Nk_BT\left[\ln V + \frac{3}{2}\ln T + c_o\right] \tag{22.27}$$

이며

$$c_o = \ln\frac{(2\pi mk_B)^{3/2}}{h^3} \tag{22.28}$$

이다. 상태 방정식과 열용량은 위 식의 상수 c_o의 값에 영향을 받지 않지만 엔트로피는 c_o에 따라 변하게 된다. 열역학적 관계식 $S = -(\partial F/\partial T)_V$에 의해서 기체의 엔트로피는 다음 식으로 결정된다.

$$S(T,V) = Nk_B\left[\ln V + \frac{3}{2}\ln T + c_o + \frac{3}{2}\right] \tag{22.29}$$

엔트로피에 관련된 패러독스를 살펴보기 위해 그림 22.1에 그려진 것처럼 두 용기에 담긴 기체를 단열적으로 섞는 과정을 생각하자. 기체 1과 기체 2의 온도와 압력은 동일하며 입자가 통과할 수 없는 벽으로 두 기체가 처음에 분리되어 있다고 가정하자.

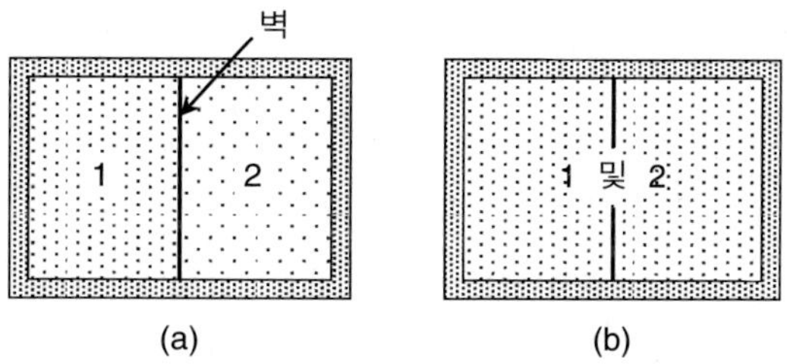

그림 22.1 두 기체의 섞임. (a) 처음 상태, (b) 나중 상태

이제 벽을 열면 두 기체는 섞이게 되고 결국 평형 상태에 도달하게 된다. 기체 1이 차지한 처음 부피는 V_1이었지만 섞임이 일어난 후의 평형 상태에서는 $V_1 + V_2$가 되므로, 식 (22.29)에 의해 계산한 엔트로피의 차는

$$\Delta S_1 = N_1 k_B \ln(V_1 + V_2) - N_1 k_B \ln V_1 = N_1 k_B \ln\left(\frac{V_1 + V_2}{V_1}\right) \tag{22.30}$$

인데, N_1은 기체 1의 입자(혹은 원자) 수이다. 마찬가지의 엔트로피 차가 기체 2에 대해서도 생기므로 결합계의 전체 엔트로피의 변화량은

$$\Delta S = N_1 k_B \ln\left(\frac{V_1 + V_2}{V_1}\right) + N_2 k_B \ln\left(\frac{V_1 + V_2}{V_2}\right) \tag{22.31}$$

이다. 이를 **섞임 엔트로피**(entropy of mixing) ΔS_{mix}라고 하며 11.6절에서 논의한 바 있다. **기브스 패러독스**(Gibbs paradox)는 식 (22.31)의 엔트로피 차의 표현식이 섞임이 일어난 입자의 종류와 무관해 보이기 때문에 발생한다. 두 기체를 이루는 입자들이 다른 경우에 위의 과정은 비가역적이고 결합계의 엔트로피는 증가한다. 그러나 기체 1의 입자가 기체 2의 입자와 구별이 불가능한 똑같은 입자라면 이 결합계는 단순히 벽을 다시 닫음으로써 처음의 상태로 돌아갈 수 있다. 즉 이 경우에는 위의 과정은 가역적이고, 따라서 엔트로피는 변화가 없어야 한다.

또 다른 문제는 식 (22.19)의 엔트로피의 표현식이 올바른 크기 성질을 가지지 않는다는 것인데, 이는 $Nk_B \ln V$ 때문에 발생하는 문제이다. 1.5절에서 논의되었듯이 균질적인 계에서, λ의 비율로 계의 크기를 눈금 바꿈(scaling)하면 크기 성질의 값은 λ에 비례하고, 세기 성질의 값은 변화가 없다. N과 V 모두가 크기 변수이므로 기체계의 크기를 λ의 비율로 눈금 바꿈하면 N은 λN으로, V는 λV가 되며, 이로부터 $Nk_B \ln V$는 $\lambda Nk_B \ln \lambda V$이 된다. λ는 로그 함수의 인자이므로, 이처럼 눈금 바꿈된 값은 λ에 비례하지 않는다.

패러독스의 해결

기브스는 위에서 설명한 두 문제점 모두를 입자의 구별 불가능한 재배열에 대한 올바른 설명을 통해 해결했다. N개의 똑같은 입자들 각각을 지표 $i = 1, 2, \ldots, N$으로 식별하는 경우를 생각하자. 이 경우 계를 기술하는 운동량과 위치 변수의 모임을 전혀 바꾸지 않으면서도 입자들에 지표를 대응시키는 많은 다른 방법이 존재하게 된다. 식 (16.5)에 주어졌듯이, N개의 다른 물체들을 한 줄로 늘어세우는 경우의 수는 $N!$이다. 따라서 주어진 계를 똑같이 기술하면서도 입자들에 지표를 배정하는 $N!$개의 서로 다른 경우가 있게 된다.

19장과 20장의 자유 에너지의 계산에서는 계의 N개의 입자들이 서로 구별 가능

하다고 가정했었다. 이를 바로잡기 위해 분배 함수 Z_N을 $N!$로 나누자. 자유 에너지 F는 분배 함수 공식 $F = -k_BT\ln Z_N$으로 주어지므로, Z_N을 $N!$로 나눈다는 것은 F에 $k_BT\ln N!$을 더하는 셈이 된다. $S = -(\partial F/\partial T)_V$이므로, 위 항을 F에 더하면 $k_B\ln N!$을 S에서 빼는 것에 해당한다. 이제 스털링의 어림 $\ln N! = N\ln N - N$을 이용하면, 식 (22.29)의 엔트로피에 대한 식에서 $Nk_B(\ln N - 1)$를 빼게 되어 다음 결과를 얻는다.

$$S(T,V) = Nk_B\left[\ln V + \frac{3}{2}\ln T - \ln N + c_o + \frac{5}{2}\right] \tag{22.32}$$

식 (22.28)의 c_o의 값을 이용하고 위 식을 정리하면, N개의 똑같은 입자로 구성된 단원자 이상 기체의 엔트로피는 결국

$$\boxed{S(T,V) = Nk_B\left[\ln\frac{V}{N} + \frac{3}{2}\ln\left(k_BT\right) + \frac{3}{2}\ln\left(\frac{2\pi m}{h^2}\right) + \frac{5}{2}\right]} \tag{22.33}$$

이 된다. 이 결과를 **사쿠르-테트로드 방정식**(Sackur-Tetrode equation)이라고 한다. 이 식의 엔트로피는 크기 성질이며 또한 정해지지 않은 어떤 상수도 포함하고 있지 않다. 위 식은 Otto Sackur와 Hugo Tetrode 두 명에 의해 독립적으로 유도되었다. 이를 다른 형태로 적으면

$$S(T,V) = \ln\frac{V}{N\lambda_{\mathrm{th}}^3} + \frac{5}{2}Nk_B \tag{22.34}$$

인데, $\lambda_{\mathrm{th}} = h/\sqrt{2\pi mk_BT}$는 식 (20.71)에서 소개된 열적 드브로이 파장이다.

혼합

이제 서로 다른 종류 A, B, …의 입자수 N_A, N_B, …로 이루어진 혼합계를 생각하자. 전체 입자수는 $N_{\mathrm{tot}} = N_A + N_B + \cdots$이다. 종류 A의 입자를 늘어놓는 서로 다른 경우의 수는 $N_A!$이므로 다른 종류의 입자들도 마찬가지의 경우의 수를 갖는다. 따라서 구별할 수 없는 배열의 전체 경우의 수는 $N_A!N_B!\cdots$이다. 이 수로 분배 함수를 나누면, 이렇게 얻게 되는 자유 에너지에는 $k_BT\ln(N_A!N_B!\cdots)$를 더하면 되고, 엔트로피 $S = -(\partial F/\partial T)_V$에서는 $k_B(\ln N_A! + \ln N_B! + \cdots)$를 빼주면 된다. 혼합계의 엔트로피의 올바른 표현은 식 (22.33)을 수정해서 얻게 되는데

$$\boxed{S(T,V) = \sum_k N_k k_B\left[\ln\frac{V}{N_k} + \frac{3}{2}\ln m_k\right] - N_{\mathrm{tot}}f_S(T)} \tag{22.35}$$

이고,

$$f_S(T) = k_B\left[\frac{3}{2}\ln\frac{2\pi k_B T}{h^2} + \frac{5}{2}\right] \tag{22.36}$$

이다. 지표 k는 서로 다른 종류의 입자를 표시하고, m_k는 k번째 종류의 입자의 질량이며, $f_S(T)$는 k에 무관하다.

그림 22.1에 그려진 실험 상황을 이용하면 식 (22.35)가 기브스의 패러독스를 해결하는지를 시험해 볼 수 있다. 기체는 처음 상태에서는 분리되어 있고, 한 종류의 입자들로 구성되어 있으므로 결합계의 처음 엔트로피는

$$S_0 = N_1 k_B\left[\ln\frac{V_1}{N_1} + \frac{3}{2}\ln m_1\right] + N_2 k_B\left[\ln\frac{V_2}{N_2} + \frac{3}{2}\ln m_2\right] - N_{\text{tot}} f_S(T) \tag{22.37}$$

이며, 여기서 $N_{\text{tot}} = N_1 + N_2$이다. 나중 상태에서는 두 기체 1과 2가 차지하는 부피는 $V_1 + V_2$이므로 두 종류의 입자로 이루어진 계의 나중 엔트로피는

$$S_f^{\text{two}} = N_1 k_B\left[\ln\frac{V_1+V_2}{N_1} + \frac{3}{2}\ln m_1\right] + N_2 k_B\left[\ln\frac{V_1+V_2}{N_2} + \frac{3}{2}\ln m_2\right] - N_{\text{tot}} f_S(T) \tag{22.38}$$

이다. 식 (22.38)과 식 (22.37)에서 $S_f^{\text{two}} - S_0$를 구하면

$$\Delta S^{\text{two}} = N_1 k_B \ln\frac{V_1+V_2}{V_1} + N_2 k_B \ln\frac{V_1+V_2}{V_2} \tag{22.39}$$

가 되는데, 이는 식 (22.31)에 있는 엔트로피의 변화량이다. 만약 기체 1과 기체 2를 구성하는 입자가 똑같은 입자라면, 나중 상태는 부피 $V_1 + V_2$에 한 종류의 $N_1 + N_2$개의 입자가 있는 상태이며, 따라서 나중 엔트로피는

$$S_f^{\text{one}} = (N_1 + N_2)k_B\left[\ln\frac{V_1+V_2}{N_1+N_2} + \frac{3}{2}\ln m\right] - N_{\text{tot}} f_S(T) \tag{22.40}$$

이다. 여기서 m_1과 m_2는 m을 바꿔 적었다. 기체계의 온도와 압력은 같으므로, 입자당 부피 V_1/N_1, V_2/N_2, $(V_1 + V_2)/(N_1 + N_2)$는 모두 같아서 V/N으로 적을 수 있다. 따라서 한 종류의 입자에 대한 엔트로피의 변화량은

$$\Delta S^{\text{one}} = (N_1 + N_2)k_B \ln\frac{V}{N} - \left[N_1 k_B \ln\frac{V}{N} + N_2 k_B \ln\frac{V}{N}\right] = 0 \tag{22.41}$$

이다. ΔS^{one}는 0인 반면, ΔS^{two}는 양의 값을 가지므로, 식 (22.35)의 엔트로피의 표현식은 혼합계의 입자가 똑같은 입자인지 아닌지에 상관없이 예측된 결과를 올바로 준다.

결론

비록 식 (22.33)의 엔트로피의 표현식이 $N!$로 분배 함수를 나누어 얻어졌지만, $N!$로 나누는 것을 분배 함수에 포함시키면 앞으로도 계속 $F = -k_B T \ln Z_N$의 형태로 자유 에너지를 적을 수 있다. 결과적으로 식 (19.24)의 고전적인 분배 함수에 들어 있는 상수 C_N은

$$C_N = \frac{1}{h^{3N} N!} \tag{22.42}$$

이다. 20.3절에서 논의된 것처럼 $1/h^{3N}$은 고전적인 분배 함수와 양자적인 분배 함수가 서로 일관적이려면 필요한 상수이다. 이를 포함해 적으면 올바른 고전적인 분배 함수는

$$\boxed{Z_N = \frac{1}{h^{3N} N!} \int dp^{3N} \int dr^{3N} e^{-H_N(\boldsymbol{p}_1 \cdots \boldsymbol{r}_N)/k_B T}} \tag{22.43}$$

이고, 양자역학적인 분배 함수는[1]

$$\boxed{Z_N = \frac{1}{N!} \sum_{\alpha} e^{-E_{N,\alpha}/k_B T}} \tag{22.44}$$

이다. 볼츠만 엔트로피의 올바른 표현은 허용된 상태의 수 $\Omega(E)$를 구별 불가능한 배열의 경우의 수로 나누어 얻어진다.

$$\boxed{S_B = k_B \ln \frac{\Omega(E)}{N!}} \tag{22.45}$$

식 (22.42)~(22.45)는 N개의 똑같은 입자로 구성된 계에 대해 성립한다. 여러 종류의 입자들로 구성된 계에 대한 표현은 식들에서 $N!$을 $N_1!N_2!N_3!\ldots$로 바꿔 적으면 얻어진다.

22.4 작은 바른틀 모둠

지금까지는 주로 바른틀 모둠에 대해 기술하였다. 각각의 미시 상태에 $e^{-E/k_B T}$에 비례하는 확률을 배정하는 바른틀 모둠과는 달리, 작은 바른틀 모둠은 같은 에너지 값

1) (22.44)의 $1/N!$은 26장에서 똑같은 페르미온과 똑같은 보존의 교환 대칭성이 요구되지 않는 경우에는 필요하지 않다.

을 가지는 미시 상태들만의 모임이다. 두 모둠은 정확히 같은 거시적인 성질을 갖지만, 미시적인 수준에서는 상당히 달라 보인다. 어떻게 이런 일이 생기는지를 이해하는 것은 열역학적인 행동을 원자 수준에서 이해하는 데 큰 도움이 될 수 있다. 양자역학적인 개념들은 17장에서 작은 바른틀 모둠을 기술할 때 이용되었다. 고전역학에서의 에너지와 해밀토니안의 직접적인 관계를 이용하기 위해 이제 아래에서는 고전적으로 문제를 기술하고자 한다.

계의 거시적인 성질과 미시적인 기술이 어떻게 연결되는지는 허용된 미시 상태의 수 $\Omega(E)$와 식 (22.45)의 볼츠만의 엔트로피 표현식을 통해 기술될 수 있다. 고전적으로는 허용된 미시 상태는 위상 공간에서의 점 $(\boldsymbol{p}_1 \cdots \boldsymbol{r}_N)$으로 특정되고 그 에너지는 해밀토니안 $H_N(\boldsymbol{p}_1 \cdots \boldsymbol{r}_N)$으로 주어진다. 고전적으로 미시 상태는 연속적으로 위상 공간상에 분포하므로, 작은 바른틀 모둠은 다음 식의 확률 밀도로 기술된다.

$$\boxed{\rho_E^{\mathrm{mc}}(\boldsymbol{p}_1 \cdots \boldsymbol{r}_N) = \frac{\delta\left(E - H_N\left(\boldsymbol{p}_1 \cdots \boldsymbol{r}_N\right)\right)}{\omega_{\mathrm{ph}}(E)}} \tag{22.46}$$

여기서 델타 함수 $\delta(E - H_N)$는 에너지가 E인 미시 상태만을 골라내는 역할을 하고 $\omega_{\mathrm{ph}}(E)$는 확률 밀도를 규격화한다.

델타 함수(delta function) 혹은 **디랙 델타 함수**(Dirac delta function)는 다음의 성질을 갖는다.

$$\delta(x) = \begin{cases} \infty, & x = 0 \text{인 경우} \\ 0, & x \neq 0 \text{인 경우} \end{cases} \tag{22.47}$$

$$\int \delta(x)dx = 1 \tag{22.48}$$

$$\int \delta(x-a)f(x)dx = f(a) \tag{22.49}$$

위의 두 번째와 세 번째 성질은 $\delta(x)$가 $1/x$와 같은 단위를 가짐을 의미한다. 엄밀한 수학적인 관점에서는 $\delta(x)$는 함수가 아니며 $x = 0$에서 봉우리를 가지는 함수들의 계열(함수열)을 표현하는 것으로써 이러한 함수열을 하나씩 따라 가면 위의 델타 함수의 성질들로 수렴하게 된다. 델타 함수로 수렴하는 함수열의 가능한 예 하나를 그림 22.2에 나타내었다. 함수 $\delta_\varepsilon(x)$를

$$\delta_\varepsilon(x) = \frac{1}{2\varepsilon}\begin{cases} 1, & -\varepsilon \le x \le +\varepsilon \text{인 경우} \\ 0, & \text{그렇지 않은 경우} \end{cases} \tag{22.50}$$

로 택하고 ε을 0으로 보내면서 만들어진 함수열을 생각하면 된다.

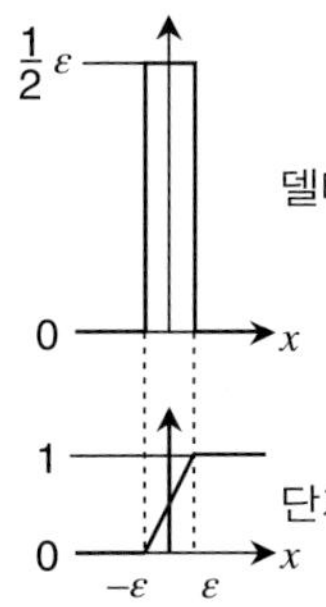

그림 22.2 함수열

위상 공간의 부피 요소 $dr^{3N}dp^{3N}$에 할당된 확률은 $\rho_E^{\rm mc}dr^{3N}dp^{3N}$으로 주어진다. 작은 바른틀 모둠에서는 위상 공간의 같은 부피에 같은 확률값을 할당하는데, 이는 $\rho_E^{\rm mc}$의 델타 함수를 $\delta_\varepsilon(x)$로 놓고 $2\varepsilon = \delta E$로 택해서 표현할 수 있다. 이제 $\rho_E^{\rm mc} = 1/(\delta E\omega_{\rm ph})$이 되며, 이 값은 에너지 $H_N(\boldsymbol{p}_1 \cdots \boldsymbol{r}_N)$가 $E - \frac{1}{2}\delta E$와 $E + \frac{1}{2}\delta E$ 사이의 모든 점들인 $(\boldsymbol{p}_1 \cdots \boldsymbol{r}_N)$에 대해서 동일하다. 삼차원 공간에서 $x^2 + y^2 + z^2 = r^2$가 구의 표면을 정의하듯이, 식 $H_N(\boldsymbol{p}_1 \cdots \boldsymbol{r}_N) = E$는 위상 공간에서 에너지가 일정한 면을 정의하게 된다는 것에 주의하라.

함수 $\omega_{\rm ph}(E)$는 식 (22.46)을 규격화 조건 $\int dr^{3N} \int dp^{3N} \rho_E^{\rm mc} = 1$에 대입하고 이를 정리하면 다음 식으로 주어진다.

$$\omega_{\rm ph}(E) = \int dr^{3N} \int dp^{3N} \delta\left(E - H_N\left(\boldsymbol{p}_1 \cdots \boldsymbol{r}_N\right)\right) \tag{22.51}$$

델타 함수가 식 (22.50)에서 $2\varepsilon = \delta E$를 대입한 함수열로 표현되면 식 (22.51)의 적분은 에너지가 $E - \frac{1}{2}\delta E$와 $E + \frac{1}{2}\delta E$ 사이인 위상 공간의 부피에 해당한다. 이를 2ε으로 나누게 되면 부피를 δE로 나누는 것이므로, $\omega_{\rm ph}(E)$는 결국 **단위 에너지당 위상 공간의 부피**(volume of phase space per unit of energy)가 된다.

또 다른 유용한 계의 성질은 **에너지가 E인 표면 내부의 위상 공간의 부피**(volume of phase space with energy less than E)이다.

$$\Sigma_{\rm ph}(E) = \underbrace{\int dr^{3N} \int dp^{3N}}_{H_N(\boldsymbol{p}_1 \cdots \boldsymbol{r}_N) \leq E} (+1) \tag{22.52}$$

위상 공간의 부피 $\Sigma_{\rm ph}(E)$는 또한 다음과 같이 적을 수도 있다.

$$\Sigma_{\rm ph}(E) = \int dr^{3N} \int dp^{3N} \sigma(E - H_N(\boldsymbol{p}_1 \cdots \boldsymbol{r}_N)) \tag{22.53}$$

$\sigma(x)$는 **단위 계단 함수**(unit step function)이다.

$$\sigma(x) = \begin{cases} 1, \ x \geq 0 \text{인 경우} \\ 0, \ x < 0 \text{인 경우} \end{cases} \tag{22.54}$$

계단 함수는 위에서 논의한 델타 함수처럼 함수열의 극한으로 이해할 수 있다. 즉 $x = 0$에서 가파르게 증가해서 1의 값에 수렴하는 함수들의 계열을 생각하면 되는데 한 가능한 예가 그림 22.2에 있다. 그림에 나타낸 것처럼 계단 함수의 미분은 델타 함수가 된다.

$$\frac{d\sigma(x)}{dx} = \delta(x) \tag{22.55}$$

이를 이용해서 $\partial\Sigma_{\text{ph}}(E)/\partial E$를 구하고 이를 식 (22.51)과 비교하면, 다음 식을 얻는다.

$$\frac{\partial\Sigma_{\text{ph}}(E)}{\partial E} = \int dr^{3N} \int dp^{3N} \delta(E - H_N(\boldsymbol{p}_1 \cdots \boldsymbol{r}_N)) = \omega_{\text{ph}}(E) \tag{22.56}$$

17장의 **에너지가 E보다 작은 미시 상태의 수**(number of microstates with energy less then E)와 **허용된 상태의 수**(number of accessible states)에 해당하는 고전적인 양은 각각의 고유 상태에 위상 공간의 부피 h^{3N}를 주면 얻어지는데 h는 플랑크 상수이다. 즉 다음 식의 $\Sigma(E)$와 $\Omega(E)$를 얻게 된다.

$$\Sigma(E) = \frac{1}{h^{3N}}\Sigma_{\text{ph}}(E) \qquad \text{및} \qquad \Omega(E) = \omega_{\text{ph}}(E)\frac{\delta E}{h^{3N}} \tag{22.57}$$

고전적인 모듬으로부터의 예측과 양자적인 모듬으로부터의 예측은 높은 온도에서 일치하게 되며, 얼마나 높은 온도에서 일치하는 구체적인 계에 따라 다를 수 있다.

이상 기체

에너지 E에 대한 $\Sigma_{\text{ph}}(E)$와 $\omega_{\text{ph}}(E)$의 의존성의 본질은 이상 기체 모형을 살펴봄으로써 이해할 수 있다. 운동량의 각 성분을 한 지표 j로 표시하면, N 입자 기체의 운동량 변수 $(p_1^x, p_1^y, \ldots, p_N^z)$는 $(p_1, p_2, \ldots, p_{3N})$로 쓸 수 있으므로 단원자 기체의 해밀토니안은

$$H_N(\boldsymbol{p}_1 \cdots \boldsymbol{r}_N) = \sum_j \frac{1}{2m} p_j^2 \tag{22.58}$$

로 나타낼 수 있는데, 원자-벽 상호작용을 서술하지는 않았지만 포함된 것으로 간주하자. 위상 공간의 부피 $\Sigma_{\text{ph}}(E)$는 $H_N(\boldsymbol{p}_1 \ldots \boldsymbol{r}_N) \leq E$를 만족하는 위상 공간의 영역에 대한 적분으로서 얻어진다. 식 (22.52)를 이용하면 위의 식은

$$\Sigma_{ph}(E) = \int dr^{3N} \int dp^{3N} \begin{cases} 1, & \sum_j \frac{1}{2m} p_j^2 \leq E \text{인 경우} \\ 0, & \text{그렇지 않은 경우} \end{cases} \tag{22.59}$$

가 된다. 입자가 용기의 내부에 있을 때는 퍼텐셜 에너지가 0이기 때문에 위치 변수 $(\boldsymbol{r}_1, \boldsymbol{r}_2, \ldots, \boldsymbol{r}_N)$에 대한 의존성이 적분 함수에는 없게 된다. 퍼텐셜 에너지는 입자가 용기 바깥에 있게 되면 사실상 무한대이므로, 위치 변수에 대한 적분은 입자가 용기 내부에 있을 때만 $\Sigma_{ph}(E)$에 기여하게 된다. 그 결과로서 $(\boldsymbol{r}_1, \boldsymbol{r}_2, \ldots, \boldsymbol{r}_N)$에 대한 적분은 V^N이 되는데 V는 용기의 부피이다. $(p_1, p_2, \ldots, p_{3N})$에 대한 적분은 $p_j = u_j(2mE)^{1/2}$를 이용해 적분 변수를 p_j에서 u_j로 바꾸면 쉽게 할 수 있어서

$$\Sigma_{ph}(E) = V^N (2mE)^{3N/2} \int_{-\infty}^{+\infty} du_1 \cdots \int_{-\infty}^{+\infty} du_{3N} \begin{pmatrix} 1, & \sum_j u_j^2 \leq 1 \text{인 경우} \\ 0, & \text{그렇지 않은 경우} \end{pmatrix} \tag{22.60}$$

의 형태가 되고, 부록 17.A의 결과를 이용해 $(u_1, \ldots, u_{3N})$에 대한 적분을 하면 다음 식을 얻는다.

$$\boxed{\Sigma_{ph}(E) = V^N \frac{E^{aN}}{(3N/2)!} (2\pi m)^{aN}} \tag{22.61}$$

여기서 $a = 3/2$이다. 또한 단위 에너지당 위상 공간의 부피는

$$\omega_{ph}(E) = \frac{\partial \Sigma_{ph}(E)}{\partial E} = V^N \frac{E^{aN-1}}{(aN-1)!} (2\pi m)^{aN} \tag{22.62}$$

으로 주어진다. 식 (22.57)에서 볼 수 있듯이, 에너지가 E보다 작은 미시 상태의 수는 $\Sigma_{ph}(E)$를 h^{3N}으로 나눠서 얻어지는데, 그 결과는 식 (17.15)의 양자역학적인 결과와 같다.

이상 기체에서 $\Sigma_{ph}(E)$의 에너지 E에 대한 의존성은

$$\Sigma_{ph}(E) = KE^{aN} \tag{22.63}$$

으로 적힌다. $a = 3/2$이고 K는 E에 무관한 비례 상수이다. 이러한 종류의 에너지 의존성은 열용량이 상수인 계의 특징이며 다른 계에서도 다양한 a값을 가지며 나타난다. 이러한 종류의 에너지 의존성의 중요성은 X^n을 그려 보면 알 수 있는데, 그림 22.3은 몇 개의 n값에 대한 그림이다. 주의할 점은 1000 정도보다 더 큰 N에 해당하는 그림은 생략했는데, 그 이유는 이 경우의 그래프는 $X = 1$의 수직선과 구별이 불가능할 정도로 가까운 모양이기 때문이다.

평형 상태의 행동에 대한 이 그림이 의미하는 것을 보기 위해 $X = E/E_{sys}$로 놓아 보자. 여기서 E는 에너지가 계의 내부 에너지 E_{sys}보다 작은 미시 상태의 에너지이다.

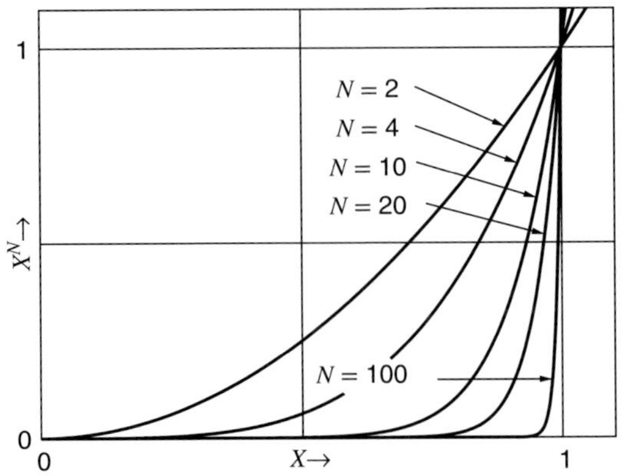

그림 22.3 다양한 X의 멱함수

$n = aN$이고 N이 구성 입자의 수라면 X^n은

$$X^n = \left(\frac{E}{E_{\text{sys}}}\right)^{aN} = \frac{\Sigma_{\text{ph}}(E)}{\Sigma_{\text{ph}}(E_{\text{sys}})} \tag{22.64}$$

이다. 여기서 $\Sigma_{\text{ph}}(E)/\Sigma_{\text{ph}}(E_{\text{sys}})$는 에너지가 E_{sys}보다 작은 위상 공간의 부피(미시 상태의 수)에 대한 에너지가 E보다 작은 위상 공간의 부피의 비이다. X가 $x = 1$에 접근하면서 상당히 빠르게 증가하는 X^n의 값은 에너지 E가 내부 에너지 U에 접근할 때 미시 상태의 수가 아주 빠르게 늘어남을 뜻한다. 따라서 $\Sigma_{\text{ph}}(E_{\text{sys}})$로 표현되는 거의 모든 미시 상태들의 에너지 값은 내부 에너지와 거의 같은 값을 갖는다.

엔트로피

작은 바른틀 모둠에서 열역학과 계의 미시적 성질 사이의 연결은 열역학적 퍼텐셜 $S(U, V)$와 다음의 엔트로피의 볼츠만 공식을 통해 이루어진다.

$$\boxed{S_B(E) = k_B \ln \frac{\Omega(E)}{N!}} \tag{22.65}$$

$\Omega(E) = \omega_{\text{ph}}(E)\delta E h^{-3N}$이고 E는 내부 에너지로 간주하면 된다. 에너지 E가 증가함에 따라 극히 빠르게 증가하는 $\Sigma_{\text{ph}}(E)$로 인해 엔트로피는

$$\boxed{S_\Sigma(E) = k_B \ln \frac{\Sigma(E)}{N!}} \tag{22.66}$$

으로 주어지며 $\Sigma(E) = \Sigma_{\text{ph}}(E)h^{-3N}$이다. $\omega_{\text{ph}}(E)$는 $\Sigma_{\text{ph}}(E)$의 미분이므로, $S_B(E)$와 $S_\Sigma(E)$

가 실제적으로 엔트로피의 같은 표현이라는 것은 놀라운 일이다. 정말로 두 양이 같은지는 $\Sigma_{ph}(E) = KE^{aN}$를 이용해서 살펴볼 수 있다. $\omega_{ph} = \partial\Sigma_{ph}/\partial E$로부터 다음 식을 얻는다.

$$\frac{\Omega(E)}{N!} = \omega_{ph}(E)\frac{\delta E}{h^{3N}N!} = aNKE^{aN-1}\frac{\delta E}{h^{3N}N!} = \frac{\Sigma_{ph}(E)}{h^{3N}N!}\frac{a\delta E}{E/N} \tag{22.67}$$

따라서 $S_B(E) - S_\Sigma(E) = k_B[\ln a\delta E - \ln(E/N)]$이다. 식 (22.61)의 $\sum_{ph}(E)$와 단원자 기체의 내부 에너지의 표현식을 이용하면 엔트로피 $S_\Sigma(E)$가 식 (22.33)의 사쿠르-테트로드 방정식으로 주어지는지를 보이는 것은 문제로 남겨두었다. $S_B(E) - S_\Sigma(E)$가 N에 무관하면서 $S_\Sigma(E)$가 N에 비례하면, N이 거시적인 계의 전형적인 값을 가질 때 $S_B(E) - S_\Sigma(E)$는 무시할 수 있을 정도로 작다.

에너지와 압력

19.4절에서 보였듯이 내부 에너지 U와 압력 P는 위상 함수의 바른틀 평균으로 주어진다. U와 P가 또한 그에 대응하는 작은 바른틀 평균값으로도 주어지는지를 조사해 보자. 해밀토니안 $H_N(\boldsymbol{p}_1 \ldots \boldsymbol{r}_N)$이 에너지의 위상 함수이고 식 (22.46)의 작은 바른틀 확률 밀도는 에너지가 E인 미시 상태를 나타내는 점들 $(\boldsymbol{p}_1 \ldots \boldsymbol{r}_N)$만을 포함하므로, H_N의 작은 바른틀 평균은 E와 같다. 또 E는 내부 에너지 U와 같으므로 $U = \langle H_N \rangle$이다.

식 (19.38)로부터 압력의 위상 함수는 $P_{ph} = -\partial H_N/\partial V$이다. 압력이 P_{ph}의 평균으로 주어지는 것을 보이기 위해 앞에 나왔던 식 (12.29)의 열역학적 관계식을 이용하자.

$$\frac{1}{T} = \left(\frac{\partial S}{\partial U}\right)_V \quad \text{및} \quad \frac{P}{T} = \left(\frac{\partial S}{\partial V}\right)_U \tag{22.68}$$

이 식들을 함께 이용하면, 다음 식을 얻는다.

$$P = \frac{(\partial S/\partial V)_U}{(\partial S/\partial U)_V} \tag{22.69}$$

여기서 P는 U와 V의 함수이다. 위 식의 우변은 두 미분값의 비인데 식 (22.66)의 엔트로피 $S_\Sigma(E)$를 이용하면 쉽게 계산된다. $\Sigma(E) = \Sigma_{ph}(E)h^{-3N}$와 $E = U$를 이용하면, U와 V의 함수로서의 엔트로피는 다음식이 된다.

$$S(U, V) = k_B \ln\left(\frac{\Sigma_{ph}(U, V)}{h^{3N}N!}\right) \tag{22.70}$$

$$\Sigma_{ph}(U, V) = \int dr^{3N} \int dp^{3N} \sigma(U - H_N) \tag{22.71}$$

$S(U, V)$를 식 (22.69)에 대입하면

$$P = \frac{(\partial \Sigma_{\text{ph}}/\partial V)_U}{(\partial \Sigma_{\text{ph}}/\partial U)_V} \tag{22.72}$$

를 얻는다. V에 대한 의존성은 해밀토니안을 통해 들어오므로 $d\sigma/dx = \delta(x)$로부터 $\partial\sigma(U - H_N)/\partial U = \delta(U - H_N)$와 $\partial\sigma(U - H_N)/\partial V = \delta(U - H_N)(-\partial H_N/\partial V)$를 얻고 따라서 다음 식을 얻는다.

$$P = \frac{\int dr^{3N} \int dp^{3N} \delta(U - H_N)(-\partial H_N/\partial V)}{\int dr^{3N} \int dp^{3N} \delta(U - H_N)} \tag{22.73}$$

식 (22.46)과 식 (22.51)의 ρ_E^{mc}와 ω_{ph}의 정의와 $E = U$를 이용하면 압력의 작은 바른틀 평균은

$$P = \int dr^{3N} \int dp^{3N} \rho_E^{\text{mc}}(\boldsymbol{p}_1 \cdots \boldsymbol{r}_N) \left(-\frac{\partial H_N (\boldsymbol{p}_1 \cdots \boldsymbol{r}_N)}{\partial V} \right) = \left\langle -\frac{\partial H_N}{\partial V} \right\rangle \tag{22.74}$$

이어서 $P = \langle P_{\text{ph}} \rangle$이다.

다른 모둠을 이용해서 $\langle H_N \rangle$과 $\langle P_{\text{ph}} \rangle$를 얻을 수 있었다는 점이 중요하다. 한 모둠은 에너지가 한 값으로 주어진 계의 모임이고, 다른 모둠은 최대 에너지보다 작거나 같은 에너지를 가지고 있는 계들의 모임이다. 앞의 모둠은 볼츠만 엔트로피 S_B와 $\langle H_N \rangle$을 주고, 뒤의 모둠은 S_Σ와 $\langle P_{\text{ph}} \rangle$를 우리에게 준다. 에너지가 증가함에 따라 위상 공간의 부피가 극도로 빠르게 늘어나는 이유로 인해 두 종류의 모둠 모두를 쓸 수 있게 된다.

22.5 모둠의 비교

작은 바른틀 모둠은 주어진 에너지 값을 정확히 가지는 계들을 기술하는 반면, 바른틀 모둠은 주어진 온도를 가지는 계들을 기술한다. 온도는 열적 접촉을 하는 계가 어떻게 상호작용하는지를 기술하는 통계적인 성질이므로, 바른틀 모둠은 하나의 에너지가 아닌 에너지의 범위를 포함하게 된다. 다음의 논의에서 볼 수 있듯이, 바른틀 모둠의 에너지 범위는 아주 좁아서 두 모둠(작은 바른틀 모둠과 바른틀 모둠)으로부터의 예측이 같은 결과를 준다는 것은 사실 놀라운 것이 아니다.

위상 공간에서 확률 밀도 $\rho(\boldsymbol{p}_1 \cdots \boldsymbol{r}_N)$로 주어지는 에너지의 분포는 다음 식으로 주어진다.

$$P(E) = \int dp^{3N} \int dr^{3N} \rho(\boldsymbol{p}_1 \cdots \boldsymbol{r}_N) \delta(E - H_N(\boldsymbol{p}_1 \cdots \boldsymbol{r}_N)) \tag{22.75}$$

$P(E)$는 단위 에너지당 확률이므로 $P(E)dE$는 에너지 E가 dE의 에너지 구간 안에 있을 확률이 된다. 델타 함수 $\delta(E - H_N)$는 에너지가 $H_N(\boldsymbol{p}_1 \cdots \boldsymbol{r}_N) = E$로 주어지는 위상 공간의 영역을 골라내게 된다.

바른틀 모둠

바른틀 모둠은 위상 공간의 같은 부피가 똑같은 확률은 가진다는 것을 수정해서 주어진 온도를 가지는 계를 기술한다. 식 (19.23)에 주어진 것처럼, 바른틀 확률 밀도는

$$\rho^c(\boldsymbol{p}_1 \cdots \boldsymbol{r}_N) = \frac{C_N}{Z_N} e^{-\beta H_N(\boldsymbol{p}_1 \cdots \boldsymbol{r}_N)} \tag{22.76}$$

이며 $\beta = 1/k_B T$이다. 에너지의 바른틀 분포는 $\rho^c(\boldsymbol{p}_1 \cdots \boldsymbol{r}_N)$를 식 (22.75)에 대입해서 얻어진다.

$$P^c(E) = \frac{C_N}{Z_N} \int dp^{3N} \int dr^{3N} e^{-\beta H_N(\boldsymbol{p}_1 \cdots \boldsymbol{r}_N)} \delta(E - H_N(\boldsymbol{p}_1 \cdots \boldsymbol{r}_N)) \tag{22.77}$$

델타 함수는 $H_N(\boldsymbol{p}_1 \cdots \boldsymbol{r}_N) = E$인 위상 공간의 점들을 골라내므로, 식 (22.77)의 적분에 나오는 해밀토니안 H는 E로 바꿔 적을 수 있으며, 따라서 볼츠만 인자 $e^{-\beta H_N}$는 $e^{-\beta E}$가 된다. $e^{-\beta E}$는 상수이므로 적분 밖으로 내어서 적으면

$$P^c(E) = \frac{C_N}{Z_N} e^{-\beta E} \int dp^{3N} \int dr^{3N} \delta(E - H_N(\boldsymbol{p}_1 \cdots \boldsymbol{r}_N)) \tag{22.78}$$

이 되는데, 델타 함수의 적분은 바로 식 (22.51)의 $\omega_{\text{ph}}(E)$이다. 따라서 바른틀 모둠에서의 에너지의 분포는 다음 식으로 주어진다.

$$P^c(E) = \frac{C_N}{Z_N} e^{-\beta E} \omega_{\text{ph}}(E) \tag{22.79}$$

이상 기체

에너지의 바른틀 분포의 특징을 이상 기체 모형을 이용해 살펴보자. 이상 기체 모형의 분배 함수 Z_N은 식 (19.65)로 주어지는데, 이를 다시 정리하면

$$\frac{C_N}{Z_N} = V^{-N} (2\pi m)^{-3N/2} \beta^{3N/2} \tag{22.80}$$

이다. 이 식과 식 (22.62)의 $\omega_{\rm ph}(E)$를 이상 기체에 대해 적으면

$$\boxed{P^c(E) = \beta e^{-\beta E}\frac{(\beta E)^{aN-1}}{(aN-1)!}} \tag{22.81}$$

이 되며 $a = 3/2$이다. 앞에서 언급된 바와 같이 이런 종류의 에너지 분포는 비열이 상수값을 가지는 계들의 전형적인 분포이다. E값의 가장 잦은 값 $\hat{E}$은 $\partial P^c(E)/\partial E = 0$을 만족하며, 따라서 $\hat{E} = (aN-1)/\beta$이다(여기서 $\beta = 1/k_BT$). aN에 비해 1은 무시할 수 있을 정도로 작으므로, 단원자 기체의 가장 잦은 에너지 값은

$$\hat{E} = \frac{3}{2}N k_B T \tag{22.82}$$

가 되어 두 모둠에 의해 예측된 기체의 내부 에너지 값과 같다. $P^c(E)$는 $\hat{E}$에서 봉우리를 가지는데, 이는 낮은 에너지에서의 E^{aN}의 급격한 증가가 높은 에너지에서의 $e^{-\beta E}$의 급격한 감소로 멈춰지기 때문이다.

바른틀 모둠에서의 에너지가 이처럼 한 값에 집중되어 있는 것을 강조하기 위해, 단위 에너지당 확률을 다음 식으로 적어 보자.

$$P^c(E) = \frac{\beta}{n}\delta_n(z-1) \tag{22.83}$$

여기서

$$\delta_n(z-1) = ne^{-nz}\frac{(nz)^n}{n!} \tag{22.84}$$

$z = \beta E/n$ 그리고 $n = aN - 1$로 놓으면 위의 식은 식 (22.81)과 같아진다. 함수 $\delta_n(z-1)$을 세 개의 다른 n값을 이용해서 z의 함수로 그린 그림 22.4를 보자. 이미 기호 δ를 써서 표현했듯이, n을 점점 늘리면서 얻어지는 함수열 $\delta_n(x)$은 바로 델타 함수의 또 다른 형태임을 알 수 있다. 델타 함수는 $x = 0$에서 봉우리를 가지므로 그림에서 보이는 것처럼 $\delta(z-1)$은 $z = 1$에서 봉우리를 가진다. $z = \beta E/n$을 $z = 1$에 넣고 $n = a - 1$을 이용하면 $P^c(E)$가 $\beta E/(aN-1) = 1$에서 봉우리를 가짐을 알 수 있다. -1을 생략하고 $\beta = 1/k_BT$와 $a = 3/2$를 이용하면 이는 $P^c(E)$가 $E = \frac{3}{2}Nk_BT$에서 봉우리를 갖는다는 뜻이 된다. 거시적인 계에서 입자의 수 N은 그림에서 사용한 값에 비해 어마어마할 정도로 큰 값이므로, 거시적인 실제의 계에서는 한 에너지 값에 확률이 집중됨을 그림은 명확히 보여 준다. 따라서 바른틀 모둠에서의 에너지의 분포는 작은 바른틀 모둠에서의 분포와 결국은 같아진다.

마지막으로 함수열 $\delta_n(x)$에 식 (22.48)에 주어진 델타 함수의 성질 $\int \delta(x)dx = 1$이 만족됨을 보이자. 식 (22.84)의 $\delta_n(x)$의 정의를 이용하고 적분 변수를 x에서 z로, 그리

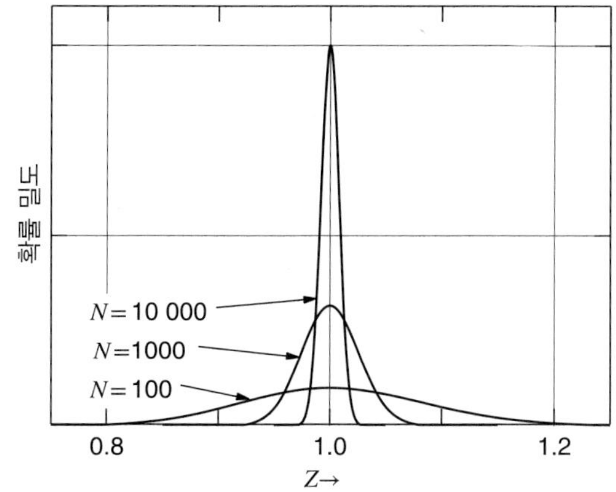

그림 22.4 에너지의 바른틀 확률 밀도

고 z에서 $t = nz$로 바꾸면 $dz = dt/n$인데, 이를 이용하면 다음 식을 얻는다.

$$\int \delta_n(x)dx = \int \delta_n(z-1)dz = \int \frac{ne^{-nz}(nz)^n}{n!}dz = \frac{1}{n!}\int_0^\infty e^{-t}t^n dt \qquad (22.85)$$

적분 $\int_0^\infty e^{-t}t^n dt$은 $n!$과 같으므로, 식 (22.48)의 성질은 n의 값에 무관하게 항상 $\delta_n(x)$에 대해 성립하게 된다(이 적분은 표준 감마 함수와 밀접하게 관계된다).

열역학적 성질

바른틀 모둠에서의 계의 미시적인 성질과 열역학적인 성질의 연결은 자유 에너지 $F(T, V)$의 분배 함수 공식을 통해 구해진다. 한편 작은 바른틀 모둠에서는 이를 위해 엔트로피 $S(U, V)$의 볼츠만 공식을 이용한다. 자유 에너지 $F(T, V)$와 엔트로피 $S(U, V)$는 둘 모두 열역학적 퍼텐셜이므로 두 모둠은 계의 거시적인 성질을 온전히 모두 기술하게 된다. 두 모둠에서 거시적인 성질과 미시적인 성질의 연결은 다음 식으로 결정된다.

$$F = -k_B T \ln Z_N \qquad \text{및} \qquad S = k_B \ln \frac{\Omega(U)}{N!} \qquad (22.86)$$

하나같이 계의 해밀토니안에 기반한 분배 함수 Z_N과 허용 상태수 Ω는 둘 모두 계의 미시적인 변수들($\boldsymbol{p}_1 \ldots \boldsymbol{r}_N$)로 주어진 계의 기술을 열역학적인 변수에 대한 기술로 변환한다. $F(T, V)$와 $S(U, V)$로부터 얻어지는 평형 성질은 동일하므로, 이 두 열역학적 퍼텐셜 사이의 열역학적인 관계는 모둠들이 같은 결과를 주는지를 조사하기 위해 이용될 수 있다. 자유 에너지와 내부 에너지 사이의 관계식은 $F = U - TS$이다. 퍼텐셜

에 대한 미시적인 관계식을 이에 대입하면

$$-k_B T \ln Z_N = U - Tk_B \ln \frac{\Omega(U)}{N!} \tag{22.87}$$

이며 $1/T = (\partial S/\partial U)_V$이다.

식 (22.87)의 정확성을 조사하기 위해 식 (22.43)의 분배 함수 Z_N의 표현을 다시 적고, 델타 함수의 성질을 이용하면, 볼츠만 인자 $e^{-\beta H_N}$은 다음 식으로 적힌다.

$$e^{-\beta H_N(\boldsymbol{p}_1 \cdots \boldsymbol{r}_N)} = \int dE e^{-\beta E} \delta(E - H_N(\boldsymbol{p}_1 \cdots \boldsymbol{r}_N)) \tag{22.88}$$

편의상 미시적인 변수들($\boldsymbol{p}_1 \ldots \boldsymbol{r}_N$)은 생략하고, 적분의 순서를 바꾸면 분배 함수는 다음 식이 된다($\beta = 1/k_B T$).

$$Z_N = \frac{1}{h^{3N} N!} \int dE e^{-\beta E} \int dp^{3N} \int dr^{3N} \delta(E - H_N) \tag{22.89}$$

위상 공간에 대한 델타 함수의 적분은 식 (22.51)에 주어진 것처럼 $\omega_{\text{ph}}(E)$이다. 식 (22.57)로부터 $\Omega(E) = \omega_{\text{ph}}(E)\delta E h^{-3N}$임을 이용하면

$$Z_N = \frac{1}{N!\delta E} \int dE e^{-\beta E} \Omega(E) \tag{22.90}$$

이 얻어지는데, Ω를 $e^{\ln \Omega}$로 바꿔 적으면 결국

$$Z_N = \frac{1}{N!\delta E} \int dE e^{-(\beta E - \ln \Omega(E))} \tag{22.91}$$

를 얻게 된다. 지금까지는 아무런 어림을 하지 않았다. 이제 $(\beta E - \ln \Omega(E))$를 에너지의 가장 잦은 값 $\hat{E}$ 근방에서 테일러 급수로 전개하자. 일차항은 사라지므로, 다음 식을 얻는다.

$$(\beta E - \ln \Omega(E)) = \left[\beta \hat{E} - \ln \Omega\left(\hat{E}\right)\right] + \frac{1}{2} X_2\left(\hat{E}\right)\left(E - \hat{E}\right)^2 + \cdots, \tag{22.92}$$

여기서

$$X_2(\hat{E}) = -\frac{\partial^2 \ln \Omega(\hat{E})}{\partial E^2} \tag{22.93}$$

이다. 식 (22.92)를 식 (22.91)에 넣고 높은 차수의 항들을 무시하면 다음 식을 얻는다.

$$Z_N = \frac{e^{-\beta \hat{E} + \ln \Omega(\hat{E})}}{N!\delta E} \int dE e^{-\frac{1}{2} X_2(\hat{E})(E - \hat{E})^2} \tag{22.94}$$

여기서 E에 대한 적분은 가우스 적분의 형태이므로, 적분 구간을 $\pm\infty$로 확장하면 그 값은 $(2\pi/X_2)^{1/2}$이어서, Z_N에 로그를 취하면 다음 식을 얻는다.

$$\ln Z_N = -\beta\hat{E} + \ln(\Omega(\hat{E})/N!) + D_N \tag{22.95}$$

$$D_N = \frac{1}{2}\ln\frac{2\pi}{\delta E^2 X_2(\hat{E})} \tag{22.96}$$

$\hat{E}$을 내부 에너지 U와 같다고 놓고 $-k_BT$를 곱하면

$$-k_BT\ln Z_N = U - k_BT\ln\frac{\Omega(U)}{N!} - k_BT\,D_N \tag{22.97}$$

을 얻으며 이로부터 $F = U - TS - k_BT\,D_N$이다. 이 결과는 바른틀 모둠과 작은 바른틀 모둠으로부터의 예측이 $k_BT\,D_N$이 F, U, TS에 비해 무시할 수 있을 정도라면 동일하다는 것을 의미한다.

D_N의 값은 열역학적인 관계식 $1/T = (\partial S/\partial U)_V$와 $S = k_B\ln(\Omega(U)/N!)$을 이용하고 $X_2(\hat{E})$를 구해서 계산할 수 있다. $\hat{E}$을 U로 바꿔 적으면

$$\begin{aligned} X_2(U) &= -\frac{\partial^2\ln\Omega(U)}{\partial U^2} = -\frac{1}{k_B}\left(\frac{\partial^2 S}{\partial U^2}\right)_V = -\frac{1}{k_B}\left(\frac{\partial}{\partial U}\frac{1}{T}\right)_V \\ &= \frac{1}{k_BT^2}\left(\frac{\partial T}{\partial U}\right)_V = \frac{1}{k_BT^2C_V} \end{aligned} \tag{22.98}$$

을 얻으며 $C_V = (\partial U/\partial T)_V$는 정적 비열이다. $1/X_2$의 제곱근은 식 (22.24)에 주어진 에너지의 분산과 같다는 것이 흥미롭다. X_2를 D_N에 넣으면 다음 식을 얻는다.

$$D_N = \frac{1}{2}\ln\frac{2\pi k_BT^2C_V}{\delta E^2} \tag{22.99}$$

이로부터 입자의 수 N에 의존하는 다른 양들에 비해 $k_BT\,D_N$은 무시할 수 있을 정도로 작다는 것을 보일 수 있다. 세기 성질인 T는 N에 무관한 반면, F, U, S, C_V는 크기 성질이므로 N에 비례하게 된다. $k_BT\,D_N$은 C_V의 로그로 주어지므로 $\ln N$처럼 행동하는 데 비해 F, U, TS는 N에 비례한다. 바로 이 이유로 $k_BT\,D_N$은 F, U, TS에 비해 무시할 수 있게 되는 것이다. 아보가드로수($N_A = 6.0\times10^{23}$)를 N의 값으로 이용하면, N의 로그값은 $\ln N = 55$이므로 이는 10^{23}에 비해 확실히 무시할 수 있는 값이 된다. 따라서 F와 S가 다른 모둠을 이용해서 구해졌다고 하더라도 관계식 $F = U - TS$는 10^{23}에 비해 100이 무시되는 의미에서 정확한 식이 된다.

직관적으로는 도저히 가능하지 않을 것 같은 미시 상태에도 0이 아닌 확률을 부여하는 모둠을 이용하는 것은, 부여된 확률값이 무시할 수 있을 정도로 작다면 불가능

한 것은 아니다. 게다가 같은 예측을 얻으면서도 계산 과정은 더 간단하게 할 수 있다면 이런 미시 상태들을 포함하는 것이 유용할 수 있다.

문제

22.1 온도 T인 평형 상태에 있는 고전적인 계를 생각하자. 원자의 운동량의 x 성분에 대해 평균값 $\langle p_x \rangle$와 표준 편차 σ_{P_x}를 구하시오.

22.2 원자들의 작은 무더기에서 계산된 σ_E/E의 값이 10^{-3}이라고 하자. 원자들의 무더기를 고전적인 아인슈타인 고체로 간주하시오.

(a) 무더기를 구성하는 원자의 개수를 구하시오.

(b) 무더기의 부피를 원자들 사이의 거리가 대략 0.4 nm 정도라 가정하여 구하시오.

(c) 무더기의 지름을 무더기가 구 모양임을 가정하여 구하시오.

22.3 **(a)** 단원자 이상 기체의 확률 밀도 $P^c(E)$를 이용해서 내부 에너지 E에 대해 평균값 $\langle E \rangle$와 $\langle E^2 \rangle$를 구하시오.

(b) σ_E와 $\sigma_E/\langle E \rangle$를 구하시오(적분 $\int_0^\infty x^n e^{-x} dx = n!$을 이용하시오).

22.4 작은 바른틀 모둠 엔트로피 $S_\Sigma(E) = k_B \ln \Sigma(E)/N!$ $(\Sigma(E) = \Sigma_{\text{ph}}(E)/h^{3N})$로부터 시작하여 사쿠르–테트로드 방정식을 단원자 이상 기체에 대해 유도하시오.

23장 일반화와 이원자 기체

고전 물리로 다루었을 때, 계의 미시 상태는 계를 구성하고 있는 입자들의 운동량 변수와 위치 변수로 정해진다. 우리는 이제 미시 상태를 정하기 위해 해석 역학의 일반 좌표의 사용에 대해 소개하고, 이원자 기체의 성질을 예측하는 것으로 일반 좌표계의 가치를 보여주고자 한다. 양자역학으로 다루었을 때, 미시 상태는 에너지 고유 상태였다. 우리는 양자역학의 밀도 행렬 형식을 통해 바른틀 모둠에 대한 설명을 일반화한다. 모둠이 함의하는 확률 배당이 좌표계의 선택에 독립적임을 보임으로써 시작해 보자.

23.1 일반 좌표계

고전 통계 역학에서 사용하는 확률밀도는 위상 공간의 단위 부피당 확률을 준다. 미시 상태를 기술하는 좌표를 변환할 때, 변수의 바뀜에 의해 위상 공간의 어떤 곳일지라도 그곳에 배당된 확률이 영향 받지 않아야 한다. 확률 밀도를 변환하는 규칙은 결과가 연속 변수에 의해 기술될 때마다 적용되는 일반적인 요구로부터 따라온다.

예를 들어 결과가 하나의 변수에 의해 정해지는 어떤 실험을 생각해 보자. 특별히, x나 y에 의해 결과가 정해지고, $y = y(x)$이고, $dy/dx \geq 0$이라고 하자. 결과가 x와 $x + dx$ 사이에 있을 확률은 $\rho_x(x)dx$이다. y 변수를 사용한다면 $\rho_y(y)dy$이다. 이때 dy는 $y(x)$와 $y(x + dx)$ 사이에 있다. dx가 충분히 작다면 $dy = (dy/dx)dx$가 된다.

$$\rho_x(x) = \rho_y(y)\frac{dy}{dx} \tag{23.1}$$

적분 변수 변환 규칙에 의해, 다음과 같게 된다.

$$\int \rho_y(y)dy = \int \rho_y(y(x))\frac{dy}{dx}dx = \int \rho_x(x)dx \tag{23.2}$$

이 결과는 $\rho_y(y)$에 대한 정규화 조건이 $\rho_x(x)$의 정규화 조건으로부터 따라 온다는 것을 의미하고, **확률 밀도는 적분의 적분자처럼 변환된다**는 것을 말해준다.

다차원(다변수) 적분에서 변수 변환에 대한 규칙은

$$\int dxdy \ldots F(x, y, \ldots) = \int dudv \cdots F(x(u, v, \cdots), y(u, v, \ldots), \ldots) \frac{\partial(x, y, \ldots)}{\partial(u, v, \ldots)} \tag{23.3}$$

인데, 여기서 $\partial(x, y, \ldots)/\partial(u, v, \ldots)$은 변수 $(x, y, \ldots)$에서 변수 $(u, v, \ldots)$로의 변환의 자코비안(Jacobian)이다. 이 결과는 다차원 공간에서 정의된 확률 밀도를 변환하는 규칙이 다음과 같음을 의미한다.

$$\rho_{uv}(u, v, \ldots) = \rho_{xy}(x(u, v, \ldots), y(u, v, \ldots), \ldots) \frac{\partial(x, y, \ldots)}{\partial(u, v, \ldots)} \tag{23.4}$$

이러한 규칙의 중요한 예를 들면 직교 좌표(Cartesian coordinate) (x, y, z)에서 구면 좌표계 (r, θ, φ)로의 변환이다. 두 좌표계를 연결하는 식은

$$x = r \sin\theta \cos\varphi, \quad y = r \sin\theta \sin\varphi, \quad z = r \cos\theta \tag{23.5}$$

이다. 이때 이 변환의 자코비안은 편미분들로 만들어진 행렬의 판별식이다.

$$J = \frac{\partial(x, y, z)}{\partial(r, \theta, \varphi)} = \begin{vmatrix} \partial x/\partial r & \partial x/\partial\theta & \partial x/\partial\varphi \\ \partial y/\partial r & \partial y/\partial\theta & \partial y/\partial\varphi \\ \partial z/\partial r & \partial z/\partial\theta & \partial\varphi/\partial\varphi \end{vmatrix} \tag{23.6}$$

항등식 $\sin^2 u + \cos^2 u = 1$을 이용하면, 자코비안은 다음과 같다.

$$J = \begin{vmatrix} \sin\theta\cos\varphi & r\cos\theta\cos\varphi & -r\sin\theta\sin\varphi \\ \sin\theta\sin\varphi & r\cos\theta\sin\varphi & r\sin\theta\cos\varphi \\ \cos\theta & -r\sin\theta & 0 \end{vmatrix} = r^2 \sin\theta \tag{23.7}$$

따라서

$$\rho_{r\theta\varphi}(r, \theta, \varphi) = \rho_{xyz}(x, y, z) r^2 \sin\theta \tag{23.8}$$

이 성립한다.

일반 좌표와 일반 운동량

좌표가 변환될 때, 확률 밀도는 자코비안이 곱해지기 때문에 열역학 계를 서술할 때 어떤 종류의 좌표계를 사용해야 하는지 알 필요가 있다. 사실은 어떤 **일반 좌표와 일반 운동량**(generalized coordinates and momenta)도 사용할 수 있다. 이 선택의 자유가 가능한 이유는 서로 다른 좌표계와 운동량 사이의 변환의 자코비안이 1이기 때문이다.

일단 좌표계가 선택되었다면, 일반 운동량은 라그랑지안을 미분함으로써 얻을 수 있다. 어떤 계의 라그랑지안이란, 그것의 운동 에너지에서 퍼텐셜 에너지를 뺀 양이다. 직교 좌표계가 사용될 경우, 구면 좌표계에서 구대칭인 퍼텐셜 $\phi(r)$에 놓여 있는 질량 m인 입자의 라그랑지안은

$$L(\dot{x}, \dot{y}, \dot{z}, x, y, z) = \frac{1}{2}m(\dot{x}^2 + \dot{y}^2 + \dot{z}^2) - \phi(r) \tag{23.9}$$

이고, 여기서 $r = r(x, y, z)$이다. 속도는 $(\dot{x}, \dot{y}, \dot{z})$이고 $\phi(r)$은 원점 (0, 0, 0)으로부터 r 만큼 떨어져 있는 곳의 퍼텐셜 에너지이다. 일반 운동량은

$$p_x = \frac{\partial L}{\partial \dot{x}} = m\dot{x}, \quad p_y = \frac{\partial L}{\partial \dot{y}} = m\dot{y}, \quad p_z = \frac{\partial L}{\partial \dot{z}} = m\dot{z} \tag{23.10}$$

이다. 해밀토니안 함수는 $H = \dot{p}_x\dot{x} + \dot{p}_y\dot{y} + \dot{p}_z\dot{z} - L$인데, $(\dot{x}, \dot{y}, \dot{z})$는 (p_x, p_y, p_z)의 함수로 표현된다. 식 (23.10)을 이용하면

$$H(p_x, p_y, p_z, x, y, z) = \frac{1}{2m}{p_x}^2 + \frac{1}{2m}{p_y}^2 + \frac{1}{2m}{p_z}^2 + \phi(r(x, y, z)) \tag{23.11}$$

임을 알게 된다. 이것은 직교 좌표계에서 입자 하나의 해밀토니안이다. 이제 구면 좌표계 (r, θ, φ)를 쓸 때, 이에 해당하는 해밀토니안을 찾고자 한다.

직교 좌표계를 구면 좌표계로 연결하는 방정식은 $x = r\sin\theta\cos\varphi$, $y = r\sin\theta\sin\varphi$, $z = r\cos\theta$이고 이것의 시간에 대한 미분(도함수)는

$$\begin{aligned}
\dot{x} &= \dot{r}\sin\theta\cos\varphi + \dot{\theta}r\cos\theta\cos\varphi - \dot{\varphi}r\sin\theta\sin\varphi, \\
\dot{y} &= \dot{r}\sin\theta\sin\phi + \dot{\theta}r\cos\theta\sin\varphi + \dot{\varphi}r\sin\theta\cos\varphi, \\
\dot{z} &= \dot{r}\cos\theta - \dot{\theta}r\sin\theta
\end{aligned} \tag{23.12}$$

이다. 구면 좌표계에서 운동 에너지는 $(\dot{x}, \dot{y}, \dot{z})$에 대한 운동 에너지 식 $\frac{1}{2}m(\dot{x}^2 + \dot{y}^2 + z^2)$에 대입하면 얻을 수 있다. $\sin^2 u + \cos^2 u = 1$이라는 공식을 이용하면

$$K(\dot{r}, \dot{\theta}, \dot{\varphi}, r, \theta, \varphi) = \frac{1}{2}m(\dot{r}^2 + \dot{\theta}^2r^2 + \dot{\varphi}^2r^2\sin^2\theta) \tag{23.13}$$

이고, 따라서 구면 좌표계에서 라그랑지안은

$$L(\dot{r}, \dot{\theta}, \dot{\varphi}, r, \theta, \varphi) = \frac{1}{2}m(\dot{r}^2 + \dot{\theta}^2r^2 + \dot{\varphi}^2r^2\sin^2\theta) - \phi(r) \tag{23.14}$$

이고, 일반 운동량은

$$p_r = \frac{\partial L}{\partial \dot{r}} = m\dot{r}, \quad p_\theta = \frac{\partial L}{\partial \dot{\theta}} = mr^2\dot{\theta}, \quad p_\varphi = \frac{\partial L}{\partial \dot{\varphi}} = mr^2\sin^2\theta\dot{\varphi} \tag{23.15}$$

이다. 해밀토니안 함수는 $H = p_r\dot{r} + p_\theta\dot{\theta} + p_\varphi\dot{\varphi} - L$인데, $(\dot{r}, \dot{\theta}, \dot{\varphi})$는 $(p_r, p_\theta, p_\varphi, r, \theta, \varphi)$의 함수로 표현된다. 식 (23.15)를 통해 다음을 알 수 있다.

$$\dot{r} = \frac{p_r}{m}, \quad \dot{\theta} = \frac{p_\theta}{mr^2}, \quad \dot{\varphi} = \frac{p_\varphi}{mr^2\sin^2\theta} \tag{23.16}$$

구면 대칭성을 갖는 퍼텐셜에 놓여 있는 입자의 해밀토니안은

$$H(p_r, p_\theta, p_\varphi, r, \theta, \varphi) = \frac{1}{2m}p_r^2 + \frac{1}{2mr^2}p_\theta^2 + \frac{1}{2mr^2\sin^2\theta}p_\varphi^2 + \phi(r) \tag{23.17}$$

이다. 여기서 주의할 점은 일반 운동량은 질량 곱하기 속도가 아니며, 운동 에너지는 운동량과 위치 변수 모두의 함수로 주어진다는 점이다.

(p_x, p_y, p_z, x, y, z)에서 $(p_r, p_\theta, p_\varphi, r, \theta, \varphi)$로 변환하는 자코비안은

$$J = \begin{vmatrix} \partial p_x/\partial p_r & \partial p_x/\partial p_\theta & \partial p_x/\partial p_\varphi & \partial p_x/\partial r & \partial p_x/\partial \theta & \partial p_x/\partial \varphi \\ \partial p_y/\partial p_r & \partial p_y/\partial p_\theta & \partial p_y/\partial p_\varphi & \partial p_y/\partial r & \partial p_y/\partial \theta & \partial p_y/\partial \varphi \\ \partial p_z/\partial p_r & \partial p_z/\partial p_\theta & \partial p_z/\partial p_\varphi & \partial p_z/\partial r & \partial p_z/\partial \theta & \partial p_z/\partial \varphi \\ 0 & 0 & 0 & \partial x/\partial r & \partial x/\partial \theta & \partial x/\partial \varphi \\ 0 & 0 & 0 & \partial y/\partial r & \partial y/\partial \theta & \partial y/\partial \varphi \\ 0 & 0 & 0 & \partial z/\partial r & \partial z/\partial \theta & \partial z/\partial \varphi \end{vmatrix} \tag{23.18}$$

왼쪽 아래의 아홉 개의 0은 (x, y, z)가 $(p_r, p_\theta, p_\varphi)$의 함수가 아니라는 사실을 반영한다. 이 0 때문에 6×6 행렬식은 두 개의 3×3 행렬식의 곱으로 씌여진다.

$$J = \begin{vmatrix} \partial p_x/\partial p_r & \partial p_x/\partial p_\theta & \partial p_x/\partial p_\varphi \\ \partial p_y/\partial p_r & \partial p_y/\partial p_\theta & \partial p_y/\partial p_\varphi \\ \partial p_z/\partial p_r & \partial p_z/\partial p_\theta & \partial p_z/\partial p_\varphi \end{vmatrix} \times \begin{vmatrix} \partial x/\partial r & \partial x/\partial \theta & \partial x/\partial \varphi \\ \partial y/\partial r & \partial y/\partial \theta & \partial y/\partial \varphi \\ \partial z/\partial r & \partial z/\partial \theta & \partial \varphi/\partial \varphi \end{vmatrix} = J_m J_c \tag{23.19}$$

여기서 J_m과 J_c는 각각 운동량과 위치 변수의 행렬식이다. 식 (23.7)로부터 위치 변수에 대한 행렬식은 $r^2 \sin\theta$이다. 운동량 변수의 행렬식을 구하기 위해서 식 (23.12)의 $(\dot{x}, \dot{y}, \dot{z})$에 m을 곱해서 (p_x, p_y, p_z)를 $(p_r, p_\theta, p_\varphi, r, \theta, \varphi)$의 함수로 나타내는데, 이로부터 (p_x, p_y, p_z)에 대한 식을 얻는다. 이때 식 (23.16)을 이용하여 $(\dot{r}, \dot{\theta}, \dot{\varphi})$에 대한 의존을 $(p_r, p_\theta, p_\varphi, r, \theta, \varphi)$에 대한 의존으로 바꿀 수 있다. 수식을 좀 더 전개하면,

$$J_m = \frac{1}{r^2 \sin\theta} \tag{23.20}$$

과 같이 된다. 따라서 (p_x, p_y, p_z, x, y, z)에서 $(p_r, p_\theta, p_\varphi, r, \theta, \varphi)$로 변환할 때, 자코비안 $J = J_m J_c$는 1이다.

일반 좌표와 일반 운동량은 보통 해석 역학에서 q_j, p_j로 쓰인다. 열역학 계를 기술하기 위해서는 어떤 일반 좌표, 일반 운동량으로 된 집합이라도 쓸 수 있기 때문에, 3차원 공간에서 구속되지 않은 N개의 입자에 대한 바른틀 확률 밀도는

$$\rho(\cdots p_j \cdots q_j \cdots) = e^{-H_N(\cdots p_j \cdots q_j \cdots)/k_B T} \frac{C_N}{Z_N} \tag{23.21}$$

이다. 여기서 분배 함수 Z_N은

$$\boxed{Z_N = C_N \int dp^{3N} \int dq^{3N} e^{-H_N(\cdots p_i \cdots q_i \cdots)/k_BT}} \tag{23.22}$$

이다. 이원자 기체에 쓰이는 강체 아령 모형과 같은 제한 조건은 일반 좌표와 일반 운동량의 수를 줄여 준다.

23.2 이원자 기체

단원자 기체의 성질을 예측하는 데 이상 기체 모형이 사용되었다. 이원자 기체에 대해서 공부하는 것은 어떻게 통계역학의 원리가 적용되는지와 함께 일반 좌표계를 쓰는 것의 가치를 더 보여 줄 수 있다. 각각의 분자들은 통계적으로 독립적이라고 여전히 볼 수 있지만 이제 한 분자 안의 두 원자가 상호작용하는 것을 설명해야만 한다. N개의 이원자 분자로 이루어진 기체의 해밀토니안은

$$H_N(\boldsymbol{p}_{i,1}, \boldsymbol{p}_{i,2}, \ldots, \boldsymbol{r}_{N,1}, \boldsymbol{r}_{N,2}) = \sum_{i=1}^{N} H_i(\boldsymbol{p}_{i,1}, \boldsymbol{p}_{i,2}, \boldsymbol{r}_{i,1}, \boldsymbol{r}_{i,2}) \tag{23.23}$$

인데, 첫 번째 아래 첨자는 관련된 분자를 가리키고, 두 번째 아래 첨자는 두 원자를 가리킨다. 직교 좌표계에서 i번째 분자의 해밀토니안은

$$H_i(\boldsymbol{p}_{i,1}, \boldsymbol{p}_{i,2}, \boldsymbol{r}_{i,1}, \boldsymbol{r}_{i,2}) = \frac{1}{2m}|\boldsymbol{p}_{i,1}|^2 + \frac{1}{2m}|\boldsymbol{p}_{i,2}|^2 + \phi(|\boldsymbol{r}_{i,2} - \boldsymbol{r}_{i,1}|) + \phi_{a\text{-}w} \tag{23.24}$$

이다. 두 원자를 구속하는 퍼텐셜 에너지는 $\phi(|\boldsymbol{r}_{i,2} - \boldsymbol{r}_{i,1}|)$이고, 분자가 용기의 벽과 상호작용하는 퍼텐셜 에너지는 $\phi_{a\text{-}w}$이다.

$6N$개의 좌표와 $6N$개의 운동량 좌표가 있기 때문에 고전 분배 함수 식 (22.43)은

$$Z_N = \frac{1}{h^{6N} N!} \int dp^{6N} \int dr^{6N} e^{-H_N/k_BT} \tag{23.25}$$

와 같이 된다. 분자들이 모두 동일한 분자라면 분배 함수는 분자 한 개의 분배 함수의 곱으로 표현할 수 있다. 즉 $Z_N = [Z_s]^N$이다. 여기서,

$$Z_s = \frac{1}{h^6}\left(\frac{1}{N!}\right)^{1/N} \int dp_1^3 \int dp_2^3 \int dr_1^3 \int dr_2^3 e^{-H_s(\boldsymbol{p}_1, \boldsymbol{p}_2, \boldsymbol{r}_1, \boldsymbol{r}_2)/k_BT} \tag{23.26}$$

이고, 첨자 s는 **하나의 분자**(single molecule)를 의미한다. 헬름홀츠 자유 에너지는 $F = -Nk_BT \ln Z_s$이다.

직교 좌표계에서 분자의 라그랑지안은

$$L_s(\dot{\boldsymbol{r}}_1, \dot{\boldsymbol{r}}_2, \boldsymbol{r}_1, \boldsymbol{r}_2) = \frac{1}{2}m_1|\dot{\boldsymbol{r}}_1|^2 + \frac{1}{2}m_2|\dot{\boldsymbol{r}}_2|^2 - \phi(|\boldsymbol{r}_2 - \boldsymbol{r}_1|) - \phi_{a\text{-}w} \tag{23.27}$$

이다. 일반 운동량은 $\boldsymbol{p}_1 = m_1\dot{\boldsymbol{r}}_1$, $\boldsymbol{p}_2 = m_2\dot{\boldsymbol{r}}_2$가 되고 해밀토니안은 다음과 같다.

$$H_s(\boldsymbol{p}_1, \boldsymbol{p}_2, \boldsymbol{r}_1, \boldsymbol{r}_2) = \frac{1}{2m_1}|\boldsymbol{p}_1|^2 + \frac{1}{2m_2}|\boldsymbol{p}_2|^2 + \phi(|\boldsymbol{r}_2 - \boldsymbol{r}_1|) + \phi_{a\text{-}w} \tag{23.28}$$

질량 중심의 운동

하나의 이원자 분자의 분배 함수의 계산은 **질량 중심 $\boldsymbol{R}$**과 **상대적 변위 $\boldsymbol{r}$**로 단순화할 수 있는데, 여기서 $\boldsymbol{R} = (X, Y, Z)$와 $\boldsymbol{r}(x, y, z)$는 각 원자의 위치 $\boldsymbol{r}_1 = (x_1, y_1, z_1)$과 $\boldsymbol{r}_2 = (x_2, y_2, z_2)$와 다음의 관계를 갖는다.

$$\boldsymbol{R} = \frac{m_1\boldsymbol{r}_1 + m_2\boldsymbol{r}_2}{M} \quad \text{및} \quad \boldsymbol{r} = \boldsymbol{r}_2 - \boldsymbol{r}_1 \tag{23.29}$$

여기서 $M = m_1 + m_2$는 분자의 전체의 질량이다. $\boldsymbol{r}_1$과 $\boldsymbol{r}_2$에 대해서 풀면,

$$\boldsymbol{r}_1 = \boldsymbol{R} + \frac{m_2}{M}\boldsymbol{r} \quad \text{및} \quad \boldsymbol{r}_2 = \boldsymbol{R} - \frac{m_1}{M}\boldsymbol{r} \tag{23.30}$$

이고, 이것의 시간에 대한 도함수는

$$\dot{\boldsymbol{r}}_1 = \dot{\boldsymbol{R}} + \frac{m_2}{M}\dot{\boldsymbol{r}} \quad \text{및} \quad \dot{\boldsymbol{r}}_2 = \dot{\boldsymbol{R}} - \frac{m_1}{M}\dot{\boldsymbol{r}} \tag{23.31}$$

이다. 이 식들을 위의 라그랑지안에 대입하고 정리하면

$$L_s(\dot{\boldsymbol{R}}, \dot{\boldsymbol{r}}, \boldsymbol{R}, \boldsymbol{r}) = \frac{1}{2}M|\dot{\boldsymbol{R}}|^2 + \frac{1}{2}\mu|\dot{\boldsymbol{r}}|^2 - \phi(|\boldsymbol{r}|) - \phi_{a\text{-}w} \tag{23.32}$$

와 같이 되는데, 여기서 $\mu = m_1m_2/(m_1 + m_2)$를 **축약 질량**(reduced mass)이라고 한다. 일반 운동량은

$$\boldsymbol{P} = M\dot{\boldsymbol{R}} \quad \text{및} \quad \boldsymbol{p} = \mu\dot{\boldsymbol{r}} \tag{23.33}$$

과 같이 된다. 여기서 $\boldsymbol{P}$는 **운동량의 총합**(total momentum)이고, $\boldsymbol{p}$는 **상대적 운동량**(relative momentum)이다. $(\dot{\boldsymbol{R}}, \dot{\boldsymbol{r}})$을 $(\boldsymbol{P}, \boldsymbol{p})$의 함수로 표현하면, 해밀토니안 $H_s = \boldsymbol{P}\cdot\dot{\boldsymbol{R}} + \boldsymbol{p}\cdot\dot{\boldsymbol{r}} - L_s$는

$$H_s(\boldsymbol{P}, \boldsymbol{p}, \boldsymbol{R}, \boldsymbol{r}) = \frac{1}{2M}|\boldsymbol{P}|^2 + \frac{1}{2\mu}|\boldsymbol{p}|^2 + \phi(|\boldsymbol{r}|) + \phi_{a\text{-}w} \tag{23.34}$$

이다. 여기서 $r = |\boldsymbol{r}|$은 두 원자 사이의 거리이다.

두 원자 사이의 거리는 용기의 차원들보다는 훨씬 작으므로, 분자와 용기 벽 사이

의 상호작용은 질량 중심의 위치 $\boldsymbol{R}$의 함수로 다룰 수 있다. 해밀토니안은 이제 두 원자의 상대적인 운동과 질량 중심에 대한 해밀토니안으로 나누어질 수 있다.

$$H_s(\boldsymbol{P},\boldsymbol{p},\boldsymbol{R},\boldsymbol{r}) = H_{\text{cm}}(\boldsymbol{P},\boldsymbol{R}) + H_{\text{rel}}(\boldsymbol{p},\boldsymbol{r}) \tag{23.35}$$

여기서

$$H_{\text{rel}}(\boldsymbol{p},\boldsymbol{r}) = \frac{1}{2\mu}|\boldsymbol{p}|^2 + \phi(|\boldsymbol{r}|) \tag{23.36}$$

이고

$$H_{\text{cm}}(\boldsymbol{P},\boldsymbol{R}) = \frac{1}{2M}|\boldsymbol{P}|^2 + \phi_{a\text{-}w}(\boldsymbol{R}) \tag{23.37}$$

이다. 따라서 한 분자의 분배 함수는

$$Z_s(T,V) = Z_{\text{cm}}(T,V)Z_{\text{rel}}(T) \tag{23.38}$$

이 되고, 여기서

$$Z_{\text{rel}}(T) = \frac{1}{h^3}\int dp^3 \int dr^3 e^{-H_{\text{rel}}(\boldsymbol{p},\boldsymbol{r})/k_BT} \tag{23.39}$$

이고

$$Z_{\text{cm}}(T,V) = (C_N)^{1/N}\int dP^3 \int dR^3 e^{-H_{\text{cm}}(\boldsymbol{P},\boldsymbol{R})/k_BT} \tag{23.40}$$

이다. 여기서 $C_N = 1/(h^{3N}N!)$이다. $Z_{\text{cm}}(T, V)$의 부피에 대한 의존성은 $\phi_{a-w}(\boldsymbol{R})$를 통해서이며, $Z_{\text{rel}}(T)$는 부피에 의존하지 않는다. 기체의 자유 에너지는

$$F = -Nk_BT\ln Z_s = -Nk_BT(\ln Z_{\text{rel}} + \ln Z_{\text{cm}}) \tag{23.41}$$

이다.

상태 방정식

질량 중심에 대한 분배 함수 Z_{cm}은 19.5절에서 논의한 단원자 이상 기체의 분배 함수 Z_s와 같은데, 이것은 $\boldsymbol{P}$와 $\boldsymbol{R}$ 변수 대신 $\boldsymbol{p}$, $\boldsymbol{r}$을 쓰고 질량 m 대신 M을 쓴다는 점 빼고는 같다. 식 (19.64)에서 m을 M으로 바꾸고, $\beta = 1/k_BT$를 이용하면, 질량 중심에 대한 분배 함수는

$$Z_{\text{cm}} = (C_N)^{1/N}(2\pi Mk_BT)^{3/2}V \tag{23.42}$$

와 같이 된다. Z_{rel}이 V에 의존하지 않기 때문에 $F = -Nk_BT\ln Z_s$로부터 기체의 압력은

$$P = -\left(\frac{\partial F}{\partial V}\right)_T = Nk_BT\left(\frac{\partial \ln Z_{\text{cm}}}{\partial V}\right)_T = \frac{Nk_BT}{V} \tag{23.43}$$

이고, $PV = Nk_BT$이다. 따라서 계는 이상 기체 상태 방정식을 따르고, 분자들 간의 상호작용을 무시할 수 있다면 이 결과는 분자를 이루는 원자의 수와 관계없이 성립한다.

비열

분자 내에서 원자들 사이의 상대적인 운동은 상태 방정식에는 기여하지 않지만, 비열에는 기여한다. 그 효과는 다음 관계를 이용하여 알 수 있다.

$$C_V = \left(\frac{\partial U}{\partial T}\right)_V \quad \text{및} \quad U = -\left(\frac{\partial \ln Z_N}{\partial \beta}\right)_V \tag{23.44}$$

이다. $Z_N = [Z_s]^N$과 $Z_s = Z_{\text{cm}}Z_{\text{rel}}$이기 때문에 기체의 분배 함수는 $Z_N = [Z_{\text{cm}}Z_{\text{rel}}]^N$이고, 내부 에너지는 $U = N(u_{\text{cm}} + u_{\text{rel}})$인데, 여기서

$$u_{\text{cm}} = -\frac{\partial \ln Z_{\text{cm}}}{\partial \beta} \quad \text{및} \quad u_{\text{rel}} = -\frac{\partial \ln Z_{\text{rel}}}{\partial \beta} \tag{23.45}$$

이다. 계의 등적 열용량은 $C_V = N(c_V^{\text{cm}} + c_V^{\text{rel}})$이 되고

$$c_V^{\text{cm}} = \left(\frac{\partial u_{\text{cm}}}{\partial T}\right)_V \quad \text{및} \quad c_V^{\text{rel}} = \left(\frac{\partial u_{\text{rel}}}{\partial T}\right)_V \tag{23.46}$$

이다. Z_{cm}이 $(k_BT)^{\frac{3}{2}} = \beta^{-\frac{3}{2}}$, $\beta = 1/k_BT$이기 때문에, 분자 하나당 질량 중심의 운동이 내부 에너지에 기여하는 것과 분자 하나당 열용량(즉 비열)은

$$u_{\text{cm}} = \frac{3}{2\beta} = \frac{3}{2}k_BT \quad \text{및} \quad c_V^{\text{cm}} = \frac{3}{2}k_B \tag{23.47}$$

이다.

회전과 진동

식 (23.36)에서 원자의 상대적 운동에 대한 해밀토니안은 식 (23.17)에서 m을 μ로 바꾼 것 말고는 구면 대칭성을 갖는 퍼텐셜에 놓인 입자의 해밀토니안과 같다.

$$H_{\text{rel}}(p_r, p_\theta, p_\varphi, r, \theta, \varphi) = \frac{1}{2\mu}p_r^2 + \frac{1}{2\mu r^2}p_\theta^2 + \frac{1}{2\mu r^2 \sin^2\theta}p_\varphi^2 + \phi(r) \tag{23.48}$$

그림 19.1에 나타난 것처럼, 전형적인 원자간 퍼텐셜 $\phi(r)$은 $r = r_o$에서 최솟값을 가

지고, $r < r_o$인 영역에서는 커지고, $r > r_o$인 영역에서는 0으로 점근한다. 최솟값을 주는 r_o부터 r이 멀어지면 아주 빠르게 $\phi(r)$의 값이 커지므로 두 원자 사이의 거리는 대략 r_o이다. 이것은 운동 에너지의 r을 r_o로 근사할 수 있게 해준다. 이렇게 되면, 해밀토니안은 독립적인 회전 부분과 진동 부분으로 나뉜다. 즉, 다음과 같다.

$$H_{\mathrm{rel}}(p_r, p_\theta, p_\varphi, r, \theta) = H_{\mathrm{rot}}(p_\theta, p_\varphi, \theta, \varphi) + H_r(p_r, r) \tag{23.49}$$

여기서

$$H_{\mathrm{rot}}(p_\theta, p_\varphi, \theta, \varphi) = \frac{p_\theta^2}{2\mu r_o{}^2} + \frac{p_\varphi^2}{2\mu r_o{}^2 \sin^2\theta} \tag{23.50}$$

이고,

$$H_{\mathrm{vib}}(p_r, r) = \frac{1}{2\mu}p_r^2 + \phi(r) \tag{23.51}$$

이다. $\beta = 1/k_B T$로 표현하면, 상대적 운동에 대한 분배 함수는

$$Z_{\mathrm{rel}} = Z_{\mathrm{rot}} Z_{\mathrm{vib}} \tag{23.52}$$

이고,

$$Z_{\mathrm{vib}} = \frac{1}{h}\int_0^{+\infty} dr e^{-\beta\phi(r)} \int_{-\infty}^{+\infty} dp_r e^{-\beta\frac{1}{2\mu}p_r^2} \tag{23.53}$$

이고

$$Z_{\mathrm{rot}} = \frac{1}{h^2}\int_0^{\pi} d\theta \int_0^{2\pi} d\varphi \int_{-\infty}^{+\infty} dp_\theta e^{-\beta p_\theta^2/(2\mu r_o{}^2)} \int_{-\infty}^{+\infty} dp_\varphi e^{-\beta p_\varphi^2/(2\mu r_o^2 \sin^2\theta)} \tag{23.54}$$

이다. Z_{rot}에서 p_θ에 대해서 적분하면 $(2\pi\mu/\beta)^{1/2} r_o$이다. 또한 p_ϕ에 대해서 적분하면 $(2\pi\mu/\beta)^{1/2} r_o \sin\theta$이고

$$Z_{\mathrm{rot}} = \left(\frac{2\pi\mu}{\beta}\right)\left(\frac{r_o}{h}\right)^2 \int_0^{\pi} d\theta \int_0^{2\pi} d\varphi \sin\theta \tag{23.55}$$

가 된다. θ와 ϕ에 대해서 적분하면 4π가 각각 나오고 따라서

$$Z_{\mathrm{rot}} = 8\pi^2\mu\left(\frac{r_o}{h}\right)^2 \frac{1}{\beta} \tag{23.56}$$

이다. 따라서 회전이 내부 에너지와 비열에 기여하는 것은

$$u_{\mathrm{rot}} = -\frac{\partial \ln Z_{\mathrm{rot}}}{\partial\beta} = \beta^{-1} = k_B T \qquad \text{및} \qquad c_V^{\mathrm{rot}} = \frac{\partial u_{\mathrm{rot}}}{\partial T} = k_B \tag{23.57}$$

이다.

강체 아령 모형

강체 아령 모형에서는 원자 사이의 거리가 r_o으로 정해져 있다. 따라서 p_r이나 r이 더 이상 Z_{vib}에서 적분 변수가 아니다. $\phi(r)$을 r_o에서 구하고 $p_r = 0$으로 놓으면, 식 (23.53)에서 진동에 의한 분배 함수는 $Z_{\text{vib}} = e^{\beta\varepsilon_o}$가 되고 $\varepsilon_o = -\phi(r_o)$이다. 내부 에너지에 기여하는 바는

$$u_{\text{vib}} = -\varepsilon_o \qquad \text{및} \qquad c_V^{\text{vib}} = 0 \tag{23.58}$$

이다. 이 값들은 c_V^{cm}과 합하고, $c_V^{\text{rel}} = c_V^{\text{rot}} + c_V^{\text{vib}}$라는 것을 생각하면

$$C_V = N(c_V^{\text{cm}} + c_V^{\text{rot}} + c_V^{\text{vib}}) = \frac{5}{2}Nk_BT \tag{23.59}$$

이다. 이것이 강체 아령 모형의 등분배 값이고, 병진 운동에는 3개의 자유도가, 회전 운동에는 2개의 자유도가 배정된다는 의미이다.

진동하는 분자

최솟값에서 원자간 퍼텐셜 $\phi(r)$이 빠르게 증가하기 때문에, 고차항을 무시하는 테일러 전개로 근사할 수 있다. $(r - r_o)^2$까지의 전개항을 유지하는 것은 **조화 근사**(harmonic approximation)라고 한다.

$$\phi(r) \approx -\varepsilon_o + \frac{1}{2}k_o(r - r_o)^2 \tag{23.60}$$

퍼텐셜의 깊이는 $\varepsilon_o = -\phi(r_o)$이다. 첫 번째 도함수는 0이 되는데 그것은 이 전개가 최솟값 부근에서 전개하기 때문이다. $k_o = d^2\phi/dr^2$은 유효 힘 상수(또는 용수철 상수)이다. 조화 근사를 이용하면, 진동에 의한 분배 함수 식 (23.53)은

$$Z_{\text{vib}} = \frac{e^{\beta\varepsilon_o}}{h}\int_0^{\infty} dr e^{-\frac{1}{2}\beta k_o(r-a)^2}\int_{-\infty}^{+\infty} dp_r e^{-\beta\frac{1}{2\mu}p_r^2} \tag{23.61}$$

이다. 적분의 하한값은 $-\infty$로 확장할 수 있는데, 이를 이용하면 적분이 $-\infty$에서 $+\infty$까지 적분하는 가우시안 함수 적분이 된다. 따라서

$$Z_{\text{vib}} = \frac{e^{\beta\varepsilon_o}}{h}\sqrt{\frac{2\pi}{\beta k_o}}\sqrt{\frac{2\pi\mu}{\beta}} = \frac{2\pi}{h\omega_o}\frac{e^{\beta\varepsilon_o}}{\beta} \tag{23.62}$$

이다. 여기서 $\omega_o = \sqrt{k_o/\mu}$인데, 이것은 고전적인 진자의 각속도와 같다. 진동에 의한 내부 에너지와 비열에 대한 기여값은

$$u_{\text{vib}} = -\frac{\partial \ln Z_{\text{vib}}}{\partial \beta} = -\varepsilon_o + \frac{1}{\beta} \quad \text{및} \quad c_V^{\text{vib}} = \frac{\partial u_{\text{vib}}}{\partial T} = k_B \tag{23.63}$$

이다. 이 c_V^{vib}를 c_V^{cm}과 c_V^{rot}와 합하면

$$C_V = N(c_V^{\text{cm}} + c_V^{\text{rot}} + c_V^{\text{vib}}) = \frac{7}{2}Nk_B \tag{23.64}$$

이다. 이것이 C_V에 대해 진동하는 분자가 등분배로 기여하는 것이며, 각각의 분자에 2개의 자유도를 부여한다.

23.3 양자 효과

고전적으로는 (진동에 의한 기여가 항상 있기 때문에 진동을 무시한) 강체 아령 모형이 왜 맞는지에 대한 이론적인 근거가 없다. 그럼에도 불구하고 강체 아령 모형은 표 15.2에 있는 실험 자료와 일치를 얻기 위해 필요하다. 강체 아령 모형의 정당화는 양자역학으로부터 나온다. 이를 보이기 위해서, 두 원자가 거리 r_o만큼 떨어져 있을 때, 이 거리에서 차이가 $q = r - r_o$만큼 되게 벗어나 있다고 하자. 식 (23.60)에서 조화 근사는 $\phi(q) = -\varepsilon_o + \frac{1}{2}m\omega_o^2 q^2$이고, 여기서 $\omega_o = \sqrt{k_o/\mu}$이다. 그러면 식 (23.51)의 진동에 관한 해밀토니안은

$$\hat{H}_{\text{vib}} = -\varepsilon_o + \frac{1}{2\mu}p^2 + \frac{1}{2}\mu\omega_o^2 q^2 \tag{23.65}$$

이다. 이것은 질량이 μ이고, 고전 진동수가 ω_o이며, 에너지가 $-\varepsilon_o$로 조절된 단진자의 해밀토니안이다. 식 (20.47)에서와 같이 단진자의 에너지 고윳값은 $\left(n + \frac{1}{2}\right)\hbar\omega_o$이고, 여기서 허락된 양자수 n은 $n = 0, 1, 2, \ldots$이다. 따라서 $\hat{H}_{\text{vib}}$로 기술되는 계의 에너지는

$$\varepsilon_n = -\varepsilon_o + \left(n + \frac{1}{2}\right)\hbar\omega_o \tag{23.66}$$

이다. 여기서 $\hbar = h/2\pi$이고 고유값 사이의 에너지 값은 $\hbar\omega_o$이다. 양자 분배 함수는

$$Z_{\text{vib}} = \sum_{n=0}^{\infty} e^{-\beta\varepsilon_n} = \sum_{n=0}^{\infty} e^{-\beta\left[-\varepsilon_o + \left(n+\frac{1}{2}\right)\hbar\omega_o\right]} = e^{\beta\left(\varepsilon_o - \frac{1}{2}\hbar\omega_o\right)} \sum_{n=0}^{\infty} (e^{-\beta\hbar\omega_o})^n \tag{23.67}$$

이다. n에 대한 급수 합은 $(1 - X)^{-1} = \sum_n X^n$을 이용할 수 있고 따라서

$$Z_{\text{vib}} = e^{\beta\left(\varepsilon_o - \frac{1}{2}\hbar\omega_o\right)}(1 - e^{-\beta\hbar\omega_o})^{-1} \tag{23.68}$$

이다. $\beta = 1/k_B T$를 이용하면, 내부 에너지에 기여하는 것은

$$u_{\text{vib}} = -\frac{\partial \ln Z_{\text{vib}}}{\partial \beta} = -\varepsilon_o + \frac{1}{2}\hbar\omega_o + \frac{e^{-\beta\hbar\omega_o}\hbar\omega_o}{1 - e^{-\beta\hbar\omega_o}} = -\varepsilon_o + \frac{1}{2}\hbar\omega_o + \frac{\hbar\omega_o}{e^{\hbar\omega_o/k_BT} - 1} \quad (23.69)$$

이다. 또한 비열은

$$c_V^{\text{vib}} = \frac{\partial u_{\text{vib}}}{\partial T} = \left(\frac{\hbar\omega_o}{e^{\hbar\omega_o/k_BT} - 1}\right)^2 \frac{e^{\hbar\omega_o/k_BT}}{k_BT^2} = 4k_B\left(\frac{x_o}{e^{+x_o} - e^{-x_o}}\right)^2 \quad (23.70)$$

이고, $x_o = \hbar\omega_o/(2k_BT)$이다.

온도가 높을 때($k_BT \gg \hbar\omega_o$)는 지수 함수 $e^{\pm x_o} = 1 \pm x_o + \cdots \approx 1$로 근사할 수 있다. 따라서 고온에서는 비열에 기여하는 것이 $c_V^{\text{vib}} \approx k_B$가 되어 식 (23.63)에 주어진 진동하는 분자의 고전적인 기여와 같다. 저온($k_BT \ll \hbar\omega_o$)에서는 지수 함수가 매우 커지는데, 비열에 기여하는 바가 사라진다($c_V^{\text{vib}} \approx 0$). 이것은 고전적인 강체 아령 모형과 같다. 따라서 에너지 고윳값의 간격 $\hbar\omega_o$이 열에너지 k_BT보다 매우 크면 분자의 진동에 의한 운동은 쓸모 없이 얼어 붙는다.

수소 기체

수소 원자는 매우 가볍기 때문에 고전적인 행동으로의 전이가 다른 원자에 비해 매우 높은 온도에서 일어난다. 따라서 진동과 회전 운동이 비열에 기여하는 것에 양자 효과를 볼 수 있다. 회전에 의한 기여는 강체 회전체의 고윳값을 이용하면 알 수 있다.

$$\varepsilon_{jm} = \frac{\hbar^2}{2I}j(j+1) \quad (23.71)$$

에서 I는 분자의 관성 모멘트이다. 양자수 j와 m은 $j = 0, 1, 2, \ldots, m = -j, \ldots, 0, \ldots, +j$가 허락된다. 에너지는 m에 의존하지 않고, j에만 의존한다. 양자역학적으로 다룰 때, 회전 분배 함수는

$$Z_{\text{rot}} = \sum_{jm} e^{-\beta\varepsilon_{jm}} \quad (23.72)$$

이다. m은 주어진 j에 대해 $2j + 1$개의 다른 값을 가질 수 있으므로, 양자수 j인 에너지 준위는 $2j + 1$만큼의 축퇴를 갖는다. 따라서 m에 대한 합은

$$Z_{\text{rot}} = \sum_{j=0}^{\infty} e^{-\frac{1}{2}\beta\varepsilon_o j(j+1)}(2j+1) \quad (23.73)$$

과 같이 된다. 여기서 $\varepsilon_o = \hbar^2/I$는 가장 낮은 두 에너지 준위의 에너지 차이다. 수소 원자에 대해서 ε_o/k_B값은 175K이다. 같은 질량의 두 개의 원자에 대해서 질량 중심에 대한 회전 관성 모멘트는 $I = \mu r_o^2$이다. 여기서 μ는 한 원자의 절반의 질량에 해

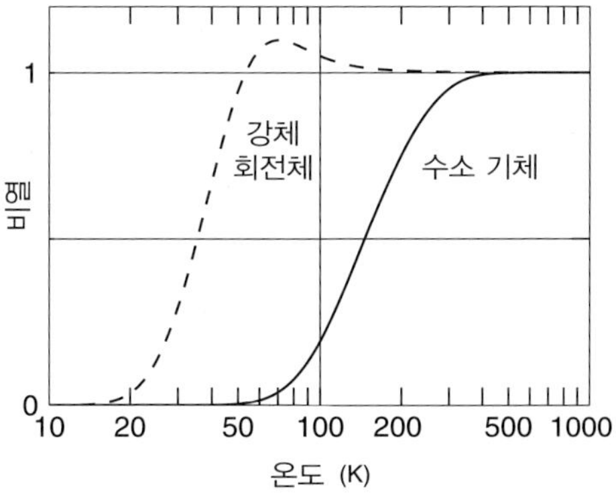

그림 23.1 회전에 의한 기여 c_V^{rot}/k_B

당한다. 여기서 주목할 것은 볼츠만 인수 곱하기 축퇴값을 합하는 것이 양자 분배 함수의 일반적인 특징이라는 점이다. $\beta = 1/k_BT$라는 것을 이용하면 회전에 의한 비열 $\partial u_{\text{rot}}/\partial T$는 $-k_B\beta^2(\partial u_{\text{rot}}/\partial\beta)$이다. 따라서 $u_{\text{rot}} = -\partial \ln Z_{\text{rot}}/\partial\beta$로부터

$$c_V^{\text{rot}} = k_B\beta^2 \left[\frac{1}{Z_{\text{rot}}} \frac{\partial^2 Z_{\text{rot}}}{\partial\beta^2} - \left(\frac{1}{Z_{\text{rot}}} \frac{\partial Z_{\text{rot}}}{\partial\beta} \right)^2 \right] \tag{23.74}$$

를 얻는다. 식 (23.73)과 식 (23.74)에서 예측하는 온도에 대한 c_V^{rot}/k_B의 함수는 그림 23.1의 점선 그래프로 표현된다.

20세기 초에 점선 그래프가 실제 실험 데이터와 맞지 않는 것이 발견되었다. 이 불일치는 그 당시에는 이해되지 못했던 양자역학계의 성질에 기인한다. 분자가 두 개의 구별 불가능한 입자로 이루어져 있기 때문에, 그것의 양자역학적 파동함수는 대칭적이거나 반대칭적이어야 한다(26장에서 논의함). 에너지 준위와 축퇴가 올바르게 설명

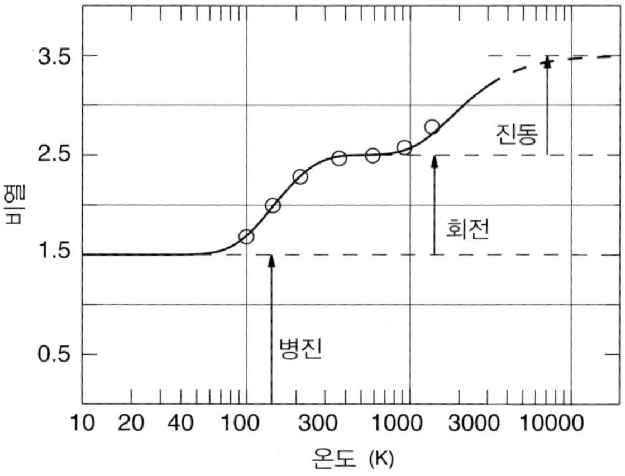

그림 23.2

될 때만이 실험 데이터와 일치하는 결과를 얻는다. 올바른 값은 실선으로 나타나 있다. 두 곡선은 저온에서 분자의 회전 운동이 얼어 붙어 사라진다는 것을 의미한다.

수소 기체의 비열의 온도에 대한 의존도는 그림 23.2에 교환 대칭을 설명하는 효과를 다 집어넣어 나타나 있다. $(c_V^{\mathrm{cm}} + c_V^{\mathrm{rot}} + c_V^{\mathrm{vib}})/k_B$ 값은 온도의 로그 스케일에 대해서 실선으로 나타내었고, 원 모양은 실험 데이터이다. 수소 원자가 70K 이하에서는 단원자 분자 같이 행동하고, 300K에서 600K 사이에서는 강체 아령처럼 행동하며, 1000K이 되어서야 진동 운동이 나타난다는 것을 알 수 있다. 하지만 수소 기체가 완벽히 고전적으로 행동하기 전에 분자가 분열되기 시작한다.

23.4 밀도 행렬

분배 함수를 구하기 위해서 에너지 고유 상태를 이용하는 것은 그 계가 실제로 그 고유 상태 중 하나의 상태에 있다는 것을 내포하는 것은 아니다. 열역학 계의 에너지를 정하는 것이 양자역학의 관측 이론의 입장에서는 '관측'이 아니다. 에너지 고유 상태를 이용하는 이유는 고유 상태가 밀도 행렬 형식으로 표현된 해밀토니안과 열역학적 성질 간의 일반적인 관계를 나타내는 데 매우 편리하기 때문이다.

밀도 행렬의 개념은 고유 상태 대신 파동 함수로 기술되는 계의 모둠(ensemble, 앙상블)을 생각하는 것이 편리하다. 예를 들어 어떤 모둠의 구성원(member)은 파동 함수 $\Psi_j(\boldsymbol{r}_1 \cdots \boldsymbol{r}_N)$으로 특정지어질 수 있는데 여기서 j는 모둠 안의 일원임을 나타내는 첨자이다($j = 1, 2, \ldots J$). j라는 인수는 그 파동 함수가 완전체의 한 일원이 아닐 수도 있고 서로 수직이지도 않을 수도 있다는 것을 의미한다(α, μ 같은 것 대신 사용하는). 각각의 $\Psi_j(\boldsymbol{r}_1 \cdots \boldsymbol{r}_N)$는 규격화되어 있다. 디랙의 *bra*와 *ket* 표현에서 파동 함수가 Ψ_j인 계의 관측값은 $\langle \Psi_j | \hat{X} | \Psi_j \rangle$이다. 이때 $\hat{X}$는 그 성질과 관련된 에르비트(Hermitian) 연산자이다. 성질 X에 대한 **모둠 평균**(ensemble average) $\langle X \rangle$는 모둠 안의 J개의 구성원에 대한 기댓값을 평균함으로써 얻어진다.

$$\langle X \rangle = \frac{1}{J} \sum_{j=1}^{J} \left\langle \Psi_j \middle| \hat{X} \middle| \Psi_j \right\rangle \tag{23.75}$$

밀도 행렬을 도입하기 위해서는 각 파동 함수 Ψ_j를 그 계를 특정지우는 공간에서 정의된 완전체를 이루는 규격화된 함수 Ψ_μ로 전개한다. 여기서 N개의 입자 계는 위치 변수 $(\boldsymbol{r}_1 \cdots \boldsymbol{r}_N)$의 함수이다. **완전성**(completeness)이라는 것은 이 공간에서 정의된 어떤 함수라도 Ψ_μ의 합으로 항상 전개 가능하다는 뜻이다. 즉,

$$\Psi_j(\boldsymbol{r}_1 \cdots \boldsymbol{r}_N) = \sum_{\mu} c_{j\mu} \Psi_\mu(\boldsymbol{r}_1 \cdots \boldsymbol{r}_N) \tag{23.76}$$

여기서 $c_{j\mu}$는 일반적인 복소수이다. 디랙의 표현에서, 이 전개는

$$|\Psi_j\rangle = \sum_{\mu} c_{j\mu}|\Psi_\mu\rangle \qquad \text{및} \qquad \langle\Psi_j| = \sum_{\mu} c^*_{j\mu}\langle\Psi_\mu|, \tag{23.77}$$

과 같이 되고 여기서 $c^*_{j\mu}$는 $c_{j\mu}$의 켤레 복소수이다. 이 전개를 식 (23.76)에 대입하면

$$\langle X\rangle = \frac{1}{J}\sum_{j}\sum_{\gamma\mu} c^*_{j\gamma}c_{j\mu}\langle\Psi_\gamma|\hat{X}|\Psi_\mu\rangle \tag{23.78}$$

이 되고 이는

$$\langle X\rangle = \sum_{\mu\gamma} \rho_{\mu\gamma}\langle\Psi_\gamma|\hat{X}|\Psi_\mu\rangle \tag{23.79}$$

와 같이 표현 가능하다. 여기서

$$\rho_{\mu\gamma} = \frac{1}{J}\sum_{j} c^*_{j\gamma}c_{j\mu} \tag{23.80}$$

이고 $\rho_{\gamma\mu}$를 **밀도 행렬**(density matrix)이라고 한다.

행렬 원소(matrix elements) $\langle\Psi_\gamma|\hat{X}|\Psi_\mu\rangle$는 흔히 $\langle\gamma|\hat{X}|\mu\rangle$이나 $X_{\gamma\mu}$라고 쓸 수 있다. 또한 $\rho_{\mu\gamma}$는 $\hat{\rho}$라는 **밀도 연산자**(density operator)의 행렬값으로 다룰 수 있다. $\rho_{\mu\gamma}$와 $X_{\gamma\sigma}$의 행렬 곱은 $(\hat{\rho}\hat{X})_{\mu\sigma} = \sum_\gamma \rho_{\mu\gamma}X_{\gamma\sigma}$이다. 즉, 평균 $\langle X\rangle$는 $(\hat{\rho}\hat{X})_{\mu\sigma}$의 대각 원소의 합이다. 어떤 행렬의 대각 원소의 합은 그 행렬의 대각합이라고 하는데, 어떤 특성 X의 모둠 평균은 다음과 같다.[1]

$$\langle X\rangle = Tr\hat{\rho}\hat{X} \tag{23.81}$$

밀도 행렬로 계를 기술하는 것은 열역학 계를 양자역학으로 기술하는 가장 일반적인 형태이다. 동일한 밀도 행렬과 따라서 동일한 평균 $\langle X\rangle$가 모둠으로부터 얻어질 수 있는데, 이 모둠의 원소들은 다른 Ψ_j의 집합으로 기술될 수 있다.

특성

밀도 행렬은 매우 특별한 성질을 가지고 있는데, 식 (23.80)으로부터 이를 알 수 있다. 바로 $\rho_{\mu\gamma} = \rho^*_{\gamma\mu}$이므로, $\rho_{\mu\gamma}$는 에르미트 행렬이다. 즉 **밀도 행렬은 에르미트 행렬이다**. $\rho_{\mu\gamma}$의 대각 원소들은

1) 이 모둠 평균의 정의로 부터 $\langle c\rangle = c$, $\langle c\hat{A}\rangle = c\langle\hat{A}\rangle$, $\langle\hat{A}+\hat{B}\rangle = \langle\hat{A}\rangle + \langle\hat{B}\rangle$가 따라 나온다. 여기서 $\langle c\rangle$는 어떤 스칼라값과 단위행렬을 나타내는 연산자를 곱한 것의 평균이고 A와 B는 에르미트 연산자이다.

$$\rho_{\mu\mu} = \frac{1}{J}\sum_j c_{j\mu} c^*_{j\mu} = \frac{1}{J}\sum_j |c_{j\mu}|^2 \tag{23.82}$$

인데, 여기서 $|c_{j\mu}|$는 $c_{j\mu}$의 절댓값이다. **밀도 행렬의 대각 원소들은 음수가 아니다.** Ψ_γ와 Ψ_μ가 수직이고 규격화된(수직 규격화된) 파동 함수라는 것은

$$\langle \Psi_\mu | \Psi_\nu \rangle = \delta_{\mu\nu} = \begin{cases} 1, & (\mu = \nu\text{인 경우}) \\ 0, & (\text{그렇지 않은 경우}) \end{cases} \tag{23.83}$$

을 내포한다. 여기서 $\delta_{\mu\nu}$는 크로네커 델타이다. Ψ_j가 규격화되었다고 하는 것은 $\langle \Psi_j | \Psi_j \rangle = 1$을 의미하므로, Ψ_j를 Ψ_μ의 합으로 전개하는 것은

$$\langle \Psi_j | \Psi_j \rangle = \sum_{\gamma\mu} c^*_{j\gamma} c_{j\mu} \langle \Psi_\gamma | \Psi_\mu \rangle = \sum_{\gamma\mu} c^*_{j\gamma} c_{j\mu} \delta_{\gamma\mu} = \sum_\mu |c_{j\mu}|^2 = 1 \tag{23.84}$$

이다. 이것을 이용하면, 밀도 행렬의 *trace*는

$$\sum_\mu \rho_{\mu\mu} = \sum_\mu \frac{1}{J}\sum_j |c_{j\mu}|^2 = \frac{1}{J}\sum_j \sum_\mu |c_{j\mu}|^2 = \frac{1}{J}\sum_j 1 = 1 \tag{23.85}$$

이다. **밀도 행렬의 trace는 1이다**($\mathrm{Tr}\hat{\rho} = 1$). 이것은 밀도 행렬의 규격화 조건이 된다.

다른 종류의 직교 규격화 함수의 완전한 집합도 유니테리(unitary) 변환에 의해 연결되어 있다. 디랙 표현에서 Ψ_μ 집합에서 $\overline{\Psi}_{\overline{\mu}}$ 집합으로의 변환은

$$\langle \overline{\Psi}_{\overline{\mu}} | = \sum_\alpha \langle \overline{\Psi}_{\overline{\mu}} | \Psi_\alpha \rangle \langle \Psi_\alpha | \quad \text{및} \quad | \overline{\Psi}_{\overline{\mu}} \rangle = \sum_\alpha | \Psi_\alpha \rangle \langle \Psi_\alpha | \overline{\Psi}_{\overline{\mu}} \rangle \tag{23.86}$$

과 같이 표현된다. 여기서 $\sum_{\overline{\mu}} \langle \Psi_\gamma | \overline{\Psi}_{\overline{\mu}} \rangle \langle \overline{\Psi}_{\overline{\mu}} | \Psi_\alpha \rangle = \delta_{\gamma\alpha}$이다. 어떤 연산자 $\hat{O}$에 대한 행렬 원소는 두 집합에서 각각

$$O_{\overline{\alpha}\overline{\nu}} = \sum_{\gamma\mu} \langle \overline{\Psi}_{\overline{\alpha}} | \Psi_\gamma \rangle O_{\gamma\mu} \langle \Psi_\mu | \overline{\Psi}_{\overline{\nu}} \rangle \tag{23.87}$$

의 식에 의해 연결되어 있다. 다른 완전한 집합을 선택하는 것은 다른 **표현체**(representation)라고 한다. $\overline{\Psi}_{\overline{\mu}}$ 표현체의 trace에서 Ψ_μ 표현체로 변환하면

$$\begin{aligned} \mathrm{Tr}\,\hat{O} &= \sum_{\overline{\alpha}} O_{\overline{\alpha}\overline{\alpha}} = \sum_{\gamma\mu} \langle \overline{\Psi}_{\overline{\alpha}} | \Psi_\gamma \rangle O_{\gamma\mu} \langle \Psi_\mu | \overline{\Psi}_{\overline{\alpha}} \rangle \\ &= \sum_{\gamma\mu} O_{\gamma\mu} \left(\sum_{\overline{\alpha}} \left\langle \Psi_\mu | \overline{\Psi}_{\overline{\alpha}} \right\rangle \left\langle \overline{\Psi}_{\overline{\alpha}} | \Psi_\gamma \right\rangle \right) = \sum_{\gamma\mu} O_{\gamma\mu} \delta_{\mu\gamma} = \sum_\gamma O_{\gamma\gamma}. \end{aligned} \tag{23.88}$$

을 얻는다. 따라서 어떤 연산자의 trace는 표현체에 의존하지 않는다. $\hat{O} = \hat{\rho}\hat{X}$라고 놓으면, 모둠 평균 $\langle X \rangle$는 **표현체에 무관하다.**

확률

밀도 행렬은 유니테리 변환에 의해 대각화될 수 있다. 밀도 행렬을 대각화하는 표현체에서 밀도 행렬은

$$\rho_{\overline{\alpha}\overline{\gamma}} = \rho_{\overline{\alpha}\overline{\alpha}}\delta_{\overline{\alpha}\overline{\gamma}} \tag{23.89}$$

와 같이 되는데, 여기서 $\delta_{\overline{\alpha}\overline{\gamma}}$는 크로네커 델타이다. 밀도 행렬의 대각 원소는 음이 아닌 수이고, trace는 1이기 때문에 대각 원소 $\rho_{\overline{\alpha}\overline{\alpha}}$는 음이 아닌 조건($\rho_{\overline{\alpha}\overline{\alpha}} \geq 0$)과 규격화 조건($\sum_{\overline{\alpha}}\rho_{\overline{\alpha}\overline{\alpha}} = 1$)을 만족한다. **밀도 행렬을 대각화하는 표현체에서 대각 원소 $\rho_{\overline{\alpha}\overline{\alpha}}$는 계가 파동 함수 $\Psi_{\overline{\alpha}}$ 상태일 확률이다.**

밀도 행렬의 원소가 대각 원소 $\rho_{\alpha\alpha}$를 제외하고 모두 0이면, 규격화 조건 $\text{Tr}\hat{\rho} = 1$에서 $\rho_{\alpha\alpha} = 1$을 필요로 한다. 이는 계가 파동 함수 Ψ_{α}로 기술된다는 것을 의미한다. 계가 하나의 파동 함수로 기술될 때, 이 계는 **순수 상태**(pure state)라고 한다. 순수 상태가 아닐 때는 **혼합 상태**(mixed state)에 있다고 한다. 순수 상태의 밀도 행렬에서 $\rho_{\alpha\alpha} = 1$이고 이것이 유일한 음이 아닌 원소라면, $(\hat{\rho}\hat{\rho})_{\mu\sigma} = \delta_{\mu\alpha}\delta_{\gamma\alpha}$이다. 따라서 **순수 상태에 있는 밀도 행렬**은 그것의 제곱과 같다. 다시 말하면 $\hat{\rho} = \hat{\rho}^2$이다. 이 성질은 유니테리 변환에도 보존되는 성질이다.

23.5 바른틀 모둠

밀도 행렬 형식에서 바른틀 모둠은

$$\boxed{\hat{\rho}^c = \frac{e^{-\hat{H}/k_BT}}{Z_{qm}}} \tag{23.90}$$

에 의해 기술된다. 여기서 $\hat{H}$는 해밀토니안 연산자이다. 규격화 조건 $\text{Tr}\hat{\rho} = 1$로부터 양자 분배 함수에 대해 일반적인 표현은

$$\boxed{Z_{qm} = \text{Tr}e^{-\hat{H}/k_BT}} \tag{23.91}$$

과 같다. 계의 열역학적 성질은 분배 함수로부터 얻어지는 자유 에너지 $F = -k_B T \ln Z_{qm}$에서 얻을 수 있다.

$e^{-\hat{H}/k_BT}$와 같은 연산자, 즉 다른 연산자의 함수로 주어지는 연산자는 멱급수나 고유 함수와 고윳값으로 정의할 수 있다. 함수 $f(x)$로부터 만들어지는 어떤 연산자에 대한 $f(\hat{O})$는 급수 $f(x) = \sum_n a_n x^n$으로 표현할 수 있는데, 이 연산자는

$$f(\hat{O}) = \sum_{n=0}^{\infty} a_n \hat{O}^n \tag{23.92}$$

이고, 여기서 $\hat{O}^n$은 $\hat{O}$를 n번 곱해서 만들 수 있다. $f(\hat{O})$라는 연산자는 또한 고윳값 방정식 $\hat{O}\Psi_\gamma = O_\gamma \Psi_\gamma$를 통해 정의할 수 있다. 고유 함수 Ψ_γ가 완전한 직교 규격화된 집합을 만들 수 있다면, 연산자 $f(O)$는

$$f(\hat{O}) = \sum_\gamma |\Psi_\gamma\rangle f(O_\gamma)\langle\Psi_\gamma| \tag{23.93}$$

과 같이 쓸 수 있고, 여기서 O_γ는 고유 함수 Φ_γ와 관련이 있다.

에너지 표현형

분배 함수를 구하는 데 에너지 고유 함수를 이용하는 것은 열역학적 성질과 해밀토니안을 함축하고 있는 바른틀 밀도 연산자 $\hat{\rho}^c$ 사이의 관계의 편하고 특별한 경우이다. 이를 나타내기 위해 에너지 표현형을 이용한다. 이것은 시간에 독립인 슈뢰딩거 방정식의 고유 함수를 사용한다. 20장에서 주어졌듯이, N개의 입자에 대한 슈뢰딩거 방정식은 $\hat{H}_N\Psi_\alpha = E_{N,\alpha}\Psi_\alpha$이고, 여기서 $\hat{H}_N$은 해밀토니안 연산자이며, $E_{N,\alpha}$는 에너지 고윳값, Ψ_α는 해당하는 고유 함수이다.

에너지 표현형으로 해밀토니안의 행렬 원소를 표현하면

$$\begin{aligned}\langle\Psi_\gamma|\hat{H}_N|\Psi_\alpha\rangle &= \int dr^{3N}\Psi_\gamma^*\hat{H}_N\Psi_\alpha = E_{N,\alpha}\int dr^{3N}\Psi_\gamma^*\Psi_\alpha \\ &= E_{N,\alpha}\langle\Psi_\gamma|\Psi_\alpha\rangle = E_{N,\alpha}\delta_{\gamma\alpha}\end{aligned} \tag{23.94}$$

이고, 크로네커 델타 $\delta_{\gamma\alpha}$는 이 행렬이 대각 행렬이라는 것을 말해준다. 식 (23.94)의 연산자 함수의 정의로부터 $e^{-\hat{H}_N/k_BT}$ 연산자는

$$\begin{aligned}\langle\Psi_\alpha|e^{-\hat{H}_N/k_BT}|\Psi_\gamma\rangle &= \sum_\gamma\langle\Psi_\alpha|\Psi_\gamma\rangle e^{-E_{N,\gamma}/k_BT}\langle\Psi_\gamma|\Psi_\alpha\rangle \\ &= \sum_\gamma \delta_{\alpha\gamma}e^{-E_{N,\gamma}/k_BT}\delta_{\gamma\alpha} = e^{-E_{N,\alpha}/k_BT}\delta_{\alpha\gamma}\end{aligned} \tag{23.95}$$

이다. 이것은 바른틀 밀도 함수 $\rho^c_{\alpha\gamma} = \langle\Psi_\alpha|\hat{\rho}^c|\Psi_\gamma\rangle$가 에너지 표현형으로는 대각화되어 있다는 것을 함축한다. 식 (23.91)의 분배 함수는

$$Z_{qm} = \mathrm{Tr}e^{-\hat{H}_N/k_BT} = \sum_\gamma \left\langle\Psi_\gamma\middle| e^{-\hat{H}_N/k_BT}\middle|\Psi_\gamma\right\rangle = \sum_\gamma e^{-E_{N,\alpha}/k_BT}\delta_{\alpha\gamma} \tag{23.96}$$

이 되고

$$Z_{qm} = \sum_{\alpha} e^{-E_{N,\alpha}/k_B T} \tag{23.97}$$

이다. 더군다나 어떤 특성 X의 바른틀 모둠 평균은

$$\begin{aligned}\langle X \rangle &= \mathrm{Tr}\hat{\rho}^c \hat{X} = \sum_{\alpha} \langle \Psi_\alpha | \hat{\rho}^c \hat{X} | \Psi_\alpha \rangle \\ &= \sum_{\alpha\gamma} \frac{1}{Z_{qm}} \langle \Psi_\alpha | \hat{\rho}^c | \Psi_\gamma \rangle \langle \Psi_\gamma | \hat{X} | \Psi_\alpha \rangle = \sum_{\alpha\gamma} \rho^c_{\alpha\gamma} X_{\gamma\alpha}.\end{aligned} \tag{23.98}$$

이다. 바른틀 밀도 행렬이 대각 행렬일 때, X의 모둠 평균은

$$\langle X \rangle = \sum_{\alpha} \rho^c_{\alpha\alpha} X_{\alpha\alpha} \tag{23.99}$$

이다.

분배 함수 Z_{qm}에 대한 위의 식은 20장의 양자 분배 함수에 대한 표현과 똑같다. X에 대한 모둠 평균은 식 (20.12)와 같은데, $\rho^c_{\alpha\alpha}$와 $X_{\alpha\alpha}$가 ρ^c_α와 X_α로 표현된 것 말고는 같다. 밀도 함수로 접근 하는 것에는 계의 미시 상태에 부여하는 확률이 숨어 있기는 하지만, 이 확률 배정의 의미는 에너지 표현형으로 나타냈을 때, 확실히 더욱 투명하다. 그럼에도 불구하고, 다른 표현형을 이용할 수 있다는 사실도 유용할 수 있다. 부록 23.A에 있는 고전적인 근사를 유도하는 데에서 언급되어 있다.

문제

23.1 반지름이 R인 구에 구속되어 있는 이상 기체의 고전 분배 함수는 $Z_N = C_N I(\beta, R)_N$이다. 여기서 적분 $I(\beta, R)$은

$$I(\beta, R) = \int_0^\infty dr \int_0^\pi d\theta \int_0^{2\pi} d\varphi \int_{-\infty}^\infty dp_r \int_{-\infty}^\infty dp_\theta \int_{-\infty}^\infty dp_\varphi e^{-\beta H(p_r, p_\theta, p_\varphi, r, \theta, \varphi)}$$

[주의할 점은 적분 변수가 (x, y, z)에서 (r, θ, φ)로 바뀔 때 등장하는 인수 $r^2 \sin\theta$는 $I(\beta, R)$에는 나타나지 않지만, p_r, p_θ, p_φ에 대한 적분에 의해 구해진다.] 하나의 입자에 대한 해밀토니안은

$$H(p_r, p_\theta, p_\varphi, r, \theta, \varphi) = \frac{1}{2m} p_r^2 + \frac{1}{2mr^2} p_\theta^2 + \frac{1}{2mr^2 \sin^2\theta} p_\varphi^2 + \phi_{a-w}(r),$$

여기서 $r < R$에서는 $\phi_{a-w}(r) = 0$, $r > R$이면 $\phi_{a-w}(r) = \infty$이다.

(a) $I(\beta, R)$ 을 구하고 분배 함수 Z_N을 찾으시오.

(b) $\beta = 1/k_B T$, $V = \frac{4}{3}\pi R^3$을 이용하여, 헬름홀츠 자유 에너지 $F(T, V)$를 찾으시오. 19.5절에서 찾아낸 자유 에너지와 비교하시오.

23.A 부록

고전적인 근사

20장에서는 고전 통계역학이 온도가 아주 낮지 않을 때, 정확한 결과를 준다는 것을 알았다. 이 부록은 $\hbar$의 차수로 전개하는 것과 낮은 차수의 기여만 유지할 때 양자 분배 함수로부터 고전 분배 함수를 얻을 수 있다는 것을 보임으로써 이 결과를 일반적으로 증명하고자 한다.

식 (19.3)의 N 입자계의 고전 해밀토니안은 운동 에너지 항과 퍼텐셜 에너지 항의 합이다.

$$H_{\text{cl}}(\boldsymbol{p}_1 \cdots \boldsymbol{r}_N) = K_{\text{cl}}(\boldsymbol{p}_1 \cdots \boldsymbol{p}_N) + \Phi_N(\boldsymbol{r}_1 \cdots \boldsymbol{r}_N) \tag{23.A.1}$$

퍼텐셜 에너지는 입자 간 상호작용을 기술하며, 위치 변수 $(r_1 \ldots r_N)$ 의 함수이다. 고전적으로, 운동 에너지는 운동량 **변수** $(p_1 \ldots p_N)$ 의 함수이며

$$K_{\text{cl}} = \sum_j \frac{1}{2m_j} |\boldsymbol{p}_j|^2 \tag{23.A.2}$$

이다. 양자역학적으로 이것은 **연산자**

$$\hat{K}_{qm} = \sum_j \frac{-1}{2m_j} \hbar^2 \nabla_j^2 \tag{23.A.3}$$

로 주어진다. j번째 입자의 운동량 연산자는 $(\hbar/i)\nabla$이고, ∇_j는 위치 변수 $\boldsymbol{r}_j$의 함수를 $\boldsymbol{r}_j$에 대해 미분한다. 해밀토니안 연산자는

$$\hat{H} = \hat{K}_{qm} + \Phi_N \tag{23.A.4}$$

가 된다.

운동량 표현형

$\hbar$의 급수로 전개하는 표현은 식 (23.91)의 양자 분배 함수 $Z_{qm} = \text{Tr}e^{-\hat{H}/k_B T}$를 운동량 표현형의 값을 구하는 것으로 얻을 수 있다. j번째 입자의 운동량에 대한 고유 방정식은

$$(\hbar/i)\nabla_j e^{i\boldsymbol{k}_j \cdot \boldsymbol{r}_j} = \hbar \boldsymbol{k}_j e^{i\boldsymbol{k}_j \cdot \boldsymbol{r}_j} \tag{23.A.5}$$

이다. 여기서 고유 함수 $e^{i\boldsymbol{k}_j\cdot\boldsymbol{r}_j}$는 파면이 파수 벡터가 $\boldsymbol{k}_j$에 수직이고 파장이 $\lambda = 2\pi/\ k_j$인 평면파를 기술하고, 그 고윳값은 $\hbar\boldsymbol{k}_j$이다. 계 $\sum_j(\hbar/i)\nabla_j$에 대한 운동량 연산자의 규격화된 고유 함수는

$$\Theta_{\boldsymbol{k}_1\cdots\boldsymbol{k}_N} = \frac{e^{i\boldsymbol{k}_1\cdot\boldsymbol{r}_1}\ldots e^{i\boldsymbol{k}_N\cdot\boldsymbol{r}_N}}{V^{N/2}} \qquad \text{(23.A.6)}$$

이고 여기서 V는 계의 부피이다.[2] $e^{-\hat{H}/k_BT}$를 해밀토니안 연산자의 급수로 전개하기 위해서 $e^x = \sum_n x^n/n!$ 공식을 이용하면 양자 분배 함수는

$$\begin{aligned} Z_{qm} &= \mathrm{Tr}\, e^{-\beta\hat{H}} = \sum_{\boldsymbol{k}_1}\cdots\sum_{\boldsymbol{k}_N}\left\langle \Theta_{\boldsymbol{k}_1\ldots\boldsymbol{k}_N}\right| e^{-\beta\hat{H}}\left|\Theta_{\boldsymbol{k}_1\ldots\boldsymbol{k}_N}\right\rangle \\ &= \sum_{n=0}^{\infty}\frac{(-\beta)^n}{n!}\left[\sum_{\boldsymbol{k}_1}\cdots\sum_{\boldsymbol{k}_N}\left\langle\Theta_{\boldsymbol{k}_1\cdots\boldsymbol{k}_N}\right|\hat{H}^n\left|\Theta_{\boldsymbol{k}_1\cdots\boldsymbol{k}_N}\right\rangle\right] \end{aligned} \qquad \text{(23.A.7)}$$

이 되고, 여기서 $\beta = 1/k_B\,T$이다.

$\hat{H}^n\Theta_{\boldsymbol{k}_1\cdots\boldsymbol{k}_N}$을 구하기 위한 첫 번째 단계는 $\hat{K}_{qm}F_{\boldsymbol{k}_1\cdots\boldsymbol{k}_N}\Theta_{\boldsymbol{k}_1\cdots\boldsymbol{k}_N}$의 값을 구하는 것인데, 여기서 $F_{\boldsymbol{k}_1\cdots\boldsymbol{k}_N}$은 $(\boldsymbol{k}_1\ \cdots\ \boldsymbol{k}_N)$의 값에 의존하는 $(\boldsymbol{r}_1\ \cdots\ \boldsymbol{r}_N)$의 어떤 함수이다. $\Theta_{\boldsymbol{k}_1\cdots\boldsymbol{k}_N}$과 $F_{\boldsymbol{k}_1\cdots\boldsymbol{k}_N}$이 $(\boldsymbol{r}_1\ \cdots\ \boldsymbol{r}_N)$에 의존하는 것은 알지만 겉으로 드러나지 않는다. $\nabla_j e^{i\boldsymbol{k}\cdot\boldsymbol{r}} = i\boldsymbol{k}\, e^{i\boldsymbol{k}\cdot\boldsymbol{r}}$의 관계식을 이용하고, $\nabla_j{}^2$로 표시되는 도함수를 구하면

$$\begin{aligned} \hat{K}_{qm}F_{\boldsymbol{k}_1\cdots\boldsymbol{k}_N}\Theta_{\boldsymbol{k}_1\cdots\boldsymbol{k}_N} &= -\sum_j\frac{1}{2m_j}\hbar^2\nabla_j{}^2F_{\boldsymbol{k}_1\cdots\boldsymbol{k}_N}\Theta_{\boldsymbol{k}_1\cdots\boldsymbol{k}_N} \\ &= -\sum_j\frac{1}{2m_j}\begin{pmatrix} F_{\boldsymbol{k}_1\cdots\boldsymbol{k}_N}\left|i\hbar\boldsymbol{k}_j\right|^2\Theta_{\boldsymbol{k}_1\cdots\boldsymbol{k}_N} \\ +\hbar\nabla_jF_{\boldsymbol{k}_1\cdots\boldsymbol{k}_N}\cdot(i\hbar\boldsymbol{k}_j)\Theta_{\boldsymbol{k}_1\cdots\boldsymbol{k}_N} + \hbar^2(\nabla_j^2F_{\boldsymbol{k}_1\cdots\boldsymbol{k}_N})\Theta_{\boldsymbol{k}_1\cdots\boldsymbol{k}_N}\end{pmatrix} \end{aligned} \qquad \text{(23.A.8)}$$

이다. 연산자에서 값으로의 전환은 $\boldsymbol{p}_j = \hbar\boldsymbol{k}_j$로서 j번째 입자의 운동량 연산자의 고윳값을 표현하는 것으로 얻어지며, 따라서 $\sum_j\frac{1}{2m_j}\left|i\hbar\boldsymbol{k}_j\right|^2$는 $\sum_j\frac{1}{2m_j}\left|\boldsymbol{p}_j\right|^2 = K_{cl}$이 된다. 위의 결과는 따라서

$$\hat{K}_{qm}F_{\boldsymbol{k}_1\cdots\boldsymbol{k}_N}\Theta_{\boldsymbol{k}_1\cdots\boldsymbol{k}_N} = K_{\mathrm{cl}}F_{\boldsymbol{k}_1\cdots\boldsymbol{k}_N}\Theta_{\boldsymbol{k}_1\cdots\boldsymbol{k}_N} + O(\hbar) \qquad \text{(23.A.9)}$$

와 같이 되고 여기서 $O(\hbar)$는 $\hbar$와 $\hbar^2$에 비례하는 항을 표시한다. K_{cl}은 운동량 변수가 $(\hbar\boldsymbol{k}_1,\ \ldots,\ \hbar\boldsymbol{k}_N)$인 계의 고전적인 운동 에너지이다. $\Phi_NF_{\boldsymbol{k}_1\cdots\boldsymbol{k}_N}\Theta_{\boldsymbol{k}_1\cdots\boldsymbol{k}_N}$를 $\hat{K}_{qm}F_{\boldsymbol{k}_1\cdots\boldsymbol{k}_N}\Theta_{\boldsymbol{k}_1\cdots\boldsymbol{k}_N}$에 곱한 것을 더하면 다음과 같다.

$$\hat{H}F_{\boldsymbol{k}_1\cdots\boldsymbol{k}_N}\Theta_{\boldsymbol{k}_1\cdots\boldsymbol{k}_N} = (\hat{K}_{qm} + \Phi_N)F_{\boldsymbol{k}_1\cdots\boldsymbol{k}_N}\Theta = H_{\mathrm{cl}}F_{\boldsymbol{k}_1\cdots\boldsymbol{k}_N}\Theta_{\boldsymbol{k}_1\cdots\boldsymbol{k}_N} + O(\hbar) \qquad \text{(23.A.10)}$$

2) 평면파 고유 함수와 고유 벡터는 24.1절에 자세히 나와 있다.

여기서 H_{cl}은 고전 해밀토니안이고 $H_{\mathrm{cl}} = K_{\mathrm{cl}} + \Phi_N$이다. $F_{\mathbf{k}_1\cdots\mathbf{k}_N} = 1$인 특별한 경우에서 위의 결과는 다음과 같다.

$$\hat{H}\Theta_{\mathbf{k}_1\cdots\mathbf{k}_N} = H_{\mathrm{cl}}\Theta_{\mathbf{k}_1\cdots\mathbf{k}_N} + O(\hbar) \tag{23.A.11}$$

$\hat{H}^n$을 $\Theta_{\mathbf{k}_1\cdots\mathbf{k}_N}$에 연산시킨 결과는 식 (23.A.11)을 연속적으로 이용하면 얻을 수 있다. $O(\hbar)$를 $\hbar$나 $\hbar$에 대해 더 높은 차수에 비례하는 모든 항을 대표한다면, $\hat{H}$를 H_{cl}로 계속 바꿔치기하는 것은

$$\begin{aligned}\hat{H}^n\Theta_{\mathbf{k}_1\cdots\mathbf{k}_N} &= \hat{H}^{n-1}H_{\mathrm{cl}}\Theta_{\mathbf{k}_1\cdots\mathbf{k}_N} + O(\hbar)\\ \cdots &= \hat{H}^m H_{\mathrm{cl}}^{n-m}\Theta_{\mathbf{k}_1\cdots\mathbf{k}_N} + O(\hbar) = \cdots = H_{\mathrm{cl}}^n\Theta_{\mathbf{k}_1\cdots\mathbf{k}_N} + O(\hbar)\end{aligned} \tag{23.A.12}$$

이다. 이를 이용하면, 운동량 표현형에서 $\hat{H}^n$의 행렬 원소는 다음과 같다.

$$\begin{aligned}\left\langle \Theta_{\mathbf{k}_1\cdots\mathbf{k}_N}\middle| \hat{H}^n \middle|\Theta_{\mathbf{k}_1\cdots\mathbf{k}_N}\right\rangle &= \int dr^{3N}\Theta^*_{\mathbf{k}_1\cdots\mathbf{k}_N}\hat{H}^n\Theta_{\mathbf{k}_1\cdots\mathbf{k}_N}\\ &= \int dr^{3N}\Theta^*_{\mathbf{k}_1\cdots\mathbf{k}_N}\left[H_{\mathrm{cl}}\left(\vec{p}_1\cdots\vec{r}_N\right)\right]^n\Theta_{\mathbf{k}_1\cdots\mathbf{k}_N} + O(\hbar)\end{aligned} \tag{23.A.13}$$

여기서 $\Theta^*_{\mathbf{k}_1\cdots\mathbf{k}_N}$는 $\Theta_{\mathbf{k}_1\cdots\mathbf{k}_N}$의 켤레 복소수이고, $O(\hbar)$는 이제 식 (23.A.12)의 $\hbar$나, $\hbar$보다 높은 차수의 항들을 대표한다. $e^{-i\mathbf{k}_j\cdot\mathbf{r}_j}e^{i\mathbf{k}_j\cdot\mathbf{r}_j} = 1$을 이용하면, 식 (23.A.6)으로부터 $\Theta^*_{\mathbf{k}_1\cdots\mathbf{k}_N}\Theta_{\mathbf{k}_1\cdots\mathbf{k}_N} = 1/V^N$이고, 따라서 다음과 같다.

$$\langle\Theta_{\mathbf{k}_1\cdots\mathbf{k}_N}|\hat{H}^n|\Theta_{\mathbf{k}_1\cdots\mathbf{k}_N}\rangle = \frac{1}{V^N}\int dr^{3N}[H_{\mathrm{cl}}(\mathbf{p}_1\cdots\mathbf{r}_N)]^n + O(\hbar) \tag{23.A.14}$$

식 (23.A.7)의 $\sum_{\mathbf{k}_1}\cdots\sum_{\mathbf{k}_N}$을 구하기 위해서 각 입자에 대해 $\mathbf{k}_j$가 허락되는 값에 대해서 합을 이용한다. 각각의 합은 k 공간의 단위 부피에 허락되는 값들의 수를 이용하면 얻을 수 있는데, 이는 24장에서 알아낸 것과 같이 $V/(2\pi)^3$이다. 그러면 k 벡터의 합을 k 공간의 적분으로 변환할 수 있고, 이는 $\mathbf{p} = \hbar\mathbf{k}$를 이용하면, 운동량 공간에서의 적분이 되어

$$\sum_{\vec{k}} \to \frac{V}{(2\pi)^3}\int dk^3 \to \frac{V}{(2\pi\hbar)^3}\int dp^3 \to \frac{V}{h^3}\int dp^3 \tag{23.A.15}$$

와 같이 정리된다. 각 입자를 이런 방식으로 다루면, 식 (23.A.14)의 $\hat{H}^n$ 행렬 원소들의 합은

$$\sum_{\mathbf{k}_1}\cdots\sum_{\mathbf{k}_N}\langle\Theta_{\mathbf{k}_1\cdots\mathbf{k}_N}|\hat{H}^n|\Theta_{\mathbf{k}_1\cdots\mathbf{k}_N}\rangle = h^{-3N}\int dp^{3N}\int dr^{3N}\left[H_{\mathrm{cl}}\left(\mathbf{p}_1\cdots\mathbf{r}_N\right)\right]^n + O(\hbar) \tag{23.A.16}$$

이 된다. 이것을 식 (23.A.7)의 양자 분배 함수에 대한 표현에 대입하고, $\hbar$ 차수 이상의 항을 무시하면

$$Z_{\mathrm{cl}} = h^{-3N} \sum_{n=0}^{\infty} \frac{(-\beta)^n}{n!} \int dp^{3N} \int dr^{3N} [H_{\mathrm{cl}}(\boldsymbol{p}_1 \cdots \boldsymbol{r}_N)]^n \tag{23.A.17}$$

이다. $e^x = \sum_n x^n/n!$의 전개를 이용하면, 이것은 고전 분배 함수

$$Z_{\mathrm{cl}} = h^{-3N} \int dp^{3N} \int dr^{3N} e^{-\beta H_{\mathrm{cl}}(\boldsymbol{p}_1 \cdots \boldsymbol{r}_N)} \tag{23.A.18}$$

이다. 이것은 식 (19.24)의 고전 표현에서 $C_N = h^{-3N}$, $\beta = 1/k_B T$로 놓은 것이다. 계가 N개의 구별 불가능한 입자들로 구성되어 있을 때, $1/N!$이라는 추가적인 인수가 필요한데, 이는 22.3절에서 논의하였다.

헬름홀츠 자유 에너지 F를 $\hbar$에 대해 전개하는 것은 Z_{qm}에서 $O(\hbar)$에 의해 무시되었던 항들을 집어 넣으면 얻을 수 있다. $\hbar$와 $\hbar^2$에 비례하는 항들을 유지하면, 자유 에너지에 대한 표현식의 결과는 다음과 같다.

$$F = -k_B T \ln Z_{\mathrm{cl}} + \frac{1}{24}\left(\frac{\hbar}{k_B T}\right)^2 \sum_j \frac{1}{m_j} \langle (\nabla_j \Phi_N)^2 \rangle + \cdots \tag{23.A.19}$$

여기서 $\hbar$에 비례하는 항의 기여는 0이다. 각진 괄호 $\langle \ldots \rangle$는 퍼텐셜 에너지 Φ_N에 대한 기울기의 제곱의 고전 바른틀 평균을 가리킨다. 고온에서 고전적 근사의 양자적 결과의 한계와 $\hbar^2$항은 양자 보정을 알기 위해 사용될 수 있다.

V부
통계 역학 II

IV부에서 사용된 통계적 방법을 통해 전자기파 복사의 분석, 고체에서의 원자 진동, 동일한 페르미온과 보손의 집합에 대해서 알아본다. 흑체 복사의 특성을 살펴보고, 페르미-디랙과 보스-아인슈타인 분포를 유도하며, 보스-아인슈타인 응축으로 알려진 낮은 온도 현상에 대해 예측해 볼 것이다. 마지막으로, 독립적인 입자 모형에서 무시된 상호작용에 의해 결정된 몇몇 효과에 대해 알아보고, 통계 역학에서 컴퓨터 시뮬레이션의 역할에 대해 논의한다.

24장 광자와 포논

우리의 양자 역학적 해석은 어떤 계의 미시 상태를 개별 입자들의 고유 상태의 집합으로 기술해왔다. 또 다른 접근법은 각기 다른 단일-입자 상태에 있는 입자의 갯수를 정함으로써 미시 상태를 정하는 방법이다. 이런 접근법은 전자기파의 발생이나, 고체 내에서 원자들을 진동 운동, 동일 입자계 등을 연구할 때 특히 유용하다. 많은 경우 단일 입자 상태는 정해진 파장과 정해진 진동수를 갖는 평면파가 된다. 이 장에서의 초점은 전자기장의 들뜬 상태, 즉 **광자**(photons)와, 고체 내부의 진동 운동, 즉 **포논**(phonons, 진동 입자)이다. 자유 입자 계를 평면파로 기술하는 방법을 복습하는 것으로부터 이 장을 시작해 보자.

24.1 평면파 고유 상태

바이올린 줄의 1차원 파동이나, 드럼의 2차원 파동, 전자기파의 3차원 파동은 많은 공통점을 가지고 있다. 3차원 연속체에서의 파동은 **파동 방정식**(wave equation)으로 기술된다.

$$\nabla^2\Theta(\boldsymbol{r},t) - \frac{1}{c^2}\frac{\partial^2\Theta(\boldsymbol{r},t)}{\partial t^2} = 0 \tag{24.1}$$

여기서 $\boldsymbol{r} = (x, y, z)$이다. 전자기파의 전파에 대해서 **파동의 속력**(wave velocity) c는 광속이 되고, 전기장과 자기장은 $\Theta(\boldsymbol{r}, t)$에 비례한다. 갇힌 통 안에서 전자기장의 진동은 진행파이거나 정상파이다. 정상파로 기술하는 것은 파동 함수의 시간에 대한 의존이

$$\Theta(\boldsymbol{r},t) = \psi(\boldsymbol{r})e^{-i\omega t} \tag{24.2}$$

와 같이 됨을 가정한다. 여기서 ω는 각진동수(라디안/초)이다. 이것을 파동 방정식에 대입하고, $e^{-i\omega t}$를 약분하면

$$-\nabla^2\psi(\boldsymbol{r}) = k^2\psi(\boldsymbol{r}) \tag{24.3}$$

의 고유 방정식을 얻는다. 여기서 $k = \omega/c$이다. 고윳값 k^2은 고유 함수 $\Psi(\boldsymbol{r})$의 경계

조건으로부터 결정된다.

자유 입자(외부 퍼텐셜의 영향이 없는)에 대한 시간 의존 슈뢰딩거 방정식은 식 (24.3)에 $\hbar^2/2m$을 곱하면 되는데, 이것은 다음과 같다.

$$-\frac{\hbar^2}{2m}\nabla^2\psi(\boldsymbol{r}) = \varepsilon\psi(\boldsymbol{r}) \tag{24.4}$$

여기서 $\varepsilon = \hbar^2k^2/2m$이다. 입자들은 서로 상호작용하지 않는다는 점에서 자유롭다고 할 수 있지만, 자신들이 담겨 있는 부피 V의 용기와 상호작용한다는 점에서 공간적으로 갇혀 있다. 식 (24.4)의 고윳값은 부록 20.A에 계산되어 있는데, 이는 $\Psi(\boldsymbol{r})$이 네모 상자의 벽에서 0이 된다는 조건으로 얻을 수 있다. 이를 **상자 경계 조건**(box boundary conditions)이라고 한다. $x = 0$, $y = 0$, $z = 0$, $x = L_x$, $y = L_y$, $z = L_z$의 평면으로 만들어지는 상자에서 고유 함수는

$$\psi(x, y, z) = A\sin(k_x x)\sin(k_y y)\sin(k_z z) \tag{24.5}$$

이다. 여기서 k_x, k_y, k_z의 허가된 값은 다음과 같다.

$$k_x = \frac{\pi n_x}{L_x},\quad k_y = \frac{\pi n_y}{L_y},\quad k_z = \frac{\pi n_z}{L_z} \tag{24.6}$$

고유 방정식의 선형 독립 해는 **양의 정수값**(positive integer values) n_x, n_y, n_z로 주어진다. 전기장이나 자기장 같은 순간적인 값에 대한 함수들은 이 선형 독립인 해의 합으로 표현 가능하고, 각각의 해는 각각 독립적인 진동 모드를 기술한다.

주기 경계 조건

주기 경계 조건은 상자 경계 조건보다 흑체 복사를 기술하는 데 편리할 때가 많다. **주기 경계 조건**(periodic boundary conditions)이란 고유 함수가 상자의 반대편에 같은 값을 갖는다는 것을 말한다. 부피가 $L_xL_yL_z$인 직육면체 상자에 대해서 이는

$$\psi(0, y, z) = \psi(L_x, y, z),\quad \psi(x, 0, z) = \psi(x, L_y, z),\quad \psi(x, y, 0) = \psi(x, y, L_z) \tag{24.7}$$

이다. 이것은

$$\psi_{\boldsymbol{k}}(\boldsymbol{r}) = Ae^{i(k_x x + k_y y + k_z z)} = Ae^{i\boldsymbol{k}\cdot\boldsymbol{r}} \tag{24.8}$$

을 만족시키면 된다. 여기서 $\boldsymbol{k} = (k_x, k_y, k_z)$인 파수 벡터이고, A는 규격화 상수이다. k_x, k_y, k_z의 허락된 값은

$$k_x = \frac{2\pi n_x}{L_x},\quad k_y = \frac{2\pi n_y}{L_y},\quad k_z = \frac{2\pi n_z}{L_z} \tag{24.9}$$

이고, 이 k_x, k_y, k_z 값은 식 (24.6)과 다르며, n_x, n_y, n_z도 양수로 한정된 것이 아니라 음수도 가능하다. 각각의 $\Psi(\boldsymbol{r})$은 파장이 $\lambda = 2\pi/k$이고 파면이 **파수 벡터**(wave vector) $\boldsymbol{k}$에 수직인 **평면파**(plane wave)를 기술한다. 식 (24.2)가 가리키듯이, 파동 방정식의 해는 $e^{i\boldsymbol{k}\cdot\boldsymbol{r}}$에 $e^{-i\omega t}$를 곱하면 얻을 수 있다. 결과적으로 $\Theta(\boldsymbol{r}, t) = Ae^{i(\boldsymbol{k}\cdot\boldsymbol{r}-\omega t)}$이고 이것은 속력이 $c = \omega/k$인 진행하는 평면파를 기술한다.

고윳값의 분포는 고윳값 자체의 특별한 값보다 더 중요할 때가 많다. 어떤 현상을 지배하는 파동이 용기보다 작은 파장을 가질 때는, 예를 들어 흑체 복사나 이상 기체를 양자역학적으로 분석할 때처럼, 고윳값의 분포는 상태 밀도에 의해 편리하게 기술될 수 있다. 자유 입자들의 에너지는 $\varepsilon = \hbar^2k^2/2m$이므로, 허락된 $\boldsymbol{k}$값들이 필요하다. $k_x = 2\pi n_x/L_x$를 이용하면 인접한 k_x값들의 사이값 Δk_x는 n_x를 $n_x + 1$로 변화시킬 때 알 수 있고, 따라서 $\Delta k_x = 2\pi/L_x$이다. 이와 같이 k_y, k_z의 변화도 $\Delta k_y = 2\pi/L_y$, $\Delta k_z = 2\pi/L_z$이다. 따라서 각각의 파수 벡터에 관련된 k 공간의 부피는

$$\Delta k_x \Delta k_y \Delta k_z = \frac{8\pi^3}{L_x L_y L_z} \tag{24.10}$$

이다. 이것은 역수가 **파수 벡터의 밀도**(density of wave vectors) D_0이 된다. 이는 k 공간의 단위 부피당 파수 벡터의 수이다. $V = L_xL_yL_z$는 위치 공간의 부피이므로

$$D_0 = \frac{V}{8\pi^3} \tag{24.11}$$

이다.

k와 $k + \Delta k$ 사이의 파수 벡터의 숫자는 파수 벡터의 밀도에 구껍질의 두께 Δk에 대해서 $4\pi k^2\,\Delta k$를 곱하면 된다. 따라서

$$D_k \Delta k = D_0 4\pi k^2 \Delta k = \frac{V}{2\pi^2}k^2 \Delta k \tag{24.12}$$

이고, $D_k = (V/2\pi^2)k^2$는 **단위 크기당 파수 벡터의 수**이다. 이 결과가 주기 경계 조건을 사용할 때의 $\boldsymbol{k}$ 벡터의 간격을 이용하여 얻어진 것이기는 하지만, 상자 경계 조건과 똑같다. 식 (24.9)에 있는 (k_x, k_y, k_z)값과 식 (24.6)의 (k_x, k_y, k_z)값을 비교해 보면 알 수 있다. 상자 경계 조건의 파수 벡터의 밀도가 주기 경계 조건보다 8배 크지만, 이 증가는 k와 $k + \Delta k$ 사이의 부피가 k_x, k_y, k_z가 양수만 허락될 때는 1/8배가 되므로 서로 보정된다.

자유 입자

에너지가 ε, $\varepsilon + \Delta\varepsilon$인 구간의 고윳값의 수는 $D(\varepsilon)\Delta\varepsilon$로 표현할 수 있는데, 이는 파수 벡터의 크기가 k, $k + \Delta k$ 사이에 있는 파수 벡터의 수와

$$D(\varepsilon)\Delta\varepsilon = D_k \Delta k = \frac{V}{2\pi^2}k^2\frac{dk}{d\varepsilon}\Delta\varepsilon \tag{24.13}$$

의 식으로 연결된다. 여기서 $\Delta k = (dk/d\varepsilon)\Delta\varepsilon$이다. 자유 입자의 에너지는 $\varepsilon = \hbar^2k^2/2m$이므로, $k = \sqrt{2m\varepsilon/\hbar^2}\varepsilon^{1/2}$이다. 이는 $dk/d\varepsilon = \frac{1}{2}\sqrt{2m\varepsilon/\hbar^2}\,\varepsilon^{-1/2}$를 함축한다. 이 결과들을 합치면

$$D(\varepsilon) = \frac{V}{4\pi^2}\left(\frac{2m}{\hbar^2}\right)^{3/2}\varepsilon^{1/2} \tag{24.14}$$

이고, 여기서 $D(\varepsilon)$는 자유 입자의 상태 밀도이며, 단위 에너지당 평면파 파동 함수의 개수를 의미한다.

주기 경계 조건을 사용할 때, 슈뢰딩거 방정식 (24.4)에 대한 자유 입자의 고유 함수와 고윳값은

$$\psi_{\boldsymbol{k}}(\boldsymbol{r}) = \frac{e^{i\boldsymbol{k}\cdot\boldsymbol{r}}}{\sqrt{V}} \qquad \text{및} \qquad \varepsilon_k = \frac{\hbar^2k^2}{2m} \tag{24.15}$$

이다. 여기서 $\Psi_k(\boldsymbol{r})$은 식 (24.8)에서 A를 정하는 것으로 규격화되고 $1/\sqrt{V}$이다. 고유 함수 $\Psi_k(\boldsymbol{r})$은 운동량 연산자 $(\hbar/i)\nabla$의 고유 함수이기도 하다. 따라서

$$\frac{\hbar}{i}\nabla\psi_{\boldsymbol{k}}(\boldsymbol{r}) = \hbar\boldsymbol{k}\psi_{\boldsymbol{k}}(\boldsymbol{r}) \tag{24.16}$$

이고, 운동량의 고윳값은 $\hbar\boldsymbol{k}$이다.

이상 기체[1]

식 (19.14)의 해밀토니안으로 기술되는 단원자 이상 기체는 N개의 독립적인 자유 입자의 집합이다. 해밀토니안이 분리 가능하므로, N 입자 고윳값은

$$E_{N,\alpha} = \varepsilon_{k_1} + \varepsilon_{k_2} + \cdots + \varepsilon_{k_N} \tag{24.17}$$

이고, 인자 α는 N개의 파수 벡터에 대한 생략 표현이다, 즉

$$\alpha = (\boldsymbol{k}_1, \boldsymbol{k}_2, \ldots, \boldsymbol{k}_N) \tag{24.18}$$

20.3절에서 알아낸 것과 같이 같은 질량을 가진 원자로 구성된 N 입자 분배 함수 Z_N은 $Z_N = [Z_s]^N$이다. 고유 함수가 20장에서와 같이 $\boldsymbol{n}$이 아니라 $\boldsymbol{k}$로 식별될 때는 단일 입자 분배 함수는

1) 이상기체의 성질은 구별 불가능성에 의해 영향을 받는다. 이 효과는 저온에서 그리고 전자 기체에 대서 매우 크다. 동일 페르미온과 동일 보존 계에 대한 효과는 26장과 27장에 기술된다.

$$Z_s = \sum_{\boldsymbol{k}} e^{-\beta\varepsilon_k} \tag{24.19}$$

이다. $\boldsymbol{k}$에 대해서 합을 구하기 위해서는 ε_k 에너지들을 크기 $\Delta\varepsilon$의 간격으로 에너지들을 정렬한다. $\varepsilon_n = n\,\Delta\varepsilon$와 $\varepsilon_n + \Delta\varepsilon$ 사이에 있는 고윳값의 갯수가 $D(\varepsilon_n)\Delta\varepsilon$이기 때문에 식 (24.19)를

$$Z_s = \sum_{n=0}^{\infty} e^{-\beta\varepsilon_n} D(\varepsilon_n)\Delta\varepsilon \tag{24.20}$$

와 같이 다시 쓸 수 있다. $\Delta\varepsilon \to 0$인 극한에서, 식 (24.14)의 상태 밀도를 이용하면,

$$Z_s = \int_0^{\infty} e^{-\beta\varepsilon} D(\varepsilon) d\varepsilon = \frac{V}{4\pi^2}\left(\frac{2m}{\hbar^2}\right)^{3/2} \int_0^{\infty} e^{-\beta\varepsilon}\varepsilon^{1/2} d\varepsilon \tag{24.21}$$

을 얻는다. 적분값은 $\frac{1}{2}\pi^{1/2}\beta^{-3/2}$이고, $\beta = 1/k_B T$임을 이용하면, 단일 입자 분배 함수는

$$Z_s = \frac{(2\pi m k_B T)^{3/2}}{h^3} V \tag{24.22}$$

가 된다. 따라서 N개의 원자로 이루어진 기체에 대한 분배 함수는 결과적으로

$$Z_N = [Z_s]^N = \frac{(2\pi m k_B T)^{3N/2}}{h^3} V^N \tag{24.23}$$

이다.

이 결과는 20장에서 상자 경계 조건을 이용하여 알아낸 단원자 이상 기체의 분배 함수와 동일하다[식 (20.36) 참조]. 평형의 특징들이 분배 함수에 의해 정해지므로, 기체의 성질은 경계 조건에 의해 영향 받지 않는다.

24.2 광자

진공 체임버[보통 **구덩이**(cavity)라고 함] 안에서 전자기파의 복사가 연구 대상이다. 실험에서는 전자기파의 복사를 분석하는 것으로 연구하는데[이를 **흑체 복사**(blackbody radiation)라고 한다] 구덩이의 작은 구멍으로 이 복사가 튀어 나온다. 전자기장은 자유입자의 평면파 고유 함수와 비슷한 독립적인 진동 모드의 합으로 표현할 수 있다. 주기 경계 조건은 파수 벡터 $\boldsymbol{k}$로 각각의 모드를 구별하는 데 이용된다. 전자기파 파동은 두 개의 독립적인 편광을 갖고 있기 때문에 두 개의 값이 필요한 편광 지표 s가 필요하다($s = 1, 2$).

고전적으로 $\boldsymbol{k}s$ 모드의 복사 에너지는 장의 크기의 제곱에 비례한다. 아인슈타인은 광전 효과를 다룰 때, 빛(전자기파 복사)이 입자성을 가진 **광자**(photons)로 이루어져 있고, 이 광자의 에너지가 $\hbar\omega$라고 하였다. 이는 미시 상태 α에 있는 복사 에너지가 서로 다른 모드에 있는 에너지의 합으로 주어진다는 것을 의미하고, 따라서

$$\boxed{E_\alpha = \sum_{\boldsymbol{k}s} N_{\boldsymbol{k}s}\hbar\omega_{\boldsymbol{k}s}} \tag{24.24}$$

이고, 여기서 **N_{ks}는 $\boldsymbol{k}s$ 모드에 있는 광자의 수**이다. $\boldsymbol{k}s$ 모드에 있는 광자의 에너지는 $\hbar\omega_{\boldsymbol{k}s}$이고 그것의 진동수는 $\omega_{\boldsymbol{k}s} = ck$의 관계를 만족한다. 여기서 c는 광속이고 k는 $\boldsymbol{k}$의 크기이다. 계의 미시 상태는 각 모드에 있는 광자의 모드 수 $N_{\boldsymbol{k}s}$에 의해 정해진다.

$$\alpha = (\ldots, N_{\boldsymbol{k}s}, \ldots) \tag{24.25}$$

어떤 개수라도 각각의 모드에 존재할 수 있으며($N_{\boldsymbol{k}s} = 1, 2, \ldots, \infty$), 무한 개의 모드 수가 존재한다. 복사의 평형 성질은 바른틀 모둠(canonical ensemble)에 의해 결정된다.

광자의 평균 개수

에너지 E_α는 각각의 모드로 분리되고, 독립적인 서브계처럼 행동한다. 이 표현법은 모드를 하나의 첨자 j로 구별하여 간단하게 만들 수 있다.

$$j = (\boldsymbol{k}, s) \tag{24.26}$$

따라서 계의 에너지는

$$E_\alpha = \sum_j N_j \hbar\omega_j \tag{24.27}$$

이고, $\alpha = (\ldots, N_j, \ldots)$이다. j 모드에 대한 평형 확률 $\rho_j(N_j)$는 그 모드의 에너지로 만들어진 볼츠만 인수이다.

$$\rho_j(N_j) = \frac{1}{Z_j} e^{-\beta N_j \hbar\omega_j} \tag{24.28}$$

상수 Z_j는 규격화 조건 $\sum_{N_j}\rho_j(N_j) = 1$에 의해 결정된다. 이것은

$$Z_j = \sum_{N_j=0}^{\infty} e^{-\beta N_j \hbar\omega_j} \tag{24.29}$$

임을 의미한다. $1 + X + X^2 + X^3 + \cdots = (1 - X)^{-1}$임을 이용하면,

$$Z_j = \sum_{N_j=0}^{\infty} (e^{-\beta\hbar\omega_j})^{N_j} = (1 - e^{-\beta\hbar\omega_j})^{-1} \tag{24.30}$$

임을 알 수 있다. 광자의 평균 갯수는

$$\langle N_j \rangle = \sum_{N_j=0}^{\infty} \rho_j(N_j) N_j = \frac{1}{Z_j} \sum_{N_j=0}^{\infty} N_j e^{-\beta N_j \hbar\omega_j} \tag{24.31}$$

로 표현할 수 있다. $\beta\hbar\omega_j$를 하나의 변수로 취급하면,

$$\langle N_j \rangle = -\frac{d}{d(\beta\hbar\omega_j)} \ln Z_j = \frac{d}{d(\beta\hbar\omega_j)} \ln(1 - e^{-\beta\hbar\omega_j}) = \frac{e^{-\beta\hbar\omega_j}}{1 - e^{-\beta\hbar\omega_j}} \tag{24.32}$$

임을 알 수 있다. $\beta = 1/k_B T$이므로, 모드 $j = (\boldsymbol{k}, s)$에 있는 **광자의 평균 개수**는

$$\boxed{\langle N_{\boldsymbol{k}s} \rangle = \frac{1}{e^{\hbar\omega_{\boldsymbol{k}s}/k_B T} - 1}} \tag{24.33}$$

이다.

분배 함수와 내부 에너지

Z_j에 대한 위의 결과를 이용하면, 전체 계의 분배 함수는

$$\begin{aligned} Z^{\text{tot}} &= \sum_{\alpha} e^{-\beta E_\alpha} = \sum_{N_1} \sum_{N_2} \cdots e^{-\beta(N_1\hbar\omega_1 + N_2\hbar\omega_2 + \cdots)} \\ &= \sum_{N_1} e^{-\beta N_1 \hbar\omega_1} \sum_{N_2} e^{-\beta N_2 \hbar\omega_2} \cdots = Z_1 Z_2 \cdots = \left(\frac{1}{1 - e^{-\beta\hbar\omega_1}} \right) \left(\frac{1}{1 - e^{-\beta\hbar\omega_2}} \right) \cdots . \end{aligned} \tag{24.34}$$

이다. 내부 에너지는

$$\begin{aligned} U &= -\frac{\partial \ln Z^{\text{tot}}}{\partial\beta} = -\frac{\partial}{\partial\beta} \sum_j \ln Z_j = \sum_j \frac{\partial}{\partial\beta} \ln(1 - e^{-\beta\hbar\omega_j}) \\ &= \sum_j \frac{e^{-\beta\hbar\omega_j}}{1 - e^{-\beta\hbar\omega_j}} \hbar\omega_j = \sum_j \frac{\hbar\omega_j}{e^{\beta\hbar\omega_j} - 1} \end{aligned} \tag{23.35}$$

이고 이것은 모둠 평균

$$\langle E \rangle = \left\langle \sum_j N_j \hbar\omega_j \right\rangle = \sum_j \langle N_j \rangle \hbar\omega_j . \tag{24.36}$$

이다.

에너지 밀도

$\omega_{\boldsymbol{k}s} = ck$가 편광 지표인 s와 파수 벡터 $\boldsymbol{k}$의 방향에 의존하지 않으므로, $\omega_{\boldsymbol{k}s}$를 ω_k로 쓰는 것이 편하고, 이때 k는 $\boldsymbol{k}$의 크기이다. j를 $\boldsymbol{k}s$로 바꾸면 내부 에너지는

$$U = \langle E \rangle = \sum_{\boldsymbol{k}s} \frac{\hbar\omega_k}{e^{\beta\hbar\omega_k} - 1} = 2\sum_{\boldsymbol{k}} \frac{\hbar\omega_k}{e^{\beta\hbar\omega_k} - 1} \tag{24.37}$$

이고, 인수 2는 s에 대한 합에서 나온다. 합을 적분 형태로 바꾸기 위해 상태 밀도 D_0을 이용하면

$$U = 2\int dk^3 D_0 \frac{\hbar\omega_k}{e^{\beta\hbar\omega_k} - 1} = \frac{V}{4\pi^3}\int_0^\infty 4\pi k^2 dk \frac{\hbar\omega_k}{e^{\beta\hbar\omega_k} - 1} \tag{24.38}$$

이고, 여기서 $\omega_{\boldsymbol{k}} = ck$이다. 이제 적분 변수를 k에서 x로 변환하는데, 여기서 $x = \beta\hbar\omega$이고 $k = x/(\beta\hbar c)$이다. 따라서

$$\frac{U}{V} = \frac{1}{\pi^2\hbar^3c^3\beta^4}\int_0^\infty \frac{x^3}{e^x - 1}dx \tag{24.39}$$

$\beta = 1/\ k_BT$이고, 적분값이 $\pi^4/15$이므로, 복사 **에너지 밀도**(energy density)는

$$u = \frac{U}{V} = \left(\frac{\pi^2}{15}\frac{{k_B}^4}{\hbar^3c^3}\right)T^4 \tag{24.40}$$

이다. 이것이 **광자 기체**(photon gas)라고도 불리는 계의 에너지 밀도이다.

플랑크 복사 법칙

복사 법칙은 전통적으로 단위 시간에 진동이 몇 번 일어났는지에 대한 빈도인 진동수 $\nu = \omega/2\pi$로 표현되므로, 적분 변수를 x에서 ν로 바꿔서 식 (24.39)를 다시 표현한다. 여기서 $x = h\nu/k_BT$이다. 그러면 에너지 밀도는

$$u = \frac{U}{V} = \frac{8\pi h}{c^3}\int_0^\infty \frac{\nu^3}{e^{h\nu/k_BT} - 1}d\nu \tag{24.41}$$

이고 여기서 복사 에너지 밀도는 진동수의 영역에 걸쳐 퍼져 있다. 이것은

$$u = \int_0^\infty u(\nu)d\nu \tag{24.42}$$

로 표현되는데, 여기서 $u(\nu)$는 **단위 진동수당 에너지 밀도**이다. 식 (24.42)와 식 (24.41)을 비교하면

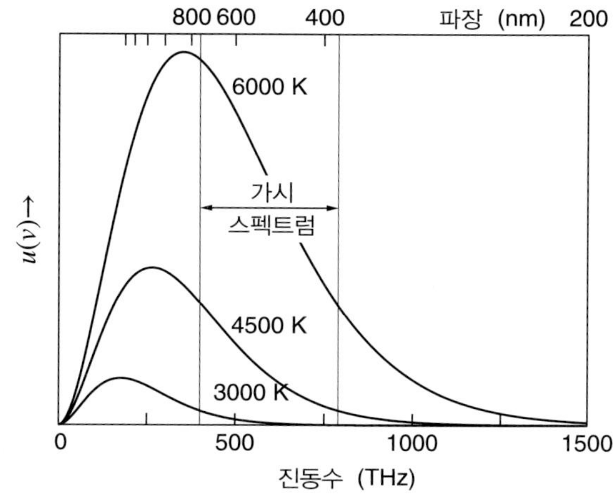

그림 24.1 플랑크 복사 법칙

$$\boxed{u(\nu) = \frac{8\pi h}{c^3}\frac{\nu^3}{e^{h\nu/k_B T} - 1}} \tag{24.43}$$

임을 알 수 있다. 이것이 흑체 복사에 대한 **플랑크 복사 법칙**(Planck's radiation law)이다. 이는 양자역학의 발전에 있어 매우 중요한 결과이다. 단위 진동수당 에너지 밀도는 그림 24.1에서 세 가지 온도에 대해 그려져 있다. 진동수의 단위는 테라 헤르츠 (1 THz = 10^{12}Hz)이다. 비교를 하자면 태양 표면의 온도는 대략 5800 K이다.

흑체 복사

흑체는 자신에게 들어오는 복사를 100%로 흡수하는 이상적인 물체를 말하며, 자신의 온도에 따른 특화된 스펙트럼을 방출한다. 흑체 복사를 실제로 구체화한 것이 균일한 온도로 유지되는 벽을 가진 구덩이의 작은 구멍에서 방출되는 복사이다. 균일한 온도의 벽을 가진 구멍의 작은 구멍에서 나오는 복사로 근사할 수 있다. 복사 **세기**(intensity) I는 단위 시간당 단위 면적을 통과하면 방출되는 에너지이다.

$$I = \frac{\text{에너지}}{\text{면적} \cdot \text{시간}} \tag{24.44}$$

구덩이의 벽에 면적이 A인 구멍이 그림 24.2에 그려져 있다. Δt 동안에 구멍을 지나 θ 방향으로 진행하는 에너지가 음영으로 표시되어 있다. 음영 부분의 부피는 $Ac\cos\theta\,\Delta t$인데, c는 진공에서는 빛의 속력이고 $c\cos\theta$는 θ 방향으로 진행하는 파동 속도의 z 방향 성분이다. 입체각(solid angle) $\sin\theta\, d\theta d\varphi$의 범위에 있는 (θ, φ) 방향으로 진행하는 구덩이 안의 복사량의 부분은 $(1/4\pi)\sin\theta\, d\theta d\varphi$이므로 Δt 동안에 구멍

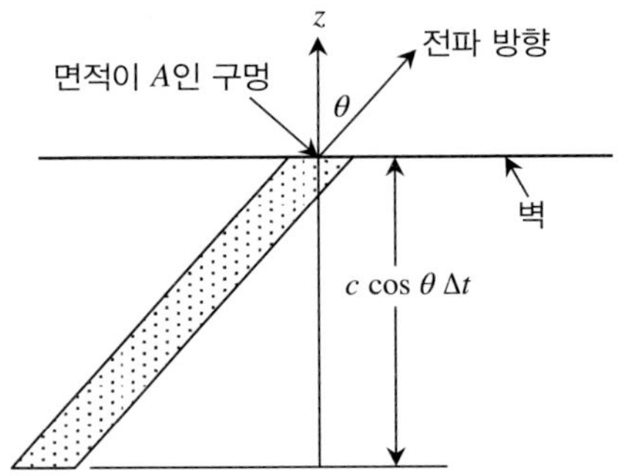

그림 24.2 구멍을 지나 통과하는 복사

을 지나 θ 방향으로 진행하는 에너지는

$$\frac{U}{V}(A c \cos\theta\,\Delta t)\frac{\sin\theta\, d\theta d\varphi}{4\pi} = \frac{u c A \Delta t}{4\pi}\cos\theta\sin\theta\, d\theta d\varphi \tag{24.45}$$

이다. 이때 $u = U/V$는 구덩이 속의 에너지 밀도이다. 벽을 향해 진행하는 복사만 구멍($0 \leq \theta \leq \pi/2$)을 통해 지나가므로, 그 세기는

$$I = \frac{1}{A\Delta t}\frac{ucA\Delta t}{4\pi}\int_0^{\pi/2}\cos\theta\sin\theta\, d\theta\int_0^{2\pi}d\varphi = \frac{c}{4}u \tag{24.46}$$

이다. 이 표현을 식 (24.40)의 에너지 밀도에 대한 식과 결합하면

$$\boxed{I = \sigma T^4} \tag{24.47}$$

이 되고 여기서

$$\sigma = \frac{cK_u}{4} = \frac{\pi^2}{60}\frac{k_B{}^4}{\hbar^3 c^2} \tag{24.48}$$

이다. 이것이 **스테판-볼츠만 법칙**(Stefan–Boltzmann law)인데, 흑체에서 단위 시간당 단위 면적당 방출되는 총 복사 에너지가 온도의 네 제곱에 비례한다는 것을 말해준다. **스테판-볼츠만 상수**(Stefan–Boltzmann constant)의 값은 $\sigma = 5.670 \times 10^{-8}\mathrm{Jm^{-2}s^{-1}K^{-4}}$이다.

24.3 조화 근사

전자기장의 진동과 고체 결정 내의 원자의 진동은 매우 다른 현상이지만, 이들에 대한 양자역학의 설명은 공통점이 매우 많다. 이런 공통점을 이해하기 위해서는 전자

기장의 평면파와 같이 원자들의 운동을 평면파로 표현해야 한다. 조화 근사가 이것을 해준다. 이 절에서는 아인슈타인 모형에서 사용된 단순화 작업을 하지 않으면서 19.6절에서 대략 소개했던 근사 방법을 발전시킨다. 24.4절에서는 **포논**(phonons)이라고 하는 들뜸을 소개하는 데 이 근사가 사용된다.

고체 안의 원자들은 어떤 특정 **위치**를 중심으로 진동하게 되는데, 이 위치들은 위치 에너지를 최소화하는 원자들의 위치이다. 여기서 N개의 원자로 이루어진 계를 고려하고, 그 특정 위치들을 $(\boldsymbol{R}_1, \ldots, \boldsymbol{R}_N)$으로 표시한다. 이제 i번째 원자의 위치는 $\boldsymbol{q}_i + \boldsymbol{R}_i$가 되는데, $\boldsymbol{q}_i = (q_i^x, q_i^y, q_i^z)$는 위치 $\boldsymbol{R}_i$로부터의 변위를 의미한다. 조화 근사는 퍼텐셜 에너지 Φ_N를 원자들의 변위의 각 성분 (q_i^x, q_i^y, q_i^z)으로 테일러 전개를 하여 얻는다. 편의상 변위의 성분들을 하나의 지표로 나타내게 되는데, 이를 따르면 변수 $(q_1^x, q_1^y, q_1^z, q_2^x, \ldots, q_N^z)$ 는 $(q_1, q_2, q_3, q_4, \ldots, q_{3N})$ 이 된다. 이차항보다 큰 고차항들을 무시하면, **조화 근사**(harmonic approximation)에서 퍼텐셜 에너지는

$$\Phi_N(q_1, \ldots, q_{3N}) = \Phi_{\mathrm{st}} + \frac{1}{2}\sum_m \sum_n A_{mn} q_m q_n \tag{24.49}$$

이다. **정지 에너지**(static energy) Φ_{st}는 이 전개에서 상수항인데, Φ_N의 최솟값이다. 선형항은 사라지게 되는데 최솟값 부근에서 전개를 했기 때문이다. 이차항은 **힘 상수 행렬**(force constant matrix) $A_{mn} = \partial^2\Phi_N/(\partial q_m\, \partial q_n)$에 의존한다. 아인슈타인 모형을 주는 근사는 A_{mn}의 대각항 이외의 항들을 무시하고, 대각항 A_{nn}은 k_0와 같다고 놓으면 얻어진다.

정상 모드 변환

조화 근사의 장점은 해밀토니안을 분리 가능하게 한다는 점이다. 이로부터 진동 운동을 통계적으로 독립적인 모드들의 합으로 해석할 수 있다. 이 결과는 힘 상수 행렬을 대각화하는 변환을 통해 얻어진다. 먼저 질량의 제곱근을 q_n에 곱하는 것으로 시작한다. 이는 다른 종류의 원자를 가지고 있는 고체를 연구할 때 유용하다. 따라서 새로운 좌표계 $q'_n = m_n^{1/2}\, q_n$이고 식 (24.49)의 이차항은

$$\sum_m \sum_n A_{mn} q_m q_n = \sum_m \sum_n A'_{mn} q'_m q'_n \tag{24.50}$$

이고, $A'_{mn} = A_{mn}/(m_n m_n)^{1/2}$이다. 행렬 A'_{mn}은 실수이고 대칭이며 직교 변환에 의해 대각화할 수 있다. 이 변환은 $(q'_1, q'_2, \ldots, q'_{3N})$를 새로운 변수 집합 $(x_1, x_2, \ldots, x_{3N})$으로 바꾸는데, 여기서 두 집합은

$$q'_n = \sum_j T_{nj} x_j \qquad \text{및} \qquad x_j = \sum_n q'_n T_{nj} \tag{24.51}$$

로 연결된다. 변환 행렬 T_{nj}는

$$\sum_m \sum_n A'_{mn} T_{mj} T_{nl} = \omega_j^2 \delta_{jl} \tag{24.52}$$

를 만족하며 여기서 ω_j^2는 변환된 행렬의 n번째 대각 원소이고, δ_{jl}은 크로네커 델타 기호 [$\delta_{jj} = 1$이고 $\delta_{jl} = 0$ ($j \neq l$인 경우)]이다. 대각 변환이라는 뜻은 T_{nj}의 역행렬이 자신의 전치 행렬과 같다는 것을 의미한다. 즉,

$$\sum_n T_{jn} T_{nl}^{-1} = \sum_n T_{jn} T_{\ln} = \delta_{jl} \tag{24.53}$$

이다. 이제 이차항은

$$\begin{aligned}\sum_m \sum_n A'_{mn} q'_m q'_n &= \sum_m \sum_n A'_{mn} \sum_j T_{mj} x_j \sum_l T_{nl} x_l \\ &= \sum_j \sum_l \omega_j^2 \delta_{jl} x_j x_l = \sum_j \omega_j^2 x_j^2\end{aligned} \tag{24.54}$$

이다. $3N$개의 변수 ($x_1, x_2, \ldots, x_{3N}$)은 **정상 좌표계**(normal coordinates)라고 하고, 각각의 좌표 x_j는 많은 원자들의 집단적인 변위를 기술한다. ($q_1, q_2, \ldots, q_{3N}$)에서 ($x_1, x_2, \ldots, x_{3N}$)로 **정상 모드 변환**(normal mode transformation)을 하면 식 (24.49)의 퍼텐셜 에너지는

$$\Phi_N = \Phi_{st} + \frac{1}{2} \sum_j \omega_j^2 x_j^2 \tag{24.55}$$

가 되고 여기서 $j = 1, 2, \ldots, 3N$이다. 지표 j는 진동 운동의 각각 다른 **정상 모드**(normal mode)를 가리킨다. x_j의 단위는 $kg^{1/2}m$이고 에너지 단위는 $kg\ m^2 s^{-2}$이므로, ω_j의 단위는 진동수의 단위(s^{-1})이다.

조화 해밀토니안

어떤 변수의 시간에 대한 도함수를 그 변수의 위에 점을 붙여서 표시하고, 정상 좌표계로 변환하면 계의 운동 에너지는

$$\begin{aligned}K_N &= \sum_n \left(\frac{1}{2} m_n \dot{q}_n^2\right) = \frac{1}{2} \sum_n \dot{q}_n'^2 = \frac{1}{2} \sum_n \sum_j T_{nj} \dot{x}_j \sum_l T_{nl} \dot{x}_l \\ &= \frac{1}{2} \sum_j \sum_l \delta_{jl} \dot{x}_j \dot{x}_l = \frac{1}{2} \sum_j \dot{x}_j^2\end{aligned} \tag{24.56}$$

이다. 계의 라그랑지안 L은 $L = K_N - \Phi_N$이고, 조화 근사에서는

$$L(\dot{x}_1, \ldots, x_{3N}) = \sum_j \left(\frac{1}{2}\dot{x}_j^2 - \frac{1}{2}\omega_j^2 x_j^2\right) - \Phi_{\text{st}} \tag{24.57}$$

이다. j번째 일반 운동량 $p_j = \partial L/\partial \dot{x}_j$는 $p_j = \dot{x}_j$이고, 조화 해밀토니안 $H_N = \sum_j p_j \dot{x}_j - L$은

$$H_N(p_1, \ldots, x_{3N}) = \Phi_{\text{st}} + H_{\text{vib}}(p_1, \ldots, x_{3N}) \tag{24.58}$$

이며, 여기서

$$H_{\text{vib}}(p_1, \ldots, x_{3N}) = \sum_{j=1}^{3N} H_j(p_j, x_j) \tag{24.59}$$

이고

$$H_j(p_j, x_j) = \frac{1}{2}p_j^2 + \frac{1}{2}\omega_j^2 x_j^2 \tag{24.60}$$

이다.

변수 p_j를 연산자 $\hat{p}_j = (\hbar/i)\ \partial/\partial x_j$로 바꾸면, 조화 해밀토니안은 20.4절에서 분석한 아인슈타인 모형의 해밀토니안과 매우 유사하지만, 조화 근사에서는 각각의 모드의 진동수 ω_j가 다르다. 또한 각 원자의 변위는 정상 모드 변위의 합으로 주어진다. 구체적으로 보면 입자의 변위 $(q_1, q_2, \ldots, q_{3N})$의 성분들은

$$q_n = m_n^{-1/2} q'_n = m_n^{-1/2} \sum_j T_{nj} x_j \tag{24.61}$$

이다. 식 (20.47)으로 유추해 보면 해밀토니안 $\hat{H}_j$의 에너지 고윳값은

$$\varepsilon(N_j) = \left(N_j + \frac{1}{2}\right)\hbar\omega_j \tag{24.62}$$

이고, N_j로 허락된 값은 $N_j = 0, 1, 2, \ldots, \infty$이므로 N개 원자로 구성된 고체의 에너지는

$$E_\alpha^{\text{vib}} = \sum_j \varepsilon(N_j) = \sum_j \left(N_j + \frac{1}{2}\right)\hbar\omega_j \tag{24.63}$$

가 되고 α는 양자수 $(N_1, N_2, \ldots, N_{3N})$을 축약해서 표현한 것이다.

평형 성질

N_j의 평균값은 볼츠만 인수에 비례하는 확률에 의해 결정된다. 볼츠만 인수는

$$\rho(N_j) = \frac{1}{C_j} e^{-\beta\left(N_j + \frac{1}{2}\right)\hbar\omega_j} = \frac{e^{-\frac{1}{2}\beta\hbar\omega_j}}{C_j} e^{-\beta N_j \hbar\omega_j} \tag{24.64}$$

이다. 상수 C_j는 규격화 조건에서 결정되는데,

$$C_j = e^{-\frac{1}{2}\beta\hbar\omega_j} \sum_{N_j=0}^{\infty} e^{-\beta N_j \hbar\omega_j} = e^{-\frac{1}{2}\beta\hbar\omega_j} Z_j \tag{24.65}$$

이고, $Z_j = \sum_{N_j} e^{-\beta N_j \hbar\omega_j}$이다. 식 (24.30)에서 주어진 것처럼 이 값은 $Z_j = (1 - e^{-\beta\hbar\omega_j})^{-1}$이다. C_j에 있는 $e^{-\frac{1}{2}\beta\hbar\omega_j}$ 인수는 $\rho(N_j)$에 있는 인수를 없애므로 $\rho(N_j) = e^{-\beta N_j \hbar\omega_j}/Z_j$이다. N_j의 평균값은

$$\langle N_j \rangle = \sum_{N_j=0}^{\infty} \rho_j(N_j) N_j = \frac{1}{Z_j} \sum_{N_j=0}^{\infty} N_j e^{-\beta N_j \hbar\omega_j} \tag{24.66}$$

이고, 이 표현은 식 (24.31)에 있는 광자에 대한 표현과 같다. 이에 따르면 식 (24.33)으로부터 다음과 같음을 알 수 있다.

$$\boxed{\langle N_j \rangle = \frac{1}{e^{\hbar\omega_j/k_B T} - 1}} \tag{24.67}$$

정상 좌표계로 변환하는 것은 우리가 고체 내에서 강하게 상호작용하는 입자들이 통계적으로 각각의 정상 모드가 부분계의 하나인 독립적인 부분계(subsystem)의 집합으로 다룰 수 있게 해 준다. 조화 근사에 대한 결과는 20.4절에서 사용한 단일 진동수 ω를 지표 j에 의존하는 ω_j들의 여러 진동수로 바꾸면 20.4절의 아인슈타인 모형의 결과로부터 얻을 수도 있다. 식 (20.62)에서 내부 에너지는 $U = \Phi_{st} + \langle E_N^{vib} \rangle$로 표현 가능하며, $\langle E_N^{vib} \rangle$는 E_α^{vib}의 평형 평균에 해당한다. 식 (24.63)으로부터 진동 운동이 내부 에너지에 기여하는 바는

$$\boxed{U_{vib} = \langle E_N^{vib} \rangle = \sum_{j=1}^{3N} \left(\langle N_j \rangle + \frac{1}{2} \right) \hbar\omega_j} \tag{24.68}$$

이다. 모든 진동수가 똑같다면, 이것은 아인슈타인 모형으로 단순하게 된다. $T = 0$에서는 에너지가 $U_{vib} = \sum_j \frac{1}{2}\hbar\omega_j$가 된다. 이것이 계의 **제로점 에너지**(zero point energy)이다. 이것의 존재는 절대 온도 0에서도 원자의 운동이 완전히 사라지지 않는다는 것을 의미한다.

조화 근사는 비정형 고체나 결정 고체 모두를 연구하는 데 유용하다. 비정형 고체는 **글래스**(glasses)라고도 하는데, 원자들의 위치에서 원거리 정렬이 없다는 점에서

액체와 비슷하다. 그러나 원자들은 공간에 고정된 위치 주위로 진동한다. 결정체에서 정상 모드는 평면파이고, 진동하는 들뜸은 **포논**(phonons)이라고 한다.

24.4 포논

결정 고체에서 원자들은 공간에 주기적으로 살창으로 이루어진 점들의 위치를 주위로 진동한다. 이 주기성 때문에 원자들의 변위 $\boldsymbol{q}_i = (q_i^x, q_i^y, q_i^z)$를 기술하는 정상 좌표계는 평면파의 형태를 띠고 이는 파수 벡터 $\boldsymbol{k} = (k_x, k_y, k_z)$로 규정된다. 단일 원자로 구성된 결정의 전형적인 정상 모드와 관련된 원자의 변위들은 그림 24.3에 그려져 있다. xy 평면에 있는 원자들은 원으로 표현되어 있는데, 분명하게 보이기 위해 실제 원자들의 크기보다는 작다. 격자 위치는 직선의 교점에 놓여 있고 이는 결정 구조의 내부 대칭성을 지시한다. 원자들은 곡선으로 나타낸 파동 같은 형태로 원자들의 위치에서 위 아래로 위치가 변화해 있다. 그려진 모드의 파수 벡터 방향은 x 방향으로 되어 있다($k_y = k_z = 0$). 그리고 이 파동은 원자들이 y 방향으로 이동하여 횡파 방향의 편향을 갖는다($q_i^x = q_i^z = 0$).

결정 구조의 고체를 기술할 때 지표 j인 정상 모드는 $\boldsymbol{k}s$의 지표로 바뀌지는데, $\boldsymbol{k}$는 파수 벡터이고, 지표 s는 파동의 편향을 나타낸다. 두 개의 횡방향 편향과 한 개의 종방향 편향이 존재하므로, 지표 s는 세 가지 가능한 값($s = 1, 2, 3$)을 갖는다. 복소수는 보통 정상 좌표계를 서술하는 데 이용되며, 이 경우 i번째 원자의 변위는

$$\boldsymbol{q}_i = \sum_{\boldsymbol{k}s} \mathrm{Re}(\boldsymbol{A}_{\boldsymbol{k}s}\, e^{i\boldsymbol{k}\cdot\boldsymbol{R}_i}) \tag{24.69}$$

이다. 여기서 $\boldsymbol{A}_{\boldsymbol{k}s}$는 모드 $\boldsymbol{k}s$의 파동의 진폭이며, Re는 $\boldsymbol{A}_{\boldsymbol{k}s}\, e^{i\boldsymbol{k}\cdot\boldsymbol{R}_i}$의 실수부이다. 한 가지 원자로 구성된 결정의 $3N$개의 정상 모드는 N개의 $\boldsymbol{k}$값과 세 개의 s값으로 표시할 수 있다.

표지 j가 $\boldsymbol{k}s$로 바뀌면, 식 (24.63)의 에너지 고윳값은

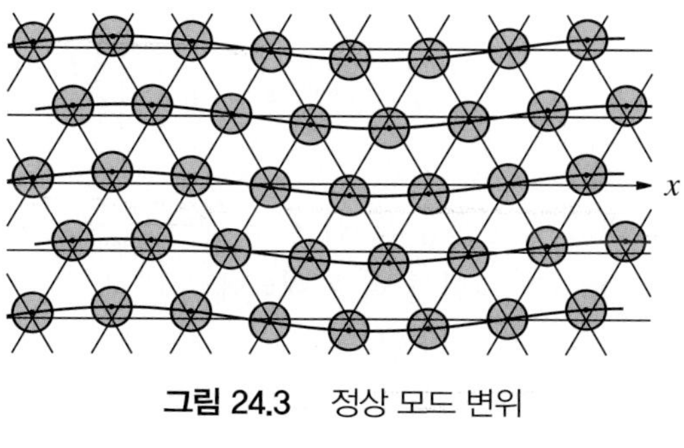

그림 24.3 정상 모드 변위

$$E_\alpha^{\text{vib}} = \sum_{\boldsymbol{k}s} \left(N_{\boldsymbol{k}s} + \frac{1}{2} \right) \hbar\omega_{\boldsymbol{k}s} \tag{24.70}$$

이 되고 가능한 양자수는 $N_{\boldsymbol{k}s} = 1, 2, \ldots, \infty$이다. $\frac{1}{2}\hbar\omega_{\boldsymbol{k}s}$의 기여를 제외하고 E_α^{vib}의 고윳값은 식 (24.24)의 전자기장의 경우와 같다. $N_{\boldsymbol{k}s}$가 전자기파 모드 $\boldsymbol{k}s$에 있는 광자의 개수를 의미하는 것과 마찬가지로, **$N_{\boldsymbol{k}s}$는 진동 모드 $\boldsymbol{k}s$에 있는 포논의 개수이고, 각 포논의 에너지는 $\hbar\omega_{\boldsymbol{k}s}$이다.** 원자 진동과 전자기파를 양자역학적으로 설명하는 것이 비슷하지만, 중요한 차이가 있다. 지수 $e^{i\boldsymbol{k}\cdot\boldsymbol{R}_i}$은 각각의 원자의 변위를 기술하는 반면, 전자기파를 기술하는 지수 $e^{i\boldsymbol{k}\cdot\boldsymbol{r}}$은 공간의 모든 점에서 값을 갖는다. 또한 진동 모드의 개수는 유한하지만(단일 원자 결정의 경우 $3N$), 전자기파의 모드의 개수는 무한개이다.

내부 에너지

정상 모드의 평면파와 같은 성질은 내부 에너지 $U = \Phi_{\text{st}} + U_{\text{vib}}$와 열용량 $C_V = (\partial U/\partial T)_V$의 온도에 대한 의존에 대해 재미있는 것을 함축한다. 포논을 가지고 표현하면 식 (24.68)의 진동 에너지는

$$U_{\text{vib}} = \sum_{\boldsymbol{k}s} \left(\langle N_{\boldsymbol{k}s} \rangle + \frac{1}{2} \right) \hbar\omega_{\boldsymbol{k}s} \tag{24.71}$$

이다. 모드 $\boldsymbol{k}s$에 있는 평균 포논 개수는

$$\langle N_{\boldsymbol{k}s} \rangle = \frac{1}{e^{\hbar\omega_{\boldsymbol{k}s}/k_B T} - 1} \tag{24.72}$$

이고 **제로점 에너지**(zero point energy)는

$$U_0 = \sum_{\boldsymbol{k}s} \frac{1}{2} \hbar\omega_{\boldsymbol{k}s} \tag{24.73}$$

이다. 정상 모드에 대한 합은 단위 진동수당 정상 모드의 수 $D(\omega)$를 도입하면 적분으로 표시할 수 있다. 따라서 위의 식들을 합치면 진동 에너지는

$$U_{\text{vib}} = \int \left(\frac{1}{e^{\hbar\omega/k_B T} - 1} + \frac{1}{2} \right) \hbar\omega D(\omega)\, d\omega \tag{24.74}$$

가 되면, 여기서 $D(\omega)\Delta\omega$는 진동수가 ω와 $\omega + \Delta\omega$ 사이에 있는 모드의 수이다.

진동수에 대한 밀도 $D(\omega)$는 힘 상수 행렬 A_{mn}을 대각화할 때 결정된다. 그러나 내부 에너지는 $D(\omega)$의 정확한 함수 형태에 무관하다. 예를 들어 아인슈타인 모형은 단일 진동수를 이용하면 중간 온도나 높은 온도에서는 고체의 비열에 대해 좋은 표현을 준다. 낮은 온도에서도 정확한 결과는 디바이 모형으로 얻을 수 있다.

디바이 모형

식 (24.72)의 분모에 있는 지수 꼴이 k_BT가 $\hbar\omega_{ks}$보다 작을 때는 매우 커지므로, 높은 진동수의 평균값 $\langle N_{ks}\rangle$가 낮은 온도에서는 중요하지 않게 된다. 결과적으로 낮은 진동수의 모드들이 진동 에너지를 지배하게 된다. 디바이 모형은 이를 이용한 모형이다. 낮은 진동수의 모드는 긴 파장의 들뜸인데, 이것은 음파에 해당하며, 음파의 속도 v_s는 파장 λ와 진동수 ν에 $v_s = \lambda\nu$의 식으로 의존한다. $k = 2\pi/\lambda$와 $\nu = 2\pi\omega$ 식을 이용하면, 이것은 $\omega = v_sk$가 되고, 여기서 ω는 각진동수, k는 파수 벡터 $\boldsymbol{k}$의 크기이다. 고체 내에서 음파의 속도는 편향에 의존하므로, 속도 v_s는 지표 s에도 의존한다. k가 작을 때 정확한 $\omega = v_sk$ 관계 식은 디바이 모형에서 모든 모드에 대해 사용된다. 모든 모드에 대해 같은 속도 v_s를 적용하면 진동수 밀도 $D(\omega)$는 파동 벡터 밀도 D_0으로 결정되며, 진동수 영역은 가능한 파수 벡터의 영역으로 결정된다.

특정 영역의 k 공간에 있는 모든 파수 벡터가 디바이 모형에 들어가고, k 공간 파수 벡터의 밀도는 3차원 연속 공간에 있는 파동의 밀도와 동일하다. 따라서 식 (24.11)을 따라 $D_0 = V/8\pi^3$이다. 정상 모드는 N개의 다른 파수 벡터에 의해 구별되고, 구형 모양의 영역의 부피 $\frac{4}{3}\pi k_{\max}{}^3$는 반드시

$$D_0\frac{4}{3}\pi k_{\max}^3 = \frac{V}{6\pi^2}k_{\max}^3 = N \tag{24.75}$$

을 만족한다. 여기서 $\boldsymbol{V}$는 고체의 부피이다. 가능한 파수 벡터 영역의 반지름 $k_{\max}$에 대해서 풀면, $k_{\max} = (6\pi^2 N/V)^{1/3}$이다.

편향에 대해 v_s가 의존하는 것을 무시하면, ω와 $\omega + \Delta\omega$ 사이의 진동수를 갖는 정상 모드의 수와 크기가 k와 $k + \Delta k$ 사이에 있는 파수 벡터의 수의 관계는

$$D(\omega)\Delta\omega = 3D_k\Delta k = \frac{3V}{2\pi^2}k^2\Delta k \tag{24.76}$$

여기서 3이라는 인수는 세 개의 다른 편향을 의미하고, $\Delta k = (dk/d\omega)\Delta\omega$이다. ω와 k의 관계는 $\omega = \bar{v}k$이고, 혹은 $k = \omega/\bar{v}$인데, 여기서 $\bar{v}$는 평균 속도이다. $dk/d\omega = 1/\bar{v}$를 이용하면 위의 결과는

$$D(\omega)\Delta\omega = \frac{3V\omega^2}{2\pi^2\bar{v}^3}\Delta\omega \tag{24.77}$$

이 모형에서 가능한 최대 진동수는 다음과 같다.

$$\omega_{\max} = \bar{v}k_{\max} = \bar{v}\left(\frac{6\pi^2N}{V}\right)^{1/3} \tag{24.78}$$

식 (24.77)을 식 (24.74)에 대입하면, 내부 에너지에 기여하는 진동 에너지는

$$U_{\text{vib}} = \frac{3V\hbar}{2\pi^2\bar{v}^3}\left[\int_0^{\omega_{\max}} \frac{\omega^3}{e^{\hbar\omega/k_BT}-1}d\omega + \frac{\omega_{\max}^4}{8}\right] \tag{24.79}$$

인데, $\frac{1}{8}\omega_{\max}^4$은 적분 $\int \frac{1}{2}\omega^3 d\omega$이다. 이 결과는 **디바이 온도**(Debye temperature) Θ_D를 다음의 관계 식으로 도입함으로써 간단히 만들 수 있다.

$$\hbar\omega_{\max} = k_B\theta_D \tag{24.80}$$

따라서

$$\omega_{\max} = k_B\theta_D/\hbar \qquad \text{및} \qquad \Theta_D = \frac{\hbar\omega_{\max}}{k_B} = \frac{\hbar\bar{v}}{k_B}\left(\frac{6\pi^2N}{V}\right)^{1/3} \tag{24.81}$$

이다. θ_D로 표현했을 때, 식 (24.79)의 인수 $3V\hbar/(2\pi^2\bar{v}^3)$은 $9N\hbar^4/(k_B\boldsymbol{\theta}_D)^3$이 된다. 또한 적분의 ω를 $x = \hbar\omega/k_BT$로 변환하면 간단히 할 수 있다. 이런 변화를 통해 진동 에너지에 대한 디바이 근삿값은

$$U_{\text{vib}} = \frac{9N\hbar^4}{k_B^3\Theta_D^3}\left[\left(\frac{k_BT}{\hbar}\right)^4\int_0^{x_{\max}} \frac{x^3}{e^x-1}dx + \frac{1}{8}\left(\frac{k_B\Theta_D}{\hbar}\right)^4\right] \tag{24.82}$$

이고 $x_{\max} = \theta_D/T$이다. 항들을 잘 정리하면

$$\boxed{U_{\text{vib}} = 9Nk_B\Theta_D\left[\left(\frac{T}{\Theta_D}\right)^4\int_0^{\theta_D/T} \frac{x^3}{e^x-1}dx + \frac{1}{8}\right]} \tag{24.83}$$

높은 온도($T \gg \theta_D$)일 때는 상한 $x_{\max} = \theta_D/T$가 작다. 따라서 이 적분을 $e^x = 1 + x$

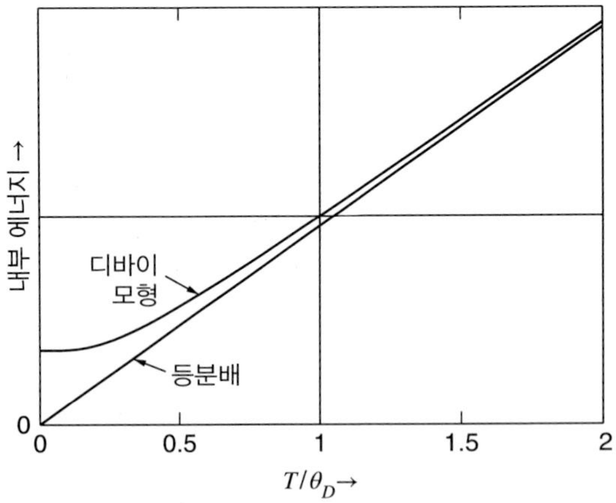

그림 24.4 고체 내부 에너지의 온도 의존성

$+\ \ldots$ 전개를 이용하여 계산할 수 있다. 가장 낮은 차수의 항만 유지하면, 적분은 x^2이 되고 적분은 $\frac{1}{3}(\theta_D/T)^3$이 된다. 이것을 식 (24.83)과 연결하면 고온 극한에서는

$$U_{\text{vib}} = 3Nk_BT \tag{24.84}$$

가 된다.

내부 에너지 U_{vib}에 대한 디바이 근사는 그림 24.4에 에너지 등분배 정리[2]의 고전적인 예측과 함께 그려져 있다. 절대 온도에서 에너지가 최솟값으로 가는 것을 주목하라. 그러나 식 (24.73)의 제로점 에너지 때문에 완전히 사라지지 않는다. 조화 근사에서 진동 에너지는 운동 에너지와 퍼텐셜 에너지로 동등하게 분리되기 때문에, 원자들의 운동 에너지는 온도가 아주 낮지 않는다면 절대 온도에 비례한다.

고체의 비열은 식 (24.79)의 진동 에너지 U_{vib}의 표현을 미분함으로써 얻어진다. 따라서

$$C_V = \left(\frac{\partial U}{\partial T}\right)_V = 9Nk_B\left(\frac{T}{\theta_D}\right)^3 \int_0^{\Theta_D/T} \frac{x^4e^x}{(e^x-1)^2}dx \tag{24.85}$$

이다. 높은 온도에서 열용량은 에너지 등분배의 정리가 예측하는 대로

$$C_V = 3Nk_B \tag{24.86}$$

로 접근한다. 아주 낮은 온도($T \ll \theta_D$)에서 열용량은 식 (24.85)의 적분 상한을 무한대로 보내는 것으로 얻어진다. 이 경우 적분은 $4\pi^4/15$이다. 낮은 에너지 근사의 결과는

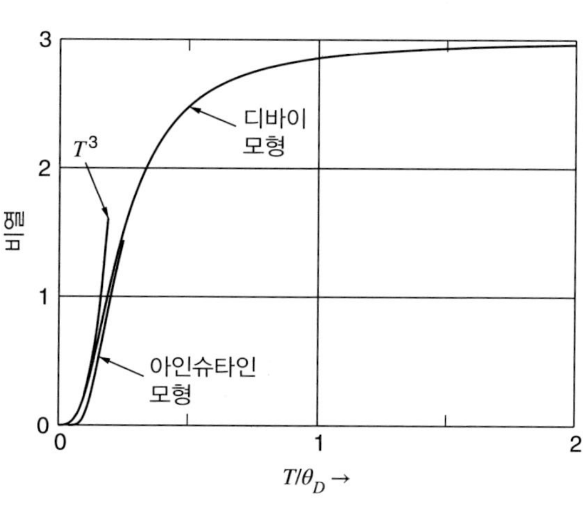

그림 24.5 정상 모드 변위

2) 에너지 등분배의 법칙과 고체에의 응용은 21.3절과 15.4절에서 논의하고 있다.

표 24.1 디바이 온도

네온	납	금	얼음	알루미늄	철	실리콘
75 K	105 K	170 K	192 K	428 K	467 K	640 K

$$C_V = \left(\frac{\partial U}{\partial T}\right)_V = \frac{12\pi^4 N k_B}{5}\left(\frac{T}{\theta_D}\right)^3 \tag{24.87}$$

이다. 이 T^3에 비례하는 근사가 정확한 이유는 낮은 온도에서 긴 파장을 가진 정상 모드가 지배하는 것을 디바이 모형에서 정확하게 다루기 때문이다.

디바이 비열 $C_V/(3Nk_B)$은 그림 24.5에 T^3 근사와 함께 그려져 있고, 식 (20.67)의 아인슈타인 모형의 예측도 그려져 있다(그림의 아인슈타인 온도 θ_E는 디바이 온도 θ_D의 77%이다). 아인슈타인 모형은 중간 온도에서 고체의 비열이 떨어지는 것은 정확하게 예측하나, 절대 온도로 갈 때 급격히 0으로 떨어진다. 특정 물질의 θ_D 값은 실험 데이터를 피팅함으로써 얻어진다. 다른 물질들에 대한 디바이 온도의 여러 값들은 표 24.1[3]에 주어진 값으로 서술되어 있다.

문제

24.1 **(a)** 속이 빈 껍질의 흑체 복사의 헬름홀츠 자유 에너지 F를 구하시오. F를 모드 지표 j에 대한 합으로 표현하시오. j 는 $(\boldsymbol{k}, s)$ 이다.

(b) $d\omega_j/dV = -\omega_j/(3V)$임을 증명하시오.

(c) 압력 P는 에너지 밀도 U/V에 비례함을 증명하고, 비례 상수를 구하시오.

(d) 비교를 위해, 단원자 분자 이상 기체의 압력을 상수 곱하기 U/V로 나타내시오.

24.2 조화 근사에서 진동 에너지는 $E_\alpha^{\text{vib}} = \sum_j \left(N_j + \frac{1}{2}\right)\hbar\omega_j$이고, 여기서 α는 $(N_1, N_2, \ldots, N_{3N})$의 축약된 표현이며, $N_j = 0, 1, 2, \ldots, \infty$이다.

(a) 자유 에너지에 진동이 기여하는 바는 $F_{\text{vib}} = -k_B T \ln \sum_\alpha e^{-\beta E_\alpha^{\text{vib}}}$이다. $F_{\text{vib}} = -k_B T \sum_j \ln\left(\sinh \frac{1}{2}\beta\hbar\omega_j\right)$임을 보이시오.

3) Gray D. E. (1972) *American Institute of Physics Handbook*, 3rd edn, McGraw-Hill, New York, pp. 4–115.

(b) N_j의 평균값은 $\langle N_j \rangle = (e^{\beta\hbar\omega_j} - 1)^{-1}$이다.

$$\langle N_j \rangle + \frac{1}{2} = \left[2 \tanh \frac{1}{2}\beta\hbar\omega_j\right]^{-1}$$

임을 증명하시오.

(c) **준조화 근사**(quasi-harmonic approximation)에서는 진동수 ω_j인 정상 모드가 부피에 의존하고, 이 부피는 압력에 의존한다. 압력에 진동이 기여하는 바는

$$P = \sum_j \left(\langle N_j \rangle + \frac{1}{2} \right) \hbar\omega_j \gamma_j$$

임을 증명하시오. $\gamma_j = -(\partial \ln \omega_j / \partial \ln V)$는 **그뤼니센 인수**(Grüneisen parameter)라고 한다.

25장 큰 바른틀 모둠

바른틀 모둠(canonical ensemble, 정규 앙상블)은 닫힌계를 기술한다. 다시 말하면 입자의 수가 고정되어 있는 계를 기술한다. 열린계는 큰 바른틀 모둠으로 기술된다. 그리고 입자의 수는 화학 퍼텐셜로 조정된다. 열린계는 입자를 주고받을 수 있지만, 입자의 수의 요동은 매우 작아서 대부분의 계는 열린계와 닫힌계 중 하나로 다루어진다. 이것은 우리가 연구하는 계의 분석을 단순화할 수 있는 모둠을 선택할 수 있게 한다. 26장에서 논의될 것이지만, 동일한 페르미온이나 보손계는 큰 바른틀 모둠으로 분석하는 것이 최상이다.

25.1 열린계의 열역학

가장 익숙한 열린계의 예는 물컵에 담긴 물이다. 이것이 열린계인 이유는 액체와 방안 공기 사이에 물, 질소, 산소의 분자를 끊임없이 교환하기 때문이다. 단일 구성 성분을 갖는 계를 고려하는 것과 13장에서 도입된 관련된 열역학 개념을 복습하는 것으로 열린계에 대해 공부해 보자. 매순간의 미시적인 입자의 갯수는 요동칠 수 있으므로, 이것의 열역학적 값은 N이라고 쓰이는 미시적인 값과는 구별될 필요가 있다. 열역학적 값은 $\overline{N}$으로 표현할 수 있는데, 이는 N의 모둠 평균이다. 미시적인 수준에서는 계에서 물질의 양을 표현하기 위해 몰수 n을 쓰는 대신 $\overline{N}$을 쓰는 것이 편하다. 따라서,

$$\overline{N} = \langle N \rangle = nN_A \tag{25.1}$$

이며, N_A는 아보가드로 수이다.

자연적인 변수가 온도, 압력, 입자수인 열역학 퍼텐셜은 기브스 자유 에너지이다. 이는 $G(T, P, \overline{N})$이라는 함수로 주어진다. 이것의 미분은

$$dG = \left(\frac{\partial G}{\partial T}\right)_{P\overline{N}} dT + \left(\frac{\partial G}{\partial P}\right)_{T\overline{N}} dP + \left(\frac{\partial G}{\partial \overline{N}}\right)_{TP} d\overline{N} \tag{25.2}$$

이다. 여기서 식 (13.14)의 N은 이제 $\overline{N}$으로 표현되어 있다. 12장의 $S = -(\partial G/\partial T)_P$와 $V = (\partial G/\partial T)_T$ 식은 정해진 입자수의 계에 한정되어 있다. 그 제한 조건이 미분의

아래 첨자로 드러나 있을 때, 엔트로피와 부피는

$$S = -\left(\frac{\partial G}{\partial T}\right)_{P\overline{N}} \qquad \text{및} \qquad V = \left(\frac{\partial G}{\partial P}\right)_{T\overline{N}} \tag{25.3}$$

이다. 입자당 기브스 자유 에너지는 **화학 퍼텐셜**(chemical potential)[1]이라고 하는데, 다음과 같다.

$$\mu = \left(\frac{\partial G}{\partial \overline{N}}\right)_{TP} \tag{25.4}$$

화학 퍼텐셜 μ는 온도와 압력이 일정하게 유지되는 계에 분자 하나를 도입하는 데 필요한 에너지를 말한다. 이것은

$$G(T, P, \overline{N}) = \overline{N}\mu(T, P) \tag{25.5}$$

에 의한 기브스 자유 에너지와 관련된 내적 성질이다. 표시된 것처럼 μ는 $\overline{N}$에 독립적이다. 13.2절에 나타내었듯이, 이것은 G와 $\overline{N}$ 모두 외적 성질인 반면, T, P는 내적 성질인 것의 결과이다. 식 (25.2)부터 (25.4)까지를 결합하면 $G(T, P, \overline{N})$의 미분소는

$$dG = -SdT + VdP + \mu d\overline{N} \tag{25.6}$$

이 된다. 식 (13.28)로부터 열린계에 대한 평형 조건은 다음과 같다.

$$\mu_1 = \mu_2, \qquad T_1 = T_2, \qquad P_1 = P_2 \tag{25.7}$$

큰 퍼텐셜

큰 바른틀 모둠은 T, V, μ를 변수로 계를 기술한다. 이것은 자연 변수가 T, V, μ인 열역학 퍼텐셜이 유용할 것이라는 것을 암시한다. 그런 퍼텐셜은 $G(T, P, \overline{N})$을 르장드르 변환에 의해 $(T, P, \overline{N})$에서 (T, P, μ)로 변환(12.2절 참조)함으로써 얻어진다. 이것은 다음의 **큰 퍼텐셜**(grand potential)을 도입시킨다.

$$\Phi_{\text{th}} = G - PV - \mu\overline{N} \tag{25.8}$$

큰 퍼텐셜의 미분소는

$$d\Phi_{\text{th}} = dG - PdV - VdP - \mu d\overline{N} - \overline{N}d\mu \tag{25.9}$$

이다. 이를 $dG = -SdT + VdP + \mu d\overline{N}$과 결합하면

1) 화학 퍼텐셜은 몰당 기브스 에너지로도 정의될 수 있다. 이것은 $\partial G/\partial\overline{N}$에다 N_A(아보가드로 수)를 곱한 것으로 $\partial G/\partial\overline{N}$보다 크다.

$$d\Phi_{\text{th}} = -SdT - PdV - \overline{N}d\mu \tag{25.10}$$

이다. $d\Phi_{\text{th}}$가 어떤 함수의 미분이므로, 따라서

$$S = -\left(\frac{\partial \Phi_{\text{th}}}{\partial T}\right)_{V\mu}, \quad P = -\left(\frac{\partial \Phi_{\text{th}}}{\partial V}\right)_{T\mu}, \quad \overline{N} = -\left(\frac{\partial \Phi_{\text{th}}}{\partial \mu}\right)_{TV} \tag{25.11}$$

이다. 식 (25.5)의 $G = \mu\overline{N}$의 결과와 Φ_{th}의 정의를 결합하면,

$$\Phi_{\text{th}}(T, V, \mu) = -P(T, \mu)V \tag{25.12}$$

이다. 이 결과는 13.1절에서 $G = \mu\overline{N}$을 보이기 위해 사용했던 논의와 비슷한 논의를 만드는 것으로 얻어질 수 있다. 큰 퍼텐셜은 큰 바른틀 모둠에 있는 계를 거시적으로 기술하는 것과 미시적으로 기술하는 것의 관계를 수립하는 데 필수적인 역할을 한다.

25.2 큰 바른틀 모둠

큰 바른틀 모둠은 18.4절에서 입자수가 변화 가능할 때, 어떤 계를 가장 치우침이 없게 기술하는 확률 분포를 찾아내는 것으로 유도되었다. 입자의 개수가 정해지지 않았을 때에는 다른 방식의 사고가 적당하다. 즉, 어떤 외부와 고립된 상자에 담겨 있는 물질로 이루어진 계가 아니라, 어떤 거대한 물질이 있을 때, 공간적으로 고정된 영역에 있는 거대한 물질의 일부분으로 이루어진 계를 고려해보자. 이 물질을 이루는 입자들이 그 고정된 영역을 들어오고 나갈 수 있으므로, 계의 미시 상태를 정할 때 그 공간 안에 있는 입자의 개수를 정할 필요가 있다.

고전계

입자의 개수는 연속적인 수가 아니라 불연속적인 수이므로 고전적인 확률 분포는 확률과 확률 밀도를 결합한 것으로 기술된다.

$\rho(N; \boldsymbol{p}_1 \cdots \boldsymbol{r}_N) = N$개의 입자로 이루어진 계의 운동량과
위치가 $dp^{3N}dr^{3N}$의 부피에 있을 확률 (25.13)

식 (18.45)로부터 확률 분포는 더 상세하게

$$\rho(N; \boldsymbol{p}_1 \cdots \boldsymbol{r}_N) = \frac{1}{Q} e^{\mu N/k_B T} \frac{1}{h^{3N} N!} e^{-H_N(\boldsymbol{p}_1 \cdots \boldsymbol{r}_N)/k_B T} \tag{25.14}$$

이다. 입자를 교환하는 과정의 화학 퍼텐셜 μ의 역할은 열을 교환하는 과정에 있어서 온도의 역할과 비슷하다. Q값은 규격화 조건에 의해 결정되며, 이는

$$\sum_{N=0}^{\infty} \int dp^{3N} \int dr^{3N} \rho(N; \boldsymbol{p}_1 \cdots \boldsymbol{r}_N) = 1 \tag{25.15}$$

인데, 위치 변수 $\boldsymbol{r}_i$는 부피 V의 공간의 영역에서 적분된다. 운동량과 위치 변수의 수가 N에 의존하므로 합보다 적분을 먼저 한다. 식 (25.14)를 식 (25.15)에 대입하고 항들을 정리하면

$$\boxed{Q(T, V, \mu) = \sum_{N=0}^{\infty} \frac{e^{\mu N/k_B T}}{h^{3N} N!} \int dp^{3N} \int dr^{3N} e^{-H_N(\boldsymbol{p}_1 \cdots \boldsymbol{r}_N)/k_B T}} \tag{25.16}$$

이다. 이것이 **큰 분배 함수**(grand partition function)를 고전적으로 표현한 것이다. N개의 입자에 대한 분배 함수 Z_N을 이용하여 이것을 간단히 할 수 있는데, 식 (22.43)에 주어진 것처럼

$$Z_N(T, V) = \frac{1}{h^{3N} N!} \int dp^{3N} \int dr^{3N} e^{-H_N(\boldsymbol{p}_1 \cdots \boldsymbol{r}_N)/k_B T} \tag{25.17}$$

을 식 (25.16)과 결합하면

$$\boxed{Q(T, V, \mu) = \sum_{N=0}^{\infty} e^{\mu N/k_B T} Z_N(T, V)} \tag{25.18}$$

이다. ρ, Q, Z_N에 포함된 $1/N!$은 기브스의 역설을 해결하기 위해 들어간 인수이고 이는 22.3절에서 논의하였다. 인수 h^{-3N}은 양자 효과가 무시할 정도로 작을 때 양자 모둠과 일치하도록 해 준다.

양자계

양자역학적으로 열린계를 기술하고자 할 때 열린계의 확률은

$$\rho_{N,\alpha} = \frac{1}{Q} e^{\mu N/k_B T} e^{-E_{N,\alpha}/k_B T} \tag{25.19}$$

이고 $E_{N,\alpha}$의 첨자는 이것이 N개 입자로 이루어진 계의 에너지 고윳값이라는 것을 강조한다. 규격화 조건은

$$\sum_{N=0}^{\infty}\sum_{\alpha}\rho_{N,\alpha} = 1 \tag{25.20}$$

을 필요로 한다. $\rho_{N,\alpha}$를 이것에 대입하고 항들을 정리하면

$$\boxed{Q = \sum_{N=0}^{\infty} e^{\mu N/k_B T}\sum_{\alpha} e^{-E_{N,\alpha}/k_B T}} \tag{25.21}$$

인데 이것이 **큰 분배 함수**의 양자 역학적 표현이다. N개 입자의 양자 분배 함수 식 (20.5)를 사용하면,

$$\boxed{Q = \sum_{N=0}^{\infty} e^{\mu N/k_B T} Z_N} \tag{25.22}$$

를 얻는데, $Z_N = \sum_{\alpha} e^{-E_{N,\alpha}/k_B T}$이다. 여기서 고전계의 기브스의 역설을 해결하기 위한 $1/N!$의 인수는 양자계에서는 들어가지 않았는데, 이것은 26장에서 논의하는 것처럼 동일 입자들은 구별 불가능하다는 개념에 의해 공급된다.

25.3 특성과 요동

열역학적 특성은 큰 퍼텐셜이나 혹은 모둠 평균을 구하는 것으로 얻어질 수 있다. 큰 퍼텐셜 $\Phi_{\rm th}$는 큰 분배 함수 $\Phi_{\rm th} = -k_B T \ln Q$라는 식에 의해 연관되어 있다. 이 주장을 정당화하기 위해 우리는 입자수 $\overline{N}$과 내부 에너지 U를 $\Phi_{\rm th}$로부터 유도한 것이 N과 $E_{N,\alpha}$의 모둠 평균값에 의해 예측된 값과 동일하다는 것을 증명한다. $\Phi_{\rm th} = -k_B T \ln Q$와 식 (25.12)의 $\Phi_{\rm th} = -PV$ 관계식을 합치면

$$\boxed{P(T,V,\mu)V = -\Phi_{\rm th}(T,V,\mu) = k_B T \ln Q(T,V,\mu)} \tag{25.23}$$

임을 지시한다.

식 (25.19)에 있는 $\rho_{N,\alpha}$의 확률을 이용하면 $\overline{N}$의 앙상블 평균은 다음과 같다.

$$\overline{N} = \langle N\rangle = \sum_{N=0}^{\infty}\sum_{\alpha}\rho_{N,\alpha}N = \frac{1}{Q}\sum_{N=0}^{\infty}\sum_{\alpha} e^{\mu N/k_B T} e^{-E_{N,\alpha}/k_B T} N \tag{25.24}$$

여기서 α에 대한 합은 N에 대한 합보다 먼저 행한다. $\overline{N}$값을 큰 퍼텐셜에서 알아내기 위해서 $\Phi_{\rm th} = -k_B T \ln Q$를 열역학 관계식 $\overline{N} = -(\partial\Phi_{\rm th}/\partial\mu)_{TV}$와 결합하여

$$\overline{N} = k_B T \frac{\partial \ln Q(T, V, \mu)}{\partial \mu} = \frac{k_B T}{Q} \frac{\partial Q(T, V, \mu)}{\partial \mu} \tag{25.25}$$

임을 증명한다. 이 식과 식 (25.21)의 Q에 대한 표현을 이용하면,

$$\overline{N} = \frac{k_B T}{Q} \sum_{N=0}^{\infty} \frac{\partial e^{\mu N/k_B T}}{\partial \mu} \sum_{\alpha} e^{-E_{N,\alpha}/k_B T} \tag{25.26}$$

을 얻는다. $(\partial e^{\mu N/k_B T}/\partial \mu) = e^{\mu N/k_B T}(N/k_B T)$임을 이용하면

$$\overline{N} = \frac{1}{Q} \sum_{N=0}^{\infty} \sum_{\alpha} e^{\mu N/k_B T} e^{-E_{N,\alpha}/k_B T} N \tag{25.27}$$

인데, 이것은 식 (25.24)의 모둠 평균과 동일하다.

큰 퍼텐셜로부터 내부 에너지를 찾으려면, 식 (25.5)의 $G = \overline{N}\mu$의 결과와 표 12.1의 $G = U - TS + PV$ 관계식을 이용하여 U에 대해서 풀면 $U = \mu\overline{N} + TS - PV$이다. $\Phi_{\text{th}} = -PV$인 것과 식 (25.11)의 $\overline{N}$과 S의 열역학적 관계를 이용하면

$$U = -\mu\left(\frac{\partial \Phi_{\text{th}}}{\partial \mu}\right)_{TV} - T\left(\frac{\partial \Phi_{\text{th}}}{\partial T}\right)_{V\mu} + \Phi_{\text{th}} \tag{25.28}$$

을 얻는다. 이것과 $\Phi_{\text{th}} = -k_B T \ln Q$로부터

$$U = \frac{k_B T}{Q}\left[\mu\left(\frac{\partial Q}{\partial \mu}\right)_{TV} + T\left(\frac{\partial Q}{\partial T}\right)_{V\mu}\right] \tag{25.29}$$

이다. 식 (25.21)의 Q에 대한 표현을 이 식에 대치시키고

$$\mu\frac{\partial e^{\mu N/k_B T}}{\partial \mu} = -T\frac{\partial e^{\mu N/k_B T}}{\partial T} \quad \text{및} \quad \frac{\partial e^{-E_{N,\alpha}/k_B T}}{\partial T} = \frac{E_{N,\alpha}}{k_B T^2} e^{-E_{N,\alpha}/k_B T} \tag{25.30}$$

을 이용하면

$$U = \frac{1}{Q} \sum_{N=0}^{\infty} \sum_{\alpha} e^{\mu N/k_B T} e^{-E_{N,\alpha}/k_B T} E_{N,\alpha} = \sum_{N=0}^{\infty} \sum_{\alpha} \rho_{N,\alpha} E_{N,\alpha} = \langle E \rangle \tag{25.31}$$

을 안다. 따라서 $\Phi_{\text{th}} = -k_B T \ln Q$로부터 유도한 내부 에너지 U는 확률 $\rho_{N,\alpha}$로 계산된 $E_{N,\alpha}$의 모둠 평균과 동일하다.

요동

계가 N개의 입자를 가지고 있을 확률 $\rho(N)$은 N의 값과 일관된 미시 상태에 대해 합을 구해서 얻는다.

$$\rho(N) = \sum_{\alpha} \rho_{N,\alpha} \tag{25.32}$$

이에 대응하는 고전적인 표현은

$$\rho(N) = \int dp^{3N} \int dr^{3N} \rho(N; \boldsymbol{p}_1 \cdots \boldsymbol{r}_N) \tag{25.33}$$

이다. $\rho(N; \boldsymbol{p}_1 \cdots \boldsymbol{r}_N)$에 대한 표현과 식 (25.14)의 $\rho_{N,\alpha}$와 식 (25.19)를 이용하면, 고전적으로나 양자역학적으로나 모두

$$\rho(N) = \frac{1}{Q} e^{\mu N/k_B T} Z_N \tag{25.34}$$

임을 알게 된다.

N의 분산은 $\ln Q$를 두 번 미분해서 얻는다.

$$\left(\frac{\partial^2 \ln Q}{\partial \mu^2}\right)_{TV} = \frac{\partial}{\partial \mu}\left(\frac{1}{Q}\frac{\partial Q}{\partial \mu}\right)_{TV} = \frac{1}{Q}\left(\frac{\partial^2 Q}{\partial \mu^2}\right)_{TV} - \frac{1}{Q^2}\left(\frac{\partial Q}{\partial \mu}\right)_{TV}^2 \tag{25.35}$$

$Q = \sum_N e^{\mu N/k_B T} Z_N$으로부터 Q의 일차 도함수는

$$\left(\frac{\partial Q}{\partial \mu}\right)_{TV} = \sum_{N=0}^{\infty} \frac{N}{k_B T} e^{\mu N/k_B T} Z_N = \frac{Q}{k_B T} \sum_{N=0}^{\infty} \rho(N) N \tag{25.36}$$

이고

$$\left(\frac{\partial^2 Q}{\partial \mu^2}\right)_{TV} = \sum_{N=0}^{\infty} \left(\frac{N}{k_B T}\right)^2 e^{\mu N/k_B T} Z_N = \frac{Q}{(k_B T)^2} \sum_{N=0}^{\infty} \rho(N) N^2 \tag{25.37}$$

인데, 여기서 식 (25.34)를 이용하였다. 따라서 다음과 같다.

$$\frac{1}{Q}\left(\frac{\partial Q}{\partial \mu}\right)_{TV} = \frac{1}{k_B T}\langle N \rangle \qquad \text{및} \qquad \frac{1}{Q}\left(\frac{\partial^2 Q}{\partial \mu^2}\right)_{TV} = \frac{1}{(k_B T)^2}\langle N^2 \rangle \tag{25.38}$$

이 식들을 식 (25.35)와 연결하면

$$\left(\frac{\partial^2 \ln Q}{\partial \mu^2}\right)_{TV} = \frac{1}{(k_B T)^2}\left[\langle N^2 \rangle - \langle N \rangle^2\right] = \frac{\mathrm{Var}[N]}{(k_B T)^2} \tag{25.39}$$

인데, 여기서 $\mathrm{Var}[N] = \langle N^2 \rangle - \langle N \rangle^2$은 N의 분산이다. 따라서

$$\mathrm{Var}[N] = (k_B T)^2 \left(\frac{\partial^2 \ln Q}{\partial \mu^2}\right)_{TV} \tag{25.40}$$

이다. 요동의 크기는 표준 편차에 의해 측정되고, 이것은 분산의 제곱근이다.

$$\boxed{\sigma_N = k_B T \left(\frac{\partial^2 \ln Q}{\partial \mu^2} \right)^{1/2}} \tag{25.41}$$

25.4 이상 기체

큰 바른틀 모둠의 최후의 정당화는 이것이 예측하는 바의 정확도이다. 큰 정규 분포의 예측하는 능력을 시험하기 위해서 단원자 분자 기체의 성질, 즉 상태 방정식 $PV = \overline{N}k_BT$와 정적 몰비열 $C_V = \frac{3}{2}\overline{N}k_B$를 예측하는 능력을 점검한다. 기체의 성질을 알아내기 위해서 큰 분배 함수에 대한 일반적인 표현 식 (25.18)과 식 (25.22)를 이용한다.

$$Q = \sum_N e^{\mu N/k_B T} Z_N \tag{25.42}$$

에너지가 각각 독립적인 기여들로 분할 가능하다면, N 입자 분배 함수 Z_N은 단일 입자 분배 함수의 곱이 된다. 같은 종류의 입자들에 대해

$$Z_N = [Z_s]^N \tag{25.43}$$

이다. 기브스 역설을 해소하기 위한 $1/N!$ 인수는 이 값에 포함시키지 않았다. $1/N!$ 인수를 포함시키고 식 (25.43)을 Q에 대한 표현에 집어넣으면,

$$Q = \sum_N e^{\mu N/k_B T} \frac{1}{N!} [Z_s]^N \tag{25.44}$$

이다. $Z_s = e^{\ln Z_s}$와 $\exp x = \sum_n (1/n!) x^n$임을 이용하면

$$Q = \sum_N \frac{1}{N!} \left(e^{(\mu/k_B T) + \ln Z_s} \right)^N = \exp\left(e^{(\mu/k_B T) + \ln Z_s} \right) \tag{25.45}$$

이다. 로그를 취하면

$$\ln Q = e^{(\mu/k_B T) + \ln Z_s} = e^{\mu/k_B T} Z_s \tag{25.46}$$

이다. 이것과 식 (26.23)의 $\Phi_{\text{th}} = -k_B T \ln Q$를 결합하면, 큰 퍼텐셜은

$$\Phi_{\text{th}} = -k_B T e^{(\mu/k_B T) + \ln Z_s} = -k_B T e^{\mu/k_B T} Z_s \tag{25.47}$$

이 된다. 이 식과 입자의 개수의 평균에 대한 열역학 관계식을 이용하면,

$$\overline{N} = -\left(\frac{\partial\Phi_{\text{th}}}{\partial\mu}\right)_{TV} = e^{\mu/k_BT}Z_s = -\frac{\Phi_{\text{th}}}{k_BT} = \ln Q \tag{25.48}$$

을 얻는다.

단원자 분자 이상 기체의 내부 에너지와 열용량이 제대로 예측되는가를 검토하기 위해서 계의 단일 입자 분배 함수가 필요하다. 식 (20.36)으로부터 그 값은

$$Z_s = \left(\frac{2\pi mk_BT}{h^2}\right)^{3/2} V \tag{25.49}$$

이다. 식 (25.47)과 이것을 결합하면, 큰 퍼텐셜은

$$\Phi_{\text{th}}(T, V, \mu) = -K_o e^{\mu/k_BT}(k_BT)^{5/2}V \tag{25.50}$$

이 되고, 여기서 $K_o = (2\pi m/h^2)^{3/2}$이다. 식 (25.28)에서 우리는 내부 에너지가

$$U = \Phi_{\text{th}} - \mu\left(\frac{\partial\Phi_{\text{th}}}{\partial\mu}\right)_{TV} - T\left(\frac{\partial\Phi_{\text{th}}}{\partial T}\right)_{V\mu} \tag{25.51}$$

로 주어짐을 알게 되었다. Φ_{th}의 도함수는

$$\frac{\partial\Phi_{\text{th}}}{\partial\mu} = \frac{1}{k_BT}\Phi_{\text{th}} \quad \text{및} \quad \frac{\partial\Phi_{\text{th}}}{\partial T} = \left(\frac{5}{2}\frac{1}{T} - \frac{\mu}{k_BT^2}\right)\Phi_{\text{th}} \tag{25.52}$$

로 주어지고, 따라서

$$U = \left[1 - \frac{\mu}{k_BT} - T\left(\frac{5}{2}\frac{1}{T} - \frac{\mu}{k_BT^2}\right)\right]\Phi_{\text{th}} = -\frac{3}{2}\Phi_{\text{th}} \tag{25.53}$$

이다. 식 (25.48)로부터 $\overline{N} = -\Phi_{\text{th}}/k_BT$인 것과 이를 결합하면

$$U = \frac{3}{2}\overline{N}k_BT \tag{25.54}$$

이고 정적 열용량은

$$C_V = \left(\frac{\partial U}{\partial T}\right)_V = \frac{3}{2}\overline{N}k_B \tag{25.55}$$

이다. 이는 단원자 이상 기체에 대한 열용량의 올바른 값이다. 상태 방정식은 식 (25.12)의 $\Phi_{\text{th}} = -PV$를 $\overline{N} = -\Phi_{\text{th}}/k_BT$와 결합하면

$$PV = \overline{N}k_BT \tag{25.56}$$

을 증명할 수 있다. 이는 매우 유명한 상태 방정식이다.

바로 앞 절에서 N의 요동의 크기가 큰 분배 함수의 로그의 이계 도함수에 의해 결정됨을 알았다. 식 (25.46)에서 $\ln Q = e^{\mu/k_BT}Z_s$의 결과로부터

$$\frac{\partial^2 \ln Q}{\partial \mu^2} = \frac{\ln Q}{(k_BT)^2} \tag{25.57}$$

이다. 식 (25.40)의 분산에 대한 방정식에 대입하고, $\overline{N} = \ln Q$임을 이용하면

$$\mathrm{Var}[N] = (k_BT)^2\left(\frac{\partial^2 \ln Q}{\partial \mu^2}\right)_{TV} = \ln Q = \overline{N} \tag{25.58}$$

임을 알게 된다. 따라서 입자 개수의 표준 편차는 $\sigma_N = \sqrt{\overline{N}}$이고, 따라서 기체의 입자(원자)의 수는

$$\overline{N} \pm \sigma_N = \overline{N} \pm \sqrt{\overline{N}} = \overline{N}\left(1 \pm 1/\sqrt{\overline{N}}\right) \tag{25.59}$$

와 같이 표현된다. 예를 들어 $\overline{N} = 10^{20}$인 기체가 $T = 300$ K이고 $P = 100$ kPa이고, 따라서 부피가 4 cm^{3}인 기체를 생각해 보자. 이 기체의 입자 개수의 상대적인 불확정도는 $\pm 10^{-10}$인데, 이는 대부분의 실험 데이터에 있어서의 불확정도에 비하면 작은 값이다.

큰 바른틀 모둠은 정확하게 단원자 기체의 성질을 예측한다. 그럼에도 불구하고, 20장에서와 같이 동일한 예측이 정규 분포를 사용해도 굴곡 없이 얻어진다. 26장에서 동일한 페르미온, 보손 계를 공부할 때에는 이렇게 되지 않는다.

문제

25.1 **(a)** $U = \Phi_{th} + TS + \mu\overline{N}$임을 보이시오(표 12.4의 G의 정의가 유용하다).

(b) 단원자 이상 기체의 엔트로피 $S(T, V, \mu)$, 입자수 $\overline{N}(T, V, \mu)$, 내부 에너지 $U(T, V, \mu)$를 찾으시오. 28.3절에 주어진 기체의 퍼텐셜 Φ_{th}를 이용하시오(Φ_{th}로 표현하면 결과가 더 간단하다).

(c) 내부 에너지 $U(T, V, \mu)$를 $U(T, \overline{N})$과 같이 다시 표현해 보시오.

26장 페르미온과 보손

동일한 입자의 구별 불가능성은 고전역학에서보다 양자역학에서 다른 함의를 갖는다. 어떤 입자가 고전적으로 다루어지고, 그 입자에 지표를 가지고 있을 때에는 그 입자가 원래 있었던 곳으로 되돌아가는 경로를 따라 가면 나중에 구별할 수 있다. 어떤 경로(공간에 그어져 있는 선)라는 개념 자체가 적용 불가능하기 때문에 양자역학에서는 이것이 불가능하다. 더군다나, 구별 불가능성과 교환 대칭성이라는 개념은 어떤 집단의 동일 입자를 연구하느냐에 따라 그 방법이 바뀐다. 이러한 개념들을 적용하는 것은 서로 다른 단일 입자 상태에 있는 입자의 개수에 의해 미시 상태를 기술하는 큰 바른틀 모둠에서 잘 해석될 수 있다. **페르미온**(fermion)과 **보손**(boson)이라는 두 가지 종류의 입자는 그 입자의 갯수에 부여된 제한 조건 때문에 다른 행동을 한다.

26.1 동일 입자

모든 면에서 동일한 입자들은 **구별 불가능하다**. 그렇지 않다면 그것들은 **구별 가능할 것이다**. 예를 들어 어떤 원소의 서로 다른 동위원소는 구별 가능하다. 두 개의 양성자와 두 개의 중성자로 이루어진 헬륨 원자(^{4}He)는 ^{3}He와 구별 가능하다. 그러나 모든 ^{4}He 원자들, ^{3}He 원자들, 모든 전자들은 구별 불가능하다. 전자와 ^{3}He 원자는 페르미온이고, 반면 ^{4}He 원자는 보손이다.

상호작용이 없는 동일 입자의 계의 해밀토니안은

$$H_N(\boldsymbol{p}_1 \cdots \boldsymbol{r}_N) = H_s(\boldsymbol{p}_1, \boldsymbol{r}_1) + \cdots + H_s(\boldsymbol{p}_i, \boldsymbol{r}_i) + \cdots + H_s(\boldsymbol{p}_N, \boldsymbol{r}_N) \tag{26.1}$$

인데, 여기서 단일 입자 해밀토니안 $H_s(\boldsymbol{p}_i, \boldsymbol{r}_N)$에서 차이점이라고는 운동량과 위치 변수의 아래 첨자밖에는 없다. 양자역학적으로 해석했을 때, N개 입자의 슈뢰딩거 방정식 $\hat{H}_N \Psi_\alpha = E_{N,\alpha}\Psi_\alpha$의 고유 함수는 20장에서 단일 입자 슈뢰딩거 방정식 $\hat{H}_s \psi_{\boldsymbol{k}} = \varepsilon_{\boldsymbol{k}} \psi_{\boldsymbol{k}}$의 고유 함수의 곱으로 표현되었다. 이것은 입자들이 구별 가능할 때는 적절하다. 입자들이 구별 불가능할 때 N 입자 고유 함수는 기술한 대로, 단일 입자 고유 함수의 곱의 합이다. 주기 경계 조건이 있는 계의 자유 입자에 대해서, 단일 입자 해밀토니안과 슈뢰딩거 방정식은

$$\widehat{H}_s(\widehat{\boldsymbol{p}}_i, \boldsymbol{r}_i) = -\frac{\hbar^2}{2m}\nabla_i^2 \qquad \text{및} \qquad -\frac{\hbar^2}{2m}\nabla^2\psi_{\boldsymbol{k}}(\boldsymbol{r}) = \varepsilon_k\psi_{\boldsymbol{k}}(\boldsymbol{r}) \tag{26.2}$$

이고, 식 (24.15)로부터 고유 함수와 고윳값은 다음과 같다.

$$\psi_{\boldsymbol{k}}(\boldsymbol{r}) = \frac{1}{V}e^{i\boldsymbol{k}\cdot\boldsymbol{r}} \qquad \text{및} \qquad \varepsilon_k = \frac{\hbar^2}{2m}k^2 \tag{26.3}$$

고유 각운동량, 혹은 **스핀**(spin)은 이것에 포함되지 않았다. 스핀 때문에 각 단일 입자 상태는 파수 벡터 $\boldsymbol{k}$와 **스핀 양자수**(spin quantum number) s로 정해진다. 스핀값은

$$s = -S, -S+1, \cdots, +S-1, +S \tag{26.4}$$

의 값들이 허락된다. S는 **스핀의 크기**(magnitude of spin)이고, 이는 입자는 고유 성질이다. 보손에 대해서는 그 값이 정수값(S = 1, 2, ...)이다. 페르미온에 대해서는 홀수를 2로 나눈 값($S = \frac{1}{2}, \frac{3}{2}, \ldots$)이다. 여기서 논의는 스핀-0인 보손과 스핀-$\frac{1}{2}$ 페르미온에 한정되어 있다. 스핀-0인 입자의 경우 허락되는 s값은 하나뿐이므로, 스핀 양자수는 무시될 수 있다. 스핀-$\frac{1}{2}$에 대해서는 스핀 양자수가 두 값, $s = \frac{1}{2}$, $-\frac{1}{2}$이 가능하다.

스핀의 성질은 입자를 기술하는데, 네 번째 좌표로 도입된다. 예를 들면, 전자에 대해서 파동 함수는 네 가지 독립적인 변수 x, y, z, σ를 가진다. 여기서 σ는 **스핀 좌표**(spin coordinate)인데, 스핀 양자수와 혼동되어서는 안 된다. 세 위치 좌표(x, y, z)는 연속적인 반면, 스핀 좌표는 불연속적이며 두 값 $\sigma = +1$와 $\sigma = -1$이다. 이 값들은 열 벡터의 원소로 구별할 수 있어서, 전자의 파동 함수는

$$\psi(\boldsymbol{r}, \sigma) = \begin{pmatrix} \psi(\boldsymbol{r}, +1) \\ \psi(\boldsymbol{r}, -1) \end{pmatrix} \tag{26.5}$$

이다. 자기장 내의 전자의 에너지는 $\mu_0\mathcal{H}\mu_B\sigma$(21.5절 참조), 여기서 μ_0은 진공의 투자율이고, $\mathcal{H}$는 자기장의 크기이고, μ_B는 보어 마그네톤(Bohr magneton)이다. 자기장이 없는 경우 에너지는 σ에 의존하지 않고, 단일 입자 슈뢰딩거 방정식은 식 (26.2)로부터 변화가 없고, 고유 함수는

$$\psi_{\boldsymbol{k}s}(\boldsymbol{r}, \sigma) = \psi_{\boldsymbol{k}}(\boldsymbol{r})\chi_s(\sigma) \tag{26.6}$$

이다. 여기서 $\Psi_k(\boldsymbol{r})$은 식 (26.3)으로 주어지며, 스핀 함수는

$$\chi_{+\frac{1}{2}}(\sigma) = \begin{pmatrix} 1 \\ 0 \end{pmatrix} \qquad \text{및} \qquad \chi_{-\frac{1}{2}}(\sigma) = \begin{pmatrix} 0 \\ 1 \end{pmatrix} \tag{26.7}$$

이다. $\boldsymbol{k}s$의 에너지 상태는 $\boldsymbol{k}$의 방향과 s의 값에 무관하여, 에너지 고윳값은 다음과 같다.

$$\varepsilon_k = \frac{\hbar^2}{2m}k^2 \tag{26.8}$$

생략된 표기법

구별 가능한 입자계의 고유 함수는 20장에서 단일 입자 고유 함수의 합으로 표현되었다. 스핀을 포함시키면

$$\Psi^0_\alpha(\boldsymbol{r}_1\sigma_1, \boldsymbol{r}_2\sigma_2, \ldots, \boldsymbol{r}_N\sigma_N) = \psi_{\boldsymbol{k}_1 s_1}(\boldsymbol{r}_1\sigma_1)\psi_{\boldsymbol{k}_2 s_2}(\boldsymbol{r}_2\sigma_2)\cdots\psi_{\boldsymbol{k}_N s_N}(\boldsymbol{r}_N\sigma_N) \tag{26.9}$$

인데, 이와 관련하여 고윳값은

$$E_{N,\alpha} = \varepsilon_{k_1} + \varepsilon_{k_2} + \cdots + \varepsilon_{k_N} \tag{26.10}$$

이고 α는 $(\boldsymbol{k}_1 s_1, \boldsymbol{k}_2 s_2, \ldots, \boldsymbol{k}_N s_N)$에 대한 생략이다. 중요한 개념이 아래 개념을 포함하는 표기에 의해서 불분명해지는 것을 방지하기 위해, 단일 입자의 상태에 대해서는 j라는 하나의 기호를 사용하고, 개별 입자의 좌표를 구별하기 위해 i라는 하나의 지표를 사용한다.

$$j = (\boldsymbol{k}, s) \quad \text{및} \quad i = (\boldsymbol{r}, \sigma) \tag{26.11}$$

이 생략된 표기법에서, N개의 구별 가능한 입자계의 고유 함수와 고윳값은

$$\Psi^0_\alpha(1, 2, \ldots, N) = \psi_{j_1}(1)\psi_{j_2}(2)\cdots\psi_{j_N}(N) \tag{26.12}$$

이고,

$$E_{N,\alpha} = \varepsilon_{j_1} + \varepsilon_{j_2} + \cdots + \varepsilon_{j_N} \tag{26.13}$$

이다. 단일 입자 상태가 불연속적이기 때문에, 상태들은 정수(j = 0, 1, 2, ..., ∞)와 일대일 대응시킬 수 있다. 이 정수들을 에너지가 낮은 순서대로 배열하는 것이 이해하기 쉽다. 즉 $j < j'$이면, $\varepsilon_j \le \varepsilon_{j'}$이며, $\varepsilon_0 \le \varepsilon_1 \le \varepsilon_2 \le \cdots$이다.

26.2 교환 대칭성

계의 관찰 가능한 성질을 바꾸지 않으면서 구별 불가능한 입자들에게 부여된 지표를 교환할 수 있을 것이다. 이러한 성질은 동일 입자의 지표들을 바꾸는 것을 필요로 함으로써 얻어진다. 생략된 표기법으로 표현할 때 **교환 대칭성**(exchange symmetry)은

$$\Psi(1, \ldots, m, \ldots, n, \ldots, N) = \pm\Psi(1, \ldots, n, \ldots, m, \ldots, N) \tag{26.14}$$

를 필요로 하는데, **보손**에 대해서는 양의 부호이고, **페르미온**에 대해서는 음의 부호이다.

교환 대칭성의 중요성은 두 개(N = 2)의 입자로 이루어진 계를 생각해 보면 할 수

있다. 식 (26.12)의 파동 함수를 생각해 보면,

$$\Psi_\alpha^0(1,2) = \psi_{j'}(1)\psi_{j''}(2) \tag{26.15}$$

이다. 입자의 좌표를 교환하면, $\Psi_\alpha^0(2,\ 1) = \Psi_{j'}(2)\Psi_{j''}(1)$이다. $\Psi_\alpha^0(2,\ 1)$은 일반적으로 $+\Psi_\alpha^0(1,\ 2)$ 또는 $-\Psi_\alpha^0(1,\ 2)$과 같지 않다. 함수 $\Psi_\alpha^0(1,\ 2)$ 교환 대칭성을 갖지 않는다. 그러나 $\Psi_\alpha^0(1,\ 2)$와 $\Psi_\alpha^0(2,\ 1)$의 다음 선형 결합은 필요한 대칭성을 갖는다.

$$\Psi_{j'j''}^{\pm}(1,2) = \frac{1}{\sqrt{2}}\left[\psi_{j'}(1)\,\psi_{j''}(2) \pm \psi_{j'}(2)\psi_{j''}(1)\right] \tag{26.16}$$

인수 $1/\sqrt{2}$는 선형 결합에 따르는 규격화 조건에 의한 값이다. 두 개의 자유로운 입자계에 대한 해밀토니안은 $\hat{H}_s(1) + \hat{H}_s(2)$인데, $\hat{H}_s(i)$는 입자 좌표 i에 작용하는 연산자이고,

$$\hat{H}_s(i)\psi_j(i) = \varepsilon_j\psi_j(i) \tag{26.17}$$

이다. $\Psi_\alpha^0(1,\ 2) = \Psi_{j'}(1)\Psi_{j''}(2)$과 $\Psi_\alpha^0(2,\ 1) = \Psi_{j'}(2)\Psi_{j''}(1)$이 모두 에너지 고윳값 $(\varepsilon_{j'} + \varepsilon_{j''})$과 연관되어 있으므로, $\Psi_{j'j''}^{\pm}(1,\ 2)$와 관련된 에너지 고윳값 또한 $(\varepsilon_{j'} + \varepsilon_{j''})$이다. 식 (26.16)에서 음의 부호를 택하면 $\Psi_{j'j''}^{-}(1,\ 2)$인데, 이것은 $\Psi_{j'j''}^{-}(1,\ 2) = -\Psi_{j'j''}^{-}(2,\ 1)$이므로 페르미온에 대한 고유 함수가 된다. 양의 부호를 택하면 $\Psi_{j'j''}^{+}(1,\ 2)$가 되는데, $\Psi_{j'j''}^{+}(1,\ 2) = +\Psi_{j'j''}^{+}(2,\ 1)$이므로 보손에 대한 고유 함수이다.

교환 대칭성은 특정한 입자와 지표 j', j''과의 연관을 제거한다. 또한 고유 상태의 수를 감소시킨다. 교환 대칭성이 없을 경우, $\Psi_\alpha(1,\ 2)$와 $\Psi_\alpha(2,\ 1)$은 **다른** 고유 상태에 대응한다. 대조적으로 교환 대칭성이 필요한 경우, $\Psi_{j'j''}^{-}$는 두 개의 페르미온에 대해서 $\Psi_{j'}$와 $\Psi_{j''}$으로 만들 수 있는 유일한 고유 함수이다. 마찬가지로 $\Psi_{j'j''}^{+}$는 두 개의 보손계에 대한 유일한 고유 함수이다.

또 **파울리 배타 원리**(Pauli exclusion principle)는 교환 대칭성의 또 다른 결과이다. 두 개의 동일한 페르미온에 대한 고유 함수는

$$\Psi_{j'j''}^{-}(1,2) = \frac{1}{\sqrt{2}}\left[\psi_{j'}(1)\,\psi_{j''}(2) - \psi_{j'}(2)\,\psi_{j''}(1)\right] \tag{26.18}$$

이다. $\Psi_{j'j''}^{-}$는 $j' = j''$일 때 사라지므로, 두 개의 페르미온 입자가 같은 단일 입자 상태에 있는 고유 함수는 존재하지 않는다. 따라서 **두 동일한 페르미온 입자는 같은 단일 입자 상태를 점유할 수 없다.**

*N*개 페르미온계

*N*개의 동일한 페르미온계에 대한 고유 함수는 **슬레이터 행렬식**(Slater determinant)으

로 표현하면 교환 대칭성과 일관되게 만들 수 있다.

$$\Psi^{-}_{j_1 j_2,\ldots j_N}(1,2,\ldots,N)=\frac{1}{\sqrt{N!}}\begin{vmatrix}\psi_{j_1}(1) & \psi_{j_1}(2) & \cdots & \psi_{j_1}(N)\\ \psi_{j_2}(1) & \psi_{j_2}(2) & \cdots & \psi_{j_2}(N)\\ \vdots & \vdots & \ddots & \vdots\\ \psi_{j_N}(1) & \psi_{j_N}(2) & \cdots & \psi_{j_N}(N)\end{vmatrix} \tag{26.19}$$

여기서 $1/\sqrt{N!}$ 인수는 고유 함수를 규격화한다. 요구되는 반대칭성은 -1이 곱해지는 판별식의 두 열(또는 두 행)을 교환한 결과이다. 슬레이터 행렬식의 두 열을 교환하는 것이 두 입자의 좌표를 교환하는 것이기 때문에 m번째 열과 n번째 열을 교환하는 것은

$$\Psi^{-}_{j_1 j_2,\ldots j_N}(1,\ldots,m,\ldots,n,\ldots,N)=-\Psi^{-}_{j_1 j_2,\ldots j_N}(1,\ldots,n,\ldots,m,\ldots,N) \tag{26.20}$$

의 결과를 가져오고 이는 식 (26.14)와 일관된다. 파울리 배타 원리는 두 개 혹은 그 이상의 열(또는 행)이 동일할 경우 행렬식이 0이 되는 것의 결과이다. 슬레이터 행렬식의 각 행이 동일한 단일 입자 상태 Ψ_j를 가진다면 둘 또는 그 이상의 동일한 페르미온은 동일한 단일 입자 상태에 있을 수 없다.

교환 대칭성은 계의 해밀토니안이나 고유 함수의 에너지를 바꾸지는 않는다. 하지만 에너지 준위의 축퇴를 매우 줄인다. $N=2$일 때, 행렬식을 펼치면

$$\begin{vmatrix}\psi_{j_1}(1) & \psi_{j_1}(2)\\ \psi_{j_2}(1) & \psi_{j_2}(2)\end{vmatrix}=\psi_{j_1}(1)\psi_{j_2}(2)-\psi_{j_1}(2)\psi_{j_2}(1) \tag{26.21}$$

이 된다. N 입자에 대한 행렬식을 펼치면, N개의 단일 입자 상태 곱이 $N!$만큼 더해진 것을 얻는다. 식 (26.19)의 각 $N!$개의 함수 $\Psi_{j_1}\ldots\Psi_{j_N}$는 에너지 $(\varepsilon_{j_1}+\varepsilon_{j_2}+\cdots+\varepsilon_{j_N})$과 연관된 선형 독립인 고유 함수이고, 이는 이 에너지 값의 에너지 준위에 $N!$개의 축퇴에 기여할 것이다. 대조적으로 교환 대칭성이 요구되면, 이런 $N!$개의 단일 입자 함수로부터 형성될 수 있는 유일한 고유 함수는 식 (25.19)에 있는 함수이다. 따라서 교환 대칭성을 요구하는 것을 만족시킨다는 것은 에너지 준위의 축퇴를 인수 $1/N!$만큼 줄인다.

슬레이터 행렬식 $\Psi^{-}_{j_1 j_2,\ldots j_N}$에 대한 아래 첨자 j_1부터 j_N까지의 순서를 바꾸면, 행렬식이 그대로 있거나 혹은 -1이 곱해지게 되므로, $\Psi^{-}_{j_1 j_2,\ldots j_N}$이 계의 고유 함수라는 정체성은 아래 첨자의 순서와 무관하다. 이는 우리가 j_i의 목록에서 그 위치를 표시하지 않고도 각각의 지표가 $j_1, j_2, \ldots, j_N$에서 나타나는 수만 정하면 고유 함수를 구별할 수 있다는 것을 의미하므로, $\Psi^{-}_{j_1 j_2,\ldots j_N}$은

$$\Psi^{-}_{N_0,N_1,N_2,\ldots}(1,2,\ldots,N)=\Psi^{-}_{j_1 j_2,\ldots j_N}(1,2,\ldots,N) \tag{26.22}$$

가 되고, 이때 N_j는 슬레이터 행렬식의 행을 구성하는 데 쓰이는 Ψ_j가 몇 번 등장하는가의 개수로 단일 입자 상태 j의 **점유수**(occupation number)가 된다.

페르미온에 대해서 이 점유수는 오직 두 값만이 가능한데,

$$\boxed{N_j = 0, 1} \tag{26.23}$$

이다. 단일한 지표 α를 N개의 동일한 페르미온 입자들의 고유 함수를 구별하는 데 사용한다면, 이는 단일 입자 상태들의 점유수에 대한 축약된 표현이다.

$$\alpha = (N_0, N_1, N_2, \ldots) \tag{26.24}$$

N_j가 합 $(\varepsilon_{j_1} + \varepsilon_{j_2} + \cdots + \varepsilon_{j_N})$에 등장하는 단일 입자 상태 j의 에너지가 몇 번 나오는지의 개수이므로 상태 α의 에너지 고윳값은

$$\boxed{E_{N,\alpha} = \sum_{j=0}^{\infty} N_j \varepsilon_j} \tag{26.25}$$

이고,

$$\boxed{\sum_{j=0}^{\infty} N_j = N} \tag{26.26}$$

이 요구된다. 이상 페르미온 기체에 대해서, j는 $\boldsymbol{k}s$의 축약 표현이고, 단일 입자의 에너지는 $\varepsilon_k = \hbar^2 k^2 / 2m$이다.

N 보손계

동일한 보손 입자의 계에 대한 고유 함수도 페르미온계에서 사용했던 방법과 비슷한 방법으로 교환 대칭성과 일관되게 만들 수 있다. 차이점은 $\boldsymbol{\Psi}_{j_1}(1) \ldots \boldsymbol{\Psi}_{j_N}(N)$ 함수의 독립 변수 $(1, \ldots, N)$을 재배치함으로써 얻어지는 함수를 선형 결합시킬 때, 각 항들에 모두 $+1$이 곱해진다는 점이다. 결과적으로 N 입자 보손 고유 함수는 슬레이터 행렬식처럼 생각할 수 있는데, 단지 -1들이 모두 $+1$로 바뀐 것으로 보면 된다. 음의 부호가 포함되지 않기 때문에 배타 원리는 없다. 특히, 임의의 수의 보손도 같은 단일 입자 상태에 있을 수 있다. 단일 지표 α를 보손계의 고유 함수를 구별할 때 사용한다면, 그것은 식 (26.24)에서처럼 단일 입자 상태의 점유수들을 축약한 형태로 볼 수 있다. 보손과 페르미온의 주요한 차이점은 가능한 점유수의 값에 있다. 보존의 경우 점유수는 0부터 전체 입자 갯수 N까지 가능하다. 즉,

$$\boxed{N_j = 0, 1, \ldots, N} \tag{26.27}$$

이다. 상태 α의 에너지 고윳값은

$$E_{N,\alpha} = \sum_{j=0}^{\infty} N_j \varepsilon_j \tag{26.28}$$

이고, 이것은

$$\sum_{j=0}^{\infty} N_j = N \tag{26.29}$$

를 요구한다. 스핀 양자수는 스핀 0인 보손에 대해서는 필요하지 않으므로, 지표 j는 $\boldsymbol{k}$의 축약 표현이 된다.

비교

표 26.1에 다섯 개의 계에 대한 양자역학적 기술이 정리되어 있다. 24.1절에 기술된

표 26.1 양자역학적 계

계	미시 상태를 구분해 주는 것	구분하는 것의 의미	미시 상태의 에너지
1. 구별 가능한 N개의 입자로 이루어진 이상 기체	$\alpha = (\boldsymbol{k}_1, ..., \boldsymbol{k}_i, ..., \boldsymbol{k}_N)$ $\boldsymbol{k}_i$는 허락된 파수 벡터	$\boldsymbol{k}_i$는 입자 i의 단일 입자 상태	$E_{N,\alpha} = \sum_i \frac{\hbar^2}{2m}\lvert\boldsymbol{k}_i\rvert^2$ 합에 N개의 항
2. N개의 원자로 이루어진 결정 고체의 진동	$\alpha = (..., N_{\boldsymbol{k}s} ...)$ $N_{\boldsymbol{k}s} = 0, 1, 2, ..., \infty$	$N_{\boldsymbol{k}s}$는 정상 모드 $\boldsymbol{k}s$에 있는 포논의 개수	$E_{N,\alpha} = \sum_{\boldsymbol{k}s} \left(N_{\boldsymbol{k}s} + \frac{1}{2}\right)\hbar\omega_{\boldsymbol{k}s}$ 합에 $3N$개의 항
3. N개의 동일한 스핀-$\frac{1}{2}$인 페르미온 이상 기체	$\alpha = (..., N_{\boldsymbol{k}s}, ...)$ $N_{\boldsymbol{k}s} = 0, 1$ $\sum_{\boldsymbol{k}s} N_{\boldsymbol{k}s} = N$	$N_{\boldsymbol{k}s}$는 단일 입자 상태 $\boldsymbol{k}s$에 있는 페르미온의 개수	$E_{N,\alpha} = \sum_{\boldsymbol{k}s} N_{\boldsymbol{k}s}\varepsilon_k$ $\varepsilon_k = \frac{\hbar^2}{2m}k^2$
4. N개의 동일한 스핀-0 보손 이상 기체	$\alpha = (..., N_{\boldsymbol{k}}, ...)$ $N_{\boldsymbol{k}} = 0, 1, 2, ..., N$ $\sum_{\boldsymbol{k}} N_{\boldsymbol{k}} = N$	$N_{\boldsymbol{k}}$는 단일 입자 상태 $\boldsymbol{k}$에 있는 보손의 개수	$E_{N,\alpha} = \sum_{\boldsymbol{k}} N_{\boldsymbol{k}}\varepsilon_k$ $\varepsilon_k = \frac{\hbar^2}{2m}k^2$
5. 속이 빈 껍데기 안의 전자기파	$\alpha = (..., N_{\boldsymbol{k}s}, ...)$ $N_{\boldsymbol{k}s} = 0, 1, 2, ..., \infty$	$N_{\boldsymbol{k}s}$는 모드 $\boldsymbol{k}s$에 있는 광자의 개수	$E_\alpha = \sum_{\boldsymbol{k}s} N_{\boldsymbol{k}s}\hbar\omega_k$

바와 같이 단원자 분자 이상 기체의 미시 상태는 개별 입자($i = 1, 2, \ldots, N$)의 파수 벡터 $\boldsymbol{k}_i$에 의해 정해진다. 24.4절에서 논의된 바와 같이 결정 고체 내에서 원자의 진동을 기술하는 미시 상태는 $3N$개의 서로 다른 진동 모의 포논 갯수인 N_{ks}에 의해 정해진다. 두 계 모두 원자들은 구별 가능한 것으로 다루어지고, 고유 함수는 $3N$개의 양자수로 구별된다. 동일 보손, 페르미온, 전자기파에 대한 파수 벡터 $\boldsymbol{k}$는 임의의 큰 크기를 가질 수 있으므로, $\boldsymbol{k}$에 대한 합은 무한개의 항을 갖는다. 단원자 분자 기체에서 원자들은 모두 동일 입자일 필요는 없지만, 원칙적으로 교환 대칭성의 요구를 만족시키는 고유 함수를 갖는 동일한 원자의 집합이 있을 수 있다. 교환 대칭성의 효과는 특히 금속 내의 전자 기체에서 매우 중요하다. 전자기파의 서로 다른 모드에서 광자의 개수에 제한이 없는 반면, 페르미온과 보손의 성질은 $\sum_{ks} N_{ks} = N$이라는 제한 조건에 의해 크게 영향을 받는다.

26.3 페르미 – 디랙, 보스 – 아인슈타인 통계

21장을 통해 식 (26.1)과 같이 분리 가능한 해밀토니안에 의해 기술되는 입자들은 통계적으로 독립적이라는 것을 알았다. 그러나 이는 교환 대칭성의 요구를 만족시켜야 할 때는 맞지 않다. 교환 대칭성은 계의 에너지에 반영되지 않는 평범하지 않은 종류의 상호작용을 도입하게 한다. 이런 통계적인 독립의 결여 때문에 평형 성질은 큰 바른틀 모둠을 채용함으로써 대부분 편리하게 얻어진다. 이것이 편의 문제이지 필요의 문제가 아니라는 것은 부록 26.A에 설명되어 있고, 여기에서 페르미온계를 분석하는 데 바른틀 모둠을 사용한다.

페르미온이건 보손이건, 상호작용하지 않는 동일 입자로 이루어진 계의 미시 상태의 에너지는

$$E_{N,\alpha} = \sum_j N_j \varepsilon_j = N_0\varepsilon_0 + N_1\varepsilon_1 + N_2\varepsilon_2 + \cdots \tag{26.30}$$

이고, 여기서 N_j는 단일 입자 상태 j에 있는 입자의 개수이다. N개의 입자가 있고, 각 입자는 어떤 j 상태에 있으므로

$$\sum_j N_j = N_0 + N_1 + N_2 + \cdots = N \tag{26.31}$$

이 요구된다. 이것 때문에 점유수 N_j는 독립적이지 않은데, 왜냐하면 어떤 한 상태의 점유수가 증가하면 어떤 다른 상태의 점유수는 감소해야 하기 때문이다.

합의 평균은 평균의 합과 같기 때문에

$$\langle E_N \rangle = \langle N_0\varepsilon_0 + N_1\varepsilon_1 + \cdots \rangle = \langle N_0 \rangle \varepsilon_0 + \langle N_1 \rangle \varepsilon_1 + \cdots \tag{26.32}$$

이고

$$\langle N\rangle = \langle N_0 + N_1 + N_2 + \cdots\rangle = \langle N_0\rangle + \langle N_1\rangle + \langle N_2\rangle + \cdots \tag{26.33}$$

이다. 여기서 $\langle N_j\rangle$는 단일 입자 상태에 있는 평균 점유수이다. 내부 에너지 U와 입자 수 $\overline{N}$은 모둠 평균에 의해 주어지고

$$\boxed{U = \sum_j \langle N_j\rangle \varepsilon_j \qquad \text{및} \qquad \overline{N} = \sum_j \langle N_j\rangle} \tag{26.34}$$

이다. 이것들은 페르미온, 보손 모두에 해당한다. 평균 점유수 $\langle N_j\rangle$는 식 (25.22)의 큰 분배 함수 Q로부터 결정되고, $\beta = 1/k_B T$임을 이용하면,

$$Q = \sum_{N=0}^{\infty} e^{\beta\mu N} Z_N \tag{26.35}$$

이다. 여기서 N 입자계의 분배 함수는 다음과 같다.

$$Z_N = \sum_{\alpha} e^{-\beta E_{N,\alpha}} \tag{26.36}$$

식 (26.30)으로부터 $E_{N,\,\alpha}$ 에너지를 이것에 대입하고, 모든 미시 상태에 대해서 더하면

$$Z_N = \underbrace{\sum_{N_0}\sum_{N_1}\cdots\sum_{N_j}}_{N_0+N_1+N_2+\cdots=N}\cdots e^{-\beta(N_0\varepsilon_0+N_1\varepsilon_1+\cdots+N_j\varepsilon_j+\cdots)} \tag{26.37}$$

이 되고, 페르미온과 보손의 차이는 가능한 점유수의 값에 있다. 페르미온에 대해서는 $N_j = 0,\ 1$이고, 보손에 대해서는 $N_j = 0,\ 1,\ \ldots,\ N$이다. 합의 기호 밑에 써 있는 제한 조건 $N_0 + N_1 + N_2 + \cdots = N$은 우리가 다른 합들을 계산할 때 독립적으로 하는 것을 방지한다. 이 제한은 큰 분배 함수를 이용하면 피할 수 있다. Z_N으로 위 표현을 대치하여 Q를 구하면

$$Q = \sum_{N=0}^{\infty} e^{\beta\mu N} \underbrace{\sum_{N_0}\sum_{N_1}\cdots\sum_{N_j}}_{N_0+N_1+N_2+\cdots=N}\cdots e^{-\beta(N_0\varepsilon_0+N_1\varepsilon_1+\cdots+N_j\varepsilon_j+\cdots)} \tag{26.38}$$

이다. $e^{\beta\mu N}$은 인수를 합에 집어 넣고, N을 $N_0 + N_1 + N_2 + \cdots$, 로 바꾸면 다음과 같다.

$$Q = \sum_{N=0}^{\infty} \underbrace{\sum_{N_0} \sum_{N_1} \cdots \sum_{N_j}}_{N_0+N_1+N_2+\cdots=N} \cdots e^{-\beta[N_0(\varepsilon_0-\mu)+N_1(\varepsilon_1-\mu)+\cdots+N_j(\varepsilon_j-\mu)+\cdots]} \tag{26.39}$$

식 (26.39)는 우리에게 먼저 $N_0 + N_1 + N_2 + \cdots = N$의 제한 조건의 요구와 일관되게 점유수의 모든 가능한 조합에 대해서 $e^{-\beta[\cdots]}$의 볼츠만 인수를 더하라고 한다. 이 과정은 $N_0 + N_1 + N_2 + \cdots$의 **제한에 관계없이** 모든 가능한 점유수의 조합에 대해서 볼츠만 인수를 더하라는 것과 동치이다. 그 결과, N에 걸쳐 더해야 하는 필요성은 결과적으로 제거되어 식 (26.39)는

$$Q = \sum_{N_0} \sum_{N_1} \cdots \sum_{N_j} \cdots e^{-\beta N_0(\varepsilon_0-\mu)} e^{-\beta N_1(\varepsilon_1-\mu)} \cdots e^{-\beta N_j(\varepsilon_j-\mu)} \cdots \tag{26.40}$$

으로 단순화된다. 여기서 우리는 합을 지수 함수로 올린 것을 지수 함수의 곱으로 적었다. 각 지수 함수를 해당하는 합으로 연결시키면

$$Q = \sum_{N_0} e^{-\beta N_0(\varepsilon_0-\mu)} \sum_{N_1} e^{-\beta N_1(\varepsilon_1-\mu)} \cdots \sum_{N_j} e^{-\beta N_j(\varepsilon_j-\mu)} \cdots . \tag{26.41}$$

이다. 이 합의 각각은 이제 독립적으로 행해질 수 있다. 그러면 큰 분배 함수의 로그를 구하면 다음과 같다.

$$\ln Q = \sum_{j=0}^{\infty} \ln\left(\sum_{N_j} e^{-\beta N_j(\varepsilon_j-\mu)} \right) \tag{26.42}$$

페르미온에 대해서는 N_j가 두 값만 가질 수 있으므로,

$$\sum_{N_j=0,1} e^{-\beta N_j(\varepsilon_j-\mu)} = 1 + e^{-\beta(\varepsilon_j-\mu)} \tag{26.43}$$

이다. 이것을 식 (26.42)에 대입하면

$$\boxed{\ln Q = \sum_{j=0}^{\infty} \ln\left(1 + e^{-\beta(\varepsilon_j-\mu)}\right)} \tag{26.44}$$

이다. 보손에 대해서는 N_j가 0부터 무한까지의 정수값이 가능하므로

$$\sum_{N_j=0}^{\infty} e^{-\beta N_j(\varepsilon_j-\mu)} = \sum_{N_j=0}^{\infty} \left(e^{-\beta(\varepsilon_j-\mu)}\right)^{N_j} \tag{26.45}$$

이다. $1 + x + x^2 + x^3 + \cdots = (1 - x)^{-1}$의 전개식을 이용하면

$$\sum_{N_j=0}^{\infty} e^{-\beta N_j(\varepsilon_j - \mu)} = \frac{1}{1 - e^{-\beta(\varepsilon_j - \mu)}}. \tag{26.46}$$

이다. 이를 식 (26.42)에 대입하면 다음과 같다.

$$\boxed{\ln Q = -\sum_{j=0}^{\infty} \ln\left(1 - e^{-\beta(\varepsilon_j - \mu)}\right)} \tag{26.47}$$

평균 점유수

점유수 N_j에 대한 모듬 평균은

$$\langle N_j \rangle = \sum_{N,\alpha} \rho_{N,\alpha} N_j, \tag{26.48}$$

이고 식 (25.19)로부터 확률은

$$\rho_{N,\alpha} = \frac{1}{Q} e^{\beta\mu N} e^{-\beta E_{N,\alpha}} \tag{26.49}$$

이며, $\beta = 1/k_B T$이다. 식 (26.30), (26.31)에 있는 $E_{N,\,\alpha}$와 N에 대한 표현에서 j를 l로 바꾸면, 확률은

$$\rho_{N,\alpha} = \frac{1}{Q} e^{-\beta\mu \sum_l N_l} e^{-\beta \sum_l N_l \varepsilon_l} = \frac{1}{Q} e^{-\beta \sum_l N_l(\varepsilon_l - \mu)} \tag{26.50}$$

이 된다. 식 (26.24)와 표 26.1에 나타냈듯이 지표 α는 모두 합했을 때 N이 되는 점유수 $(N_0, N_1, N_2, \ldots)$의 집합에 대한 축약 표현이다. 식 (26.48)에 있는 N과 α에 대한 합을 적고 식 (26.50)을 식 (26.48)에 대입하면

$$\langle N_j \rangle = \frac{1}{Q} \sum_{N=0}^{\infty} \underbrace{\sum_{N_0} \sum_{N_1} \cdots \sum_{N_l} \cdots}_{N_0 + N_1 + N_2 + \cdots = N} e^{-\beta \sum_l N_l(\varepsilon_l - \mu)} N_j \tag{26.51}$$

을 얻는데, 이것은 $1/Q$과 인수 N_j를 제외하고 식 (26.39)의 Q에 대한 식과 동일하다. 여기서 식 (26.51)을 다음의 관계 식으로 간단하게 만들 수 있다.

$$e^{-\beta N_j(\varepsilon_j - \mu)} N_j = -\frac{1}{\beta} \frac{\partial e^{-\beta N_j(\varepsilon_j - \mu)}}{\partial \varepsilon_j} \tag{26.52}$$

이렇게 하면

$$\langle N_j \rangle = -\frac{1}{Q}\frac{1}{\beta}\frac{\partial Q}{\partial \varepsilon_j} = -\frac{1}{\beta}\frac{\partial \ln Q}{\partial \varepsilon_j} \tag{26.53}$$

이다. 이것과 식 (26.44)의 페르미온에 대한 $\ln Q$값을 이용하면,

$$\langle N_j \rangle = -\frac{1}{\beta}\frac{\partial}{\partial \varepsilon_j} \ln\left(1 + e^{-\beta(\varepsilon_j - \mu)}\right) = \frac{e^{-\beta(\varepsilon_j-\mu)}}{1 + e^{-\beta(\varepsilon_j-\mu)}} \tag{26.54}$$

의 결과가 나온다. 분자와 분모에 $e^{+\beta(\varepsilon_j-\mu)}$를 곱하고, $\beta = 1/k_BT$를 사용하면

$$\boxed{\langle N_j \rangle = \frac{1}{e^{(\varepsilon_j-\mu)/k_BT} + 1}} \tag{26.55}$$

이다. 식 (26.47)에 있는 보손에 대한 $\ln Q$ 값을 이용하면,

$$\langle N_j \rangle = \frac{1}{\beta}\frac{\partial}{\partial \varepsilon_j} \ln\left(1 - e^{-\beta(\varepsilon_j - \mu)}\right) = \frac{e^{-\beta(\varepsilon_j-\mu)}}{1 - e^{-\beta(\varepsilon_j-\mu)}} \tag{26.56}$$

을 얻는데 이것은

$$\boxed{\langle N_j \rangle = \frac{1}{e^{(\varepsilon_j-\mu)/k_BT} - 1}} \tag{26.57}$$

이 된다. 단일 입자 상태의 평균 점유수에 대한 이들 표현은 **페르미–디랙 통계**(Fermi–Dirac statistics), **보스–아인슈타인 통계**(Bose–Einstein statistics)의 표현인데, 이를 **페르미 통계**(Fermi statistics), **보스 통계**(Bose statistics)라고도 한다.

맥스웰–볼츠만 통계

식 (26.55)와 (26.57)의 분모에서 +1, −1을 없애고 지수 함수를 분자로 옮기면

$$\langle N_j \rangle = e^{-(\varepsilon_j-\mu)/k_BT} \tag{26.58}$$

을 얻는다. 이것을 **맥스웰–볼츠만 통계**(Maxwell–Boltzmann statistics)의 표현이라고 한다. 식 (26.58)이 **구별 가능한** 입자들의 계를 기술한다는 것을 증명하기 위해 N 입자계의 고윳값을

$$E_{N,\alpha} = \varepsilon_{j_1} + \varepsilon_{j_2} + \cdots + \varepsilon_{j_N} \tag{26.59}$$

와 같이 표현한다. 여기서 j_i는 입자 i의 단일 입자 상태를 의미한다. 입자들은 통계적으로 독립적이므로, 그들 중 어떤 것이 j 상태에 있을 확률은

$$\rho_j = \frac{e^{-\varepsilon_j/k_BT}}{Z_s} \tag{26.60}$$

이고, 여기서 Z_s는 단일 입자 분배 함수이다. 상태 j에 있는 평균 입자수는 이것에 전체 입자수를 곱하면 알 수 있다.

$$\langle N_j \rangle = N\rho_j = N\frac{e^{-\varepsilon_j/k_BT}}{Z_s} \tag{26.61}$$

N값이 고정되어 있으므로, 이 결과는 닫힌계에 대한 결과이다. 화학 퍼텐셜을 도입하기 위해 N과 $\overline{N}$을 구별한다. $\overline{N}$은 열린계의 평균 N값이다. 식 (25.48)에서

$$\overline{N} = e^{\mu/k_BT} Z_s \tag{26.62}$$

를 알아냈다. $\overline{N}$을 N으로 바꾼 후, 식 (26.62)에 의해 함의된 N/Z_s 값을 식 (26.61)에 대치하면

$$\langle N_j \rangle = e^{-\varepsilon_j/k_BT} e^{\mu/k_BT} = e^{-(\varepsilon_j-\mu)/k_BT} \tag{26.63}$$

을 얻는다. 이것은 식 (26.58)에 주어진 맥스웰–볼츠만 통계의 표현이다.

페르미–디랙, 보스–아인슈타인, 맥스웰–볼츠만 통계에 의해 정해진 분포는 서로 다른데 그 이유는 양자역학에서 페르미온, 보손, 구별 가능한 입자들이 다른 방식으로 다루어지기 때문이다. 세 분포 모두 $e^{-E_{N,\alpha}/k_BT}$에 비례하는 확률 분포의 분배에 따라 얻어졌다. 서로 다른 분포는 단일 입자 고유 상태를 엮어서 N 입자 고유 상태를 형성할 때 서로 다른 규칙을 따르는 결과이다.

동일한 입자들의 모임에 대한 교환 대칭성의 결과는 계의 성질에 의존하다. 교환 대칭성의 결과는 금속에서 전자와 매우 낮은 온도의 보손들에게 특히 중요하다. 그러나 교환 대칭성은 고체 내의 원자들의 진동을 양자역학적으로 분석할 때는 중요하지 않은데, 고체에서는 원자들(동일할지도 모르는)이 공간적으로 그들을 묶어 놓는 상호작용에 의해 국소적으로 존재하기 때문이다.

문제

26.1 네 개의 단일 입자 고유 함수 $\Psi_1(i)$, $\Psi_2(i)$, $\Psi_3(i)$, $\Psi_4(i)$로부터 만들어질 수 있는 두 입자($i = 1$ 또는 2)로 이루어진 계의 서로 다른 고유 함수를 찾으시오. 각각의 고유 함수는 다른 두 입자 상태에 해당한다.

(a) 만약 입자들이 **구별 가능**하다면(즉, 동일 입자가 아니라면), 한 가지 가능한 고유 함수는 $\Psi_1(1)\Psi_2(2)$이다. 이 축약된 표기법을 이용하여, 16개의 서로 다른 두 입자 상태의 해당하는 고유 함수를 적으시오.

(b) 만약 입자들이 **동일한 페르미온**이라면, 한 가지(규격화되지 않은) 두 입자 고유 함수는 $\Psi_1(1)\Psi_2(2) - \Psi_1(2)\Psi_2(1)$이다. 얼마나 많은 두 입자 상태가 존재하는가? 해당하는(규격화되지 않은) 고유 함수들은 무엇인가?

(c) 만약 입자들이 **동일한 보손**들이라면, 한 가지 가능한 두 입자 고유 함수는 $\Psi_1(1)\Psi_2(2) + \Psi_1(2)\Psi_2(1)$이다. 얼마나 많은 두 입자 상태가 존재하겠는가? 해당하는 고유 함수들은 무엇인가?

26.A 부록

페르미온과 바른틀 모둠

동일 입자의 계에 대한 평형 성질은 26장에서 그들을 열린계로 보고 큰 바른틀 모둠을 사용함으로써 알아냈다. 모둠을 선택하는 것은 편의의 문제라는 것을 보이기 위해, 동일 페르미온에 대한 평균 점유수는 이 부록에서 바른틀 모둠을 사용함으로써 유도할 것이다. 이 유도 과정은 바이엘라인(Baierlein)[1] 덕택에 주어졌다.

α라는 미시 상태에 있는 N개의 상호작용하지 않는 페르미온계의 에너지는

$$E_{N,\alpha} = N_0\varepsilon_0 + N_1\varepsilon_1 + N_2\varepsilon_2 + \cdots \tag{26.A.1}$$

이고 여기서 $N_0 + N_1 + N_2 + \cdots = N$이고, N_j에 대해 가능한 값은 페르미온의 경우 0 또는 1이다. 식 (20.9)에서 주어진 것처럼 미시 상태 α에 대해 바른틀 모둠에 의해 주어진 확률은

$$\rho_\alpha^c = \frac{e^{-\beta E_{N,\alpha}}}{Z_N} = \frac{e^{-\beta(N_0\varepsilon_0 + N_1\varepsilon_1 + \cdots + N_j\varepsilon_j + \cdots)}}{Z_N} \tag{26.A.2}$$

이고, $\beta = 1/k_BT$이다. 식 (26.37)에서 주어진 분배 함수는

1) Baierlein R. (1999), *Thermal Physics*, Cambridge University Press, New York, pp.171–172.

$$Z_N = \underbrace{\sum_{N_0}\sum_{N_1}\cdots\sum_{N_j}\cdots}_{N_0+N_1+N_2+\cdots=N} e^{-\beta(N_0\varepsilon_0+N_1\varepsilon_1+\cdots+N_j\varepsilon_j+\cdots)} \quad (26.A.3)$$

이고, 단일 입자 상태 j에 있는 입자수의 정규 평균은 다음과 같다.

$$\langle N_j\rangle = \sum_\alpha \rho_\alpha N_j = \underbrace{\sum_{N_0}\sum_{N_1}\cdots\sum_{N_j}\cdots}_{N_0+N_1+N_2+\cdots=N} \frac{e^{-\beta(N_0\varepsilon_0+N_1\varepsilon_1+\cdots+N_j\varepsilon_j+\cdots)}}{Z_N} N_j \quad (26.A.4)$$

평균값이 그 상태의 에너지 값에 의해 결정되므로, 이 유도 과정의 단계는 모든 상태에 대해 동일하다. 이 유도 과정을 쉽게 따라가기 위해서 상태 $j = 1$에 대해 평균을 알아낼 것이다. Z_N을 합에서 꺼내고, 볼츠만 인수에서 $e^{-\beta N_1\varepsilon_1}$을 인수로 뽑아내면, $j = 1$ 상태에 대한 정규 평균은

$$\langle N_1\rangle = \frac{1}{Z_N}\underbrace{\sum_{N_0}\sum_{N_1}\cdots\sum_{N_j}\cdots}_{N_0+N_1+N_2+\cdots=N} e^{-\beta(N_0\varepsilon_0+\cdots+N_j\varepsilon_j+\cdots)} e^{-\beta N_1\varepsilon_1} N_1 \quad (26.A.5)$$

이다. N_1은 허락된 값 0, 1을 가지므로 N_1에 대해 합하면

$$\langle N_1\rangle = \frac{1}{Z_N}\underbrace{\sum_{N_0}\cdots\sum_{N_j}\cdots}_{N_0+1+N_2+\cdots=N} e^{-\beta(N_0\varepsilon_0+\cdots+N_j\varepsilon_j+\cdots)} e^{-\beta\varepsilon_1} \quad (26.A.6)$$

이고, $N_1 = 0$인 항은 사라진다. $N_1 = 1$인 항의 값은 합의 기호 아래 적혀진 제한 조건에 들어가 있는데, 이는 $N_0 + N_2 + \cdots = N - 1$로 다시 쓸 수 있다. 또한 인수 $e^{-\beta\varepsilon_1}$은 급수 바깥으로 꺼낼 수 있다. 이제 N_1에 대한 합을 $\langle N_1\rangle$이 바뀌지 않는 방법으로 다시 도입하고자 한다. 이것은 $(1 - N_1)$을 곱하는 것으로 가능한데, $N_1\varepsilon_1$을 지수에 포함시키고 N_1을 합의 제한 조건에 재도입한다. 그 결과는

$$\langle N_1\rangle = \frac{e^{-\beta\varepsilon_1}}{Z_N}\underbrace{\sum_{N_0}\sum_{N_1}\cdots\sum_{N_j}\cdots}_{N_0+N_1+N_2+\cdots=N-1} e^{-\beta(N_0\varepsilon_0+N_1\varepsilon_1+\cdots+N_j\varepsilon_j+\cdots)}(1 - N_1) \quad (26.A.7)$$

이다. N_1이 0, 1 두 값을 가지므로, 더해지는 항의 수는 원칙적으로 두 배가 되지만, 이 항들의 반은 0이 되는데, 그것은 $N_1 = 1$일 때 $(1 - N_1) = 0$이 되기 때문이다. $N_1 = 0$일 때, $(1 - N_1) = 1$이고 $N_1\varepsilon_1 = 0$이다. 따라서 합의 제한 조건은 $N_0 + N_2 + \cdots = N - 1$

이 된다. N_1, $N_1\varepsilon_1$, $(1 - N_1)$의 값들 때문에 0이 아닌 항들의 동일한 집합은 식 (26.A.5)에서 합해진 식 (26.A.7)에서 합해진다.

식 (26.A.3)과 (26.A.4)에서 N을 $N - 1$로 바꾸면,

$$\underbrace{\sum_{N_0}\sum_{N_1}\cdots\sum_{N_j}}_{N_0+N_1+N_2+\cdots=N-1}\cdots e^{-\beta(N_0\varepsilon_0+N_1\varepsilon_1+\cdots+N_j\varepsilon_j+\cdots)} = Z_{N-1} \tag{26.A.8}$$

이고

$$\underbrace{\sum_{N_0}\sum_{N_1}\cdots\sum_{N_j}}_{N_0+N_1+N_2+\cdots=N-1}\cdots \frac{e^{-\beta(N_0\varepsilon_0+N_1\varepsilon_1+\cdots+N_j\varepsilon_j+\cdots)}}{Z_{N-1}} N_j = \langle N_j\rangle_{N-1} \tag{26.A.9}$$

이다. 식 (26.A.7)의 이 관계 식을 이용하면

$$\langle N_1\rangle = \frac{e^{-\beta\varepsilon_1}}{Z_N}(Z_{N-1} - Z_{N-1}\langle N_1\rangle_{N-1}) \tag{26.A.10}$$

이다. 이 결과는 수학적으로 엄밀하다. 이제 작은 근사를 하려고 한다. 거시적으로 입자수가 있는 계로부터 한 입자를 제거하는 것은 무시할 만한 변화를 야기하기 때문에, N과 $N - 1$의 평균의 차이는 무시할 만큼 작다. $N - 1$의 평균을 N의 평균으로 근사를 하면 식 (26.A.10)은 다음과 같다.

$$\langle N_1\rangle = e^{-\beta\varepsilon_1}\frac{Z_{N-1}}{Z_N}\left[1 - \langle N_1\rangle\right] \tag{26.A.11}$$

Z_{N-1}/Z_N의 비율은 화학 퍼텐셜과 관련되어 있다. 분배 함수의 식 $F = -k_B T \ln Z$를 이용하면,

$$\frac{Z_{N-1}}{Z_N} = \frac{e^{-\beta F(N-1)}}{e^{-\beta F(N)}} = e^{+\beta[F(N)-F(N-1)]} \tag{26.A.12}$$

이다. 헬름홀츠 자유 에너지의 T와 V에 의존하는 것은 겉으로 드러나지 않는다. 식 (13.19)에서 주어졌듯이, 헬름홀츠 자유 에너지의 미분소는

$$dF = -SdT - PdV + \mu dN \tag{26.A.13}$$

이고, 화학 퍼텐셜은

$$\mu = \left(\frac{\partial F}{\partial N}\right)_{TV} \tag{26.A.14}$$

이다. 비록 μ는 온도와 압력의 함수로 표현했을 때 N에 대해 독립적이지만, T와 V의 함수일 때 N에 의존한다. 미분 $\partial F/\partial N$을 $\Delta F/\Delta N$으로 근사를 하고 $\Delta N = 1$로 놓으면 화학 퍼텐셜은

$$\mu = \frac{F(N) - F(N - \Delta N)}{\Delta N}\Delta N = [F(N) - F(N - 1)] \tag{26.A.15}$$

이다. 이것을 식 (26.A.12)에 대치시키면,

$$\frac{Z_{N-1}}{Z_N} = e^{+\beta\mu} \tag{26.A.16}$$

이다. 식 (26.A.11)은

$$\langle N_1 \rangle = e^{-\beta(\varepsilon_1 - \mu)}[1 - \langle N_1 \rangle] \tag{26.A.17}$$

이다. $\langle N_1 \rangle$에 대해서 이를 풀면

$$\langle N_1 \rangle = \frac{1}{e^{\beta(\varepsilon_1 - \mu)} + 1}$$

이고, 여기서 평균값은 단일 입자 상태의 에너지에 의해 결정된다. 유도 과정 중 단계들이 모든 다른 상태에 대해서도 똑같기 때문에 첨자 1을 첨자 j로 바꿀 수 있다. $\beta = 1/k_BT$를 이용하면 페르미온에 대한 평균 점유수는

$$\boxed{\langle N_j \rangle = \frac{1}{e^{(\varepsilon_j - \mu)/k_BT} + 1}} \tag{26.A.18}$$

이다. 이 결과와 큰 바른틀 모둠으로 얻은 $\langle N_j \rangle$값의 유일한 차이점은 N이 바른틀 모둠에서는 상수라는 점이고, 이 차이점은 N에서 요동의 크기가 작기 때문에 중요한 것은 아니다.

27장 페르미와 보스 기체

26장에서는 계의 단일 입자 상태의 점유수에 대한 교환 대칭성의 효과를 결정하였다. 이 장에서는 그 결과들을 이용하여 페르미온과 보손의 이상 기체의 행동을 조사한다. 교환 대칭성의 효과는 금속의 전자 기체나, **보스–아인슈타인 응축**(Bose–Einstein condensation)으로 알려진 평범하지 않은 상전이를 경험하는 매우 낮은 온도의 보존 기체에서 특히 중요하다.

27.1 이상 기체

교환 대칭성의 중요함을 이해하기 전에, 화학 퍼텐셜에 대한 정보가 더 필요하다. 화학 퍼텐셜 μ를 알아내는 데 계의 단일 입자 에너지에 대한 표현이 필요하기 때문에 이상 기체를 고려해야 한다. 24장에서 알아낸 것과 같이 이상 기체 안 입자들의 고유함수와 고윳값은

$$\psi_{\boldsymbol{k}}(\boldsymbol{r}) = \frac{1}{\sqrt{V}}e^{i\boldsymbol{k}\cdot\boldsymbol{r}} \quad \text{및} \quad \varepsilon_k = \frac{\hbar^2}{2m}k^2 \tag{27.1}$$

이고[식 (24.15) 참조], 여기서 V는 부피이다. 단일 입자 에너지 ε_k는 지수 함수 $e^{i\boldsymbol{k}\cdot\boldsymbol{r}}$로 기술되는 평면파의 파수 벡터 $\boldsymbol{k}$의 크기에 의해 결정된다. 스핀 성질이 포함될 때, 단일 입자 상태들은 $\boldsymbol{k}s$로 구별되는데, s는 스핀 양자수이다. N개의 동일 입자계의 고유상태(미시 상태)들은 각각의 단일 입자 상태에 있는 입자 개수 $N_{\boldsymbol{k}s}$를 정함으로써 구분된다. N 입자 계의 미시 상태 α의 에너지 $E_{N,\alpha}$는

$$E_{N,\alpha} = \sum_{\boldsymbol{k}s} N_{\boldsymbol{k}s}\varepsilon_k, \quad \text{여기서} \quad N = \sum_{\boldsymbol{k}s} N_{\boldsymbol{k}s} \tag{27.2}$$

이다. 에너지와 입자수의 모둠 평균은

$$U = \sum_{\boldsymbol{k}s} \langle N_{\boldsymbol{k}s}\rangle\varepsilon_k \quad \text{및} \quad \overline{N} = \sum_{\boldsymbol{k}s} \langle N_{\boldsymbol{k}s}\rangle \tag{27.3}$$

이고, U는 내부 에너지이다. 화학 퍼텐셜은 계의 입자 개수 $\overline{N}$을 결정한다. 식 (26.55)

와 (26.57)에 주어진 대로 페르미온과 보손에 대한 평균 점유수 $\langle N_{\boldsymbol{k}s}\rangle$는 하나의 식으로 묶일 수 있는데, 이는

$$\langle N_{\boldsymbol{k}s}\rangle = \frac{1}{e^{\beta(\varepsilon_k-\mu)} \pm 1} \tag{27.4}$$

이고, $\beta = 1/k_BT$이다. 분모의 양의 부호(+1)는 페르미온에 대한 것이고, 음의 부호(−1)는 보손에 대한 것이다. 식 (27.4)를 식 (27.3)에 대입하면 다음과 같다.

$$U = \sum_{\boldsymbol{k}s} \frac{\varepsilon_k}{e^{\beta(\varepsilon_k-\mu)} \pm 1} \quad \text{및} \quad \overline{N} = \sum_{\boldsymbol{k}s} \frac{1}{e^{\beta(\varepsilon_k-\mu)} \pm 1} \tag{27.5}$$

화학 퍼텐셜을 찾는 것은 $\overline{N}$에 대한 표현 식에서 $\boldsymbol{k}s$에 대한 합을 적분으로 표현함으로써 이루어진다. 따라서

$$\overline{N} = \sum_s \int dk^3 D_k \frac{1}{e^{\beta(\varepsilon_k-\mu)} \pm 1} \tag{27.6}$$

이고, D_k는 식 (24.12)로부터 단위 k의 크기당 파수 벡터의 개수이다. k-공간에 대한 적분을 에너지 $\varepsilon = \hbar^2k^2/2m$에 대한 적분으로 바꾸면

$$\overline{N} = \sum_s \int_0^\infty \frac{D(\varepsilon)}{e^{\beta(\varepsilon-\mu)} \pm 1} d\varepsilon \tag{27.7}$$

이다. $D(\varepsilon)$는 자유 입자 상태 밀도인데, 이는 단위 에너지당 파수 벡터의 개수이다. 식 (24.14)로부터 이 값은

$$D(\varepsilon) = \frac{V}{4\pi^2}\left(\frac{2m}{\hbar^2}\right)^{3/2} \varepsilon^{1/2} \tag{27.8}$$

이다. 이를 식 (27.7)에 대입하면

$$\overline{N} = \left(\frac{3}{2} \pm \frac{1}{2}\right) \frac{V}{4\pi^2}\left(\frac{2m}{\hbar^2}\right)^{3/2} \int_0^\infty \frac{\varepsilon^{1/2}}{e^{\beta(\varepsilon-\mu)} \pm 1} d\varepsilon \tag{27.9}$$

이다. 여기서 양의 부호(+1)는 페르미온에 대한 것이고, 음의 부호(−1)는 보손에 대한 것이다. 인수 $\left(\frac{3}{2} + \frac{1}{2}\right) = 2$는 스핀-$\frac{1}{2}$ 페르미온의 s의 두 값을 의미하고, 인수 $\left(\frac{3}{2} - \frac{1}{2}\right) = 1$은 스핀-0 보손 하나의 값을 의미한다. 적분 변수를 ε에서 $x = \beta\varepsilon$로 바꾸고, $\hbar = h/2\pi$를 이용하면

$$\overline{N} = \left(\frac{3}{2} \pm \frac{1}{2}\right) 2\pi V \left(\frac{2m}{h^2\beta}\right)^{3/2} \int_0^\infty \frac{x^{1/2}}{e^{x-\beta\mu} \pm 1} dx \tag{27.10}$$

이다. 열 드브로이 파장 $\lambda_{\text{th}} = h/\sqrt{2\pi m k_B T}$를 도입하고[식 (20.71) 참조] $\beta = 1/k_BT$

임을 이용함으로써 계의 입자 개수는

$$\overline{N} = \left(\frac{3}{2} \pm \frac{1}{2}\right) \frac{2}{\sqrt{\pi}} \frac{V}{\lambda_{\mathrm{th}}^3} \int_0^\infty \frac{x^{1/2}}{e^{x-\beta\mu} \pm 1} dx \tag{27.11}$$

이다. 식 (27.5)에서 U와 $\overline{N}$에 대한 표현들의 유일한 차이는 U에 대한 표현에서 ε_k의 인수에 있으므로, 식 (27.11)을 얻기 위해서 사용한 것과 동일한 대입을 하여 다음을 증명한다.

$$U = \left(\frac{3}{2} \pm \frac{1}{2}\right) \frac{2}{\sqrt{\pi}} \frac{V}{\lambda_{\mathrm{th}}^3} k_B T \int_0^\infty \frac{x^{3/2}}{e^{x-\beta\mu} \pm 1} dx \tag{27.12}$$

여기서 인수 k_BT는 적분 변수가 ε에서 x로 바뀔 때, 들어오는 x의 추가적인 인수로부터 발생한다. 관계식 $x = \beta\varepsilon$은 $\varepsilon = k_BTx$임을 함의한다. 이런 식들은 내부 에너지 U와 화학 퍼텐셜 μ를 보다 측정 가능한 양인, 온도 T와 개수 밀도 $\overline{N}/V$로부터 결정하는 데 쓰일 수 있다.

화학 퍼텐셜의 값을 알아내기 위해 식 (27.10)을 다음과 같이 다시 쓴다.

$$\frac{\lambda_{\mathrm{th}}^3}{V/\overline{N}} = \left(\frac{3}{2} \pm \frac{1}{2}\right) \frac{2}{\sqrt{\pi}} \int_0^\infty \frac{x^{1/2}}{e^{x-\beta\mu} \pm 1} dx \tag{27.13}$$

여기서 식의 우변은 $\beta\mu$의 함수이다. 좌변이 부피 λ_{th}^3을 입자당 부피 $V/\overline{N}$으로 나눈 비이므로, 보통의 기체와 금속 내 전자 기체의 경우 매우 다르다. 비교를 위해 구리에 있는 전자에 대한 화학 퍼텐셜의 상온에서의 값과, 헬륨-3 페르미온 기체, 헬륨-4 보손 기체의 값을 알아낸다.

고체 물리 교과서에 설명되어 있듯이, 금속에서 전도 전자들은 원자들의 주기적인 배열에 의해 약하게 영향을 받는 성질을 가진 이상 기체로 모형화될 수 있다. 구리 내부의 전자 기체는 이를 설명하는 하나의 예로 쓰인다. 구리 원자들은 오직 하나의 최외각 전자를 갖고 있기 때문에 하나의 전자가 차지하고 있는 부피 $V/\overline{N}$은 구리 원자 하나가 차지하는 부피와 동일하다. 따라서 이 부피는 원자의 질량을 구리의 질량 밀도(8960 kg m^{-3})로 나누면 알 수 있다. 원자 질량 단위에 구리의 원자량(63.546)을 곱하면 구리 원자 하나의 질량은 $m_{\mathrm{Cu}} = 1.055 \times 10^{-25}$ kg이다. 따라서 원자와 최외각 전자 모두 한 입자당 차지하는 부피는

$$\frac{V}{\overline{N}} = \frac{1.055 \times 10^{-25}\mathrm{kg}}{8960\,\mathrm{kg\,m^{-3}}} = 1.18 \times 10^{-29}\mathrm{m}^3 \tag{27.14}$$

이다. 상온(T = 300 K), 대기압(P = 100 kPa)에서 보통의 헬륨 기체에 대한 입자당

표 27.1 $T = 300$ K와 $P = 100$ kPa에서 기체의 성질

	$V/\overline{N}$ (m^3)	λ_{th} (m)	$\lambda_{th}^3\overline{N}/V$	μ/k_B (K)	ε_F/k_B (K)
구리 안 전자	1.18×10^{-29}	4.30×10^{-9}	6.77×10^{3}	81 800	81 800
헬륨 3	4.14×10^{-26}	5.82×10^{-11}	4.76×10^{6}	−3 880	0.0646
헬륨 4	4.14×10^{-26}	5.04×10^{-11}	1.55×10^{6}	−4 010	

부피는 이상 기체의 상태 방정식 $PV = \overline{N}k_BT$에서 알아낼 수 있다. 즉,

$$\frac{V}{\overline{N}} = \frac{k_BT}{P} = 4.14 \times 10^{-26}\text{m}^{-3} \tag{27.15}$$

이다. 열 드브로이 파장은 $\lambda_{th} = h/\sqrt{2\pi mk_BT}$이므로, 헬륨 3과 헬륨 4 원자의 질량(각각 3과 4 amu)과 전자의 질량(9.109×10^{-31} kg)이 필요하다. 세 시스템에 대한 $V/\overline{N}$, λ_{th}, μ/k_B의 값은 표 27.1에 주어져 있는데, 화학 퍼텐셜은 k_B로 나누어져 이 값들을 온도값으로 해석할 수 있다.

구리 안 전자 기체에 대한 μ/k_B의 값은 헬륨에 대한 값과는 매우 다르다. 금속 내 전자 기체의 화학 퍼텐셜은 그 값이 크고 양수인데, 반면 보통 기체의 화학 퍼텐셜은 음의 값이다. 헬륨 3의 화학 퍼텐셜값이 음수고 $|\mu|$가 크므로, 지수 $e^{\beta(\varepsilon-\mu)} = e^{\beta(\varepsilon+|\mu|)}$는 매우 크다. 표 27.1에 있는 헬륨 3에 대한 자료를 사용하면 $e^{\beta|\mu|} = 4.2 \times 10^5$이다. $\langle N_{ks}\rangle$에 대한 표현에서 분모에 있는 ± 1은 비교적 무시할 만큼 작다.

단원자 분자 기체

μ가 음수이고 $|\mu|$가 클 때, 식 (27.9)에 있는 $\overline{N}$에 대한 표현과 그에 해당하는 U의 표현에서 분모에 있는 ± 1은 무시할 수 있고, 그러면

$$\overline{N} = K_o\int_0^\infty d\varepsilon e^{-(\varepsilon-\mu)/k_BT}\varepsilon^{1/2} \quad \text{및} \quad U = K_o\int_0^\infty d\varepsilon e^{-(\varepsilon-\mu)/k_BT}\varepsilon^{3/2} \tag{27.16}$$

이 되고, $K_o = \left(\frac{3}{2} \pm \frac{1}{2}\right)2\pi V(2m)^{3/2}/h^3$이다. 이들 식에 있는 적분은 U에 대한 식에 있는 함수 $e^{-(\varepsilon-\mu)/k_BT}$를 $-k_BT(\partial e^{-(\varepsilon-\mu)/k_BT}/\partial\varepsilon)$로 표현하고 부분 적분을 함으로써 동일하게 만들 수 있다. 그 결과

$$U = \frac{3}{2}k_BTK_o\int_0^\infty d\varepsilon e^{-(\varepsilon-\mu)/k_BT}\varepsilon^{1/2} = \frac{3}{2}k_BT\overline{N} \tag{27.17}$$

이고, $U = \frac{3}{2}\overline{N}k_BT$는 20장에서 알아낸 단원자 분자에 대한 값이다. 상태 방정식을 알기 위해서 식 (26.44)와 식 (26.47)에 주어진 페르미온과 보손에 대한 큰 분배 함수의 로그를 이용하는데, 이것은 다음과 같이 표현된다.

$$\ln Q = \pm \sum_{ks} \ln \left(1 \pm e^{\mu/k_B T} e^{-\varepsilon_k/k_B T}\right) \tag{27.18}$$

μ가 충분히 음수여서 $e^{\mu/k_B T}$가 매우 작으면, $\ln(1+x) \approx x$인 근사를 이용하여

$$\ln Q = e^{\mu/k_B T} \sum_{ks} e^{-\varepsilon_k/k_B T} \quad \text{및} \quad \frac{\partial \ln Q}{\partial \mu} = \frac{\ln Q}{k_B T} \tag{27.19}$$

를 보일 수 있다. 식 (25.11)의 $\overline{N} = -(\partial\Phi_{\text{th}}/\partial\mu)_{TV}$의 관계 식과 식 (25.23)의 $-\Phi_{\text{th}} = k_B T \ln Q$로부터 $\overline{N} = k_B T(\partial \ln Q/\partial\mu)_{TV}$이 따라 나온다. 식 (27.19)의 두 번째 식과 이 것을 결합하면 $\overline{N} = \ln Q$이다. 이것을 식 (25.23)에 주어진 $PV = k_B T \ln Q$라는 결과에 대입하면 단원자 분자 기체의 상태 방정식은

$$PV = \overline{N} k_B T \tag{27.20}$$

이다. 이는 매우 익숙한 이상 기체 상태 방정식인데, 20장에서 입자들을 구별 가능한 것으로 다룸으로써 이를 알아냈다. 따라서 화학 퍼텐셜이 음수이고 크면, 교환 대칭성의 요구는 계의 성질에 미미한 영향만을 가진다.

27.2 페르미 기체

교환 대칭성의 효과가 클 때 페르미온계는 **페르미 기체**(Fermi gases)라고 한다. 그 효과는 금속 내부의 전자들에게 특히 크다. 온도 T에서 페르미온들의 평균 점유수는

$$\langle N_{ks} \rangle = \frac{1}{e^{(\varepsilon_k - \mu)/k_B T} + 1} \tag{27.21}$$

이고, 이것은 그림 27.1에 ε_k/μ의 함수로 그려져 있다. 그림에서 곡선은 $\mu/k_B = 81\,800$ K인 경우에 계산되었는데, 이는 표 27.1에 있는 구리 내부의 전자에 대한 값이다. 온도 T_1, T_2, T_3인 곡선은 각각 300, 600, 1000 K에 해당한다. $T = 0$에서의 가파른 계단은 하나의 입자가 μ보다 작은 에너지 ε_k에 있는 단일 입자 상태 모두를 점유한 것과 μ보다 큰 에너지는 점유하지 않은 것을 표시한다. 이 계단은 온도가 절대 온도에서 증가하면 약간 둥글게 된다.

페르미 에너지

절대 온도 0에서 페르미온의 화학 퍼텐셜이 **페르미 에너지**(Fermi energy) ε_F이다.[1]

---

1) 어떤 저자들은 절대 온도 0도 이외의 온도에서 화학 퍼텐셜을 페르미 에너지라고 하고, 또 어떤 저자들은 모든 온도에서 화학 퍼텐셜을 페르미 준위라고 한다.

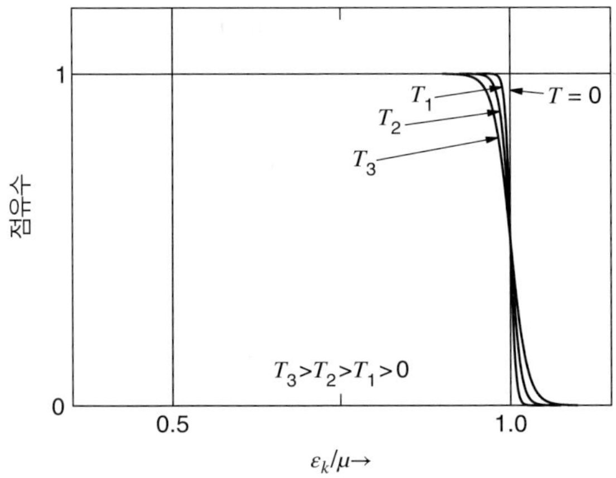

그림 27.1 페르미온에 대한 점유수 $\langle N_{ks}\rangle$

μ보다 작은 ε_k의 에너지를 가진 상태들이 차 있고, μ보다 큰 에너지 상태들은 비어 있기 때문에 페르미 에너지보다 작은 에너지 $\varepsilon_k = \hbar^2k^2/2m$ 상태의 파수 벡터 $\boldsymbol{k}$들은 k-공간에서 구 안에 위치한다. 이 구의 반지름을 k_F로 표시하면

$$\varepsilon_F = \frac{\hbar^2 k_F{}^2}{2m} \quad \text{및} \quad k_F = \left(\frac{2m\varepsilon_F}{\hbar^2}\right)^{1/2} \tag{27.22}$$

이다. k-공간의 단위 부피당 파수 벡터의 수[식 (24.11)과 같이 주어진]는 $D_0 = V/(2\pi)^3$이고, 각 입자는 두 스핀 상태를 가지므로 페르미 에너지보다 작은 에너지의 상태수는

$$\overline{N} = 2D_0\frac{4\pi}{3}k_F^3 = \frac{V}{3\pi^2}\left(\frac{2m\varepsilon_F}{\hbar^2}\right)^{3/2} \tag{27.23}$$

이고, 여기서 $\frac{4}{3}\pi k_F^3$은 반지름 k_F인 구의 부피이다. 페르미 에너지에 대해서 풀면,

$$\varepsilon_F = \frac{\hbar^2}{2m}\left(3\pi^2\frac{\overline{N}}{V}\right)^{2/3} \tag{27.24}$$

이다. 구리 내부의 전자들의 페르미 에너지와 헬륨 3에 대한 페르미 에너지는 표 27.1에 주어져 있다. 표에 있는 값이 지시하는 바와 같이 금속 내부의 자유 전자들의 페르미 에너지는 크고, 화학 퍼텐셜과 본질적으로 동일하다.

27.3 저온에서의 열용량

저온에서 자유 전자 기체의 열용량은 금속에 대한 이론에서 매우 중요한 함의를 갖는다. 고정된 수의 입자로 구성된 계의 정적 열용량은 $C_V = (\partial U/\partial T)_V$이다. 필요한 미분은 $U = U(T, V, \mu(T, V, \overline{N}))$의 합성 함수를 미분함으로써 얻어진다. 즉,

$$C_V = \left(\frac{\partial U}{\partial T}\right)_{V\overline{N}} = \left(\frac{\partial U}{\partial T}\right)_{\mu V} + \left(\frac{\partial U}{\partial \mu}\right)_{TV}\left(\frac{\partial \mu}{\partial T}\right)_{\overline{N}V} \tag{27.25}$$

이다. 위 식에서 최종적인 도함수는

$$\left(\frac{\partial \mu}{\partial T}\right)_{\overline{N}V} = -\left(\frac{\partial \mu}{\partial \overline{N}}\right)_{TV}\left(\frac{\partial \overline{N}}{\partial T}\right)_{\mu V} = -\frac{\left(\partial \overline{N}/\partial T\right)_{\mu V}}{\left(\partial \overline{N}/\partial \mu\right)_{TV}} \tag{27.26}$$

이다. 이 식들을 묶고, $\beta = 1/k_B T$를 이용하고, 변수를 고정했다는 것을 표시하는 것을 생략하면

$$C_V = -k_B\beta^2\left[\frac{\partial U}{\partial \beta} - \frac{\partial \overline{N}}{\partial \beta}\frac{(\partial U/\partial \mu)}{(\partial \overline{N}/\partial \mu)}\right] \tag{27.27}$$

을 얻고, $d\beta/dT = -k_B\beta^2$이다.

C_V를 찾기 위해서는 U와 $\overline{N}$의 미분이 필요하다. 스핀-$\frac{1}{2}$ 페르미온에 대한 식 (27.9)의 $\overline{N}$에 대한 표현과 해당하는 U에 대한 표현은

$$\overline{N} = K_o\int_0^\infty \frac{\varepsilon^{1/2}}{e^{\beta(\varepsilon-\mu)}+1}d\varepsilon \quad \text{및} \quad U = K_o\int_0^\infty \frac{\varepsilon^{3/2}}{e^{\beta(\varepsilon-\mu)}+1}d\varepsilon \tag{27.28}$$

이고, $K_o = (V/2\pi^2)(2m/\hbar^2)^{3/2}$이다. 계산은 **페르미 함수**(Fermi function) $f(x)$와 그의 미분을 도입함으로써 간단해진다.

$$f(x) = \frac{1}{e^x+1} \quad \text{및} \quad \frac{df}{dx} = -\frac{e^x}{(e^x+1)^2} = \frac{-1}{4\cosh^2(x/2)} \tag{27.29}$$

여기서 $\cosh u = \frac{1}{2}(e^{+u}+e^{-u})$는 쌍곡선 코사인 함수이다. 이 함수와 이 함수의 도함수는 그림 27.2에 그려져 있다.

페르미 함수를 사용함으로써, 내부 에너지를 β에 대해 미분한 것은

$$\frac{\partial U}{\partial \beta} = K_o\int_0^\infty \frac{df(\beta(\varepsilon-\mu))}{dx}(\varepsilon-\mu)\varepsilon^{3/2}d\varepsilon \tag{27.30}$$

이다. $x = \beta(\varepsilon - \mu)$이며, 따라서 $\varepsilon = \mu[1 + x/(\beta\mu)]$이고 $d\varepsilon = dx/\beta$이다. $\partial U/\partial \beta$에

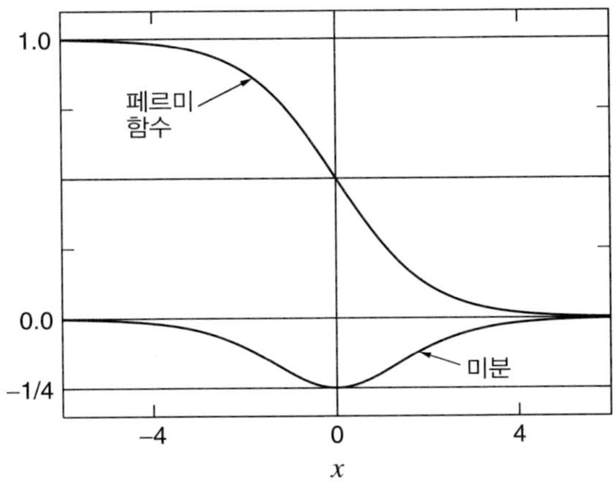

그림 27.2 페르미 함수와 그 미분

서 적분 변수를 ε에서 x로 바꾸면

$$\frac{\partial U}{\partial \beta} = K_o \frac{\mu^{3/2}}{\beta^2} \int_{-\beta\mu}^{+\infty} \frac{df(x)}{dx} x \left(1 + \frac{x}{\beta\mu}\right)^{3/2} dx \tag{27.31}$$

이다.

괄호 안에 있는 항을 $x/(\beta\mu)$의 급수로 전개하고, 아래 적분 한계를 $-\infty$로 취하면

$$\frac{\partial U}{\partial \beta} = \frac{K_o}{\beta^2} \mu^{3/2} \int_{-\infty}^{+\infty} \frac{df(x)}{dx} \left(x + \frac{3}{2}\frac{x^2}{\beta\mu} + \cdots\right) dx \tag{27.32}$$

이다. (df/dx)가 x에 대해 우함수이므로 $(df/dx)x$의 적분은 사라지고, 따라서 $\partial U/\partial\beta$에 0이 아닌 가장 낮은 차수의 기여는 $(df/dx)x^2$의 적분에서 온다.

$$\int_{-\infty}^{+\infty} \frac{df(x)}{dx} x^2 dx = -\int_{-\infty}^{+\infty} \frac{x^2}{4\cosh^2(x/2)} dx = -\frac{\pi^2}{3} \tag{27.33}$$

이 결과와 식 (27.11)과 식 (27.12)의 $\overline{N}$과 U에 대한 표현에서의 차이는 U에 대해서는 $x^{3/2}$이고, $\overline{N}$에 대해서는 $x^{1/2}$라는 사실을 이용함으로써,

$$\frac{\partial U}{\partial \beta} = -\frac{K_o}{\beta^2} \mu^{3/2} \frac{3}{2} \frac{1}{\beta\mu} \frac{\pi^2}{3} \quad \text{및} \quad \frac{\partial \overline{N}}{\partial \beta} = -\frac{K_o}{\beta^2} \mu^{1/2} \frac{1}{2} \frac{1}{\beta\mu} \frac{\pi^2}{3} \tag{27.34}$$

를 알 수 있다.

μ에 대한 U의 도함수는

$$\frac{\partial U}{\partial \mu} = K_o \int_0^{\infty} \frac{df(\beta(\varepsilon - \mu))}{dx} (-\beta) \varepsilon^{3/2} d\varepsilon \tag{27.35}$$

이다. 적분 변수를 ε에서 x로 바꾼 후, $x/\beta\mu$의 차수로 전개할 때 제일 낮은 차수의 0이 아닌 항을 유지하면,

$$\frac{\partial U}{\partial \mu} = -K_o \mu^{3/2} \int_{-\infty}^{+\infty} \frac{df(x)}{dx} dx \tag{27.36}$$

을 얻는다. $f(+\infty) = 0$이고 $f(-\infty) = 1$이므로,

$$\frac{\partial U}{\partial \mu} = K_o \mu^{3/2} \quad \text{및} \quad \frac{\partial \overline{N}}{\partial \mu} = K_o \mu^{1/2} \tag{27.37}$$

이 따라온다.

$x/\beta\mu$의 차수로 전개하는 식에서 높은 차수의 항들을 무시하는 것에서 오는 결과의 정확도는 $1/\beta\mu$의 크기를 (df/dx)가 0이 아닌 값의 영역과 비교를 하면 알 수 있다. 그림 27.2에 나타낸 것과 마찬가지로 페르미 함수의 미분 (df/dx)는 $x = \pm 8$을 넘기면 0에 충분히 가깝다. 표 27.1의 전자에 대한 자료에 대하여, $T = 100$ K에서 $\beta\mu = \mu/k_B T$의 값은 818이다. 따라서 U와 $\overline{N}$의 미분에 기여하는 전개식에서의 고차항의 기여는 100 K에서 작으면 더 낮은 온도에서는 더 작아진다.

식 (27.34)와 식 (27.37)을 식 (27.27)의 C_V의 표현에다가 대입하면

$$C_V = -k_B K_o \left[-\mu^{3/2} \frac{1}{2} \frac{\pi^2}{\beta\mu} + \mu^{1/2} \frac{1}{6} \frac{\pi^2}{\beta\mu} \left(\frac{K_o \mu^{3/2}}{K_o \mu^{1/2}} \right) \right] = k_B K_o \frac{\pi^2}{3} \frac{\mu^{1/2}}{\beta} \tag{27.38}$$

이다. 이것과 $\beta = 1/k_B T$, 식 (27.28) 아래에 주어진 K_o의 값을 묶으면,

$$C_V = \frac{\pi^2}{3} \left[\frac{V}{2\pi^2} \left(\frac{2m}{\hbar^2} \right)^{3/2} \right] \mu^{1/2} {k_B}^2 T \tag{27.39}$$

를 알 수 있다. **페르미온의 상태 밀도**(density of states for fermions) $D_F(\varepsilon)$는 식 (27.8)에 주어진 단위 에너지당 평면파의 상태수의 두 배이므로, 페르미 에너지 ε_F에서 상태 밀도는

$$D_F(\varepsilon_F) = 2D(\varepsilon_F) = K_o = \frac{V}{2\pi^2} \left(\frac{2m}{\hbar^2} \right)^{3/2} \varepsilon_F^{1/2} \tag{27.40}$$

이다. 이것을 이용하고, 화학 퍼텐셜 μ를 ε_F와 교체하면, 낮은 온도의 전자의 열용량은

$$\boxed{C_V = \frac{1}{3} \pi^2 D_F(\varepsilon_F) {k_B}^2 T} \tag{27.41}$$

이 된다.

금속 내에서 전자 기체의 열용량에 대한 기여는 작은데, 이는 대략 페르미 에너지의 k_BT 정도 안에 있는 에너지를 가진 전자들만이 이에 기여하기 때문이다. 그림 27.1에 나타낸 바와 같이, ε_F보다 약간 작은 에너지 ε_k를 가진 상태의 점유수는 대개 $N_{ks} = 1$로 고정되어 있다. 결과적으로 금속의 열용량은 격자의 진동에 의한 기여가 지배적이다. 그러나 전자의 기여는 낮은 온도에서 관찰 가능하며, 이는 격자의 진동에 의한 기여가 T^3에 비례하는 반면, 전자의 기여는 T에 비려하기 때문인데, 이는 온도가 절대 온도 0으로 접근하면 $C_V = c_1T + c_3T^3$를 함축한다. 결론적으로 말해서 어떤 온도 아래서는 이 항이 T(전자의 기여)에 비례하게 되는 온도가 존재한다는 뜻이며, 전자의 기여가 격자의 기여보다 커지기 시작하는 온도라는 뜻이다. 전자의 기여에 의한 값을 재면, 이는 식 (27.41)이 예측한 것과 꽤 잘 맞는다.

27.4 보스 기체

보스 입자의 경우 단일 입자 상태를 점유할 수 있는 입자의 개수에는 제한이 없다. 이 때문에 **보스 기체**(Bose gases)는 페르미 기체와는 매우 다른 행동을 한다. 특히, 그것들은 낮은 온도에서 상전이를 경험하는데, 매우 많은 수의 입자들이 기저 상태에 있게 된다. 단일 입자 상태 $\boldsymbol{k}$에 있는 스핀-0인 보손의 평균 점유수는

$$\langle N_{\boldsymbol{k}} \rangle = \frac{1}{e^{(\varepsilon_k - \mu)/k_BT} - 1} \tag{27.42}$$

이고, 입자의 전체 개수는

$$\overline{N} = \sum_{\boldsymbol{k}} \frac{1}{e^{(\varepsilon_k - \mu)/k_BT} - 1} \tag{27.43}$$

이다. $e^0 = 1$이므로, 만약 $\varepsilon_k - \mu$가 어떤 단일 입자 상태에 대해서도 0이면, 식 (27.43)의 분모는 0이 되고 $\overline{N}$의 값은 무한대가 될 것이다. 이상 기체의 에너지 ε_k는 $\hbar^2k^2/(2m)$이므로, 에너지는 양수이고 가장 에너지가 낮은 상태(기저 상태)는 0이 된다. 따라서 무한대로 발산하는 것을 막으려면, 화학 퍼텐셜 μ는 음수이거나 0이어야 한다.

화학 퍼텐셜 μ는 식 (27.43)에 의해 입자 개수 $\overline{N}$, 온도 T, 부피 V로부터 결정된다. 적분으로 표현했을 때[식 (27.11) 참조], 스핀-0 보손에 대한 화학 퍼텐셜의 값은

$$\overline{N} = \frac{2}{\sqrt{\pi}} V \left(\frac{2\pi m k_B T}{h^2} \right)^{3/2} \int_0^\infty \frac{x^{1/2}}{e^{x - \mu/k_BT} - 1} dx \tag{27.44}$$

로 결정된다. μ가 음수이거나 0일 때, $-\mu = |\mu|$이므로 지수에서 $-\mu/k_BT$ 항은 $|\mu/k_BT|$로 쓸 수 있다. 이런 변화 후, 위의 식은

$$\overline{N} = VT^{3/2}B\left(\frac{\mu}{k_B T}\right) \tag{27.45}$$

이고, 여기서 함수 $B(u)$는

$$B(u) = \left(\frac{2\pi m k_B}{h^2}\right)^{3/2} \frac{2}{\sqrt{\pi}} \int_0^\infty \frac{x^{1/2}}{e^{x+|u|}-1}dx \tag{27.46}$$

이다. 피적분항 $x^{1/2}/(e^{x+|u|}-1)$은 $|u|$가 감소하면 증가하므로, 함수 $B(u)$는 $u = 0$일 때가 최댓값이고 이는 부등식

$$\boxed{\frac{\overline{N}}{VT^{3/2}} \leq B(0) = B_{\max}} \tag{27.47}$$

을 가져온다. $u = 0$에서 $B(u)$에 있는 적분 값은

$$\int_0^\infty \frac{x^{1/2}dx}{e^x - 1} = 2.315 \tag{27.48}$$

이다. 따라서 다음과 같다.

$$B(0) = B_{\max} = 2.612\left(\frac{2\pi m k_B}{h^2}\right)^{3/2} \tag{27.49}$$

$\overline{N}/VT^{3/2}$가 $B_{\max}$보다 클 때, 식 (27.47)의 부등식에서 문제가 발생하는데, 이는 $\overline{N}$, T, V가 실험적으로 조절될 수 있기 때문에 실제로 가능한 일이다. 이 문제는 기저 상태를 다른 상태와 분리해서 다룸으로써 해결될 수 있다. 가장 낮은 에너지 상태의 점유수 $\langle N_k \rangle$는 $\overline{N}/VT^{3/2}$가 증가함에 따라 증가하고, 다른 모든 상태들은 점유수보다 빠르게 증가한다.

몇몇 수치적인 어림은 왜 기저 상태가 나누어져서 다루어질 수 있는지 설명하는데 도움이 된다. 식 (24.6)에 따르면, 정육면체 상자에 있는 입자의 파수 벡터 $\boldsymbol{k}$의 성분 (k_x, k_y, k_z)는 $\pi n_x/L$, $\pi n_y/L$, $\pi n_z/L$이고, 여기서 n_x, n_y, n_z는 양의 정수이다. 이는

$$k^2 = \boldsymbol{k} \cdot \boldsymbol{k} = \left(\frac{\pi}{L}\right)^2 \left(n_x^2 + n_y^2 + n_z^2\right) \tag{27.50}$$

를 함축한다. ε_k는 k^2이 작아지면 역시 작아지므로, 가장 낮은 k^2값과 다음으로 낮은 k^2값을 가진 상태를 고려한다. 이들은

$$k^2 = \frac{\pi^2}{L^2}(1^2 + 1^2 + 1^2) = 3\frac{\pi^2}{L^2} \quad \text{및} \quad k^2 = \frac{\pi^2}{L^2}(2^2 + 1^2 + 1^2) = 6\frac{\pi^2}{L^2} \tag{27.51}$$

이다. 따라서 가장 낮은 에너지와 그 다음 낮은 에너지는

$$\varepsilon = \frac{3}{2m}\frac{\hbar^2\pi^2}{L^2} \quad 및 \quad \varepsilon = \frac{6}{2m}\frac{\hbar^2\pi^2}{L^2} \tag{27.52}$$

이다. 기저 상태의 에너지를 0으로 보는 것이 관습적이므로(또한 편리함), 이 에너지 중 처음 것을 $\hbar^2k^2/2m$에서 빼자. 결과적으로 기저 상태의 에너지와 첫 번째 들뜬 상태의 에너지는

$$\varepsilon_0 = 0 \quad 및 \quad \varepsilon_1 = \frac{3}{2m}\frac{\hbar^2\pi^2}{L^2} \tag{27.53}$$

이다.

기저 상태의 에너지와 화학 퍼텐셜이 모두 0일 때($\varepsilon_0 = 0$, $\mu = 0$), 기저 상태의 점유수는 무한대(발산)이다. 그러나 이 발산은 식 (27.44)에서 $\overline{N}$에 대한 적분 표현에서는 눈에 띄지 않는데, 이것은 식 (27.11)의 유도 과정에서 상태 밀도 $D(\varepsilon)$를 통해 들어오는 $x^{1/2}$의 인수 때문이다. 이것은 기저 상태의 특수한 성질이 식 (27.43)에서 상태들에 대한 합이 식 (27.44)에서의 적분으로 어림될 때, 무시된다는 뜻이다. 이 때문에 기저 상태는 분리되어서 고려되어야 한다. 이것이 수행되면 식 (27.45)의 관계 식은

$$\overline{N} = N_0 + VT^{3/2}B\left(\frac{\mu}{k_BT}\right) \tag{27.54}$$

가 되고 N_0은 기저 상태의 입자 개수가 된다.

위의 식을 해석하기 위해 **임계 온도**(critical temperature) T_c를 식 (27.47)이 등호를 만족할 때 온도 값으로 정의한다. 결과적으로 이 값은

$$\boxed{T_c = \left(\frac{\overline{N}}{V}\right)^{2/3}\left(\frac{1}{B_{\max}}\right)^{2/3}} \tag{27.55}$$

이다. T_c보다 온도가 높을 때, 기저 상태를 따로 다룰 필요 없이 식 (27.54)를 만족하는 0이 아닌 화학 퍼텐셜 값이 존재하므로, 화학 퍼텐셜은

$$\overline{N} = VT^{3/2}B\left(\frac{\mu}{kT}\right) \tag{27.56}$$

에 의해 결정된다. T_c보다 낮은 온도에서 화학 퍼텐셜은 0이고, 0이 아닌 N_0값이 요구된다. N_0를 결정하는 식은 따라서 $B(0)$의 값을 식 (27.54)에 대입함으로써 얻어지는데, 이는

$$\overline{N} = N_0 + VT^{3/2}B_{\max} \tag{27.57}$$

이다.

보스 - 아인슈타인 응축

기저 상태에 거시적인 입자수의 입자들이 쌓이는 것은 **보스-아인슈타인 응축**(Bose-Einstein condensation)이라고 하고, 그 상태 있는 입자들을 **응축체**(condensate)라고 한다. 기저 상태에 있는 입자들의 비율을 알아내기 위하여 T_c의 정의를

$$B_{\max} = \frac{\overline{N}}{VT_c^{3/2}} \tag{27.58}$$

과 같이 다시 적는데, 이를 식 (27.57)에 대입한다. $\overline{N}$으로 나누면,

$$\boxed{\frac{N_0}{\overline{N}} = 1 - \left(\frac{T}{T_c}\right)^{3/2}} \tag{27.59}$$

를 얻는다. 응축체의 $N_0/\overline{N}$의 비율과 들뜬 상태의 비율은 그림 27.3에 그려져 있다. 임계 온도 위에서 기저 상태의 비율은 매우 작아서 보이지도 않는다. 임계 온도 아래에서 $N_0/\overline{N}$은 온도가 낮아질수록 증가하여 절대 온도 0에서는 100%가 된다.

1기압하에서 헬륨 4 원자로 이루어진 기체는 4.2 K에서 액체가 되고 2.17 K에서 이차 상전이를 한다. 새로운 물질 상태인 초유체는 이 전이 온도 아래에서 존재한다. 초유체는 매우 특이한 성질을 갖는데, 원형으로 도는 상태가 만들어지면 영원히 돌게 된다. 얇은 액체 막은 보기에는 중력을 거슬러 위로 흘러서 비커의 입을 넘어 마치 모세관에서 액체가 나오듯이 흘러나온다. 2.17 K에서의 상전이가 보스-아인슈타인 응축의 한 예일지도 모른다는 것은 프리츠 런던에 의해 제안되었다. 기저 상태에 놓인 계의 부분이 초유체인 반면, 나머지는 정상 유체이고 두 유제가 공간적 구별 없이 계

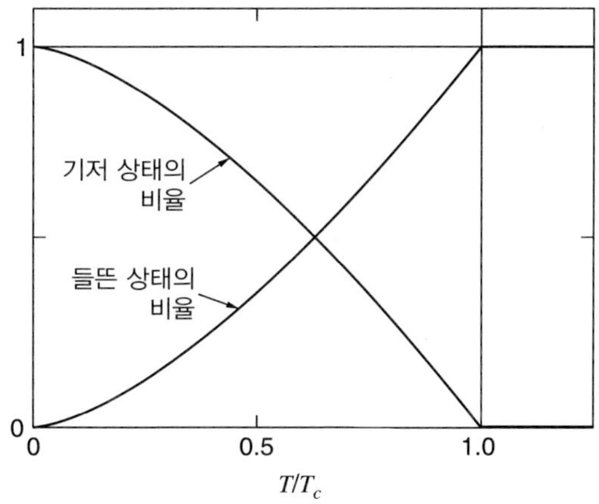

그림 27.3 기저 상태와 들뜬 상태의 입자들의 비율

전체를 통해 존재한다. 액체 헬륨은 이상 기체는 아니지만, 초유체의 밑바탕의 물리는 보스–아인슈타인 응축이라는 사실은 일반적으로 받아들여진다. 최근에 보스–아인슈타인 응축은 알칼리 금속의 밀도가 낮은 기체에서 관측되었다. 이 연구로 에릭 코넬, 볼프강 케틀러, 칼 와이만에게 2001년 노벨 물리학상이 수여되었다.

문제

27.1 나트륨의 최외각 전자는 화학 퍼텐셜 $\mu = 3.24\,\mathrm{eV}$인 이상적인 페르미 기체로 모형화할 수 있다. 절대 온도 0에서 평균 점유수는 $\langle N_{\mathbf{k}s}\rangle = \frac{1}{2}$이고, $\langle N_{\mathbf{k}s}\rangle = \frac{1}{2}$에서 단일 입자 에너지 ϵ_k는 $\epsilon_k = \mu = \epsilon_F$이다.

(a) $T = 300\,\mathrm{K}$일 때, $\langle N_{\mathbf{k}s}\rangle = 0.99$인 경우 ϵ_k를 구하시오.

(b) $T = 300\,\mathrm{K}$일 때, $\langle N_{\mathbf{k}s}\rangle = 0.1$인 경우 ϵ_k를 구하시오. 에너지를 전자 볼트 단위로 표현하기 위해서 $1/k_B = 11600\,\mathrm{K\,eV^{-1}}$을 사용하시오(그림 27.1에서 표시된 것처럼 답은 $\epsilon_k = \mu$에 근접해야 한다).

27.2 보스–아인슈타인 응축은 1995년 6월 콜로라도 볼더의 JILA 연구실에서 밀도가 낮은 기체에서 처음 관측되었다. 입자의 개수 $\overline{N}$은 2000 정도이고 부피는 약 $(20\,\mu\mathrm{m})^3$이었고, 기체는 원자 번호가 87인 루비듐 원자였다. 실험에서 임계 온도 T_c를 어림해보시오(이 온도는 매우 낮다!).

28장 상호작용하는 계

상호작용이 에너지의 평형 분포를 만드는 데 요구됨에도 불구하고, 많은 평형 성질들의 미시적인 기원은 독립적인 입자 모형과 바른틀(정규) 에너지 분포를 차용함으로써 설명된다. 해밀토니안에 입자들의 상호작용을 기술하는 항들을 집어넣으면 문제를 풀어야 하는 수학의 복잡성이 매우 증가한다. 이 장에서는 이러한 상호작용이 예측된 결과에 필수적으로 기여하는 두 예를 조사할 것이다. 상전이에 상호작용이 결정적인 기여를 보여 주는 이징 모형을 조사하며, 이상 기체에 대한 상태 방정식의 보정을 유도한다. 상호작용 계를 연구하기 위한 컴퓨터 시늉내기의 사용은 29장의 주제이다.

28.1 이징 모형

어떤 계에 속한 입자들의 자기 모멘트 간 상호작용은 21장에서 상자성을 논의할 때는 무시되었다. 그러한 무시는 강자성체와 다른 종류의 자기적 행동을 기술할 수 있는 가능성을 제거시켰다. 이 절에서는 간단한 모형 하나를 조사하는데[이것이 이징 모형(Ising model)이다], 스핀-$\frac{1}{2}$ 입자가 각자의 스핀 값을 곱한 것에 비례하는 상호작용항을 통해 서로 상호작용한다. 이 모형은 매우 이상화된 모형이지만, 여전히 제대로 된 근사를 하지 않고는 그로부터 예측을 얻기가 매우 어렵다. 그럼에도 불구하고, 이차원의 이징 모형에 대해서는 정확한 해석적인 해가 존재한다. 이 풀이는 라스 온사거(Lars Onsager)에 의해 수학적으로 아주 경이로운 방법으로 발견되었고 이것으로 그는 1968년 노벨 화학상을 받았다. 이 풀이는 이차 상전이의 존재를 예측한다. 이 결과의 존재는 통계역학이 수식으로 정량화된 대로, 추가적인 가정이나 근사가 없어도 상전이를 예측할 수 있다는 사실을 보여 준다. 일차원 모형에 대해서도 정확한 해가 존재하지만, 일차원에서는 상전이가 없다. 삼차원에서는 어떤 정확한 해도 이징 모형에 대해 존재하지 않는다.

각각의 스핀-$\frac{1}{2}$ 입자는 두 개의 허락된 값 $+1$, -1인 스핀 변수 σ_i를 갖는다. 여기서 $\sigma_i = +1$은 스핀이 "위"라는 것을 지시하며, $\sigma_i = -1$은 스핀이 "아래"라는 것을 지시한다. 스핀 i와 스핀 j 사이의 상호작용 에너지는 $-J_{ij}\sigma_i\sigma_j$이다. 여기서의 분석은 상호작용이 최인접에 제한되어 있는 모형을 고려한다. 모든 최인접 입자와의 상호작

용이 동일하다면 J_{ij}의 아래 첨자를 생략할 수 있으며, 따라서 이 모형의 미시 상태의 에너지는

$$E_{N,\alpha} = -J\sum_{\langle i,j\rangle} \sigma_i\sigma_j - B\sum_i \sigma_i \tag{28.1}$$

이고, 여기서 $\langle i, j\rangle$는 각각의 최인접 짝이 i, j에 걸쳐 합할 때 한 번씩 포함된다는 것을 지시한다. 지표 α는 숫자 $(\sigma_1,\ \sigma_2\ \ldots\ \sigma_N)$의 축약 표현이다. 여기서, J가 양수라고 가정하여 스핀 i와 j의 상호작용하는 에너지는 $\sigma_i = \sigma_j$일 때가 가장 낮고, 이것이 계를 강자성체로 만든다. 반자성체 계에서는 상수 J가 음수여서 인접한 장소의 스핀이 서로 다른 방향을 향하게 놓이게 하는 경향을 가진다. 에너지 $-B\sigma_i$는 스핀 i가 외부 자기장과 상호작용하는 것을 기술한다. 21.5절에 기술되었듯이 이 에너지는 $-\mu_0\mathcal{H}\, m_o\sigma_i$이고, 여기서 $\mathcal{H}$는 자기장의 z 성분이고, m_o는 자기 모멘트, μ_0은 진공의 투자율이어서 $B = \mu_0\mathcal{H}\, m_o$이다.

평균장 이론

에너지 $E_{N,\alpha}$는 분리할 수가 없는데 이는 $-J\sigma_i\sigma_j$ 항들 때문이다. 에너지가 분리 불가능한 계의 성질을 찾을 수 없는 어려움 때문에 평균장 근사를 차용하고, 이를 이용해 그림 28.1에 도식으로 나타낸 균일한 이차원의 자기 모멘트를 예측한다. 작은 원들(점들)은 스핀-$\frac{1}{2}$ 입자들을 나타내고, 그들 사이의 선들은 최인접 입자를 연결한다. 중앙의 입자와 그것의 여섯 개의 이웃들은 강조되어 있다.

에너지를 분리할 수 있도록 하는 근사법을 얻기 위해서 $(\sigma_i - \sigma_{av})$라는 차를 도입하는데, σ_{av}는 σ_i의 평균값이다. 균일한 계에서 σ_{av}는 모든 스핀에 대해 동일하다. σ_i를 $\sigma_{av} + (\sigma_i - \sigma_{av})$로 표현하면

$$\sigma_i\sigma_j = \sigma_{av}^2 + \sigma_{av}\left(\sigma_j - \sigma_{av}\right) + \left(\sigma_i - \sigma_{av}\right)\sigma_{av} + \left(\sigma_i - \sigma_{av}\right)\left(\sigma_j - \sigma_{av}\right) \tag{28.2}$$

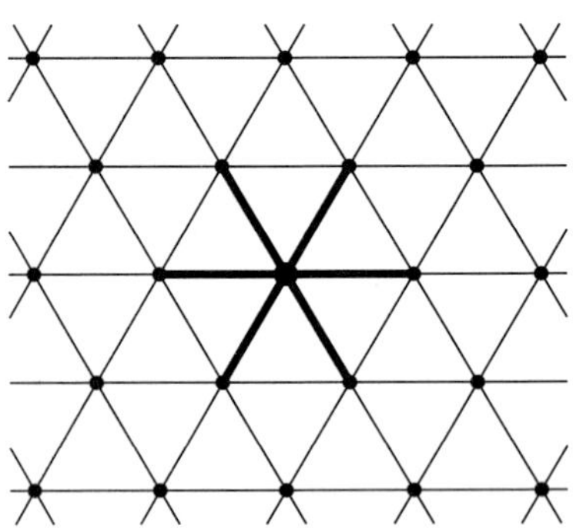

그림 28.1 이차원 격자에서의 최인접 입자들

이다. 이 근사법은 차들의 곱인 $(\sigma_i - \sigma_{av})(\sigma_j - \sigma_{av})$를 무시한다. 이것이 되었을 때, 이웃들에 걸친 $\sigma_i \sigma_j$의 합은

$$J\sum_{\langle i,j\rangle}\sigma_i\sigma_j = J\sum_{\langle i,j\rangle}\sigma_{av}^2 + 2J\sum_{\langle i,j\rangle}\sigma_{av}\left(\sigma_i - \sigma_{av}\right) = 2J\sum_{\langle i,j\rangle}\sigma_{av}\sigma_i - J\sum_{\langle i,j\rangle}\sigma_{av}^2 \tag{28.3}$$

이 된다. $\langle i, j\rangle$가 각 최인접 짝이 한 번만 포함된 합을 표시하므로, 식 (28.3)의 마지막 합은 $(z/2)\sum_i$로 쓸 수 있고, 여기서 z는 최인접 입자의 개수이다. 숫자 z는 **주변 값**(coordination number)이라고 한다. 그림 28.1의 격자에 대한 z값은 $z = 6$이다. 사각 격자에 대한 z값은 $z = 4$일 것이다. 근사를 하고 나면, 스핀 계 N개의 에너지 $E_{N,\alpha}$는

$$E_{N,\alpha} = -\left(Jz\sigma_{av} + B\right)\sum_i \sigma_i + \frac{1}{2}NJz\sigma_{av}^2 \tag{28.4}$$

가 된다. 이 에너지는 유효 자기장

$$\overline{B} = \left(Jz\sigma_{av} + B\right) \tag{28.5}$$

와 상호작용하는 각각의 스핀을 갖고 있으며, 이 유효 자기장은 외부 자기장 B와 내부 자기장 $Jz\sigma_{av}$가 합쳐져 있다. 이 **평균 자기장 근사**(mean field approximation)에서 스핀들은 그들 주위의 스핀의 실제값과 상호작용하는 대신, 평균값과 상호작용한다.

식 (28.4)의 에너지는 식 (21.72)의 상자성계의 에너지 $-(\mu_0\mathcal{H}\, m_o)\sum_i\sigma_i$와 유사한데, 여기서 계수 $(\mu_0\mathcal{H}\, m_o)$가 $(Jz\sigma_{av} + B)$로 바뀐 것은 다른 점이다. 또한 $\frac{1}{2}NJz\sigma_{av}^2$라는 항이 있는데, 이 항은 σ_i와는 독립적이다. 상자성의 경우에서와 마찬가지로 에너지는 분리 가능하고, σ_i의 평형 성질은 에너지 $-\overline{B}\sigma_i$에 대해 볼츠만 인수 e^{-E/k_BT}에 비례한다. 규격화된 확률은

$$\rho_{\sigma_i} = \frac{e^{\beta\overline{B}\sigma_i}}{e^{+\beta\overline{B}\sigma_i} + e^{-\beta\overline{B}\sigma_i}} \tag{28.6}$$

이고, $\beta = 1/k_BT$이다. σ_i의 평균값은 모드 스핀에 대해서 동일하고 여기서는 $\langle\sigma_i\rangle$ 대신 σ_{av}로 표현되었다. 따라서

$$\sigma_{av} = \sum_{\sigma_i}\rho_{\sigma_i}\sigma_i = \frac{e^{+\beta\overline{B}}(+1) + e^{-\beta\overline{B}}(-1)}{e^{+\beta\overline{B}} + e^{-\beta\overline{B}}} = \tanh\left(\beta\overline{B}\right) \tag{28.7}$$

은

$$\sigma_{av} = \tanh\left(\beta\left(Jz\sigma_{av} + B\right)\right) \tag{28.8}$$

이 된다.

자기장 0인 풀이

스핀-스핀 상호작용의 효과를 보려면, 외부 자기장이 없을 때($B = 0$) 계의 자기 모멘트를 계산한다. 이 경우 식 (28.8)은

$$\sigma_{av} = \tanh\left(\beta J z \sigma_{av}\right) \tag{28.9}$$

이다. 이것은 σ_{av}가 등호의 양쪽에 등장한다는 점에서 σ_{av}에 대한 스스로 일관된 방정식이다. 자기 모멘트의 온도에 따른 의존을 알기 위해서 σ_{av}가 β에 의존하는 방정식을 풀어야 한다. 이것은 곡선 $y_1 = \sigma_{av}$와 $y_2 = \tanh(\beta J z \sigma_{av})$가 어디서 만나는지 찾는 것에 의해 이루어지며, 그래프를 이용하거나 컴퓨터의 도움으로 가능하다. 그 예들이 그림 28.2에 있으며, 여기서 $\beta Jz < 1$과 $\beta Jz > 1$에 대한 곡선이 그려져 있다. $\beta Jz < 1$인 경우 곡선들이 교차하는 유일한 지점은 $\sigma_{av} = 0$인 반면, $\beta Jz > 1$일 때는 $y_1 = y_2$인 곳이 세 곳 존재한다. $\sigma_{av} > 0$인 해는 자기 모멘트가 "위"라는 것을 지시하며, $\sigma_{av} < 0$은 모멘트가 "아래"라는 것을 지시한다. 한 개의 해에서 세 개의 해로의 전이는 y_2의 기울기가 y_1의 기울기보다 커질 때 일어나며, 이것은 $\beta Jz = 1$일 때 일어난다.

그래프를 이용한 해는 $\beta Jz = 1$의 관계식을 $Jz/k_BT = 1$로 표현하고 임계 온도를 다음 식을 통하여 정의함으로써 해석된다.

$$k_B T_c = Jz \tag{28.10}$$

T_c의 항을 생각하면 식 (28.9)에서 초탄젠트 함수의 독립 변수는

$$\beta J z = \frac{T_c}{T} \tag{28.11}$$

이고, 부등식 $\beta Jz < 1$과 $\beta Jz > 1$은 각각 $T > T_c$와 $T < T_c$이다. 한 개의 해에서 세 개의 해로 전이하는 것은 $T = T_c$에서 일어난다. 앞으로 증명되겠지만, 0이 아닌 해들은 $\sigma_{av} = 0$의 해보다 더 낮은 자유 에너지를 갖는다.

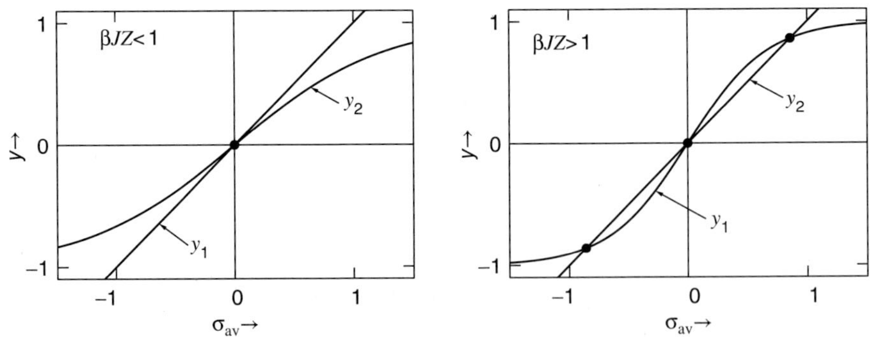

그림 28.2 식 (28.9)의 그래프

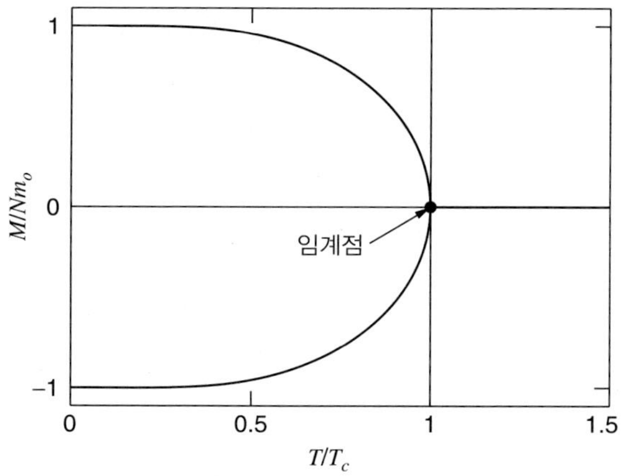

그림 28.3 자기 모멘트의 온도 의존성

N개의 스핀 계에 대한 평형 자기 모멘트는

$$M = Nm_o\sigma_{\text{av}} \tag{28.12}$$

이고, 여기서 m_o는 각 스핀의 자기 모멘트의 크기이다. 임계 온도 이하 두 개의 0이 아닌 M값은 강자성체의 행동의 자발적 자기화 특성을 나타내는 반면, 임계 온도 T_c 이상에서 M값이 사라지는 것은 상자성체의 행동을 지시한다. 평형 자기 모멘트의 온도에 대한 의존은 그림 28.3에 보이는데, 여기서 $\sigma_{\text{av}} = M/Nm_o$은 T/T_c의 함수로 그려져 있다. 작은 섭동이 존재하지 않을 때, 계는 임계 온도 아래로 냉각되면 두 해 중 하나를 무작위적으로 선택한다. 이 현상은 **자발적 대칭성 깨어짐**(spontaneous symmetry breaking)이라고 알려져 있다.

임계 지수

T가 T_c로 접근할 때, 자기 모멘트는 이차 상전이에서 연속적으로 0으로 떨어진다. M이 임계 온도에 접근함에 따라 어떻게 행동하는가를 결정하기 위해서 $\tanh(\beta Jz\sigma_{\text{av}})$를 급수 전개한다($\tanh x = x - \frac{1}{3}x^3 + \cdots$). 그러면, 고차항을 무시하고, $\beta Jz = T_c/T$를 이용함으로써 $\sigma_{\text{av}} = \tanh(\beta Jz\sigma_{\text{av}})$는

$$\sigma_{\text{av}} = \sigma_{\text{av}}\left(\frac{T_c}{T}\right) - \frac{1}{3}\sigma_{\text{av}}^3\left(\frac{T_c}{T}\right)^3 \tag{28.13}$$

이 되고 이것은

$$\sigma_{\text{av}}^2 = 3\frac{T_c - T}{T_c}\left(\frac{T}{T_c}\right)^2 \tag{28.14}$$

를 함축한다. $T/T_c = 1 - [(T_c - T)/T_c]$이므로, $(T_c - T)$로 급수 전개를 할 때 σ_{av}^2에 기여하는 가장 낮은 차수는 $\sigma_{av}^2 = 3(T_c - T)/T_c$이다. 따라서 임계점에 가까이 접근할수록 자기 모멘트는

$$M = \sqrt{3}Nm_o\left(\frac{T_c - T}{T_c}\right)^{1/2} \tag{28.15}$$

에 접근한다. 이는 평균장 근사에서 **임계 지수**(critical exponent)가 1/2임을 가리킨다. 14.3절에서 언급되었듯이, 이는 고전적인 지수 값이다. 이 값은 평균장 근사를 사용하기 때문에 근삿값일 뿐이다.

자유 에너지

식 (28.4)에서 에너지는 $B = 0$일 때 $E_{N,\sigma} = \frac{1}{2}NJz\sigma_{av}^2 - Jz\sigma_{av}\sum_i \sigma_i$이므로, 자기장이 0일 때 분배 함수는

$$Z_N = \sum_\alpha e^{-\beta E_{N,\alpha}} = e^{-\frac{1}{2}N\beta Jz\sigma_{av}^2}\sum_{\sigma_1}\cdots\sum_{\sigma_N} e^{\beta Jz\sigma_{av}\Sigma_i\sigma_i} \tag{28.16}$$

이다. σ_i의 두 값에 대한 $e^{\beta Jz\sigma_{av}\sigma i}$의 합은

$$\sum_{\sigma_i=\pm 1} e^{\beta Jz\sigma_{av}\sigma_i} = e^{+\beta Jz\sigma_{av}} + e^{-\beta Jz\sigma_{av}} = 2\cosh\left(\beta Jz\sigma_{av}\right) \tag{28.17}$$

이고, 여기서 $\beta = 1/k_BT$이다. 이를 이용하면, 자유 에너지 $F = -k_BT\,\text{In}\,Z_N$에 대한 분배 함수의 식은

$$F\left(T, \sigma_{av}\right) = \frac{1}{2}NJz\sigma_{av}^2 - Nk_BT\ln\left(2\cosh\frac{Jz\sigma_{av}}{k_BT}\right) \tag{28.18}$$

이고, 자기 모멘트 M이 σ_{av}에 비례할 때 이것이 헬름홀츠 자유 에너지이며, 온도와 자기 모멘트의 함수로서 자기를 띤 계의 자유 에너지를 표현한다(표 14.3 참조). 식 (28.10)에 정의된 $T_c = Jz/k_B$ 임계 온도를 이용하면 자유 에너지는 다음과 같다.

$$F\left(T, \sigma_{av}\right) = Nk_BT\left[\frac{T_c}{T}\frac{1}{2}\sigma_{av}^2 - \ln\left(2\cosh\left(\frac{T_c}{T}\sigma_{av}\right)\right)\right] \tag{28.19}$$

임계 온도 위와 아래에서 자유 에너지의 σ_{av}에 대한 의존은 그림 28.4에 나타나 있는데, 여기서 $F(T, \sigma_{av})/k_BT$가 σ_{av}에 대해 그려져 있다. 식 (28.9)에 의해 정해지는 σ_{av}의 평형 값은 점으로 표시되어 있다. T_c 위에서는 가장 작은 자유 에너지를 갖는 해는 $\sigma_{av} = 0$에 있다. T_c 아래에서는 세 개의 해가 있다. 두 개의 0이 아닌 해는 계의 안정된 상태인데, 이는 그들이 가장 낮은 자유 에너지를 갖기 때문이다. 계는 둘 중에 하

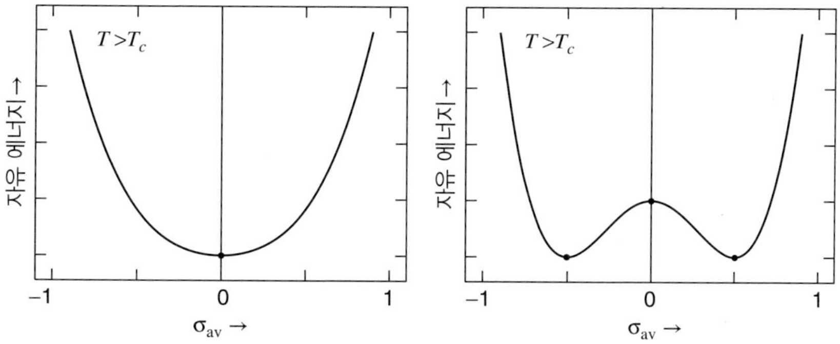

그림 28.4 자유 에너지의 σ_{av}에 대한 의존도

나를 무작위적으로 선택한다.

평균장 근사에서 이징 모형은 란다우 이론의 개념을 아주 잘 보여 주는 예이다. 14.3절에서 논의하였듯이 란다우 이론은 질서도 인수 η를 도입하고 일반적인 자유 에너지 $F_g(T, \eta)$를 도입한다. 강자성 계에서 질서도는 자기 모멘트 M이고, 이징 모형에서는 σ_{av}에 비례한다. $F_g(T, \eta)$와 비슷하게 자유 에너지 $F(T, \sigma_{av})$는 질서도의 평형과 비평형 값 모두에 대해서 정의되며, 평형 값은 자유 에너지를 최소화하는 값이다.

28.2 비이상 기체

이상 기체의 성질은 해밀토니안에서 입자 간 상호작용 $\sum \phi(r_{ij})$ 를 무시함으로써 19장에서 얻었다. 그 항을 무시함으로써, 이상 기체 상태 방정식을 유도하였다. 입자 간의 상호작용에 의한 상태 방정식의 보정이 이 절의 주제이다. 동일한 질량의 원자로 구성된 단원자 분자 기체의 해밀토니안은[식 (19.13) 참조]

$$H_N = \sum_i \frac{1}{2m}|\boldsymbol{p}_i|^2 + \sum_i \phi_{a\text{-}w}(\boldsymbol{r}_i) + \sum_{i<j} \phi(r_{ij}) \tag{28.20}$$

이고, 여기서 원자-벽 퍼텐셜 $\phi_{a-w}(\boldsymbol{r}_i)$는 원자(입자)들을 상자 속에 가둔다. 원자 i와 j 사이의 상호작용은 원자간 퍼텐셜 $\phi(r_{ij})$에 의해 기술되고, 여기서 $r_{ij} = |\boldsymbol{r}_i - \boldsymbol{r}_j|$는 그들 사이의 거리이다. 지표 i와 j가 원자 대신 분자들을 구별하게 함으로써, 여기서 얻어지는 결과는 다원자 분자 기체에도 적용될 수 있다.

21.3절에서 기술되었기 때문에 고전계의 자유 에너지는 이상 기체의 기여 F^{ig}와 기체 상태에 의한 기여의 합으로 나타낼 수 있다.

$$F = F^{ig} + F^{\text{config}} \tag{28.21}$$

기체 상태에 의한 자유 에너지는

$$F^{\text{config}} = -k_B T \ln Z_N^{\text{config}} \tag{28.22}$$

이고, 상태 분배 함수는

$$Z_N^{\text{config}} = \frac{1}{V^N}\int dr^{3N} e^{-\beta\Phi_N(\boldsymbol{r}_1\cdots\boldsymbol{r}_N)} \tag{28.23}$$

이다. 퍼텐셜 에너지 Φ_N이 퍼텐셜들의 합이기 때문에, 적분의 지수는 지수 함수들의 곱으로 표현된다.

$$e^{-\beta\Phi_N(\boldsymbol{r}_1\cdots\boldsymbol{r}_N)} = \prod_i e^{-\beta\phi_{a-w}(\boldsymbol{r}_i)}\prod_{i<j} e^{-\beta\phi(r_{ij})} \tag{28.24}$$

이것을 식 (28.23)에 대입하고, 인수 $e^{-\beta\phi_{a-w}(\boldsymbol{r}_i)}$를 원자들의 위치 함수에 걸쳐 적분한 것과 연결시키면

$$Z_N^{\text{config}} = \frac{1}{V^N}\int dr_1^3 e^{-\beta\phi_{a-w}(\boldsymbol{r}_1)}\dots\int dr_N^3 e^{-\beta\phi_{a-w}(\boldsymbol{r}_N)}\prod_{i<j} e^{-\beta\phi(r_{ij})} \tag{28.25}$$

를 얻고, 여기서 원자-벽 퍼텐셜 $\phi_{a-w}(\boldsymbol{r}_i)$는 원자를 상자 안에 가둔다. 볼츠만 인수 $e^{-\beta\phi_{a-w}(\boldsymbol{r}_i)}$는 $\boldsymbol{r}_i$에 걸친 적분을 상자의 부피 V로 한정하는 것으로 설명된다. 따라서

$$Z_N^{\text{config}} = \frac{1}{V^N}\int_V dr_1^3\cdots\int_V dr_N^3\prod_{i<j} e^{-\beta\phi(r_{ij})} \tag{28.26}$$

이다. 지금까지 어떤 근사도 사용되지 않았다.

원자간 퍼텐셜 $\phi(r)$이 원자들의 짝에 대한 변수에 의존하기 때문에 식 (28.26)의 적분은 개별 원자의 독립적인 적분의 곱으로 분리될 수 없다. 상호작용의 효과를 찾기 위해서는 실질적으로 값을 구할 수 있는 적분으로 만드는 근사를 필요로 한다. 볼츠만 인수 $e^{-\beta\phi(r)}$이 필수적으로 거의 모든 r에 대해 1이라는 사실을 이용함으로써 이를 수행한다. 이 근사는 $e^{-\beta\phi(r)}$을 차의 급수로 전개함으로써 얻어진다.

$$f(r) = \left(e^{-\beta\phi(r)} - 1\right) \tag{28.27}$$

따라서 볼츠만 인수는

$$e^{-\beta\phi(r)} = 1 + f(r) \tag{28.28}$$

이 된다. 원자가 퍼텐셜 $\phi(r)$과 함수 $f(r)$이 원자 간 거리에 의존하는 것은 그림 28.5에 그려져 있다. 그림의 곡선은 식 (19.7)에 정의된 레너드-존스 퍼텐셜에 대한 것이다. 차 $f(r)$은 퍼텐셜의 영역을 특정 짓는 인수 σ의 두 배 이상이 되는 거리 간격 r에 대해서는 0으로 떨어진다. σ는 전형적으로 나노미터보다도 작다.

$e^{-\beta\phi(r)} = 1 + f(r)$을 이용함으로써 식 (28.26)에서 볼츠만 인수들의 곱은

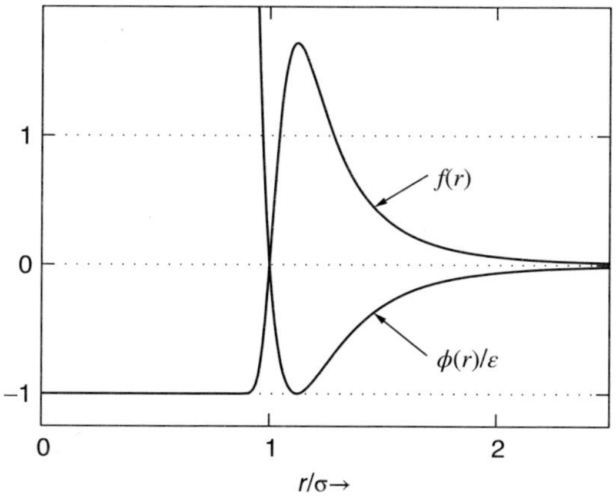

그림 28.5 원자 간 퍼텐셜 $\phi(r)$과 함수 $f(r)$

$$\prod_{i<j} e^{-\beta\phi(r_{ij})} = \left(1+f_{12}\right)\left(1+f_{13}\right)\left(1+f_{14}\right)\cdots \tag{28.29}$$

가 된다. 여기서 $f_{ij} = f(r_{ij})$이다. 이 전개를 잘 하기 위해서 각각의 차 f_{ij}는 기억하기 용이한 인수 α가 곱해져서 다음의 함수를 정의하는 데 사용된다.

$$F(\alpha) = -k_B T \ln Z_N(\alpha) \tag{28.30}$$

여기서

$$Z_N(\alpha) = \frac{1}{V^N}\int_V dr_1^3 \cdots \int_V dr_N^3 \prod_{i<j}\left(1+\alpha f_{ij}\right) \tag{28.31}$$

이다. $F(\alpha)$는 $\alpha = 1$일 때 상태 자유 에너지와 같다는 것을 주목하라. 차 f_{ij}의 전개는 $F(\alpha)$를 α의 급수로 전개함으로써 얻어진다.

$$F^{\text{config}} = F(0) + F_1\alpha + \frac{1}{2}F_2\alpha^2 + \cdots \tag{28.32}$$

α^2의 차수에 대한 항과 고차항들을 무시하고 $\alpha = 1$로 놓으면,

$$F^{\text{config}} = F(0) + \left(\frac{\partial F}{\partial \alpha}\right)_0 \tag{28.33}$$

의 근사를 얻는데, 여기서

$$F(0) = -k_B T \ln Z_N(0) \quad 및 \quad \left(\frac{\partial F}{\partial \alpha}\right)_0 = -\frac{k_B T}{Z_N}\frac{\partial Z_N}{\partial \alpha}\bigg|_{\alpha=0} \tag{28.34}$$

이다. $Z_N(0)$의 값은 식 (28.31)에서 $\alpha = 0$으로 놓음으로써 알 수 있다. 이 값은

$$Z_N(0) = \frac{1}{V^N}\int_V dr_1^3 \cdots \int_V dr_N^3 \tag{28.35}$$

이다. 적분이 +1이 되므로, 각 입자에 대한 적분은 상자의 부피와 같고, 따라서 N번 적분한 후 $Z_N(0) = 1$을 갖게 된다. 따라서 다음과 같다.

$$F(0) = -k_B T \ln 1 = 0 \tag{28.36}$$

식 (28.31)에서 적분 안에 α에 대한 미분을 취하면

$$\frac{\partial Z_N}{\partial \alpha} = \frac{1}{V^N}\int_V dr_1^3 \cdots \int_V dr_N^3 \frac{d}{d\alpha}\prod_{i<j}\left(1+\alpha f_{ij}\right) \tag{28.37}$$

이다. 곱의 법칙을 이용함으로써, 인수 $(1 + \alpha f_{ij})$의 곱은

$$\begin{aligned}\frac{d}{d\alpha}\prod_{i<j}\left(1+\alpha f_{ij}\right) &= \frac{d}{d\alpha}\left(1+\alpha f_{12}\right)(1+\alpha f_{13})(1+\alpha f_{14})\cdots \\ &= [f_{12}\left(1+\alpha f_{13}\right)(1+\alpha f_{14})\cdots] + [(1+\alpha f_{12})f_{13}(1+\alpha f_{14})\cdots] + \cdots\end{aligned} \tag{28.38}$$

이다. 이를 $\alpha = 0$일 때 계산하면

$$\frac{d}{d\alpha}\prod_{i<j}\left(1+\alpha f_{ij}\right)\Big|_{\alpha=0} = \sum_{i<j} f_{ij} \tag{28.39}$$

이다. 식 (28.37)에 대입하고 $\alpha = 0$, $f_{ij} = f(r_{ij})$임을 이용하면

$$\frac{\partial Z_N}{\partial \alpha}\Big|_{\alpha=0} = \frac{1}{V^N}\int_V dr_1^3 \cdots \int_V dr_N^3 \sum_{i<j} f\left(r_{ij}\right) \tag{28.40}$$

을 얻는다. i와 j에 걸친 합을 적분 바깥으로 취하면, r_{ij}의 아래 첨자에서만 다른 $\frac{1}{2}N(N-1)$개 항의 합이 나오는데, 각각의 항은 같은 값을 가진다. 합에서 처음 항만 따로 빼어내 보면

$$\frac{\partial Z_N}{\partial \alpha}\Big|_{\alpha=0} = \frac{1}{2}\frac{N(N-1)}{V^N}\int_V dr_1^3 \cdots \int_V dr_N^3 f_{12}\left(r_{12}\right) \tag{28.41}$$

을 얻는다. 여기서 $r_{12} = |\boldsymbol{r}_1 - \boldsymbol{r}_2|$이다. $\boldsymbol{r}_1$과 $\boldsymbol{r}_2$에 걸친 적분만이 함수 $f(r_{12})$를 포함하므로 다른 $N-2$개의 적분 각각은 부피 V와 같다. 따라서

$$\frac{\partial Z_N}{\partial \alpha}\Big|_{\alpha=0} = \frac{1}{2}\frac{N(N-1)}{V^2}\int_V dr_1^3 \int_V dr_2^3 f(r_{12}) \tag{28.42}$$

이다.

이 결과는 적분 변수를 $(\boldsymbol{r}_1, \boldsymbol{r}_2)$에서 $(\boldsymbol{R}, \boldsymbol{r}_{12})$로 바꾸면 더 간단하게 만들 수 있다.

$$\int_V dr_1^3 \int_V dr_2^3 f(r_{12}) = \int dR^3 \int dr_{12}^3 f(r_{12}) \tag{28.43}$$

여기서 $\boldsymbol{R}$은 질량 중심의 위치이고 $\boldsymbol{r}_{12}$는 상대 변위이다. 원자들의 위치는 $\boldsymbol{R}$과 $\boldsymbol{r}_{12}$에 대해 다음 식으로 연결된다.

$$\boldsymbol{r}_1 = \boldsymbol{R} + \frac{1}{2}\boldsymbol{r}_{12} \quad \text{및} \quad \boldsymbol{r}_2 = \boldsymbol{R} - \frac{1}{2}\boldsymbol{r}_{12} \tag{28.44}$$

따라서

$$\boldsymbol{R} = \frac{1}{2}(\boldsymbol{r}_1 + \boldsymbol{r}_2) \quad \text{및} \quad \boldsymbol{r}_{12} = \boldsymbol{r}_1 - \boldsymbol{r}_2 \tag{28.45}$$

이다. $f(r_{12})$는 $\boldsymbol{R}$에 의존하지 않으므로, $(\boldsymbol{r}_1, \boldsymbol{r}_2)$의 변수 중 하나가 상자 벽에 근접할 때를 제외하고 $\boldsymbol{R}$에 대한 적분과 $\boldsymbol{r}_{12}$에 대한 적분은 독립적이다. 상자가 센티미터 정도의 차원을 갖는 반면, $f(r_{12})$는 나노미터 정도보다 큰 간격에 대해서는 사라지므로 상자 벽과의 상호작용은 무시할 만하다. $\boldsymbol{R}$에 걸친 적분은 부피 V를 준다. 그러면 $\boldsymbol{r}_{12}$에 걸친 적분을 모든 공간에 대해 적분하는 것으로 하면

$$\int dr_{12}^3 f(r_{12}) = \int_{-\infty}^{+\infty} dx_{12} \int_{-\infty}^{+\infty} dy_{12} \int_{-\infty}^{+\infty} dz_{12} f(r_{12}) \tag{28.46}$$

의 결과가 나온다. 여기서 $\boldsymbol{r}_{12} = (x_{12}, y_{12}, z_{12})$이다. 직교 좌표에서 구면 좌표$(r_{12}, \theta, \varphi)$로 변환하면 θ와 φ에 걸친 적분은

$$\int dr_{12}^3 f(r_{12}) = \int_0^{\infty} 4\pi r^2 f(r) dr \tag{28.47}$$

이다. 이 결과들을 이용하면, 식 (28.42)는

$$\left.\frac{\partial Z_N}{\partial \alpha}\right|_{\alpha=0} = \frac{1}{2}\frac{N^2}{V}\int_0^{\infty} 4\pi r^2 f(r) dr \tag{28.48}$$

이고, 여기서 $f(r) = e^{-\beta\phi(r)} - 1$이다. 이것은 식 (28.34)에 $(\partial F/\partial\alpha)_0$의 표현에 대입하고, $F(0) = 0$, $Z(0) = 1$의 결과를 이용하면 상태 자유 에너지는

$$F^{config} = -\frac{1}{2}Nk_BT\frac{N}{V}\int_0^{\infty} 4\pi r^2 (e^{-\beta\phi(r)} - 1) dr \tag{28.49}$$

가 된다. 따라서 F^{config}의 크기는 $\phi(r)$이 0이 아닌 부피를 입자당 부피 V/N으로 나눈 비율에 의해서 결정된다.

헬름홀츠 자유 에너지는 $F^{ig} + F^{config}$와 같으므로, 기체의 압력은

$$P = -\left(\frac{\partial F}{\partial V}\right)_T = -\left(\frac{\partial F^{ig}}{\partial V}\right)_T - \left(\frac{\partial F^{config}}{\partial V}\right)_T \tag{28.50}$$

이다. F^{config}의 미분과 이상 기체 상태 방정식 $PV=Nk_BT$를 이용하면,

$$\boxed{P = Nk_BT\left[\frac{1}{V} - \frac{1}{2}\frac{N}{V^2}\int_0^\infty 4\pi r^2 f(r)\,dr\right]} \tag{28.51}$$

을 알게 된다. 이 식은 우르셀(Ursell)과 마이어(Mayer)의 클러스터 전개에서 처음 두 항을 갖고 있는데, 이 전개는 개수 밀도 N/V의 차수로 전개한 것이다. 고차 항들은 큰 바른틀 모듬을 차용함으로써 얻어진다.

판데르발스 모형

식 (28.51)의 이상 기체 상태 방정식에 대한 보정은 열역학 성질과 해밀토니안 사이의 바른틀 모둠에 의해 설정된 관계에 의해 얻어진다. 이것을 5장에서 논의한 판데르발스 모형에서의 보정과 비교하는 것은 흥미로운 일이다. 식 (5.9)에 주어진 대로, 판데르발스 상태 방정식은

$$P = \frac{RT}{v-b} - \frac{a}{v^2} \tag{28.52}$$

이고, 여기서 $v = V/n$은 몰당 부피이다. 인수 a, b는 앞의 실험값에 맞추어서 얻었다. 이 비교를 잘 하기 위해서 $1/v$이 작은 낮은 밀도에 대해 고려하고 $1/(v-b) \approx (1/v)(1+b/v)$의 근사를 이용한다. 그러면 식 (28.52)는

$$P = RT\frac{n}{V}\left[1 + \frac{n}{V}\left(b - \frac{a}{RT}\right)\right] \tag{28.53}$$

이 된다. 그러면 $n = N/N_A$, $R = N_Ak_B$를 사용하며, 여기서 N_A는 아보가드로 수이다. 판데르발스 상태 방정식은

$$P = k_BT\frac{N}{V}\left[1 + \frac{N}{V}\left(\frac{b}{N_A} - \frac{a}{N_A^2k_BT}\right)\right] \tag{28.54}$$

가 된다.

판데르발스 인수 a와 b의 중요성은 간단한 상호작용 퍼텐셜을 도입하고 식 (28.51)을 구함으로써 이해될 수 있다. 여기서 이용된 간단한 퍼텐셜이란 $r \le \sigma$일 때는 밀어내는 중심부가 있고, $r = \sigma$와 $r = w$에서는 깊이가 e_o인 퍼텐셜 우물을 갖고 있다.

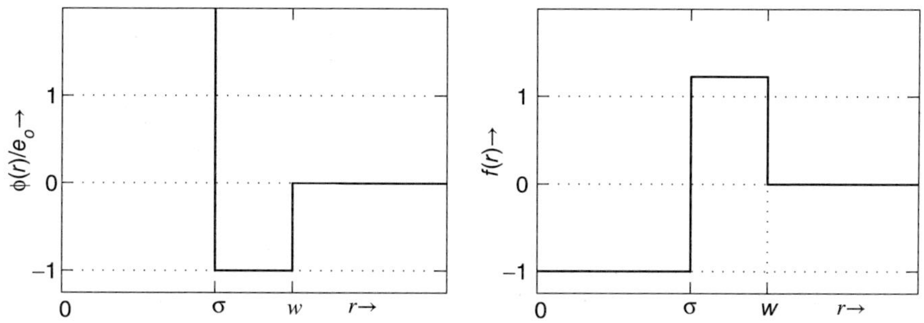

그림 28.6 퍼텐셜 $\phi(r)$과 함수 $f(r)$의 근삿값

$$\phi(r) = \begin{cases} \infty, (r < \sigma). \\ -e_o, (\sigma < r < w). \\ 0, \ (r > w). \end{cases} \tag{28.55}$$

함수 $f(r)$에 대한 결과적인 표현은

$$f(r) = \begin{cases} -1, \quad (r < \sigma). \\ (e^{\beta e_o} - 1), (\sigma < r < w). \\ 0, \quad (r > w). \end{cases} \tag{28.56}$$

이다. 퍼텐셜 $\phi(r)$과 함수 $f(r)$은 그림 28.6에 그려져 있고, $\beta e_o = 1$이다.

이 간단한 퍼텐셜을 사용하면 식 (28.51)의 적분은

$$\int_0^\infty 4\pi r^2 f(r) dr = -\frac{4}{3}\pi\sigma^3 + \frac{4}{3}\pi(e^{\beta e_o} - 1)(w^3 - \sigma^3) \tag{28.57}$$

이고 $\beta = 1/k_B T$이다. 이것을 식 (28.51)에 대입하고 전개 $e^x \approx 1 + x + \cdots$를 이용하면

$$P = k_B T \frac{N}{V}\left[1 + \frac{N}{V}\frac{2}{3}\pi\left(\sigma^3 - \frac{e_o}{k_B T}\left(w^3 - \sigma^3\right)\right)\right] \tag{28.58}$$

을 얻는다. 이것은 식 (28.54)와 비교하면 다음과 같다.

$$b = \frac{2}{3}\pi N_A \sigma^3 \quad \text{및} \quad a = \frac{2}{3}\pi N_A^2 e_o (w^3 - \sigma^3) \tag{28.59}$$

a와 b에 대한 이런 값들의 중요성을 해석하기 위해, 그림 28.5와 28.6에 보이는 $r = \sigma$에서 퍼텐셜 $\phi(r)$이 매우 빠르게 증가하는 것을 지목하는 것으로 시작한다. 이 빠른 증가는 σ가 원자들이 서로 강하게 밀치는 거리라는 것을 나타낸다. 서로 접촉하고 있는 두 개의 비슷한 구의 중심 거리는 그것들의 반지름의 두 배이므로 원자 간 퍼텐셜에서 인수 σ는 원자의 유효 반지름이 된다. 만약 원자가 반지름 σ를 가진 딱딱한

구였다면 각 원자가 자유롭게 이동할 수 있는 몰당 부피는 다른 원자들에 의해 $(N_A - 1)\frac{4}{3}\pi\sigma^3$ 만큼 줄어들 것이다. $N_A \gg 1$이므로, 원자의 유한한 크기만큼 제거된 유효 부피는 $\frac{4}{3}\pi N_A \sigma^3$이다. 식 (28.59)의 첫 번째 식은 인수 b가 제거된 부피 값의 1/2개임을 나타낸다. 따라서 판데르발스 모형에서 b를 포함한 항은 원자들의 서로 밀어내는 중심부의 효과를 표현한다.

$r = \sigma$와 $r = w$ 사이의 음의 퍼텐셜 에너지는 입자들(원자들)이 서로 끌어당기는 힘과 연관되어 있다. 따라서 식 (28.59)의 두 번째 식은 a를 가지고 있는 항이 원자들 사이의 인력의 효과를 표현하는 것을 나타낸다. 단원자 분자만을 고려했지만, 판데르발스 인수의 중요성에 대한 결론은 더 복잡한 분자들을 가지고 있는 기체에도 적용된다.

문제

28.1 σ_i의 평균값인 +1이거나 −1인 절대 온도 0도 근처의 온도에서 자기장이 0($B = \mu_0 \mathcal{H} m_o = 0$)인 이징 모형을 생각해 보자. $\sigma_{av} = +1$로 가정한다. 평균장 근사를 써서 분배 함수 Z_N, 엔탈피 $E_{th} = -\partial \ln Z_N/\partial\beta$, 열용량 $C_{\mathcal{H}} = \partial E_{th}/\partial T$를 구하시오. $C_{\mathcal{H}}$를 21장의 스핀-$\frac{1}{2}$ 입자계의 값과 비교하시오.

28.2 비이상 기체의 분석은 판데르발스 인수 b와 원자 사이의 퍼텐셜 인수 σ 사이에 $b = \frac{2}{3}\pi N_A \sigma^3$의 관계식을 성립시킨다. 표 5.2에 있는 b값을 이용하여 네온과 아르곤에 대해 σ와 r_0의 각을 어림하시오. 여기서 $r_0 = 2^{1/6}\sigma$이다. 이 r_0 값을 표 19.2의 퍼텐셜에 대한 r_0값과 비교하시오.

29장 컴퓨터 시뮬레이션

우리는 컴퓨터 시뮬레이션(시늉내기)을 이용하여 분석가능한 물리계의 범위를 크게 확장할 수 있다. 해석적인 방법보다 시뮬레이션이 갖는 장점은 다룰 수 있는 입자간 상호작용의 범위가 넓고 다양하다는 점이다. 두 가지 기본적인 접근법이 있다. 몬테카를로 시뮬레이션은 바른틀 모둠에 의해 주어진 열역학적 평형에 대한 확률적인 기술을 사용하며, 본질적으로 통계적이다. 또 다른 접근법인 분자 동역학은 고전적인 운동 방정식에 의해 주어진 원자 수준의 역학적인 기술 방법이다. 두 가지 방법 모두 미시 상태의 집합에 걸쳐 평균을 구하는 방법에 의해 열역학적 성질을 계산한다. 평균을 구하는 방법은 매우 다르지만, 두 가지 방법은 같은 예측을 준다. 이 장의 목적은 시뮬레이션에서 사용되는 알고리듬과 상전이가 통계역학의 원리에 대해 어떤 관계를 갖는지 보이는 데 있다.

29.1 평균

몬테카를로 방법이 모둠 평균을 측정하는 반면, 분자 동역학은 시간 평균의 값을 구한다. 두 종류의 평균이 동등한 가치를 가진다는 사실은 통계역학의 기본이다. 위상 함수 $X(\boldsymbol{p}_1 \ldots \boldsymbol{r}_N)$에 의해 기술되는 어떤 물리적 성질의 고전적인 모둠 평균은

$$\langle X \rangle = \int dp^{3N} \int dr^{3N} \rho\left(\boldsymbol{p}_1, \ldots, \boldsymbol{r}_N\right) X\left(\boldsymbol{p}_1, \ldots, \boldsymbol{r}_N\right) \tag{29.1}$$

이고 여기서 $\rho(\boldsymbol{p}_1, \ldots, \boldsymbol{r}_N)$은 확률 밀도이다. 어떤 성질의 **시간 평균**(time average)은

$$\langle X \rangle = \frac{1}{(t_2 - t_1)} \int_{t_1}^{t_2} X\left(\boldsymbol{p}_1(t), \ldots, \boldsymbol{r}_N(t)\right) dt \tag{29.2}$$

이고 여기서 운동량과 위치 변수의 시간적인 의존은 해밀토니안 운동 방정식에 의해 결정되거나, 동등하게 뉴턴 법칙에 의해 결정된다. 내부 에너지 U와 압력 P는 위상 함수[역주: 상태를 나타내는 변수들(즉 고전적으로는 운동량과 위치)의 함수]의 평균에 의해 주어진다.

$$\boxed{U = \langle H_N \rangle \quad \text{및} \quad P = \langle P_{ph} \rangle} \tag{29.3}$$

에너지에 대한 위상 함수는 해밀토니안 H_N이다. 압력에 대한 위상 함수는 19장에서 찾은 것과 같이 $P_{ph} = -\partial H_N/\partial V$이다. 컴퓨터 시뮬레이션에서보다 유용한 P_{ph}에 대한 다른 표현은 29.2절에 유도되어 있다. 한 번의 평균에 의해서 얻어지는 U와 P 같은 성질에 더해서, 다른 성질들은 평균의 조합을 구함으로써 측정될 수 있다. 예를 들어 22.2절에 보인 바와 같이 정적 열용량은 에너지의 분산에 비례한다.

$$C_V = \frac{1}{k_B T^2}\left[\left\langle H_N{}^2 \right\rangle - \langle H_N \rangle^2\right] \tag{29.4}$$

29.2 압력에 대한 비리얼 식

압력에 대한 비리얼 식은 시뮬레이션에서 특히 유용한데, 왜냐하면 이것이 어떤 계가 그것을 감싸는 상자와의 상호작용을 자세하게 설명해야 하는 필요를 없애주기 때문이다. 이것은 상자와의 상호작용을 계를 구성하고 있는 것들 사이 상호작용의 언어로 표현함으로써 가능하다. 비리얼 식을 유도하는 방법은 두 가지가 있다. 하나는 바른틀 모둠에 기반을 둔 것이고 다른 하나는 역학 법칙에 기반을 둔 것이다.

바른틀 모둠에서의 압력

이제 다음의 형태를 가진 해밀토니안을 갖는 계에 관심이 있다고 하자.

$$H_N\left(\boldsymbol{p}_1, \cdots, \boldsymbol{r}_N\right) = K_N\left(\boldsymbol{p}_1, \cdots, \boldsymbol{p}_N\right) + \Phi_N\left(\boldsymbol{r}_1, \cdots, \boldsymbol{r}_N\right) \tag{29.5}$$

여기서 K_N은 입자들의 운동 에너지이고 Φ_N은 그것들의 퍼텐셜 에너지이다. 시뮬레이션이 갖는 장점은 여러 종류의 퍼텐셜 에너지 함수가 사용 가능하다는 점이다. 19장에서 퍼텐셜 에너지는

$$\Phi_N = \Phi_{\text{int}} + \Phi_{a\text{-}w} \tag{29.6}$$

이고, 여기서 Φ_{int}는 계의 입자들이 서로 상호작용하는 에너지이고 Φ_{a-w}는 그들이 상자의 벽과 상호작용하는 에너지이다. 압력에 대한 비리얼 식은 원자-벽 사이의 에너지 Φ_{a-w}의 효과를 재해석함으로써 알 수 있다.

압력은 헬름홀츠 자유 에너지 F의 미분으로 얻어진다. F는 바른틀 모둠에서 분배함수의 식 $F = -k_B T \ln Z_N$에 의해 결정된다. 고전적으로 분석할 때, 자유 에너지는 다음과 같이 쓰여진다[식 (21.38) 참조].

$$F = F^{ig} - k_B T \ln Z_N^{\text{config}} \tag{29.7}$$

여기서 F^{ig}는 이상 기체의 자유 에너지이고, Z_N^{config}는 **상태 분배 함수**(configurational partition function)이다.

$$Z_N^{\text{config}} = \frac{1}{V^N} \int dr^{3N} e^{-\beta\Phi_N(\boldsymbol{r}_1, \ldots, \boldsymbol{r}_N)} \tag{29.8}$$

그리고 $\beta = 1/k_B T$이다. 이상 기체의 압력은 $N k_B T/V$이므로 계의 압력은

$$P = -\left(\frac{\partial F}{\partial V}\right)_T = \frac{N k_B T}{V} + \frac{k_B T}{Z_N^{\text{config}}} \frac{\partial Z_N^{\text{config}}}{\partial V} \tag{29.9}$$

이다.

원자-벽 에너지 Φ_{a-w}는 식 (19.12)에 단일 입자의 기여 $\Phi_{a-w}(\boldsymbol{r}_i)$의 합으로 표현되어 있다. $\Phi_{a-w}(\boldsymbol{r}_i)$는 입자 i가 상자 안에 있을 때는 0이고, 상자 바깥에 있을 때는 무한대이다. 이것은 위치 변수 $\boldsymbol{r}_i = (x_i, y_i, z_i)$에 대한 적분을 상자 안의 공간 영역에 제한함으로써 입자를 상자 안에 제한하는 효과를 지닌다. 따라서

$$Z_N^{\text{config}} = \frac{1}{V^N} \int_V dr_1^3 \cdots \int_V dr_N^3 e^{-\beta\Phi_{\text{int}}(\boldsymbol{r}_1, \ldots, \boldsymbol{r}_N)} \tag{29.10}$$

이고, 여기서 계의 내부에 적용되는 상호작용에 대한 유일한 퍼텐셜 에너지 Φ_{int}는 볼츠만 인수에 등장한다. Z_N^{config}을 부피에 대해 미분하는 것은 상자의 크기를 조절함으로써 얻을 수 있다. 이것은 좌표를 부피의 세제곱근으로 곱하면 되고, 따라서 입자 i의 위치 변수는

$$x_i = \sigma_i^x V^{1/3}, \qquad y_i = \sigma_i^y V^{1/3}, \qquad z_i = \sigma_i^z V^{1/3} \tag{29.11}$$

이고, 여기서 V는 상자의 부피이다. 변수를 $\boldsymbol{r}_i$에서 $\boldsymbol{\sigma}_i$로 변환하고, $dr_i^3 = V d\sigma_i^3$임을 이용하면 상태 분배 함수는

$$Z_N^{\text{config}} = \int_\Sigma d\sigma_1^3 \cdots \int_\Sigma d\sigma_N^3 \exp\left(-\beta\Phi_{\text{int}}\left(\boldsymbol{\sigma}_1 V^{1/3}, \ldots, \boldsymbol{\sigma}_N V^{1/3}\right)\right) \tag{29.12}$$

이고, 여기서 크기 조정된 부피는 $\Sigma = 1$이다. 식 (29.10)에 인수 $1/V^N$은 변수 변환으로 인한 결과로 V의 인수와 소멸된다. 예를 들어 $x = 0$, $x = L$, $y = 0$, $y = L$, $z = 0$, $z = L$에 있는 벽을 가지고 있는 정육면체 상자에서 함수 $f(\boldsymbol{r}_i)$의 적분은

$$\begin{aligned}\int_V dr_i^3 f(\boldsymbol{r}_i) &= \int_0^L dx_i \int_0^L dy_i \int_0^L dz_i\, f(x_i, y_i, z_i) \\ &= L^3 \int_0^1 d\sigma_i^x \int_0^1 d\sigma_i^y \int_0^1 d\sigma_i^z\, f(\sigma_i^x L, \sigma_i^y L, \sigma_i^z L) = V \int_\Sigma d\sigma_1^3 f(\boldsymbol{\sigma}_i V^{1/3})\end{aligned} \tag{29.13}$$

이다. 식 (29.12)에 있는 Z_N^{config}는

$$\frac{\partial}{\partial V} Z_N^{\text{config}} = \int_\Sigma d\sigma_1^3 \cdots \int_\Sigma d\sigma_N^3 \, e^{-\beta\Phi_{\text{int}}} (-\beta) \frac{\partial}{\partial V} \Phi_{\text{int}} \left(\boldsymbol{\sigma}_1 V^{1/3}, \cdots, \boldsymbol{\sigma}_N V^{1/3} \right) \tag{29.14}$$

를 준다. 여기서

$$\frac{\partial}{\partial V} \Phi_{\text{int}} \left(\boldsymbol{\sigma}_1 V^{1/3}, \cdots, \boldsymbol{\sigma}_N V^{1/3} \right) = \sum_i \frac{\partial \Phi_{\text{int}}}{\partial \left(\boldsymbol{\sigma}_i V^{1/3} \right)} \cdot \boldsymbol{\sigma}_i \frac{1}{3V^{2/3}} \tag{29.15}$$

이다. 원래의 변수 $\boldsymbol{r}_i$로 다시 변환하고 $d\sigma_i^3 = dr_i^3/V$을 이용하면

$$\frac{\partial}{\partial V} Z_N^{\text{config}} = \frac{-\beta}{V^N} \int_V dr_1^3 \cdots \int_V dr_N^3 e^{-\beta\Phi_{\text{int}}} \sum_i \frac{\partial \Phi_{\text{int}}}{\partial \boldsymbol{r}_i} \cdot \boldsymbol{r}_i \frac{1}{3V} \tag{29.16}$$

을 얻는다. 상태 확률 밀도가

$$\rho^{\text{config}} \left(\boldsymbol{r}_1, \ldots, \boldsymbol{r}_N \right) = \frac{e^{-\beta\Phi_{\text{int}}(\boldsymbol{r}_1, \ldots, \boldsymbol{r}_N)}}{\int_V dr_1^3 \cdots \int_V dr_N^3 \, e^{-\beta\Phi_{\text{int}}(\boldsymbol{r}_1, \ldots, \boldsymbol{r}_N)}} = \frac{e^{-\beta\Phi_{\text{int}}(\boldsymbol{r}_1, \ldots, \boldsymbol{r}_N)}}{V^N Z_N^{\text{config}}} \tag{29.17}$$

이므로 압력에 상태가 기여하는 것은

$$k_B T \frac{\partial}{\partial V} \ln Z_N^{\text{config}} = \frac{-1}{3V} \int_V dr_1^3 \cdots \int_V dr_N^3 \, \rho^{\text{config}} \sum_i \frac{\partial \Phi_{\text{int}}}{\partial \boldsymbol{r}_i} \cdot \boldsymbol{r}_i \tag{29.18}$$

이다. 평균한 양은 운동량 변수에는 무관하므로, ρ^{config}로 얻은 상태의 평균은 정규 평균의 온전한 양과 동등하므로, 식 (29.18)은

$$k_B T \frac{\partial}{\partial V} \ln Z_N^{\text{config}} = \left\langle \frac{-1}{3V} \sum_i \frac{\partial \Phi_{\text{int}}}{\partial \boldsymbol{r}_i} \cdot \boldsymbol{r}_i \right\rangle \tag{29.19}$$

가 된다. 이것과 식 (29.9)에 있는 압력의 표현과 묶으면

$$P = \frac{N k_B T}{V} + \left\langle \frac{1}{3V} \sum_i \boldsymbol{F}_{i,\text{int}} \cdot \boldsymbol{r}_i \right\rangle \tag{29.20}$$

이고, 여기서 $\boldsymbol{F}_{i,\text{int}}(\boldsymbol{r}_1, \ldots, \boldsymbol{r}_N) = -\partial \Phi_{\text{int}}(\boldsymbol{r}_1, \ldots, \boldsymbol{r}_N)/\partial \boldsymbol{r}_i$는 다른 모든 입자가 i번째 입자에 미치는 힘이다. 운동 에너지의 바른틀 평균은

$$\langle K \rangle = \left\langle \sum_i \frac{1}{2m_i} |\boldsymbol{p}_i|^2 \right\rangle_c = \frac{3}{2} N k_B T \tag{29.21}$$

이다. 이것은 식 (29.20)과 묶으면

$$P = \frac{1}{3V}\left\langle \sum_i \frac{1}{m_i}|\boldsymbol{p}_i|^2 + \sum_i \boldsymbol{F}_{i,\text{int}} \cdot \boldsymbol{r}_i \right\rangle \tag{29.22}$$

를 얻는다. 따라서 압력의 열역학적 값은 압력에 대한 위상 함수의 평균이고, 그것은

$$\boxed{P_{\text{ph}}\left(\boldsymbol{p}_1, \ldots, \boldsymbol{r}_N\right) = \frac{1}{3V}\left(\sum_i \frac{1}{m_i}|\boldsymbol{p}_i|^2 + \sum_i \boldsymbol{F}_{i,\text{int}}\left(\boldsymbol{r}_1, \ldots, \boldsymbol{r}_N\right) \cdot \boldsymbol{r}_i\right)} \tag{29.23}$$

이다. 이것이 **압력에 대한 비리얼 식**(virial formula for pressure)이다.

뉴턴 법칙으로부터 얻는 압력

위의 위상 함수를 얻는 다른 방법은 상자의 벽에 작용하는 힘의 효과를 계의 입자들 사이의 힘의 항으로 표현하도록 뉴턴 법칙을 사용하는 것이다. 이를 수행하기 위해 뉴턴 제2법칙을 입자의 위치 $\boldsymbol{r}_i$와 속도 $\boldsymbol{r}_i = d\boldsymbol{r}_i \cdot \dot{\boldsymbol{r}}_i$의 곱

$$S(t) = \sum_i m_i \boldsymbol{r}_i \cdot \dot{\boldsymbol{r}}_i \tag{29.24}$$

의 시간에 대한 미분을 얻는 데 사용한다. 계의 내부에 있는 입자에 의해 작용된 힘과 계의 외부에 있는 입자들에 의해 작용된 힘을 구분한 후, 시간에 대한 미분은

$$\frac{dS}{dt} = \sum_i m_i\left(\dot{\boldsymbol{r}}_i \cdot \dot{\boldsymbol{r}}_i + \boldsymbol{r}_i \cdot \ddot{\boldsymbol{r}}_i\right) = \sum_i m_i\left|\dot{\boldsymbol{r}}_i\right|^2 + \sum_i \boldsymbol{r}_i \cdot \left(\boldsymbol{F}_{i,\text{int}} + \boldsymbol{F}_{i,\text{ext}}\right) \tag{29.25}$$

가 된다. $\boldsymbol{F}_{i,\text{int}}$는 계에서 다른 입자들이 i번째 입자에 작용하는 힘이고, $\boldsymbol{F}_{i,\text{ext}}$는 상자 벽에 있는 원자들이 i번째 입자에 작용하는 힘이다. 분석을 보다 쉽게 확인하기 위해서 그림 29.1에 그려진 것과 같이 $x = \pm L/2$, $y = \pm L/2$, $z = \pm L/2$의 벽을 가지고 있는 정육면체 상자에 들어 있는 유체를 고려해 보자. 정육면체의 여섯 개의 벽은 숫자가 매겨져서

$$\boldsymbol{F}_{i,\text{ext}} = \boldsymbol{F}_{i,1} + \boldsymbol{F}_{i,2} + \cdots + \boldsymbol{F}_{i,6} \tag{29.26}$$

이다. 여기서 $\boldsymbol{F}_{i,1}$은 $x = +L/2$에 있는 벽에 의해 i번째 입자에 작용하는 힘이고, $\boldsymbol{F}_{i,2}$는 $x = -L/2$에 있는 벽에 의해 i번째 입자에 작용하는 힘이며, $\boldsymbol{F}_{i,3}$은 $y = +L/2$에 있는 벽에 의해 i번째 입자에 작용하는 힘이고, 나머지도 그와 같다.

식 (29.26)과 (29.25)을 결합한 후, 1번 벽의 dS/dt에 대한 기여는

$$\sum_i \boldsymbol{r}_i \cdot \boldsymbol{F}_{i,1} = \sum_i x_i F^x_{i,1} + \sum_i y_i F^y_{i,1} + \sum_i z_i F^z_{i,1} \tag{29.27}$$

이다. 원자간 힘이 짧은 거리에서만 작용한다는 성질은 우리가 이 기여를 그 벽에 단

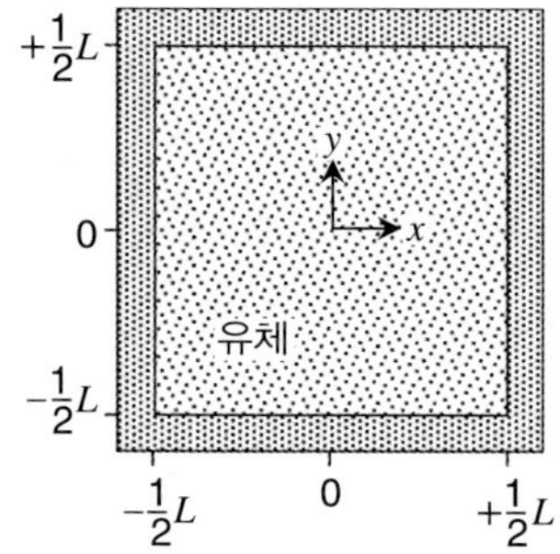

그림 29.1 정육면체 상자로 가두어진 유체

위 면적에 작용하는 힘(압력)과 연관지을 수 있게 해 준다. 특별히, 벽에 있는 원자들에 의해 i번째 입자에 작용하는 힘은 그 입자가 그 벽 주위 나노미터 정도 안에 있을 때를 제외하고는 사라진다. 이것은 계의 입자들 중 대부분이 식 (29.27)의 합에 기여하지 않는다는 것을 의미한다. 벽이 $x = +L/2$에 위치해 있으므로, $\sum_i x_i F_{i,1}^x$항은 $(L/2)\sum_i F_{i,1}^x$가 되고, 이것이 dS/dt에 기여하는 바는

$$\sum_i \boldsymbol{r}_i \cdot \boldsymbol{F}_{i,1} = \frac{L}{2}\sum_i F_{i,1}^x + 0 + 0 \tag{29.28}$$

이다. $\sum_i y_i F_{i,1}^y$ 와 $\sum_i z_i F_{i,1}^y$의 기여는 이들 $F_{i,1}^y$와 $F_{i,1}^z$가 벽에 평행하기 때문에 사라지게 되고, 따라서 많은 입자로부터의 성분은 서로 힘의 방향이 여러 방향으로 있기 때문에 상쇄된다.

이제 $\sum_i \boldsymbol{r}_i \cdot \boldsymbol{F}_{i,1}$을 1번 벽에 단위 면적당 작용하는 힘으로 연결지을 수 있다. 이는

$$P_1 = \frac{1}{L^2}\sum_i F_{1,i}^x \tag{29.29}$$

가 된다. $F_{1,i}^x$는 입자 i에 의해 벽에 작용하는 힘 $\boldsymbol{F}_{1,i}$의 x 성분이다. 아래 첨자의 순서가 바뀌는 것이 지시하는 대로, $\boldsymbol{F}_{1,i}$는 벽이 i번째 입자에 작용하는 힘 $\boldsymbol{F}_{i,1}$에 반대이다. 따라서 뉴턴의 제3법칙에 따르면 $\boldsymbol{F}_{1,i} = -\boldsymbol{F}_{i,1}$이고 $F_{1,i}^x = -F_{i,1}^x$이다. 식 (29.29)에 있는 이것을 이용하면 $P_1 L^2 = -\sum_i F_{i,1}^x$이고, 따라서 식 (29.28)은

$$\sum_i \boldsymbol{r}_i \cdot \boldsymbol{F}_{i,1} = -\frac{L}{2}P_1 L^2 = -\frac{1}{2}P_1 V \tag{29.30}$$

이 되고, 여기서 $V = L^3$이다. 다른 5개의 벽도 dS/dt에 비슷한 기여를 한다. 6개의 벽이 기여하는 것 모두를 포함시키면, $\boldsymbol{F}_{i,\text{ext}}$가 dS/dt에 기여하는 것의 시간 평균은

$$\left\langle \sum_i \boldsymbol{r}_i \cdot \boldsymbol{F}_{i,\text{ext}} \right\rangle = -3\langle P_{\text{av}}\rangle_t V \tag{29.31}$$

이 되고, 여기서 $P_{av} = (P_1 + \cdots + P_6)/6$은 정육면체의 6개면에 걸쳐 평균한 단위 면적당 힘이다.

위의 결과가 정육면체에 대해 유도가 되었지만, 그것의 유효성은 그 모양에 국한되지 않는다. 더 일반적인 모양의 상자 표면은 면적이 ΔA_k인 작은 평평한 부분들의 합으로서 이상적으로 생각할 수 있다. 그렇다면, 관련된 힘들이 짧은 거리에서만 작용하기 때문에 dS/dt에 기여하는 것은

$$\sum_i \boldsymbol{r}_i \cdot \boldsymbol{F}_{i,\text{ext}} = \sum_k \left(\boldsymbol{r}_k \cdot \boldsymbol{n}_k \Delta A_k\right) \sum_{i \text{ at } k} \frac{\boldsymbol{n}_k \cdot \boldsymbol{F}_{i,\text{ext}}}{\Delta A_k} \tag{29.32}$$

로 표현 가능하고, 여기서 k에 걸친 합은 모든 표면 요소를 포함하고, $\boldsymbol{r}_k$ 벡터는 표면이 감싸고 있는 부피의 중심으로부터 그려진다. 이 표면 요소에 수직인 단위 벡터는 $\boldsymbol{n}_k$이고, 따라서 어떤 입자에 가해지는 힘의 수직인 성분은 $\boldsymbol{n}_k \cdot \boldsymbol{F}_{i,\text{ext}}$이다. "$k$에 있는 i"라고 이름 붙여진 합은 표면 요소 k에 접한 위치에 있는 입자들만 포함하는 것을 가리킨다. 면적 ΔA_k로 나누어지면 $-\boldsymbol{n}_k \cdot \boldsymbol{F}_{i,\text{ext}}$의 성분의 합은 요소 k에 가해지는 압력이다. 식 (29.32)의 오른편은 부피 곱하기 압력의 차원을 가지지만, 그것이 평균 압력과 부피의 곱이라고 해석하기 전에 얼마나 많은 부피가 관여되어 있는지 알아낼 필요가 있다. 압력의 시간 평균 값이 균일할 때, 식 (29.32)에서 k에 걸친 합에서 평균 압력의 인수로 빼낼 수 있다. 그러면, 그 합을 적분으로 표현하면

$$\left\langle \sum_i \boldsymbol{r}_i \cdot \boldsymbol{F}_{i,\text{ext}} \right\rangle = -\langle P_{av} \rangle_t \oint \boldsymbol{r} \cdot d\boldsymbol{A} \tag{29.33}$$

이다. 상자의 표면에 걸친 적분을 부피 적분으로 표현하기 위해 다이버전스 정리를 사용함으로써 $\oint \boldsymbol{r} \cdot d\boldsymbol{A} = \int dr^3 \cdot \nabla \boldsymbol{r}$이 따라 나온다. $\nabla \boldsymbol{r} = 3$이므로,

$$\left\langle \sum_i \boldsymbol{r}_i \cdot \boldsymbol{F}_{i,\text{ext}} \right\rangle = -3\langle P_{av} \rangle V \tag{29.34}$$

를 얻고, 이것은 식 (29.31)과 같다.

식 (29.34)를 상자와의 상호작용을 표현하는 데 이용함으로써, 식 (29.25)에 있는 dS/dt의 시간 평균은

$$\left\langle \frac{dS}{dt} \right\rangle = \left\langle \sum_i m_i |\dot{\boldsymbol{r}}_i|^2 + \sum_i \boldsymbol{r}_i \cdot \boldsymbol{F}_{i,\text{int}} \right\rangle - 3\left\langle P_{av} \right\rangle V \tag{29.35}$$

가 된다. 시간 도함수의 평균은

$$\left\langle \frac{dS}{dt} \right\rangle = \frac{1}{\left(t_2 - t_1\right)} \int_{t_1}^{t_2} \frac{dS_x(t)}{dt} dt = \frac{S\left(t_2\right) - S\left(t_1\right)}{t_2 - t_1} \tag{29.36}$$

이다. $S(t)$가 서로 소멸되는 경향이 있는 무작위한 값을 갖는 항들의 합이기 때문에 평균 $\langle dS/dt \rangle$는 $t_2 - t_1$으로 나누었을 때 무시할 만큼 작아지며, 무시될 수 있다. $\langle dS/dt \rangle$를 무시하면, 식 (29.35)는 다음과 같이 정리된다.

$$\langle P_{\text{av}} \rangle = \frac{1}{3V} \left\langle \sum_i \left(m_i |\dot{\boldsymbol{r}}_i|^2 + \boldsymbol{r}_i \cdot \boldsymbol{F}_{i,\text{int}} \right) \right\rangle \tag{29.37}$$

압력의 열역학 값이 그것의 위상 함수의 평균이므로

$$P_{\text{ph}} \left(\dot{\boldsymbol{r}}_1, \dots, \boldsymbol{r}_N \right) = \frac{1}{3V} \left(\sum_i m_i |\dot{\boldsymbol{r}}_i|^2 + \sum_i \boldsymbol{r}_i \cdot \boldsymbol{F}_{i,\text{int}} \left(\boldsymbol{r}_1, \dots, \boldsymbol{r}_N \right) \right) \tag{29.38}$$

이라고 결론지을 수 있다. 이것이 **압력에 대한 비리얼 식**(virial formula for pressure)이다. 이것은 식 (29.33)과 동일한데, 오직 다른 점은 운동 에너지의 기여가 운동량 대신 속도의 항으로 표현되어 있는 점이다.

원자간 퍼텐셜

입자 간 상호작용에서 비롯되는 힘 $\boldsymbol{F}_{i,\text{int}}$를 결정하는 방법으로 보통 사용하는 것은 **원자간 퍼텐셜**(interatomic potentials) $\phi(r)$의 합인 에너지 Φ_{int}로부터 유도하는 것이다.

$$\Phi_{\text{int}} \left(\boldsymbol{r}_1, \dots, \boldsymbol{r}_N \right) = \sum_{i<j} \phi \left(r_{ij} \right) \tag{29.39}$$

여기서 $r_{ij} = |\boldsymbol{r}_i - \boldsymbol{r}_j|$는 입자(원자) i와 j 사이의 거리이다. $\phi(r_{ij})$로부터 얻는 원자 i에 작용하는 힘은

$$\boldsymbol{F}_{i,j} \left(\boldsymbol{r}_i, \boldsymbol{r}_j \right) = -\frac{\partial \phi \left(r_{ij} \right)}{\partial \boldsymbol{r}_i} = -\phi' \left(r_{ij} \right) \frac{\boldsymbol{r}_i - \boldsymbol{r}_j}{r_{ij}} \tag{29.40}$$

이고, 여기서 $\phi'(r) = d\phi(r)/dr$이다. 원자 j에 작용하는 힘 $\boldsymbol{F}_{j,i} = -\partial\phi/\partial\boldsymbol{r}_j$는 $-\boldsymbol{F}_{i,j}$와 같은데, 이것은 뉴턴의 제3법칙이 요구하는 것이다. 다른 모든 원자들에 의해 그 원자에 작용하는 힘은

$$\boldsymbol{F}_{i,\text{int}} = \sum_j \boldsymbol{F}_{i,j} \tag{29.41}$$

이고, 여기서 $j = i$인 항은 합에서 제외된다. $\boldsymbol{F}_{i,j} = -\boldsymbol{F}_{j,i}$임을 이용하고 지표 i, j를 교환하면, 원자간 힘이 $P_{\text{ph}}(\dot{\boldsymbol{r}}_1, \dots, \boldsymbol{r}_N)$에 기여하는 바는

$$\sum_i \boldsymbol{r}_i \cdot \boldsymbol{F}_{i,\text{int}} = \sum_{i,j} \boldsymbol{r}_i \cdot \boldsymbol{F}_{i,j} = \sum_{i,j} \frac{1}{2} \left(\boldsymbol{r}_i \cdot \boldsymbol{F}_{i,j} + \boldsymbol{r}_j \cdot \boldsymbol{F}_{j,i}\right)$$
$$= \frac{1}{2} \sum_{i,j} \left(\boldsymbol{r}_i - \boldsymbol{r}_j\right) \cdot \boldsymbol{F}_{i,j} = -\frac{1}{2} \sum_{i,j} r_{ij}\, \phi'(r_{ij}) \tag{29.42}$$

이다. 이 식을 식 (29.38)에 대입한 후, 압력에 대한 비리얼 식은

$$P_{\text{ph}}\left(\dot{\boldsymbol{r}}_1, \ldots, \boldsymbol{r}_N\right) = \frac{1}{3V}\left(\sum_i m_i |\dot{\boldsymbol{r}}_i|^2 + \frac{1}{2}\sum_{ij} r_{ij}\, \phi'(r_{ij})\right) \tag{29.43}$$

이 된다. 해밀토니안에 있는 $\boldsymbol{p}_i$를 $m_i\dot{\boldsymbol{r}}_i$로 바꾸면, 에너지 위상 함수는

$$H_N\left(\dot{\boldsymbol{r}}_1, \ldots, \boldsymbol{r}_N\right) = \sum_i \frac{1}{2} m_i |\dot{\boldsymbol{r}}_i|^2 + \sum_{i<j} \phi\left(r_{ij}\right) \tag{29.44}$$

이다. 일단 원자간 퍼텐셜 $\phi(r)$이 정해지기만 하면, 이런 식들로부터 미시 상태 ($\boldsymbol{r}_1$, … , $\boldsymbol{r}_N$)에 있는 계의 에너지와 압력을 계산할 수 있다.

29.3 시뮬레이션 알고리듬

분자 동역학

분자 동역학에서 에너지와 압력에 대한 위상 함수를 계산하기 위해서, 운동 방정식에 의해 결정되는 입자들의 위치 $\boldsymbol{r}_i$와 속도 $\boldsymbol{r}_i$를 필요로 한다. 이를 수행하기 위한 수치적 방법(아래 기술되어 있는)은 매우 오래되고 생산적인 역사를 가지고 있으며 쉽게 프로그램으로 만들 수 있다. N개의 질량점(입자)들의 운동을 예측하기 위한 방정식을 찾기 위해서 각 입자들의 위치 $\boldsymbol{r}_i(t)$를 테일러 급수로 전개한다.

$$\boldsymbol{r}_i(t \pm \Delta t) = \boldsymbol{r}_i(t) \pm \dot{\boldsymbol{r}}_i(t)\,\Delta t + \ddot{\boldsymbol{r}}_i(t)\,\frac{\Delta t^2}{2} \pm \dddot{\boldsymbol{r}}_i(t)\,\frac{\Delta t^3}{3!} + \cdots \tag{29.45}$$

여기서 미래의 시간($+\Delta t$)과 과거의 시간($-\Delta t$)은 모두 포함되어 있다. $t - \Delta t$에 대한 전개와 $t + \Delta t$에 대한 전개를 더하고, 고차항들을 무시하면

$$\boldsymbol{r}_i(t + \Delta t) + \boldsymbol{r}_i(t - \Delta t) = 2\boldsymbol{r}_i(t) + \ddot{\boldsymbol{r}}_i(t)\,\Delta t^2 \tag{29.46}$$

이다. $t + \Delta t$에 대한 전개에서 $t - \Delta t$의 전개를 빼고 $2\Delta t$로 나누면,

$$\dot{\boldsymbol{r}}_i(t) = \frac{\boldsymbol{r}_i(t+\Delta t) - \boldsymbol{r}_i(t-\Delta t)}{2\Delta t} \tag{29.47}$$

이다. 삼계 도함수 $\dddot{\boldsymbol{r}}_i(t)$에 비례하는 항은 식 (29.46)을 유도하는 데에서 소멸되었지만 식 (29.47)을 유도하는 데에서는 소멸되지 않는다. 따라서 위치 $\boldsymbol{r}_i(t)$은 속도 $\dot{\boldsymbol{r}}_i(t)$보다 정확하게 결정된다. 가속도를 찾기 위해 뉴턴 제2법칙 $m_i\ddot{r}_i(t) = \boldsymbol{F}_i(t)$ 를 이용함으로써 식 (29.46)은 다음과 같다.

$$\boldsymbol{r}_i(t+\Delta t) = 2\boldsymbol{r}_i(t) - \boldsymbol{r}_i(t-\Delta t) + \boldsymbol{F}_i(t)\frac{\Delta t^2}{m_i} \tag{29.48}$$

주기 경계 조건이 사용될 때, 계에 있는 다른 입자들에 의해 그 입자에 작용하는 힘 $\boldsymbol{F}_{i,\text{int}}$만이 필요하다. 입자 i에 작용하는 힘은

$$\boldsymbol{F}_i(t) = -\frac{\partial\Phi_{\text{int}}\left(\boldsymbol{r}_1(t),\ \dots\ ,\boldsymbol{r}_N(t)\right)}{\partial\boldsymbol{r}_i} \tag{29.49}$$

이고, 여기서 Φ_{int}는 내부 퍼텐셜 에너지이다. 주기 경계 조건은 그림 29.2처럼 $V = L^3$의 부피의 방들을 도입함으로써 성취된다. 여기서 계는 중앙에 있는 기본 방에 있는 입자들로 구성되어 있다. 각 입자들은 다른 방에 있는 이미지들을 갖고, 각 이미지는 계의 입자가 기본 방에 상대적이므로 그 방에 상대적으로 같은 위치에 있도록 각 이미지도 움직인다. 어떤 입자가 기본 방의 밖으로 나갈 때는 그것이 반대쪽에서 다시 들어오고, 입자(검은 원)가 이미지들(하얀 원) 중 하나와 상호작용을 할 정도로 충분히 가까울 때, 이미지와의 상호작용은 입자에 작용하는 힘을 계산하는 데에 포함된다. 이런 방법으로 주변 환경은 기본 방 전체를 통해 일정하고, 계를 특정한 부피에 가두는 것을 요구하는 상자와의 상호작용은 존재하지 않는다.

입자들의 미래의 위치를 찾기 위해서 우리는 동일 간격으로 나누어진 시간 $t_n = n\Delta t$, 여기서 $n = 1, 2, 3, \dots$이고 시간 t_n에 입자 i의 위치는 $\boldsymbol{r}_{i,n} = \boldsymbol{r}_i(t_n)$에 의해 표시된다. 그러면, 식 (29.48)은

$$\boldsymbol{r}_{i,n+1} = 2\boldsymbol{r}_{i,n} - \boldsymbol{r}_{i,n-1} + \boldsymbol{F}_{i,n}\frac{\Delta t^2}{m_i} \tag{29.50}$$

이고,

$$\boldsymbol{F}_{i,n} = -\frac{\partial\Phi_{\text{int}}\left(\boldsymbol{r}_{1,n},\ \dots\ ,\boldsymbol{r}_{N,n}\right)}{\partial\boldsymbol{r}_{i,n}} \tag{29.51}$$

이다. 미래의 위치를 계산하기 위한 이러한 식들은 속도를 포함하지 않는다. 운동 에너지를 찾을 필요가 있을 때, 속도는 식 (29.47)로 계산되는데, 이것은

$$\dot{\boldsymbol{r}}_{i,n} = \frac{\boldsymbol{r}_{i,n+1} - \boldsymbol{r}_{i,n-1}}{2\Delta t} \tag{29.52}$$

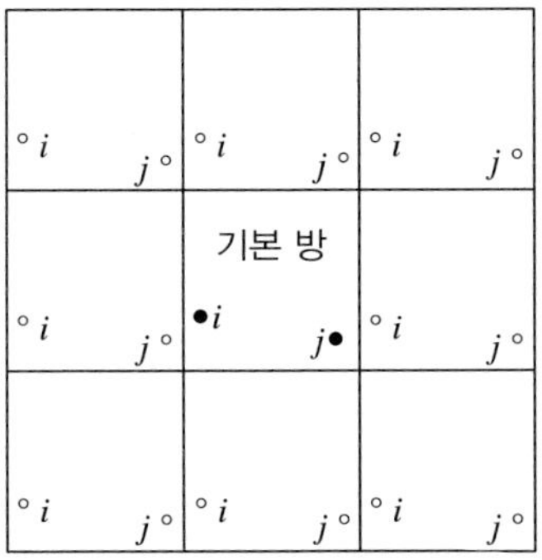

그림 29.2 주기 경계 조건을 시뮬레이션하기 위한 방(셀)들의 배치

가 된다. 위치 $\boldsymbol{r}_{i,n}$과 속도 $\dot{\boldsymbol{r}}_{i,n}$을 찾기 위한 이러한 순차적인 방법은 **베를레 알고리듬** (Verlet algorithm)[1]이라고 알려져 있다. 입자의 운동량 i는 $\boldsymbol{p}_{i,n} = m_i \dot{\boldsymbol{r}}_{i,n}$이므로, 식 (29.2)에 있는 성질 X에 대한 위상 함수의 시간 평균은

$$\langle X \rangle = \frac{1}{M} \sum_{n=1}^{M} X\left(m_1 \dot{\boldsymbol{r}}_{1,n}, \ldots, \boldsymbol{r}_{N,n}\right) \tag{29.53}$$

이고, M은 계산되는 시간 간격의 수이다.

분자 동역학 시뮬레이션은 초기 시간 t_0에 속도 $\dot{\boldsymbol{r}}_{i,0}$에 대해 무작위적인 값을 부여하며, 초기 위치 $\boldsymbol{r}_{i,0}$은 편의대로 어떤 집합을 선택하는 것으로 시작된다. 식 (29.50)은 시간 t_{n+1}의 $\boldsymbol{r}_{i,n+1}$의 위치를 예측하기 위해서 이전의 두 시간 t_{n-1}과 t_n의 위치 $\boldsymbol{r}_{i,n}$과 $\boldsymbol{r}_{i,n-1}$의 위치를 사용하므로, 시뮬레이션을 시작하기 위해서 시간 t_{-1}의 위치 $\boldsymbol{r}_{i,-1}$의 값들이 필요하다. 그것들은 하나의 시간 간격을 뒤로 돌리기 위해서 식 (29.45)에 있는 급수를 이용함으로써 얻을 수 있다. 따라서

$$\boldsymbol{r}_{i,-1} = \boldsymbol{r}_{i,0} - \dot{\boldsymbol{r}}_{i,0}\Delta t + \frac{1}{2}\boldsymbol{F}_{i,0}\frac{\Delta t^2}{m_i} \tag{29.54}$$

이다. 마지막으로 Δt의 값을 선택해야만 한다. 이것은 보통 여러 번 시행을 해서 원하는 유효 숫자까지 에너지 보존을 만족시키는 값을 선택해야 한다. 부피는 주기 경계 조건에 의해 결정되고, 온도는 운동 에너지의 평균값으로부터 어림된다. 이것은 삼차원의 고전적인 계에 대해서

$$\left\langle \frac{1}{2}\sum_i m_i |\dot{\boldsymbol{r}}_i|^2 \right\rangle = \frac{3N}{2} k_B T \tag{29.55}$$

이다. 이차원의 시뮬레이션에 대해서는 $3N$의 인수를 $2N$의 인수로 바꾼다.

---

1) Verlet L. (1967), *Phys. Rev.* **159**, 98.

몬테카를로

몬테카를로 시뮬레이션에서는 입자들의 위치에만 관심이 있고, 속도에는 관심이 없다. 계속되는 상태 $(\boldsymbol{r}_{1,n}, \ldots, \boldsymbol{r}_{N,n})$은 위상 함수의 가중치 없는 평균이 바른틀 모둠에 의해 결정되는 평균에 잘 접근하도록 선택된다. 상태를 구분 표기하기 위해 사용하는 지표 n은 계의 시간적인 변화와는 별로 중요한 관계가 없다. 위치 변수에 의존하는 위상 함수의 평균은

$$\langle X \rangle = \frac{1}{M}\sum_{n=1}^{M} X\left(\boldsymbol{r}_{1,n}, \ldots, \boldsymbol{r}_{N,n}\right) \tag{29.56}$$

이고, 여기서 상태들은 확률 밀도에 의해 분포한다.

$$\rho^{\text{config}}\left(\boldsymbol{r}_1, \ldots, \boldsymbol{r}_N\right) = \frac{e^{-\beta\Phi_{\text{int}}(\boldsymbol{r}_1, \ldots, \boldsymbol{r}_N)}}{\int dr^{3N} e^{-\beta\Phi_{\text{int}}(\boldsymbol{r}_1, \ldots, \boldsymbol{r}_N)}} \tag{29.57}$$

운동량 변수에 의존하는 평균은 해석적으로 얻어진다. 분자 동역학에서와 같이 주기 경계 조건을 사용하면, 입자와 상자 벽과의 상호작용은 눈에 띄게 드러나도록 포함시키지 않아도 된다.

식 (29.57)과 일관된 상태들을 선택하는 과정은 마르코프 과정 이론에 의해 정의된다. 이를 수행하기 위해 실제로 쉽게 구현가능한 방법이 바로 **메트로폴리스 방법**[2]이다. 이 방법에서 $n+1$ 단계에 있는 상태는 n 단계의 상태$(\boldsymbol{r}_{1,n}, \ldots, \boldsymbol{r}_{N,n})$으로부터 계산되는데, 이는 다음과 같다.

1. N개의 입자 중 하나를 선택하여 그것을 구분하기 위해 지표 i를 이용한다. 이 선택은 무작위적으로 할 수 있고 순서대로 할 수도 있다.
2. 그 입자를 현재 n단계에서 위치 $\boldsymbol{r}_{i,n} = (x_{i,n}, y_{i,n}, z_{i,n})$으로부터 일정한 확률로 $\boldsymbol{r}_{i,n}$ 주위 작은 정육면체 안의 시험 위치 $\boldsymbol{r}_i' = (x'_i, y'_i, z'_i)$로 이동시킨다.

$$x_{i,n} - a < x_i' < x_{i,n} + a, \quad y_{i,n} - a < y_i' < y_{i,n} + a, \quad z_{i,n} - a < z_i' < z_{i,n} + a \tag{29.58}$$

이 시험 위치의 무작위성은 무작위 숫자 생성기를 사용함으로써 성취된다.

3. 퍼텐셜 에너지의 변화를 계산한다.

$$\Delta E = \Phi_{\text{int}}\left(\ldots, \boldsymbol{r}', \ldots\right) - \Phi_{\text{int}}\left(\ldots, \boldsymbol{r}_{i,n}, \ldots\right) \tag{29.59}$$

여기서 오직 입자 i만 변화하였다.

---

2) Metropolis M., Rosenbluth A. W., Rosenbluth M. N., Teller A. N., Teller E. (1953), J. Chem. Phys. 21, 1087.

4. 볼츠만 인수 $e^{-\beta\Delta E}$를 계산하고 그것을 0과 1 사이에 균일하게 분포하는 무작위수 Rn과 비교한다.
5. 입자 i를 제외한 모든 입자는 위치 변화가 없고, 입자 i는 다음과 같이 위치를 선택한다.

   만약 $e^{-\beta\Delta E} < Rn$이면, 시험 위치는 새로운 위치가 되어 $\boldsymbol{r}_{i,n+1} = \boldsymbol{r}'_i$이다.
   만약 $e^{-\beta\Delta E} > Rn$이면, 입자 i를 원래 자리에 놔둔다. 즉 $\boldsymbol{r}_{i,n+1} = \boldsymbol{r}_{i,n}$이다.

다음에는 새로운 입자를 선택해서 이 과정을 반복하는데, M개의 상태가 얻어질 때까지 반복한다. 메트로폴리스 방법이 바른틀 평균을 준다는 증명은 여기서 주어지지 않지만, 볼츠만 인수 $e^{-\beta\Delta E}$를 계산하는 것에서 바른틀 모둠이 이 과정에 들어감을 알 수 있다.

시뮬레이션을 시작하기 전에 식 (29.58)에 있는 작은 정육면체를 정의하는 인수 a를 선택할 필요가 있다. 그것은 보통 시행 착용을 통해 선택되므로 평균적으로 반 정도의 입자들은 5번 과정에 서술된 선택 과정에서 새로운 위치로 움직여 가지 않는다. 부피 V는 주기 경계 조건에 의해 결정되고, 온도 T는 온도의 역수 $\beta = 1/k_BT$에 의해 결정된다. 분자 동역학에서와 마찬가지로 처음 위치의 집합은 편의의 기준에서 선택될 수 있다. 처음 상태의 선택에 의해 도입되는 치우침(bias)은 매우 큰 수의 M을 사용하거나 평균을 구하기 전에 처음의 단계의 집합을 무시함으로써 그 효과를 없앨 수 있다.

바른틀 모둠에 있는 기반 때문에 몬테카를로 방법은 평형 성질을 결정하는 데에만 한정되어서 사용된다. 오직 평형 상태의 성질만이 고려되지만, 분자 동역학은 비평형계의 성질을 연구하는 데에도 사용될 수 있다. 컴퓨터 시뮬레이션은 아주 응용 범위가 넓은 매우 활발한 연구 분야이다. 시뮬레이션을 수행하는 데에 관심을 가진 학생들은 이 주제를 다루는 많은 좋은 책들을 참조하기를 권하는 바이다.

A 수학 관계식, 상수 및 성질

A.1 편미분

표기법: 열역학 표기법부터 전통적인 표기법까지: $\left(\frac{\partial F}{\partial x}\right)_y = \frac{\partial F(x,y)}{\partial x}$

숫자는 3장에 있는 수식 번호를 가리킨다.

$$\left(\frac{\partial F}{\partial X}\right)_Z = \left(\frac{\partial F}{\partial X}\right)_Y + \left(\frac{\partial F}{\partial Y}\right)_X \left(\frac{\partial Y}{\partial X}\right)_Z \tag{3.35}$$

$$\left(\frac{\partial F}{\partial Z}\right)_X = \left(\frac{\partial F}{\partial Y}\right)_X \left(\frac{\partial Y}{\partial Z}\right)_X \tag{3.36}$$

$$\left(\frac{\partial Y}{\partial X}\right)_Z \left(\frac{\partial X}{\partial Y}\right)_Z = 1 \tag{3.44}$$

$$\left(\frac{\partial X}{\partial Y}\right)_Z = \frac{1}{(\partial Y/\partial X)_Z} \tag{3.45}$$

$$\left(\frac{\partial Y}{\partial X}\right)_Z \left(\frac{\partial X}{\partial Z}\right)_Y \left(\frac{\partial Z}{\partial Y}\right)_X = -1 \tag{3.51}$$

$$\left(\frac{\partial X}{\partial Z}\right)_Y = -\left(\frac{\partial X}{\partial Y}\right)_Z \left(\frac{\partial Y}{\partial Z}\right)_X \tag{3.52}$$

A.2 적분과 급수

$$\int_{-\infty}^{+\infty} e^{-ax^2} dx = \sqrt{\pi/a}$$

$$\int_{-\infty}^{+\infty} x^2 e^{-ax^2} dx = \frac{1}{2}\sqrt{\pi/a^3}$$

$$\int_{-\infty}^{+\infty} \frac{x^2 e^x}{(e^x+1)^2} dx = \frac{\pi^2}{3}$$

$$\int_0^{+\infty} \frac{x^4 e^x}{(e^x - 1)^2} dx = \frac{4\pi^4}{15}$$

$$\int_0^{\infty} \frac{x^{\frac{1}{2}}}{e^x - 1} dx = 2.315$$

$$\int_a^b f(x) \frac{dg(x)}{dx} dx = f(x)g(x)|_a^b - \int_a^b g(x) \frac{df(x)}{dx} dx$$ 부분 적분

$$e^x = \sum_{n=0}^{\infty} \frac{x^n}{n!} = 1 + x + \frac{x^2}{2!} + \frac{x^3}{3!} + \cdots$$

$$\ln(1 + x) = x - \frac{1}{2}x^2 + \frac{1}{2}x^3 - \frac{1}{4}x^4 + \cdots$$

$$\frac{1}{1 - x} = \sum_{n=0}^{\infty} x^n = 1 + x + x^2 + \cdots$$

$$\frac{1}{1 + x} = \sum_{n=0}^{\infty} (-1)^n x^n = 1 - x + x^2 - x^3 + \cdots$$

A.3 테일러 급수

$$f(x + \Delta x) = f(x) + \frac{df(x)}{dx}\Delta x + \frac{d^2 f(x)}{dx^2}\frac{\Delta x^2}{2!} + \frac{d^3 f(x)}{dx^3}\frac{\Delta x^3}{3!} + \cdots$$

$$F(x, y) = F(x_o, y_o) + \frac{\partial F(x_o, y_o)}{\partial x}\Delta x + \frac{\partial F(x_o, y_o)}{\partial y}\Delta y$$

$$+ \frac{\partial^2 F(x_o, y_o)}{\partial x^2}\frac{\Delta x^2}{2} + \frac{\partial^2 F(x_o, y_o)}{\partial x \partial y}\Delta x \Delta y + \frac{\partial^2 F(x_o, y_o)}{\partial y^2}\frac{\Delta y^2}{2} + \cdots$$

$$\Delta x = x - x_o, \Delta y = y - y_o$$

A.4 쌍곡선 함수

$$\sinh x = \frac{1}{2}(e^{+x} - e^{-x})$$

$$\cosh x = \frac{1}{2}(e^{+x} + e^{-x})$$

$$\tanh x = \frac{e^{+x} - e^{-x}}{e^{+x} + e^{-x}}$$

A.5 기본 상수

아보가드로 수	N_A	$6.022 \times 10^{23}\ \mathrm{mol}^{-1}$
볼츠만 상수	k_B	$1.381 \times 10^{-23}\ \mathrm{J\,K}^{-1}$
보편 기체 상수	$R = k_B N_A$	$8.314\ \mathrm{J\,mol}^{-1}\ \mathrm{K}^{-1}$
플랑크 상수	h	$6.626 \times 10^{-34}\ \mathrm{J\,s}$
$\hbar$	$\hbar = h/2\pi$	$1.055 \times 10^{-34}\ \mathrm{J\,s}$
원자 질량 상수	m_u	$1.6605 \times 10^{-27}\ \mathrm{kg}$
전자 질량	m_e	$9.109 \times 10^{-31}\ \mathrm{kg}$
전자 전하	e	$1.6020 \times 10^{-19}\ \mathrm{C}$
광속	c	$2.998 \times 10^{8}\ \mathrm{m\,s}^{-1}$
진공의 유전율	ϵ_0	$8.854 \times 10^{-12}\ \mathrm{kg}^{-1}\ \mathrm{m}^{-1}\ \mathrm{s}^{2}\ \mathrm{C}^{2}$
진공의 투자율	μ_0	$4\pi \times 10^{-7}\mathrm{kg\,m\,C}^{-2}$
표준 대기	1 atm	$101.325 \times 10^{3}\ \mathrm{Pa}$

A.6 변환 인자

힘	$1.0\ \mathrm{lb} = 4.448\ \mathrm{N}$
에너지	$4184\ \mathrm{J} = 1\ \mathrm{kcal} = 1000\ \mathrm{cal} = 3.968\ \mathrm{Btu}$
일률	$1.0\ \mathrm{hp} = 746\ \mathrm{W}$
압력	$1\ \mathrm{atm} = 101.3\ \mathrm{kPa} = 760\ \mathrm{mmHg} = 760\ \mathrm{torr} = 14.70\ \mathrm{lb\,in}^{-2}$
부피	$1\ \mathrm{m}^3 = 10^3\ \mathrm{L} = 10^6\ \mathrm{cm}^3 = 35.31\ \mathrm{ft}^3$

A.7 유용한 공식

섭씨를 절대 온도로 변환	$\Theta^{\mathrm{C}} + 273.15 = T^{\mathrm{K}}$
화씨를 섭씨로 변환	$\frac{5}{9}(\Theta^{\mathrm{F}} - 32) = \Theta^{\mathrm{C}}$
구의 부피	$V = \frac{4}{3}\pi r^3$
구의 표면적	$A = 4\pi r^2$

A.8 물의 성질

삼중점	$P_{tr} = 612\,\text{Pa}$	$T_{tr} = 273.16\,\text{K}$	
임계점	$P_c = 22{\cdot}12\,\text{MPa}$	$T_c = 647.4\,\text{K}$	$v_c = 3.17 \times 10^{-3}\,\text{m}^3\,\text{kg}^{-1}$
1 atm 에서의 용융 숨은열	$L_f = 80\,\text{kcal}\,\text{kg}^{-1}$		
1 atm 에서의 기화 숨은열	$L_v = 539\,\text{kcal}\,\text{kg}^{-1}$		

A.9 물질의 성질

	알루미늄	구리	철	납	얼음(0 °C)	물
밀도 ($\text{kg}\,\text{m}^{-3}$)	2 700	8 960	7 880	1 1340	917	1 000
c_P^M ($\text{kcal}\,\text{kg}^{-1}\,\text{K}^{-1}$)	0.216	0.092	0.106	0.0306	0.502	1.000
c_P^M ($\text{kJ}\,\text{kg}^{-1}\,\text{K}^{-1}$)	0.904	0.385	0.444	0.128	2.10	4.184
c_V^M ($\text{kJ}\,\text{kg}^{-1}\,\text{K}^{-1}$)	0.863	0.374	0.436	0.120	2.03	
α_L ($10^{-6}\,\text{K}^{-1}$)	23.2	16.6	11.9	29.0	55	
α_V ($10^{-6}\,\text{K}^{-1}$)	69.6	49.8	35.7	87.0	165	
B_T ($10^9\,\text{Pa}$)	75	135	160	41	7.7	

문제 정답

1장

1. 20.0 °C, 37.0 °C, 293 °C, 310 °C. **2.** 184 kPa, 26.7 psi.
3. $S(T, P) = n(c_o + R)\ln(T/T_o) - nc_o \ln(P/P_o)$. **4.** 31.3 °C. **5.** 167 J kg^{-1} K^{-1}.

2장

1. 4320 J, 57 s **2.** 44.2 mol, 50.1 kPa, 76.5 kJ, 0, 76.5 kJ. **3.** 20.75 °C, −83.6 J, −83.6 J, 23.9 J, 83.6 J, 59.7 J. **4.** −0.0027%

3장

1. 7.94 kJ, **2.** 71.4%, 28.6% **4.** $-nRT/V^2$, nR/P, V/nR, -1, $1/T$, $1/P$, nRT/V.
5a. $p = 2$, $q = 3$. **6.** 53.6 atm.

4장

1. 2.06 km (6790 ft). **2.** −1200 J, 2400 J, 0, −1200 J, 1200 J, 0, 3600 J, 0, 2400 J.
3. 20×10^5 Pa, 7.07×10^5 Pa, 0.6 m^3, 800 K, 282 K. **4.** $Q_{a\to b} = 3.5\,nRT_a$, $Q_{b\to c} = -3.105\,nRT_a$, 11.3%. **5.** 736 K, 971 K. **6.** 60%, 70%.

5장

1. 11.4 °C. **2.** 0.523 kg. **3.** 0.700 min, 5.58 min, 6.97 min, 37.6 min, 0.630 min.
4. 0.9882 atm, 0.9875 atm, 0.9872 atm, 0.9840 atm.

6장

1. −0.131 K. **2.** 0, 0, 317 K. **3.** 0.473 kg. **4.** −440 J, 0, −440 J, 1.31 g. **5.** 420 K.

7장

1. 2.9×10^{-5} °F. **3.** 14.5. **4b.** 3.41 W-h. **6.** 29.4 kg, 5.95 kg.

8장

1. 446 K, 0.285 Pa, 1.28×10^{13} Pa. **2a.** 282.9 K, **2c.** −0.266 K. **3c.** $\Theta^{\ln} = -\infty$.

9장

1. $\frac{1}{2}\mu_0 JR^2\pi$, $\frac{1}{2}\mu_0 JR^2\pi$, 0. **2.** 불완전 미분, $K(x^2 + y^2)^{-1} + c$, $aT^2 + bTV^3 + c$. **3.** $p = m - 1$, $q = n + 1$, $K = mL/(n + 1)$. **5a.** $n(c + 2bT)dT + (nRT/V)dV$. **6b.** $ncT - n^2bT/V + c$, **6c.** $c - nb/V$. **7a.** $dP = \alpha_V B_T dT - (B_T/V)dV$.

10장

2. 0.0279 kcal K^{-1}. **3.** 2.87 kcal K^{-1}. **4.** 4.4×10^{-4} cal K^{-1}. **6.** 0.361 m.

11장

2. $U = Mc_oT + b_oV[\ln(V/V_o) - 1] + c$, $S = Mc_o \ln(T/T_o) + a_o(V - V_o) + c$, $B_S = b_o + TVa_o^2/(Mc_o)$. **3.** $u = c_V T - a/\text{v} + c$, $s = c_V \ln T + R\ln(\text{v} - b) + c$. **4.** $k = 0$, $m = 1$, $n = 1$, $U = nc_oT + b_oT^2V + c$, $S = nc_o \ln T + nR\ln V + 2b_oTV + c$, $đQ = (nc_o + 2b_oTV)dT + (2b_oT^2 + nRT/V)dV$. **5.** 95 °C.

12장

2. $F = \Phi + b_o\left[\ln\left(V/V_o\right) - 1\right]V + Mc_oT\left[1 - \ln\left(T/T_o\right)\right] - a_oT(V - V_o) - S_oT$.
3. $G = n\left[c_PT\left(1 - \ln\left(T/T_o\right)\right) + RT\ln(P/P_o) - s_oT + u_o\right]$.

13장

1b. $S = nc_V \ln T + nR\ln(V - b) + c$, $C_V = nc_V$, $B_T = (nRTV/(V - nb)^2) - 2an^2/V^2$.

14장

1. $\kappa_{el} = 1 + [1 + b/T]/\varepsilon_o$. **3.** $2\mu_0 CV\mathcal{H}/T^2$.

15장

1. 3300. **2.** 28.8 g mol^{-1}, 512 ms^{-1}. **3b.** 1.46. **4.** 0.221 kcal kg^{-1} K^{-1}, 0.0939 kcal kg^{-1} K^{-1}, 0.0288 kcal $\text{kg}^{-1}\text{K}^{-1}$.

16장

1. $\sqrt{2.55\,k_BT/m}$. **2.** $e^{-\alpha}e^{-\beta\varepsilon_1}$, $e^{-\alpha}e^{-\beta\varepsilon_2}$. **3a.** 3.4 nm, 120 nm. **3b.** 34 nm, 0.12 mm.

17장

1. $\Omega = h^{-3N}I_{6N}6N\,E^{6N-1}\delta E$, $S = 6Nk_B\ln E + c$, $U = 6Nk_BT$. **2.** $|E_1 - \widehat{E}_1| = \widehat{E}_1/\sqrt{2cN}$.

18장

1. $\rho_j = e^{-\beta\varepsilon_j}\left(e^{-\beta\varepsilon_1} + e^{-\beta\varepsilon_2}\right)^{-1}$, $\bar{\varepsilon} = \left(e^{-\beta\varepsilon_1}\varepsilon_1 + e^{-\beta\varepsilon_2}\varepsilon_2\right)(e^{-\beta\varepsilon_1} + e^{-\beta\varepsilon_2})^{-1}$.
2. $U = -\dfrac{1}{2}N\varepsilon_o\dfrac{e^{+\varepsilon_o/2k_BT} - e^{-\varepsilon_o/2k_BT}}{e^{+\varepsilon_o/2k_BT} + e^{-\varepsilon_o/2k_BT}}$, $C = Nk_B(\varepsilon_o/k_BT)^2(e^{+\varepsilon_o/2k_BT} + e^{-\varepsilon_o/2k_BT})^{-2}$.

19장

1. $-3\,\varepsilon$, $-6\,\varepsilon$. **2.** $\frac{5}{2}Nk_BT$, $\frac{5}{2}nR$. **3.** $F = \Phi_{\text{st}} - 3Nk_BT\left[\ln 2\pi mk_BT - \frac{1}{2}\ln mk_o + \frac{1}{3}\ln C_N\right]$,
$c_V = 3R$, $P = -\partial\Phi_{\text{st}}/\partial V + \frac{3}{2}Nk_BT\partial\ln k_o/\partial V$.

20장

1. 1, 9, 36, 9. **2.** $Z_N = \left(e^{+\frac{1}{2}\beta\varepsilon_o} - e^{-\frac{1}{2}\beta\varepsilon_o}\right)^{-3N}$, $U = 3N\left[\left(e^{\beta\varepsilon_o} - 1\right)^{-1} + \frac{1}{2}\right]$,
$U = \frac{3}{2}N\hbar\sqrt{k_o/m}$. **3.** $\bar{l} = 1.2\times10^{-6}\,\text{m}$, $\lambda_{\text{th}} = 0.75\times10^{-10}\,\text{m}$.

21장

1. $v_{\text{rms}} = 1.70\,\text{mm s}^{-1}$. **2.** $\rho = e^{-\frac{1}{2}k_o|\mathbf{r}|^2/k_BT}(2\pi k_BT/k_o)^{\frac{3}{2}}$. **3.** $\rho_A = (mg/k_BT)e^{-m_Ag\,z/k_BT}$,
$\langle z\rangle_A = k_BT/m_Ag$. **4.** $(e^{-\mu\mathcal{H}/k_BT} + 1 + e^{+\mu\mathcal{H}/k_BT})^N$, $M_{\text{th}} = \dfrac{N\mu}{\mu_0}\dfrac{e^{+\mu\mathcal{H}/k_BT} - e^{-\mu\mathcal{H}/k_BT}}{1 + e^{+\mu\mathcal{H}/k_BT} + e^{-\mu\mathcal{H}/k_BT}}$.

22장

1. $\langle p_x\rangle = 0$, $\sigma_{p_x} = \sqrt{mk_BT}$. **2.** 3.3×10^5, $2.1\times10^{-23}\,\text{m}^3$, 34 nm. **3.** $\langle E\rangle = \frac{3}{2}Nk_BT$,
$\langle E^2\rangle = \left(\frac{3}{2}N + 1\right)\frac{3}{2}N(k_BT)^2$, $\sigma_E = \sqrt{\frac{3}{2}N}k_BT$, $\sigma_E/\langle E\rangle = \left(\frac{3}{2}N\right)^{-\frac{1}{2}}$.

23장

1. $Z_N = C_N\left[(2\pi m/\beta)^{3/2}\,\frac{4}{3}\pi R^3\right]^N$, $F = -Nk_BT\ln\left[\left(C_N\right)^{1/N}(2\pi mk_BT)^3V\right]$.

24장

1a. $F = -k_B T \sum_j \ln\left(1 - e^{-\beta\hbar\omega_j}\right)$, **1c.** $P = \frac{1}{3}U/V$, **1d.** $P = \frac{2}{3}U/V$.

25장

1. $S = \left[\left(\mu/k_B T\right) - \frac{5}{2}\right](\Phi_{th}/T)$, $\overline{N} = -\Phi_{th}/k_B T$, $U = -\frac{3}{2}\Phi_{th}$, $U = \frac{3}{2}\overline{N}k_B T$.

26장

1. 16 구별 가능한 고유 상태, 6 페르미온 고유 상태, 10 보손 고유 상태

27장

1. $\varepsilon_k = 3.12\,\text{eV}$, $\varepsilon_k = 3.36\,\text{eV}$. **2.** $T_c = 7.3 \times 10^{-9}\,\text{K}$.

28장

1. $E_{th} = NJz\left(\frac{1}{2} + \frac{e^{+\beta Jz} - e^{-\beta Jz}}{e^{+\beta Jz} + e^{-\beta Jz}}\right)$, $C_{\mathcal{H}} = 4Nk_B\left(e^{+Jz/k_B T} + e^{-Jz/k_B T}\right)^{-2}\left(\frac{Jz}{k_B T}\right)^2$.

2. $r_0 = 0.270\,\text{nm}$ for Ne; $r_0 = 0.331\,\text{nm}$ and Ar.

찾아보기

ㄹ

ㅁ

ㅂ

ㅅ

ㅇ

ㅈ

ㅊ

ㅋ

ㅌ

ㅍ

ㅎ

|역자 소개|

김범준
서울대학교 물리학과 졸업
서울대학교 대학원 물리학과 박사
현) 성균관대학교 물리학과 교수

김영태
서울대학교 물리학과 졸업
Univ. of California at Berkeley 박사
현) 아주대학교 물리학과 교수

심경무
서울대학교 물리학과 졸업
서울대학교 대학원 물리학과 박사
현) 충남대학교 물리학과 교수

이지우
서울대학교 물리학과 졸업
서울대학교 대학원 물리학과 박사
현) 명지대학교 물리학과 교수

장영록
서울대학교 물리학과 졸업
포스텍 대학원 물리학과 박사
현) 인천대학교 물리학과 교수

열 및 통계역학

| 저 자 Robert J. Hardy · Christian Binek
| 역 자 김범준 · 김영태 · 심경무 · 이지우 · 장영록
| 발 행 인 주정희
| 발 행 처 자유아카데미
| 주 소 경기도 파주시 회동길 37-42
파주출판도시
| 전 화 031-955-1321
| 팩 스 031-955-1322
| 홈페이지 www.freeaca.com
| 전자우편 main@freeaca.com(대표)
editor@freeaca.com(편집)
crm@freeaca.com(영업)
| 등 록 제406-2003-017호, 1980. 7. 12
| 제 1 판 2016년 2월 25일 발행
| 정 가 40,000원

역자와의 협의하에 인지생략

ISBN 979-11-5808-066-2 93420